Maschinelle Verarbeitung altdeutscher Texte IV

Maschinelle Verarbeitung altdeutscher Texte IV

Beiträge zum Vierten Internationalen Symposion
Trier 28. Februar bis 2. März 1988

Herausgegeben von Kurt Gärtner,
Paul Sappler und Michael Trauth

Max Niemeyer Verlag
Tübingen 1991

Die Deutsche Bibliothek – CIP-Einheitsaufnahme

Maschinelle Verarbeitung altdeutscher Texte : Beiträge zum ... internationalen Symposion ...
– Tübingen : Niemeyer.
Bd. 1 u. 2 im Verl. E. Schmidt, Berlin.
4. 1988. Trier, 28. Februar bis 2. März 1988. – 1991

ISBN 3-484-10629-8

Druck: Gulde-Druck, Tübingen
Einband: Heinr. Koch, Tübingen

Inhalt

Vorwort

Der vorliegende Band vereinigt Referate und Diskussion des vierten Symposions über Probleme der maschinellen Verarbeitung altdeutscher Texte, das vom 28. Februar bis 2. März 1988 an der Universität Trier stattfand. Für die Finanzierung des Symposions ist der Deutschen Forschungsgemeinschaft und dem Land Rheinland-Pfalz sehr zu danken, für vielfältige Unterstützung bei der Durchführung der Universität Trier, insbesondere dem Universitätsrechenzentrum, und der Theologischen Fakultät Trier, die den Raum für den öffentlichen Abendvortrag von Roy Wisbey zur Verfügung stellte.

Das Symposion führte die Tradition der früheren Symposien in Mannheim (1971 und 1973) und Tübingen (1977) fort und zog nach einer längeren, von stürmischen Fortschritten der Computertechnologie gekennzeichneten Pause wieder einmal Bilanz. Seine Schwerpunkte lagen in den beiden Domänen computergestützter philologischer Arbeit, der Lexikographie und der Editionstechnik.

Wie in dem von Winfried Lenders und Hugo Moser (†) herausgegebenen Band der Beiträge zum ersten Symposion ist die Diskussion der Referate festgehalten worden. Die Diskussionsprotokolle erscheinen, eingebettet in das Programm mit der Abfolge der Vorträge, als geschlossener Teil im Anhang. In diesem sind auch Informationen über gehaltene und diskutierte, aber nicht abgedruckte Referate untergebracht sowie Angaben über abweichend vom Programm zusätzlich aufgenommene Beiträge.

Trier und Tübingen, im November 1990

Kurt Gärtner
Paul Sappler
Michael Trauth

Manfred Paul

Grußwort zum 4. Internationalen Symposion zur maschinellen Verarbeitung altdeutscher Texte

Die Veranstalter haben mich freundlicherweise um ein Grußwort gebeten. Dieser ehrenvollen Aufgabe komme ich gerne nach, weil sie die Möglichkeit bietet zu zeigen, daß die heute oft beklagte Kluft zwischen Geisteswissenschaften und Naturwissenschaften von einer Reihe von Brücken überspannt wird; eine davon ist die zunehmende Computernutzung in den Philologien. Als ich vor zehn Jahren nach Trier kam, habe ich als Ingenieurwissenschaftler nicht im Traume daran gedacht, daß man mit Computerhilfe einmal altdeutsche Marienlieder oder Fastnachtspiele wissenschaftlich bearbeiten würde.

Inzwischen gehört der Computer auch zum Handwerkszeug der Sprach- und Literaturwissenschaftler, und Trier ist - neben Tübingen - ein Schwerpunkt der nichtnumerischen Datenverarbeitung in Deutschland geworden. Die enge Verzahnung von philologischer Datenverarbeitung und Rechenzentrum in Trier manifestiert sich z. B. darin, daß zwei meiner Mitarbeiter, Herr Trauth und Herr Windolph, aktiv an diesem Symposion beteiligt sind. Das folgende Balkendiagramm zeigt die abgenommenen Rechenzeiten der wichtigsten Trierer Benutzergruppen im vergangenen Jahr.

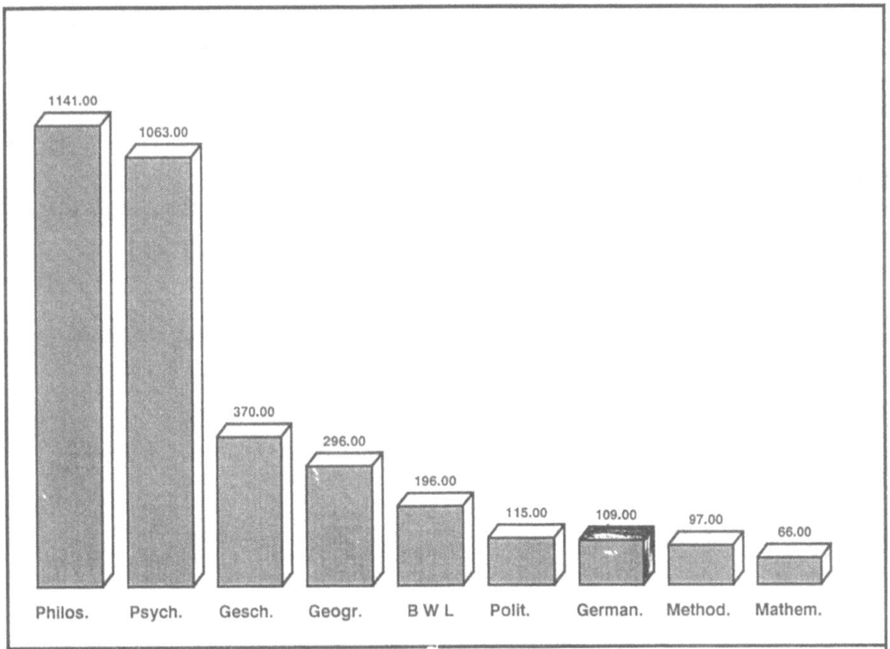

Benutzer-Rechenzeiten 1987

Die Avantgarde bilden hier die Geisteswissenschaften Philosophie, Psychologie und Geschichte; die Germanistik liegt an siebenter Stelle noch vor der Mathematik.

Auch in der Nutzung von Softwarepaketen zeigt sich das Übergewicht der nichtnumerischen Datenverarbeitung in Trier, wie die Tabelle auf der folgenden Seite anzeigt.

Sowohl von der Anzahl der Aufrufe her als auch in der Rechenzeit liegt das Tübinger Philologiepaket TUSTEP an der Spitze aller Fremdsoftware. Der größte Rechenzeitabnehmer, die Philosophie, arbeitet weitgehend mit Eigenentwicklungen, die unter der Rubrik ›User-Programme‹ subsumiert sind.

Nun ist die Nutzung der zentralen Rechner der Universität nur ein Aspekt der philologischen Datenverarbeitung. Die immer zahlreicher vorhandenen Personal-Computer mit den verschiedensten Textverarbeitungssystemen wie WORD, WORDSTAR usw. erschließen ebenfalls eine Fülle neuer Möglichkeiten für den Wissenschaftler. Dem Rechenzentrum erwachsen daraus allerdings neue Probleme, denn häufig möchte man - oder muß gar - die so erfaßten Texte mit nur auf anderen Anlagen vorhandenen Programmen weiter bearbeiten. Hierfür müssen dann Transfer-Programme oder sog. Filter zur Verfügung stehen, die die Texte samt Verschlüsselungen verschiedenster Merkmale typographischer oder struktureller Art umsetzen. Manchmal scheitert das an nicht vorhandenen technischen Koppelungsmöglichkeiten oder an unterschiedlichen Aufzeichnungsverfahren auf den Disketten.

Man muß aber vor allem die positiven Aspekte der verschiedenen Rechenanlagen und der unterschiedlichen Programme sehen. Das heißt, man sollte sein Forschungsprogramm so planen, daß man u. U. verschiedene Computer verwendet, um den Gesamtaufwand zu minimieren und den Nutzen zu maximieren. Oft heißt das: Texterfassung auf den Personal-Computern und wissenschaftliche Aufbereitung auf den Großanlagen. Eine enge Kooperation zwischen Wissenschaftlern und Rechenzentrum ist daher wünschenswert und wird in Trier im Rahmen der engen Personalausstattung auch gepflegt.

Ich wünsche dem Symposion einen erfolgreichen Verlauf und Ihnen einen angenehmen Aufenthalt in Trier.

Softwarenutzung 1987 (Aufrufe CPU-Zeiten und Sups)

Compiler und Interpreter

	Aufrufe	Rech.Z.(H)
FORTRAN	56.947	120,19
COBOL	7.888	21,43
PASCAL	3.831	8,22
MASM	1.906	149,89
PL/I	247	0,49
APL	77	0,28
RPGII	17	0,24
LISP	4	0,00
Summe	70.917	300,75

Fremdsoftware

	Aufrufe	Rech.Z.(H)
TUSTEP	73.203	929,80
SPSS	50.669	567,39
BMDP	8.567	107,39
SPSS-X	7.284	587,40
LISREL	3.616	46,13
CLUSTAN	1.483	22,69
GLIM	91	13,56
Summe	144.913	2.274,36

Sonstige

	Anzahl	Aufrufe	Rech.Z.(H)
RZ- und Dienstprogramme	135	642.392	3.344,53
User-Programme	914	69.851	1.817,24
Gesamt	1.114	928.073	7.736,88

Karl Stackmann

Das Frauenlob-Wörterbuch

Im Rahmen eines von der DFG geförderten Projekts entsteht zur Zeit ein Wörterbuch zur Göttinger Frauenlob-Ausgabe (GA).[1] Es wird mit Unterstützung durch den Großrechner der Universität erarbeitet. Dieses Projekt will ich Ihnen in der gebotenen Kürze vorstellen. Das soll in drei Schritten geschehen. Ich werde

1. die Zielsetzung erläutern;
2. das Projekt beschreiben und
3. über einige Erfahrungen berichten, die ich bisher habe sammeln können.

Bevor ich zur Sache komme, möchte ich ausdrücklich bekennen, daß mir jede Kompetenz auf dem Gebiet der Datenverarbeitung fehlt. Die technischen Angaben, die mein Bericht enthält, haben meine Mitarbeiter Eva Scheer und Ralf Konczak freundlicherweise für mich zusammengestellt.

I. Zielsetzung

Das Wörterbuch soll den Wortschatz der Göttinger Ausgabe unter semantischen und grammatischen, insbesondere syntaktischen Gesichtspunkten erschließen. Es ist also mehr beabsichtigt als nur ein lemmatisierter Wortindex. Das Wörterbuch wird Belegtexte bieten, soweit das zur Absicherung der semantischen und grammatischen Befunde erforderlich ist, und es wird die Ansätze auch kommentierend begründen, wenn die bloße Mitteilung von Belegzitaten für die Klärung des jeweiligen Sachverhalts nicht ausreicht.

Für die Inangriffnahme dieses Projekts habe ich zwei Gründe:

1. gibt mir das Wörterbuch Gelegenheit, die Frauenlob-Texte, die ich ediert habe, so weit für andere verständlich zu machen, wie mir das möglich ist. Die Arbeit daran zwingt mich, mir Rechenschaft über den Inhalt eines jeden Wortes an jeder Stelle zu geben und das Resultat in dem entsprechenden Artikel darzustellen. Auf diese Weise kann ich denen, die sich nach mir mit diesen Texten beschäftigen, präzise darüber Auskunft geben, wie ich die einzelne Stelle verstanden habe. Das erspart ihnen zumindest die Irrtümer und Umwege, die mir mehr als reichlich zu schaffen gemacht haben.
2. sehe ich dies begrenzte Unternehmen als Vorstudie für das große Mittelhochdeutsche Wörterbuch an, das von den Jüngeren im Fach in Angriff genommen werden muß, damit der skandalöse Zustand beendet wird, in dem sich die hi-

[1] Frauenlob (Heinrich von Meissen). Leichs, Sangsprüche, Lieder, edd. Karl Stackmann u. Karl Bertau, 2 Bde., Göttingen 1981 (Abh. d. Ak. d. Wiss. in Göttingen, Phil.-hist. Klasse, 3. Folge, Nr. 119/120).

storische Lexikographie im Bereich des Mittelhochdeutschen seit langem befindet. Den Charakter einer Vorstudie im Blick auf dies größere Ziel kann das Frauenlob-Wörterbuch in zweierlei Hinsicht haben:

- Zum einen wird es mit den nicht wenigen falschen oder ungenauen Ansätzen aufräumen, die unsere großen Wörterbücher unter Hinweis auf die ETTMÜLLER'sche Ausgabe mitschleppen.[2] Diese Ausgabe war ganz neu (1843), als WILHELM MÜLLER mit der Ausarbeitung seines Wörterbuchs begann, kein Wunder also, daß er ihr großen Kredit einräumte. Sie hat ihn auch nicht unverdient erhalten, denn ETTMÜLLER hat seine schwierige Aufgabe überraschend gut gelöst. Gerade auf dem Gebiet der Lexikographie aber mußte er, dem so gut wie alle zweckdienlichen Hilfsmittel fehlten, zwangsläufig zu falschen Ansätzen kommen. Ich darf das sagen, ohne gegen das Gebot der Pietät zu verstoßen. Denn die Schwierigkeiten, vor denen er stand, sind noch längst nicht alle behoben. Auch ich kann an meiner Aufgabe nur mit dem Mut zum Irrtum arbeiten, und ich weiß das genau.
- Anderseits wird die Anlage des Frauenlob-Wörterbuchs, wird vor allem auch die Gestaltung der Artikel Modellcharakter für diejenigen haben, die das große Wörterbuch planen. ›Modellcharakter‹ ist in diesem Zusammenhang nicht etwa mißzuverstehen als ›Vorbildcharakter‹. Ich bin weit davon entfernt zu glauben, man könne das, was unter den bizarren Verhältnissen der Frauenlob-Überlieferung zweckmäßig ist, auf den ganzen Wortschatz der Epoche übertragen. Ich nehme aber an, daß alle oder doch die meisten philologischen Fragen, vor die sich der Lexikograph des Mittelhochdeutschen gestellt sieht, hier auftreten und am kleinen Maßstab studiert werden können. Das sollte die Formulierung der Probleme, mit denen es die Redaktoren eines größeren Wörterbuchs zu tun bekommen werden, und die Planung geeigneter Problemlösungen erleichtern.

II. Beschreibung des Projekts

Zwei Vorbemerkungen:

1. Wenn ich im folgenden von ›wir‹ spreche, meine ich die kleine Arbeitsgruppe, die mit der Herstellung des Wörterbuchs befaßt ist. Das sind außer mir selbst zur Zeit drei Doktoranden mit je 20 Stunden wöchentlicher Arbeitszeit. Außerdem ist ein Hochschulassistent beteiligt, der eine Zeitlang als Mitarbeiter in der Arbeitsgruppe tätig war. Die Arbeit wurde im Sommer 1985 begonnen, ist also seit gut 2½ Jahren im Gang.
2. sind die Begriffe ›Normalwörter‹ und ›Massenwörter‹ einzuführen. Unter ›Massenwörter‹ verstehen wir Funktionswörter, im wesentlichen also Personalpronomina, Konjunktionen, Präpositionen, Satzpartikeln, aber beispielsweise auch Hilfsverben. Sie werden anders behandelt als der übrige Wortschatz. Für diesen

[2] Heinrichs von Meissen des Frauenlobes Leiche, Sprüche, Streitgedichte und Lieder, ed. LUDWIG ETTMÜLLER, Quedlinburg/Leipzig 1843 (Bibl. d. ges. dt. Nat.-Lit. 16).

Wortschatz haben wir in unserm Arbeitsalltag keine eigene Bezeichnung. Da ich sie hier aber um der eindeutigen Verständigung willen benötige, verwende ich das zwar unschöne, aber praktische ›Normalwörter‹.

Mein Bericht gliedert sich in drei Punkte: (1.) Was ist geschehen? (2.) Was geschieht? (3.) Was soll noch geschehen?

1. Was ist geschehen?

Wir haben das Grundmaterial für das Wörterbuch bereitgestellt. Über seinen Umfang gibt die Statistische Übersicht (Abb. 1) Auskunft.

Anzahl der Belege		42 611	GA
	+	1 500	Lesartenbelege
		44 111	
Davon entfallen auf:			
kleine Artikel	ca.	2 200	Belege
mittlere Artikel	ca.	16 000	Belege
große Artikel	ca.	4 000	Belege
Massenwörter	ca.	22 000	Belege
	ca.	44 200	Belege

		Eingegeben/ korrigiert	Entwurf	Unbearbeitet
Lemmata	ca. 3 700	2 850	500	450
Davon entfallen auf				
kleine Artikel	ca. 1 750	1 750	--	--
mittlere Artikel	ca. 1 850	1 000	450	400
große Artikel	ca. 100	--	50	50

Abb. 1: Statistische Übersicht

Für die Beschaffung des Grundmaterials wurde ein gemischtes Verfahren angewandt. In einem ersten Schritt haben wir den Frauenlob-Text so, wie ihn die GA bietet, in den Großrechner (damals noch Sperry 1100/80) eingegeben. Der einzige Unterschied zur GA besteht darin, daß die Kursivierungen außer acht gelassen worden sind. Von dem eingegebenen Text wurde eine Version hergestellt, die mit COCOA-Referenzen ausgestattet ist und so mit OCP (Oxford Concordance Program) bearbeitet werden kann. Diese Version des Textes erlaubt es uns, jederzeit Indices und Konkordanzen als Hilfsmittel mit dem Programm OCP herzustellen. Von beiden Versionen des Textes gibt es Sicherungskopien auf Magnetband.

Zum Jahreswechsel 1987/88 wurde die Anlage Sperry 1100/80 gegen eine IBM 3090 ausgetauscht. Der Austausch ist noch nicht ganz abgeschlossen. Die alte Anlage läuft im Augenblick noch mit der von 5 CPU auf 2 CPU reduzierten Rechnerkapazität. Auf der IBM 3090 wurden die gleichen Programme installiert wie auf der Sperry 1100/80. Die auf der alten Anlage gespeicherten Daten wurden auf die neue Anlage übertragen.

Wichtigstes Hilfsmittel für die laufenden Arbeiten ist der Wortformenindex. Er existiert in drei Ausdrucken und steht für Kontrollaufgaben zur Verfügung, die bei den verschiedenen Arbeitsgängen anfallen. Insbesondere wird mit dem Index die Vollständigkeit der Bearbeitung überwacht.

Parallel dazu ist dann mit Hilfe von Xerokopien ein Zettelkatalog entstanden, der alle Normalwörter umfaßt. Im Regelfall enthält der Zettel ein Drittel einer Strophe, d.h. einen Stollen oder Abgesang. Ausnahmen bilden die Leichs mit ihren nicht-stolligen Strophenformen.

Die Zettel im Format DIN A 6 sind lemmatisiert und alphabetisiert. Die Vollständigkeit der Erfassung ist mit dem Wortformenindex geprüft.

2. Was geschieht?

In der gegenwärtigen Phase werden Artikelentwürfe zu den ›Normalwörtern‹ hergestellt, redaktionell überarbeitet, geprüft und in den Großrechner eingegeben. Die Bearbeitung des eingegebenen Textes erfolgt durch das Textverarbeitungsprogramm TEX. Dieses Programm ermöglicht eine Druckausgabe mit Hilfe eines Laserdruckers, die der endgültigen Gestalt des Wörterbuches, wie sie von der Druckerei hergestellt werden soll, weitgehend entspricht (s. Abb. 2). So erhält die Arbeitsgruppe die Möglichkeit, die graphische Gestalt der Artikel und damit des Wörterbuches jederzeit zu kontrollieren und ggf. auch zu modifizieren.

Die eingegebenen Artikel werden an Hand der Probeausdrucke korrigiert. Sie sind für die weitere Arbeit am Wörterbuch ein zusätzliches Orientierungsmittel. Nach Abschluß der Arbeiten soll der Wörterbuchtext für die Druckerei auf Disketten kopiert werden. Sie kann dann den so übermittelten Text mit Hilfe ihres Satzrechners bearbeiten. Die Bearbeitung besteht in erster Linie in der Umsetzung der Steuerzeichen des Programms TEX in die des Satzrechners. Danach erhält der Text durch den Satzrechner seine endgültige Gestalt. Bei diesem letzten Arbeitsgang werden übervolle Zeilen, die durch mangelnde Trennfugen entstanden sind, beseitigt, ebenso die Trennungsfehler. Um zu vermeiden, daß ein Artikelkopf ans Ende einer Spalte zu stehen kommt, wird der Zeilenabstand, im Gegensatz zur TEX-Version, variabel gehalten.

Da der Rechner beliebige Ergänzungen des eingegebenen Materials an beliebiger Stelle erlaubt, brauchen nicht sämtliche zu einem Buchstaben gehörigen Artikel fertiggestellt zu sein, bevor die Eingabe beginnt. Vielmehr sind jederzeit Ergänzungen und Veränderungen möglich. Diese Eigenschaft des Rechners haben wir uns zunutze gemacht und in einem ersten Durchgang durch das Alphabet nur Artikel hergestellt, bei denen maximal drei Belege zu berücksichtigen waren. An diesen ›kleinen‹ Artikeln haben wir erste Erfahrungen gesammelt und allmählich die Detailregelungen eingeführt, die sich als notwendig erwiesen. Abbildung 3 vermittelt einen Eindruck vom Aussehen der Probedrucke in dieser Frühphase der Arbeit.

2 Wörterbuch zur Frauenlob-Ausgabe

garte V,101,1. minniclicher wunne ein trutlich garte VIII,16,15. der lüste garten XIV, 12,2. XIV,12,10. XIV,13,1. XIV,13,10.

→RÖSENGARTE

GARTENÆRE stM.

Gärtner; hier für Gott als den Schöpfer des Paradieses: er *(Christus)* was sun des alden gerteneres, der gebelzet het in sinem garten den boum I,19,2.

GAST stM.

Gast: swer wart ie minneclicher gast III,29,5. der vrouwen gast V,105,17. ich bin ein gast und habe den wirt in hute X,8,1. miner hohen selden minniglichen gast XIV,1,2. *Fremder:* daz liebet in den gesten ouch V,45,12. V, 78,11. swer huset gast in sinem lant V,78,13. swa man den gast wil e gewern XIII,32,7.

GAZZE swF.

Gasse: waz sucht ir, meit, so spate in disen gazzen I,4,14. min gazzen sint geblümet I, 10,8.

***GEANDEN** swV.

Etwas rächen, zum Vorwurf machen: sie mügenz nicht geanden V,119 G,9. ez sol der von Vulde wol rechen, sit ich nicht entar vor vorchten sin *(gemeint: aus Angst vor dem Gegner)* geanden *(als Objekt* ez *zu ergänzen)* V,121 G,6.

GEBÆRDE stF., **GEBIERDE(?)** stN.

1. gebærde stF.; *Haltung, äußerlich sichtbares Benehmen:* die muter sin gütlich mit geberden V,108 G,5. mit tat und ⟨mit⟩ geberde VII,40,9. daz spürt man an geberden IX,18,10. der kan sich mit geberden sterken *(gemeint: zu immer vorbildlicherer Haltung kommen)* X,9,2. mit geberden nicht so stete X,9,6. geberden laz X,9,10. du (gelücke) bist ⟨vil⟩ seltsan mit geberden XI,5,2. daz ich ir *(der* tummen diet) geberde nicht ⟨me⟩ kan erkennen XI,10,5. wie ir *(der* edelen) geberde ir adel müge krenken XI,12,2. daz din *(der liebenden Frau)* geberde ⟨icht⟩ werde erkant XIII,49,4. geberde wilder site XIII,50,2. ein gut geberde XIII,50,8. *Quantität und Qualität des Haupttonvokals sind unsicher, da* geberden *zweimal im Reim auf Wörter mit ë steht (IX,18,10. XI,5,2.). Es könnte sich um eine Kürzung von æ vor mehrfacher Konsonanz handeln (vgl. Virgil Moser §50 I; auch Thomas, Untg. S.190). Die gleiche Erscheinung auch in der Gegenstrophe V,108 G,5.*
2. gebierde stN.: secht an sin † gebierde V, *12,11. *Der Ansatz dieses Lemmas ist sehr unsicher. Zwar gibt es Spuren eines Vorkommens von Formen mit* i *als Stammvokal, auch Spuren des Neutrums (vgl. DWb IV,1,1,1878,Sp.1729f.). Aber der Reim auf* zierde *und* wirde, *in dem das Wort erscheint, ist singulär bei Frauenlob. So wird man mit einer Textverderbnis zu rechnen haben.*

Lesart: VII,18,13.(F: geperden; J: gebyrde)

→UNGEBÆRDE

GEBÆRE stN.

Benehmen, Wesen: ob ieman witzig were und [] ein swach gebere *(zu ergänzen:* were) so gar in sines herzen grunt, daz würde im [] zu swere V,56,10. din arc gebere XII,7,3.

GEBÂREN(?) stN.

Unklar, ob zu diesem Lemma; Benehmen, Verhalten: er billich fürt den adelarn uf erden hie mit sinem † gebarn V,16,18. *Das Wort steht in männlicher Kadenz und im Reim auf* -arn; *daher dürfte eine Textverderbnis vorliegen; vgl. Komm., S.734.*

GEBÂREN swV.

Verfahren, tun: (Wo immer bärtige Männer) gebaren, alsam ir blöze sin noch blanc V,27,5. ein ritter drizic jare rilich mac gebaren V, 30,4. sie *(die* pfaffen) leren wol gebaren VII, 22,7. wie sol ich danne gebaren? XIV,20,8. wie sol ich [] gebaren XIV,35,1.

GEBENEDÎET adj.Part.

Abb. 2: Laserausdruck mit einem Ausschnitt aus dem Buchstaben G
Sonderzeichen * beim Lemma: nur aus Gegenstrophen belegt.

2 Wörterbuch zur Frauenlob-Ausgabe

Deutung, Auslegung: w wunne wil zu diute haben III,22,2.

DIUTEN swV.

Bedeuten: der vogel sprichet und enweiz nicht, [] waz sin sprechen diuten mag XIII,26,2.

DÕRPERHEIT stF.

Unhöfisches, bäurisches Benehmen: vrou Ritterschaft, ich klage, daz sus die Dõrperheit sich hat gekleit zu diner massenie V,32,1.

DÕRPERN

Gelegenheitsbildung zu dorpære; *reflexiv, sich zum* dorpære *machen, sich* dörperlîche *benehmen:* verbiderbet knecht sich hõnet, verrittert man sich dörpert VII,17,14.

DÕRPERSITE stM.

Bäurisches Benehmen: ez was vor ein gesundert snit, vrou Ritterschaft und Dõrpersit V, 32,14.

[**DÔSEN** ?] swV.

Tosen; Lesart F *zu* III,29,6: nach dem dossen (: beslossen). – GA: nach dem diezen (: besliezen). *Oder ist* dôzen swV. *'wiederhallen' anzunehmen?*

DÔZ stM.

Schall: ist ⟨aber⟩ sin leben in tugent groz, so hat sin nennen richen doz V,55,14.

[**DÔZEN**] swV.

→[DÔSEN]

DRÆHEN swV.

→DRÆJEN

DRÆJEN (?) swV.

Reflexiv; sich wirbelnd bewegen: swenne ich an sihe ... der liljen schin, der ... gewaltiglichen brehet unde drehet zu dem herzen XIV,16,9. *Oder ist von* dræhen *(duften) auszugehen?*

DRÂTE Adv.

Eilig, schnell: wie vor der zit geselle din in der unspate drate gienc zu rate II,2,2.

DRÎES Adv.

Dreimal: die dõne ... ,die sich modeln, dries drien I,18,3.

DRÎGLESTEC Adj.

Gelegenheitsbildung; dreifach glänzend: durchtrechtic wart der gotlich gadem driglestic vunkenricher kunft VII,1,11.

DRINDEN stV.

Anschwellen: ich male im wiz, da durch e swerze drant VII,25,12.

DRÎVACH Adj.

Dreifach: diz drivach sper V,111,16.

[**DRÎVALT**] Adj.

Dreifältig; Lesart zu V,111,16: diz drivach (F: driualt) sper.

DRÎVALT stF.

Dreifaltigkeit: er jung und alt uz der drivalt V,59,16.

DRÕUWEN swV.

Drohen: swelch man von drõuwen stirbet, den sol nieman clagen V,83,1.

⟨**DRUC**⟩ stM.

Druck: des weichen sinnes valken vluc, die spehe ist im niur ein druc (J: truc, *Trug*) V, 114,14.

DRUO stF.(?)

Frucht: der minnen dru, der si zuhant uf siner wise gru VI,9,3.

DULT stF.

Gedult: durch kiusche dult V,113,2.

Abb. 3: Probeseite aus der Frühphase der Arbeit
Lemma in [ ]: nur durch Lesarten bezeugt,
Lemma in ⟨ ⟩: beruht auf Konjektur.

Zur Zeit werden im zweiten Durchgang die ›mittleren‹ Artikel mit bis zu 30 Belegen erarbeitet. Dazu fertigen die Mitarbeiter Entwürfe an, die ich überarbeitet zur Eingabe in den Rechner zurückgebe.

Da ein gewisser Stau eingetreten ist, der mir freie Arbeitskapazität beläßt, habe ich einen dritten Durchgang begonnen, bei dem die ›großen‹ Artikel zu den Normalwörtern hergestellt werden, Artikel also, bei denen mehr als etwa 30 Belege zu verarbeiten sind. Zu diesen Artikeln fertige ich die Entwürfe selbst an.

Beispiele:

ADEL	mit	30	+	3 Lesartenbelegen
ÊRE	mit	164	+	11 Lesartenbelegen
GOT	mit	207	+	19 Lesartenbelegen
GUOT	mit	173	+	18 Lesartenbelegen

Über den derzeitigen Stand der Arbeiten unterrichtet die Übersicht der Abbildung 1. Sie zeigt, daß im Bereich der Normalwörter etwa 86% der redaktionellen Arbeiten an den Artikeln geleistet ist und 77% der erarbeiteten Artikel in einem Probedruck vorliegen. Das Bild erscheint auf den ersten Blick recht erfreulich. Es ist aber darauf aufmerksam zu machen, daß zwei wichtige Posten des Zeitbudgets fehlen: die Massenwörter sowie die Korrektur- und Kontrollarbeiten. Beides wird in erheblichem Umfang zu Buche schlagen. Genaueres kann man darüber in diesem Augenblick noch nicht sagen.

3. Was soll geschehen?

Aus den Daten der Übersicht (Abb. 1) ergibt sich, daß noch rund 450 Artikel zu ›Normalwörtern‹ angefertigt werden müssen, und zwar sowohl mittlere als auch große. Das wird schätzungsweise 10 Wochen in Anspruch nehmen, sollte also rein rechnerisch Ende Mai erledigt sein. Tatsächlich wird es aber zu einer Verschiebung kommen, weil bis dahin noch nicht alle ausstehenden mittelgroßen Artikel, deren erste Entwürfe die Mitarbeiter anfertigen, bei mir vorliegen werden. Ich werde daher, sobald die großen Artikel im Entwurf fertig sind, mit der Aufarbeitung des letzten Komplexes, der Massenwörter, beginnen und diese Tätigkeit unterbrechen, wenn die Entwürfe der Mitarbeiter fertig sind.

Für die Bearbeitung der Massenwörter stehen einfache Konkordanzen zur Verfügung, die rechts und links von dem jeweiligen Lemma Kontext im Umfang von maximal 50 Zeichen (nur ganze Wörter) mitteilen (Abb. 4). Die Kontextmenge dürfte im allgemeinen ausreichen, um dem Lemma eine eindeutige Bestimmung zuzuordnen. Nur da, wo das nicht der Fall ist, wird es nötig sein, auf die Ausgabe zurückzugreifen.

Die Regeln für die Behandlung der Massenwörter sind noch nicht endgültig festgelegt. In dieser Hinsicht erhoffe ich mir Hilfen von der Diskussion, die im Anschluß an meinen Bericht zu führen sein wird.

Im Augenblick steht nur fest, daß unter den Lemmata der Massenwörter keine sinnlosen Zahlenfriedhöfe angelegt werden sollen. Es dürfte sich von selbst verbieten, sämtliche Stellen anzuführen, an denen das Pronomen *Er* oder die 3. Pers.

Sing. Ind. Präs. des Verbums substantivum, also *Ist*, vorkommt. Ebenso wird man auf eine Angabe aller Stellen mit dem Vorkommen des Artikels *Daz* verzichten können, dagegen nicht auf Angaben zu dem Relativpronomen *Daz* und schon gar nicht auf eine Darstellung der Konjunktion *Daz*. In Fällen wie diesen wird die Konkordanz vor allem die Ausscheidung von Ballast ermöglichen oder wenigstens erleichtern. In andern Fällen, etwa bei den Präpositionen mit mehr als einem Kasus, wird die Konkordanz jedenfalls eine erste Aufteilung des Gesamtmaterials erlauben.

Über das weitere Verfahren bei den Belegen, die im Wörterbuch berücksichtigt werden sollen, ist noch nicht entschieden. Ich möchte einerseits die syntaktisch-semantische Differenzierung so weit vorantreiben, wie ich das für nötig halte, habe mich anderseits aber der DFG gegenüber verpflichtet, es über der Bearbeitung der Massenwörter nicht zu unvertretbaren Verzögerungen des Gesamtprojekts kommen zu lassen.

Meine Absicht ist es, meine eigenen redaktionellen Arbeiten bis zum Herbst dieses Jahres abzuschließen. Die Arbeitsgruppe wird dann bis in die ersten Monate des nächsten Jahres mit der Kontrolle und Eingabe der letzten Artikel beschäftigt sein.

Wenn das gesamte Wörterbuch im Probeausdruck vorliegt, wird darüber zu befinden sein, welche abschließenden Kontrollen erforderlich sind, bevor der Reindruck beginnen kann.

Das im Augenblick vorgesehene Prüfprogramm läßt sich aus dem in Abbildung 5 wiedergegebenen Laufzettel ablesen, der jeder Mappe mit Artikelentwürfen beigegeben ist. Es ist schon jetzt abzusehen, daß hier Ergänzungen nötig sind, die einer Kontrolle der internen Gleichmäßigkeit dienen. Insbesondere ist zu prüfen, ob die Eintragung zu verschiedenen Wörtern der gleichen schwierigen und umstrittenen Textstelle genügend aufeinander abgestimmt sind. Auch andere zusätzliche Kontrollen werden nötig sein. Eine Beendigung der Arbeiten ist daher frühestens im Spätsommer oder Herbst des nächsten Jahres zu erwarten.

III. Erfahrungen

Entsprechend der Zielsetzung dieses Symposions will ich nur von Erfahrungen berichten, die im Zusammenhang mit der Verwendung des Rechners stehen, und auch nur von einigen grundsätzlichen Einsichten.

Ich beginne mit der einzigen negativen Erfahrung von Bedeutung. Es handelt sich im Grunde nur um die Bestätigung einer Annahme, von der ich schon vor dem Beginn der Arbeiten ausgegangen bin. Damals wurde ich von vielen Seiten gedrängt, auf das gemischte Verfahren zu verzichten und das gesamte Projekt auf dem Großrechner laufen zu lassen. Ich habe alle gutgemeinten Ratschläge dieser Art ausgeschlagen und sehe mich jetzt in meiner Skepsis voll bestätigt. Kein Rechnerprogramm hätte mir erlaubt, auf die Besonderheiten des Einzelfalles einzugehen, meine Zweifel gegen eindeutige Festlegungen zu begründen, Alternativen zu diskutieren. Dagegen könnte natürlich eingewandt werden, solche Einsprengsel seien Subjektivismen, die in einem Kommentar am Platz seien, in einem auf Ob-

PROBEKON

I, 2,11	und sach in doch besundert in eines lammes wise
I, 3,11	kom, lieb, kom´, sust wirt sin warten dort
I, 5,11	sin sam rechb^ocke und iuwer huf, // da seit er
I, 6,20	din lip, din herze, des min munt dich mizzet
I, 6,20	herze, des min munt dich mizzet uf daz beste und
I, 12,15	die stimme, # do der alte leo lut die sinen kint
I, 13, 3	als einer, der da b^urge velset, wan ich bin
I, 13,32	ich kan uz siben hornen schenken, die man sach
I, 13,34	die propheten alle kunden - ir wort, ir rede ~sie
I, 16, 7	kint und ich muter. er tet, ich leit, in wenne,
I, 20,11	menscheit unde gote sten ich rechte mitten
II, 8, 2	wer was der seraph, der sich dir erscheinte, ouch
II, 8, 6	durch din phorte von naturen? Johan, wer kunde
II, 15,11	not ie ez // durch niez: Set stiez // daz ris
II, 16, 1	an ez so schoz der vater siner sele bolz. Stoz
II, 16,16	so starc gevider, gein siner vetchen winken varn
II, 17, 7	von solcher art, swer dich kan v^uren, der gesiget
II, 17, 9	der gesiget uf aller vart. eia, stolzer aneboz!
II, 17,16	engel und der sele lust kan laben. heilic alter,
II, 18, 3	sinen cresem: sus wichte dich sin selbes zesem.
II, 18, 8	aber do kein not. Gotes vleischbanc was din nam,
II, 20, 6	die kleinen ane widerwer ertrunken, nieman hat
II, 20, 8	br^ucke, die worchte Crist, der lebende got,
II, 20,11	ebenez phat. Ein leiter gienc von himel her nider
II, 21, 5	swinden, jenen, die mit falschen winden blasen
III, 3, 8	ris, gehorsam, barmdiem^utic : is gesmalz nie
III, 4, 2	Sprich diner fantasien zu, waz feien sach Alanus
III, 8, 2	O wip, du fioliner garte, der sich heget
III, 14, 4	Sit dir die geiste jen als^uzer gr^uze. ei, man,
III, 21, 6	vrouwe, ganzer vr^ouden tempel gezirkelt hat sich
III, 23, 7	mit blanken armen s^uzen twalm erlusten? Wer tut
III, 25, 1	uz leides vreide? Wer kan // werden man // v^uren
III, 26, 4	zeret # brustlich vroun Minne gut? Wer willet man
IV, 4,10	er wirt min schaz. Du, Minne, bist ein wirkerinne
IV, 5,12	zam. er ist ouch ich und ich bin er. noch sich
IV, 15, 7	h^ochsten eren kleit, din bester wunsch. swer
V, *3,13	in dem vater sin // zu troste uns Even kinden.
V, *3,18	verselt. din macht, die meistert ez und melt,
V, *6,17	der junge degen iu git den segen, er giuzet
V, 7, 5	wol gezieret. lotic und gevieret sint dine werc.
V, 9, 2	minnen sch^uler, dich wil ere in ir tanz! setze
V, 9,13	die complexie din // ist an dem ort gestalet.
V, 11, 2	lob, die wellen daz v^unfte mit in hin. setzt
V, 16,18	den geist bewarn. er billich f^urt den adelarn
V, 17, 6	ist der sibende winkelstein, // da sich daz riche
V, 19, 7	mit laste widerw^uge. San wart geleit der stein
V, 19,12	spangen. ein wiser warf ein dach von erden //
V, 20, 5	stifte nerte mit vergifte von kintheit
V, 20, 6	die gab nach der schrifte giftwort, ouch sehen
V, 20,13	die von der not in scharte. Ir v^ursten, set
V, 21,12	lat // mit verdachten sinnen, des recht ist komen
V, 22,12	und e, // touf und ebenhelle? recht ist ein wec,
V, 23,11	uz vulen lachen dringet. swem sin herze ringet
V, 24, 4	wirt so schin: swer linin tuch mit viure leget
V, 25, 1	esels oren´. // schalc, da vor dich firme! Sich
V, 25, 7	bescheidenheit uz voller ger dir schenken. Setze

1

Abb. 4: Ausschnitt aus der Konkordanz zu *ûf* Adv., Präpos.

KORDANZ uf

uf 192

uf Sion, dem berge gehiuren. Sie tet rechte als sie
uf dem lewenberge von mirren. // kein virren // sol
uf, daz die viurguldin f^urspan sin. // wol stan der
uf daz beste und uf daz meiste. Ob ich die warheit
uf daz meiste. Ob ich die warheit lerne, die siben
uf von des alten # todes flut. ich binz die glut, da
uf geschozzen als ein lustig cederboum, den cipres
uf dem lamme lenken. swaz die propheten alle kunden
uf mich" bunden - ich bir, niur himel minen friunden
uf wa, des habens ich gelegenheit. sin art, die mac
uf der marke: der vater ummehelset mich, der sun
uf dem berge Sinai mit Moysi vereinte? welch s^unders
uf Sion sich in ein lam figuren mit zwelf geslechten
uf sines grabes griez. da wart des criuzes dille, do
uf die hant! // dir wirt bekant // des criuzes rant
uf des himels klinken, dar an sol nieman hinken
uf aller vart. eja, stolzer aneboz! Uf dir geworcht
Uf dir geworcht wart unser himel, trost, heil
uf dich goz Got sin ^ol und sinen cresem: sus wichte
uf dir der tot brach sin brot. daz tet die menscheit
uf dir daz lam zu tode erquam. sin lip, sin blut
uf dem wazzer kein gel^ucke. do wart daz criuze ein
uf sines selbes r^ucke: alsust die hohen, tiefen uber
uf erden, die sach Jacob sider, da clummen engel hin
uf der himel her. du bist die lanne, an der gezemt
uf ir wazzers naz.´ „Sprich diner fantasien zu, waz
uf der glanzen gru und wie gebriset was ir
uf vrou Minnen warte, du zarter liebe ein agetstein
uf vrouwen pris traget lobes gomen! Sit, wip, der
uf die dri genende. Meit sunder schranc ein
uf widermutes phade verwunten sin mit linden worten
uf der eren plan mit gewelbet phellelvarwes mundes
uf mancher hande manlich tat? wip, bistuz? ja. wol
uf miner stift, ob du hast list: din wirken ist ab
uf, Werlt, wie lit din ger? Die forme, die der
uf min pfat komt ane dinen danc, im wirt ouch
Uf Sinai w^urde du erwelt, daz alle recht dir sin
uf trachtunge ie din mut sich cuelt, du werder gotes
uf iuch der engel regen: daz werc kan nieman
uf heilic leben // <sich> din sin parrieret in
uf den kranz der manheit unt der milte! vor dem
Uf ritters pris din mut sich schart, da vor wart nie
uf, her Sin, ir sult ez also trinnen, daz ez uzen
uf erden hie mit sinem # gebarn in ritterschefte
uf setzet, Swenn ez in sinen h^ochsten eren risen mag
uf einer wage simz, mit lastes bimz sold man in
uf den stein gev^uge: Zuhant was al sin last gelegen
uf ein stolze maget. // die gab nach der schrifte
uf gahen tot: // der quam, swar sie daz karte. Dem
uf, swen ir habet, dem ir zu tiefez twingen grabet
uf wernde sla // hin nach Johannes lamme. Uns tun
uf dem uns got und al sin gunst muz horden. Daz
uf prislich tat unde die der mut // wol bescheiden
uf ez, zu stiure mit kalder art sin helfe tut
uf, du hohez adel und rechter eren kefs: des wandels
uf die triuwe, als dich des goldes varwe zech. du

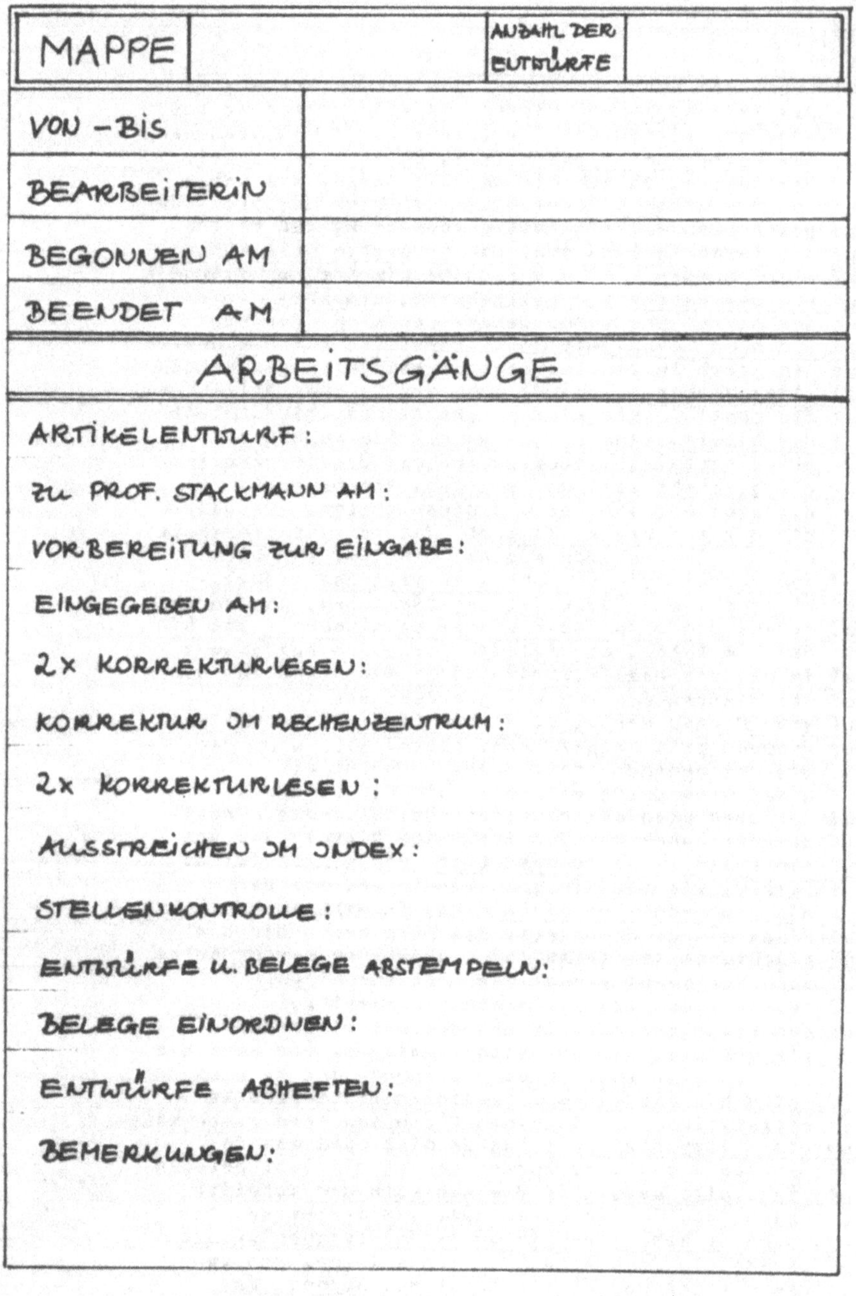

MAPPE		ANZAHL DER ENTWÜRFE	
VON – BIS			
BEARBEITERIN			
BEGONNEN AM			
BEENDET AM			

ARBEITSGÄNGE

ARTIKELENTWURF:

ZU PROF. STACKMANN AM:

VORBEREITUNG ZUR EINGABE:

EINGEGEBEN AM:

2x KORREKTURLESEN:

KORREKTUR IM RECHENZENTRUM:

2x KORREKTURLESEN:

AUSSTREICHEN IM INDEX:

STELLENKONTROLLE:

ENTWÜRFE U. BELEGE ABSTEMPELN:

BELEGE EINORDNEN:

ENTWÜRFE ABHEFTEN:

BEMERKUNGEN:

Abb. 5

jektivität festgelegten Wörterbuch aber nichts zu suchen hätten. Ein solcher Einwand ist nicht einfach abzuweisen. In der Tat gibt es in diesem Wörterbuch eine Grauzone zwischen lexikographischer Bestimmung und erörterndem Kommentar, von der man fragen kann, ob sie nicht beseitigt werden müßte.

Ich will das an einem Beispiel erläutern. In einer Strophe des ›Langen Tons‹, die durch die Jenaer Handschrift überliefert ist, liest man: *swa daz gewalt mit rechte vert, recht wirt wol gevüret* (V,22,5). Im Artikel *Gewalt* ist die Verwendung des Wortes an dieser Stelle zu kommentieren. Dabei erfordert das auffällige *daz* vor *gewalt* eine Erklärung. Ich gebe sie zunächst durch einen Hinweis darauf, daß es sich um einen Fall handeln kann, in dem *daz* als ›konjunktionale Stütze‹ zu dem Interrogativpronomen *swa* tritt. Die Annahme einer solchen Verwendung läßt sich mit einem Hinweis auf das nhd. *wo daß,* auch auf die gut bezeugte Parallele des mhd. *wie daz* begründen.[3] Ich lasse es aber nicht dabei, sondern ich mache den Benutzer des Wörterbuchs außerdem darauf aufmerksam, daß an dieser Stelle durch die Überlieferung in der Jenaer Handschrift das niederdeutsche Neutrum *gewelde, gewalt* durchschlagen könnte.

Gelegentlich gehe ich sogar über die semantisch-grammatische Kommentierung hinaus und gebe Literaturhinweise für eine sachliche Kommentierung. Unter dem Lemma *Kôr* mache ich beispielsweise auf den Artikel ›Engelschor‹ von KARL AUGUST WIRTH im Reallexikon der Kunstgeschichte aufmerksam.[4] Denn der einzige Frauenlob-Beleg bezieht sich auf die neun Engelschöre, und WIRTH gibt eine sehr instruktive Darstellung zu diesem Stichwort.

Beim Lemma *Dunst* zitiere ich eine Auskunft, die ich der Freundlichkeit Gundolf Keils verdanke. Denn Frauenlob verwendet das Wort u.a. auch als Äquivalent zu lat. *vapor* als medizinischen Terminus technicus.

Ich halte diesen Kompromiß zwischen Wörterbuch und Kommentar im Fall der Frauenlob'schen Dichtung mit ihren zahlreichen Dunkelheiten für zwingend geboten. Das Wörterbuch müßte sonst viel apodiktischer auftreten, als der Sache angemessen ist. Man hätte über einen Verzicht nur diskutieren können, wenn um diesen Preis eine absolut gleichmäßige und objektive Lösung der lexikographischen Kernaufgabe, der Bestimmung der jeweils nachweisbaren Verwendungsweise der Wörter, einzuhandeln gewesen wäre. Eine solche Lösung, die mit Hilfe des Rechners hätte verwirklicht werden können, ist aber nach meiner Einschätzung nicht zu finden. Ich will diese Behauptung noch durch ein letztes Beispiel zu erhärten versuchen. Es basiert auf einem Fall, der im Unterschied zu den voraufgehenden keinerlei kommentierende Anmerkungen zu den lexikographischen Eintragungen erfordert. Ich entnehme es dem Artikel *Dürfen.* Er umfaßt insgesamt 24 Belege. Sechs davon zeigen *dürfen* mit dem Infinitiv in einem negierten Satz. In fünf Fällen läßt sich die für diese Konstruktion im Frauenlob-Text zu

---

[3] HERMANN PAUL: Mittelhochdeutsche Grammatik. 21. Auflage von HUGO MOSER und INGEBORG SCHRÖBLER. Tübingen 1975 (Sammlung kurzer Grammatiken germanischer Dialekte A2), §358,4 (*wie daz*). - OTTO BEHAGHEL: Deutsche Syntax. Eine geschichtliche Darstellung. 4 Bde., Heidelberg 1923-1932 (Germanische Bibliothek, 1. Reihe, Bd. 10,1-4). Bd. 3, 1928, §913,I (*daz* unmittelbar an Konjunktionen angelehnt; insbesondere *wo daz* und *wie daz*).

[4] Bd. 5, 1967, Sp. 555-601.

erschließende Bedeutung mit dem vereinbaren, was im Mittelhochdeutschen üblich ist.[5] Wir können sie im Neuhochdeutschen umschreiben mit: ›etwas nicht zu tun brauchen‹, ›es nicht tun müssen‹. Ein Beleg weicht dagegen gänzlich ab. Er zeigt zweifelsfrei die moderne Bedeutung ›kein Recht haben, etwas zu tun‹, ›es nicht tun dürfen‹: *sol hant gesigen, mut darf nicht ligen* (V,23,15f.). Das kann nur heißen: ›Wenn die Hand einen Sieg erstreiten soll, darf der *muot* nicht daniederliegen‹.[6] Die Konstruktion von *dürfen* ist an dieser Stelle aber keine andere, als wenn im Sinne der älteren Bedeutung hätte ausgedrückt werden sollen: ›..., braucht der *muot* nicht daniederzuliegen‹. Es versteht sich von selbst, daß bei der Gestaltung des Artikels dieser Beleg von den übrigen abgetrennt und mit einer eigenen Bedeutungsangabe versehen werden mußte.[7]

Die veränderte Verwendungsweise von *dürfen* ist ausschließlich aus einer Kontextanalyse zu erschließen. Es wäre wohl einigermaßen utopisch anzunehmen, es könnte ein Rechnerprogramm geben, das imstande wäre, in solchen Fällen den menschlichen Bearbeiter zu ersetzen und derartige Probleme der historischen Lexikographie automatisch zu lösen.

Damit beende ich, was ich über die Bestätigung negativer Erwartungen durch die bisherige Arbeitspraxis sagen möchte, und wende mich den positiven Erfahrungen zu. Sie erscheinen am Schluß meines Berichts, weil ich möchte, daß sich dies meinen Zuhörern einprägt und nicht etwa meine kritischen Bemerkungen. Ich stehe nicht an zu behaupten, daß Projekte wie das Ihnen hier vorgestellte heute überhaupt nur mit Rechnerunterstützung ausgeführt werden können. Unter den Bedingungen, die uns nun einmal für unsere Arbeit gesetzt sind, ist es undenkbar, daß ein Einzelner ein Spezialwörterbuch ausarbeitet. BENECKE im Fall des 'Iwein', BARTSCH im Fall der 'Nibelungen', ERDMANN im Fall des Otfrid'schen Evangelienbuchs und die wenigen andern, die Vergleichbares vollbracht haben, waren da in einer anderen Lage als wir Sklaven der Überlastquote und des Terminkalenders. Sie, die Älteren, konnten Wörterbücher aus einem Guß vorlegen. Denn sie waren nicht auf die Mitwirkung wechselnder Helfer angewiesen. Wir heute können Aufgaben dieser Art nur in Angriff nehmen, wenn uns ermöglicht wird, eine Arbeitsgruppe zusammenzustellen. Damit wird aber die Wahrung von Kontinuität und Einheitlichkeit zu einem ernsthaften Problem. Denn bei der derzeitigen Lage in den Geisteswissenschaften wird man niemand länger für die Mitarbeit gewinnen können, als es seinen persönlichen Tages-Interessen entspricht. Das heißt aber, man muß sich auf eine erhebliche Fluktuation bei den Mitarbeitern einstellen. Der Diskontinuität, die damit droht, kann am besten begegnet werden, wenn jeder mit unveränderlichen Vorgaben zu rechnen hat. Solche Vorgaben sind durch die Zwänge gegeben, die aus der Benutzung des Rechners folgen. Jeder Mitarbeiter muß sich die darauf bezogenen Regeln einprägen und danach handeln. Die Ausdrucke erlauben eine interne Kontrolle der Genauigkeit, mit der die Regeln eingehalten werden.

---

[5] BMZ I, Sp. 363ᵃ.

[6] In freier Wiedergabe: Wer siegen will, braucht *hôhen muot*.

[7] Mit der Aussonderung dieses Falles ist die Erstbelegung dieser Verwendungsweise gegenüber dem einschlägigen Artikel in der Neubearbeitung des Deutschen Wörterbuchs (Bd. 6, 1983, Sp. 1800, Nr. 3) um etwa ein halbes Jahrhundert zurückdatiert.

Die stabilisierende Wirkung der Rechnerunterstützung erschöpft sich aber natürlich nicht in dem psychologischen Einfluß auf die Mitarbeiter. Sie ist auch in der täglichen Arbeitspraxis nachweisbar. Um das zu erläutern, muß ich auf bereits Gesagtes zurückgreifen. Ich beginne bei dem Index. Er ist ein unentbehrliches Hilfsmittel für die Arbeitsorganisation. Auf den Daten, die ihm auf einen Blick zu entnehmen sind, beruht die Aufteilung in kleine, mittlere und große Artikel. Er erlaubt eine laufende Vollständigkeitskontrolle. Vor allem aber hat er sich als unentbehrliches Hilfsmittel bei der Redigierung der Artikel erwiesen. Denn er gestattet es, jederzeit die Parallelen zum Wortschatz des Kontextes heranzuziehen, die man für die Bedeutungsanalyse braucht. Kein Buch habe ich, sieht man von der Text-Ausgabe und den großen Wörterbüchern ab, so oft in der Hand wie den Index.

Und noch etwas, dessen Wichtigkeit sich mir erst allmählich erschließt. Der Index, der stets griffbereit daliegt, erlaubt es ohne besondere Mühe, Stellen bei den Massenwörtern zu markieren, die irgendeine Besonderheit aufweisen und deswegen auch bei noch so stark reduzierter Darstellung in dem Wörterbuch erscheinen müssen. Solche Stellen fallen bei den redaktionellen Arbeiten immer wieder einmal auf und können auf diese Weise vor dem Vergessen bewahrt werden.

Sodann sind die Konkordanzen zu erwähnen. Sie bieten die Voraussetzung für die Bearbeitung der Massenwörter und sind damit von entscheidender Bedeutung für den Erfolg des Unternehmens.

Nicht geringer schätze ich die Rolle der Probe-Ausdrucke ein. Ich gehe rasch darüber hinweg, daß die mehr oder weniger zügige Umsetzung der täglichen Leistung bei der Artikelgestaltung in das Druckbild des künftigen Wörterbuchs von stimulierender Wirkung auf alle Beteiligten ist. Wichtiger ist, daß die Verfügbarkeit der bereits bearbeiteten Artikel erhebliche Bedeutung für die redaktionelle Gestaltung des Wörterbuchs hat.

Das will ich an einem letzten Beispiel erläutern. Bei der Ausarbeitung des Artikels *Gân* lag mir der Ausdruck der bis dahin bearbeiteten ›Normalwörter‹ vor. Ich fand darin einen Artikel *Undergân* vor, der dies Wort in der nhd. Bedeutung ›zugrundegehen‹ aus einer Lesart der Kolmarer Handschrift belegte. Das stellte mich vor die Frage, ob die Belege für die Kombination des Verbums *Gân* mit dem Adverb *Under,* die mein Zettelmaterial aus den Frauenlob-Texten der Ausgabe enthielt, bei dem Lemma *Gân* oder zusammen mit der Lesart aus t unter dem Lemma *Undergân* gebucht werden sollten. Ich habe mich nach dem Vorbild des Mittelhochdeutschen Wörterbuchs dafür entschieden, diese Belege, weil auf älteren Verwendungsweisen von *Gân* in Verbindung mit *Under* beruhend, bei dem Simplex stehen zu lassen. Damit soll nicht behauptet werden, diese Aufteilung des Materials sei die richtige. Eine ›richtige‹ Lösung wird es in Fällen wie diesen niemals geben. Ich will auf etwas anderes hinaus. Hinweise der beschriebenen Art, wie sie durch die Probe-Ausdrucke ermöglicht werden, machen dem Redaktor erst bewußt, daß sein Material ihn vor die Notwendigkeit einer Entscheidung stellt, und sie erlauben ihm zugleich, durch Querverweise den Benutzer voll über den Sachverhalt zu informieren.

Abgelöst von diesem einen Beispiel besagt das: Die Rechnerunterstützung setzt den Bearbeiter instand, trotz des arbeitsteiligen Vorgehens von Anfang an das Ganze des entstehenden Wörterbuches im Blick zu haben und Entscheidungen zu treffen, die der Einheitlichkeit dieses Ganzen dienen. Natürlich bedeutet die ständige Revidierbarkeit aller Entscheidungen, bedeutet vor allem die Möglichkeit, jederzeit Ergänzungen anzubringen, auch eine Gefahr. Man kann sich dadurch zu einer Arbeitsweise verleiten lassen, die aus dem Wörterbuch ein modernes Pendant zu dem ἀνήνυτον ἔργον der Penelope werden läßt. Diese Gefahr muß man sehen, aber man kann ihr mit Vernunft und gutem Willen begegnen. So meine ich denn, nehme ich alles in allem, ich schulde dem ›schnellen Trottel‹ - so nannte den Computer vor Jahren einmal gesprächsweise ein Mathematiker - großen und ehrlichen Dank.[8]

[8] Zum Schluß möchte ich den Damen Edith Bock und Sylvia Gross für die Anfertigung des Typoskripts danken.

Paul Sappler / Wolfram Schneider-Lastin

Ein Wörterbuch zu Gottfrieds 'Tristan'

Wer Datenverarbeitung für lexikographische Zwecke einsetzt und daran denkt, das Erzeugnis zu publizieren und es allgemein benutzbar zu machen, muß entscheiden, wieviel philologische Durcharbeitung er aufwendet.

Er kann einerseits bei einem rein mechanisch hergestellten, rohen Formwörterbuch, d. h. Index oder Konkordanz, bleiben, einer Umformung des Basistextes, die ganz auf sein graphematisches Bild bezogen ist. Das Minimum an Aufwand, dessen Unterschreitung doch auffällt, sollte darin bestehen, das Ergebnis der Maschinentätigkeit, bevor man es aus der Hand gibt, auf programmierte Sinnlosigkeiten zu prüfen.

Zu bedenken ist, daß sich die Veröffentlichung einer ganz unbearbeiteten Konkordanz kaum mehr lohnt, nachdem sich Datenverarbeitungsgeräte rapide ausbreiten; für die Ad-hoc-Herstellung einer einfachen Konkordanz oder - oft noch besser - für gezielte Suchabfragen im Text, die manchmal sogar noch spezifischere Analysegesichtspunkte als das bloße Vorkommen einer Wortform zu berücksichtigen gestatten, genügen schon der maschinenlesbare Text und ein PC. Ansonsten sind die rohen Hilfsmittel insgesamt unverächtlich, reichen sie doch für viele Aufgaben sehr wohl aus.

Nichtsdestoweniger ist andererseits seit langem eine Neigung zum philologischen Bearbeiten rechnererzeugter Formwörterbücher zu beobachten, die sich in Findelisten, morphologischen Verweisen, Lemmatisierung, Homographentrennung und ähnlichem äußert.[1] An dieser Tendenz ist besonders sympathisch, daß sie wieder näher hinführt zur traditionellen Wörterbucharbeit mit ihrem Ziel wortkundlicher Darstellung, innerhalb derer die gliedernde Beschreibung und Bezeugung der Bedeutung, des Gebrauchs und der grammatischen Verhältnisse von Wörtern ihren Platz hat. Sehr weit ist man noch nicht gekommen auf diesem an sich richtigen Weg, das Formwörterbuch dem traditionellen Wörterbuch ähnlich werden zu lassen; die rechte gegenstandsbezogene Gestaltungsfreiheit ist noch nicht erreicht, wie auch umgekehrt die Neugestaltung der technisch-organisatorischen Seite traditioneller Wörterbucharbeit keineswegs abgeschlossen ist.

In manchen Äußerungen klingt an, der Bearbeitungsaufwand für Lexika zu literatur- und geistesgeschichtlich weniger bedeutsamen, anspruchsloseren, nicht so bewußt geformten, weniggelesenen und -interpretierten Texten lohne sich nicht recht.

---

[1] Die Gegenüberstellung roher und bearbeiteter Maschinenerzeugnisse sieht etwas anders aus und ist nicht ganz so scharf, wenn man Versuche berücksichtigt, manche ›höheren‹ Unterscheidungen, die zunächst philologischer Einsicht vorbehalten scheinen, ›hintenherum‹ mittels Analyseprogramm zu leisten; aufs Ganze gesehen ist aber die Bearbeitung unmittelbar von der Kopfarbeit des Philologen abhängig.

Wie dem auch sei, unser (noch nicht abgeschlossener) Beitrag zu den Versuchen, lexikographische Maschinenarbeit philologisch weiterzuentwickeln und dem Philologen als Wörterbuchbenutzer brauchbare Maschinenerzeugnisse anzubieten, besteht in einem Programmsystem zur Rechnerunterstützung von Wörterbucharbeit und einem Wörterbuch zu Gottfrieds 'Tristan'.

Das Wörterbuch beruht auf RANKES Text (maschinell eingelesen), in dem aber die Vokallängen bezeichnet wurden, und einer nach ziemlich engen Regeln ausgewählten Menge lexikalisch interessanterer Lesarten der Ausgabe MAROLD/SCHRÖDER. In den Artikeln sollen in erster Linie Bedeutungen in ihrer Vielfalt zum Vorschein kommen, dann auch das syntaktische Verhalten der Wörter, ihr Vorkommen in Fügungen und phraseologischen Einheiten dargestellt werden (möglichst mit den Bezügen zwischen diesen Ebenen), und schließlich sollen ausreichende, wohleingegrenzte Belegzitate eine Übersicht über Verwendungszusammenhänge in weitem Sinn geben. Das Wörterbuch ist auf Vollständigkeit angelegt; dies kommt den blasseren, nicht so prägnanten und deutlich herausstellbaren Wortverwendungen zugute, die man sonst doch etwas zu beschneiden in Gefahr ist, und zwingt überhaupt dazu, eher aus dem Material heraus als nach Vorerwartungen zu denken.

Das Programmsystem ist auf TUSTEP aufgesetzt und verwendet bewußt soweit wie möglich dessen Standardmittel und -funktionen, damit man nicht z. B. die Bedienung eines neuen Editors lernen muß, damit man geräteunabhängig und entwicklungsfähig ist und eine gute Datenverarbeitungs-Umgebung hat. Es besteht aus zwei Teilen: Im einen wird die Lemmatisierung erledigt, eingeschlossen ein großer Teil der Homographentrennung (durch Markierungen im Text), im andern, in dem dann stärker bis in die Einzelheiten das philologische Judicium wirken kann, findet die Feinbearbeitung der Artikel statt, die jeweils in kleinen Gruppen dafür bereitstehen. Diese Feinbearbeitung, von der im folgenden hauptsächlich die Rede sein soll, geschieht schrittweise, in allmählicher Annäherung an eine sich herausbildende individuelle Gestalt des Artikels, wie auch der Basistext nicht von Anfang an fertig sein muß, sondern in gewissen Grenzen noch verbessert werden kann. Der Artikel besteht während dieser Zeit, so wird angenommen, aus gegeneinander beweglichen Teilen, nämlich einerseits aus kommentierenden Abschnitten und Gliederungskommentar, die belegstellenunabhängig sind, und andererseits aus Belegstellen mit stellenbezogenem Kommentar, zu welchem auch die Belegzitate gerechnet werden; die Belegstellen sind von Anfang an da und müssen unangetastet bleiben (außer in ihrer Reihenfolge), der kommentierende Text kommt im Lauf der Arbeit hinzu und ist frei formulierbar, soweit man sich nicht terminologische, redaktionelle und stilistische Regeln auferlegt (deren Einhaltung zum Teil wieder mit dem Rechner abprüfbar ist). Der Arbeitsablauf ist auf den Dialog am Bildschirm zugeschnitten; bei keinem der Schritte muß der Rechner verlassen werden.

Wie sieht nun die Arbeit am Tristanwörterbuch mit unserem Programmsystem konkret aus, und zwar dort, wo sich das Bemühen des Philologen und der Einsatz des Computers unmittelbar berühren: eben bei der Abfassung der einzelnen Artikel? Der Arbeitsprozeß und der dabei verwendete Baustein unseres Programm-

```
@-00100 @a= #152.166/0 *S* spil
@-00100 @+ mite/ und dar zuo hovegesindes vil,/ die sô durch er-
nest sô durch >>spil/ in volgeten unz an den kiel,/ und swaz ie-
man dâ geviel,/ dâ in sîn wille
@s 2195 7
@-00100 @+ Tristan der sprach: 'diz sî&v getân!'/ suz  sâzen  sî
zwên  über daz >>spil./ der marschalc sprach: 'Tristan, ich wil/
wider ûf ze herbergen gân;/
@s 2249 7
@-00100 @+ maneger tugent./ swaz vuoge er aber an der stete/ mit
geb#.ärden oder mit >>spil getete,/ daz was in dâ wider alse ein
wint:/ sî nam des wunder, daz ein
@s 2280 5
@-00100 @+ în:/ diu sprach er wol und kunde ir vil,/ dâ mite  sô
ziertor in sîn >>spil./ ouch sang er wol ze prîse/ schanzûne und
sp#.ähe wîse&s,/ refloit und
@s 2292 7
:
:
@-00200 @u= */* spile
@-00200 @+ swaz ir geredet, ich w#.äne, ich wil/ mit vrumen  und
mit  êren/  von  disem >>spile kêren./ ich h#.äte michel arbeit/
unsinneclîchen an geleit,/ solte ich nu
@s 11 60 3
@-00300 @u= */* spiles
@-00300 @+ verdâht/ an ir spil sô sêre,/ daz sî dô nihtes  mêre/
niwan  ir  >>spiles  gedâhten./  nu sîz dô vollebrâhten,/ sô daz
Tristan daz spil gewan,/
@s 2317 3
@-00300 @+was aber unlanc,/ die sî von im h#.äten an der stete,/
wan swaz er in dâ >>spiles getete/ mit handen oder  mit  munde,/
dazn gie niht von grunde:/ daz herze dazn
@s 7526 6
```

Feldkennungen (vom Programm eingetragen):		Sonstige Kodierungen:	
@–	Ordnungszahl	>>	Leitwort
@a	Lemmazeile	&x	Homographentrenner
@u	Unterlemmazeile	#	Seiten-Zeilen-NummerderKonkordanz
@+	Kontext	*S*	Wortart des Lemmas
@s	Belegstelle	*/*	Unterlemma

Abb. 1: Hintergrunddatei vor der Bearbeitung des Artikels (Ausschnitt)

systems sollen hier möglichst knapp und durchsichtig dargestellt werden, obwohl manche Details nicht unterschlagen werden dürfen.

Die Frage aus der Sicht des Lexikographen ist die: Welche Leistungen muß ein Programm erbringen, das mir für den Hauptteil der Wörterbucharbeit, für die Abfassung der Artikel, von Nutzen sein soll? Es seien fünf Punkte genannt:

1. Das geforderte Programm muß dem Bearbeiter die Möglichkeit geben, die Belege, d.h. Belegzitate und Belegstellen, des Artikels nach seinen Vorstellungen

anzuordnen und sie während der Arbeit schnell und ohne Aufwand umzustellen.
2. Der Bearbeiter muß die Möglichkeit haben, den Umfang eines Belegzitats in jedem einzelnen Fall schnell und ohne Aufwand festzulegen.
3. Das Programm muß die Möglichkeit unterstützen, an jeder Stelle eines Artikels Kommentare von beliebiger Länge anzubringen.
4. Ein so beschaffenes Programm muß andererseits verhindern, daß Belegstellen verändert werden oder verlorengehen können; und es muß
5. so weit wie möglich verhindern, daß Verschreibungen in den Belegzitaten auftreten können.

Im folgenden wird gezeigt, wie diese Anforderungen von dem Baustein XART unseres Programmsystems unterstützt und eingelöst werden.

Ausgangspunkt für die Bearbeitung eines Artikels ist eine bereits mit einem anderen Programmbaustein erstellte lemmatisierte Konkordanz. Aus dieser werden einer oder auch mehrere zu bearbeitende Artikel (und das bedeutet zu diesem Zeitpunkt: jeweils ein Lemma plus seine nach den Unterlemmata angeordneten Belege) in ein File kopiert, das im folgenden ›Hintergrunddatei‹ heißt. Bei diesem Herauskopieren (vgl. Abb. 1 mit dem Beispiel-Artikel *spil*) werden die Daten in Felder eingeteilt, welche zu ihrer Identifizierung eine aus zwei Zeichen bestehende, hier jeweils fett gedruckte Feldkennung bekommen. So kennzeichnet **@a** in unserem Fall den Beginn des Lemmafeldes, welches besteht aus der Seiten-Zeilen-Nummer der Konkordanz als ›Heimatadresse‹ des Artikels (⋇), der Angabe der Wortart (*S*) und dem Lemmawort (*spil*); **@u** bezeichnet die Unterlemmafelder, **@+** den Beginn eines Feldes mit Kontext, **@s** ein Feld mit der Belegstelle. Außer dieser Einteilung in Felder bekommt jede Einheit, d.h. die Lemmazeile, jede Unterlemmazeile, jeder Beleg, eine Ordnungszahl, die sich bei jedem Unterlemma erhöht. Die Feldkennung für die Ordnungszahl lautet in unserem Fall **@-**.

Die ›Hintergrunddatei‹ ist, wie ihr Name bereits vermuten läßt, nicht Gegenstand der Bearbeitung, sondern ein stets präsentes Kontrollmittel. Die gesamte Arbeit am Artikel erfolgt in einer Kopie dieses Files, der ›Arbeitsdatei‹. Bei der Erstellung dieser zweiten Datei können die Felder mit dem Kontext beliebig verkürzt werden, was besonders bei umfangreicheren Artikeln den Vorteil hat, daß eine größere Anzahl von Belegen auf einer Bildschirmseite Platz findet.

In Abb. 2 ist unter Punkt 0 ein Ausschnitt aus dem Artikel *spil* in der Arbeitsdatei vor der Bearbeitung wiedergegeben, d.h. in der Gestalt, wie er sich dem Bearbeiter auf dem Bildschirm vor dem ersten Eingriff präsentiert. Wie durch einen Vergleich mit Abb. 1 erkennbar, wurde hier der Kontext um über die Hälfte auf 75 Zeichen verkürzt, gegenüber einer Länge von 160 Zeichen in der Hintergrunddatei. (Die Werte wie auch die Feldkennungen sind variabel.)

Im folgenden seien kurz die vier wichtigsten Operationen in der Arbeitsdatei erläutert.

1. Das Ordnen oder Umstellen der Belege.

Die Abfolge der Belege eines Artikels richtet sich in der unbearbeiteten Datei nach ihrer Zugehörigkeit zu einem Unterlemma bzw. nach der aufsteigenden Reihen-

```
0) Ausschnitt aus der "Arbeitsdatei" vor der Bearbeitung:
@-00100 @a= #152.166/0 *S* spil
@-00100
@+sô durch ernest sô durch >>spil/ in volgeten unz an den kiel,/
und swaz @s 2195 7
@-00100
@+sâzen sî zwên über daz >>spil./ der marschalc sprach: 'Tri-
stan, ich wil/ @s 2249 7
@-00100
@+mit geb#.ärden oder mit >>spil getete,/ daz was in dâ wider
alse ein @s 2280 5
@-00100
@+ir sît&v daz irresameste >>spil,/ daz ieman ûf dem brete kan./
er ist @s 9888 5
@-00200 @u= */* spile
@-00200
@+und mit êren/ von disem >>spile kêren./ ich h#.äte michel ar-
beit/ unsinneclîchen @s 11 60 3

1) Ordnen/Umstellen der Belege durch Verändern der Ordnungszahl:
@-02010
@+sô durch ernest sô durch >>spil/ in volgeten unz an den kiel,/
und swaz @s 2195 7
@-03010
@+mit geb#.ärden oder mit >>spil getete,/ daz was in dâ wider
alse ein @s 2280 5

2) Abgrenzung des Belegtextes:
   a) bei ausreichendem Kontext:
@-03020
@[ir sît&v daz irresameste >>spil,/ daz ieman ûf dem brete kan@.
er ist @s 9888 5
   b) bei ungenügendem Kontext:
@-03020
@+ swaz ir gerede@[ ich wæne, ich wil/ mit vrumen und mit êren/
von disem >>spile kêren@. ich hæte michel arbeit/ unsinneclîchen
an geleit,/ solte ich nu
@+und mit êren/ von disem >>spile kêren./ ich h#.äte michel ar-
beit/ unsinneclîchen @s 11 60 3

3) Eintrag von Kommentaren:
@-03010 @/ $ a) }>Schachspiel<:{
@-03010
@+sâzen sî zwên über daz >>spil./ der marschalc sprach: 'Tri-
stan, ich wil/ @s 2249 7 @; Brett und Figuren??

4) Verdoppeln einer Belegstelle:
@-03020
@[ir sît&v daz irresameste >>spil,/ daz ieman ûf dem brete kan@.
er ist @s 9888 5 @-03051 @r
```

Feldkennungen (vom Bearbeiter eingetragen, Auswahl):

@[	Belegzitat oder stellengebundener Kommentar
@.	fällt weg (hier: Ende des Belegzitats)
@/	nichtstellengebundener Kommentar, Gliederungskommentar
@;	interne Bemerkung
@r	Verdoppeln der vorhergehenden Belegstelle

Abb. 2: Operationen in der Arbeitsdatei

folge der Belegstellen. Für eine Gliederung des Artikels nach semantischen oder syntaktischen Kriterien ist daher in den meisten Fällen eine gründliche Änderung dieser Anordnung erforderlich. Das geschieht nun nicht etwa durch ein mühevolles Hin- und Herkopieren der zahlreichen Belege, sondern ausschließlich durch die einfache Veränderung der Ordnungszahl im entsprechenden Feld. Das eigentliche Umgruppieren und Umsortieren der Belege in die angestrebte Reihenfolge besorgt erst das Programm XART, das jedoch beliebig oft und zu jedem Zeitpunkt der Bearbeitung gestartet werden kann. Der Bearbeiter hat so die Möglichkeit, schnell und ohne technischen Aufwand die gewünschte Ordnung des Artikels herzustellen, das Ergebnis immer wieder zu überprüfen, zu verfeinern oder zu verwerfen.

2. Die Abgrenzung des Belegzitats.

In aller Regel entspricht der rein mechanisch abgetrennte Kontext zu einer Belegstelle im Umfang nicht dem Zitat, wie es im fertigen Artikel erscheinen soll. Der Bearbeiter ist in der Lage, sein Belegzitat ohne Mühe abzugrenzen, es gewissermaßen aus dem vorliegenden Kontext herauszuschneiden, indem er Anfang und Ende des Zitats durch zwei dafür vorgesehene Feldkennungen markiert (in unserem Fall sind es @[für den Anfang und @. für das Ende des Belegzitats). Das übrige erledigt XART: Es eliminiert die überflüssig gewordenen Kontextreste (*er ist*), holt den alten Kontext aus der Hintergrunddatei und stellt ihn unversehrt und in seinem bisherigen Umfang als zusätzliche Kontrolle an seinen alten Platz, nun zwischen ausgewähltem Belegzitat und Belegstelle. Es ist wichtig, daß hierbei vom eigentlichen Kontext kein Wort abgeschrieben oder neu geschrieben werden mußte; eine mögliche Fehlerquelle der traditionell hergestellten Wörterbücher, Verschreibung bei den Textzitaten, wird damit so gut wie ausgeschlossen. (In Klammer hinzugefügt wurde bei diesem Zitat später nur ein verdeutlichendes *wîp* nach *ir*; das Ergebnis der geschilderten Prozedur ist in Abb. 3 bei der zweiten Ordnungszahl 3020 zu sehen: ausgewähltes Belegzitat - alter Kontext - Belegstelle). Auch für den Fall, daß der verkürzte Kontext in der Arbeitsdatei zur Bestimmung des Belegzitats nicht ausreichen sollte, ist gesorgt: Da Arbeits- und Hintergrunddatei dieselbe Zählung aufweisen, kann die Zeile mit dem gleichen, aber umfangreicheren Kontext aus der Hintergrunddatei (wie am Beispiel 2b in Abb. 2 ersichtlich) herüberkopiert werden, ohne daß dabei der Editor verlassen werden müßte. Die Abgrenzung des Belegzitats erfolgt dann in der dargelegten Weise mittels der beiden Feldkennungen @[und @. (das Ergebnis steht wieder in Abb. 3 Mitte).

3. Das Eintragen von Kommentaren.

Bemerkungen des Bearbeiters zu Morphologie, Semantik, Syntax, Lesarten, Forschungsdiskussion etc. können an jeder Stelle des Artikels eingefügt werden und werden von XART entsprechend verwaltet. Unter Punkt 3 von Abb. 2 sind zwei verschiedenartige Kommentare als Beispiele angeführt: Zuerst ein, von einem Beleg unabhängiger, die Semantik betreffender Gliederungskommentar (»a ⟩Schachspiel⟨«), der nicht direkt mit einem einzelnen Beleg verbunden ist und daher ein

```
@-03000 @/ $ III. }einzelne Arten der Unterhaltung:{
@-03010 @/ $ 1) }>Brettspiel, Würfelspiel<:{
@-03010 @/ $ a) }>Schachspiel<:{
@-03010 @[ swaz vuoge er aber an der stete/ mit geb#.ärden oder
mit >>spil getete
@+mit geb#.ärden oder mit >>spil getete,/ daz was in dâ wider
alse ein @s 2280 5 @];
@-03010 @[ (zabelwortelîn) sprach er wol und kunde ir vil,/ dâ
mite sô zierter in sîn >>spil
@+mite sô zierter in sîn >>spil./ ouch sang er wol ze prîse/
schanzûne @s 2292 7 @];
:
:
@-03011 @/ }evt. Brett und Figuren assoziierend:{
@-03011 @[ sus sâzen si zwên über daz spil
@+sâzen sî zwên über daz >>spil./ der marschalc sprach: 'Tri-
stan, ich wil/ @s 2249 7 @; Brett und Figuren??
@-03020 @/ $ b) }allg., übertr.:{
@-03020 @[ ir (wîp) sît&v daz irresameste >>spil,/ daz ieman ûf
dem brete kan
@+ir sît&v daz irresameste >>spil,/ daz ieman ûf dem brete kan./
er ist @s 9888 5 @];
:
:
@-03020 @[ ich w#.äne, ich wil/ mit vrumen und mit êren/ von di-
sem >>spile kêren
@+und mit êren/ von disem >>spile kêren./ ich h#.äte michel ar-
beit/ unsinneclîchen @s 11 60 3 @];
@-03020 @[ dazt iemer soltest ûf gegeben/ alse gar gewunnen
>>spil
@+gegeben/ alse gar gewunnen >>spil.'/ alsolhes spottes wart dâ
vil/ getriben @s 11357 4 @];
@-03020 @[ sô man enmac, der danne wil,/ daz ist ein harte
unw#.äge >>spil;/ sô man wol müge, sô welle:/ daz ist guot spil-
gevelle
@+daz ist ein harte unw#.äge >>spil;/ sô man wol müge, sô wel-
le:/ daz ist @s 16436 6 @];
@-03021 @[ daz spil gît }bzw.{ hât guot gevelle }La.{
@+sô welle:/ daz ist guot >>spilgevelle,/ dân lît niht herzelei-
des an./ @d 16438 4
@-03050 @/ $$ ::A{ +irresam{
@-03051
@+ir sît&v daz irresameste >>spil,/ daz ieman ûf dem brete kan./
er ist @d 9888 5 @];
@-03052 @/ +unw#.äge{
@-01053
@+daz ist ein harte unw#.äge >>spil;/ sô man wol müge, sô wel-
le:/ daz ist @d 16436 6
```

Weitere Feldkennungen:

@] stellengebundener Kommentar nach Belegstelle
@d Doppel einer Belegstelle (entstanden aus @r)

Abb. 3: Arbeitsdatei nach der Bearbeitung

eigenes Ordnungszahlfeld (3010) bekommen hat; die Feldkennung für einen Kommentar mit dieser Funktion lautet @/. Der andere angegebene Kommentar (»Brett und Figuren??«) gehört untrennbar zum Beleg und hat daher keine eigene Ordnungszahl. Seine Feldkennung @; weist ihn als interne Überlegung des Bearbeiters aus, die zwar die ganze Zeit über mitgeführt, jedoch schließlich nicht gedruckt wird. Es mag bei der Nennung dieser beiden wichtigsten Kommentartypen bleiben.

4. Das Verdoppeln einer Belegstelle.

Soll eine Belegstelle an mehr als einem Ort im Artikel erscheinen - in unserem Wörterbuch ist das besonders der Fall bei mehrfach belegten Fügungen, die zu verschiedenen Bedeutungsgruppen gehören, allgemeiner: wenn sich bestimmte Gliederungskriterien des Artikels überschneiden - so wird diese Stellenangabe, zur Vermeidung von Fehlern, nicht vom Bearbeiter selbst mit Standardmitteln, sondern vom Programm verdoppelt. Dies geschieht auf die denkbar einfachste Art, indem hinter der zu verdoppelnden Belegstelle nur die zukünftige Ordnungszahl des Doppels (3051) und die Feldkennung @r angegeben wird. Das Ergebnis erscheint wieder in Abb. 3: Das Doppel zu unserer Stelle 9888 befindet sich nun mitsamt automatisch beigefügtem Kontrollkontext unter der gewünschten ›Adresse‹ 3051. Die verdoppelte Stelle ist deutlich als solche ausgewiesen: Sie trägt die vom Programm eingetragene Feldkennung @d statt @s.

Ist die Bearbeitung eines Artikels abgeschlossen (diesen Zustand dokumentiert der Ausschnitt in Abb. 3), wird er an seinen Ursprungsort in der lemmatisierten Konkordanz zurückkopiert, genauer gesagt, es wird dort die alte, unbearbeitete Version durch die aktuelle, bearbeitete ersetzt. Im Laufe der Arbeit an den Artikeln nimmt so die Konkordanz nach und nach die Gestalt des späteren Wörterbuches an.

Abb. 4 zeigt das Ergebnis einer möglichen Weiterverarbeitung des Artikels *spil* mit den TUSTEP-Standardprogrammen SATZ und SASIM (Satzsimulation). Es ist zu beachten, daß hier nicht das - teure - Endprodukt einer Belichtung, sondern ›nur‹ der Output eines Laserdruckers abgebildet ist. Man kann leicht ermessen, welche Hilfe für einen Lexikographen diese Möglichkeit darstellt, einen fertigen oder noch in Arbeit befindlichen Artikel sofort in der simulierten Form des zukünftigen Satzes begutachten zu können.

Zum Schluß sei der bisher nur beiläufig erwähnte Ablauf des Programmbausteins XART kurz mit Blick auf das Schema von Abb. 5 zusammengefaßt.

Das Programm kann während der Arbeit an einem Artikel beliebig oft gestartet werden. Seine Aufgabe ist die Herstellung einer aktualisierten Version der Hintergrund- wie der Arbeitsdatei. Zu diesem Zweck vergleicht das Programm diese beiden Dateien bzw. wählt aus ihnen die jeweils gültigen Felder in der Weise aus, wie dies über Parameter vom Bearbeiter verlangt wird. So werden bestimmte Felder, die nicht verändert werden dürfen, also die Lemmazeile, die Unterlemmazeilen und die Belegstellen, zuerst daraufhin geprüft, ob sie in beiden Dateien übereinstimmen, bevor sie für die neue Version übernommen werden. Ist dies nicht der Fall, bricht das Programm ab und meldet den Fehler. Andere Felder wiederseitspil

spil) kan 7876; wie si ... / schrîben lernete alle wege, / latîn unde seitspil 11949; er machete unde vant / an iegelîchem seitspil / leiche unde guoter noten vil 19197

A edele 7876 **S** *zus. mit* buoch 2096 7727 7847 7876; spráche 3724 7703; zunge 2096; latin 11949; schriben 11949; jagen 3724; vuoge an ~ 7703 **V** kunnen 2096 3657 3667 3684 3724 7876; lêren 7727; lernen 7847 11949; sin emezekeit zuo ~ kêren 2096; siner stunde vil an ~ vertuon 2096; an ~ vlizen 3667

spil *S.* (→ bettespil, hantspil, harpfenspil, hovespil, minnenspil, rottenspil, schâchzabelspil, seitspil, vederspil, wunnenspil)

I. *allg.: ›(spielerisches) Tun, Verhalten‹:* zwô schœne hæten ... / ein spil gemachet under in zwein 17581; (der dâ minnet) hât dem ein gelîchez spil 19449; diz ist doch unser vrouwen spil; / waz nimest dû dich hie mit an? 9916

S vrouwen ~ 9916 **V** ein ~ under in machen 17581; ein gelîchez ~ hân 19449

II. *›Unterhaltung, Vergnügen, Freude‹:* sô kan ich spil, daz tuon ich dir, / des ouch dîn herze lîhte gert: / schœniu cleider unde pfert 3732; sô durch ernest sô durch spil 2195; ist ez ernest, ist ez spil, / er ist ie, swie sô man wil 15743; sô minne an tumben kinden / ir spil gerâtet vinden 12432; arcwân / der begunde ... / an Tristande unde Îsôte / sînen wuocher bern unde spil 16467; *(von* herze und ouge*)* swer in daz spil leiden wil, / ... der liebet in daz spil. / sô mans ie harter dannen nimet, / sô si des spiles ie mê gezimet / und sôs ie harter clebent an 17827 17828 17830; Petitcreiu, / sînes herzen spil von Avaliu / und sîner ougen gemach 15798; der vindet dâ des herzen spil 17095 daz beste mîner ougen spil / und mînes herzen wunne 16261

spil

S ernest 2195 15743; ~ und gemach 15798; wuocher und ~ 16467; des herzen ~ 15798 17095; der ougen ~ 16261 **V** kunnen 3732; tuon 3732; lieben *(›lieb machen‹)* 17828; leiden *(›verleiden‹)* 17827; nemen 17830; gern 3732; gezemen 17830; an cleben 17830; an e·m sin ~ bern *(›treiben‹)* 16467; an e·m sin ~ vinden 12432

III. *einzelne Arten der Unterhaltung:*

1) *›Brettspiel, Würfelspiel‹:*

a) *›Schachspiel‹:* swaz vuoge er aber an der stete / mit gebærden oder mit spil getete 2280; (zabelwortelîn) sprach er wol und kunde ir vil, / dâ mite sô zierter in sîn spil 2292; jene die wâren verdâht / an ir spil sô sêre, / daz si dô nihtes mêre / niwan ir spiles gedâhten 2315 2317; Tristan daz spil gewan 2319; *evt. Brett und Figuren assoziierend:* sus sâzen si zwên über daz spil 2249

b) *allg., übertr.:* ir (wîp) sît daz irresameste spil, / daz ieman ûf dem brete kan 9888; welle, daz dich welle: / daz spil hât guot gevelle 9924; ir tætet ouch alsô, / ir liezet ouch gewunnen spil 11057; ich wæne, ich wil / mit vrumen und mit êren / von disem spile kêren 11060; dazt iemer soltest ûf gegeben / alse gar gewunnen spil 11357; sô man enmac, der danne wil, / daz ist ein harte unwæge spil; / sô man wol müge, sô welle: / daz ist guot spilgevelle 16436; daz spil gît *bzw.* hât guot gevelle *La.* 16438

A irresam 9888; unwæge 16436 **S** gebærden 2280; (spil)gevelle 9924 16436 16438; ~ ûf dem brete 9888 **V** gewinnen 2319; kunnen 9888; zieren 2292; über daz ~ sitzen 2249; gedenken 2317; an daz ~ verdâht sîn 2315; guot gevelle hân *bzw.* geben *(›gute Chancen haben‹)* 9924 16438; gewunnen ~ ûf geben 11357; gewunnen ~ lâzen 11057; von dem ~e kêren 11060

2) *›Musizieren‹ (instrumental und vokal):* swaz er in dâ spiles getete / mit handen oder mit munde, / dazn gie niht von grunde: / daz herze dazn was

Abb. 4: Satzsimulation des Artikels *spil*

1. Vergleichen von Arbeitsdatei (1) und Hintergrunddatei (2) bzw. Auswählen der einzelnen Felder aus (1) und (2).

   Die jeweilige Behandlung der Felder ist über Parameter steuerbar; im aktuellen Fall gilt:

   a) Felder, die in (1) und (2) gleich sein müssen (sonst Abbruch und Meldung):
   @a Lemmazeile
   @u Unterlemmazeile
   @s Belegstelle

   b) Felder, die aus (1) genommen werden:
   @- Ordnungszahl
   @[ausgewähltes Belegzitat, stellengebundener Kommentar
   @/ sonstiger Kommentar (ebenso: @], @; etc.)

   c) Felder, die aus (2) genommen werden:
   @+ Kontext

   d) Felder, die übergangen werden:
   @. wegfallender Text

2. Merken bestimmter Felder. Es dient im aktuellen Fall zum Verdoppeln von Belegen: Die Felder @+ (Kontext) und @s (Belegstelle) werden gemerkt und nach der Kennung @r (zu verdoppelnder Beleg) ausgegeben.

3. Mischen der gültigen Felder. Das Zusammenfassen zu (Sortier-)Einheiten ist steuerbar; im aktuellen Fall wird mit dem Feld @- (Ordnungszahl) eine neue Einheit begonnen.

4. Prüfen der Reihenfolge und Häufigkeit der Feldkennungen pro Einheit. Fehler werden gemeldet und führen zum Abbruch.

5. Sortieren der Einheiten nach der Ordnungszahl. Ergebnis ist die neue Hintergrunddatei.

6. Anlegen einer neuen Arbeitsdatei. Zeileneinteilung und Kontextlänge sind steuerbar.

Abb. 5: Funktionen des Programms XART

um werden gleich entweder aus der einen oder der andern Datei geholt: aus der Arbeitsdatei die Ordnungszahl, das abgegrenzte Belegzitat sowie der Bearbeiter-Kommentar, aus der Hintergrunddatei dagegen das unversehrte Kontextfeld; Felder mit der Kennung @. werden - eine vierte Möglichkeit - bei der Auswahl übergangen. Eine weitere Leistung von XART ist das Merken bestimmter Felder. Dies wird in unserem Fall etwa zum bereits genannten Verdoppeln der Belege eingesetzt: die Felder @+ (Kontext) und @s (Belegstelle) werden gemerkt und dann nach der Kennung @r wieder ausgegeben. Die ausgewählten und die neugebildeten Felder werden in einem dritten Schritt gemischt und anschließend auf Reihenfolge und Häufigkeit der Feldkennungen geprüft (so darf etwa jede Kennung nur einmal pro Einheit erscheinen). Gibt es keine Beanstandungen bei dieser Prüfung, werden die Einheiten nach der Ordnungszahl sortiert; es ist so die neue Version der Hintergrunddatei entstanden. Zum guten Schluß legt XART auch eine neue Arbeitsdatei an, und die Bearbeitung des Artikels kann in der geschilderten Weise fortgeführt werden.

Michael Schlaefer

EDV-Einsatz in der Arbeitsstelle Göttingen des Deutschen Wörterbuchs von Jacob und Wilhelm Grimm

Mit Datenverarbeitungstechnik wird in der Arbeitsstelle Göttingen seit 1985/86 gearbeitet.

Die Arbeitsstelle verfügt derzeit über einige PC-Geräte und ein Textbearbeitungssystem, die für Aufgaben innerhalb des Rahmenarbeitsprozesses und der Reorganisation eingesetzt werden. Der Rahmenarbeitsprozeß umfaßt alle Tätigkeiten, die vorbereitend, ergänzend und überprüfend auf die Wortstrecken- und Artikelarbeit bezogen sind. Reorganisationsarbeiten betreffen arbeitsstelleninterne Hilfsmittel, die Materialbasis und die Sicherung des Zugangs zum Göttinger Quellencorpus. Im weiteren werden die Einsatzbereiche für die EDV-Anlagen kurz vorgestellt.

1. Hilfsmittelbereich

a. Quellenübersicht

Die Neubearbeitung des Grimmschen Wörterbuchs stützt sich für den Göttinger Teil auf etwa 5600 Textquellen des 8. bis 20. Jahrhunderts. Damit verfügt das Unternehmen über eine sprach- und literaturgeschichtliche Quellenbasis, die ein vergleichbares Gegenstück nur in der Berliner Arbeitsstelle der Neubearbeitung besitzt.

Die breite und differenzierte Streuung des Textmaterials ist in allgemeinen Umrissen bekannt. Was dagegen fehlt, ist die Kenntnis der genauen Zusammensetzung der Texte nach Zeiten, Sachgebieten und ihrem Anteil am Belegmaterial der Neubearbeitung. Zur Behebung dieses Defizits wurde in den Jahren 1986/87 eine vollständige Datenbank angelegt, die alle systematisch exzerpierten Quellen des Göttinger Neubearbeitungsanteils erfaßt und diesen Quellen die verfügbaren Informationen wie Sachgebietskennzeichnung, Datierung und Umfang des erfaßten Stichwortmaterials zuordnet. Dieses Projekt markiert den Beginn des Computereinsatzes in der Arbeitsstelle Göttingen.

Die Datenbank liegt inzwischen als Ausdruck vor und wird nach Korrekturgängen von einer Arbeitsgruppe ausgewertet. Einzelne Studien zum Anteil bestimmter Perioden oder Autoren sind bereits begonnen worden.

b. Stichwortindex

Da sich die vorhandenen Verzeichnisse des Göttinger Stichwortmaterials als nicht in allen Fällen hinreichend zuverlässig erwiesen haben, was zu Konsequenzen für die Stichwortaufnahme, aber auch für die Umfangs- und Lieferungsplanung führen kann, ist im vergangenen Herbst mit den Vorbereitungen zum Aufbau einer Datenbank ›Stichwortindex‹ begonnen worden.

Diese Datenbank wird zum einen das vollständige Verzeichnis der noch zu bearbeitenden Stichwörter aus dem Alphabet E und F enthalten, zum anderen in Ergänzung dazu alle lexikographisch und enzyklopädisch nachweisbaren Stichwörter des E/F-Alphabets. Durch diese Ergänzung sollen die Dichte des Göttinger Stichwortbestandes meßbar und ggf. vorhandene Lücken vermeidbar werden.

Langfristig ist die Integration der Göttinger Kartei zur Wortforschung, die Literaturnachweise zu den Einzelstichwörtern bietet, in diese Datenbank geplant. Im Rahmen dieses Arbeitsprogrammes sollen auch die Karteien zur Wortforschung von Professor Bergmann und Professor Hiersche einbezogen werden.

c. Exzerptionsgrundlage

Da für einen Teil des zu bearbeitenden Wortschatzes die Materialbasis nicht ausreichend ist, sind Nachexzerptionen durchzuführen, um den elementar-philologischen Charakter der Neubearbeitung zu gewährleisten. Dazu müssen auch Ansatz und Leistungsfähigkeit der Exzerptionspraxis für die Neubearbeitung gründlich überprüft werden.

Zur Überprüfung der Leistungsfähigkeit der bisherigen Exzerptionspraxis wird z. B. die These geprüft, ein Text sei mit 200 Seiten und 400 Belegen hinreichend für wortgeschichtliche Zwecke ausgewertet.[1] Darüber hinaus muß punktuell wohl das Exzerptionsergebnis für einzelne Stichwörter auf wortgeschichtliche Vollständigkeit und Zuverlässigkeit hin überprüft werden, um den Vollständigkeitsanspruch der Grimm-Lexikographie im einzelnen auch begründen zu können.

Dazu werden bei der Gesellschaft für wissenschaftliche Datenverarbeitung Göttingen mit Hilfe eines Klarschriftlesegerätes vollständige Texte aufgenommen und zu Wortformenindices verarbeitet, von denen ausgehend dann die entsprechenden Analysen möglich sind. Auch in diesem Bereich sind erste Untersuchungen begonnen worden. Sozusagen als Nebenprodukt dieses Untersuchungsansatzes wird über die Indices zusätzliches Belegmaterial erschlossen, und auch das Projekt ›Stichwortindex‹ kann so indirekt unterstützt werden.

d. Zitiertitelbasisdatei

Die bibliographischen Angaben zu den Belegstellen in der Neubearbeitung sind standardisiert. Für die Titel- und Datenprüfung im Bearbeitungsgang und für alle Korrekturgänge mußten die betreffenden Angaben bislang aus verschiedenen Karteien oder Listen entnommen werden. Die Fehleranfälligkeit und der große Zeitaufwand, die damit verbunden waren, konnten durch die Bildung einer zentralen Kartei bereits reduziert werden. Mit der Umsetzung dieser Kartei in eine EDV-Datenbank soll dieser Effekt noch erhöht werden. Die Arbeiten zur Anlage

---

[1] J. BAHR: Zur Neubearbeitung des Deutschen Wörterbuchs. In: Zeitschrift für deutsche Wortforschung 18, N. F. 3 (1962), S. 141–150, hier S. 145–146.

der Datenbank stehen vor dem Abschluß, so daß etwa ab Herbst dieses Jahres die Korrektur bzw. die Titel- und Datenprüfung EDV-gestützt arbeiten wird.

2. Textbearbeitung

Die Lieferungen des Grimmschen Wörterbuchs werden gegenwärtig im Monotype-Handsatz bei VEB ›Maxim Gorki‹ in Altenburg/Thüringen hergestellt. Dazu erstellen die Arbeitsstellen eine fertig ausgezeichnete Vorlage für den Satz. In der Arbeitsstelle Göttingen kann bei der Typoskripterstellung seit 1985 ein Textbearbeitungssystem mit Diskettenlaufwerk (Olympia ETX II) eingesetzt werden.

Ein Übergang zur Textverarbeitung in diesem Bereich wird dann notwendig werden, wenn Druckerei und Verlag zum Lichtsatz bei der Herstellung der Lieferungen übergehen. Hier ist in den nächsten Jahren mit Bewegungen zu rechnen. Mögliche Probleme in der technischen Abstimmung sollen schon in absehbarer Zeit diskutiert und vorbereitend geklärt werden.

Der Nutzen des vorhandenen Geräts liegt in der Vereinfachung von Korrekturen und in der Ersparnis von Schreibarbeiten. Zudem wird im Umgang mit diesem Gerät die notwendige Erfahrung für die Textverarbeitung erworben.

3. Sicherung des Zugangs zum Göttinger Quellenmaterial

Das Göttinger Quellenmaterial wurde zur Erfassung der Texte in einem besonderen Aufnahmeverfahren mikroverfilmt. Die Aufnahmetechnik orientierte sich dabei an den spezifischen Möglichkeiten der Rückvergrößerungstechnik mit einem Gerät namens ›Copyflo‹.

Dieses Gerät ist derzeit im Auslaufen begriffen, Ersatzgeräte erweisen sich für die Rückvergrößerung des Filmmaterials der Göttinger Arbeitsstelle als ungeeignet. Entfällt die bisherige Reproduktionsmöglichkeit ganz, ist der Zugang zum Göttinger Filmarchiv versperrt. Damit ist die Fortführung der Neubearbeitung über F hinaus ebenso blockiert oder völlig unmöglich gemacht, wie die einzig realistische Möglichkeit, eine Grundlage für einen Thesaurus des deutschen Wortschatzes zu finden, langfristig verschwindet.

Im Lauf der vergangenen Monate wurden daher verschiedene Möglichkeiten überprüft, den Zugang zum Quellenmaterial offenzuhalten und damit auch die Frage der Fortführung der Neubearbeitung bzw. des Thesaurusaufbaus.

Die verschiedenen derzeit erkennbaren Lösungsmöglichkeiten sind alle an Datenverarbeitungstechniken gebunden. Im Lauf der nächsten Monate soll das vorteilhafteste und im Hinblick auf den Anspruch an authentische Textwiedergabe zuverlässigste System ermittelt werden.

Langfristig erscheinen damit auch EDV-gestützte Exzerptions- und Lemmatisierungsgänge möglich.

4. Zusammenfassung

Die Anwendung der EDV-Technik in der Arbeitsstelle Göttingen des Deutschen Wörterbuchs betrifft derzeit vor allem Bereiche, die zur Konsolidierung oder zur Vorbereitung der Wortstreckenarbeit beitragen. Die bislang erkennbaren Leistungen des Rechnereinsatzes sind insgesamt positiv zu bewerten. Die Vorteile liegen dabei nicht so sehr in der Zeitersparnis, sondern vor allem in der Verbesserung der Arbeitsqualität. Erweiterungen des EDV-Einsatzes sind daher wünschenswert. Sie werden jedoch nur in einem Umfang und in einer Geschwindigkeit möglich sein, die Fortgang und Qualität des Neubearbeitungsauftrags nicht negativ berühren. Die Gewährleistung der kontinuierlichen Arbeit ohne Brüche bestimmt daher auch das Konzept zur Erweiterung des EDV-Einsatzes im Göttinger Neubearbeitungsanteil.

John C. Wells

Tools for Latin and Old High German Glosso-Lexicography

Preliminaries:

1932–1933: Card File of OHG words in STEINMEYER and SIEVERS, *Die althochdeutschen Glossen,* typed under the direction of Professor Taylor Starck (Harvard).

1960–1965: First editorial reading to the end of the Card File on the Old High German Glosses completed by John C. Wells.

1st Project: *Dictionary of the Old High German Glosses* (*Althochdeutsches Glossenwörterbuch,* Heidelberg 1972 seqq.).

1967–1981: Typing of the working draft, research, final draft (except for late Addenda).

1967–1969: Creation of the machine-readable data base and OHG and Latin concordances.

The material of *Die althochdeutschen Glossen* of STEINMEYER and SIEVERS, with supplements to that date, was keypunched, 1967–1969, and computer-sorted alphabetical Old High German and Latin concordances of the entire data base were generated. (The data base and concordances were reformatted and augmented with new data in 1981.) Normal word-forms were assigned to the raw word-forms, being entered by hand in the print-out concordances. (This was integral to the on-going research and documentation of the *Dictionary of the Old High German Glosses.*) 1969–1978, OHG concordance: 1976–1977, Latin concordance. The computer-stored concordance to the Latin of the Latin-Old High German glosses was printed out to form a card file used in conjunction with the Latin concordance.

2nd Project: *Tools for Latin and Old High German Glosso-Lexicography* (1982)

In 1982 new OHG and Latin raw-form concordances were created from the restructured data base of 1981. The new concordances as printed out are designed to be used as a note-pad for data which are to be entered in the current computer-stored concordances. These computer concordances have the unusual property that even the text lines can be edited and augmented through software which sorts and replicates. They have been designed and programmed by the Software Engineer to the project, Dr. George H. Stalker, working closely with the Project Director.

The combined OHG and Latin printed-out concordances of 1982 form the vehicle for marshalling all data needed to create the proposed glossaries and word-tabulations.

Illustrations

Selected lines from pages 308–309 of Volume I of *Die althochdeutschen Glossen,* containing glosses to the Book of Genesis, 39,4–44,16, serve as the basis of the illustrative specimens attached.

1.1 to 1.4 represent computer-generated in-house products used in the compilation of the *Dictionary of the Old High German Glosses* (*Althochdeutsches Glossenwörterbuch,* Heidelberg 1972 seqq.).

1.1. A sample from the Updated, Annotated In-House Edition of *Die althochdeutschen Glossen,* representative of the ›raw data‹ of the project.
1.2. The Old High German Raw-Form Concordance (1969 Format).
1.3. Old High German Raw-Form Concordance (1982 Format).
1.4. Latin Raw-Form Concordance.

Illustrations 1.1 to 1.4 exhibit some of the notations that were introduced in the process of preparing the *Dictionary of the OHG Glosses*; they are as follows:

$ »The line in Steinmeyer contains a phrase or sentence.« (Please refer to illustration 2.6 also.)
TY »A footnote identifies or etymologizes the gloss-word.«
W »The source shows this word in abbreviated form.«
X »There is a footnote indicated here.«
Z »The word appears in cipher in the source.«

The Old High German and Latin raw-form concordances of 1982 are meant to serve as the immediate data base for the computer-generated *Tools for Latin and Old High German Glosso-Lexicography,* as represented by Illustrations 2.1 to 2.6.

2.1. Glossary of Latin – OHG equivalents from the Old High German Glosses.
2.2. A Word-Index of the Latin Words of the Glosses.
2.3. OHG Raw-Form-to-Normal-Form Identifier List.
2.4. OHG Words: Normal Forms, with an Alphabetical List of the Raw Forms accompanying each.
2.5. Glossary of Old High German – Latin equivalents from the Old High German Glosses.
2.6. Concordance of Old High German Words as they occur in Phrases or Sentences in the Glosses.

308 B. Glossen zu den einzelnen biblischen Büchern

Bibl. 1. 4. 5. 6. 7. 8. (*Maßmann* 100). 10. (*Diut.* III, 422). 11. 13. (*Diut.* II, 43). *Ma.* 320. *Sb.*

Gubernabat meistrota *a* 5^b — 39, 4
Argumentum list *a* 5^b *b* 12^b *c* 15^a *d* 46^a *f* 38^a *g* 92^a *q* 237^a i. list *e* 219^{a2} *r* 219^a — 39, 16
Pincerna sceincho *l* 10 sceincha *h* 127^a *m* 10^b scencho *n* 6^b — 40, 1 [IV]
Pistor phister *l* 10 *m* 10^b *n* 6^b pfista^r *h* 127^a — 40, 1
Propagines zxgxn. pfun[1] *a* 5^b zugun *g* 92^a — 40, 10 [XVIII]
Gemmas prpz[2] *a* 5^b proz *g* 92^a — 40, 10
Suggeras untzelles *a* 5^b *c* 15^a untzelles. ɫ rates *b* 12^b untarzelles ɫ ratest[3] *d* 46^a unterzelist ɫ ratest *e* 219^{a2} *r* 219^a untercellest. ɫ ratest *q* 237^a untirzellest *g* 92^a — 40, 14
Dissoluisset irsciedi *a* 6^a *b* 12^b *c* 15^a irsciede *e* 219^{a2} irsceidi *d* 46^a zesceidit *q* 237^a — 40, 16
Canistrum[4] chorp *g* 92^a *h* 127^a *i* 2^a *k* 74^a *m* 10^b *n* 6^b chorb *l* 10 — 40, 16
Coniectoris troum sceidares[5] *a* 6^a troumsceidares *c* 15^a troum sceidaris *e* 219^{a2} trömsceideris *q* 237^a troumscheiders *g* 92^a traumsaidars *r* 219^a tromsceidares *b* 12^b tromsceidaris *d* 46^a — 40, 22 [XV. XVI]
Estimatoris[6] antfristes *g* 92^a [*vgl.* XVII]
Emergebant[7] vzsv'mmun. ɫ uzsluffun[8] *a* 6^a uzsvummun *b* 12^b uzsuummū *c* 15^a uzsuummun *d* 46^b uzswmmen *e* 219^{a2} vzswmmen *q* 237^a vzswmmin *g* 92^a uzsuumen *r* 219^a uzsummen *p* 3^a uzsumman *h* 127^a uzsuvemmen *l* 10 vzsvemmen *n* 6^b uzswemmin *m* 10^b vzgeswinit *i* 2^b — 41, 3
Confectę irvuerane. arvuigane. ferbovuite[9] *a* 6^a iruveraniu *b* 12^b iruueraniu *c* 15^a irweraniu *d* 46^b missemachte *q* 237^a — 41, 3
Habitudo veizti *a* 6^a *c* 15^a ueizti *d* 46^b uuezti *b* 12^b vezzet *q* 237^a — 41, 4
Expergefactus irpttaner. ɫ arsprunganer. arbrat.f.[10] *a* 6^a irpttaner. ɫ irsprunganer *b* 12^b irp'o'tauer.[11] ɫ. irsprunganer *c* 15^a irpruttar. ɫ irsprunganer *d* 46^b irswngener *e* 219^{a2} irsuungener *r* 219^a irwechoter *q* 237^a — 41, 4
Uredine[12] durri *a* 6^a *b* 12^b *c* 15^a *d* 46^b *g* 92^a *h* 127^a *l* 10 *m* 10^b *q* 237^b turri *n* 6^b durre *e* 219^{a2} *i* 2^b *r* 219^a — 41, 6
Presagum foravuizo[13] *a* 6^a — 41, 11 [II. XVI]
Obesis[14] uplataniv. ɫ feizten[15] *a* 6^a vperlataniu. ɫ vueiztiu *b* 12^b vparlataniu. ɫ ueiztiu *c* 15^a uberladaniu ɫ ueiztiu *d* 46^b vbladini ɫ ueizti *g* 92^b veizti *i* 2^b vaizt *k* 74^a veizit *e* 219^{a2} ueizit[16] *r* 219^a vezte *q* 237^b urazta *h* 127^a urazata[17] *m* 10^b *n* 6^b vrascata *l* 10 — 41, 18 [II. IV]
Uirecta grxpnkx[18] *a* 6^b — 41, 18 [XVI]
Carpebant azin *g* 92^b — 41, 18
Torpebant artvalun[19] *a* 6^a — 41, 21 [II]
Uento urente[20] miterhegetemovuinte *a* 6^a mit erhei&emovuinte (uuinte *c*) *b* 12^b

[1] *übergeschrieben a, dh.* zugun. profun [2] *übergeschrieben a, dh.* proz [3] *die gl. schwarz d* [4] canistra *Vulg.* [5] troum sceidares *übergeschrieben a* [6] *gl. zum vorhergehenden* Coniectoris [7] Emergebat *i* [8] *beide worte übergeschrieben a* [9] ferbovuite *übergeschrieben a* [10] arbrat .f. *übergeschrieben a;* arbrat *ist praet. ind.,* .f. = francice [11] irp'o'taner] *die übergeschriebenen buchstaben von jüngerer hand c* [12] Uridine *ac, das erste* i *von jüngerer hand in* e *corr. c* [13] foravuizo *übergeschrieben a* [14] Obesas *bcde ghilmnqr; nach* Ob *und* es *rasuren von* s *l* [15] ɫ feizten *übergeschrieben a* [16] ueizit] t *undeutlich r* [17] urazata] z *aus corr., das letzte* a *mit dunklerer tinte m* [18] *übergeschrieben a, dh.* gruoniu [19] artvalun *übergeschrieben a* [20] Vento urente, *dann rasur e*

VIII Zur Genesis 309

Bibl. 1. 4. 5. 6. 7. 8. (*Maßmann* 101). 10. (*Diut.* III, 422). 11. 13. (*Diut.* II, 43). *Ma.* 320. *Sb.*

c 15^a miterheiteme winte *e* 219^{a2} miterheiteme (winte) *r* 219^a mitherheitem winte *q* 237^b mittemo heiftemo winte *d* 46^b — 41, 27
Prouideat[1] givuinne *a* 6^a giuvinne *b* 12^b giuuinne *c* 15^a giwinne *d* 46^b gewinne *q* 237^b gihugete *e* 219^{a2} bebute *r* 219^a — 41, 33
Industrium[2] givuaran *a* 6^a giuuaran *c* 15^a givuåren *b* 12^b giwaren *d* 46^b *e* 219^{a2} *r* 219^a gewaren *q* 237^b gwarin *g* 92^b — 41, 33
Condita gisamanot[3] *a* 6^a — 41, 48
Infirmiora[4] unfestirun *a* 6^a unfestirunt[5] *c* 15^a unuestirun *b* 12^b unuestiriu *d* 46^b Unvestiriv *g* 92^b vnuestin *q* 237^b unuesti *h* 127^b *m* 10^b vnuesti *n* 6^b vnfesti *l* 10 unuest *p* 3^a vnvest *i* 2^b unuertige *e* 219^{a2} *r* 219^a — 42, 9
[Nec] machinantur nira tant[6] *a* 6^a viratint *g* 92^b — 42, 11
Experimentum ursuohc *a* 6^a ursuoh *b* 12^b *c* 15^a ursuoch *d* 46^b vrsvoch *g* 92^b vrsoch *q* 237^b irsuoche *e* 219^{a2} irsuohen *r* 219^a — 42, 15
Per salutem faraonis selmirdes chuningeshuldi *a* 6^a selmmirdiuchunigeshuld[7] *c* 15^a slemmir des chuninges. huldi *b* 12^b semirdeschuniges huldi *d* 46^b semmir (samir *q*) des chuninges hulde *g* 92^b *q* 237^b somirdeschunigeshuldi *e* 219^{a2} somirdeschu(nigeshulde) *r* 219^a — 42, 15
Pabulum[8] fuotar *a* 6^a *c* 15^a futar *f* 38^a fuoter *h* 127^b *m* 10^b fouter *b* 12^b Fvotir *g* 92^b fötir *l* 10 föter *n* 6^b uöter *d* 46^b uoter *q* 237^b voter *e* 219^{a2} uute^r *r* 219^a — 42, 27
In diuersorio[9] inderoheripgo *a* 6^a *b* 12^b inderoheriperago *c* 15^a inderaheriperga *f* 38^a indereherperga *d* 46^b inderherberge *e* 219^{a2} inderherber^ge *r* 219^a unterwegen *q* 237^b — 42, 27
Sub testificatione iurandi[10] unturchundoeides *a* 6^a untderourchundo eides *b* 12^b *c* 15^a untirderauriohundi eides *f* 38^a unter derurchundi eides *q* 237^b unter urchunde des eides *d* 46^b underdem urchunde deseides *e* 219^{a2} underdem urchunde *r* 219^a — 43, 3
Amigdalarum[11] mandilnuzza *g* 92^b mantalnuzza *h* 127^b mandelnuzze *i* 2^b mandilnvz *l* 11 mandalnuz *m* 10^b mandalanuz *n* 6^b — 43, 11
In marsuppiis sechin *a* 6^a — 43, 22
Probatam[12] mitallo *a* 6^a *b* 12^b mittallo *c* 15^a metallo[13] *d* 46^b — 43, 23
Continuit[14] firpar *a* 6^a *b* 12^b *c* 15^a *d* 46^b firbar *q* 237^b firprach *e* 219^{a2} *r* 219^a — 43, 31
Augurari[15] heilison. xxk zb gpn[16] *a* 6^a heilison *b* 12^b *d* 46^b heilsun *g* 92^b helscon *q* 237^b helisot *c* 15^a heilscowen *e* 219^{a2} heilscawen *r* 219^a — 44, 5
Obtendere īgagansprechan[17] *a* 6^a Ingagansprechan *b* 12^b ingagansprechau *d* 46^b ingaganspehhan *c* 15^a inansprechen *q* 237^b gagansprechen *e* 219^{a2} gagensprechen *r* 219^a — 44, 16

[1] Prouidebat *er* [2] Industruū *q* [3] gisamanot *übergeschrieben a* [4] *die ganze gl. am rande nachgetragen r, in g später zwischen* 309, 37 *und* 309, 50 [5] unfestirunt] *das letzte* t *durchstrichen c* [6] nira tant *übergeschrieben a* [7] *nach* huld *abgeschnitten c* [8] Paubulū] b *aus* p *c* [9] Indiuersario *q* [10] iurandi *fehlt c.* sub attestatione iurisiurandi *Vulg.* [11] Amigdalum *l* [12] Probatvm *b* Probatum *d* Probatu *c* [13] *im context d* [14] Continiuit *c* [15] Auguriari *acdeqr* [16] xxk zb gpn *übergeschrieben a, dh.* uuizagon [17] igagansprechan] *das letzte* a *angehängt a*

Illustration 1.1

```
(DISSOLUISSET IRSCIEDI A6A B12B C15A IRSCIEDE E219A2                   130817
(CONIECTORIS TROUMSCEIDARES X A6A TROUMSCEIDARES C15A                  130822
+(CONIECTORIS+ TRAUMSAIDARS R219A TROMSCEIDARES B12B                   130825
(EMERGEBANT X VZSVVMMUN. (LX UZSLUFFUN X A6A                           130829
(EXPERGEFACTUS IRPROTTANER. W (LX ARSPRUNGANER.                        130843
+(EXPERGEFACTUS+ARBRAT. (FX. TY A6A IRPROTTANER. W (LX               - 130844
+(EXPERGEFACTUS+ IRSPRUNGANER B12B                          -          130844
(UREDINE X DURRI A6A B12B C15A D46B                                  - 130849
+(UREDINE +DURRI+ G92A H127A L10 M10B Q237B                 -          130849
+(UREDINE+ TURRI N6B                                                   130850
(UIRECTA GRUONIU Z X A6B - 41, 18 /1,317,41/                           130862
(CARPEBANT AZIN G92B - 41, 18                                          130863
(UENTO (URENTE X MIT ERHEGETEMO VUINTE A6A                    $        130865
(CONDITA GISAMANOT A6A - 41, 48                                        130913
(PER (SALUTEM (FARAONIS S' 'EL' MIR DES CHUNINGES           / $        130926
+(SALUTEM+ HULDI A6A S' 'ELM MIR DIU CHUNIGES HULD X )        $        130927
(PABULUM X FUOTAR A6A C15A FUTAR F38A                                  130933
+(PABULUM+ FUOTER H127B M10B FOUTER B12B FVOTIR G92B                   130934
+(PABULUM+ FVOTIR K L10 FVOTER K N6B UOTER U D46B                      130935
(CONTINUIT X FIRPAR A6A B12B C15A D46B                                 130957
+(CONTINUIT+ FIRBAR Q237B FIRPRACH E219A2 R219A - 43, 31               130958
```

Illustration 1.2

```
'EL'           (PER (SALUTEM (FARAONIS S' 'EL' MIR DES CHUNINGES                130926
'ELM           +(SALUTEM+ HULDI A6A S' 'ELM MIR DIU CHUNIGES HULD X             130927
ARBRAT         +(EXPERGEFACTUS+ ARBRAT. (FX. TY A6A IRPROTTANER. W (LX        - 130844
               +(EXPERGEFACTUS+ IRSPRUNGANER B12B                       -       130844
ARSPRUNGANER   (EXPERGEFACTUS IRPROTTANER. W (LX ARSPRUNGANER.                  130843
AZIN           (CARPEBANT AZIN G29B - 41, 18                                    130863
CHUNIGES       +(SALUTEM+ HULDI A6A S' 'ELM MIR DIU CHUNIGES HULD X             130927
CHUNINGES      (PER (SALUTEM (FARAONIS S' 'EL' MIR DES CHUNINGES                130926
DES            (PER (SALUTEM (FARAONIS S' 'EL' MIR DES CHUNINGES                130926
DIU            +(SALUTEM+ HULDI A6A S' 'ELM MIR DIU CHUNIGES HULD X             130927
DURRI          (UREDINE X DURRI A6A B12B C15A D46B                            - 130849
DURRI          +(UREDINE +DURRI+ G92A H127A L10 M10B Q237B              -       130849
ERHEGETEMO     (UENTO (URENTE X MIT ERHEGETEMO VUINTE A6A                       130865
FIRBAR         +(CONTINUIT+ FIRBAR Q237B FIRPRACH E219A2 R219A- 43, 31          130958
FIRPAR         (CONTINUIT X FIRPAR A6A B12B C15A D46B                           130957
FIRPRACH       +(CONTINUIT+ FIRBAR Q237B FIRPRACH E219A2 R219A - 43, 31         130958
FOUTER         +(PABULUM+ FUOTER H127B M10B FOUTER B12B FVOTIR G92B             130934
FUOTAR         (PABULUM X FUOTAR A6A C15A FUTAR F38A                            130933
FUOTER         +(PABULUM+ FUOTER H127B M10B FOUTER B12B FVOTIR G92B             130934
FUTAR          (PABULUM X FUOTAR A6A C15A FUTAR F38A                            130933
FVOTER         +(PABULUM+ FVOTIR K L10 FVOTER K N6B UOTER U D46B                130935
FVOTIR         +(PABULUM+ FUOTER H127B M10B FOUTER B12B FVOTIR G92B             130934
FVOTIR         +(PABULUM+ FVOTIR K L10 FVOTER K N6B UOTER U D46B                130935
GISAMANOT      (CONDITA GISAMANOT A6A - 41, 48                                  130913
GRUONIU        (UIRECTA GRUONIU Z X A6B - 41, 18 /1,317,41/                     130862
HULD           +(SALUTEM+ HULDI A6A S' 'ELM MIR DIU CHUNIGES HULD X             130927
HULDI          +(SALUTEM+ HULDI A6A S' 'ELM MIR DIU CHUNIGES HULD X             130927
IRPROTTANER    (EXPERGEFACTUS IRPROTTANER. W (LX ARSPRUNGANER.                  130843
IRPROTTANER    +(EXPERGEFACTUS+ ARBRAT. (FX. TY A6A IRPROTTANER. W (LX        - 130844
               +(EXPERGEFACTUS+ IRSPRUNGANER B12B                       -       130844
IRSCIEDE       (DISSOLUISSET IRSCIEDI A6A B12B C15A IRSCIEDE E219A2             130817
IRSCIEDI       (DISSOLUISSET IRSCIEDI A6A B12B C15A IRSCIEDE E219A2             130817
IRSPRUNGANER   +(EXPERGEFACTUS+ ARBRAT. (FX. TY A6A IRPROTTANER. W (LX        - 130844
               +(EXPERGEFACTUS+ IRSPRUNGANER B12B                       -       130844
MIR            (PER (SALUTEM (FARAONIS S' 'EL' MIR DES CHUNINGES                130926
MIR            +(SALUTEM+ A6A S' 'ELM MIR DIU CHUNIGES HULD X                   130927
MIT            (UENTO (URENTE X MIT ERHEGETEMO VUINTE A6A                       130865
S'             (PER (SALUTEM (FARAONIS S' 'EL' MIR DES CHUNINGES                130926
S'             +(SALUTEM+ HULDI A6A S' 'ELM MIR DIU CHUNIGES HULD X             130927
TRAUMSAIDARS   +(CONIECTORIS+ TRAUMSAIDARS R219A TROMSCEIDARES B12B             130825
TROMSCEIDARES  +(CONIECTORIS+ TRAUMSAIDARS R219A TROMSCEIDARES B12B             130825
TROUMSCEIDARES (CONIECTORIS TROUMSCEIDARES X A6A TROUMSCEIDARES C15A            130822
TROUMSCEIDARES (CONIECTORIS TROUMSCEIDARES X A6A TROUMSCEIDARES C15A            130822
TURRI          +(UREDINE+ TURRI N6B                                             130850
UOTER          +(PABULUM+ FVOTIR K L10 FVOTER K N6B UOTER U D46B                130935
UZSLUFFUN      (EMERGEBANT X VZSVVMMUM. (LX UZSLUFFUN X A6A                     130829
VUINTE         (UENTO (URENTE X MIT ERHEGETEMO VUINTE A6A                       130865
VZSVVMMUN      (EMERGEBANT X UZSVVMMUM. (LX UZSLUFFUN X A6A                     130829
```

Illustration 1.3

'el'	PER SALUTEM FARAONIS s' 'el' mir des chuninges	130926
'elm	+SALUTEM+ huldi a6a s' 'elm mir diu chuniges huld X	130927
arbrat	+EXPERGEFACTUS+ ARBRAT. X TY .F. a6a irprottaner. W L	130844
arsprunganer	EXPERGEFACTUS irprottaner. W L arsprunganer.	130843
azin	CARPEBANT azin g92b - 41, 18	130863
chuniges	+SALUTEM+ huldi a6a s' 'elm mir diu chuniges huld x	130927
chuninges	PER SALUTEM FARAONIS s' 'el' mir des chuninges	130926
des	PER SALUTEM FARAONIS s' 'el' mir des chuninges	130926
diu	+SALUTEM+ huldi a6a s' 'elm mir diu chuniges huld X	130927
durri	UREDINE LL DURRI a6a b12b c15a d46b	130849
erhegetemo	UENTO URENTE X mit erhegetemo vuinte a6a	130865
firbar	+CONTINUIT+ firbar q237b firprach e219a2 r219a	130958
firpar	CONTINUIT LL FIRPAR a6a b12b c15a d46b	130957
firprach	+CONTINUIT+ firbar q237b firprach e219a2 r219a	130958
fouter	+PABULUM+ fuoter h127b m10b fouter b12b fvotir g12b	130934
fuotar	PABULUM X fuotar a6a c15a futar f38a	130933
fuoter	+PABULUM+ fuoter h127b m10b fouter b12b fvotir g12b	130934
futar	PABULUM X FUOTAR a6a c15a futar f38a	130933
fvotir	+PABULUM+ fvotir K 110 fvoter K n6b uoter U d46b	130935
fvotir	+PABULUM+ fuoter h127b m10b fouter b12b fvotir g92b	130934
fvotir	+PABULUM+ fvotir 110 fvoter n6b uoter U d46b	130935
gisamanot	CONDITA gisamanot X a6a - 41, 48	130913
gruoniu	UIRECTA gruoniu Z X a6b - 41, 18 /1,317,41/	130862
huld	+SALUTEM+ huldi a6a s' 'elm mir diu chuniges huld KX	130927
huldi	+SALUTEM+ huldi a6a s' 'elm mir diu chuniges huld KX	130927
irprottaner	EXPERGEFATUS irprottaner. W L arsprunganer.	130843
irprottaner	+EXPERGEFACTUS+ arbrat. TY .F. a6a irprottaner. W L	130844
irsciede	DISSOLUISSET irsciedi a6a b12b c15a irsciede e219a2	130818
irsciedi	DISSOLUISSET irsciedi a6a b12b c15a irsciede e219a2	130818
irsprunganer	+EXPERGEFACTUS+ irsprunganer b12b	130844
mir	PER SALUTEM FARAONIS s' 'el' mir des chuninges	130926
mir	+SALUTEM+ huldi a6a s' 'elm mir diu chuniges huld KX	130927
mit	UENTO URENTE X mit erhegetemo vuinte a6a	130865
s'	PER SALUTEM FARAONIS s' 'el' mir des chuninges a6a	130926
s'	+SALUTEM+ huldi a6a s' 'elm mir diu chuniges huld KX	130927
traumsaidars	+CONIECTORIS+ traumsaidars r219a tromsceidares b12b	130825
tromsceidares	+CONIECTORIS+ traumsaidars r219a tromsceidares b12b	130825
troumsceidares	CONIECTORIS troumsceidares X a6a troumsceidares c15a	130822
troumsceidares	CONIECTORIS troumsceidares X a6a troumsceidares c15a	130822
turri	+UREDINE+ turri n6b	130850
uoter	+PABULUM+ fvotir 110 fvoter U n6b uoter U d46b	130935
uzsluffun	EMERGEBANT LL vzsvvmmun. L uzsluffun X a6a	130829
vuinte	UENTO URENTE X mit erhegetemo vuinte a6a	130865
vzsvvmmun	EMERGEBANT X vzsvvmmun. L uzsluffun X a6a	130829

Illustration 1.4

CARPEBANT	(CARPEBANT AZIN G29B - 41, 18	130863
CONDITA	(CONDITA GISAMANOT A6A - 41, 48	130913
CONIECTORIS	(CONIECTORIS TROUMSCEIDARES X A6A TROUMSCEIDARES C15A	130822
CONIECTORIS	+(CONIECTORIS+ TRAUMSAIDARS R219A TROMSCEIDARES B12B	130825
CONTINUIT	(CONTINUIT X FIRPAR A6A B12B C15A D46B	130957
CONTINUIT	+(CONTINUIT+ FIRBAR Q237B FIRPRACH E219A2 R219A - 43, 31	130958
DISSOLUISSET	(DISSOLUISSET IRSCIEDI A6A B12B C15A IRSCIEDE E219A2	130817
EMERGEBANT	(EMERGEBANT X VZSVVMMUN. (LX UZSLUFFUN X A6A	130829
EXPERGEFACTUS	(EXPERGEFACTUS IRPROTTANER. W (LX ARSPRUNGANER.	130843
EXPERGEFACTUS	+(EXPERGEFACTUS+ ARBRAT. (FX. TY A6A IRPROTTANER. W (LX	130844
EXPERGEFACTUS	+(EXPERGEFACTUS+ IRSPRUNGANER B12B	130844
FARAONIS	(PER (SALUTEM (FARAONIS S' 'EL' MIR DES CHUNINGES	130926
PABULUM	(PABULUM X FUOTAR A6A C15A FUTAR F38A	130933
PABULUM	+(PABULUM+ FUOTER H127B M10B FOUTER B12B FVOTIR G92B	130934
PABULUM	+(PABULUM+ FVOTIR K L10 FVOTER K N6B UOTER U D46B	130935
PER	(PER (SALUTEM (FARAONIS S' 'EL' MIR DES CHUNINGES	130926
SALUTEM	(PER (SALUTEM (FARAONIS S' 'EL' MIR DES CHUNINGES	130926
SALUTEM	+(SALUTEM+ HULDI A6A S' 'ELM MIR DIU CHUNIGES HULD X	130927
UENTO	(UENTO (URENTE X MIT ERHEGETEMO VUINTE A6A	130865
UIRECTA	(UIRECTA GRUONIU Z X A6B - 41, 18 /1,317,41/	130862
UREDINE	(UREDINE X DURRI A6A B12B C15A D46B	130849
UREDINE	+(UREDINE +DURRI+ G92A H127A L10 M10B Q237B	130849
UREDINE	+(UREDINE+ TURRI N6B	130850
URENTE	(UENTO (URENTE X MIT ERHEGETEMO VUINTE A6A	130865

Illustration 2.1

Latin - OHG Glossary

CARPO	E33AN
CONDO	GI-SAMANŌN
CONIECTOR	TROUMSKEIDĀRI
CONTINEO	FIR-BERAN
DISSOLVO	IR-SKEIDAN
EMERGO	Ū3-SLIOFAN
EMERGO	Ū3-SWIMMAN
EXPERGEFACIO	IR-BRETTAN
EXPERGEFACIO	IR-SPRINGAN
PABULUM	FUOTAR-1
PHARAO	KUNING
UREDO	DURRĪ-2
URO	IR-HEIĒN
VENTUS	WINT
VIRECTUM	GRUONI-1

Illustration 2.2

The Latin Words Cited in the Published Sources of the Glosses.

Word-Index

CARPO, v.	130863
CONDO, v.	130913
CONIECTŌR, m.	130822
CONTINEO, v.	130957
DISSOLVO, v.	130817
EMERGO, v.	130829
EXPERGEFĀCIO, v.	130843
PABULUM, n.	130933
PER, p.	130926
PHARAŌ, p.n.	130926
SALUS, f.	130926
SE, pron.	130957
UREDŌ, f.	130849
URO, v.	130865
VENTUS̄, m.	130865
VIRECTUM, n.	130862

Illustration 2.3

OHG Raw-to-Normal Form Key
(repeats of raw forms deleted)

'EL'	HELFAN
'ELM	HELFAN
ARBRAT	IR-BRETTAN
ARSPRUNGANER	IR-SPRINGAN
AZIN	E33AN
CHUNIGES	KUNING
CHUNINGES	KUNING
DES	DER-3
DIU	DER-3
DURRI	DURRĪ-2
ERHEGETEMO	IR-HEIEN
FIRBAR	FIR-BERAN
FIRPAR	FIR-BERAN
FIRPRACH	FIR-BERAN
FOUTER	FUOTAR-1
FUOTAR	FUOTAR-1
FUOTER	FUOTAR-1
FUTAR	FUOTAR-1
FVOTER	FUOTAR-1
FVOTIR	FUOTAR-1
GISAMANOT	GI-SAMANŌN
GRUONIU	GRUONI-1
HULD	HULDĪ
HULDI	HULDĪ
IRPROTTANER	IR-BRETTAN
IRSCIEDE	IR-SKEIDAN
IRSCIEDI	IR-SKEIDAN
IRSPRUNGANER	IR-SPRINGAN
MIR	IH
MIT	MIT
S'	SŌ-2
TRAUMSAIDARS	TROUMSKEIDĀRI
TROMSCEIDARES	TROUMSKEIDĀRI
TROUMSCEIDARES	TROUMSKEIDĀRI
TURRI	DURRĪ-2
UOTER	FUOTAR-1
UZSLUFFUN	Ū3-SLIOFAN
VUINTE	WINT
VZSVVMMUN	Ū3-SWIMMAN

Illustration 2.4

FIR-BERAN	FIRBAR
	FIRPAR
	FIRPRACH
IR-BRETTAN	ARBRAT
	IRPROTTANER
DER-3	DES
	DIU
DURRĪ-2	DURRI
	TURRI
E33AN	AZIN
FUOTAR-1	FOUTER
	FUOTAR
	FUOTER
	FUTAR
	FVOTER
	FVOTIR
	UOTER
GRUONI-1	GRUONIU
IR-HEIĒN	ERHEGETEMO
HELFAN	'EL'
	'ELM
HULDĪ	HULD
	HULDI
IH	MIR
KUNING	CHUNIGES
	CHUNINGES
MIT	MIT
GI-SAMANŌN	GISAMANOT
IR-SKEIDAN	IRSCIEDE
	IRSCIEDI
Ū3-SLIOFAN	UZSLUFFUN
SŌ-2	S'
IR-SPRINGAN	ARSPRUNGANER
	IRSPRUNGANER
Ū3-SWIMMAN	VZSVVMMUN
TROUMSKEIDĀRI	TRAUMSAIDARS
	TROMSCEIDARES
	TROUMSCEIDARES
WINT	VUINTE

Illustration 2.5

OHG - Latin Glossary

FIR-BERAN	CONTINEO
IR-BRETTAN	EXPERGEFACIO
DURRĪ-2	UREDO
E33AN	CARPO
FUOTAR-1	PABULUM
GRUONI-1	VIRECTUM
IR-HEIĒN	URO
KUNING	PHARAO
GI-SAMANŌN	CONDO
IR-SKEIDAN	DISSOLVO
Ū3-SLIOFAN	EMERGO
IR-SPRINGAN	EXPERGEFACIO
Ū3-SWIMMAN	EMERGO
TROUMSKEIDĀRI	CONIECTOR
WINT	VENTUS

Illustration 2.6

OHG Canonical-Form Sort of Lines
Containing Sentences & Phrases

DER-3	(PER (SALUTEM (FARAONIS S' 'EL' MIR DES CHUNINGES	/	$ 130926
	+(SALUTEM+ HULDI A6A S' 'ELM MIR DIU CHUNIGES HULD X	)	130927
IR-HEIĒN	(UENTO (URENTE X MIT ERHEGETEMO VUINTE A6A		$ 130865
HELFAN	(PER (SALUTEM (FARAONIS S' 'EL' MIR DES CHUNINGES	/	$ 130926
	+(SALUTEM+ HULDI A6A S' 'ELM MIR DIU CHUNIGES HULD X	)	$ 130927
HULDĪ	(PER (SALUTEM (FARAONIS S' 'EL' MIR DES CHUNINGES	/	$ 130926
	+(SALUTEM+ HULDI A6A S' 'ELM MIR DIU CHUNIGES HULD X	)	$ 130927
IH	(PER (SALUTEM (FARAONIS S' 'EL' MIR DES CHUNINGES	/	$ 130926
	+(SALUTEM+ HULDI A6A S' 'ELM MIR DIU CHUNIGES HULD X	)	$ 130927
KUNING	(PER (SALUTEM (FARAONIS S' 'EL' MIR DES CHUNINGES	/	$ 130926
	+(SALUTEM+ HULDI A6A S' 'ELM MIR DIU CHUNIGES HULD X	)	$ 130927
MIT	(UENTO (URENTE X MIT ERHEGETEMO VUINTE A6A		$ 130865
SŌ-2	(PER (SALUTEM (FARAONIS S' 'EL' MIR DES CHUNINGES	/	$ 130926
	+(SALUTEM+ HULDI A6A S' 'ELM MIR DIU CHUNIGES HULD X		130927
WINT	(UENTO (URENTE X MIT ERHEGETEMO VUINTE A6A		$ 130865

Franz Hundsnurscher

Probleme bei der Erstellung eines mittelhochdeutschen Wortfamilienwörterbuchs

Über das Projekt eines althochdeutschen und mittelhochdeutschen Wortfamilienwörterbuchs, mit dem Herr Kollege Splett und ich uns seit einigen Jahren befassen, haben wir in Passau und Hamburg bereits berichtet, so daß ich mich hier über das theoretische Konzept kurz fassen kann.[1]

Ich möchte den Problemzusammenhang aber wenigstens in Umrissen skizzieren, weil sich daraus die Aufgaben für eine computergestützte Materialaufbereitung ableiten.

Das Forschungsinteresse gilt der lexikalischen Semantik des Deutschen unter synchronen und diachronen Aspekten. Eine methodologische Grundfrage in diesem Zusammenhang ist: Wann ist ein Wort semantisch vollständig beschrieben? Es ist ein methodologischer Gemeinplatz, daß zur vollständigen Erfassung eines sprachlichen Gegenstandes synchrone und diachrone Betrachtungsweisen zusammenwirken müssen. In synchroner Sicht geht es darum, die unterscheidbaren Gebrauchsweisen der Wörter zu bestimmen und ihre systematischen Zusammenhänge explizit zu machen; in diachroner Sicht geht es darum, die Veränderung der Gebrauchsweisen der Wörter aufzuzeigen und den Wandel zu erklären, nicht im Rahmen von Einzelwortgeschichten wie im Grimmschen Wörterbuch, sondern im Rahmen der gesamten lexikologisch relevanten Beziehungen. Das Fernziel ist eine Typologie semantischen Wandels.[2] Der Wortfamilienaspekt kommt dadurch ins Bild, daß hinsichtlich Zusammensetzung und Zusammenhalt sich verändernde Teilwortschätze zueinander in Beziehung gesetzt werden müssen und daß für einen solchen Wortschatzvergleich ein einheitliches Format gefunden werden muß; die sog. Wortfelder nach dem Trierschen oder Coseriuschen Konzept sind dazu erst in zweiter Linie geeignet.[3] Wie das synchron zu machen ist, haben Herr Splett und ich

[1] FRANZ HUNDSNURSCHER: Wortfamilienforschung als Grundlage einer Bedeutungsgeschichte des deutschen Wortschatzes; JOCHEN SPLETT: Wortfamilien im Althochdeutschen. Beide Beiträge in: STÖTZEL, GEORG (Hg.): Germanistik - Forschungsstand und Perspektiven. Vorträge des Deutschen Germanistentages 1984. 1. Teil: Germanistische Sprachwissenschaft, Didaktik der Deutschen Sprache und Literatur. Berlin/New York 1985, S. 116-123 bzw. S. 134-153.

[2] O. PANAGLS Hinweis auf die unbefriedigende Forschungslage im Bereich des Bedeutungswandels kann man nur beipflichten: »So gibt es bis heute keinen seriösen und befriedigenden Versuch, alle historisch belegbaren Spielarten semantischen Wandels zu sammeln und zu klassifizieren, um das daraus abgeleitete Maximalmodell zum Prüfstein in etymologischen Fragen zu machen.« OSWALD PANAGL: Historisch-vergleichende Sprachwissenschaft - ein Anachronismus? Salzburg 1982 (Salzburger Universitätsreden 73), S. 8.

[3] Vgl. JOST TRIER: Der deutsche Wortschatz im Sinnbezirk des Verstandes. Die Geschichte eines sprachlichen Feldes. Bd. I: Von den Anfängen bis zum Beginn des 13. Jahrhunderts. Heidelberg 1931; EUGENIO COSERIU / HORST GECKELER: Trends in Structural Semantics. Tübingen 1981 (Tübinger Beiträge zur Linguistik 158). Der Wortfeldansatz hat seine methodologischen Schwächen für einen Sprachstufenvergleich vor allem darin, daß er einer

in unserer »Semantik der Adjektive des Deutschen« (Opladen 1982) zu zeigen versucht. Wesentliche semantische Zusammenhänge in einem Teilwortschatz wie dem der deutschen Adjektive lassen sich nach unserer Meinung auf der Grundlage von quasi-synonymischen Relationen zwischen den Lesarten der Wörter darstellen. Damit erfaßt man bis zu einem gewissen Grad die synchrone Faktizität des Gebrauchs der Wörter, d.h. man erhält einen Überblick darüber, in welchen Bedeutungsbeziehungen die Wörter zueinander stehen.

Zur Begründung eines geltenden Gebrauchszusammenhangs werden in neueren Semantiktheorien vor allem kognitive Aspekte hervorgehoben; der Gebrauch der Wörter richtet sich gemäß dieser Auffassung nach bestimmten Aspekten der Apperzeption; »miteinander reden« heiße gewissermaßen Erfahrungsberichte über die Welt austauschen. Entsprechend liefe auch eine lexikalisch-semantische Beschreibung auf eine Charakterisierung der Wörter nach kognitiv gesteuerten semantischen Merkmalen und eine Erklärung ihrer Bedeutung auf eine Interpretation dieser Merkmale als Apperzeptionskategorien hinaus.[4]

Bei unseren semantischen Untersuchungen im Rahmen des Adjektiv-Projekts sind wir zu der Überzeugung gelangt, daß eine Merkmalbeschreibung von Wortbedeutung, das heißt eine durchgängige Rückführung von Bedeutungsunterschieden auf Apperzeptionsdifferenzen, vor allem für die prädikativen Wortarten Verb und Adjektiv nicht angemessen ist. Wir geben daher einer Gebrauchstheorie von Bedeutung den Vorzug gegenüber einer Kognitionstheorie von Bedeutung, weil sie den konventionellen Aspekt und die historische Bedingtheit des Sprachgebrauchs besser berücksichtigt und differenziertere Beschreibungsmethoden anbietet. Das hat weitreichende Auswirkungen auf die Behandlung des Sprachmaterials und auf die Form der Beschreibung. Es ist z.B. auffällig, daß strukturell-semantische Beschreibungen von Teilen des Wortschatzes äußerst selektiv verfahren, indem sie sich z.B. vorwiegend mit den sog. primären Strukturen des Wortschatzes befassen und die sog. sekundären Strukturen weitgehend beiseite lassen. Bei den Dimensionsadjektiven z.B. werden vor allem die Beziehungen zwischen ›groß/klein‹, ›lang/kurz‹, ›dick/dünn‹, ›hoch/tief‹ usw. untersucht, nicht aber Bedeutungsbeziehungen, die von ›riesig‹ und ›winzig‹ ausgehen, von ›halblang‹, ›hauchdünn‹, ›umfänglich‹, ›verkürzt‹ oder von den Lesarten anderer Wörter wie ›stark‹ (ein mittelstarkes Brett) oder ›untersetzt‹ (ein untersetzter Mann), die auch Dimensionslesarten haben. Sobald man aber den Gesamtwortschatz lexikalisch-semantisch in den Blick nimmt und nicht nur ausgewählte Kernbereiche, zeigt es sich, daß man von den Vorstellungen symmetrischer Strukturen und übersichtlicher Systeme abrücken und sich dem ganzen Verhau der Überlieferung, auch hinsichtlich der sog. sekundären Strukturen im Wortschatz, aussetzen muß.

Klärung des Wort- und Bedeutungsbegriffs ausweicht und daß sich die Grenzen des Wortfelds nicht festlegen lassen. Der Ansatz der strukturellen Lexikologie ist im Prinzip selektiv, d.h. er erfaßt nur wenige Details von Wortschätzen natürlicher Einzelsprachen. Erst der Wortfamilienansatz garantiert Vollständigkeit und Übersicht.

[4] Sehr klar formuliert hat das schon MANFRED BIERWISCH 1969 (Strukturelle Semantik. In: Deutsch als Fremdsprache 6, H. 2, S. 66–74), und es ist bis heute die herrschende Auffassung in der lexikalischen Semantik, wie das auch S. G. PULMAN (Word Meaning and Belief. London/Canberra 1983) wieder gezeigt hat.

Eine weitere Auffälligkeit am strukturell-semantischen Vorgehen ist, daß mit - wie ich es einmal nennen möchte - ›nackten Wörtern‹ gearbeitet wird, d.h. die Wörter werden einander kontextlos gegenübergestellt oder in künstliche Beispielsätze eingekleidet und nur mit ausgewählten, standardisierten Typen von Kontexten versehen; so entsteht der Eindruck, als ob die Wörter klare, einheitliche Bedeutungen hätten; das Vorkommen der Wörter in ihren ›natürlichen‹ Kontexten, also in Texten aus verschiedenen kommunikativen Bereichen, zeigt aber ein ganz anderes Bild. Selbst solche Wörter wie ›gut‹ und ›schlecht‹ haben, wie man leicht nachweisen kann, kontextbedingte Gebrauchsweisen, die nicht voraussagbar sind, z.B. ist der Satz ›Er ist ein schlechter Diplomat‹ mehrdeutig; die Mehrdeutigkeit kommt zum Vorschein, wenn ›schlechter Diplomat‹ angeschlossen wird an ›schlechter Lügner‹ - jemand, der sich nicht verstellen kann - oder an ›schlechter Schneider‹ - jemand, der in seinem Beruf inkompetent ist - oder möglicherweise auch an ›schlechter Mensch‹ - jemand, der korrupt und verwerflich handelt. Wittgenstein liefert für solche Fälle einen ganz lapidaren Kommentar: »Wie ein Wort funktioniert, kann man nicht erraten. Man muß seine Anwendung a n s e h e n und daraus lernen.«[5]

Für die lexikalische Semantik zeichnet sich daher meiner Meinung nach als gangbarer Weg nur ab, nachdem sich die reduktionistische strukturalistische Arbeitsweise als unzulässig und letztlich auch als wenig fruchtbarer Abkürzungsversuch erwiesen hat, daß man den Gesamtwortschatz einer Einzelsprache in seiner natürlichen Kontexteinbettung und damit in seinen vielfältigen Gebrauchsweisen zu erfassen und zu beschreiben versucht.

Damit ist man aber zunächst auf die Lexikographie und die dort bisher geleistete Beschreibungsarbeit verwiesen. Auch ein Wortfamilienwörterbuch ist nur so gut wie seine lexikographische Basis, die eben zumeist im Format eines alphabetischen Bedeutungswörterbuchs gegeben ist.

Die Lexikographie als die Technik der Beschreibung des Wortschatzes steht zur Lexikologie als der Lehre von den Zusammenhängen im Wortschatz in einer engen Wechselbeziehung: Um den Aufbau und die charakteristischen Strukturen des Wortschatzes darstellen zu können, ist eine genaue Beschreibung der Wörter, vor allem ihrer Bedeutungsseite erforderlich; dies ist aber ohne Berücksichtigung der Zusammenhänge mit anderen Wörtern nur unvollständig möglich. Synonymische und antonymische Beziehungen, d.h. die sog. Wortfeldzusammenhänge, die Verteilung und Differenzierung der Kollokationsklassen, Bereiche lexikalischer Dichte, das Verhältnis lexikalisierter Wortbildungen zu produktiven Serienmustern, Übergänge vom sog. eigentlichen zum übertragenen, d.h. zum metaphorischen und phraseologischen Wortgebrauch, alle derartigen lexikologischen Aspekte können in alphabetisch geordneten Wörterbüchern, die günstigstenfalls ja immer nur

[5] LUDWIG WITTGENSTEIN: Philosophische Untersuchungen, hier zitiert nach der Werkausgabe, Bd. I: Tractatus logico-philosophicus. Tagebücher 1914-1916. Philosophische Untersuchungen. Frankfurt a.M. 1984, S. 225-580, hier S. 340. Die genaue Unterscheidung der verschiedenen Bedeutungen (Verwendungen, Lesarten, Gebrauchsweisen) eines Wortes ist auch für eine Wortfamiliendarstellung von größter Wichtigkeit, weil der Aus- und Umbau des Wortschatzes innerhalb von Wortfamilien über einzelne Lesarten läuft. Am deutlichsten ist das bei den Verben zu beobachten.

die Physiognomie des Einzelwortes nachzeichnen, nicht hinreichend berücksichtigt und dargestellt werden; sie lassen sich erst bei übergreifender Fragestellung thematisieren.

Es ist daher eine Gesamterfassung und Darstellung des Wortschatzes unter lexikologischen Aspekten notwendig, um auch dem Einzelwort gerecht zu werden.

Damit wird ein Dilemma sichtbar, das grundsätzlicher Natur ist und auch für den Computer als Hilfsmittel lexikalisch-semantischer Forschung gilt: Im Grunde sind die Verhältnisse bei jedem Wort und auch bei jeder Wortfamilie anders; jedes Wort hat spezielle Gebrauchsbedingungen, so daß sich für die unmittelbare semantische Analyse und Beschreibung kaum generalisierbare Aspekte anbieten. Die Anwendbarkeit und Brauchbarkeit des Computers liegt, das muß betont werden, weit im Vorfeld der eigentlichen semantischen Analyse- und Beschreibungsarbeit: Aufnahme, Sortierung und Korrelierung großer Datenmengen, die strikte Explikation und Kontrollierbarkeit aller Analyse- und Beschreibungskategorien, die Möglichkeiten der Erweiterung und Vervollständigung des Materials, der Zugriff zu generalisierbaren Einzelaspekten, das Ausdrucken von nach bestimmten Kriterien sortierten Listen zu Vergleichs- und Überarbeitungszwecken, das alles sind, wenn die Anfangsschwierigkeiten überwunden sind, doch trotz allem beträchtliche Erweiterungen der Arbeits- und Untersuchungsmöglichkeiten, die natürlich auch ihren Preis haben.

Die Bedeutungszusammenhänge, in denen ein Wort im Ganzen des Wortschatzes steht, können bei entsprechendem Analyse- und Beschreibungsaufwand explizit gemacht werden. Interessant und erklärungsstark werden solche synchron angesetzten Darstellungen aber erst, wenn das Gesamtmaterial berücksichtigt wird und die diachrone Betrachtungsweise hinzutritt.

An der Adjektiv-Semantik sind uns vor allem zwei Dinge klar geworden:

1. daß eine Beschreibung der Bedeutungsverhältnisse in einem Teilwortschatz wie dem der Adjektive wegen der Wichtigkeit der Kollokationsklassen und Wortableitungs- und Valenzzusammenhänge bis zu einem gewissen Grad auf eine entsprechende Substantiv-Semantik und Verb-Semantik angewiesen ist; dies ist im Verband der Wortfamilien am besten möglich.
2. daß eine Erklärung der lexikologischen und semantischen Verhältnisse beim Einzelwort wie im Ganzen des Wortschatzes ohne Hinzutreten der diachronen Betrachtungsweise nicht geleistet werden kann.

Beide Forderungen sind natürlich nicht ohne weiteres einzulösen, und es soll hier auch nicht der Eindruck erweckt werden, als ob wir die damit verbundene Arbeit unterschätzten. Herr Splett und ich haben uns so weit in diese Probleme eingelassen, daß wir glauben sagen zu können, was an Arbeit zu leisten ist, wie man dabei vorgehen kann und bis zu welchem Grade der Computer dabei eine Hilfe ist. Dabei ist Herr Splett für das Althochdeutsche bereits ein wesentliches Stück weiter vorangekommen als ich mit dem Mittelhochdeutschen. Das hängt vor allem damit zusammen, daß der Wortschatz des Althochdeutschen mit ca. 32000 Lemmata im wesentlichen lexikographisch faßbar und zum Teil schon aufgearbeitet ist.

Für das Mittelhochdeutsche ist der Wortschatz zwar in größerer Fülle überliefert, aber die lexikographische Basis ist weitgehend erst noch zu schaffen.

Was nun den Einsatz des Computers im Zusammenhang unseres Projekts angeht, so sind zwei Phasen zu unterscheiden:

Die erste Phase besteht in der Herstellung der Wortfamilienstruktur des ahd. und des mhd. Wortschatzes, die zweite Phase in dem lexikologischen Sprachstufenvergleich. Über die Aspekte der zweiten Phase könnte man natürlich eine Menge sagen, aber es wäre reine Zukunftsmusik; sie soll ja die eigentlichen Ergebnisse bringen, nämlich, so weit dies möglich ist, die Frage beantworten, wie der Wortschatz im ganzen sich bestandsmäßig, in seiner Worttypenstruktur und in seiner semantischen Differenzierung verändert hat. In der Erklärung der Veränderungstendenzen, die sich in den einzelnen Bereichen aufgrund der Gesamtübersicht feststellen lassen, was also die Umschichtungen im Wortschatz, die Ingebrauchnahme von Wortbildungsverfahren und die Formen semantischer Differenzierung und semantischen Wandels bezogen auf die Einzelwörter angeht, darin soll ja der Aufschlußwert des Projekts bestehen.

Um diesen sprachstufenübergreifenden Wortschatzvergleich ausführen und auswerten zu können, sind bestimmte Vorarbeiten nötig, und auf diese will ich hier näher eingehen.

Es sind im wesentlichen drei Komplexe, die in der ersten Phase zu bewältigen sind:

1. Lexikographische Aufbereitung des mhd. Wortschatzes,
2. Bereitstellung des Wortmaterials für die Darstellung der mhd. Wortfamilien im einzelnen,
3. Gesamtdarstellung des mhd. Wortschatzes in einem Wortfamilienformat.

Dabei muß gewährleistet werden, daß die von Herrn Splett aufgestellten Wortfamilien des Althochdeutschen auf die entsprechenden Wortfamilien des Mittelhochdeutschen projiziert werden können, so daß einerseits die Bereiche von Stabilität und Veränderung an jeder einzelnen Wortfamilie sichtbar werden, andererseits Gruppen von Wortfamilien herausgehoben und zusammengestellt werden können, bei denen parallele oder gegenläufige Umbau- und Ausbautendenzen feststellbar sind.

Zwei Möglichkeiten des Vorgehens sind dabei zu überlegen: a) Man könnte das ahd. System zur Grundlage machen und die mhd. Wortfamilien sozusagen durch Übersetzung, Addition und Streichung, soweit sich dies überhaupt anbietet, gewinnen. Dem steht zunächst entgegen, daß sich z. B. das morphologische Kategoriensystem in einzelnen Bereichen wesentlich verändert hat, etwa was die Klassen der Substantive und einzelne Erscheinungen im Verbsystem angeht. Es stellt sich auch das generelle Problem der historischen Identität und Kontinuität der einzelnen Wörter.

Wir haben uns daher darauf verständigt, auch wegen des verschiedenen Bearbeitungstempos und der Verschiedenartigkeit der Arbeitsweisen und Arbeitsmöglichkeiten, zunächst getrennte Wege zu gehen, d. h. b) zwar einen vergleichbaren Rahmen zu entwickeln und sich daran zu orientieren, aber die Systembeschreibungen doch weitgehend unabhängig voneinander zu erstellen. Die Einrichtung der Systembeschreibungen zu Vergleichszwecken ist ein eigener Arbeitsabschnitt, den wir im einzelnen in Angriff nehmen werden, wenn es soweit ist.

Die Bereitstellung des Materials für die Darstellung der mhd. Wortfamilien ist der wesentliche Arbeitsabschnitt, mit dem ich gegenwärtig hauptsächlich befaßt bin. Die Darstellung des mhd. Wortschatzes in einem Wortfamilienformat setzt eigentlich die vollständige und zuverlässige lexikographische Erfassung des mhd. Wortschatzes auf einem neuen Stand voraus. Darin liegt die Problematik des Projekts im ganzen, sowohl was die mittelbare wie auch was die allgemeine Fragestellung angeht: Wie lassen sich Sprachstufenwortschätze miteinander vergleichen? Man sollte sich da keine großen Illusionen machen. Es wäre ziemlich aussichtslos, wollte man bei der Erstellung eines mittelhochdeutschen Wortfamilienwörterbuchs so nebenbei gleich auch die ganze Lexikographie des Mittelhochdeutschen sanieren.

Die andere Seite der Alternative wäre ja nur, lexikologische Arbeiten nennenswerten Umfangs und Anspruchs überhaupt zurückzustellen, bis die lexikographischen Grundlagen für Sprachstufenvergleiche geschaffen sind. Man kann, das läßt sich auch am Ahd. schon zeigen, lexikographische und lexikologische Aspekte in einigen Bereichen durchaus trennen. Wenn etwa das Ahd. Wörterbuch am Buchstaben D hängengeblieben ist, so hängt dies mit den Schwierigkeiten einer vollständigen Erfassung aller Gebrauchsweisen der Demonstrativa zusammen, von denen ja bekanntlich die meisten mit D beginnen; ähnliches gilt für bestimmte Bereiche der Adverbien, Präpositionen und Konjunktionen (sog. Massenwörter), die unter dem Wortfamilienaspekt nicht besonders ergiebig sind, lexikographisch aber, natürlich je nach Lexikographie-Auffassung, harte Nüsse sein können.

Für das Mittelhochdeutsche gibt es mit Benecke/Müller/Zarncke (1854–1866) bereits eine Darstellung des mhd. Wortschatzes nach dem Stammwort-Prinzip, also in einer Art Wortfamilienformat; dieses Material hat dann Matthias Lexer mit zusätzlichem Material zu einem alphabetischen Index verarbeitet; beides sind erstaunliche Leistungen mittelhochdeutscher Lexikographie aus dem 19. Jh., und die Problematik liegt ja gerade darin, daß man heute von einem über 100 Jahre alten lexikographischen Bearbeitungsstand ausgehen muß. Dem ist so schnell nicht abzuhelfen. Diese Lage ist zu bedenken, und sie ist bedenklich genug; jede lexikologische Arbeit nicht nur zum Mittelhochdeutschen, sondern zum sprachstufenübergreifenden Wortschatzvergleich überhaupt wird immer an diese Grenzen stoßen, und ich kann mir einen nennenswerten Fortschritt in der lexikalisch-semantischen Erforschung des Deutschen ohne Überwindung dieses lexikographischen Zustands auch nicht vorstellen. Zunächst einmal eröffnet diese Lage zwei Möglichkeiten des Vorgehens:

1. Man könnte Benecke/Müller/Zarncke zur Grundlage machen und sozusagen »auf den neuesten Stand bringen«.
2. Man könnte auf der Grundlage des Großen Lexer eine umfassende Materialsammlung veranstalten und dieses Material in eine Wortfamilienstruktur bringen.

Ich hatte mich für den zweiten Weg entschieden, als wir vor etwa fünf Jahren das Projekt in Angriff nahmen; inzwischen habe ich mich davon überzeugen müssen, wie wenig zuverlässig und hilfreich das Lexer-Material für meine Zwecke ist und daß ich ebensogut hätte Benecke/Müller/Zarncke zur Grundlage nehmen und von da aus erweiternd weiterarbeiten können. Grundsätzliche Schwierigkeiten ergeben sich bei beiden, vor allem was die Vollständigkeit, Überprüfbarkeit und Bedeutungsanalyse der Wörter angeht. Im Grunde muß jeder Beleg überprüft werden, aber man hat zumindest einiges wichtige Material beisammen. Letztlich hängt die Entscheidung davon ab, ob man glaubt, auf das bei LEXER zusätzlich zu BENECKE/MÜLLER/ZARNCKE verzeichnete Material verzichten zu können. Ich gehe also jetzt so vor, daß ich aus dem LEXER-Material und aus zusätzlichem Material, über das noch zu sprechen sein wird, die Wortfamilien rein materialbezogen erstelle und das so entstehende Bild mit dem bei BENECKE/MÜLLER/ZARNCKE vergleiche. Das mag als Umweg erscheinen, aber es garantiert zum mindesten einen unabhängigen Datenansatz.

In diesem Arbeitsabschnitt fallen zwei Arbeitsgänge an:

1. die Erstellung von alphabetischen Listen der zu einer Wortfamilie gehörigen mittelhochdeutschen Wörter,
2. die Überführung dieses alphabetischen Materials in ein einheitliches Wortfamilienformat.

Die Probleme und Implikationen des zweiten Arbeitsgangs wird Herr Splett anhand der Wortfamilien des Althochdeutschen besprechen, ich will deshalb hier nicht näher darauf eingehen. Ich bin noch immer hauptsächlich mit der Verfertigung der alphabetischen Listen des Materials für die einzelnen Wortfamilien beschäftigt. In diesem Zusammenhang leistet mir aber der Computer auch wirklich gute Dienste.

Ich lasse die Wörter zunächst alphabetisch, wie sie im LEXER stehen, aber schon nach Wortbildungsaspekten und anderen morphologischen Aspekten segmentiert, aufnehmen, z. B. ›herze-riuw-ec-lich-e‹ oder ›rück-e-ling-en‹. Dabei lasse ich auch, was an grammatischen Angaben, Bedeutungs- und Stellenangaben bei LEXER vermerkt ist, mit erfassen.[6] So ergibt sich eine erste Ebene der Datenstruktur, die zwar

[6] Die Materialaufnahme erfolgt über eine Maske mit folgender Formatierung:

Feld	Feldname	Typ	Länge	Dez
1	Gesamteintrag	Zeichen	40	
2	Prästruktur4	Zeichen	5	
3	Prästruktur3	Zeichen	10	
4	Prästruktur2	Zeichen	10	
5	Prästruktur1	Zeichen	12	
6	Stamm	Zeichen	12	
7	Poststruktur1	Zeichen	12	
8	Poststruktur2	Zeichen	10	
9	Poststruktur3	Zeichen	10	
10	Poststruktur4	Zeichen	5	
11	Wortart	Zeichen	2	
12	Klasse	Zeichen	2	
13	Genus	Zeichen	1	
14	Quelle	Zeichen	4	
15	Bedeutung	Zeichen	66	
16	Bedeutung	Zeichen	66	
17	Feld1	Zeichen	7	
18	Feld2	Zeichen	7	
19	Feld3	Zeichen	7	
20	Feld4	Zeichen	7	
GESAMT			296	

noch ziemlich einfach ist, aber in vieler Hinsicht schon aufschlußreich. Man kann die Wortstrukturpositionen vor dem Wortstamm und nach dem Wortstamm systematisch auswerfen und erhält so einen ersten Überblick über die Arten von Wortkomplexität im Mittelhochdeutschen und auch einen gewissen Eindruck von dem Grad ihrer funktionellen Belastung, z. B. der Verbpräfixe und der Kombinationen von Verbpräfixen und ihrer Entsprechungen bei den Substantivierungen. Bestimmte Strukturtypen lassen von Haus aus mehrere Deutungen zu, und es bedarf zuweilen des Nachweises paralleler Bildungen, um die möglichen Ableitungswege zu bestimmen, z. B.:

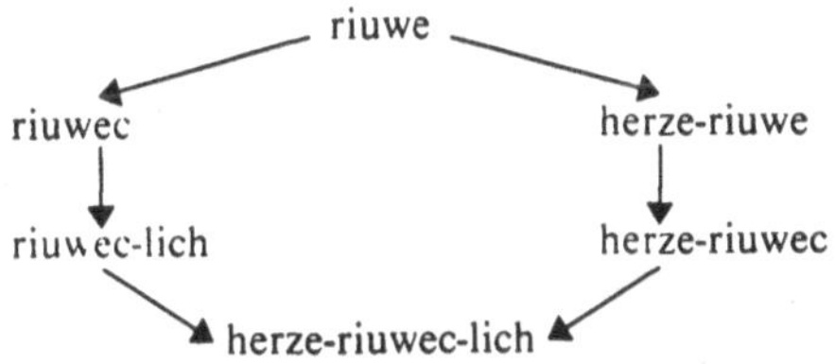

Die Mehrdeutigkeit abgeleiteter Wörter und damit ihre Verwendbarkeit sind zum Teil von den Ableitungswegen bestimmt und nur über diese zu klären.

Damit werden die Ausbaubedingungen und Ausbautendenzen in einer Wortfamilie deutlich, und es kann untersucht werden, wie es sich in vergleichbaren Wortfamilien verhält.

Die stammzentrierte Datenstruktur ist dann die Grundlage für die erste Vorsortierung der alphabetischen Wortfamilienlisten. Ich lasse nämlich aus der alphabetischen Eingabeliste eine alphabetisierte Stammwortliste erstellen; im Grunde reicht eine Alphabetisierung bis zum dritten Buchstaben, bzw. bei diphthongischer Stammsilbe bis zum vierten, doch da dies mit dem Computer keine besonderen Schwierigkeiten macht, kann man die Stämme auch voll durchalphabetisieren. Da es auch Wörter mit zwei und mehr Wortstämmen gibt, ist eine Zuweisung dieser Wörter zu ihren Wortfamilien wichtig, und diese ist auch verhältnismäßig einfach durchführbar; es werden also Wörter wie ›geisel-ruote‹, ›golt-reif‹ oder ›helle-rost‹ sowohl zu den Familien ›ruote‹, ›reif‹ und ›rost‹ wie auch zu den Familien ›geisel‹, ›golt‹ und ›helle‹ zugewiesen werden, weil sie für die Beurteilung der Aus- und Umbautendenzen der einzelnen Wortfamilien in verschiedener Hinsicht wichtig sind.

Die Stammwortalphabetisierung liefert natürlich nur das Rohmaterial, weil die Wortstämme durch Ablaut, Umlaut oder durch sonstige kombinatorische Faktoren variiert sein können. In einigen Fällen, z. B. ›reht‹, ›riht‹; ›bind‹, ›bend‹; ›band‹, ›bund‹; ›rît‹, ›reit‹, ›ritt‹ lohnt es sich durchaus, sich das Rohmaterial in entsprechenden Arbeitslisten auswerfen zu lassen. Wenn man das Material gut kennt, und das ist eigentlich selbstverständliche Voraussetzung für die Analysearbeit, kann man die Zuordnung des alphabetisch verstreuten Materials zu den Wortfamilienlisten bei einem Durchgang vermerken und sich dann das gesammelte Material ausdrucken lassen.

Dies gilt vor allem für das Ergänzungsmaterial.

Benecke/Müller/Zarnckes und Lexers Material ist in bezug auf die heutige Quellenlage im Mittelhochdeutschen unvollständig und oft nur sehr schwer überprüfbar, weil die Editionslage heute anders ist. Das Material der Konkordanzen ist da oft sehr hilfreich; das dort vorfindliche Wortmaterial wird ebenso aufgenommen wie das LEXER-Material, stammzentriert, stammalphabetisiert und dann der jeweiligen alphabetischen Wortfamilienliste zugeschlagen. So kann die LEXER-Materialbasis wenigstens teilweise saniert werden. Natürlich kann eine solche Teilsanierung nicht den Anspruch einer vollständigen lexikographischen Neubearbeitung des LEXERS erheben und will dies auch gar nicht. Bei der eigentlichen Arbeit dieses Arbeitsganges, nämlich bei der Sichtung, Überprüfung und Bereinigung der alphabetischen Listen des Wortfamilien-Rohmaterials nach LEXER, muß sowieso jeder Beleg nachgeschlagen, für jedes Wort ein eigener Bedeutungsansatz gemacht und die Wortstruktur analysiert werden. Dies ist der Teil der Arbeit, der die meiste Zeit erfordert, den man überhaupt nicht delegieren kann und bei der der Computer auch nicht unmittelbar eingesetzt werden kann.

Man kann für das Mittelhochdeutsche ähnlich wie für das Althochdeutsche von etwa 5000 Wortfamilien ausgehen, von denen etwa 1500 nur aus 1-2 Wörtern bestehen, etwa 500 umfassen über 30 Wörter. Es sind also etwa 5000 alphabetische Rohmateriallisten anzufertigen. Zur Dokumentation der überprüften Listen und zur Formatierung der Wortfamilien erscheint der Computereinsatz wieder in anderer Weise sinnvoll.

Um die Aufbereitung lexikographischen Materials, also um einzelne Arbeitsgänge der ersten Arbeitsphase, kommt man in der Regel bei keiner Quelle herum. Die Verifizierung des LEXER-Materials, vor allem was die Bedeutungsansätze angeht, ist eine Riesenarbeit für sich, der man sich nur zögerlich und widerwillig unterzieht; da die Stellenangaben bei BENECKE/MÜLLER/ZARNCKE im allgemeinen besser sind, kann man die Bedeutungsansätze aufgrund des dort gegebenen Materials ganz gut weitgehend selbst vornehmen. Auch die Konkordanzen stellen uns aufs Ganze gesehen vor dieses Problem. Die Frage des Computereinsatzes stellt sich in diesem Zusammenhang ganz generell, und ich muß hier das Urteil weitgehend den eigentlichen Lexikographen mit Praxiserfahrung überlassen.

Ich kann nur einige Erfahrungen und vielleicht Anregungen aus eigener Anschauung beisteuern. Grundlage ist eine Pilotstudie über das Material des Buchstabens R im Großen LEXER. Parallel zu dem LEXER-Material sind eine Reihe von neueren Wörterbüchern und Konkordanzen zu einzelnen Autoren und Denkmälern mittelhochdeutscher Dichtung computermäßig erfaßt und ausgewertet worden. Auswahlkriterium war zunächst Eignung und Bearbeitungsstand der verfügbaren Ausgaben. Herangezogen wurden

a) Wörterbücher und Glossare, die neben der Lemmatisierung auch grammatische Kategorisierung und differenzierte Bedeutungsanalysen leisten;
b) Lemmatisierte (Vers-)Konkordanzen, die aufgrund des Kontexts grammatische Kategorisierungen und Bedeutungsanalysen erlauben.

Nichtlemmatisierte Konkordanzen sind im jetzigen Projektstudium wenig hilfreich, da zu viel lexikographische Vorarbeiten anfallen.

Es scheint möglich zu sein, große Teile des Großen LEXERS auf diese Weise zu sanieren, denn die Wort- und Bedeutungsansätze können so auf editionsmäßig gesicherteres Material gestützt werden, als dies beim alten LEXER-Material der Fall ist.

Neben BENECKE/MÜLLER/ZARNCKE (Mittelhochdeutsches Wörterbuch. Mit Benutzung des Nachlasses von GEORG FRIEDRICH BENECKE ausgearb. von WILHELM MÜLLER und FRIEDRICH ZARNCKE. Bd. 1-3, Leipzig 1854-66) und dem Großen LEXER (LEXER, MATTHIAS: Mittelhochdeutsches Handwörterbuch. Zugl. als Supplement und alphab. Index zum Mittelhochdeutschen Wörterbuch von BENECKE/MÜLLER/ZARNCKE. Bd. 1-3, Leipzig 1872-78) wurden die folgenden Wörterbücher, Glossare und Konkordanzen für den Buchstaben R ausgewertet:

Altdeutsche Originalurkunden: GOEBEL, ULRICH: Wortindex zum 1. Band der Altdeutschen Originalurkunden. Hildesheim/New York 1974.

Friedrich von Hausen: MOWATT, DAVID G.: Friederich von Hûsen. Introduction, Text, Commentary and Glossary. Cambridge 1971.

Hartmann von Aue: BOGGS, ROY A.: Hartmann von Aue. Lemmatisierte Konkordanz zum Gesamtwerk. Nendeln 1979.

Heinrich von Hesler: Die Apokalypse Heinrichs von Hesler aus der Danziger Handschrift. Hg. v. KARL HELM. Berlin 1907.

Heinrich von Melk: ANDERSON, ROBERT R. / ULRICH GOEBEL: Wortindex und Reimregister zum sogenannten Heinrich von Melk. Amsterdam 1976.

Heinrich von Morungen: MORRALL, E.: Heinrich von Morungen. A Complete Word-Index. Durham o. J.

Heinrich Wittenwiler: WIESSNER, EDMUND: Der Wortschatz von Heinrich Wittenwilers »Ring«. Hg. v. BRUNO BOESCH. Bern 1970.

Herzog Ernst: PUTMANS, JEAN L.: Verskonkordanz zum Herzog Ernst. 2 Bde., Göppingen 1980.

Kaiserchronik: TULASIEWICZ, W.: Index Verborum zur deutschen Kaiserchronik. Berlin 1972.

Lucidarius: GOEBEL, ULRICH: Wortindex zur Heidlaufschen Ausgabe des Lucidarius. Amsterdam 1975.

Neidhart von Reuental: WIESSNER, EDMUND: Vollständiges Wörterbuch zu Neidharts Liedern. Leipzig 1954.

Oswald von Wolkenstein: TOWNSLEY, LOUIS FRANK: A Glossary of the Songs of Oswald von Wolkenstein. 2 Vols. University of Maryland 1972.

Reinmar der Alte: BULST, WALTER: Wörterbuch zu den Liedern Reinmars des Alten. Göttingen/Rheinhausen 1934.

Sankt Trudperter Hohes Lied: SAUER-GEPPERT, WALTRAUT-INGEBORG: Wörterbuch zum St. Trudperter Hohen Lied. Ein Beitrag zur Sprache der mittelalterlichen Mystik. Berlin 1972.

Schweizer Minnesänger: JANSSEN, OLGA: Lemmatisierte Konkordanz zu den Schweizer Minnesängern. Tübingen 1984.

Ulrich von Türheim: HÜBNER, ALFRED: Ulrich von Türheim, Rennewart. Aus der Berliner und Heidelberger Handschrift. Berlin/Zürich 1964.

Vorauer Alexander: WISBEY, ROY: A Complete Concordance to the Vorau und Strassburg Alexander. With a Reverse Index to the Graphic Forms, an Index of Rhymes and a Ranking List of Frequencies. Leeds 1968.

Wernher der Gartenaere: STEININGER, LEOPOLDINE: Wörterbuch zum Meier Helmbrecht von Wernher dem Gartenaere. Diss. Wien 1947.

Wolfram von Eschenbach: Vollständiges Wörterbuch zur Überlieferung des Titurel Wolframs von Eschenbach. Typoskript. Hamburg 1960-61.

So wichtig und interessant möglicherweise der Überblick über die Wortschatzentwicklung von einer Sprachstufe zur andern und vielleicht sogar über mehrere Sprachstufen hinweg sein mag, so ist doch zu erwarten, daß aus methodologischen und inhaltlichen Gründen einzelne Wortfamilien und einzelne Entwicklungsstränge schon vor der Zugriffsmöglichkeit auf das Gesamtmaterial und den Gesamtüberblick vorweg genauer unter die Lupe genommen werden müssen. Da ich mich in der lexikalischen Semantik vor allem für die Adjektive interessiere, beachte ich schon in dieser Phase der Materialaufbereitung besonders die Einbindung der Adjektive in ihre Wortfamilien. Bei der Bedeutungsbeschreibung der Adjektive sind die Kollokationsbeziehungen sehr wichtig und aufschlußreich. Die Konkordanzen liefern uns in der Regel eine ganz gute Zusammenstellung belegter Kollokationen für Adjektive. Die Lesarten-Unterscheidung bei Adjektiven hängt in den meisten Fällen unmittelbar mit der Kollokationsklassenunterscheidung zusammen. Bedeutungsentwicklungen und -veränderungen laufen in erster Linie über Veränderungen der Kollokationsbindungen. Bei einem Vergleich etwa der Verwendungsweisen des Adjektivs GRÜN im Althochdeutschen und Mittelhochdeutschen bis hin zum Neuhochdeutschen[7] konnte ich feststellen, daß die Frage einer reinen Farblesart sich aufgrund der Beleglage im Mittelhochdeutschen ziemlich deutlich dahingehend entscheiden läßt, daß im Mhd. die Vegetationslesart von ›grüene‹ die bei weitem dominierende ist. Es finden sich nur wenige Kollokationsklassen wie Kleidung oder Edelsteine, die mit ›grüene‹ verbunden werden, der überwiegende Teil sind bewachsene Flächen, Pflanzen und Pflanzenteile. Viele Adjektive haben in den überlieferten Texten ein ziemlich klares und striktes Kollokationsklassensystem; man kann also Bedeutungsveränderungen ziemlich genau über die Kollokationstypen und den Kollokationsklassenumfang ermitteln. Angaben über die Kollokationsklassenzusammensetzung lassen sich mit Hilfe des Computers aus den Konkordanzen abgreifen; auf diese Weise kann die Gebrauchsregelbeschreibung verfeinert werden und können dichterspezifische Gebrauchsweisen von Standardgebrauchsweisen unterschieden werden.

---

[7] FRANZ HUNDSNURSCHER / JOCHEN SPLETT: Semantik der Adjektive des Deutschen. Opladen 1982. - FRANZ HUNDSNURSCHER: Über den Zusammenhang des Gebrauchs der Wörter. Eine methodologische Untersuchung anhand des deutschen Adjektivs GRÜN. In: Poetica (Tokyo) 28 (1988), S. 75-103.

Wolfram Windolph

Verfahren und Probleme der computergestützten Erstellung eines ›westjiddischen Wortgruppen-Lexikons‹

Untersuchungen über Jiddistika in der deutschen Umgangssprache oder die philologische Zuordnung bislang bekannter bzw. neu gefundener Quellen zu einem Sprecherkreis - etwa Westjiddisch oder Rotwelsch - gestalten sich derzeit unter anderem deswegen recht mühsam, weil bislang kein Wörterbuch westjiddischer Belege existiert, das die zeitraubende Suche in vielen, vielfach recht schwierig oder öffentlich gar nicht zugänglichen Quellen ersparen könnte. Die andauernde Konfrontation mit diesem leidigen Problem führte zu dem Entschluß, selbst ein Wörterbuch zu erstellen, das die in Frage kommenden Quellen erfaßt.

Es handelt sich hierbei um Glossare, die weitgehend in die literarische Tradition der sogenannten ›Enthüllungsschriften‹ eingeordnet werden können. Unter diese fällt eine zu Beginn des 18. Jahrhunderts einsetzende Flut von Schriften, die das Ziel hatte, vorwiegend den mit Juden handelnden Christen ein Wörterbuch zum besseren Verständnis des von Juden beim Handel verwandten Jiddisch an die Hand zu geben.[1]

Die große Nachfrage nach derartigen Publikationen führte nicht nur zu hohen Auflagenzahlen,[2] sondern auch zu Veröffentlichungen, die sich nur durch Titel und/oder Erscheinungsjahr voneinander unterscheiden,[3] sowie zu inhaltlich mehr oder minder voneinander abweichenden Bearbeitungen. Im ganzen handelt es sich um 62 mir bekannte Quellen,[4] die alle durch das Wörterbuch abgedeckt werden sollen. Nach aufwendigen Untersuchungen zeigte sich, daß nach Abzug der unveränderten Auflagen 38 Glossare für ein derartiges Wörterbuch ineinandergearbeitet werden müssen.

---

[1] Diese Intention wird vielfach im Vorwort oder im Titel selbst hervorgehoben: »... Hebräisch= und Deutsche Vocabula, und Wörter=Büchlein, So allen und jeden Die mit denen Jüden, in Handel und Wandel, umgehenden Christen, sonderlich denen Studierenden Jugend, sehr nützlich und profitabel seyn wird ...« von CHRISTOPH GUSTAV CHRISTIAN, o. O. 1727.

[2] Für die in Neustadt/Aisch erschienene ›geheime Geschäftssprache‹ sind bislang 16 Auflagen nachgewiesen. Die älteste, es handelt sich um die zweite Auflage, stammt von 1867, die jüngste von 1920.

[3] Das trifft beispielsweise auf das sogenannte ›Prager Handlexikon‹ zu, das zwischen 1773 und 1782 mit identischem Inhalt, unter fünf verschiedenen Titelblättern, in zehn Auflagen erschien.

[4] Darunter fallen auch Kopien von drei verschiedenen Exemplaren, die sich in Privatbesitz befinden und bislang von mir noch in keinem öffentlichen Bibliotheksbestand nachgewiesen werden konnten, sowie ein unpubliziertes Manuskript.

Zum Aufbau des Wörterbuchs

Da die etymologische Zusammengehörigkeit der Einträge bei einer alphabetischen Anordnung oft nur schwer oder gar nicht mehr zu erkennen ist, wurde für den Wörterbuchaufbau die Form einer etymologisch orientierten Sortierung gewählt. Diese untergliedert sich in mehrere Abteilungen:

1. hebräisch-aramäische Etyma
2. lateinisch-romanische Etyma
3. deutsche Etyma
4. griechische Etyma
5. arabische Etyma

   usw.

Innerhalb der einzelnen Abteilungen dient die alphabetische Sortierung der Etyma als Abfolgekriterium für die einzelnen Lexikonartikel.

Jeder Artikel beginnt mit einer Ordnungszahl und, soweit möglich, mit dem entsprechenden Etymon.[5] Der Artikel selbst untergliedert sich in mehrere Felder:

				Beispiele:[6]
1.	**Lemma = einteilig**			
1.1	Singular			af, etc.
1.1.1			+ Suffix	awi, etc.
1.1.2			nur suffigiert vorh.	–
1.2	Plural			oves, etc.
1.2.1			+ Suffix	awessenu, etc.
1.2.2			nur suffigiert vorh.	–
2.	**Lemma = zweiteilig**			
2.1	Singular	=	Kompositum	af soken, etc.
2.1.1			+ Suffix	avi sickeni, etc.
2.1.2			nur suffigiert vorh.	–
2.2	Singular	≠	Kompositum	–
2.2.1			+ Suffix	–
2.2.2			nur suffigiert vorh.	ovi chorgi, ovi mori, abhinu malkinu
2.3	Plural	=	Kompositum	awes hachdauschim
2.3.1			+ Suffix	–
2.3.2			nur suffigiert vorh.	afos afosenu
2.4	Plural	≠	Kompositum	–
2.4.1			+ Suffix	–
2.4.2			nur suffigiert vorh.	–
3.	**Lemma = dreiteilig und größer**			
3.1	Singular	=	Kompositum	ov bes din

(Die weitere Gliederung ist identisch mit der zweiteiliger Lemmata.)

---

[5] Vgl. Anhang: ›1 אב‹. – Die jeweilige Artikelkennung erscheint auch als lebender Kolumnentitel.

[6] Die hier angeführten Beispiele finden sich alle im Lexikonartikel des Anhangs.

Die einzelnen Felder werden durch Leerzeilen voneinander getrennt. Falls Belegfelder innerhalb eines Wörterbuchartikels Suffixe[7] oder etymologisch divergierende Bestandteile mehrteiliger Lemmata enthalten,[8] werden diese nach grammatikalischen Gesichtspunkten[9] in Unterfelder eingeordnet und ebenfalls durch eine oder mehrere Leerzeilen voneinander abgetrennt.

Alle bei der grammatikalischen Sortierung entstandenen Unterfelder, wie auch die Singular- und Plural-Belege einteiliger Lemmata sind nach phonetisch-orthographischen Gesichtspunkten einander zugeordnet und durch eine Leerzeile voneinander getrennt.[10]

Die Unterfelder, deren Inhalte und alle Siglen sind chronologisch geordnet. In der linken Spalte werden die jiddischen Lemmata aufgeführt. In der Mitte stehen die Bedeutungs-, rechts die Quellenangaben. Unteretyma erscheinen innerhalb des Artikels vor dem dazugehörigen Feld in der mittleren Spalte.[11]

Die in Schrägstrichen aufgeführten Angaben der rechten Spalte enthalten Siglen, die, in Form von Autor- bzw. Titel-Kürzel und Seitenangabe, Auskünfte über die entsprechende Fundstelle enthalten. Hebräisch quadratschriftliche Angaben verweisen auf etymologische Informationen der jeweiligen Fundstelle. Jiddische Belegschreibung in hebräischer Schrift wird, sofern in der Quelle vorhanden, hebräisch deutsch-rabbinisch wiedergegeben.[12]

Im Original enthaltene Informationen sollen möglichst komplett wiedergegeben werden,[13] da die Standorte der in Frage kommenden Originale zum Teil sehr schwer zu eruieren sind und das Wörterbuch den Griff zur Quelle weitgehend erübrigen soll. Die zusätzlichen Informationen sind durch Klammern gekennzeichnet. Die runde Klammerung verweist auf unpaginierte Seiten sowie weitere, bedeutungsrelevante Informationen, die der jeweiligen Quelle entnommen wurden.[14] Spitze Klammern umschließen Angaben des Bearbeiters.[15]

Da bei einer etymologisch orientierten Artikelanordnung Synonyma kaum zu finden sind, ist als Anhang ein Index vorgesehen, der über die deutschen Bedeutungsangaben via Ordnungsnummer auf die entsprechenden Lexikonartikel verweist.

---

[7] Vgl. Anhang: *awi* bis *awinu.*

[8] Vgl. Anhang: *ovi chorgi* bis *abhinu malkinu.*

[9] Vgl. Anhang: Es erscheinen beispielsweise Singular- vor Pluralformen.

[10] Vergleiche die Wiedergabe des anlautenden Aleph durch *a, o* oder *u* im Anhang unter *Väter.*

[11] Vgl. Anhang: אב, אבות, אב זקן etc.

[12] Vgl. Anhang:

owos … /Avla 325 אבות / = hebräisch: deutsch-rabbinisch
/WeWi 3 אבות / = hebräisch: Quadratschrift

[13] So folgen Kontextbeispiele immer auf das dazugehörige Lemma des entsprechenden Belegs; vgl. Anhang: *awinu schaba schamajim* in der auf *awinu* folgenden Zeile.

[14] Vgl. Anhang: *abhinu malkinu* … (Gebet an Neujahr).

[15] Vgl. Anhang: *⟨Väter⟩, Vorfahren.*

Rechnergestützte Arbeiten

Die Quellen werden im Regelfall in eigenen Dateien erfaßt, wobei Eingabe und Korrekturausdruck optisch weitgehend der Vorlage entsprechen, damit sowohl Datenerfassung als auch Korrektur der Datensätze erleichtert werden. Um die Fehlerquote bei der Erfassung[16] erheblich zu senken, sind Eingabevereinfachungen unumgänglich. - So wird für die Sigle meist nur die Seitenangabe eingegeben. Die Belegortangabe wird erst nach Erfassung der gesamten Quelle durch eine Change-Routine eingetauscht.

Sind Plagiate als solche schon bekannt, wird zunächst das Original eingelesen. Auch hier muß bei inhaltlich weitgehender Übereinstimmung beider Quellen für das Plagiat meist nur eine neue Sigle angehängt werden.[17]

Enthält die Quelle sowohl ein Glossar als auch ein Gegenglossar, so wird der zuerst erfaßte Glossarteil zunächst dupliziert. Anschließend wird das Duplikat umsortiert, damit es der alphabetischen Abfolge des Gegenglossars entspricht.[18] Da Gegenglossar und Glossar inhaltlich weitgehend übereinstimmen, muß die Sigle meist nur um eine zusätzliche Seitenangabe erweitert werden. Je nach Bedarf werden die Daten am Großrechner entweder mit CTS (Zeilen-Editor) oder IPF (Full-Screen-Editor) weiterbearbeitet.[19]

Mehrere Schritte sind erforderlich, um die einzelnen Dateien in die gewünschte etymologische Form zu überführen. Die in einzelnen Files abgespeicherten Quellen werden entweder dem Basis- oder dem Fundusglossar zugeordnet. Diese werden dann zunächst unabhängig voneinander aufbereitet, um anschließend für den eigentlichen Wörterbuch-File ineinandergearbeitet zu werden.

Zunächst wird also ein etymologisch orientiertes Basisglossar erstellt, das auf den Quellen gründet, die etymologische Verweise enthalten. In die Daten des etymologisch aufgebauten Glossars von AVÉ-LALLEMANT,[20] das bei der Erfassung am Rechner schon mit Ordnungsnummern versehen wurde, werden zwei weitere Quellen mit Hilfe der Felder ›Etymon‹, ›deutsche Bedeutung‹ und ›jiddisches Lemma‹ automatisch einsortiert. Dann wird das Ganze korrigiert, wobei beispielsweise neue, bei AVÉ-LALLEMANT nicht verzeichnete Etyma von Hand eingefügt und mit Ordnungsnummern versehen werden. Das Ergebnis dieser Operationen stellt das Basisglossar dar.

Die restlichen Quellen werden nach ihrer Einzelkorrektur schrittweise in das Fundusglossar überführt. Hierbei werden die Datensätze der einzelnen Quell-Files miteinander verglichen und doppelte Lexeme automatisch eliminiert. Das heißt,

---

16 Sie erfolgt im ASCII-Format, damit für den Datentransfer zwischen PC und Großrechner keinerlei Konvertierung mehr erforderlich ist. - Dieses Konzept wurde an der Universität Trier mittlerweile auch von anderen Projekten übernommen.

17 Das geschieht in der Regel am Großrechner.

18 Z. B.: *aw* Vater /FCW 15/ → Vater *aw* /FCW 15/.

19 Für Korrekturen wird in der Regel IPF genutzt. Bei Host-Engpässen kann auf dem PC korrigiert werden.

20 AVÉ-LALLEMANT, FRIEDRICH CHRISTIAN BENEDICT: Das Deutsche Gaunerthum in seiner social=politischen, literarischen und linguistischen Ausbildung zu seinem heutigen Bestande. Bd. 4, Leipzig 1862, S. 321–483.

entsprechen sich Lemma- und Bedeutungs-Eintrag mehrerer Quellen, so wird nur ein Lexem weitergeführt, das jetzt mehrere Siglen aufweist.[21]

Ist das Fundusglossar komplett, wird allen Datensätzen automatisch die entsprechende Ordnungsnummer des Basisglossars zugewiesen, mit deren Hilfe die einzelnen Datensätze dann in das Basisglossar einsortiert werden können. Alle Belege, die keiner Ordnungsnummer zugeordnet werden konnten, müssen unter Zuhilfenahme des Dienstprozessors IACULL (Crossreference) von Hand eingeordnet und numeriert werden. Als Ergebnis liegt das Gesamtwörterbuch jetzt in ungeordneter Form vor.

Innerhalb der jeweiligen Ordnungsnummer, die ja nur die Zugehörigkeit zu einem Wörterbuchartikel kennzeichnet, werden an Hand der bei der Datenerfassung beigefügten Kennung einzelne Felder zusammengefaßt.[22]

Die Belege mehrteiliger Lemmata, die etymologisch zusammengehören und dieselben Bedingungen erfüllen, werden alphabetisch sortiert.[23] Nun werden die suffigierten Lemmata innerhalb ihres jeweiligen Feldes nach grammatikalischen Gesichtspunkten geordnet.[24] Danach können alle vorhandenen Felder und Unterfelder orthographisch-phonetisch sortiert werden.[25] Zuletzt werden mit Hilfe der Siglen alle Unterfelder chronologisch geordnet. Das Wörterbuch liegt jetzt in geordneter Form vor.

Um die jiddischen Synonyme zu erfassen, wird nun ein alphabetisches Register der deutschen Bedeutungsangaben erstellt, das auf die entsprechenden Ordnungsnummern der jeweiligen Wörterbuchartikel verweist.[26]

Drucklegung

Wörterbuch und Register werden auf das vom Verlag abhängige Satzprogramm umkodiert, oder es wird eine photosatzfähige Vorlage am Laserdrucker erstellt.

Für die arbeitsbegleitenden Korrekturdrucke ist zu berücksichtigen, daß die Daten neben dem deutschen noch zwei hebräische Zeichensätze enthalten.[27] Es

---

[21] Vgl. Anhang.

[22] Z. B.: 1. Lemma: ein-, zwei- oder mehrteilig
2. einteilige Lemmata: Singular - Plural
3. mehrteilige Lemmata: w. o. ›Aufbau des Wörterbuchs‹, Punkt 2/3
4. Lemma + suffigierte Form - rein suffigierte Formen

[23] Vgl. Anhang: *ovi chorgi* bis *ovi mori*. Bei allen handelt es sich um die folgende Klassifikation: ∔ Kompositum + nur suffigiert vorh.

[24] Vgl. Anhang: *awi* bis *awinu*.

[25] Vgl. Anhang unter *Vater*: Der älteste Beleg zeigt *a* für hebräisch Alef, also erscheinen zunächst die mit *a*, dann, getrennt durch Leerzeile, die mit *o* anlautenden Singularbelege.

[26] Es wird von der Publikations-Möglichkeit (Verlagsbedingungen) abhängen, ob das deutsche Register zusätzlich zu Verweisnummer oder Seitenangabe das jeweilige Etymon erhalten wird und ob ein zusätzliches Register aller jiddischen Belege aufgenommen werden soll.

[27] Die beiden letzteren unterscheiden sich auf ASCII-Ebene nur durch unterschiedliche Umschaltsequenzen. Ansonsten wurden die beiden sich jeweils entsprechenden Werte der Sonderzeichensätze (hebräisch: quadratisch bzw. deutsch-rabbinisch) einem Buchstaben des deutschen Zeichensatzes zugeordnet.

bieten sich zwei Lösungsmöglichkeiten an: Entweder arbeitet man mit den Schnelldruckern des Rechenzentrums, wobei man die ASCII-Ersatzdarstellung für die beiden hebräischen Schriften korrekturlesen kann, oder man benutzt irgendeinen Matrix-Drucker[28] und erhält einen Korrekturausdruck, der auch die quadratische bzw. deutsch-rabbinische Hebräischschreibung unverschlüsselt darstellt.[29]

Abschließende Anmerkung

Während der gesamten Bearbeitungszeit und unabhängig vom jeweiligen Bearbeitungsstand der Files werden diese mit Hilfe der Dienstprozessoren CULL und IACULL (Crossreference) fortlaufend reindiziert, so daß auf die gesamten Daten jederzeit lexikographisch zugegriffen werden kann.[30] Das heißt, man kann ungeachtet der Tatsache, daß einzelne Files noch nicht alphabetisiert oder auf das endgültige Datenformat umsortiert sind, schon jetzt jederzeit und mit extrem schnellem Zugriff[31] den gesamten schon erfaßten Datenbestand als dateien- und sortierform-übergreifendes ›Wörterbuch‹[32] benutzen.

---

[28] Zuvor ist ein Datentransfer vom Host zum PC erforderlich, wobei die Zeilennumerierung des Host-Editors als zusätzliche Orientierungshilfe für die Korrektur übernommen wird.

[29] Das geschieht mit Hilfe der von Herrn Steffes und mir generierten Zeichensätze und eines eigenen Druckertreibers.

[30] Diesen Hinweis verdanke ich meinem Freund Helmut Steffes (Rechenzentrum), der mir auch ansonsten bei EDV-Problemen in generöser Weise behilflich ist.

[31] So war es mir beispielsweise innerhalb einer Stunde möglich, ein von Herrn Prof. Dr. Gärtner vorgelegtes, bis dato unbekanntes Glossar (138 Belege) aus dem Notizbuch des Johann Heinrich Beckenhaub (um 1800) als eindeutig auf eine Abschriftenlinie zurückzuführende Quelle zu identifizieren.

[32] Man kann beispielsweise alle Belege mit der Bedeutungsangabe *Vater*, alle Bedeutungsangaben für jiddisch *av* oder alle jiddischen und deutschen Angaben, die einen etymologischen Hinweis (= hebräisch: Quadratschrift) oder hebräische Schreibung enthalten (= hebräisch: deutsch-rabbinische Schrift) auflisten oder ausdrucken lassen.

Anhang:

Es handelt sich hier um den Wörterbuchartikel Nr.1. - Die hebräischen Schriftzeichen erscheinen hier als Pixel-Font (9 Dots = für Korrekturdrucke), da die zu generierenden Postscript-Fonts noch nicht erstellt wurden.

1 אב

	אב	
af	Vater	MaHa 254חב; PhLo 51; Bib 8; ReiA (4); ReiB (4); GoSe 55; GJC 12; WeWi 2 אב
	Ette	IFS 14, 169
av	Vater	CGC 25; JCUL 25; GPT 20; CFK 492; JHB (1); GeGa 14, 16; GeGb 14, 16
aw	Vater	FCW 15; AvLa 325 חב
	Vater, Ete, Tate	FCW 298
aaf	Vater	WöHa 190; MeAb 26
ahf	Vater	WoGe 16,17
ov	Vater	PHL 13 חב; Voll (1)
ow	Vater	AvLa 325 חב
awi	mein Vater	Voll (190); WöHa 157, 190
	ein Vater	Voll (7)
awicho	dein Vater	WöHa 7
awischo	dein Vater	WöHa 190
awinu	unser Vater	WöHa 188, 190
awinu schaba schamajim	unser Vater im Himmel	WöHa 7
awinu schabascha majim	unser Vater im Himmel	WöHa 188
awinu schaba schomajim	unser Vater im Himmel	WöHa 141

Abb. 1

אבות

oves	<Väter>, Vorfahren	PhLo 51
ovos	Väter, Voreltern	PHL 13; Voll (1)
ofes	Voreltern, Vorfahren	IFS 174
owos	Väter, Vorfahren, Väter des Gesetzes, (Kirchenväter)	AvLa 325 חבות
owous	Väter	WeWi 3 אבות
awes	Väter	WöHa 7
afos	Väter, Vorfahren	GJC 13
afes	Väter, Vorfahren Voreltern	IFS 169 IFS 14,174
ufes	Voreltern	IFS 174
awessenu	unsere Voreltern, unsere Vorfahren unsere Väter	 WöHa 188,194 WöHa 188
awesseuu <awessenu>	unsere Väter	WöHa 7

אב זקן

af soken	Großvater	IFS 124
af seken	Großvater	WeWi 4 אב זקן
avi sickeni	ein Großvater	CGC 25; JCUL 25; GPT 20
afi sekeni	mein Großvater, mein Ehni mein Großvater	Bib 8 ReiA (8); ReiB (8); Voll (1); GJC 13
avi sickin	Großvater	CFK 492
awi sickni	mein Großvater	WöHa 7
awi sikni	Großvater mein Großvater	WöHa 136 WöHa 157
afi skeni	mein Großette mein Großvater	IFS 14 IFS 124
awi sekeni	mein Großvater	AvLa 325 חבי זקני
aphissikin	Großvater	GeGa 9,16; GeGb 10,16
ovi sekeni	mein Großvater	PHL 13

Abb. 2

אב + חרג

ovi chorgi	mein Stiefvater	PHL 13; Voll (1)
awi chorgi	mein Stiefvater	AvLa 325 אבי חרגי

אב + מרא

ovi mori	mein Herr Vater	PHL 13
	mein Vater	Voll (1)
awi mori	mein Herr Vater	AvLa 325 אבי מורי

אב + מלך

abhinu malkinu	unser Vater und König (Gebet an Neujahr)	GJC 3
afenu melechnu	unser Ette und König	IFS 14

אבות חדשים

awes hachdauschim	Erzväter	WöHa 118

אבות אבות

afos afosenu	Väter unserer Väter, unsere Voreltern	Bib 8
	unsere Voreltern	ReiA (4); ReiB (4)
	Väter, Vorfahren	GJC 13

אב בית דין

ov bes din	Vorsteher des Gerichts, Titel eines vornehmen Rabbiners	PHL 13
	Gerichtsvorsteher, Titel eines vornehmen Rabbiners	Voll (1)
aw bes din	Vorstand eines Gerichts, Präsident eines Gerichts, Ehrentitel eines Rabbiners	AvLa 325 אב בית דין

Abb. 3

Willi J. J. Pijnenburg

Das ›Vroegmiddelnederlands Woordenboek (1200-1300)‹: Seine Bedeutung für die computergestützte Lexikographie in Belgien und in den Niederlanden

1. Einleitung

Am 1. Januar 1988 hat die belgisch-niederländische Stiftung ›Institut für Niederländische Lexikologie‹ in Leiden (Niederlande) mit dem sogenannten ›Frühmittelniederländischen Wörterbuch‹ *(VMNW)* begonnen, einem historischen Wörterbuch, das eine neue Phase in der Lexikographie des Niederländischen einleitet. Bis jetzt ist der niederländische Wortschatz beschrieben worden im ›Mittelniederländischen Wörterbuch‹, das die Periode von der ältesten Zeit bis ungefähr 1550 umfaßt (älteste Zeit bedeutet hier faktisch ca. 1280), und im ›Wörterbuch der Niederländischen Sprache‹ *(WNT),* an dem man seit 1864 arbeitet und bis etwa 2000 arbeiten will oder muß und das die Periode von ca. 1500 bis 1921 abdeckt. Die Jahreszahl 1921 ist eine ziemlich arbiträre Größe, denn es ist wohl klar, daß sie für die Teile, die zwischen 1864 und 1920 veröffentlicht worden sind, nicht das wirkliche Enddatum gewesen sein kann. Übrigens ist danach bis ungefähr 1970 up-to-date gearbeitet worden, und erst 1973 hat der Vorstand beschlossen, kein Material der Zeit nach 1921 mehr zu bearbeiten.

Überblickt man diese Situation, so ist auf zwei große Lücken in der niederländischen Lexikographie hinzuweisen, und zwar die Periode von 1921 bis heute - es besteht also das Bedürfnis nach einem wissenschaftlichen Wörterbuch des 20. Jahrhunderts - und die Periode von vor 1300, für die nun das *VMNW* erstellt wird. Der direkte Anlaß hierzu war die Produktion des sogenannten ›Corpus-GYSSELING‹, mit vollem Titel ›Corpus der Mittelniederländischen Texte‹ (bis zum Jahre 1300), eine nach dem Modell von F. WILHELMS ›Corpus der altdeutschen Originalurkunden‹ eingerichtete Sammlung des gesamten alt- und mittelniederländischen Materials der Zeit vor 1300, die außer Urkunden, so wie bei WILHELM, auch literarische Texte umfaßt. Diese Sammlung hat zumindest in zweierlei Hinsicht Gewinn für die niederländische Lexikographie gebracht: Sie hat erstens einen unvermuteten Reichtum an frühmittelniederländischem Urkundenmaterial ans Licht gebracht und zweitens ein Beispiel für eine für sprachwissenschaftliche Zwecke vorbildliche Art und Weise des Edierens gegeben.

Schon früh wurde der Wunsch geäußert, dieses neue Material durch ein Wörterbuch für weitere lexikologische Untersuchungen zugänglich zu machen. Im folgenden werde ich zeigen, wie diesem Wunsch entsprochen wird.

Nebenbei sei mitgeteilt, daß unser Institut auch gerade mit der Realisierung von Plänen bezüglich des anderen Desideratums der niederländischen Lexikographie begonnen hat: dem Wörterbuch des 20. Jahrhunderts. Es ist eine Materialsammlung auf Magnetbändern angelegt worden, die 1987 bereits einen Umfang von ca. 60 Millionen Belegen (tokens) zu 800000 verschiedenen Wortformen (types) hatte.

2. Vorgeschichte: Das ›Corpus‹

Das ›Corpus‹ ist in zwei Reihen erschienen: Reihe I umfaßt die amtlichen Texte, insgesamt ca. 2200 Dokumente in der Volkssprache, bestehend aus Urkunden, Zunftbriefen, Güterlisten, Testamenten, Rechnungen, Grabinschriften und sogar die Umschrift auf einem Gewichtstein aus dem 13. Jahrhundert. Es geht hierbei um ca. 850000 Wortbelege in der mittelniederländischen Volkssprache; 70% der Dokumente sind darin erstmalig herausgegeben. Der Gewinn besteht hier in 1. den neuen Wörtern, 2. den älteren Quellen, 3. der größeren Zuverlässigkeit des Materials.

Reihe II umfaßt die literarischen Texte (wozu auch die wissenschaftlichen Abhandlungen gerechnet werden): sechs größere Handschriften und 18 Fragmente mit insgesamt ca. 520000 Belegen. Hier besteht der Gewinn darin, daß eine Anzahl Texte nach älteren Handschriften herausgegeben sind als die, die bis jetzt in den Wörterbüchern verarbeitet wurden, und in der Tatsache, daß die meisten früheren Ausgaben aus dem 19. Jahrhundert stammen, bei denen nicht in erster Linie das sprachwissenschaftliche - in unserem Fall das lexikographische - Interesse im Vordergrund stand. Dadurch war die Zuverlässigkeit dieses Materials für sprachwissenschaftliche Untersuchungen beschränkt: 20 Lesefehler pro Seite bilden keine Ausnahme. So haben sich viele Lesefehler auch in das *MNW* geschlichen.

Zu diesem Material wird noch das bereits früher herausgegebene ›Älteste Güterverzeichnis von Oudenbiezen‹, einer Kommende des deutschen Ordens in Belgisch-Limburg, gefügt; dieses Güterverzeichnis beginnt 1280 und ist bis kurz vor die Zeit der Französischen Revolution fortgeführt worden. Der Teil, der die Jahre 1280 bis 1344 umfaßt, liegt unterdessen ediert vor, und dieses Material ist (bis 1300) in unsere Sammlung aufgenommen worden: ca. 80000 Belege. Insgesamt umfaßt der im *VMNW* zu beschreibende Wortschatz also nahezu anderthalb Millionen Belege. Die im Corpus herausgegebenen Texte waren bei ihrem Erscheinen bereits vorläufig zugänglich gemacht durch die Beigabe von diversen Wortformenindices, rückläufig sortierten Listen und Frequenzangaben für alle vorkommenden Wortformen.

Die Publikation des gesamten Werkes dauerte von 1971 bis 1987; es besteht - einschließlich der Wortindices - aus 15 Teilen.

Noch eine weitere Bemerkung über das Corpus ist wichtig. Im ersten Teil der zweiten Reihe ist zugleich noch das aufgenommen worden, was an Altniederländisch heute erhalten ist. Das spielt insofern für meinen Vortrag eine Rolle, als anfänglich zur Diskussion stand, ob dieses erste historische Wörterbuch in einer

Reihe, die die vollständige Neubeschreibung des historischen niederländischen Wortschatzes zum Ziel hat, sich auf die frühmittelniederländische Periode beschränken solle oder auch das Altniederländische zu umfassen habe.

Mit letzterem hätte man mit diesem neuen *VMNW* zugleich eine komplette Beschreibung bis 1300 realisiert, während anderenfalls noch ein (sehr kleines) altniederländisches Wörterbuch folgen (oder vorangehen) müßte.

Daß man sich zu guter Letzt doch für ein ausschließlich frühmittelniederländisches Wörterbuch entschied, hat seine Ursache darin, daß die Diskussion über den Status des Altniederländischen, wie es GYSSELING in seiner Ausgabe präsentiert, noch nicht zufriedenstellend abgeschlossen ist.

Im allgemeinen sind es zwei problematische Gebiete, aus denen die Texte einer kritischen Betrachtung bezüglich der Sprachzugehörigkeit unterworfen werden müssen: der Niederrhein, woher die sogenannten Wachtendonkschen Psalmen stammen, die sowohl von der deutschen als auch von der niederländischen Lexikographie als Beschreibungsobjekt beansprucht werden, und das altsächsische Sprachgebiet bis an die IJssel, das zum niederdeutschen Sprachgebiet gehört, wo aber seit dem späten Mittelalter das Niederländische als Kultursprache benutzt wird. Aus diesem Gebiet stammt - zumindest gibt es Fachleute, die diese These vertreten - die Heliand-Handschrift. Dieses Gebiet ist sowohl von der deutschen als auch von der niederländischen Lexikographie ziemlich vernachlässigt worden, obwohl es seit dem *MNW* von den Lexikographen des Niederländischen beschrieben wird; so haben es etwa SCHILLER-LÜBBEN und CORDES nicht in ihren mittelniederdeutschen Wörterbüchern verarbeitet. Hier scheinen politische Grenzen einer adäquaten lexikographischen Behandlung mehr im Wege zu stehen, als Sprachgrenzen vermuten lassen.

3. Zeitliche Abgrenzung

Ich will ganz kurz noch der zeitlichen Abgrenzung unseres Materials ein paar Worte widmen. Diese ist durch die erwähnte Entscheidung des Vorstands nämlich sehr einfach geworden. Unser Terrain beginnt bei dem ältesten mittelniederländischen Fragment, nämlich den 'Servatius'-Fragmenten von ca. 1200, und endet bei den Urkunden, die bis zum 31. Dezember 1300 einschließlich datiert sind. Für die literarischen Texte gilt - ich formuliere dies freilich bewußt sehr vorsichtig -, daß sie dann berücksichtigt werden, wenn die kodikologischen und paläographischen Aspekte eher ins 13. als in das 14. Jahrhundert weisen. Daß die Meinungen hierüber ziemlich auseinandergehen, wird jedem klar sein. In der Praxis gibt natürlich den Ausschlag, was GYSSELING bezüglich der Aufnahme von Material vor 1300 in sein ›Corpus‹ beschlossen hat.

4. Räumliche Abgrenzung

Alle Texte der Zeit vor 1301 in der Volkssprache aus dem mittelniederländischen Sprachgebiet sollen Gegenstand der Beschreibung sein. Indessen ist der Befund darüber, wie weit das niederländische Sprachgebiet damals reichte, eine weitere arbiträre Entscheidung. Im Westen ist natürlich die Nordsee die Grenze. Im Norden beginnt ein breiter Interferenzstreifen mit dem Friesischen, im Nordosten mit dem Mittelniederdeutschen. Weil aus den zur Diskussion stehenden Gebieten keine Texte in der Volkssprache aus dem 13. Jahrhundert überliefert sind, d. h. kein Text östlich von der IJssel lokalisiert wird, stellt die räumliche Begrenzung unseres Gebiets in der Praxis kein Problem dar.

Im Südwesten beginnt das Grenzgebiet zum Mittelhochdeutschen: der Niederrhein, die Grafschaft Geldern und das Herzogtum Limburg; in diesem Grenzgebiet sind vier literarische Fragmente lokalisiert: 'Floiris', 'Aiol', 'Tristan', 'Reinecke G', weiterhin die sogenannten ›Niederbergischen Rezepte‹, die ›Nordlimburgischen Gesundheitsregeln‹ und die volkssprachliche Umsetzung der altfranzösischen Fragmente des 'Enseignement Seneque', Richard de Fournivals 'Bestiaires d'amour' und des lateinischen 'Moralium Dogma' von Guillaume de Conches, und schließlich fünf Urkunden: Heinsberg 1286; Kleve 1296, 2 × 1300; Moers 1298.

Mit Hilfe des Kriteriums der hochdeutschen Lautverschiebung, der Pronomina mit *h*-Anlaut und einigen zusätzlichen Kriterien ist es möglich, diese Texte aus dem Gebiet nördlich der Uerdinger Linie, also das Kleverländische, das Südniederfränkische und das Niederbergische, im 13. Jahrhundert in vielerlei Hinsicht noch zum Mittelniederländischen zu rechnen.

Nach Süden ist die Grenze einerseits sehr einfach zu ziehen, und zwar in dem Sinne, daß das Romanische (Wallonisch und Pikardisch) leicht von den germanischen Dialekten unterschieden werden kann; andererseits ist es aber auch schwierig, aus den vielen Mischtexten (die für die gräfliche Administration tätigen niederländischen Schreiber haben sehr viele Wörter ihrer Muttersprache in französischen Texten hinterlassen) die dialektgeographisch und lexikologisch interessanten Wörter zu isolieren, eine Schwierigkeit, die sich noch potenziert bei der Berücksichtigung der Eigenarten, die durch teilweise Adaption von französischen Spracheigenheiten daran kleben.

5. Bearbeitung des Materials

5.1. Überblick

Das gesamte Manuskript des ›Corpus‹ der mittelniederländischen Texte ist in Leiden zu drei Zwecken abgelocht worden:

1. um mittels einer Lichtsatzmaschine druckfertig belichtete Filme der Textausgabe herzustellen,
2. um mit Hilfe von Sortierprogrammen Wortindices nach bestimten Vorgaben erstellen zu können,
3. um weiteren wissenschaftlichen, in erster Linie lexikologischen Untersuchungen als maschinell verwertbares Material zu dienen.

Für diese drei verschiedenen Zwecke wurde im Text eine große Anzahl Kodierungen angebracht. Für 1 (Lichtsatz) betraf das vor allem Kodierungen zum Zweck der Einteilung der verschiedenen Textstücke und der Schriftarten. Für 2 (die Indices) waren die Wörter im Text zu kennzeichnen, die für weitere Sortierung in Betracht kamen. Diese mußten unterschieden werden vom Neuniederländischen, vor allem aber vom lateinischen und altfranzösischen Kontext; weiterhin war zu entscheiden über unvollständige Wörter, offensichtliche Schreibfehler, zweifelhafte Lesungen etc. Im ganzen wurden vier Listen erstellt: a) ein alphabetischer Index von allen in Betracht kommenden Wortformen mit Verweisen nach Seiten- und Zeilennummer der Textausgabe; b) eine rückläufig sortierte Wortformenliste; c) eine Liste nach abnehmender Frequenz und - für die ersten Teile - eine Liste nach abnehmender Wortlänge. Für 3 (Textcorpus; Datenbasis) mußten alle Gegebenheiten über die Lokalisierung und Datierung von allen Texten genau kodiert und an alle Wortformen individuell zugewiesen werden. Vor allem bei den Güterverzeichnissen, durch Dutzende von Händen mit vielen Interpolationen über einen Zeitraum von vielen Jahren geschrieben, machte das noch Probleme. In diesem Stadium verrichtete übrigens der Computer die meiste Arbeit: setzen, sortieren.

Um die Ausgabe der Texte nicht weiter aufzuhalten, wurde nicht weiter von Hand in den Text eingegriffen, so daß die Wortindices Wortformen enthalten und keine Wörter: Lemmatisierung in diesem Stadium hätte zuviel Zeit gekostet. Darum diese Zwischenlösung, die zuerst eine Textausgabe mit den (vorläufigen) Wortindices und nach dieser das Wörterbuch vorsah.

5.2. Kodierung

Die zweite Phase der Arbeit am Textcorpus war eine Kodierung des mittelniederländischen Materials mit Hilfe eines Kodiersystems von drei Ziffern. Dies diente wieder verschiedenen Zwecken:

a) Disambiguierung von Homographen: *laet* = 1. ›Höriger‹ = 000; 2. ›spät‹ = 100; 3. ›läßt‹ = 203.
b) Trennen von Klitica: *ebwire* ›haben wir deren‹ = 200 + 404 + 406;
c) Bestimmen von Wortgrenzen. Das gilt 1. für Komposita: *sente katelinen kerke* = ›Katharinenkirche‹, wo *katelinen kerke* Kompositum ist, gegenüber *senter katelinen kerke* = Kirche der Hl. Katharina, wo es sich um eine Wortgruppe mit Prägenitiv handelt, und 2. einzeln geschriebene gebundene Morpheme: *ut ganc ende* = ›ausgehende‹ *ut + ganc + ende*; *ghe gheven* ›gegeben‹ = *ghe + gheven.*

Mit Hilfe dieses Dreiziffernkodes sind alle lexikalischen Einheiten gesondert kodiert worden.

Abhängig von der Wortart konnte jede der drei Ziffern unterschiedliche Information bezeichnen. Die erste Ziffer gibt die Wortart an; die zweite im allgemeinen eine Subkategorisierung, aber bei Substantiven und Verben Numerus bzw. Tempus: Substantiv = 0; 00 = Singular; 01 = Plural; 02 = Eigenname; 2 = Verb; 20 = Präsens, 21 = Imperfekt, 25 = Infinitiv. Der dritte Kode bezeichnet in der Hauptsache morphologische Gegebenheiten: 000 = Substantiv Singular ohne Endung; 002 = Substantiv Singular Endung *-s* und ähnliches, also auch wenn es in anderen Graphemen versteckt ist: *des huus* ›des Hauses‹; *-x*: des *coninx* ›des Königs‹ oder sogar *-th*: *stembermanth* ›des Zimmermannes‹. So werden verschiedene Schreibungen eines Flexionsmorphems in einem Kode vereinigt. So können z. B. auch alle Partizipien (27) nach stark (274) oder schwach (273) sortiert werden, gleichgültig ob sie auf *-e* oder *-en* (*ghehange* neben *ghegheven*) bzw. auf *-d, -t* oder *-th* enden (*ghetekent, ghetekend, ghetekenth*).

Dabei wurde stets von rechts nach links kodiert. Der Genitiv singular *des huus* hat von rechts nach links das Flexionsmorphem *-s* und dann den Stamm *huus,* analog zu Genitiv Singular *coninc+s*; *hi gheuet* ›er gibt es‹ hat von rechts nach links erst ein enklitisches Objekt, analog zu *hi gaft* ›er gab es‹.

Damit wird dem mittelniederländischen Orthographiesystem Rechnung getragen, das oft mehrere Morpheme in einem einzigen Graphem zusammenfallen läßt - ein Gesichtspunkt, der beim Kodieren von links nach rechts entfiele, weil dann etwa nur der Stamm *huus* bzw. die Flexionsform *gheuet* übrig bliebe.

Im letzten Dezennium standen viele Diskussionen über automatische Kodiersysteme für lexikographische Projekte auf der Tagesordnung; in ihnen ist vereinzelt auf eine Treffsicherheit von 80-90% der verwendeten Kodes hingewiesen worden. Meistens ist dann jedoch die Bedingung erfüllt, daß die betreffende Sprache eine feste Orthographie, feste Wortgrenzen und eine feste Interpunktion hat und daß die grammatische Struktur oder vielleicht besser die syntaktische Struktur der betreffenden Sprache gut bekannt ist. Das Mittelniederländische erfüllt keine dieser vier Bedingungen. Trotzdem entschieden auch wir uns für ein stark formalisiertes Vorgehen beim Kodieren: Wir kodierten von der Frequenzliste die 250 häufigsten Wortformen und setzten diese Wort-Kode-Kombinationen dann an die Stelle des ursprünglichen Wortes.

Die Angemessenheit dieser Herangehensweise kann man unterschiedlich beurteilen. Die häufigsten Wörter sind sehr polysem oder grammatisch mehrdeutig, so daß neben dem guten Ergebnis auch eine große Anzahl zu Unrecht angebrachter Kodes standen. Das häufigste Wort *ende* hat verschiedene Funktionen: 1. dient es als koordinierende Konjunktion ›und‹; 2. als Substantiv ›Ende‹; 3. als Enklise von Konjunktion und Artikel = ›und die‹; 4. als Enklise von Konjunktion und Demonstrativpronomen. Nun könnte eine Lösung darin bestehen, alle möglichen Kodes in der Reihenfolge ihrer Wahrscheinlichkeit anzugeben, aber dazu gibt es für das Mittelniederländische noch zu wenige Voruntersuchungen. Außerdem erwiesen die durchgeführten Bildschirmoperationen, daß es ebenso arbeitsintensiv sein würde, die überflüssigen Kodes zu entfernen, wie richtige Kodes anzubringen.

Die Kodierung der ersten Reihe - amtliche Texte - dauerte zwei Jahre. Auf der Grundlage dieses Materials sollte es möglich sein, die sprachlichen Regeln des Mittelniederländischen so weit zu formalisieren, daß für die weiteren Teile des Corpus eine automatische Vorkodierung mit einer akzeptablen Erfolgsquote durchgeführt werden kann.

Zur Kontrolle der Kodes ist mit Hilfe des Oxford Concordance Programs (OCP) eine Liste gemacht worden, die nach Kodes mit davor alphabetisch angeordneten Wortformen geordnet ist. So fällt sofort auf, welche Wortformen nicht in diese Reihe passen.

5.3. Lemmatisierung

Der folgende Schritt ist das Lemmatisieren des Materials. Er zerfällt in zwei Bearbeitungsstufen. Während der Kodierarbeit wurde zwar nach Wortarten unterschieden, aber auch innerhalb derselben Kombination von Wortart und Kode kann noch Homographie auftreten: *siin* 250 = 1. ›sehen‹; 2. ›sein‹. In der OCP-Liste wurde diesen Fällen noch ein vorläufiges Lemma zur Unterscheidung der verschiedenen betroffenen Wörter zugewiesen. Die Resultate der beiden bisher genannten Arbeitsschritte, Korrektur und Lemmazuweisung zwecks Unterscheidung von Homographen, wurden aus der OCP-Liste in den Bestand übernommen. Erneut mit Hilfe von OCP wird dann in alphabetischer Reihenfolge sortiert, wobei die Wort-Kode-(Lemma-)Kombination als Einheit fungiert; den - im Kontext gegebenen - Kombinationen, die noch kein Lemma haben, wird danach ein Lemma zugewiesen. In dieser Phase wird noch ein vorläufiges neuniederländisches Lemma gewählt; im Wörterbuch soll zu gegebener Zeit aufgrund des nach Lemmata geordneten Materials ein definitives mittelniederländisches Lemma zugewiesen werden.

Hierbei gibt es zwei große Probleme: diskontinuierliche Wortgruppen und Enklise. Diskontinuierliche Wortgruppen treten auf bei trennbar zusammengesetzten Verben, Pronominaladverbien und Präpositionen. In der Datenbasis müssen beide Bestandteile dieser Wortgruppen jeweils mit einem Teillemma versehen werden, aber in der Lemmaliste müssen sie als Einheit auftreten. Es besteht die Möglichkeit, daß sie nicht immer in der richtigen Reihenfolge im Text vorkommen: *nemmermeer af en mach leggen* ›nie darf beenden‹ sieht in der Datenbasis wie folgt aus:

nemmermeer 500 NIMMERMEER af 250* AF- en 500 EN mach 210 MOGEN leggen 250# -LEGGEN

In der Lemmaliste werden nun die beiden Teillemmata AF- und -LEGGEN in dieser Reihenfolge kombiniert zu AFLEGGEN. Anders ist es bei: *ghaven hem up* ›übergaben ihm‹:

ghaven 224* -GEVEN hem 403 HIJ up 224# OP-

Hierbei werden die durch * (Stern) und # (Kreuz) verbundenen Wörter an den Bindestrichen umgekehrt aneinandergeklebt: OPGEVEN.

Das andere Problem, die Enklise, wird wie folgt gelöst: *darrien* ›wo deren einer‹ erscheint in der Datenbasis als *darrien 520+406+300 DAAR;ZIJ;EEN.* In der Lemmaliste sind dann sowohl *DAAR* als auch *ZIJ* und *EEN* vertreten, während beim Abfragen des Materials für das Wörterbuch bei jedem einzelnen der genannten Lemmata die Form *darrien* im Kontext ausgegeben wird.

6. Konsequenzen der corpusorientierten Lexikographie

Ein Wörterbuch, das wirklich ausschließlich auf einem abgeschlossenen Corpus basiert, welches außerdem als Textausgabe vollständig vorhanden ist, hat mehr oder weniger den Status eines erklärenden Wörterbuches zu den Texten. Das bleibt nicht ohne Konsequenzen für die Einrichtung des Wörterbuchs. Wie sollen wir uns etwa der Toponymie und der Anthroponymie gegenüber verhalten? Diese beiden Kategorien machen jedenfalls einen wesentlichen Teil der Urkundensammlung aus. Vor allem Namen, Zunamen, Berufsbezeichnungen, Herkunftsbezeichnungen, Patronymica beinhalten manchmal den ältesten und in einem einzigen Fall sogar den einzigen Beleg eines Lexems. Für Toponyme gilt dasselbe, auch wenn ein Unterschied zwischen den verschiedenen Typen von Toponymen besteht: Man hat z. B. standardisierte Ländernamen (*Brabant, Lothrike Vlaendren, Vrankerike*), Städtenamen (*Brucghe, Dordrecht*); hier sind auch die Exonyme interessant: *bagarac* ›Bacharach‹, *colne* ›Köln‹, *covelense* ›Koblenz‹; Flußnamen (*Mase, Wael, Rine*); Flurnamen (*eusel, driesc, meed, pasch*); Grundstücksnamen (*norderlaerstic, tviuerstic, scaepsbelc, tarubelc*). Die ersten sollen nur identifiziert, die letzten aber auch lexikal-semantisch beschrieben werden.

1987 beschloß der Vorstand der Stiftung, unter Fachleuten und zukünftigen Benutzern des *VMNW* eine Umfrage durchzuführen, um deren Meinung über die obengenannten Probleme zu erfragen. Mit großer Mehrheit wurde darauf gedrungen, daß das *VMNW* für die betreffende Periode auch ein toponymisches und anthroponymisches Wörterbuch sein solle.

7. Das *VMNW*

Das *VMNW* ist ein wissenschaftliches historisches Wörterbuch des Frühmittelniederländischen (1200–1300), das völlig selbständig neben dem elfteiligen *MNW* (Mittelniederländisches Wörterbuch) steht, welches die Periode von 1280–1550 beschreibt. Mit dieser Konzeption sind anfängliche Vorschläge, dem *VMNW* den Charakter einer Ergänzung zum *MNW* zu geben, hinfällig geworden. Das *VMNW* unterscheidet sich vom *MNW* auch in der Einrichtung, nämlich durch Präsentation der dialektgeographischen Besonderheiten des Mittelniederländischen.

Dadurch, daß eine Einteilung der mittelniederländischen Mundarten vorgenommen wurde und danach alle Schreibzentren an eine Region zugewiesen wurden, kann das gesamte Material sowohl als ganzes als auch nach Herkunftsgebieten aufgeschlüsselt abgefragt werden, so daß eventuelle Dialektbesonderheiten bei der Verbreitung eines Wortes oder bei der Schreibung und Morphologie sofort auffallen.

Durch eine exakte Datierung aller Wortformen ist es auch möglich, einen Ansatz für ein chronologisches Wörterbuch des Niederländischen zu geben. In diesem Zusammenhang ist es zu bedauern, daß der Vorstand nicht beschlossen hat, das ziemlich geringe altniederländische Wortmaterial im *VMNW* zu beschreiben.

Das nun begonnene Wörterbuch wird von vier Redakteuren bearbeitet; in erster Instanz sind zehn Jahre (also 40 Arbeitsjahre) dafür veranschlagt worden. Es soll am Ende dieser Periode auf einmal erscheinen, also nicht in Lieferungen oder in Teilen, um es für eventuelle Ergänzungen bis zum letzten Moment offenzuhalten. Es ist möglich, daß es auch auf Optical Disk herausgegeben wird. Über den Fortschritt und die Probleme der Redaktion hoffe ich auf der nächsten Konferenz berichten zu können.

Franz Wenisch

Das ›Dictionary of Old English‹ in Toronto: Ein Überblick über seine Entwicklung

Als im Frühjahr 1969 die ›Old English Group der Modern Language Association of America‹ auf einer Konferenz in Toronto das Für und Wider der Herstellung eines umfassenden altenglischen Wörterbuchs erörterte, war sie sich zwar sämtlicher Unzulänglichkeiten der vorhandenen lexikographischen Hilfsmittel bewußt, doch überblickte sie noch keineswegs in vollem Umfang die Schwierigkeiten, die sich bei der Arbeit an einem neuen Wörterbuch ergeben würden. Nachdem man sich über die Möglichkeiten informiert hatte, die der Einsatz von Computern versprach, beraumte man schon für 1970 eine weitere Konferenz an, auf der Einzelheiten des geplanten Projekts besprochen wurden und deren Ergebnisse in dem Sammelband ›A Plan for the Dictionary of Old English‹[1] festgehalten sind.

Trotz des unverkennbaren Optimismus, der aus dieser Veröffentlichung spricht, hätte sich wohl keiner der Konferenzteilnehmer 1970 zugetraut, den Zeitpunkt des Erscheinens der ersten Lieferung des geplanten Werkes exakt vorauszusagen. Zu zahlreich erschienen damals die Aufgaben, die es noch zu meistern galt, zu vielfältig die Schwierigkeiten, die zu überwinden waren.

Anders als die bisherigen altenglischen Lexika sollte das neue Wörterbuch ›Dictionary of Old English‹ - kurz DOE genannt - nach Möglichkeit nämlich sämtlichen fachlichen Ansprüchen gerecht werden, zumindest aber sollte es folgende drei Bedingungen erfüllen: 1. Erfassung der gesamten altenglischen Überlieferung, 2. erschöpfende Information zu jedem Stichwort, 3. Maschinenlesbarkeit des Materials und Herstellung mittels aller Hilfen, die die moderne Datenverarbeitung bietet.

Um diesen Anforderungen zu entsprechen, mußte zunächst ermittelt werden, wieviele altenglische Sprachdenkmäler überhaupt erhalten und welche davon zuverlässig ediert sind. ANGUS CAMERON, der erste Herausgeber des DOE - 1983 im Alter von 42 Jahren verstorben - stellte deshalb auf der Grundlage der Verzeichnisse von NEIL R. KER,[2] P. H. SAWYER,[3] H. MARQUARDT[4] und E. OKASHA[5] eine ›List of Old English Texts‹[6] zusammen, in der zum erstenmal alle altenglischen Sprach-

[1] ROBERTA FRANK / ANGUS CAMERON (Hgg.): A Plan for the Dictionary of Old English. Toronto 1973. - Zur Konferenz von 1969 vgl. ANGUS CAMERON / ROBERTA FRANK / JOHN LEYERLE (Hgg.): Computers and Old English Concordances. Toronto 1970.

[2] NEIL R. KER: Catalogue of Manuscripts containing Anglo-Saxon. Oxford 1957.

[3] P. H. SAWYER: Anglo-Saxon Charters. An Annotated List and Bibliography. London 1968 (Royal Historical Society Guides and Handbooks 8).

[4] H. MARQUARDT: Bibliographie der Runeninschriften nach Fundorten. I: Die Runeninschriften der Britischen Inseln. Göttingen 1961 (Abhh. d. Ak. d. Wiss. in Göttingen, phil.-hist. Kl., 3. Folge, Nr. 48).

[5] E. OKASHA: Hand-List of Anglo-Saxon Non-Runic Inscriptions. Cambridge 1971.

[6] ANGUS CAMERON: A List of Old English Texts. In: A Plan (wie Anm. 1), S. 25-306.

denkmäler erfaßt waren. Da diese Zusammenstellung CAMERONS bei edierten Texten zudem auch die maßgebliche Ausgabe anführte und innerhalb der Sektionen: A Dichtung, B Prosa, C Glossen, D Lateinisch-altenglische Glossare, E Runeninschriften, F Inschriften im lateinischen Alphabet, mittels Dezimalnumerierung so klar untergliedert war, daß ihre alphanumerischen Registraturzeichen zugleich als eindeutige Codenummern für altenglische Texte verwendet werden konnten, war sie als Ausgangspunkt für die Arbeit am DOE hervorragend geeignet.

Gleichzeitig ließ CAMERON am ›Centre for Medieval Studies‹ der Universität Toronto ein Archiv anlegen, das neben Mikrofilmen von sämtlichen altenglischen Handschriften auch aus diesen Filmen gefertigte, mit festem Einband versehene Xerokopien sowie eine Sammlung aller wichtigen Faksimile-Editionen und gedruckten Ausgaben altenglischer Texte enthält. Damit hatte man in der Arbeitsstelle des DOE zwar für den notwendigen Zugang zu den Quellen der altenglischen Überlieferung gesorgt und die Voraussetzungen dafür geschaffen, daß vorhandene Editionen auf ihre Zuverlässigkeit überprüft werden konnten, doch mangelte es an Möglichkeiten, für unzulänglich befundene Ausgaben durch brauchbare zu ersetzen oder noch nicht edierte Texte erstmals herauszugeben.

Aus diesem Grunde rief Helmut Gneuss (München) - neben John Leyerle (Toronto), Fred C. Robinson (Yale University) und Eric G. Stanley (Oxford) eines der vier Mitglieder des ›International Advisory Committee‹ des DOE - 1973 zu einer weltweiten Koordination aller im Bereich des Altenglischen beabsichtigen Editionsvorhaben auf und veröffentlichte mit dem ›Guide to the Editing and Preparation of Texts for the Dictionary of Old English‹[7] eine knappe, aber alle wesentlichen Punkte umfassende Anleitung, die es Herausgebern altenglischer Texte erleichtern sollte, den Maßstäben des DOE gerecht zu werden. Außerdem war mit der ›Toronto Old English Series‹[8] eine Publikationsreihe ins Leben gerufen worden, die vornehmlich der Veröffentlichung solch dringend benötigter Editionen dienen sollte.

Daß sich die vielfältigen Ziele nur nacheinander und nur während eines längeren Zeitraums erreichen ließen, lag auf der Hand. Darum wurde für die Erstellung des DOE ein Dreistufenplan[9] entworfen, der folgende Phasen umfaßte: Phase 1, in der für zuverlässige Editionen sämtlicher altenglischer Texte zu sorgen war; Phase 2, in der die edierten Texte auf Magnetband übertragen und dort gespeichert werden sollten, damit außer Konkordanzen zu den Einzelwerken auch eine alphabetische Gesamtkonkordanz erstellt werden konnte, und schließlich Phase 3, in der an Hand der Gesamtkonkordanz die Wörterbucheinträge zu verfassen sein würden. Auf eine zeitliche Begrenzung der einzelnen Phasen hatte man bei der

---

[7] HELMUT GNEUSS, Guide to the Editing and Preparation of Texts for the Dictionary of Old English. In: A Plan (wie Anm. 1), S. 9-24.

[8] General editor R. FRANK; editorial board P. A. M. CLEMOES, J. E. CROSS, H. GNEUSS, J. F. LEYERLE, M. B. PARKES, E. G. STANLEY.

[9] Vgl. u. a. GNEUSS, Guide (wie Anm. 7), S. 11; ders.: Vorarbeiten und Vorüberlegungen zu einem neuen Wörterbuch des Altenglischen. In: Festschrift Prof. Dr. Herbert Koziol zum siebzigsten Geburtstag. Hg. v. GERO BAUER u. a. Wien 1973 (Wiener Beiträge zur englischen Philologie 75), S. 105-115, hier S. 109; ANGUS CAMERON: On the Making of the Dictionary of Old English. In: Poetica 15/16 (1983), S. 16f.

Planung vorsichtshalber verzichtet, wenngleich einzelne Optimisten die erste Lieferung des DOE schon für 1976 erwarteten und mit der letzten in den 90er Jahren rechneten.

Mitte der 70er Jahre wäre das Schreiben von Einträgen indessen schon allein deshalb unmöglich gewesen, weil zu dieser Zeit erst ein Teil der altenglischen Texte auf Magnetband gespeichert war. Zwar gelang es in der ersten Phase der Wörterbucharbeit, in Toronto das für die Forschung außerordentlich wichtige Dokumentationszentrum zu schaffen, doch konnte das Hauptziel dieser Phase, die Bereitstellung zuverlässiger Editionen aller altenglischen Sprachdenkmäler, nicht erreicht werden. Obwohl Gneuss' Aufruf nicht ohne Resonanz geblieben war, zeigte sich schon bald, daß man bei der Bewältigung dieser Aufgabe nicht allzuviel Hilfe von Mitarbeitern außerhalb des DOE-Teams erwarten durfte. Nur eine relativ kleine Zahl von Philologen erklärte sich dazu bereit, einen der benötigten Texte zu edieren, und auch von den wenigen Neuausgaben erwiesen sich einige noch als unzureichend. So blieb dem DOE-Team keine andere Wahl, als selbst für brauchbare Textvorlagen zu sorgen.

Um möglichst bald mit der Herstellung von Konkordanzen beginnen zu können, verglich man am Anfang der zweiten Phase der Wörterbucharbeit - die erste dauerte von 1969 bis etwa 1972, die zweite von 1972 bis etwa 1982[10] - die gedruckten Textausgaben mit den ihnen zugrundeliegenden Manuskripten, korrigierte erstere falls nötig und versah Wörter oder Wendungen, die trotz richtiger Übernahme aus den Handschriften philologisch fragwürdig blieben, mit einer besonderen Markierung. Danach wurden die bearbeiteten Texte zusammen mit den in CAMERONS ›List of Old English Texts‹ für sie bestimmten Codenummern von einer Sekretärin in der IBM-Spezialschrift OCR-B auf ›scanner sheets‹ übertragen. Denkmäler, die bis dahin nur in unbrauchbaren Ausgaben vorlagen oder noch gar nicht ediert waren, übertrug die Sekretärin dagegen aus Transkripten, die das DOE-Team vorher angefertigt hatte.

Da optisches Beleglesen damals noch am Anfang seiner Entwicklung stand, garantierte die richtige Wiedergabe eines Textes auf ›scanner sheets‹ jedoch noch keineswegs dessen korrekte Aufnahme auf Magnetband. Vielmehr mußte man mit zahlreichen Lesefehlern des Aufnahmegeräts rechnen, weshalb Korrekturlesen auch hier unumgänglich war. Sämtliche auf Magnetband gespeicherten Texte mußten zum Zwecke der Überprüfung ausgedruckt, Wort für Wort mit der Vorlage verglichen und die Lesefehler korrigiert werden. Obwohl auf 100 Zeilen durchschnittlich nicht mehr als 10 bis 15 Fehler kamen,[11] nahm das Korrekturlesen doch etwa die Zeit von 1974 bis 1978 in Anspruch. Vergegenwärtigt man sich außerdem, daß die Herstellung der ›scanner sheets‹ und die dazugehörigen Vorarbeiten von 1972 bis 1976 dauerten, so wurden für die computergerechte Speicherung des fast genau drei Millionen laufende Wörter umfassenden altenglischen Textcorpus etwa sechs Jahre benötigt - eine Spanne, die man heute dank besserer technischer Mittel beträchtlich verkürzen könnte.

---

[10] Vgl. CAMERON, ebd., S. 17ff.

[11] Vgl. ebd., S. 19.

Nach der Korrektur wurden die Magnetbänder an die University of Wisconsin at Madison geschickt, wo Richard Venezky, der Berater des DOE-Teams in Fragen der Datenverarbeitung, mit Hilfe des von ihm entwickelten LEXICO-Programms[12] (LEXICO steht für Lexikographie) zu sämtlichen Einzeltexten sogenannte ›first stage concordances‹, d. h. nichtlemmatisierte Rohkonkordanzen erstellte. Jeder Text wurde vor der Anfertigung der Konkordanz in sogenannte ›citation units‹ oder ›editorial sentences‹ - in der Regel vollständige Sätze - untergliedert. War eine ›first stage concordance‹ abgeschlossen, druckte man sie in Toronto auf Belegzettel (dictionary slips) aus, die jeweils ein Stichwort samt dazugehörigem Kontext enthielten, und unterzog die zitierten Textpassagen einer erneuten Prüfung, bevor die Zettel nach Stichworten geordnet abgelegt wurden. 1979 verfügte das DOE-Team über nichtlemmatisierte computergespeicherte Konkordanzen zu jedem altenglischen Sprachdenkmal.

Zum erstenmal in der Geschichte der Anglistik waren damit - von *variae lectiones* in einer Reihe mehrfach überlieferter Texte abgesehen - sämtliche altenglischen Wörter mit ihrem Kontext und der Angabe ihrer Fundstellen registriert. Um möglichst viele Interessenten schon bald von diesem gewaltigen Fortschritt profitieren zu lassen, entschloß man sich, auf der Grundlage der korrigierten Konkordanzen der Einzeltexte eine nichtlemmatisierte Gesamtkonkordanz des altenglischen Corpus herauszugeben, die 1980 auf Microfiches erschien.[13] Während in ihr alle Einträge für die Autosemantika (content words) in Anlehnung an die in den Einzelkonkordanzen vorgegebenen Muster außer dem Stichwort auch die Belege samt dazugehörigem Kontext enthalten, bieten die Einträge für etwa 200 sehr oft vorkommende Synsemantika bzw. Funktionswörter (function words) neben dem Stichwort nur die Häufigkeitsangabe. Auf umfangreichere Dokumentation hatte man hier aus finanziellen Gründen zunächst verzichtet. 1985 wurden die Belege für die Funktionswörter jedoch in einer eigenen Microfiche-Publikation[14] nachgereicht. Seitdem liegen die überlieferten altenglischen Wörter, alphabetisch geordnet, in den beiden einander ergänzenden, leicht zugänglichen Verzeichnissen für wissenschaftliche Untersuchungen bereit. Hinzuzufügen ist noch, daß die ›Microfiche Concordance to Old English‹ außerdem zwei Häufigkeitslisten bietet - die eine in alphabetischer Reihenfolge, die andere nach Belegzahlen geordnet - sowie eine ›reversed spelling list‹ und eine Zusammenstellung der zitierten Editionen.

Neben den ›Microfiche Concordances‹ wurden während der zweiten Phase der Arbeiten zur Herstellung des DOE noch zwei andere Teilprojekte weitgehend abgeschlossen: die Entwicklung eines Programms zur Lemmatisierung der in den

---

[12] Zu LEXICO vgl. u. a. RICHARD L. VENEZKY u. a.: Lexico. A System for Lexicographic Processing. In: CHum 11 (1977), S. 127-37; dieselben: User Aids in a Lexical Processing System. In: S. LUSIGNAN / J. S. NORTH (Hgg.): Computing in the Humanities. Proceedings of the Third International Conference on Computing in the Humanities. Waterloo 1977, S. 317-25.

[13] RICHARD L. VENEZKY / ANTONETTE DIPAOLO HEALEY (Hgg.): A Microfiche Concordance to Old English. Toronto 1980.

[14] RICHARD L. VENEZKY / SHARON BUTLER (Hgg.): A Microfiche Concordance to Old English. The High Frequency Words. Toronto 1985.

Konkordanzen enthaltenen Stichwörter und die Einrichtung einer umfassenden Sammlung von Studien zum altenglischen Wortschatz. Um die Einsatzmöglichkeiten des Computers beim Lemmatisieren der von den Texten gebotenen Wortformen erschöpfend nutzen zu können, mußten Programme entworfen werden, die den Computer befähigten, sowohl verschiedene Formen ein und desselben Wortes der dafür vorgesehenen Grundform zuzuordnen (etwa *fotes, foet, fet, fote, fota, fotum* dem Nom. Sing. *fot*) als auch Homographen zu ermitteln und klar voneinander zu trennen (etwa *bearn,* Subst. ›Kind, Nachkomme‹ von *bearn,* Prät. Sing. des Verbums *beirnan*).[15] Auf den ersten Einzelkonkordanzen aufbauend, entwikkelte man deshalb ein immer differenzierter werdendes Zuordnungssystem, das heute nicht weniger als 13000 Regeln umfaßt und bei fast 70% der altenglischen Wörter (word tokens) automatische Lemmatisierung gestattet.[16]

Da für das Verfassen der Wörterbucheinträge außerdem Vertrautheit mit den einschlägigen Forschungsergebnissen als unabdingbar angesehen wurde, entschloß sich das DOE-Team schon früh, in Toronto eine umfassende Sammlung von Studien zum altenglischen Wortschatz anzulegen. Das implizierte, daß neben der Beschaffung der Untersuchungen vor allem erschöpfende bibliographische Arbeit geleistet werden mußte. Als vorläufiges Resultat dieser Bemühungen wurde 1983 der für Altanglisten inzwischen zu einem bewährten Hilfsmittel gewordene Band ›Old English Word Studies. A Preliminary Author and Word Index‹[17] vorgelegt. Wie der Titel schon vermuten läßt, besteht der Band aus zwei Teilen: einem Verzeichnis der bis 1980 zum Altenglischen erschienenen lexikologischen Studien und einem Index der in diesen Untersuchungen behandelten Wörter. Wegen des unterschiedlichen Umfangs der beiden Teile wurde jedoch nur der 192 Seiten starke ›Author Index‹ in Buchform herausgebracht, der 1884 Seiten starke ›Word Index‹ ihm dagegen auf fünf Microfiches beigefügt.

Die Aufzählung der Vorarbeiten ist damit aber noch nicht abgeschlossen. Denn zum Verfassen der Wörterbucheinträge brauchte man des weiteren ein Konzept für deren formale und inhaltliche Gestaltung. Um dieses vorzubereiten, hatten CHRISTOPHER J. E. BALL und ANGUS CAMERON schon 1973 einige Mustereinträge (specimen entries) zur Diskussion gestellt.[18] Sie hatten dabei ausgewähltes Wort- und Beleggut nach dem Grundsatz dargeboten »a full entry for common words, an exhaustive entry for rarer words ..., and a special entry for grammar words.«[19] Während ein Haupteintrag (full entry) 1. Stichwort, 2. orthographische und morphologische Varianten, 3. grammatische Angaben, 4. Hinweise auf Ableitungen, 5. Anzahl der Belege sowie evtl. distributionale Beschränkungen, 6. Bedeutung(en) samt einer Auswahl veranschaulichender Zitate, 7. lateinische Entsprechungen,

---

[15] Vgl. hierzu RICHARD L. VENEZKY: Computational Aids to Dictionary Compilation. In: A Plan (wie Anm. 1), S. 316ff.; F.-G. BERGHAUS / FRANZ WENISCH, Rez. von: A Plan (wie Anm. 1), in: Anglia 98 (1980), S. 443.

[16] Vgl. CAMERON (wie Anm. 9), S. 20.

[17] ANGUS CAMERON / ALLISON KINGSMILL / ASHLEY CRANDELL AMOS: Old English Word Studies. A Preliminary Author and Word Index. Toronto 1983 (Toronto Old English Series 8).

[18] CHRISTOPHER J. E. BALL / ANGUS CAMERON: Some Specimen Entries for the Dictionary of Old English. In: A Plan (wie Anm. 1), S. 329–47.

[19] Ebd., S. 331.

8. charakteristische Kollokationen, 9. Synonyme sowie Antonyme, 10. Verweise auf entsprechende Einträge im ›Middle English Dictionary‹ und ›New English Dictionary‹ enthalten sollte, war für sogenannte ›exhaustive entries‹ zusätzlich erschöpfende Dokumentation der Belegstellen vorgesehen. ›Grammar words‹ sollten hingegen ähnlich behandelt werden wie ›common words‹, doch sollte bei ersteren nicht die semantische, sondern die syntaktische Analyse im Vordergrund stehen.

Sowohl Besprechungen der ›specimen entries‹ als auch praktische Erfahrungen am Anfang der dritten Phase der Wörterbucharbeit - sie begann etwa 1983 - führten jedoch zu der Einsicht, daß es unmöglich sein würde, alle angestrebten Ziele während einer überschaubaren Zeitspanne zu verwirklichen. Deshalb beschloß das DOE-Team, beim Verfassen der Einträge sich letztlich auf jene Angaben zu beschränken, die dem Beleggut direkt, möglichst zweifelsfrei und ohne allzu lange Nachforschungen entnommen werden können. Dazu gehören u. a. grammatische Klassifizierung der Stichwörter nach Wortart und Flexionsklasse, Aufzählung aller vorkommenden orthographischen und morphologischen Varianten, Angabe der Belegzahl und Kollokationen, gelegentliche Hinweise auf distributionale Beschränkungen, Auflistung lateinischer Entsprechungen, sofern diese zusammen mit dem altenglischen Wort in derselben Handschrift und demselben Kontext erscheinen, Bedeutungsangaben einschließlich reichlich zitierter Belege, Verweise auf Komposita und Derivata sowie auf entsprechende Einträge im ›Middle English Dictionary‹ und ›New English Dictionary‹.[20]

Auf regelmäßige Erwähnung distributionaler Beschränkungen hat man indessen ebenso verzichtet wie auf etymologische und onomastische Angaben. Im Gegensatz zu beiden letzteren, deren Ausschluß schon von Anfang an geplant war, da für Eigennamen ein gesondertes Onomastikon vorgesehen ist[21] und zur altenglischen Etymologie ein neues Nachschlagewerk gerade erarbeitet wird,[22] werden durchgehende Anmerkungen zu Restriktionen im Wortgebrauch erst seit der zweiten Hälfte der siebziger Jahre für problematisch gehalten. Denn Studien zur Verbreitung altenglischer Wörter hatten damals bestätigt, was Mitte der sechziger Jahre schon angeklungen war: daß es in der Regel unmöglich ist, die dialektale oder chronologische Distribution von Wörtern ohne gründliche Untersuchung der sie belegenden Fundstellen und Texte zu bestimmen.[23]

---

[20] Vgl. hierzu u. a. ASHLEY CRANDELL AMOS / ANTONETTE DIPAOLO HEALEY: The Dictionary of Old English. The Letter ›D‹. In: Problems of Old English Lexicography. Studies in Memory of Angus Cameron. Hg. v. ALFRED BAMMESBERGER. Regensburg 1985 (Eichstätter Beiträge 15), S. 13-46, sowie die Rez. des Sammelbandes von C.-D. WETZEL, in: Kratylos 32 (1987), S. 132ff.

[21] Vgl. ROBERTA FRANK: The Dictionary of Old English Conference. In: A Plan (wie Anm. 1), S. 7; GNEUSS, Fs. Koziol (wie Anm. 9), S. 109.

[22] Vgl. ALFRED BAMMESBERGER: Beiträge zu einem etymologischen Wörterbuch des Altenglischen. Heidelberg 1979 (AF 139), S. V.

[23] Vgl. insbesondere H. SCHABRAM: *Superbia.* Studien zum altenglischen Wortschatz. Teil 1: Die dialektale und zeitliche Verbreitung des Wortguts. München 1965, sowie FRANZ WENISCH: Spezifisch anglisches Wortgut in den nordhumbrischen Interlinearglossierungen des Lukasevangeliums. Heidelberg 1979 (AF 132). Zur Problematik der Angabe von Distributionsbeschränkungen s. außerdem HELMUT GNEUSS: Some Problems and Principles of the Lexicography of Old English. In: Festschrift für Karl Schneider. Hg. v. E. S. DICK und KURT R. JANKOWSKY, Amsterdam 1982, S. 156ff.

Der Verzicht auf regelmäßige Angaben zur Distribution bedeutet jedoch nicht, daß der Benutzer des DOE mit einschlägigen Fragen allein gelassen werden soll. Vielmehr ist daran gedacht, ihm in einem Ergänzungsband zum DOE all jene Informationen zu liefern, die er für die richtige Einordnung der altenglischen Quellen braucht. Untergliedert in: A Poetry, B Prose, C Glosses, D Latin-Old English Glossaries, E Runic Inscriptions und F Inscriptions in the Latin Alphabet, wird der Ergänzungsband zu jedem der innerhalb dieser Abteilungen angeführten Denkmäler folgende Angaben bieten: 1. Titel, 2. Sigle, nach der es im Dokumentationsteil zitiert wird, 3. mutmaßliche Entstehungszeit, 4. erwiesene dialektale Eigenart, 5. Handschriften, die den Text überliefern, 6. Datierung der Handschriften, 7. maßgebliche Edition, die im Computer gespeichert wurde, 8. Handschriften, die der gespeicherten Ausgabe zugrunde liegen, 9. Corrigenda dieser Ausgabe, 10. weitere Editionen, 11. Verweise auf verwandte und gelegentlich auch auf benachbarte Texte. Auf die Punkte 3. und 4. (mutmaßliche Entstehungszeit und dialektale Eigenart) wird man allerdings nur so weit eingehen können, wie es der gegenwärtige Forschungsstand erlaubt, d. h. man wird überall dort mit einschlägigen Hinweisen äußerst vorsichtig sein müssen, wo es an zuverlässigen Spezialuntersuchungen mangelt.

Der Ergänzungsband wird in etwa drei Jahren erscheinen,[24] das DOE selbst vermutlich erst nach der Jahrtausendwende abgeschlossen werden. Zwar wurde mit dem Faszikel D die erste Lieferung schon vorgelegt[25] - zur Erleichterung späterer Korrekturen zunächst auf Microfiches -, doch beweist sie nicht nur, daß es prinzipiell möglich ist, anfallende Schwierigkeiten in akzeptabler Weise zu lösen. Sie läßt vielmehr auch auf das gewaltige Maß an Arbeit schließen, das noch geleistet werden muß, bevor die zahlreichen restlichen Faszikel auf vergleichbarem oder gar noch höherem Niveau herausgebracht werden können. Wie gut und schnell es bewältigt werden kann, wird nicht allein von den Kollegen in Toronto, sondern auch von der Kooperationswilligkeit der übrigen Altanglisten abhängen. Erfreulicherweise geben die bisherigen Erfahrungen in dieser Hinsicht zu berechtigtem Optimismus allen Grund.

---

[24] Vorgesehen ist seine Veröffentlichung im Rahmen der ›Toronto Old English Series‹. Dank eines mir von der DFG gewährten Forschungsstipendiums konnte ich den umfangreichsten Teil, B Prose, inzwischen weitgehend fertigstellen.

[25] Angus Cameron u. a. (Hgg.): Dictionary of Old English: D. Toronto 1986. Nachträglich sei hinzugefügt, daß 1988 der zweite Faszikel erschienen ist: Ashley Crandell Amos u. a. (Hgg.): Dictionary of Old English: C. Toronto 1988.

Brigitte Schludermann / Heinz Bück

Alphabetisierungsprobleme bei der Erstellung von Indices und Wortformen-Konkordanzen mischsprachiger Texte

Dargestellt am Beispiel der mittelhochdeutschen und mittelniederländischen Sprachmischung in der 'Haager Liederhandschrift'

Die 'Haager Liederhandschrift',[1] entstanden ca. 1400 im niederrheinisch-niederländischen Raum, ist eine Sammelhandschrift von Liedern, Sprüchen und Minnereden aus dem Sprachraum des Mittelhochdeutschen, Mittelniederdeutschen und Mittelniederländischen. Über ihren Ursprung und die genauen Bedingungen ihres Entstehens ist so gut wie nichts bekannt, wenngleich zu vermuten ist, daß sie als Pergamenthandschrift nicht ausschließlich zu Gebrauchszwecken, sondern auch zu Repräsentationszwecken diente.[2]

Überlieferungsgeschichtlich besitzt sie sowohl für die deutsche als auch für die niederländische Literaturwissenschaft maßgebende Bedeutung. Dies begründet einerseits die doch so späte, weit nördlich verlagerte Überlieferung von Texten der mittelhochdeutschen Minnesänger und Spruchdichter, denn es finden sich in ihr Texte von Walther von der Vogelweide, Reinmar dem Alten, Walther von Mezze, Dem von Sachsendorf und Heinrich Frauenlob. Andererseits ist die 'Haager Liederhandschrift' für die Niederlandistik eine - teilweise sogar die einzige - Quelle der Überlieferung von Texten Noydekins und Augustijnkens van Dordt. Auch ist der Großteil der anonym überlieferten Werke nur in ihr belegt.

Die Sammlung der Handschrift ist augenscheinlich aus verschiedenen, auch sprachlich anders gearteten Vorlagen zusammengestellt worden. Die Texte bzw. Textgruppen weisen qualitativ unterschiedliche deutsch-niederländische bzw. hochdeutsch-niederdeutsche Sprachmischungen auf, deren Eigenart bisher weder sprachwissenschaftlich beschrieben noch literaturgeschichtlich eingeordnet worden ist.[3] Eine soziologisch fundierte Erklärung ihres Entstehens und ihres literarischen Fortbestehens fehlt erst recht. Denn auch Texte in anderen Handschriften mit denselben literarischen Genres und aus einem zeitlich wie sprachlich vergleichbaren Raum enthalten ähnliche, teilweise sogar gleichgeartete, wenigstens

---

[1] Den Haag, Koninklijke Bibliotheek, cod. 128 E 2 (olim 721), Pergament, 67 Bll. - Ausgabe: Die Haager Liederhandschrift. Faksimile des Originals mit Einleitung und Transkription. Hg. v. ERNST F. KOSSMANN. 2 Bde., Den Haag 1940.

[2] Vgl. JOHANNA ALEIDA NIJLAND: Gedichten uit het Haagsche liederenhandschrift. Uitgegeven en toegelicht uit de Middelhoogduitsche lyriek. Diss. Leiden 1896, S. 128-134. Die Autorin vertritt die Ansicht, daß die Handschrift für den Haushalt des Grafen Engelbert I. von Nassau-Dillenburg (ca. 1370-1442) hergestellt wurde. Dagegen spricht INGEBORG GLIER lediglich von »einem bisher unbekannten Ort, vermutlich im Niederrheinischen«, s. INGEBORG GLIER: 'Haager Liederhandschrift'. In: VL 3 (1981), Sp. 358-360.

[3] KOSSMANN [wie Anm. 1], Bd. 1, Einleitung, S. 2-3.

jedoch vergleichbare Sprachmischungen. Es sind beispielsweise Texte des Liederteils der 'Gruuthuse-Handschrift'[4] oder der 'Berliner Liederhandschrift mgf 922'.[5]

Das Auftreten deutsch-niederländischer Sprachmischungen mitsamt den »Ungeheuerlichkeiten ihrer Schreib- und Sprachformen«[6] hat schon seit 100 Jahren Wissenschaftler aus niederländisch- und deutschsprachigen Ländern zu Erklärungsversuchen veranlaßt, die aber - losgelöst vom allgemeinen Phänomen und lediglich auf die jeweils behandelte Handschrift bezogen - linguistisch oder historisch-soziologisch nicht ausreichend begründet sind. Erst recht sind sie theoretisch so wenig fundiert, daß sie sich nicht stringent auf die Sprachmischungen in all den verschiedenen Handschriften übertragen lassen und das Gesamtphänomen nicht erfassen können.[7]

---

[4] Privatbesitz, Kasteel Ten Berghe, Koolkerke bei Brügge, Pergament, 85 Bll. - Ausgabe der Lieder: Liederen en gedichten uit het Gruuthuse-handschrift. Deel 1. Hg. v. K. HEEROMA mit C. W. H. LINDENBURG. Leidse drukken en herdrukken uitgegeven vanwege de Maatschappij der Nederlandse Letterkunde te Leiden. Grote Reeks 4. Leiden 1966.

[5] Berlin, Staatsbibliothek Preußischer Kulturbesitz, Ms. germ. fol. 922, Papier, 134 Bll. - Ausgabe der Lieder: Zwischen Minnesang und Volkslied. Die Lieder der Berliner Handschrift Germ. Fol. 922. Hg. v. MARGARETE LANG. Die Weisen v. JOSEPH MÜLLER-BLATTAU. Berlin 1941 (Studien zur Volksliedforschung. Beihefte zum Jahrbuch für Volksliedforschung 1). - Ausgabe der Minnereden: Mittelhochdeutsche Minnereden. Bd. II: Die Heidelberger Handschriften 313 und 355. Die Berliner Handschrift Ms. Germ. Fol. 922. Auf Grund der Vorarbeit von WILHELM BRAUNS hg. v. GERHARD THIELE. Berlin 1938 (DTM 41). Neudruck mit einem Nachwort von INGEBORG GLIER. Dublin/Zürich 1967 (Deutsche Neudrucke. Reihe Texte des Mittelalters).

[6] KOSSMANN [wie Anm. 1], Bd. 1, Einleitung, S. 3: »Übrigens ist dem Abschreiber (oder den zwei Abschreibern ...) nicht viel Gutes nachzusagen ... er hat doch nachlässig gearbeitet ... So wird er denn auch für die vielen anderen Irrtümer und Sinnlosigkeiten mitverdächtig. Doch wissen wir nicht, an wievielen und welchen seine Vorlage Schuld trägt. Und diese Erwägung muß auch für das Auffälligste der Handschrift gelten, für die Ungeheuerlichkeiten ihrer Schreib- und Sprachformen.«

[7] Die bisher geläufige Hypothese, daß die niederländischen Dichter ihren Gedichten einen modischen, sprich mittelhochdeutschen Anstrich gaben, stammt von J. VERDAM: Over de Oudvlaemsche liederen en andere gedichten der 14de en 15de eeuw. In: Tijdschrift voor Nederlandse taal- en letterkunde 9 (1890), S. 273-301. VERDAM behandelt S. 274f. die deutsch-niederländische Sprachmischung in der 'Gruuthuse-Handschrift' und verwendet für die Sprachmischung den Ausdruck ›potjesmiddelhoogduitsch‹, in Analogie zu ›potjeslatijn‹ (Küchenlatein), für unkorrekt verdeutschte Formen wie *tsaer* (mhd. *zart*), *stas* (mnl. *stat*), *hofen* (mnl. *hopen*) usw. Vgl. dazu: W. DE VREESE: Het Gruuthuse-handschrift. Met 5 faksimiles. In: Tijdschrift voor Nederlandse Taal- en letterkunde 59 (1940), S. 260f. und G. KLOEKE, ebd. 62 (1943), S. 77.

Dagegen wird die Auffassung, daß es sich um eine am bayerischen Hof zu Den Haag (ca. 1370-1475) entstandene eigenständige Literatursprache handelt, vertreten von ANTON KALLA: Über die Haager Liederhandschrift Nr. 721. Prag 1909 (Prager deutsche Studien 14), S. 13: »Diese Dichter sehen sich, um einem größeren Kreise von Zuhörern verständlich zu werden, gezwungen, ihren Gedichten eine holl. Färbung zu geben, sie gleichsam in das Holl. zu übersetzen, ohne aber der Sprache immer Gewalt anzutun. Andererseits müssen sich auch die heimischen Dichter mit Rücksicht auf den bair. Hof befleissen, ihrer holl. Sprache eine deutsche Färbung zu geben. Beide Richtungen treffen im Laufe der Jahre, nachdem Einheimische und Ausländer gegenseitig von einander gelernt hatten, zusammen und das Ergebnis ist die ganz eigenartige Literatursprache, wie wir sie in dem größten Teile unserer Hs. angewendet finden.« Ein Vorschlag für ein poetisches Verständnis der Sprachmischung findet sich bei WILLEM P. GERRITSEN und BRIGITTE SCHLUDER-

Dennoch zeigt meine genaue Untersuchung, daß trotz der auffälligen Beziehungen zwischen den drei oben genannten Handschriften jede einzelne von ihnen qualitativ wie auch quantitativ je eigene Merkmale aufweist.[8] Meine Arbeit - erstellt auf der Grundlage von 50000 Wortformen, die teils mit Hilfe des Computers, jedoch größtenteils von Hand lemmatisiert wurden - beruht auf einem ersten quantitativen Vergleich des gemischten Sprachmaterials. Sie ordnet das Sprachmaterial nach den Merkmalen ›Mittelhochdeutsch‹ im Gegensatz zu ›Nicht-Mittelhochdeutsch‹, nach Wortfamilien wie auch nach grammatischen Kategorien und bietet einen Ansatz zu einer umfangreichen und detaillierten Beschreibung des gemischten Sprachmaterials in den drei Handschriften sowie einen ersten quantitativen Vergleich.[9] Abbildung 1 gibt einen groben Eindruck von der Unterschiedlichkeit der Mischungsverhältnisse.[10] Wie die Graphiken erkennen lassen, sind die rein mhd. Anteile, bzw. die nicht-mhd. Anteile in den einzelnen Liedern der drei Handschriften höchst unterschiedlich verteilt. Eine Analyse der einzelnen Texte der 'Haager Liederhandschrift' weist sogar darauf hin, daß sich auf quantitativer Ebene verschiedene Gruppen einander zugehöriger Texte erkennen lassen.

Das im folgenden vorgestellte Projekt verbindet die Produktion einer Konkordanz zur 'Haager Liederhandschrift' auf der Basis einer Neutranskription des Textes mit dessen diplomatischer Wiedergabe. Die zugrundeliegenden Prinzipien ergaben sich aus dem langwierigen Umgang mit dem gemischten Sprachmaterial während des Sammelns und Ordnens bei der Abfassung meiner Dissertation.[11]

Die geplante Konkordanz der 'Haager Liederhandschrift' ist Teil von Ulrich Müllers Gesamtvorhaben, für alle mittelalterlichen deutschen Liederhandschriften handschriftengetreue Konkordanzen zu erstellen.[12] Daher folgt sie den seiner

---

MANN: Deutsch-Niederländische Literaturbeziehungen im Mittelalter. Sprachmischung als Kommunikationsweise und als poetisches Mittel. In: Jahrbuch für Internationale Germanistik. Reihe A. Akten des V. Internationalen Germanisten-Kongresses, Cambridge 1975. Bd. 2.2, hg. v. LEONARD FORSTER u. HANS-GERT ROLOFF. Bern/Frankfurt 1976, S. 329-339. Vgl. auch die unlängst preisgekrönte Studie von FRITS P. VAN OOSTROM: Het woord van eer. Literatuur aan het Hollandse hof omstreeks 1400. Amsterdam 1987, S. 86ff., die die 'Haager Liederhandschrift' in ihren kulturhistorischen Rahmen stellt, jedoch keine neue Hypothese zur Sprachmischung anbietet.

[8] Vgl. BRIGITTE SCHLUDERMANN: A Comparison of German/Dutch Language Mixtures in Texts from the Gruuthuse-MS, the Hague MS 128 E 2, and the Berlin MS mgf 922. A Quantitative Analysis. Ph. D. [masch.]. 2 Bde., Cambridge 1980.

[9] BRIGITTE SCHLUDERMANN: Quantity versus Quality. A Quantitative Analysis of German/Dutch Language Mixtures in Medieval Texts. In: ALLC Journal 2.1 (1981), S. 1-12. Dort findet sich eine Zusammenfassung der in der Dissertation [wie Anm. 7] dargestellten Ausführungen zur Definition der Sprachmischung und eine nähere Beschreibung der in der Arbeit benutzten quantitativen Methode.

[10] Auf der x-Achse sind die deutschsprachigen Anteile der Texte in Prozent abgetragen, auf der y-Achse die Anzahl der Lieder. Der Kurvenverlauf gibt demnach wieder, wieviele Lieder der drei Handschriften welchen prozentualen Anteil an rein mhd. Formen aufweisen. Die Graphiken vermitteln einen ersten Eindruck von der unterschiedlich starken Sprachfärbung der einzelnen Handschriften.

[11] Vgl. BRIGITTE SCHLUDERMANN: On Making a Computerized Manuskript Concordance of the Haager Liederhandschrift (The Hague MS 128 E 2). In: Tussentijds. Bundel studies aangeboden aan W. P. Gerritsen ter gelegenheid van zijn vijftigste verjaardag. Hg. v. A. M. J. VAN BUREN u. a. Utrecht 1985.

[12] Vgl. ULRICH MÜLLER: On Computerizing Medieval German Lyrik Manuscripts. In: ALLC Bulletin 2.2 (1974), S. 4-12.

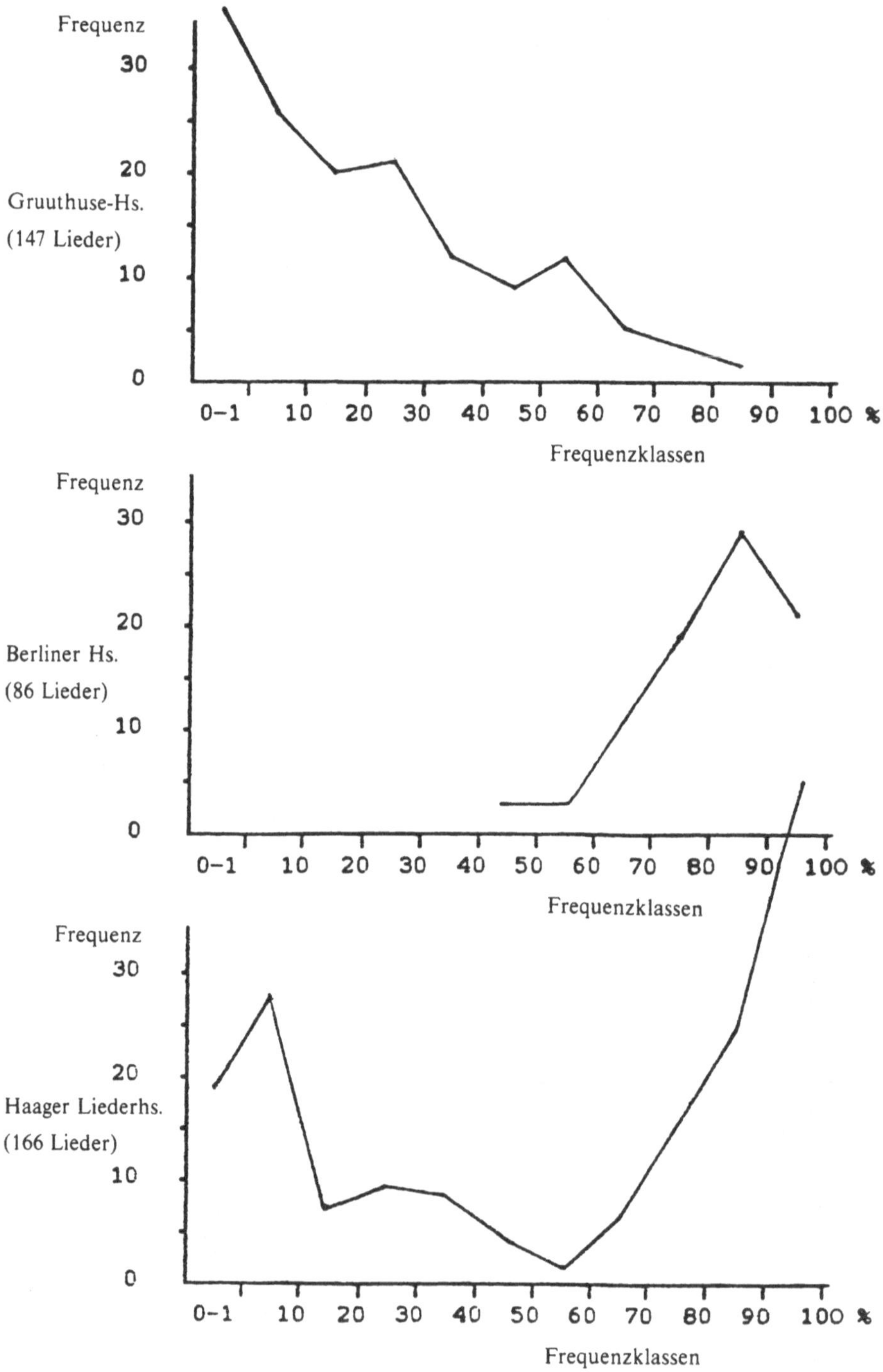

Abb. 1: Verteilung mhd. Formen in den 'Gruuthuse-Liedern', der 'Berliner Liederhandschrift mgf 922' und der 'Haager Liederhandschrift'

Reihe zugrundegelegten Prinzipien der Treue zur Überlieferung und bedient sich seines »horizontalen und vertikalen Verweissystems«.[13]

Die Eigenart der Sprachmischung jedoch machte es erforderlich, Müllers Vorgehensweise zu modifizieren und zu erweitern. So transkribiert er gemäß dem Prinzip der Treue zur handschriftlichen Überlieferung die Abkürzungszeichen und kodiert sie entsprechend in der Konkordanz. Er interpretiert den Wert eines mehrdeutigen Abkürzungszeichens aus dem Kontext und kodiert verschiedene Werte desselben Zeichens konsequenterweise verschieden. Die Kodierung 5 z. B. ist bei ihm ein Nasalstrich für *m,* die Nummer 4 diejenige für *n,* wie der folgende Auszug aus MÜLLERs Konkordanz zur 'Weingartner-Stuttgarter Liederhandschrift' zeigt.[14]

Die Interpretation des Abkürzungszeichens steht bei MÜLLER im Vordergrund. Dies zeigt sich auch bei der Alphabetisierung, wenn *DE5* bzw. *DE4* zusammen mit *DEM* bzw. *DEN* aufgeführt werden. Bei dieser Vorgehensweise entfallen jedoch die quantitativen Aspekte des Abkürzungszeichens. Denn die Kombination der Fälle *DEM/DE5* ist zwar in diesem Beispiel 285 mal belegt, ebenso die Kombination *DEN/DE4* mit 538 Fällen, doch müßten diese insgesamt 823 Fälle durchgesehen und getrennt sortiert werden, wollte man die Anzahl der Kombination *DE* + Nasalstrich feststellen.

Die Information über die Verwendung des Nasalstrichs mag auf den ersten Blick sicherlich für einen Paläographen interessanter scheinen als für den Linguisten oder Literaturhistoriker, jedoch nur so lange, als diese nicht mit mischsprachigen Texten konfrontiert sind. In der 'Haager Liederhandschrift' hingegen, um beim Beispiel von *dem* und *den* zu bleiben, werden durch den starken niederdeutschen Einschlag vieler Texte Dativ- und Akkusativformen unterschiedslos gebraucht, so daß beim besten Willen nicht entschieden werden kann, ob *dē* nun als *dem* oder als *den* aufzulösen und einzuordnen ist.

Diese Ambivalenz jedoch ist geradezu symptomatisch für die Sprachmischung, so daß es notwendig ist, abgekürzte Formen von unabgekürzten zu unterscheiden und zu trennen. Dies wird noch deutlicher bei einer Form wie z. B. *mʒ,* die entweder als *met* oder als *mit* aufgelöst werden kann, oder bei einer Form wie *m'*, die sowohl dem *mer* als auch dem *mir* entspricht, wobei je nach Kontext auch die Auflösungen in *mar, maer* oder *meer* möglich sind.

Bei diesen zuletzt genannten Beispielen ist das Problem, in welche Form aufgelöst werden sollte, jedoch kein grammatisches wie im Falle von *dem* und *den.* Das Problem liegt vielmehr in dem folgenreichen Zwang zu entscheiden, in welche Sprache oder in welchen Sprachbereich aufgelöst werden müßte. Denn im Falle von *mer* oder *mir* stellt sich die unlösbare Frage, ob eine Auflösung ins Mittelhochdeutsche oder ins Mittelniederdeutsche erfolgen sollte. Der Kontext, auf den beispielsweise MÜLLER zurückgreifen kann, bietet dabei keinerlei Hilfe, da in ein und demselben Text beide Formen nebeneinander vorkommen können. Außer-

[13] Dies beinhaltet, daß sowohl ein Verweis auf dieselbe Wortform im selben Text oder in anderen Texten der Handschrift gegeben wird als auch ein Verweis auf Parallelstellen in Texten anderer Handschriften.

[14] Siehe ULRICH MÜLLER u. a. (Hgg.): Verskonkordanz zur Weingartner-Stuttgarter Liederhandschrift (Lyrik-Handschrift B). Göppingen 1978 (GAG 230/231).

```
DEKAINE      041 AVJ 01 04  DAS WE+RE MIR NIHT GV'OT. SO MINNET ICH DEKAINE.                MF  86 1

DEKAINER     197 NIT 56 12  DAS IR DEKAINER CRO'EN ALD3 KELZE.                          SM XII 2 45

DEKET        211 WIN 26 12  DAS DEKET DOCH/ DIE LENGI NIHT.                                  WIN 26

(DEM)        003 KHR 08 07  DV WONEST/ MIR IN DEM MV'OTE.                                   MF   5 7
             005 FEN 01 03  MIR/ IST ALSE DEM DER VF DEN BO'VM DA STIGET.                   MF  80 1
             006 FEN 08 18  DEM ICH SO LIHTE NIHT MAG/ ENTWENKEN.                           MF  81 30
             006 FEN 09 20  DAS SI MICH/ HIES IN DEM H3ZEN TRAGEN.                          MF  81 37
             007 FEN 13 13  I:CH KV'ISE AN DEM WALDE. SIN LO/BE IST GENAIGFT.               MF  82 26
             011 FVH 09 19  NV WIL ICH/ DIENEN DEM DER LONEN KAN.                           MF  46 29
             014 FVH 24 11  WIE ES/ MIR SV'ILE AN DEM ENDE ERGAN.                           MF  47 17
             017 FVH 40 02  DAS ICH IEM3 IN DEM MV'OTE.                                     MF  51 5
             021 MVS 03 15  D:IR ENBV'ITET SINEN DIENST DEM DV BIST VROWE ALS D3 LIP.       MF  11 14
             021 MVS 04 23  VERHOLNE IN/ DEM H3ZEN ER SOL ES NIEMAN SAGEN.                  MF  12 1
   DE5 →     021 MVS 05 27  D:RIE TVGENDE SINT IN DES LANDE SWER D3 AINE KAN BEGAN.         MF  14 14
             022 MVS 08 16  WAN ER IST KOMEN ZE LANDE VON DEM MIN TRVREN SOL/ ZERGAN.       MF  14 26
             024 OVB 02 05  VON DEM SAGET MAN/ WIE LIEHT ER SCHINE.                         LK 41 II
             024 OVB 02 07  ZOCHE LIT ER IN DEM RINE. DER KV'INIG ALSO DEN WAISEN HAT.      LK 41 II
             025 OVB 07 05  SWENNE ICH SI MIDE/ DAS SCHADET MIR AN DEM LIBE.                LK 41 VII
             027 BVS 05 24  I:CH FVNDE NOCH DIE SCHONEN BI DEM RINE.                        MF 119 6
             029 DVA 04 14  S:ENEDER FRV'INDINNE BOTTE NV SAGE DEM SCHO'ENEN WIBE.          MF  32 13
             029 DVA 05 18  N:V SAGE DEM RITT3 EDELE DAS ER SICH WOL/ BEHV'ETE.             MF  32 13
             029 DVA 06 26  DEM WIL ICH DEN SVM3 VN2 ALLES GV'OT.                           MF  33 7


DEMUETIG     246 VRO 15 17  DE/MU'ETIG SIN.                                                 ETT 13
             247 VRO 17 22  SICH MENSCHE DISE FU'ORE/ MIT. WIS DEMU'ETIG ZEALLER ZIT.       ETT 15

DEMVOT       231 MAR 11 19  DC VIERDE CLEIT DC IST DEMV'OT.                                 MAR 28

(DEN)        002 KHR 02 08  WAN SENDEN/ KVMB3 DEN ZEL ICH MIR DANNE ZEHABE.                 MF   5 23
             002 KHR 02 10  VN2 BRINGE DEN WEHSEL ALS ICH/ WENF  >                          MF   5 23
             002 KHR 06 26  I:CH HAN DEN LIP GEWENDET. AN AINEN RITTER GV'OT.               MF   4 26
             003 KHR 07 05  DEN MOHT MIR GOT IN ALLE. DER/ WELTE NIEMER VERGELTEN.          MF   4 35
             003 KHR 08 08  DIE NAHT VN2 O'VCH DEN TAG.                                     MF   5 7
             005 FEN 01 03  MIR/ IST ALSE DEM DER VF DEN BO'VM DA STIGET.                   MF  80 1
             005 FEN 03 13  M:IN VROWE SOL LAN DEN GEWIN.                                   MF  80 17
             007 FEN 11 06  DAS TO'ETET MIR DEN MV'OT.                                      MF  82 12
             008 FEN 17 12  <  DEN KVMB3 HAN ICH MIR SELB3 GETAN.                           MF  83 18
             008 FEN 18 13  D:AS ICH DEN SVM3/ ALSO ME+SELICHEN CLAGE.                      MF  83 25
             008 FEN 18 17  DEN DA VOR IST NACH IR WILLEN GELVNGEN.                         MF  83 25
             008 FEN 18 18  MAG MIR D3 WINT3 DEN STRIT NOCH GESCHAIDE4 IR ZIR.              MF  83 25
             008 FEN 19 22  DV'I MIR DAS/ H3ZE VN2 DEN LIP HAT BETWNGE4.                    MF  83 36
             010 FVH 03 10  M:IN H3ZE MV'OS IR KLVSE SIN. AL DIE WILE ICH HAN DEN/ LIP.     MF  42 19
             010 FVH 04 18  DEN O'VGEN MIN MV'OS/ DIKKE SCHADEN.                            MF  43 10
             010 FVH 06 28  DAS ICH DEN LV'ITEN GV'OTEN MORGEN BOT. GEGEN DER/ NAHT.        MF  45 37
             011 FVH 07 03  <  DEN ES NV/ MANGE ZIT. HAT WID3 DAS ALREBESTE WIP.            MF  46 9
             011 FVH 08 13  DER KAN DEN LV'ITEN HELFEN VS D3 NOT.                           MF  46 19
             011 FVH 10 26  GOT AINE MV'ESSE SCHAIDEN NOCH DEN STRIT.                       MF  47 9
             012 FVH 12 05  VN2 GEDAHTE WIE ICH DEN SV-/MER WOLTE LEBEN.                    MF 109 9
             012 FVH 12 09  DEN ICH NOCH LAID3 VNV3ENDET HAN.                               MF 109 9
   DE4 →     012 FVH 15 24  DE4 VO4 AL D3 WELTE G3NE LIDE.                                  MF150 10
             012 FVH 16 25  AN DE4 LV'ITEN/ V3HELN SICH.                                    MF 150 19
             013 FVH 17 03  DEN SO REHTE VRO'EDE SANF-/TE TV'OT.                            LK 49 X 1
             013 FVH 17 03  I:CH WIL NV DEN WOLGEMV'OTEN SINGEN.                            LK 49 X 1
             013 FVH 17 04  WER SOL DEN V3ZAGTEN VRO'EDE BRINGEN.                           LK 49 X 1
             013 FVH 18 08  DAS ERZV'IGE/ ICH WOL DAS SI DEN LIE.                           LK 49 X 2
             014 FVH 24 10  OB ES DEN TVMBEN WILLEN/ SIN V3BE+RE.                           MF  47 17
```

Abb. 2: Auszug aus ULRICH MÜLLERS Verskonkordanz zur Lyrik-Handschrift B

dem machte die Entscheidung, in eine bestimmte Sprache aufzulösen, jeden zur Beschreibung der Sprachmischung notwendigen quantitativen Vergleich ungenau, ja sogar sinnlos, wenn etwa in den Vergleich der Formen *mer* und *mir* willkürlich aufgelöste Formen einbezogen würden.

Die Sprachmischung erfordert bei einer Fülle von Formen - wie den oben erwähnten - die Trennung von ausgeschriebenen und abgekürzten Wortformen, wenn nicht schon von vornherein eine quantitative Auswertung des Sprachmaterials verstellt werden soll. Aufgrund dieser Notwendigkeit und im Sinne einer systematischen Ordnung der Konkordanz haben wir uns deshalb bei diesem Projekt dafür entschieden, prinzipiell alle abgekürzten Formen separat aufzuführen. Dies hat zur Folge, daß alle Abkürzungszeichen als eigene Grapheme in die Konkordanz aufgenommen werden. Sie erscheinen jedoch im Ausdruck nicht kodiert, sondern - auch dies abweichend von MÜLLER - mit Hilfe der Lasercomposition als eigene Schriftzeichen so wiedergegeben, daß sie den in der Handschrift gebrauchten Zeichen entsprechen.[15]

Aufgrund dieser Entscheidung entstehen neue Fragestellungen, wie etwa die, wo in der alphabetischen Ordnung diese zusätzlichen Grapheme eingereiht werden sollen. Wir wollen einige Vorschläge, die wir im Vorfeld unserer Arbeit diskutiert haben, und ihre Konsequenzen für die alphabetische Ordnung im folgenden am Beispiel des Nasalstrichs demonstrieren[16] (vgl. dazu Abb. 3).

Ein Vorschlag war, die Abkürzungszeichen vor das Alphabet zu stellen. Doch geht bei diesem Verfahren die Übersichtlichkeit der Konkordanz verloren, wie die erste Spalte der folgenden Abbildung zeigt.

Ein anderer Vorschlag war der, die Abkürzungszeichen in die Nähe ihres jeweiligen Auflösungswertes zu rücken, z. B. das *er*-Zeichen vor *r* oder das *et*-Zeichen vor *t*. Der Nasalstrich würde demzufolge vor das *m* rücken, wie in der zweiten Spalte zu sehen ist.

Am übersichtlichsten für den Benutzer ist die Lösung, alle Abkürzungen entweder vor oder aber hinter die jeweilige unabgekürzte Form zu bringen. Die Abbildung demonstriert den Fall, den Nasalstrich hinter *m* und *n* einzureihen. Doch kann derart beim vorliegenden Wortmaterial nicht verfahren werden, da gewisse abgekürzte Wortformen nicht eindeutig aufzulösen sind, sondern mehrere Auflösungen zulassen. Wo sollten mehrdeutige Abkürzungen dann eingeordnet werden? Doch wohl nicht jedesmal hinter allen ihren möglichen Auflösungen?

Was den Nasalstrich - für sich betrachtet - betrifft, so wäre es sinnvoll, diesen zwischen dem *m* und dem *n* einzureihen, wie es in der vierten Spalte der Abbildung 3 geschieht. Dies hat zur Folge, daß die fragliche Form *dē,* die gegebenenfalls nicht eindeutig als Dativ oder Akkusativ aufzulösen ist, zwischen *dem* und *den* eingereiht wird. Doch erscheint dann der Nasalstrich bei allen anderen vorkommenden Formen in der alphabetischen Reihe wechselweise nach dem *m,* bzw. vor dem *n,* je nachdem ob er als *m* oder *n* aufzulösen ist.

Wir haben uns letzten Endes für die folgende, hier zur Diskussion gestellte Lösung entschieden. Sie kombiniert aufgrund von pragmatischen Erwägungen und in Anbetracht der Eigenart des mischsprachigen Wortmaterials einige der oben genannten Vorschläge, einerseits um systematisch vorgehen zu können und der Sprachmischung gerecht zu werden, andererseits um dem Benutzer die Übersichtlichkeit

[15] Vgl. BRIGITTE SCHLUDERMANN / HEINZ BÜCK: Eine zeichenidentische Manuskriptkonkordanz der Haager Liederhandschrift (MS 128 E 2). Ein Werkstattbericht. In: Germanistik und Deutschunterricht im Zeitalter der Technologie. Selbstbestimmung und Anpassung. Vorträge des Germanistentages Berlin 1987. Bd. 4: Neue Technologien und Medien in Germanistik und Deutschunterricht. Tübingen 1988, S. 35-48.

[16] Dank gesagt für kritische Einwände, Anregungen und Diskussionsbereitschaft sei an dieser Stelle Peter Gumbert, Universiteit te Leiden, und W. J. J. Pijnenburg, Instituut voor Nederlandse Lexicologie, Leiden.

Formen mit NASALSTRICH in einer Konkordanz, wenn

alle Abkürz. vor dem a erscheinen:	alle Abkürz. vor ihrer Auflösung:	alle Abkürz. nach ihrer Auflösung:	nur den Nasalstrich zwischen m und n:	Nasalstrich als Akzent seiner Auflösung:
dā	dā	dan	dā	dan
dāc	dāc	danc	dāc	dā
dan	dan	danch	dan	danc
danc	danc	dā	danc	dāc
danch	danch	dāc	danch	danch
datmē	datmē	datmen	datmē	datmen
datmēse	datmēse	datmense	datmēse	datmē
datmēt	datmēt	datment	datmēt	datmense
datmen	datmen	datmē	datmen	datmēse
datmense	datmense	datmēse	datmense	datment
datment	datment	datmēt	datment	datmēt
dē	dē	dem	dem	dem
dēct	dēct	deme	deme	deme
dem	dem	den	dē	dē
deme	deme	dench	dēct	den
den	den	denche	den	dench
dench	dench	denchen	dench	denche
denche	denche	denche	denche	denchen
denchē	denchē	dencheyn	denchē	denchē
denchen	denchen	dencke	denchen	dencheyn
dencheyn	dencheyn	denct	denckeyn	dencke
dencke	dencke	dencter	dencke	denct
denct	denct	denke	denct	dect
dencter	dencter	denken	dencter	dencter
denke	denke	dē	denke	denke
denken	denken	dēct	denken	denken
Nasalstrich vor dem a	Nasalstrich vor dem m	Nasalstrich nach dem n	Nasalstrich zwischen m und n	Nasalstrich als Akzent von m und n, Ausnahme bei dē

Abb. 3: Mögliche Konsequenzen der alphabetischen Einordnung von Abkürzungszeichen für die Übersichtlichkeit einer Konkordanz zur 'Haager Liederhandschrift' am Beispiel des Nasalstrichs

zu gewähren und die größtmögliche Handhabbarkeit der Konkordanz zu gewährleisten:

1. Unterschieden wird nach eindeutigen Abkürzungen - wie es etwa das *us* Zeichen darstellt - und nach mehrdeutigen Abkürzungen wie dem *er*- oder dem *et*-Zeichen.
2. Die mehrdeutigen Abkürzungen werden vor dem *a* aufgeführt und erhalten einen Verweis von der jeweils abgekürzten Form auf alle für sie möglichen Auflösungen bzw. alle ihr entsprechenden ausgeschriebenen Formen.
3. Die eindeutigen Abkürzungen werden nach der ihnen entsprechenden Auflösung aufgeführt, die abgekürzte Form erscheint also hinter der ihr entsprechenden ausgeschriebenen Form (das Abkürzungszeichen fungiert technisch als ›Akzent‹).
4. Der Nasalstrich bildet eine Ausnahme, weil er zwar eine mehrdeutige Abkürzung darstellt, in den überwiegenden Fällen aber eindeutig aufzulösen ist. Er wird daher prinzipiell als eindeutige Abkürzung definiert und technisch als ›Akzent‹ von *m* bzw. *n* behandelt. Lediglich für ambivalente Formen müßte noch eine adäquate Lösung gefunden werden, wie z. B. für *dē*, das zwischen *dem* und *den* eingereiht werden könnte, wie aus der fünften Spalte in Abb. 3 zu ersehen ist.

Technisch gesehen stellen alle mehrdeutigen Abkürzungen demnach eigene Buchstaben dar, wohingegen alle eindeutigen als ›Akzente‹ behandelt werden, wie etwa das *e* und das *é* im Französischen. Bei den eindeutigen verfahren wir nach MÜLLERs System, indem wir diese Abkürzungszeichen interpretieren und entsprechend einordnen, weichen aber von MÜLLERs System ab, indem wir die abgekürzte Form separat hinter ihrer Auflösung oder Ausschreibung aufführen. Der Grund dafür ist der, eine quantitative Unterscheidung abgekürzter und unabgekürzter Formen möglich zu machen.[17] Die einzigen Ausnahmen von dieser Vorgehensweise, Abkürzungen hinter den ihnen entsprechenden Ausschreibungen aufzuführen, bleiben also lediglich die ambivalenten Formen wie *dē* oder *hē*, das - analog zu *dē* - als *hem* oder *hen* interpretiert werden kann.

Die alphabetische Reihung in der Konkordanz zur 'Haager Liederhandschrift' ist entsprechend Abb. 4 konzipiert.[18]

Die Eigenwilligkeit der deutsch-niederländischen Sprachmischung in der 'Haager Liederhandschrift' verlangt für die Konkordanzproduktion eigene Lösungen, zumal die maschinelle Bearbeitung eine formalisierte Vorgehensweise erfordert. Insofern besitzt dieses Projekt einen durchaus experimentellen Charakter. Ebenso stellt die Repräsentation aller graphischen Zeichen mittels Lasercomposition sicherlich ein Novum für den Bereich der Germanistik und der Niederlandistik dar. Weiteren Vorschlägen, Anregungen und Kritik stehen wir nach wie vor offen gegenüber; wir bitten daher alle Interessierte, sich an uns zu wenden.

[17] Eine Gesamtübersicht der Abkürzungszeichen und ein Häufigkeitsverzeichnis wird der Konkordanz beigefügt. In der Frequenzliste werden abgekürzte und ausgeschriebene Formen separat erfaßt.

[18] Schriftzeichen, die wie ein Akzent behandelt werden, sind mit einem Sternchen versehen. Auflösungen von Abkürzungszeichen stehen in spitzen Klammern. Zur alphabetischen Ordnung siehe auch SCHLUDERMANN/BÜCK [wie Anm. 14].

Innere Ordnung		Beispiele
?	für <aer>,<ar>,<eer>,<er>,<ir>	m? vor maer
ꝑ	für p<ar>, p<eer>, p<er>	ꝑd vor paerd
ʒ	für <at>,<et>,<it>	dʒ vor dat
a		
ɑ	* Formvariante	aen vor ɑen
b		
c		
ꝯ	* für <con>, <com>	complexie vor ꝯplexie
d		
e		
f		
g		
h		
i		
j		
k		
l		
m		
~	* Nasalstrich für <m> oder <n>	
n		
o		
p		
q		
r		
ꝛ	* runde Form	amor vor amoꝛ
ᵃ	* Superskript für <ra>	sprac vor spᵃc
ᵒ	* Superskript für <ro>	groit vor gᵒit
s	runde Form	
ſ	* lange Form	sus vor suſ
ſ̶	* für <ser>	deſer vor deſ̶
ſ̶ſ̶	* für <sser>	beſſer vor beſ̶ſ̶
t		
ᵃ	* Superskript für <ta>	nota vor noᵃ
ᵃ	* Superskript für <ua>	quade vor qᵃde
ꝰ	* für <us>	venus vor venꝰ
u		
v		
w		
x		
y		
z		

Abb. 4: Die Einordnung der vorkommenden Abkürzungszeichen in die alphabetische Ordnung der Konkordanz zur 'Haager Liederhandschrift'

Werner Wegstein

Neuhochdeutscher Index zu den Bedeutungsangaben in Matthias Lexers Taschenwörterbuch

1. Ansatz und Ziel

»An den Universitäten kommen und gehen Geschlechter um Geschlechter, die in die Geschichte deutscher Sprache und deutscher Dichtung einzudringen suchen, der ›Kleine Lexer‹ aber bleibt als das vortreffliche Hilfsmittel, das jeder Deutschstudierende besitzt oder wenigstens besitzen müßte, und zu dem jeder andere greift, dessen Berührungen mit alter deutscher Sprache zu flüchtig, oder dessen Mittel zu knapp sind, als daß er daran denken könnte, den ›Großen Lexer‹ und dazu das Mhd. Wb. von BENECKE/MÜLLER/ZARNCKE zu erwerben. Viereinhalb Jahrzehnte sind unterdessen hingegangen, ohne daß das Taschenwörterbuch wieder neubearbeitet worden ist, der Wortlaut der 3. Auflage vom Jahr 1885 ist unverändert immer wieder abgedruckt. Die Mustergültigkeit der Leistung behütete das Werk vor dem Veralten.« schrieb LUDWIG WOLF in der Rezension zur 19. Auflage von MATTHIAS LEXERS ›Mittelhochdeutschem Taschenwörterbuch‹ im Jahr 1930.[1] Seine Situationsbeschreibung gilt noch immer, denn - ohne nun die Defizite der mittelhochdeutschen Lexikographie im Grundsätzlichen hier am Beispiel des ›Kleinen Lexer‹ auszubreiten - überholt in dem Sinn, daß jetzt ein moderneres Wörterbuch als Ersatz zur Verfügung stünde, ist der ›Kleine Lexer‹ trotz fraglos veralteter Materialgrundlagen und Sprache, ungeachtet der Überarbeitungen und Nachträge, bis heute nicht. Von allen mittelhochdeutschen Wörterbüchern dürfte er - einschließlich Nachtrag - vermutlich noch den umfangreichsten Wortbestand aufweisen. Daher erschien es uns - einer Arbeitsgruppe am Institut für deutsche Philologie der Universität Würzburg bestehend aus Erwin Koller, Norbert Richard Wolf und mir - auch gar nicht so abwegig, den ›Kleinen Lexer‹ (einschließlich der Nachträge aus dem Jahr 1973) als Basis für einen Index zu verwenden, der den mittelhochdeutschen Wortschatz über die neuhochdeutschen Bedeutungsangaben erschließen soll. Konkret bedeutet das, LEXERS Wörterbuch praktisch ›umzudrehen‹ und unter den alphabetisch geordneten neuhochdeutschen Stichwörtern die mittelhochdeutschen Bezeichnungen nachzuweisen, so daß ein Benutzer des Index unter dem Stichwort ›Pferd‹ zum Beispiel sämtliche mittelhochdeutschen Lemmata findet, die im ›Kleinen Lexer‹ durch die Bedeutungsangabe ›Pferd‹ interpretiert werden.

[1] Indogermanische Forschungen 51 (1933), S. 172.

2. Verfahren

Nach den außerordentlich positiven Erfahrungen mit der Anwendung der Datenverarbeitung in der Philologie an der Universität Würzburg, und das heißt zunächst und vor allem mit der Nutzung von TUSTEP, das seit 1976 im Rechenzentrum zur Verfügung steht, kam für die Bearbeitung des Index nur ein EDV-gestütztes Verfahren in Frage. Zu diesem Zweck haben wir vor Jahren ein Indizierungssystem entworfen, danach den ›Kleinen Lexer‹ unter philologischen Gesichtspunkten für die EDV-Bearbeitung ausgezeichnet und mit diesen Kodierungen manuell am Großrechner ›erfaßt‹, wobei das EDV-Konzept es zuließ, mit fortschreitender Arbeit die Kodierungen - wo nötig - noch zu verfeinern. Inzwischen ist das Wortmaterial des ›Kleinen Lexer‹ vollständig in einer Stammdatei gespeichert, aus der, wenn die Korrektur von Text und Kodierungen abgeschlossen ist, mittels TUSTEP über mehrere Prozeduren gleich die Druckvorlage des Index erstellt werden soll.

Die Probleme, die sich während der Arbeit ergeben haben, möchte ich hier nur kurz streifen. War schon die noch von MATTHIAS LEXER verantwortete dritte Auflage - ich nenne sie der Einfachheit halber ›Stammlexer‹[2] - in der Verwendung der Beschreibungssprache nicht konsequent,[3] so brachte die tiefgreifende Überarbeitung in der 19. Auflage 1930 zahlreiche neue Inkonsequenzen, und mit den Nachträgen von 1973 sind schließlich die orthographischen, morphologischen und lexikalischen Divergenzen innerhalb des Wörterbuchs noch weiter getrieben.[4] Diese Inhomogenität des Materials ist eine der Ursachen dafür, daß sich die Fertigstellung des Index verzögert.

Die geringsten Probleme bereiten noch rein orthographische Uneinheitlichkeiten. Einige Beispiele: der ›Stammlexer‹ enthielt ursprünglich keinerlei scharfes s.[5] Wir haben, wenn unsere Erfassung in diesem Punkt genau genug ist, zwischen der Seite 61 (*gemeiten* ›müßig‹) und der Seite 235 (*twingen* ›einschließen‹) knapp ein Dutzend *ß* gefunden, die auf die Überarbeitung von 1930 zurückgehen. Für den

---

[2] Mit ›Überarbeitung‹ beziehe ich mich auf den Stand des Wörterbuchs nach der Überarbeitung in der 19. Auflage von 1930 einschließlich der kleineren, späteren Korrekturen, wie ihn jetzt die 37. Auflage repräsentiert, mit ›Nachträge‹ auf die Nachträge von 1973.

[3] Einige Beispiele aus dem orthographischen bzw. morphologischen Bereich: *anke, halsbein* ›genick‹, aber *genic* ›genicke‹; *bîge, hûfe* ›haufe‹, aber *hûste* ›haufen‹; *bîstender, ebenheit, eitgenoz, gat, gater, gealter, gebur, gegate, gemare, gemazze, genanne, genoz, gepflihte, gesedele, geselle* jeweils mit ›genosse/-genosse‹ als Bedeutungsangabe, dagegen dann *geslafe* ›schlafgenoss‹, *gespil* ›spielgenoss‹ und später noch *sturmgenôz* ›kampfgenoss‹.

[4] Fehler und Dubletten, die durch die EDV-Bearbeitung zutage treten, sind dabei stillschweigend korrigiert: so ist *banmile* beispielsweise, in den ›Nachträgen‹ als Neubeleg aufgeführt, durchaus schon im ›Stammlexer‹ enthalten, nur eben durch die Anordnung der Wortnester in der ›Überarbeitung‹ etwas versteckt; ähnlich *aederin* ›aus seillitze verfertigt‹, in den Berichtigungen zur ›Überarbeitung‹ korrigiert zu ›aus Sehnen verfertigt‹, in den ›Nachträgen‹ mit der gleichen Bedeutung noch einmal aufgeführt.

[5] MATTHIAS LEXER, Mittelhochdeutsches Taschenwörterbuch, Vorwort zur dritten Auflage: »Da seit dem erscheinen der ersten ausgabe des TWB. eine offizielle schulorthographie eingeführt worden ist, so habe ich dieselbe auch hier in der dritten auflage angewendet mit ausnahme der beibehaltenen minuskel und des ss, das aus typographischen gründen auch für ß oder sz gesetzt worden ist.« Zitiert nach der mir zugänglichen 16. Auflage, Leipzig 1922, S. IV.

Index haben wir diese nachgetragenen Wörter vereinheitlicht, indem wir LEXERS herrschendes Doppel-ss wieder in seinen Stand gesetzt haben. Sonst sind orthographische Schwankungen in der Regel zugunsten des heutigen Usus entschieden: z. B. in Wortformen, die bei der Modernisierung von *ä* durch *e* oder von *a* durch *aa* in der Überarbeitung von 1930 nicht konsequent durchgehalten sind, so daß es hier jetzt bunt durcheinander geht.[6]

Problematisch bleibt die Getrennt- und Zusammenschreibung. Einerseits gibt es Fälle, in denen die Getrenntschreibung des ›Stammlexer‹ beibehalten ist und nur ein einzelner Zusatz aus der ›Überarbeitung‹ und natürlich die ›Nachträge‹ (orthographisch korrekt) zusammengeschrieben erscheinen,[7] ebenso kommt es jedoch vor, daß dort, wo LEXER noch konsequent getrennt schreibt, die ›Überarbeitung‹ ohne ersichtliches Prinzip schwankt: *bestaeten* ›fest machen‹, *erstaeten* ›festmachen‹, *veinen* ›fest machen‹, *vervesten* ›festmachen‹, *ziln* ›fest machen‹ oder *betagen* ›zu tage bringen‹, *kupfervlinke* ›kupfererz, das ... zutage liegt‹, *tagen* ›zutage kommen‹. In den ›Nachträgen‹ ist auf die Einheitlichkeit der Schreibung ebenfalls kein Verlaß: neben *ûfslihten* ›geraderücken, geradebiegen‹, erscheint z. B. *widerbiegen* ›gerade biegen, übertr. ausgleichen‹. Auch hier haben wir uns - trotz der Fehlerrisiken - in der Regel an den modernen Usus gehalten und schwankende Schreibungen der ›Überarbeitung‹ wie der ›Nachträge‹ konsequent korrigiert. Für einen alphabetischen neuhochdeutschen Index ist eine einheitliche Rechtschreibung nun einmal unabdingbar. Hier wie im Lemma-Ansatz haben wir uns daher die Maßstäbe und Prinzipien des DUDEN Universalwörterbuchs[8] zu eigen gemacht, in dem Wortmaterial aus dem 19. Jahrhundert noch vergleichsweise gut berücksichtigt ist.

Der Ausgleich morphologischer Unterschiede innerhalb des ›Kleinen Lexer‹ ist eher unproblematisch. Gravierender wirkt sich aus, daß der Wortschatz des ›Stammlexer‹ eben eindeutig dem 19. Jahrhundert verhaftet ist, so daß der heutige Benutzer mit neuhochdeutschen Bedeutungsangaben wie ›bauchschlächtig‹ oder ›herzschlächtigkeit‹ - und dies leitet jetzt unmittelbar zu den Beispielen aus dem Probeartikel über - ebensowenig anfangen kann wie mit mhd. *buchstoezec* oder *harteslaht*, die dadurch erklärt werden sollen.[9] Diese Antiquiertheit des Wort-

[6] Zwar schreibt die ›Überarbeitung‹ unter *blenken, rünec, wadel, wanc* jeweils ›unstet‹, in *emzecheit* ›stätigkeit‹, *wanc* ›unstätigkeit‹, *âne, sunder wanc* ›stät‹ z. B. ist das ursprüngliche *ä* des ›Stammlexer‹ aber stehengeblieben; die ›Nachträge‹ geben zwar zu *wildeclîche* und *wispeleht* ›unstet‹ an, unter *wandelhaft* geistert jedoch wieder ein ›unstät‹. Ähnlich sind die Verhältnisse für *aa* etwa in ‹-waage‹, wo in der ›Überarbeitung‹ z. B. unter *balken, ebenwâge, hengest, übersnellen, verwegen, waeger* noch Formen mit einfachem *a* aus dem ›Stammlexer‹ stehengeblieben sind.

[7] Im ›Stammlexer‹ z. B. *geverren, gewegen* ›ferne halten‹, *vermîden, verren, virren, vremden, wern* ›fern halten‹, aus der Überarbeitung von 1930 *sich ziehen von* ›sich fernhalten‹ und im Nachtrag konsequent ›fernhalten‹ (*abewesen, betrogen, entrennen, gevirren, überwern, uz schalten, vremede sîn*).

[8] DUDEN. Deutsches Universalwörterbuch. Hg. und bearb. vom Wissenschaftlichen Rat und den Mitarbeitern der Dudenredaktion unter Leitung von G. DROSDOWSKI. Mannheim/Wien/Zürich 1983.

[9] Gemeint ist damit nach Auskunft des Deutschen Wörterbuchs (s. v. bauchschlechtig, Bd. 1, Sp. 1168 bzw. herzschlechtig, Bd. 10, Sp. 1260) eine besondere Art von Erkrankung, wobei das Wort *hartslag* des Niederdeutschen dabei im Hintergrund steht. Damit wird eine Erkrankung an Lunge, Leber und Herz bei Pferden bezeichnet, die in unterschiedlichen Formen ins Hochdeutsche übernommen wird; eine davon ist ›bauchschlächtig‹.

schatzes haben wir in Kauf nehmen müssen und in Kauf genommen, um überhaupt das im ›Kleinen Lexer‹ gesammelte mittelhochdeutsche Wortmaterial über einen neuhochdeutschen Index für semasiologische Fragestellungen und Wortfelduntersuchungen zugänglich machen zu können, freilich mit dem Hintergedanken, daß der Index nicht auf den ›Kleinen Lexer‹ beschränkt ist, sondern über den ›Großen Lexer‹ auch das Material des BENECKE/MÜLLER/ZARNCKE und damit die ursprünglichen Quellenbelegstellen des Mittelhochdeutschen erschließt.

Nur am Rande sei vermerkt, daß umgekehrt auch die ›Nachträge‹ saloppe Singularitäten der Moderne aufweisen: *widerrücken* ›wieder hochkommen (pferd)‹; ›hochkommen‹ ist z. B. nur an dieser Stelle im ›Kleinen Lexer‹ verwendet. Die modernen Wörterbücher buchen es als umgangssprachlich, d. h. unterhalb der normalsprachlichen Stilschicht.[10]

3. Beispielartikel ›Pferd‹

Um eine ungefähre Vorstellung vom Aussehen des Index zu vermitteln und auch um seine Nützlichkeit zur Diskussion zu stellen, habe ich aus dem Material im augenblicklichen Arbeitszustand einen Beispielartikel ›Pferd‹ erstellt. Insgesamt kommt im ›Kleinen Lexer‹ die Wortform ›Pferd‹ an 370 Stellen vor. Die Kodierung der Nachträge ist aber noch nicht abgeschlossen, so daß ich nicht völlig sicher bin, ob wirklich alle einschlägigen Formen korrekt verzeichnet sind. Kurz zu den Prinzipien. Der Artikel ist in vier Abschnitte gegliedert. Der erste Abschnitt liefert die mhd. Stichwörter, die im ›Kleinen Lexer‹ ohne weiteren Kontext nur als ›Pferd‹ interpretiert sind, quasi die Archilexeme: *hengest, moere, pferd, smiz.*

Im zweiten Abschnitt sind die mhd. Begriffe aufgeführt, in deren neuhochdeutscher Bedeutungsbeschreibung ›Pferd‹ durch ein Attribut in irgendeiner Form genauer bestimmt wird, also Lexeme wie *gurre* ›schlechtes Pferd‹, *hantros* ›Pferd, das rechts neben dem Sattelros geht‹, *herphärit* - der vielleicht etwas ungewöhnliche Ansatz ist der von LEXER - ›vom Untertanen zum Kriegsdienst gestelltes Pferd‹, *castellan* ›kastilisches Pferd‹, *meidem* ›männliches Pferd‹, *noz* ›Nutzvieh, bes. Pferd‹, *runzîn* und *runzît* ›kleines Pferd‹, *schimel* ›weißes Pferd‹, *türke* ›türkisches Pferd‹, *vârîs* - aus den Nachträgen und daher zur Unterscheidung mit Asterisk markiert - ›leichtes Pferd‹,[11] *vëltpferd, vëltros, vëltstriche* sind jeweils ›auf der Weide befindliche Pferde‹, *vole* und *vül* sind ›junge Pferde‹; dazu gibt es *zagelvihe* als Pluralbegriff für ›Rinder und Pferde‹ und schließlich noch *barrüsse* - mit der Kennzeichnung adverbial, ›auf ungesatteltem Pferd‹. Wir haben hier versucht, adverbiale Ausdrücke, Pluralformen, überhaupt unterschiedliche Flexionsformen je-

---

[10] R. KLAPPENBACH / W. STEINITZ: Wörterbuch der deutschen Gegenwartssprache. 3. Bd., 5. Aufl., Berlin 1981, S. 1871: »norddt. mitteldt. umg.«; DUDEN. Das große Wörterbuch der deutschen Sprache in sechs Bänden. Hg. unter Leitung von G. DROSDOWSKI. Bd. 3, Mannheim/Wien/Zürich 1977, S. 1264: »ugs.«.

[11] In der 3. Auflage des ›Kleinen Lexer‹ ist der Beleg bereits enthalten: *vârîs,* stn. pferd (mlat. *farisea, farius* vom arab. *faras*). Nach der Überarbeitung von 1930 fehlt er, in den Nachträgen von 1973 ist er als ›(arab.) leichtes Pferd‹ wieder aufgenommen.

weils zu dem Stammwort zu lemmatisieren, um Schwächen und Eigentümlichkeiten der Beschreibungssprache auszugleichen, wobei eventuelle Unterschiede in der Wortart gegenüber dem Index-Lemma durch Markierungen wie ADV signalisiert werden.

Der dritte Abschnitt, sozusagen unsere semantische Fundgrube, enthält alle mhd. Wortformen, in deren neuhochdeutscher Bedeutungsangabe im ›Kleinen Lexer‹ als Bedeutungsmerkmal ›Pferd‹ erscheint, wobei wir die Grenzen des Begriffs Merkmal eher großzügig ausgelegt haben: *abegescherpfet,* im Nachtrag als *sinewel abegescherpfet,* bedeutet so ›abgerundet (von den hufen des pferdes)‹, *abesetzen, abesitzen, abestan* verstehen sich von selbst, *afterreif* ist der ›Schwanzriemen des Pferdes‹ usw.

Daß auch damit noch nicht alle vorkommenden mhd. Bezeichnungen für ›Pferd‹ erfaßt werden, liegt einfach daran, daß der ›Kleine Lexer‹ in sich sprachlich so inhomogen ist. Und deswegen haben wir als viertes und letztes Register noch eine Sortierung nach Kompositions- und Wortbildungsformen angefügt. Hier werden nun sämtliche neuhochdeutschen Wörter aufgeführt, die als Pferdkomposita verwendet sind. Es kommen im ›Kleinen Lexer‹ also vor – und das ist eine abschließende Liste – ›Jagd-, Kriegs-, Last-, Miet-, Reise-, Renn-, Sattel-, Saum- und Schiffszugpferd, Seepferd,[12] Steckenpferd, Turnier-, Wagen-, Zucht- und Zugpferd‹.

Beispielartikel

pferd

1. hengest, moere, phert, smiz.

2. gurre, hantros, herphärit, kastelân, meidem, nôz, runzîn, runzît, schimel, türke, *vârîs, vëltphert, vëltros, vëltstrîche, vole, vül.

plu. zagelvihe
adv. *barrüsse

3. *abegescherpfet (*sinewel abegescherpfet), *abe-setzen, *abe-sitzen, *abe-stân, *abe-vallen, *abe-winnen, abe wërfen, *afterreif, *ane-- rennen, beinwahs, beizen, berîten, beschrîten, *beslahen, biz, brustenier, bûchstoezec, *ebene (*ebene gân), enphetten, fîvel, galle, *gemach (*an gemach ziehen), gereite, gereiten, gestüeten, gollier, grâzen, grâzieren, gügerël, gürten, hahse, hargen (?), harteslaht, hebîsen, heinzeler, *hingân (*hingân lâzen), hovegereite, *îngesmogen, kâm, *kern, kunreiz, mûche, nagel, nider komen, nider stân, *niderhurten, *niderstechen, *niderswîfen, *nidervallen, nücken, ougstal, phertgereite, phertkleit, raehe, reiten, *rinnen (*an die erde rinnen), rist (riste), rîtaere (ritter), satel (satel lâzen), schule, silbervël, slage, spat, sprunc, stûz, stallen, stetec, strenge (strange), tusenvar, übergurt, überstützic, *ûfrîten, ûfsetzen, *ûfsitzen, *umbe-

[12] Im 19. Jahrhundert noch das Flußpferd, *hippopotamus.*

schiezen, *undulten (*sêre undulten), ûz stân, valiere, verblâsen, *verlâzen (*diu ors in den walap verlâzen), verleisten, vizzeloch, vlôzgalle, *vorsetzen, vürbüege, vürgebüege, wazzerraehe, *widerrücken, wintraehe, zöumen (zoumen), *zuo-hurten, *zuovliegen (*zuogevlogen komen).

4. jagd-, kriegs-, last-, miet-, reise-, reit-, renn-, sattel-, saum-, (schiffszug-), see-, stecken-, turnier-, wagen-, zucht-, zugpferd.

Das Material, das wir mit diesem Verfahren unter ein gemeinsames Dach zu bringen versuchen, bleibt natürlich einfach inhomogen. Das wissen wir nur zu gut. Wir nehmen es in Kauf. Wir glauben trotzdem, daß es der Mühe wert ist, die über 30000 Stichwörter und Phrasen des Mittelhochdeutschen allein schon im ›Stammlexer‹ auf diese Weise für semantische Untersuchungen nutzbar zu machen. Wir hoffen, daß die prospektiven Benutzer des Index dies auch so sehen: *ein nützıu arbeit.*

Frédéric Hartweg

Zur Erschließung des Wortschatzes des deutschsprachigen Werks Sebastian Brants

Computergestützte Erstellung und sprachhistorische Auswertung lemmatisierter Indices des deutschsprachigen Gesamtwerkes von Sebastian Brant

Über die Erstellung eines lemmatisierten Index des deutschsprachigen Gesamtwerks von Sebastian Brant sollen Erkenntnisse über Umfang und strukturelle Zusammenhänge gewonnen und besonders ein quantitativer Zugriff zur allgemeinen Problematik der regionalen Bestimmung des Wortschatzes an der Wende des 15. zum 16. Jahrhundert ermöglicht werden.

Im Unterschied zu anderen europäischen Sprachen wie dem Französischen, wo von einer relativ klar umgrenzbaren Musterlandschaft eine verbindliche Norm auf das gesamte Sprachgebiet ausstrahlte, charakterisiert sich das Deutsche durch eine polyzentrische Entwicklung mit Mischungs-, Ausgleichs- und Überschichtungsprozessen, an denen alle Sprachlandschaften, wenn auch mit unterschiedlichem Gewicht, beteiligt waren. Diese Sonderstellung der deutschen Entwicklung soll am Beispiel des Wortschatzes eines Autors vor Luthers sprachlichem Schaffen und Wirken dokumentiert werden.

Dem alemannischen Gebiet insgesamt und dem an die Romania grenzenden elsässischen insbesondere ist für den sprachlichen Vereinheitlichungsprozeß von der bisherigen Forschung ausdrücklich eine Randlage zugesprochen worden, die in auffallendem Widerspruch zur außerordentlich reichen literarischen Produktion dieser Landschaft in frühneuhochdeutscher Zeit steht. Nur über die vollständige und quantitativ differenzierte (mit absoluten und relativen Häufigkeitsangaben) Erschließung eines Autors läßt sich der Grad der Vereinheitlichung bzw. der Abweichungen bestimmen, die bisherigen Annahmen erhärten oder in Frage stellen und Näheres zum Anteil der regionalen und lokalen Komponente festlegen, d. h. letztendlich Aussagen zum Vereinheitlichungsprozeß und zum besonderen deutschen Normierungsmuster in einem durch territoriale Zersplitterung - die später durch die konfessionelle Spaltung noch verhärtet wird - charakterisierten Sprachraum zu treffen. Dabei sollen auch Informationen gewonnen werden zur Literatursprache einer Landschaft, des Elsaß, das zu dieser Zeit noch voll zum deutschen Kulturraum gehörte, aber schon damals an der Grenze zur Romania bereits eine wachsende Kultur- und Sprachvermittlungsrolle in Richtung Frankreich spielte.

Das Ziel des Projekts ist die Herstellung eines vollständigen, mit Häufigkeits- und Textstellenangaben versehenen Index zum Werk eines frühneuhochdeutschen Autors, der der elsässischen Sprachlandschaft einwandfrei zuzuordnen ist. Dies ist bis jetzt noch für keinen Autor dieser Periode geleistet worden, und nur begrenzte Aussagen über Umfang und Struktur des Wortschatzes eines Werkes waren daher möglich.

Zu diesem Zweck haben wir das Werk von Sebastian Brant gewählt, das editorisch gut erschlossen oder in den Straßburger und Baseler Universitätsbibliotheken zugänglich ist. Die deutschsprachigen Werke Brants erfüllen zwei für unser Vorhaben wichtige Voraussetzungen (s. beigefügte Liste):

1. Von seinem mittleren Umfang her bietet es die Grundlage für ein zeitlich überschaubares Forschungsprojekt.
2. Es gewährleistet ein breites Textsortenspektrum: juristische, politische, historische, moraldidaktische, geographische, satirische, dramatische, religiöse, publizistische Schriften sowie Gelegenheitsliteratur. Das 'Narrenschiff' ist mit zahlreichen Auflagen der bedeutendste Bucherfolg der deutschen Literatur bis zu Goethes 'Werther', das erste große bürgerliche Literaturwerk in Deutschland, das die »Narren- und grobianische« Literatur begründete, 1553 sogar eine ›protestantische‹ Bearbeitung erfuhr, und durch zwei lateinische, drei französische, zwei englische, eine niederländische und zwei niederdeutsche Übersetzungen bzw. Bearbeitungen erlangte es europäische Geltung.

Brants gesamte literarische Tätigkeit ist unter dem Gesichtspunkt der Breitenwirkung zu betrachten. Als gebürtiger Straßburger, Student, praktizierender Jurist, Herausgeber und Korrektor, Professor für römisches und kanonisches Recht in Basel, als Syndikus, Stadtschreiber und Erzkanzler der Stadt Straßburg sowie durch die Druckorte seiner Werke ist er eindeutig der alemannischen Sprachlandschaft zuzuordnen. Diese war nicht nur in frühneuhochdeutscher Zeit eine der literarisch produktivsten im deutschen Sprachraum, zu ihr gehörten auch die führenden Druckerzentren Basel und Straßburg, die sich u. a. durch den Druck zahlreicher zwei- und mehrsprachiger Wörterbücher hervortaten. Ihre Städte und Territorien gehörten zu den ersten, die, französischem Vorbild folgend, in der Volkssprache urkundeten, und das Elsaß liefert neben der Schweiz die ältesten deutschen Weistümer.

Die wissenschaftliche Auswertung des erstellten Indexkorpus soll Erkenntnisse über die regionale Zusammensetzung des Wortschatzes (d. h. Anteil des überregionalen und regionalen Elements) ermöglichen[1] und darüber hinaus Angaben zu gattungsspezifischen Elementen liefern.

Das Textkorpusprinzip und in unserem Fall die Ganztextauswertung bedeutet bei den ohnehin materialaufwendigen Wortschatzuntersuchungen mehr als eine

---

[1] Dazu: HARTWEG, FRÉDÉRIC:
- Literarische Schriftsprache und Lexikographie des Frühneuhochdeutschen: S. Brant – P. Dasypodius. In: Akten des VI. Internationalen Germanisten-Kongresses Basel 1980. Hg. v. HEINZ RUPP und HANS-GERT ROLOFF. Bd. 8, Teil 2, Bern/Frankfurt a. M./Las Vegas 1980, S. 424–430.
- Regionale Besonderheiten der frühneuhochdeutschen Lexik im Elsaß. Probleme der regionalen Determination des Lexikons. In: Lexikographie der Dialekte – Beiträge zur Geschichte. Hg. v. HANS FRIEBERTSHÄUSER unter Mitarbeit von H. J. DINGELDEIN. Tübingen 1986, S. 67–74.
- Oberdeutsche, alemannische oder elsässische Schibboleths? Zur Frage der räumlichen Geltung von Besonderheiten der Straßburger Druckersprache. In: Stadtsprachenforschung unter besonderer Berücksichtigung der Verhältnisse der Stadt Straßburg in Spätmittelalter und früher Neuzeit. Hg. v. GERHARD BAUER. Göppingen 1988 (GAG 488), S. 393–411.

bloße quantitative Verbreiterung der Belegbasis. Es ermöglicht das Vermeiden der Idiotismenlastigkeit, die häufig durch bloße Stichprobenexzerpte entsteht, die präzise Kontextkontrolle und Nachprüfbarkeit, Frequenzangaben, woraus strengere Anforderungen hinsichtlich der Generalisierbarkeit von Ergebnissen resultieren.

Außer den sprach- und kulturhistorischen Erkenntnissen sollen in diesem Vorhaben weitere computergestützte Verfahren zur Lemmatisierung von Texten aus früheren Sprachstufen erprobt werden.

Zur Zeit werden die lemmatisierten Indices des 'Narrenschiffs' und des 'Tugent Spyls' fertiggestellt. Das Projekt setzt eine mehrjährige Kooperation fort; diese beruht auf einer Arbeitsteilung, bei der F. Hartweg die philologische/sprachhistorische Bearbeitung übernimmt, während W. Putschke und H. Händler (Abteilung Linguistische Informatik im Forschungsinstitut für deutsche Sprache - Deutscher Sprachatlas Marburg) die computative Arbeit gewährleisten.

Liste der deutschen Werke S. Brants[2]

1490	De moribus et facetiis mense. Thesmophagia. - Translatum in theutonicum Basilee per Sebastianum Brant u. i. doctorem, anno, etc. nonagesimo Kalendis aprilibus.
1492	Von dem Donnerstein gefallen im XCII iar vor Ensisheim. J. B. (GKW IV, 5020: Basel: Michael Furter für Johann Bergmann).
1492/1493	Rosarium ex floribus vitae passionisque domini nostri Jesu Christi consertum, sanguinolentis quoque rosis compassionis quinque gladiorum Virginis intemeratae intertextum. Varia carmina. - Der Rosenkrantz mit blumen des lebens und lydens unsers herren Jesu Christi geflochten, mit den blutfarben rosen des mitlydens der lobwürdigesten iunckfrowen Marie underzogen.
1494	Narrenschiff Gedruckt zů Basel vff die Vasenaht die man der narren kirchwich nennet, Im jor noch Cristi geburt Tusent vierhundert vier und nüntzig. 1494. Jo. B. von Olpe. (+ 2 Kap. & Protestacion 1495/99).
1495	An den allerdurchleuchtigsten hern Maximilianum römischen künig, von der wunderbaren geburd des kinds bei Würms des jars MCCCCXCV ..., ein auszlegung Seb. Brant. S. l. et a.
Ca. 1496	Cato in latin durch Seb. Brant getützschet. S. l. et a.
	Liber faceti docens mores hominum, precipue iuvenum; in supplementum illorum qui a Cathone erant omissi: per Seb. Brant in

[2] Nach SCHMIDT, CHARLES: Histoire littéraire de l'Alsace. A la fin du XVe et au commencement du XVIe siècle. Bd. 2, Paris 1879. Nachdr. Hildesheim 1966, S. 340-373.

	vulgare noviter translatus. - 1496. Joh. Bergman v. Olpe. Liber moreti docens mores iuvenum in supplementum illorum qui a Cathone erant omissi, per Seb. Brant in vulgare noviter translatus.
Ca. 1496	Sant Bernarts Rosenkrantz.
?	Ave präclara Sebastiani Brant. S. l. et a. = Ave präclara getutst durch Seb. Brant.
?	Verbum bonum getütst durch Sebastianum Brant. S. l. et a.
1500	Somnia domini Sebastiani Brant utriusque juris doctoris. S. l. et a. - Dr Seb. Brants Traum in tütsch.
1504	Von der wunderlichen zamefügung der öbersten Planeten.
1506-1507	Bischoff Wilhelms von Hoensteins waal und einrit anno 1506 und 1507.
1520	An den allerdurchleuchtigsten groszmechtigisten Fürsten und herren Herrn Carolum den fünften Romischen Keiser unnd Hyspanischen, auch der ganzen Welt Imperatorem Künigen unnd Regierer. In das Leben und tugendtliche geschichten Keyser Tyti Vespasiani des miltenn durch Sebastianum Brant verteutschet. Labor Sebastiani Brant. Ex Argentorato. Anno XX supra M. D.
1520	Uszugk einer stadt Straszburg alt harchomen und bestetigten freyheiten.
?	Epigramme
Nach 1501	Freiheitstafel
Nach 1501	Eyn Chronick über Deutschland, zuvor des lands Elsasz und der loblichen statt Straszburg, durch Seb. Brant versamlet.
1498	Eyn biechlein sancti Methodii martrers und bischoff zu partinentz in Kriechenland: in dem begriffen sind. göttlich offenbarungen von dem hailigen engel geschehen. von dem anfang der welt. und aussreutung menger reichtumb und des letzten Künigs der römer geschicht. und künfftige überwindung. wider die Türken. Etc. - Getruckt zu Basel duch Michael Furter (1504).
1502	Der heilgen leben nüw mit vil me Heilgen, und darzu der Passion und die grossen fest, daz lesen, mit figuren zierlich und nutzlich den menschen. - Getruckt in der keiserlichen fryen stat straszburg durch Johannes grüninger, und seligclich vollendt uff montag nach sant Mathis tag, des Jares von gottes menschwerdung Tausent fünffhundert und zwey jar.
	Hortulus animae.
1507	Freidank(-Bearbeitung).

1516	Der richterlich Clagspiegel. Ein nutzlicher begriff wie man setzen und formieren sol nach ordenung der rechten ein yede clag, antwort und uszzesprechen urteylen, gezogen usz geistlichen und weltlichen rechten ... Durch doctorem Seb. Brandt wider durchsichtiget und zum teyl gebessert. - Getruckt seliglichen durch Mathis Hupfuff Burger zu Straszburg, und volnbracht uff Mathie apostoli als man zalt von der geburt Christi unsers herren tausent fünff hundert und sechzehen jare.
(1532)	Franciscus Petrarcha. Von der Artzney beyder Glück, der guten und widerwertigen [...] Vorred Sebastiani Brandt.
(1554)	Das Tugent Spyl.

Ulrich Müller

Mittelhochdeutsche Texte im Aktenköfferchen

oder:

Maschinenlesbare Textsammlungen, Analysemöglichkeiten und Informations-Banken zur mittelhochdeutschen Literatur für (fast) »Jedermann«[1]

Vorbemerkung

Im Jahre 1973, beim 2. Symposion unserer Gruppe in Mannheim, habe ich einen Vorschlag für ein Projekt zur Konkordanzen-Herstellung für mittelalterliche Lyrik-Handschriften gemacht, wovon wir, d.h. George F. Jones, Franz V. Spechtler und ich wenigstens den größeren Teil realisiert haben (vgl. dazu den Beitrag von GEORGE F. JONES sowie den Überblick in: U. MÜLLER 1987, S. 166f. Anm. 1-4). Heute möchte ich, anknüpfend an eine Projektskizze, die ich erstmals 1986 in einem kurzen Artikel in der »Frankfurter Allgemeinen Zeitung« (12.3.1986: »Bildarchiv im Handgepäck«) und dann in einer erweiterten Fassung im Jahrbuch der Salzburger Universität (1987) vorgelegt habe, Vorschläge für ›elektronische‹ mittelhochdeutsche Textsammlungen machen. Der erste davon besteht aus der erwähnten Projektskizze, und er ist der größer dimensionierte der beiden; der zweite, ein neuer, schließt daran an, und er ist vom Umfang her etwas kleiner, aber seine Realisierung wäre vorderhand wohl noch nutzbringender.

Die Redeform meiner Ausführungen in Trier sowie deren durchaus subjektiven Charakter habe ich für den Abdruck beibehalten; nur einige erläuternde Nachweise sowie Ergänzungen wurden hinzugefügt.

1. Vorschlag: Eine integrierte Video- und Datenbank zur mittelhochdeutschen Literatur, oder: ›Weltraum‹ und Mediävistik

Am »Smithsonian Institution's Air and Space Museum«, also im Weltraum-Museum der amerikanischen Hauptstadt Washington, gab es 1985/86 ein von Hernan Otano und Rob Martella begonnenes und durchgeführtes Unternehmen zu besichtigen, das Interessenten von überallher anlockte (vgl. BRAD LEMLEY 1985). Meine folgenden Angaben basieren auf einem Besuch im Sommer 1985 in Washington

[1] Für förderliche Gespräche, Anregungen und fachliche Hilfe danke ich - abgesehen von den bereits ausdrücklich Erwähnten - noch vielen weiteren Kolleginnen und Kollegen, insbesondere: Ursula Peters, Rolf Bräuer, Kurt Gärtner, Wilhelm Ott, Anton Schwob, Andreas Weiss.

sowie einem längeren Gespräch mit Rob Martella, dem ich für viele Auskünfte sowie eine ausführliche Demonstration seiner Arbeit sehr herzlich danke. Wie ich erfahren habe, ist das Projekt derzeit (Frühjahr 1988) nicht in Aktion zu besichtigen: zum einen, weil seine beiden Autoren nicht mehr an dem genannten Museum tätig sind, zum anderen, weil es auf neue Datenträger umgestellt werden soll. Doch spielt dies für meine folgenden Überlegungen keine Rolle, da es mir hier nur um ein grundsätzliches Vorbild mit Modellcharakter geht.

Das Projekt von Hernan Otano und Rob Martella, das den Namen »System for Digital Storage and Retrieval« trägt,[2] offeriert eine verblüffend elegante Lösung für ein uraltes Problem aller Wissenschaften, die mit Texten und Bildern zu tun haben: nämlich die übersichtliche Ordnung und Analyse großer Bildmaterialien. Das Problem am Weltraum-Museum bestand darin, die etwa 300000 Photographien und Zeichnungen umfassende Sammlung zur Geschichte der Flug- und Weltraumfahrt, die man dort angehäuft hatte, sinnvoll und schnell zugänglich zu machen; mechanische Durchsicht bewältigte die Fülle nicht mehr und gefährdete überdies die kostbaren Originale. Die Lösung war die folgende: Das gesamte Bildmaterial wurde im Laufe weniger Monate mit einer Digital-Kamera auf Video-Band fixiert und anschließend auf drei (!) Video-Disks übertragen. Parallel dazu wurden die wichtigsten Grunddaten zu den einzelnen Abbildungen mithilfe eines kommerziellen Daten-Systems (wie zu erwarten damals natürlich: dBase II) erfaßt. Durch Verknüpfung eines Personal Computers mit einem Video-Disk-Gerät, einschließlich je eines Monitors für Text- und Bildwiedergabe sowie einem hochauflösenden Drucker, konnte man in Washingtons Weltraum-Museum ohne größere Probleme das Daten- und Bildmaterial nach allen möglichen Gesichtspunkten durchsuchen, sich Bilder und Daten auf den Bildschirmen parallel zeigen lassen, und man konnte sich Gewünschtes auch ausdrucken. Weltraum-Fans, die über die nötige technische Wiedergabe-Ausrüstung verfügten, konnten die Daten- und Video-Disketten (letztere damals zum Preis von 35 US-Dollar pro Stück) kaufen und dann zuhause verwenden, wobei die Datenbank ausdrücklich so konzipiert war, daß sie zur eigenen Ergänzung offen stand. Das gesamte Hardware-System, zusammengesetzt aus damals handelsüblichen Geräten, verwendbar sowohl zur Erfassung als auch zur Wiedergabe der Bild- und Textinformationen, war transportabel, und es war damals mit einem Preis von ca. 30000 – 50000 US-Dollar vergleichsweise erschwinglich.[3]

Die Konzeption dieses Systems und seine damalige Realisierung eröffnen wahrhaft ungeahnte Möglichkeiten. Sie wurden inzwischen noch erweitert durch die Entwicklung von CD-ROMs, d. h. Compact Discs als Datenträger. Bereits seit einigen Jahren wird daran gearbeitet, die heutzutage noch phantastisch anmutenden Größenordnungen, welche Compact Discs zur Informationsspeicherung bieten, auf eine erschwingliche und technisch vertretbare Weise dem immer größer

---

[2] Den ersten Hinweis auf dieses Projekt verdanke ich Herrn James Nye von der Regenstein-Library der University of Chicago; meine Ausführungen wiederholen im wesentlichen das bereits 1986/1987 Ausgeführte, berücksichtigen aber die seitherige technische Entwicklung.

[3] Möglicherweise wären die Hardware-Kosten jetzt etwas niederer.

werdenden Kreis von PC-Benützern verfügbar zu machen: ein einziges CD-ROM (so der Fachausdruck: »Read Only Memory« in CD-Form), in der Größe einer 5 ¼-Zoll-Diskette entsprechend, faßt etwa Informationen von ca. 1500 ›normalen‹ PC-Disketten (also zu 360 kByte). Als zusätzliches Laufwerk für PCs wurden sie im Frühjahr 1988 bereits zu Preisen um DM 2000.– angeboten, teilweise kombiniert verwendbar als CD-Plattenspieler und CD-ROM-Laufwerk. Technisch gelöst ist auch die nächste Entwicklungsstufe, nämlich das leere CD-ROM, das man als Benützer einmal bespielen kann (Fachausdruck: CD-WORM = »Write Once Read Multiple« in CD-Form, d.h. »Einmal beschreibbarer Lese-Speicher« als CD). Das angestrebte Endziel ist eine CD, die man beliebig oft löschen und dann wieder neu mit Informationen füllen kann, also wie eine Floppy Disk oder Hartplatte; die Erreichung dieses Zieles wurde in letzter Zeit mehrfach als kurz bevorstehend annonciert und dürfte tatsächlich nur noch eine Frage der Zeit sein.

Nimmt man noch hinzu, daß man seit einiger Zeit nicht nur gedruckte Texte, sondern bald wohl auch handschriftlich Geschriebenes automatisch lesen lassen kann,[4] so hat man bereits alle Komponenten zusammen, die für einen Vorschlag wie den folgenden nötig sind. Der Vorschlag bezieht sich auf mittelalterliche Handschriften, kann aber für Bild-/Textsammlungen aller Art (Bildarchive, Diasammlungen etc.) adaptiert werden:

Im günstigsten Falle stehen einem, abgesehen natürlich vom oft weit entfernten und überdies meist schwer zugänglichen Original, zur Arbeit mit alten Handschriften zur Verfügung: ein Faksimile, eine Katalog-Beschreibung, eine Transkription oder Edition des jeweiligen Textes, ein Index oder eine Konkordanz des Wortmaterials. Dieser ›günstige‹ Fall ist aber extrem selten, und selbst wenn er vorliegt, so sind die einzelnen Teile unverbunden. Hier ließe sich für wichtige Einzelhandschriften oder für wichtige Handschriften-Sammlungen die folgende Abhilfe denken, die in mehreren Einzelschritten zu erreichen wäre: Zuerst müßten die ausgewählten Codices vollständig, Seite für Seite, auf hochwertige und hinsichtlich ihrer Kapazitäten möglichst ›große‹ Bildträger übertragen werden; in Frage kommen hier derzeit (siehe oben) Compact Disks, und eine spätere Übertragung auf noch neuere und bessere Bildträger wäre automatisch durchführbar, würde also keine erneute Arbeit bedeuten. Besser und vor allem viel preiswerter als mit Mikrofilmen wären damit die entsprechenden Handschriften in voller Farbe erfaßt. Als nächstes wäre es notwendig, verkürzte Katalog-Informationen zu den jeweiligen Handschriften und deren Inhalt auf Datenträger (Disketten, Hard-Disks) zu erfassen und so mit den Bild-Daten zu verknüpfen, daß man die jeweils zusammengehörigen Handschriften-Seiten und Informationen gemeinsam durch ein entsprechendes Suchprogramm abfragen kann. Handelt es sich hierbei nicht nur um reine Text-Handschriften, sondern um illuminierte Handschriften, dann potenziert sich der Nutzen dieser Kombination noch. Im Falle von Texthand-

[4] 1985 war ich etwas zu optimistisch gewesen, als ich vermutete, daß das »Problem, handgeschriebene Schriftzeichen (des Mittelalters oder der Neuzeit) zu ›scannen‹, also in einen maschinenlesbaren ASCII-Code umzusetzen, ... teilweise durchaus schon gelöst (sei)«; meine Erkundigungsversuche in den letzten beiden Jahren brachten hier eher ernüchternde Ergebnisse. - Anders steht es natürlich mit den mittlerweile gut entwickelten Möglichkeiten, normal gedruckte Texte zu ›scannen‹ (vgl. unten).

schriften wären dann noch weitere Arbeitsschritte möglich, nämlich die Herstellung von computergestützten Transkriptionen sowie Indices bzw. Konkordanzen. Mit Hilfe relativ einfacher Suchprogramme könnte man dann z. B. für einen wichtigen Codex sich auf dem Text-Monitor Angaben zum Vorkommen und zur Häufigkeit bestimmter Wörter und Begriffe auswerfen lassen, und der Bild-Monitor würde die entsprechende Handschriftenseite sozusagen ›im Original‹ zeigen. Bei entsprechender Verfeinerung des Abfrage-Programmes oder durch Verwendung weiterer Monitore ließe sich die Verbund-Ausgabe der zusammengehörigen Text- und Bildinformationen noch beträchtlich verbessern.

Um sich eine Vorstellung von den Möglichkeiten zu machen: Beim derzeitigen Stand der Technik wären die hier aufgeführten Bild- und Textdaten zur gesamten Handschriften-Überlieferung der hochmittelalterlichen deutschen Lyrik mutmaßlich in einer größeren Aktentasche unterzubringen; und nicht sehr viel mehr Platz würde ein Thesaurus benötigen, der z. B. alle illuminierten deutschen Handschriften des Mittelalters, und zwar mit Bildern und dazugehörigen Informationen, enthält. Größere Handschriften-Sammlungen, inclusive aller dazu gehörigen Daten, würden nicht mehr Raum als einen oder mehrere Reisekoffer beanspruchen. Und arbeiten könnte man damit an jedem Ort, der über die nötigen technischen Voraussetzungen verfügt.

Die technischen Möglichkeiten für eine solche integrierte Bild- und Datenbank sind also seit längerem gegeben; sie warten nur darauf, in der genannten oder einer ähnlichen Weise genützt zu werden. Auf drei Unternehmungen, die mit meinem Vorschlag vergleichbar sind, möchte ich noch hinweisen; sie haben den Vorteil, kleiner dimensioniert zu sein, was ihre Verwirklichung erleichtert hat:

Zwei davon wurden bei der »International Conference on Data Bases in the Humanities and Social Sciences« vorgestellt, der umfangreichsten wissenschaftlichen Veranstaltung ihrer Art für die Geisteswissenschaften, die im Sommer 1985 am Grinnell College, Iowa (USA), abgehalten wurde; da sie beide nur als Demonstration, nicht aber durch Vorträge präsentiert wurden, sind sie in dem von Thomas F. Moberg herausgegebenen Sammelband, ansonsten einer wahren Fundgrube von Anregungen, nicht enthalten. Es handelt sich um das »Iowa Blake Videodisc Project (An easily usable electronic video-archive of more than 2700 color pictures by William Blake, 1757–1827)« sowie das »Art History Core Videodisk Retrieval Project at Weeg Computing Center and the School of Art and Art History, University of Iowa«. Aufgrund meiner archäologischen Studien-›Vergangenheit‹ faszinierte mich vor allem das letztere, für dessen Demonstration ich Frau Dr. Joan Sustik Huntley und Frau Julie Hausman dankbar bin: Hier wurden ca. 18000 archäologische Dias nebst zugehörigen Informationen auf Video-Disks übertragen und durch eine Datenbank erschlossen. Der Benützer kann sich mit einem Suchprogramm alle nötigen Informationen und Abbildungen auf Monitoren zeigen lassen, und ein Dozent kann sich dabei auch für seine Veranstaltungen die Originaldias zur Vorführung aussuchen. Wer einmal mit einer großen Diasammlung gearbeitet hat, kann ermessen, welche Möglichkeiten sich hier eröffnen!

Das dritte Projekt, das hier zu erwähnen wäre, ist dasjenige von Christa Schwens (Universität Essen), das ich durch den Sammelband »Hochschulkongreß '87« (dort Band 2, Vorführung 69) sowie durch ein persönliches Gespräch mit der

Autorin kenne. Es handelt sich dabei um ein »Bild-Text-Kommunikationssystem« zur deutschen Malerei der Renaissance. Es »bietet Kunst- und Kulturwissenschaftlern sowie kunstinteressierten Laien den direkten Zugriff auf Bilder und dazugehörige Textdokumente ... je nach ihren eigenen Fragestellungen. Dazu ist keinerlei Datenfachsprache erforderlich« (CHRISTA SCHWENS 1987). Erste Planungen für dieses wirklich aufregende Projekt gehen auf das Jahr 1983 zurück.

2. Eine ›Text-Base‹ zur mittelhochdeutschen Literatur auf Disketten oder als CD-ROM

Mein zweiter (neuer) Vorschlag bezieht sich auf die (bereits oben erwähnten) technischen Möglichkeiten, große Textmengen auf einfache Weise zu speichern und zu analysieren. Da ich selbst bei einigen Transkriptionen und vor allem Konkordanzen mitgearbeitet habe, weiß ich, welche Papiermengen hier verbraucht und welche unhandlichen Größenordnungen bald erreicht werden. Hier kann ein normaler ›Personal Computer‹ (PC) bereits Abhilfe schaffen: Schon die handelsüblichen Disketten-Formate (5 ¼- bzw. 3 ½-Zoll) können Informationsmengen zwischen 360 kByte und ca. 1,4 Megabyte fassen, was etwa 180 bis 700 ›normalen‹ Schreibmaschinenseiten mit Text entspricht; das sind Größenordnungen, die dem Mediävisten bereits erheblich helfen können.

Die weitere Entwicklung ist unschwer abzusehen, und ich habe sie oben bereits skizziert: nämlich die mit einem PC verbundenen Compact Discs, die auf preiswerte Weise hundertfache Mengen an Informationen speichern können, derzeit als CD-ROM und CD-WORM (siehe oben), in sicherlich naher (oder gar nächster) Zukunft auch mit der Möglichkeit, sie beliebig oft zu löschen und mit neuen Informationen zu füllen. Es gibt bereits einige ›bespielte‹, also mit unveränderbaren Informationen versehene CD-ROMs zu kaufen, die für philologische Zwekke gedacht bzw. nutzbar sind: z. B. eine repräsentative Sammlung altgriechischer Texte (in Kalifornien), den gesamten Goethe-Text (in Japan), das »Oxford English Dictionary« (in Großbritannien); des weiteren hat die amerikanische Software-Firma Microsoft auf der Basis einiger in den USA gängiger Nachschlagewerke das kombinierte Daten- und Abfrage-Programm »Bookshelf« entwickelt, das in den USA seit Ende 1987 vertrieben wird (vgl. dazu: RUSEL DEL MARIA, in: Byte 13/1, Januar 1988, S. 178, und DAVID TEBUTT, in: Personal Computer World, März 1988). Und welche Perspektiven die einmal oder dann beliebig oft beschreibbaren CDs in dieser Hinsicht eröffnen, kann man sich unschwer ausdenken.

Bereits mit ganz simplen, in vielen Schreibprogrammen enthaltenen Such-Befehlen kann ein einigermaßen findiger Philologe solche Disketten mit einschlägigen (hier also: mittelhochdeutschen) Texten in ganz erstaunlicher Weise nützen. Kombiniert mit philologischen Analyse-Programmen, wie sie etwa die neuen PC-Versionen von TUSTEP, dem beeindruckenden »Tübinger System von Textverarbeitungs-Programmen«, oder OCP, also dem »Oxford Concordance Program«, bereits zur Verfügung stellen, zeichnen sich hier ganz neue Möglichkeiten für den Philologen ab: Nämlich die Herstellung beliebig großer Textsammlungen auf Floppy Disk oder am besten CD, die dann mit Hilfe von entsprechenden Analyse-

Programmen weiter verarbeitet werden können: Falls genügend Texte sowie entsprechende Kenntnisse zum Umgang mit den Analyse-Programmen zu Verfügung stünden, dann könnte sich jeder einzelne an seinem PC für jeden ihm zur Verfügung stehenden Text Indices und Konkordanzen jeder Art herstellen; er könnte blitzschnell nach Einzelworten, Wortkombinationen und damit bestimmten syntaktischen Gebilden suchen, ohne daß die Texte irgendeinen Informationszusatz (abgesehen von einer Zählung) besitzen müßten.

Mein Vorschlag wäre also, daß wir Mediävisten uns zusammentun und möglichst schnell eine möglichst große ›Text-Bank‹ herstellen, die jedem Interessierten gegen einen entsprechenden Unkostenbeitrag für die eigene Benützung leicht, d. h. auf Disketten oder CDs zugänglich sein sollte. Einen Grundstock hätte man bereits, wenn es gelingen würde, die schon vorhandenen maschinenlesbaren Texte ›zusammenzulegen‹. Die unterschiedlichen Editionsprinzipien der jeweils verwendeten Text-Ausgaben würden dabei vorderhand keine entscheidend negative Bedeutung haben, es müßte aber Sorge dafür getragen werden, daß diejenigen, die solche maschinenlesbaren Texte zur Verfügung stellen bzw. neu herstellen, wenigstens die verdienten ›credits‹ erhielten. Aber auch wenn eine solche Kooperation an irgendwelchen rechtlichen oder finanztechnischen Vorschriften scheitern würde, wäre das kein Grund zur Resignation oder gar zu Pessimismus: Der arbeitsmäßige und damit finanzielle Aufwand, alle wichtigen mittelhochdeutschen Texte auf der Basis der gängigen Editionen computerlesbar zu machen, wäre durchaus zu bewältigen: entweder mit Hilfe der modernen ›Scanner‹ (siehe oben), notfalls aber auch mit den Mitteln der konventionellen Texteingabe über die Tastatur; mein chinesischer Kollege Qian Feng (Shanghai) hat anläßlich eines einmonatigen Gastaufenthaltes an unserem Salzburger Institut für Germanistik bereits einen Plan skizziert, wie derartiges in fruchtbarer chinesisch-österreichischer Zusammenarbeit zu realisieren wäre.

Was hier notwendig ist, das wäre eigentlich ›nur‹ noch die Bereitschaft, einen solchen Vorschlag, der die Kapazitäten eines einzelnen organisatorisch, technisch und arbeitsmäßig doch wohl übersteigt, in einem kleinen Team zu realisieren. Arbeitsaufwendige und letztlich wenig nützliche, da nur schwer handhabbare Informationsträger für Texte wie etwa Mikrofilme und Microfiches wären damit endgültig überflüssig: denn dort gespeicherte Texte kann man zwar mit Hilfe der entsprechenden Geräte lesen, doch kann man sie kaum in irgendeiner Weise weiterverarbeiten, ohne daß man sie erneut abschreibt. Die einmal maschinenlesbar gemachten Texte könnten dagegen jederzeit auf technisch neue Datenträger übertragen werden, und man könnte sie mit allen nur denkbaren (oder derzeit noch nicht denkbaren) Programmen analysieren und weiterverarbeiten. Außerdem wären Ergänzungen und Verbesserungen ohne allzu großen Aufwand möglich, und das Ergebnis der Bemühungen stünde als eine Art mediävistische ›Shareware‹ allen zur Verfügung.

Nachtrag [April 1989]: Nachdem es während der Trierer Tagung bereits entsprechende Gespräche mit Roy Wisbey (London) gegeben hat, der in seinem Festvortrag ja durchaus vergleichbare Gedanken entwickelte (siehe dort), bildete sich in Graz, auf der von Anton Schwob geleiteten Tagung »Historische Edition und

Computer« (26.-30.10.1988), eine Art Arbeitsgemeinschaft, die den Plan weiter betreiben will. Als Clearing-Stelle für Informationen zu maschinenlesbaren altgermanistischen Texten und als Sammelstelle hat sich dort freundlicherweise bereitgestellt: Prof. Dr. Dietz-Rüdiger Moser, Universität, Institut für Bayerische Literaturgeschichte, Karolinenplatz 3 (Amerikahaus), D-8000 München 2, Tel. (089) 2180-2402; mit dem Anlegen einer allgemein zugänglichen elektronischen Bibliothek zur Altgermanistik soll dort demnächst begonnen werden. - Vgl. auch den von ANTON SCHWOB, KARIN KRANICH-HOFBAUER, DIETHARD SUNTINGER herausgegebenen Sammelband der Grazer Tagung: Historische Edition und Computer. Möglichkeiten und Probleme interdisziplinärer Textverarbeitung und Textbearbeitung. Graz 1989.

Postscriptum: Schreibprogramme für Philologen

Wiederholen möchte ich abschließend nochmals einen bereits anderswo fixierten Vorschlag (U. MÜLLER 1988), nämlich daß hiesige akademische Organisationen (wie etwa der Germanistenverband, aber auch unsere Arbeitsgruppe hier) nach amerikanischem Vorbild mit Software- und Vertriebs-Firmen zusammenarbeiten, um die Publikation und Verbreitung von Schreibprogrammen, die für philologische Zwecke besonders geeignet sind, zu fördern, darunter ganz besonders für den Gebrauch unserer Studenten/innen. Einige solche Programme und deren Spezifika habe ich in diesem Zusammenhang vorgestellt und diskutiert, z. B. »Vizawrite« (Commodore C64; PC), »PC-Write« und »Nota Bene« für einen PC sowie »Signum!« für die ST-Serie von Atari. Auch hier sei nochmals auf »PC-Write« hingewiesen, ein von dem Amerikaner Bob Wallace konzipiertes und ständig verbessertes Schreibprogramm der allerhöchsten Güteklasse. Aber: Man kann es auf ganz legale Weise fast zum Nulltarif erhalten, mit allen Vorteilen, die in einem solchen Fall zu erwarten sind:

Die derzeit neueste Version von »PC-Write« (= 2.71/8) wird jetzt von der Fa. Kirschbaum-Software (D 8091 Emmering, Kronau 15, Tel. 08067-1220) vertrieben, und zwar zu dem konkurrenzlos geringen Preis von DM 48.– (!!) für zwei Disketten (laut Auskunft während der Computer-Messe »Systems«, München, Oktober 1987). Ausdrücklich sei dabei bemerkt, daß »PC-Write« keinen Vergleich mit jenen Schreibprogrammen zu scheuen braucht, die zwischen DM 1000/2000 kosten. Der gänzlich ungewöhnliche Preis von »PC-Write« hängt mit der besonderen Geschichte dieses Programmes und seinem Vertrieb in den USA als ›Shareware‹ zusammen (worauf ich hier aber nicht weiter eingehen kann). Die beiden Disketten enthalten neben dem eigentlichen Programm auch die gesamte (allerdings englische) Gebrauchsanweisung, die man sich ausdrucken kann, d. h. man findet dort alles, was man zur Arbeit benötigt. Vom deutschen Vertrieb erhält man die übliche Unterstützung bei Problemen und Fragen, sowie - gegen Aufpreis - ein umfangreiches deutsches Handbuch. Wie mir der Geschäftsführer der Firma erklärte, hat er auch schon Lizenzen für eine gesamte Universität erteilt.

Verzeichnis der zitierten Arbeiten

Hochschulkongreß '87. Informationsverarbeitung in Lehre und Forschung, Berlin 7.–9. Juni 1987. 2 Bde. Privatdruck der IBM Deutschland. München 1987.

LEMLEY, BRAD: Preserving the Past on Disk. In: PC Magazine, 25. Juni 1985, S. 199ff.

MOBERG, THOMAS F. (Ed.): Databases in the Humanities and Social Sciences 1985 (= Band 3 der gleichnamigen Reihe). Osprey, Florida/USA: Paradigm Press, 1987.

MÜLLER, ULRICH: Mittelalterliche Codices und Computer. Projektskizze einer integrierten Video- und Datenbank. In: Jahrbuch der Universität Salzburg 1983-1985 (1987), S. 163-168.

MÜLLER, ULRICH: Personal Computer, Wissenschaftliche Manuskripte und Editionen. In: Editio. Internationales Jahrbuch für Editionswissenschaft 2 (1988), S. 48-72.

SCHWENS, CHRISTA: Deutsche Malerei der Renaissance. Interaktive Bild-Text-Kommunikation. In: Hochschulkongreß '87. Bd. 2, Vorführung Nr. 69.

TUSTEP. Tübinger System von Textverarbeitungs-Programmen. Tübingen 1989 (nicht im Buchhandel; Vertrieb: Zentrum für Datenverarbeitung der Universität Tübingen, Brunnenstr. 27, D-74 Tübingen).

Wolfgang A. Slaby

Die Bedeutung von Datenbank-Systemen für die geisteswissenschaftliche Forschung

Anhand von typischen Beispielen geisteswissenschaftlicher Informationsverarbeitung sollen die Eigenschaften konventioneller Methoden der Organisation und Verwaltung von Informationen mittels Zettelkästen und Karteisystemen aufgezeigt und gegen die Möglichkeiten in Kontrast gesetzt werden, die die moderne Datenverarbeitung insbesondere mit den *relationalen Datenbank-Systemen* bietet. Anhand des konkreten relationalen Datenbanksystems ORACLE wird darüber hinaus die inzwischen zum internationalen Standard avancierte Datenbanksprache SQL (Structured Query Language) skizziert, die geeignete Kommandos zur Definition, Manipulation und Kontrolle der Informationsstrukturen sowie zur Recherche in der Datenbank bereitstellt.

1 Vorüberlegungen

Sammlung, Organisation und Auswertung von *Informationen* bilden einen wesentlichen Bestandteil geisteswissenschaftlicher Forschung. Als Methode zur Organisation von Informationen gleicher Struktur haben sich dabei seit Generationen *Zettelkästen* und *Karteisysteme* bewährt, deren Bandbreite von einfachen Zetteln bis hin zu strukturierten Karteikarten reicht, in die gewisse Informationen als Randlochungen an festgelegten Positionen eingetragen werden.

Beispiele:

1. Kartei zum Substantiv-Gebrauch im griechischen Neuen Testament

...

δόξα   Mt 4 8   N. A. 26
καὶ δείκνυσιν αὐτῷ πάσας τὰς βασιλείας τοῦ κόσμου
καὶ τὴν δόξαν αὐτῶν
⟨Bemerkung⟩

δόξα   Mt 6 29   N. A. 26
λέγω δὲ ὑμῖν ὅτι οὐδὲ Σολομὼν ἐν πάσῃ τῇ δόξῃ αὐτοῦ
περιεβάλετο ὡς ἓν τούτων
⟨Bemerkung⟩

ὠφελεία	Ju 16	N. A. 26
καὶ τὸ στόμα αὐτῶν λαλεῖ ὑπέρογκα, θαυμάζοντες		
πρόσωπα ὠφελείας χάριν		
⟨Bemerkung⟩		

2. Kartei zur kirchlichen Rechtsprechung

...

SSR	30.04.84	Pinto	EI 002125
Mon 80 (1984) 212-214			Ja
fidei, ...			
1101.2, 1103, 129.1			
Gutachter, Freundin, ...			
⟨Abstract⟩			

...

3. Literatur-Kartei

...

EDV-4711	SL 3245
Lucarella, Dario	H
TEX for scientific documentation,	
Proc. of the 1st European Conference	
Reading Addison-Wesley 1985	1.
Textverarbeitung/Computersatz/DTP	

EDV-4711	SL 3246
Li, Jiarong	
Generation of some Chinese characters with METAFONT	
Reading Addison-Wesley 1985	1.
Textverarbeitung/Fonts/chin. Zeichen	

...

2 Eigenschaften konventioneller Informationsverwaltung

Ein wichtiges Merkmal einer guten Kartei-Organisation besteht darin, daß alle Zettel einer einzelnen Kartei nach demselben Schema aufgebaut sind oder - um es im Jargon der Datenverarbeitung auszudrücken - daß alle *Datenrecords* (Zettel) die *gleiche Datenstruktur* besitzen. Für die erwähnten Beispiele etwa lassen sich folgende Datenstrukturen ausmachen:

1. Substantiv-Gebrauch im griechischen Neuen Testament

Substantiv	Buch	Kapitel	Vers	Ausgabe
Kontext				
Bemerkung				

2. Kirchliche Rechtsprechung

Gericht	Datum	Ponens	Identifikator
Fundstelle			Kopievermerk
Klagegründe			
Bezüge zum *Codex Iuris Canonici*			
Suchstichwörter			
Abstract			

3. Literatur

Signatur				Identifikator
Autor(en)				Herausgeber
Titel				
Ort	Verlag	Erscheinungsjahr	Auflage	
Bezugsidentifikator				
Suchstichwörter				

Bei eingehender Untersuchung lassen sich einige wesentliche Probleme, Schwachstellen und Nachteile der Kartei-Organisation feststellen:

- In der Regel sind die Zettel nur nach einem einzigen Kriterium (Begriff, Datenelement) sortierbar; so bietet sich etwa für die Beispiele eine lexikographische Sortierung nach dem Substantiv bzw. dem Gericht bzw. dem ersten Autor an. Als wichtige Konsequenz aus dieser Tatsache läßt sich festhalten, daß eine bequeme Suche in der Kartei nur über den Sortierbegriff möglich ist. Nahezu unmöglich sind damit Recherchen wie:

  1. Gegenüberstellung aller Substantive des Johannesevangeliums (Joh) und des ersten Johannesbriefs (1 Jh),

2. Übersicht aller Rechtsprechungen deutscher Kirchengerichte mit dem Klagegrund »fidei«,
3. Literaturliste zum Thema »Datenbank« aller Titel, die nach 1980 erschienen sind.

– Zwischen einzelnen Datenrecords bestehende Beziehungen lassen sich durch die sequentielle Anordnung der Zettel kaum rekonstruieren, selbst wenn diese Beziehungen in Form von Verweisen in die Datenstruktur aufgenommen wurden. So lassen sich etwa folgende Anforderungen mit Hilfe einer sequentiellen Kartei-Organisation kaum erfüllen:

1. Zusammenstellung aller Literatur-Einträge der Kartei, die Bestandteil eines bestimmten Sammelbandes sind, auch wenn der eindeutige Identifikator des Sammelbandes als Bezug auf den Karteikarten der einzelnen Artikel des Sammelbandes vermerkt ist,
2. Herstellung der Beziehung »Nachbar von« etwa bei Personen-Datenrecords zur mittelalterlichen Stadtgeschichte,
3. Abbildung hierarchischer Verweisstrukturen in eine Kartei von Wörterbuch-Artikeln.

– Eine Recherche nach Teilen von *listenartigen* Datenelementen, etwa einem einzelnen (nicht notwendig ersten) Autor aus einer Liste mehrerer Autoren oder einem einzelnen Suchstichwort aus einer Liste mehrerer Stichwörter, ist praktisch unmöglich.

– Die Kombination von Informationen aus *mehreren* Zettelkästen mit unterschiedlichen Datenstrukturen, wie zum Beispiel die Zusammenführung aller zu einer bestimmten Person vorhandenen Informationen aus Personen-Karteien, die aus Abgabenlisten, Taufregistern, etc. gewonnen wurden, wird nur mit erheblichem Aufwand durchführbar sein.

– Die Erweiterung der Datenstruktur auf allen Zetteln (Hinzunahme weiterer Datenelemente zu jedem Datenrecord) stößt bei einer gewählten festen Zettelgröße eventuell an physische Grenzen.

– Gleichzeitigem Recherchieren mehrerer Benutzer im gleichen Karteikasten werden ebenso physische Grenzen gesetzt sein.

3 Organisation von Informationen mit Hilfe der Datenverarbeitung

Da der Übergang von der gewohnten Karteiorganisation hin zu einer Organisationsform, bei der die Informationen mit Hilfe der Elektronischen Datenverarbeitung verwaltet werden, mit dem Einarbeiten in neue Denkweisen und Methoden, mit dem Erlernen neuer Verfahrensweisen und Techniken, also insgesamt mit einigem Aufwand verbunden ist, muß der sich aus dieser neuen Organisationsform ergebende Vorteil für die Informationsverarbeitung den erforderlichen Aufwand rechtfertigen. Um dieses Ziel zu erreichen, ist bei der Organisation von Informationen mit Hilfe der Datenverarbeitung folgendes anzustreben:

- Als grundlegende Organisationseinheiten sollten einfache, mit den Datenstrukturen auf Zetteln/Karteikarten vergleichbare Datenstrukturen verwendet werden.
- Eine bequeme, dem Eintragen von Informationen in die Felder einer Karteikarte entsprechende Erzeugung/Aufnahme und Korrektur der Datenrecords etwa mit Hilfe eines an die jeweilige Datenstruktur individuell anpaßbaren Bildschirm-Formulars sollte möglich sein.
- Es sollten Kommandos und Verfahren zur Recherche verfügbar sein, die die aufgezeigten Nachteile und Probleme der Karteiorganisation vermeiden.
- Die in der Regel aufwendige Organisation und Verwaltung der Datenrecords (einschließlich der Zugriffskontrolle, der Konsistenzsicherung bei Fehlern, u.ä.) sollte dem Benutzer weitgehend abgenommen werden.

Bis vor etwa zehn Jahren wurde in der Elektronischen Datenverarbeitung zur Organisation und Verwaltung von Datenrecords überwiegend die Form einer *Datei* mit sequentiellem oder (über zusätzlichen Suchschlüssel) wahlfreiem Zugriff verwendet. Diese Organisationsform entsprach im wesentlichen der Karteiorganisation, bei der in den Karteikarten entweder der Reihe nach oder unmittelbar über den Sortierbegriff recherchiert werden kann. Diese reine Dateiorganisation findet sich auch heute noch in zahlreichen Anwendungen, wie zum Beispiel

- Datei der Personal-Stammdaten einer Firma
  (z.B. zum Zwecke der Gehaltsberechnung),
- Einwohnerdatei einer Stadt
  (z.B. zur Erstellung von Wählerverzeichnissen, Abgabenbescheiden u.ä.),
- Bibliotheksdatei
  (z.B. zur Bestandsverwaltung, zur Erstellung von Katalogen u.ä.).

Als wesentliche Merkmale einer reinen Dateiorganisation lassen sich die folgenden Punkte ausmachen:

1. Die Recherche-Möglichkeiten sind beschränkt auf die sequentielle Suche mit der Auswahl von Datenrecords nach dem Inhalt eines oder mehrerer Datenelemente bzw. auf die wahlfreie Suche über ein einzelnes, als Suchschlüssel vorbestimmtes Datenelement, mit dem ein schnelles Lokalisieren des zugehörigen Datenrecords möglich ist.
2. Vornehmlicher Verwendungszweck ist die Erstellung diverser Listen (z.B. Gehaltslisten, Bibliothekskataloge, Wählerverzeichnisse u.ä.), die jeweils nach dem Inhalt eines oder mehrerer Datenelemente sortiert sind.
3. Für jede Recherche muß ein gesondertes Suchverfahren als Prozedur in einer Programmiersprache geschrieben werden.
4. Veränderungen in den Datenstrukturen, deren Realisierung ohnehin mit erheblichem Aufwand verbunden ist, erfordern zusätzlich das Umprogrammieren der jeweiligen Suchverfahren.

5. Gleichzeitiges Arbeiten (Recherchieren, Ergänzen, Verändern, Löschen) an derselben Datei durch mehrere Benutzer ist schwierig und wegen der Auswirkungen auf die Konsistenz der Datei problematisch.

Als Konsequenz daraus läßt sich festhalten, daß die Organisation von Datenrecords in Form einer reinen Datei mit sequentiellem oder wahlfreiem Zugriff allenfalls geeignet ist bei

- wenigen feststehenden Standard-Recherchen,
- Nutzung durch Einzel-Anwendung,
- listenorientierter Verarbeitung.

Diese Organisationsform reicht also bei weitem nicht aus, um die zu Anfang dieses Kapitels formulierten Anforderungen an eine sachgerechte Organisation von Informationen mit Hilfe der Datenverarbeitung zu erfüllen. Insbesondere die folgenden Komponenten müssen als wesentliche Bestandteile noch hinzu kommen:

- Verfahren zur automatischen Organisation und Verwaltung der Datenrecords und Dateien;
- Kommandosprache zur
  - Kontrolle der Dateien,
  - Definition der Datenstrukturen,
  - Manipulation der Datenrecords [Eingeben, Verändern, Löschen],
  - Recherche.

Eine Organisationsform, die über diese und weitere Komponenten zur sachgerechten und für den Benutzer leicht handhabbaren Organisation und Verwaltung von Informationen verfügt, ist ein *relationales Datenbank-System (RDBMS: Relational Database Management System).*

4 Aufbau und Arbeitsweise relationaler Datenbank-Systeme

Die herausragende Bedeutung des Modells relationaler Datenbank-Systeme, das im IBM San José Research Laboratory von E. F. Codd, D. D. Chamberlin u.a. zu Beginn der 70er Jahre entwickelt und als *System R* experimentell erprobt wurde, liegt in der Verbindung von unkomplizierten Datenstrukturen mit flexibler Handhabung. Als einzige Datenstruktur verwendet es nämlich *zweidimensionale Tabellen (table)*, mathematisch betrachtet also *Relationen* (deshalb: relationale Datenbank-Systeme).

Beispiel für eine Tabelle [aus GREGOR/KRIFKA]:

WORT	SACHGEBIET	GENUS
Regen	Witterung	m
Frühling	Jahreszeit	m
Bäcker	Beruf	m
Köchin	Beruf	f
Haus	Gebäude	n

Jede Tabellenzeile entspricht einem Datenrecord, jede Tabellenspalte einer Informationskategorie.

Wesentliche Merkmale relationaler Datenbank-Systeme:

– Die Organisation der physischen Datenspeicherung ist für den Benutzer unerheblich; dem Benutzer stellen sich die Daten in jedem Fall als Tabellen dar. Allerdings *kann* der Benutzer auf die Speicherung Einfluß nehmen, um z.B. häufig wiederkehrende Recherchen zu optimieren.

– Zur Realisierung komplizierterer Informationszusammenhänge, die in einer einzelnen Tabelle nur mit erheblichem Aufwand und großer Redundanz darstellbar sind, lassen sich mehrere Tabellen unterschiedlicher Struktur verwenden und in einer Recherche miteinander kombinieren.

  Beispiel [aus GREGOR/KRIFKA]:

  Untersuchung zum Fremdwortgebrauch bei Dichtern des 18. Jahrhunderts

  Hier erweist sich eine Aufteilung der Informationen auf drei Tabellen als zweckmäßig:

  - Fremdwörter,
  - Belegstellen,
  - literarische Werke,

  etwa mit folgenden Informationskategorien:

Fremdwort	Herkunft	Grammatik

Fremdwort	Bedeutung	Kontext	Werk	Seite

Werk	Autor	Erscheinungsjahr	Ausgabe	Gattung

Die Verknüpfungen zwischen den verschiedenen Tabellen werden dabei jeweils über Paare gleicher Datenelemente hergestellt.

- Kernstück eines relationalen Datenbank-Systems bildet eine *nicht-prozedurale Kommandosprache*, d. h. eine Sammlung von Kommandos, die beschreiben, *was* zu tun ist, nicht *wie* etwas zu tun ist. Das bedeutet z.B. für die Recherche, daß keine Beschreibung gegeben wird, wie ein gesuchtes Datenrecord zu finden ist [Angabe eines Suchpfads], sondern daß ausschließlich spezifiziert werden muß, welches Suchkriterium das/die Datenrecord(s) erfüllen soll(en) [automatische Navigation].

  Beispiel in SQL:

  ```
  select fremdwort, grammatik
     from woerter
     where herkunft = 'englisch'
  ```

- Auch eine Recherche liefert als Ergebnis wiederum eine Tabelle [result table] von Zeilen, die aus den gewünschten Datenelementen derjenigen Datenrecords einer oder mehrerer Tabellen kombiniert sind, die die Suchkriterien erfüllen.

Anforderungen an ein relationales Datenbank-System und seine Kommandosprache:

1. Verfahren zur
   - physischen Datenbank-Organisation
   - Sicherung gegen unbefugte Zugriffe
   - Konsistenzsicherung bei Fehlern
   - Suchoptimierung

2. Kommandos zur
   - Recherche [query]:
     Suche von Datenrecords in verschiedenen Tabellen der Datenbank nach Kriterien, die sich auf den Inhalt einzelner Spalten beziehen;
   - Manipulation [data manipulation]:
     Einfügen, Verändern, Löschen von Datenrecords in einer Tabelle;
   - Definition [data definition]:
     Erzeugen neuer Tabellen mit Festlegen der Datenstruktur und der Datentypen der einzelnen Datenelemente;
   - Kontrolle [data control]:
     Einräumung/Beschränkung von Zugriffsrechten zu Tabellen oder Tabellenteilen (Zeilen und/oder Spalten); Suchoptimierung; Datenbank-Administration.

Die wichtigste Kommandosprache für relationale Datenbank-Systeme, die diese Anforderungen erfüllt, ist die inzwischen als ANSI-Standard akzeptierte Sprache SQL (Structured Query Language).
Neben den ausschließlich unter IBM-Betriebssystemen verfügbaren relationalen Datenbank-Systemen DB2 und SQL/DS können ORACLE, INFORMIX und INGRES als wichtigste relationale Datenbank-Systeme mit der Kommandosprache SQL

angesehen werden. Für die Entscheidung der Kath. Universität Eichstätt zugunsten von ORACLE als dem ersten überhaupt kommerziell verfügbaren relationalen Datenbank-System mit SQL waren darüber hinaus folgende Punkte ausschlaggebend:

- Verfügbarkeit auf Rechnern unterschiedlicher Größenordnung und Architektur [z.B. IBM/370, Amdahl, Sperry, DEC, Data General, HP 9000, Bull, Prime, IBM PC (und Kompatible)];
- Möglichkeit der anwendungsbezogenen Gestaltung und Verwendung von *Bildschirm-Formularen* zur Datenmanipulation und einfachen Recherche [query by example];
- Bereitstellung eines *Report-Generators* zur übersichtlichen Gestaltung der Ausgabe von Ergebnissen einer Recherche;
- Möglichkeit der Anbindung an Programmiersprachen (C, Cobol, PL/I, Fortran) zur weiteren Bearbeitung von Datenrecords.

5 Literatur

DATE, C. J.: An Introduction to Database Systems. Vol. I (4. Edition), Vol. II. - Addison-Wesley 1986.

EILERS, H. et al.: SQL in der Praxis. - Addison-Wesley 1986.

GREGOR, B. / KRIFKA, M. (eds.): Computerfibel für die Geisteswissenschaften. - C. H. Beck 1986.

ORACLE User's Manual Version 5.1.

Jochen Splett

Die Strukturen der althochdeutschen Wortfamilien und die Probleme ihrer Formalisierung im Rahmen von Datenbanksystemen

Der Einsatz der EDV im Bereich der Wortschatzstrukturierung ist nichts Neues. Bereits Anfang der 70er Jahre hat es diesbezügliche rege Diskussionen vornehmlich unter Altgermanisten gegeben, die u.a. in den veröffentlichten Beiträgen zu den drei vorangegangenen Symposien dokumentiert sind und inzwischen schon zur Wissenschaftsgeschichte unseres Faches gehören. Galt es damals, die Möglichkeiten einer neuen Technologie im Rahmen geisteswissenschaftlicher Problemstellungen zu erproben und Vorurteile durch Aufweis ihres sachgerechten Einsatzes abzubauen, so ist die Lage heute eine ganz andere. Mit der Einführung des PC, seiner schnellen Verbreitung und seiner Verwendung in nahezu allen Bereichen der Textverarbeitung hat sich - etwas überspitzt formuliert - die Beweislast geradezu umgekehrt. Der Einsatz herkömmlicher lexikographischer Verfahrensweisen muß sich rechtfertigen.

Nun ist allerdings mit Nachdruck darauf hinzuweisen - selbst wenn es sich um eine Selbstverständlichkeit, wenn nicht gar um einen Allgemeinplatz handelt -, daß der Computer nur ein technisches Hilfsmittel ist und sein Einsatz bereits hinreichend formalisierte Datenmengen voraussetzt. Semantische Fragestellungen lassen sich - etwas verkürzt ausgedrückt - nur mittels Simulationen auf der Graphemebene einbringen. Die Bemühungen, das Problem der Homonymie bei maschinell erzeugten Konkordanzen in den Griff zu bekommen, sind nur ein, dafür aber umso beredteres Beispiel. Beim Wörterbuch, bei dem es vor allem auf eine angemessene Repräsentation der Bedeutung ankommt, verschärft sich diese Problematik. Das soll im folgenden anhand des Projektes ›Althochdeutsches Wortfamilienwörterbuch‹ näher ausgeführt werden, und zwar in der Weise, daß die einzelnen Bearbeitungsschritte dargelegt, kurz erläutert und unter dem Aspekt der Formalisierung bewertet werden.

Hinsichtlich Zielsetzung - Vorarbeit zu einer Geschichte des gesamten deutschen Wortschatzes -, methodologischer Grundlegung, Entwurfs eines entsprechenden lexikographischen Rahmens und konkreter Durchführung kann auf die bisher erschienenen Beiträge[1] sowie auf den Vortrag von HUNDSNURSCHER in

[1] SPLETT, JOCHEN: Wortfamilien im Althochdeutschen. In: Germanistik - Forschungsstand und Perspektiven. Vorträge des Deutschen Germanistentages 1984. Hg. v. G. STÖTZEL. Berlin 1985, Teil 1, S. 134-153. - Ders.: Lexikalische Beschreibungsprobleme am Beispiel der althochdeutschen Wortfamilie *swerien*. In: Sprache und Recht. Fs. für Ruth Schmidt-Wiegand zum 60. Geburtstag. Berlin 1986, S. 930-943. - Ders.: Bedeutung und Bedeutungsindizierung im Rahmen der Wortfamilien des Althochdeutschen. In: ZfdPh 106 (1987), S. 34-45. - Ders.: Zur Abgrenzung des mittelhochdeutschen Wortschatzes vom althochdeutschen im Bereich der mittelalterlichen Glossenüberlieferung. In: Mittelhochdeutsches Wörterbuch in der Diskussion. Symposion zur mittelhochdeutschen Lexikographie, Hamburg, Oktober 1985. Hg. v. W. BACHOFER. Tübingen 1988, S. 107-118.

diesem Bande verwiesen werden. Das dort Ausgeführte soll hier nicht wiederholt werden; dennoch ist der Hinweis notwendig, um dem Mißverständnis vorzubeugen, es handle sich bei diesem Projekt nur darum, ein weiteres althochdeutsches Wörterbuch zur Texterschließung zu erarbeiten.

Der erste Arbeitsschritt bestand in der Zusammenstellung der althochdeutschen Wortfamilien in Form von Wortlisten. Anhand des von SCHÜTZEICHEL herausgegebenen Wörterbuchs[2] wurden zunächst die in den sogenannten literarischen Sprachdenkmälern vorkommenden Wörter entsprechend zugeordnet. Als Beispiel sei die Wortfamilie LIOB herausgegriffen. Folgende Einträge waren dabei zu berücksichtigen:

filelieb Adj. ... N.	*filu-liob*	FILU
liob, liub, liab, lieb st.N. ... N.O.		
liob, leob, leop, liub, liup, liab, lieb Adj. ... E.G.H.MF.N.O.T.		
giliab, -lieb ... O.	*gi-liob*	
lieben sw.V. ... N.		
gilieben, ke- ... N.		
liobhêrero sw.M. ... O.	*liob-hêriro*	HER
lieblîh Adj. ... N.	*liub-lîh*	
liobo, liubo, liebo sw.M. ... N.O.		
liebo Adv. ... N.	*liobo*	
liebsam, liep- Adj. ... N.	*liob-sam*	
liebsami st.F. ... N.	*liob-samî*	
liebsangôn sw.V. ... N.	*liob-sangôn*	SINGAN
liebtât st.F. ... N.	*liob-tât*	TUON
liuben sw.V. ... O.		
giliuben ... O.	*gi-liuben*	
liubî st.F. ... O.		
liublîhho, -lîco Adv. ... O.	*liub-lîhho*	

Da das genannte Wörterbuch nur indirekt durch die Anordnung der Stichwörter eine einheitliche Bezugsebene für die Lemmata aufweist, können seine hier links aufgelisteten Ansätze nicht in jedem Falle übernommen werden. Die übernommenen Ansätze sind gesperrt gedruckt, die nicht übernommenen wurden durch die rechts stehenden Einträge ersetzt. Außerdem sind auch die durch die erforderliche Segmentierung veränderten Stichwörter hier aufgeführt. Die in Versalien erscheinenden Einträge von FILU bis TUON zeigen an, daß die entsprechenden Stichwörter außerdem in die Wortlisten dieser Wortfamilien aufgenommen worden sind. *lieben* bzw. *gilieben* - anzusetzen wäre *lioben* bzw. *gi-lioben* - werden zu *liuben* bzw. *gi-liuben* gestellt. Da es eine nahezu durchgehende Beeinflussung von zugrundeliegendem und abgeleitetem Wort im Rahmen einer Wortfamilie gibt und es hier nicht um die Darstellung morphologischer Eigenheiten geht, wird eine bloße Verdoppelung der Worteinträge durch entsprechende Zusammenfassungen vermieden. Dies dient zugleich einer einheitlichen Behandlung gleichgelagerter Fälle, zumal - wie z. B. der Eintrag *tiufî* und *tiefi* unter einem Stichwort[3] zeigt - ansonsten ebenso verfahren worden ist.

---

2 SCHÜTZEICHEL, RUDOLF: Althochdeutsches Wörterbuch. 3. Aufl. Tübingen 1981.

3 SCHÜTZEICHEL [wie Anm. 2], S. 195.

Die Karteikarte, die in der Kopfleiste das Kennwort der Wortfamilie, einen kurzen Bedeutungshinweis und Verweise auf verwandte Wortfamilien enthält, sah dementsprechend so aus:

LIOB	›lieb‹	vgl. -LOUBA, LOB
filu-liob Adj.		
liob + st.N.		
liob + Adj.		
gi-liob Adj.		
liob-hêriro sw.M.		
liub-lîh Adj.		
liobo + sw.M.		
liobo Adv.		
liob-sam Adj.		
liob-samî + st.F.		
liob-sangôn sw.V.		
liob-tât + st.F.		
liuben sw.V.		
gi-liuben sw.V.		
liubî st.F.		
liub-lîhho Adv.		

Die Kreuze zeigen an, daß das Wort auch beim Notker-Glossator bezeugt ist. Falls ein Wort nur beim Notker-Glossator belegt ist, wird es durch einen Stern gekennzeichnet.

In einem anschließenden Arbeitsgang wurde der Wortschatz der althochdeutschen Glossen, wie ihn das Glossenwörterbuch von STARCK/WELLS[4] darbietet, in ähnlicher Weise aufgenommen:

(*liob*), *liub*, adj. ... (*liobo*) ... Geliebter ... Npgl
(*liob*), st.n. ... Npgl
[*Liobharto*, PN (?) ...]
lioblîh, (*liublîh*), adj. ...
lioblîhhî, *liublîhhî*, st.f. ... *liub-lîhhî*
lioblîhho, (*liublîhho*), adv. ...
gi-lioblîhhôn, *-liublîhhôn*, sw.v. ...
liob-, *liubminna*, st.f. ... MINNA
(*liobo*), *liubo*, adv. ...
(*liobsamî*), st.f. ... Npgl
(*liobtât*), st.f. ... Npgl

[4] STARCK, TAYLOR / WELLS, J. C.: Althochdeutsches Glossenwörterbuch (mit Stellennachweis zu sämtlichen gedruckten althochdeutschen und verwandten Glossen). Lfg. 1-10, Heidelberg 1972-1984.

(*liuben*), *liubôn*, sw.v. ... →	*liobôn*	
(*gi-liuben*), sw.v. ...		
(*liubî*), st.f. ...		
manaliubi, adj. ...	*mana-liubi*	MAN
unliob, adj. ...	*un-liob*	
biliobo, sw.m. (?) ...	*bi-liobo*	

Die bereits in den literarischen Sprachdenkmälern bezeugten Stichwörter sind in runde Klammern gesetzt. Die neu hinzukommenden Stichwörter sind gesperrt angegeben. *liobo* ›Geliebter‹ und *liubôn* waren unter eigenen Lemmata einzuordnen, Eigennamen wurden nicht aufgenommen.

Die neuen Stichwörter wurden in grün den auf der Karteikarte stehenden blauen Einträgen hinzugefügt, beginnend also mit dem Wort *lioba* st.f. bis zum Wort *bi-liobo* sw.M.? Ein grünes Kreuz - hier zur Unterscheidung durch ⋕ ersetzt - kennzeichnet die auch in den althochdeutschen Glossen bezeugten Wörter. Die Karteikarte mit der Auflistung der zur Wortfamilie LIOB gehörenden Einträge hatte demnach folgendes Aussehen:

LIOB	›lieb‹	vgl. -LOUBA, LOB
filu-liob Adj.	*liub-lîhhî* st.F.	
liob + ⋕ st.N.	*gi-liub-lîhhôn* sw.V.	
liob + ⋕ Adj.	*liob-minna* st.F.	
gi-liob Adj.	*liobôn* sw.V.	
liob-hêriro sw.M.	*mana-liubi* Adj.	
liub-lîh ⋕ Adj.	*un-liob* Adj.	
liobo + sw.M.	*bi-liobo* sw.M.?	
liobo ⋕ Adv.		
liob-sam Adj.		
liob-samî + ⋕ st.F.		
liob-sangôn sw.V.		
liob-tât + st.F.		
liuben ⋕ sw.V.		
gi-liuben ⋕ sw.V.		
liubî ⋕ st.F.		
liub-lîhho ⋕ Adv.		
lioba st.F.		

Die so erstellte Kartei, die alle rund 32000 althochdeutschen Wörter[5] erfaßt, hat einen Umfang von rund 3800 Karteikarten mit rund 42000 Einträgen. Es ergaben

[5] Vgl. J. Splett: Lexikologie des Althochdeutschen. In: Sprachgeschichte. Ein Handbuch zur Geschichte der deutschen Sprache und ihrer Erforschung. Hg. v. W. Besch, O. Reichmann, St. Sonderegger. 2. Halbband, Berlin 1985, S. 1029ff.

sich rund 2500 Wortfamilien und rund 960 Einzelwörter.[6] Die erste Bearbeitungsphase dauerte ein gutes Jahr und konnte im März 1985 abgeschlossen werden. Ein PC stand zu der Zeit nicht zur Verfügung.

In der zweiten Arbeitsphase ging es darum, die Wortlisten in strukturierte Wortfamilien umzuordnen. Anhand der Wortfamilie FARAN[7] ist ein erster Entwurf auf dem Passauer Germanistentag 1984 vorgestellt worden. Zum Verständnis des Folgenden sind die wichtigsten Punkte hier kurz anzuführen. Die Anordnungskriterien Nichtsuffixbildung/Suffixbildung, Wortarten, Ablautstufen einerseits - markiert durch die bis zu drei Ziffern umfassende Zahlengruppe und abgeschlossen jeweils durch eine über die ganze Seite reichende gestrichelte Linie - und eine festgelegte Reihenfolge der Flexionsklassen bzw. Suffixgruppen andererseits - durch gestrichelte Linien unterschiedlicher Länge getrennt - gewährleisten, daß jedes Wort weitgehend unabhängig von seiner internen Struktur einen genau festgelegten Platz einnimmt. Für die Wortfamilie LIOB ergab dies folgende Anordnung:

```
LIOB
-----------------------------------------------------------------
1.1  liuben              (*)        sw.V.
       gi-               (*)
     ----------------
     liobôn               *         sw.V.
-----------------------------------------------------------------
1.2  liob                (+*)       st.N.
     ----------------
     lioba                *         st.F.
     ----------------
     liubî               (*)        st.F.
     ----------------
     liobo               (+)        sw.M.
   [  bi-                 *              ]--------------+
------------------------------------------------------- | ------
1.3  liob                (+*)       Adj.                |
                                    <------ bi- ? * <---+
       filu-
       gi-
       un-                *
     liob-sangôn                    sw.V.
     liob-hêr(i)ro                  sw.M.
          -minna          *         st.F.
          -tât           (+)
     ----------------
     -
       mana-liubi         *         Adj.
-----------------------------------------------------------------
1.4  liobo               (*)        Adv.
-----------------------------------------------------------------
```

[6] Vgl. SPLETT, Lexikalische Beschreibungsprobleme [wie Anm. 1], S. 932.

[7] Vgl. Anm. 1 sowie die Korrekturen und Präzisierungen in den darauffolgenden Veröffentlichungen.

2.1	– *gi-liub-lîhhôn*	*	sw.V.
2.2	*liub-lîhhî*	*	st.F.
	liob-samî	(+*)	st.F.
2.3	*liub-lîh*	(*)	Adj.
	liob-sam		Adj.
2.4	*liub-lîhho*	(*)	Adv.

Entgegen dem Ansatz von STARCK/WELLS[8] ist aufgrund der überlieferten Prudentiusglosse *Uotiua : pilîpo* (ST. II,434,25) nicht ein Substantiv, sondern ein Adjektiv anzusetzen. Denn die glossierte Stelle lautet: ... *dicis, ›libenter oppetam, votiva mors est martyri.‹*[9] (... du sagst: »Ich sterbe gern, denn der Tod ist dem Martyrer erwünscht/willkommen.«) Da vom Lautstand der beiden Handschriften her mit einer monophthongierten Form nicht gerechnet werden kann, liegt hier zudem eine Verschreibung aus *piliop* oder *piliopo* vor.

Der Ansatz *hêr(i)ro* in *liob-hêr(i)ro* ergab sich aus Überlegungen, die im Zusammenhang der Wortfamilie HER anzustellen waren, wie überhaupt die Verflechtung der Wortfamilien untereinander ein ständiges Vor- und Zurückgreifen erforderlich machte. Formen des frühen 9. Jahrhunderts wie etwa *haeroro* (ST. I,126,19) und solche des späten Althochdeutsch wie *herre* (ST. III,356,63) müssen hier ja unter einen Ansatz gebracht werden. Auch im Hinblick auf die Bildungsweise erschien es sinnvoll, diese Form als Ansatz zu wählen.

In einem weiteren Arbeitsschritt wurden jedem Wort eine bzw. mehrere Formeln zugeordnet, die seine hierarchische Struktur und den Zusammenhang mit allen anderen Wörtern der Wortfamilie aufzeigen.[10] Da die jeweilige Bedeutung bzw. die jeweiligen Bedeutungspositionen die Grundlage für diese Strukturen bilden, mußte zuvor die Überprüfung bzw. Ermittlung der Wortbedeutungen erfolgen. Beim derzeitigen Stand der lexikographischen Aufarbeitung des althochdeutschen Wortschatzes war es erforderlich, die sonst von semasiologischen Wörterbüchern erbrachte semantische Beschreibungsarbeit im vorliegenden Rahmen selber zu leisten. Dies galt in erster Linie für den Bereich der althochdeutschen Glossen; denn das Glossenwörterbuch von STARCK/WELLS ist mehr ein Glossenindex als ein semasiologisches Wörterbuch. Eine Überprüfung aller rund 220000 Glossenbelege[11] - bei den Textglossierungen unter Heranziehung der zugrundeliegenden Texte - ließ sich nicht umgehen. Im vorliegenden Zusammenhang ist es wichtig, auf diesen Sachverhalt nachdrücklich hinzuweisen; denn bei dieser, mehrere Jahre in Anspruch nehmenden philologischen Arbeit ist ein Einsatz des Computers unmittelbar nicht möglich. So ist es auch nicht verwunderlich, daß der Schritt

[8] STARCK/WELLS [wie Anm. 4], S. 792.
[9] Prudentius, Peristephanon II,330.
[10] Näheres in den Anm. 1 aufgeführten Veröffentlichungen.
[11] Vgl. SPLETT [wie Anm. 5], S. 1030.

von Konkordanz und Index zum Wörterbuch überhaupt nicht oder nur sehr zögernd erfolgt.

In dem relativ einfachen Fall der Wortfamilie LIOB bieten die beiden genannten Wörterbücher folgende Bedeutungsangaben beim Adjektiv *liob*:

> *liob* ... ›lieb, geliebt, teuer, angenehm, wohlgefällig, erfreulich; gewogen‹; *al liebesten* ›am allerliebsten‹; *ze lieben haben* ›lieben‹[12]
>
> *liob* ... gratus, dulcis, desiderabilis; ›anmutig, lieblich, wünschenswert‹; *liobo,* amicus; ›Geliebter‹[13]

Wie eine Überprüfung der Glossenbelege zeigt, kommen als lateinische Übersetzungsgrundlage zu den von STARCK/WELLS angeführten noch diese, hier alphabetisch aufgelisteten Vokabeln hinzu: acceptus, amabilis, carus, cupitus, desideratus, dilectus, dives, gratiosus, gratuitus?, miratus, optatus, placibilis, placens, probatus, tolerabilis, votivus. Hinsichtlich der neuhochdeutschen Bedeutungsangaben wären nachzutragen: ›willkommen, genehm, liebenswert, begehrenswert, ersehnt, uneigennützig‹. Dabei sind die Bedeutungsangaben, die bereits durch die Belege aus den sogenannten literarischen Sprachdenkmälern nachgewiesen sind und die auch für einzelne Glossenbelege gelten, nicht mit aufgeführt. In der folgenden Auflistung aller entsprechenden Glossenbelege ist jeweils der zugrundeliegende Textausschnitt und dessen Übersetzung hinzugefügt:

1) ST. I,280,39 — Gratum liub R lop O - Gen. 30,34
dixit Laban gratum habeo quod petis
Laban sagte: »Es ist mir genehm, was du forderst.«

2) ST. I,301,23 — Gratum liub 19b - Gen. 30,34 (= Nr. 1)

3) ST. I,307,3 — Gratum livp a 5a - Gen. 30,34 (= Nr. 1)

4) ST. I,310,17 — Desideratas liuba - Gen., Prolog
Desiderii mei desideratas accepi epistolas, qui ...
Ich habe die ersehnten Briefe von meinem Desiderius erhalten, die ...

5) ST. I,422,40 — Gratuita liupiv b 27b liupiu c 33b d 53a liuppiu f 39a libu n 239c lieb e 221b1 o 222d Uirgebene g 112a firkebin k 35 l 19a firezebin m 20b - 2 Reg. 24,24
... et non offeram Domino Deo meo holocausta gratuita.
... und ich will dem Herrn, meinem Gott, keine unbezahlten Brandopfer darbringen.
(gratus statt gratuitus übersetzt? Vokabelübersetzung: uneigennützig?)

6) ST. I,531,19 — Cupitis liupen a 62b 303 c 55a d 63a liupin g 42a liuben e 71a lieben r 228b liebin f 224b2 - Parab. 7,18
veni inebriemur uberibus donec inlucescat dies et fruamur cupitis amplexibus.
Komm, wir wollen in Liebe schwelgen, bis der Tag anbricht, und in lieben Umarmungen Befriedigung finden.

7) ST. I,531,31 — Desiderabile tiurraz .(ve)l. liupaz d 63a tiuraz (ve)l liupaz b 303 tivraz (ve)l liupaz a 62b ... - Parab. 8,11

---

12 SCHÜTZEICHEL [wie Anm. 2], S. 114.

13 STARCK/WELLS [wie Anm. 4], S. 378.

melior est enim sapientia cunctis pretiosissimis et omne desiderabile ei non potest conparari.
Weisheit ist nämlich wertvoller als alle Kostbarkeiten und alles Begehrenswerte kann sich nicht mit ihr messen.

8) St. I,543,22 Mulier gratiosa libiu - Parab. 11,16
mulier gratiosa inveniet gloriam et robusti habebunt divitias.
Eine liebenswerte Frau kommt zu Ehren und die Mächtigen kommen zu Reichtum.

9) St. I,580,26 Gratiis danchun a 73b ... (Gratus) liberman q 246c - Eccles. 37,12
... cum viro livido de gratiis agendis ...
Berate dich nicht ... mit einem Mißgünstigen über wohlgefälliges Tun ...
(gratus - statt gratia - lieb(enswert))

10) St. I,608,29 Desiderabili liupemo a2 190a c 36b d 44a e 56a livpemo b 345 gerist p 240c - Esai. 32,12
super ubera plangite super regione desiderabili super vinea fertili ...
Schlagt euch an die Brust, klagt um das geliebte Land, um den fruchtbaren Weinberg ...

11) St. I,615,21 Placabili livpemo a2 191a b 347 liupemo c 38a d 442b e 56a linbomo (über dem letzten o ein v übergeschrieben; hier wohl b für d verschrieben) - Esai. 60,7
... arietes Nabaioth ministrabunt tibi offerentur super placabili altari meo ...
... die Widder von Nabajot stehen in deinem Dienst, sie werden auf meinem versöhnlichen/wohlgefälligen Altar dargebracht (... auf meinem Altar als wohlgefälliges Opfer ...) ...

12) St. I,647,13 Desiderabile gerahaftaz. (ve)l livp a 196a b 355 gerahaftaz. (ve)l liupaz d 49a gerahaftaz c 42b - Ezech. 24,16
fili hominis ecce ego tollo a te desiderabile oculorum tuorum in plaga ...
Menschensohn, siehe, ich nehme dir durch eine Heimsuchung das, was deinen Augen begehrenswert/lieb ist, ...

13) St. I,658,28 Gratum [aliquid] livpes b 360 liupes c 44b d 51b liupez e 58a liubiz f 222b2 r 225a lubiz q 241b - Dan., Prolog
... scribam aliquid gratum vobis, utilis Ecclesiae, dignum posteris.
... ich schreibe Euch Willkommenes, nützlich für die Gemeinde, wertvoll für die Nachkommen.

14) St. I,712,16 Tolerabilius lkbpr [= libor] a 25b - Matth. 10,15
tolerabilius erit terrae Sodomorum et Gomorraeorum in die iudicii quam illi civitati.
Dem Gebiet von Sodom und Gomorra wird es am Tage des Gerichtes erträglicher / nicht so schlimm / angenehmer ergehen als dieser Stadt.

15) St. I,745,22 Acceptus livp a 182a b 375 liup c 74b d 87b liuper e 77b genemer o 247g - Act. 10,35
... sed in omni gente qui timet eum et operatur iustitiam acceptus est illi.
..., sondern daß ihm [Gott] in jedem Volk willkommen ist, wer ihn fürchtet und gerecht handelt.

16) St. II,2,9 Optato liupemo 21a - Alcimus Avitus 3,59
.../ Subtrahet optato gravior sententia leto:
.../ entzieht [ihn] der unheilvolle Richterspruch dem erwünschten/wünschenswerten Untergang.

17) St. II,52,18 Carius liupora - S. Benedicti Regula 5
Haec convenit his qui nihil sibi a Christo carius aliquid existimant.

Sie [höchste Stufe der Demut] ist denen eigen, die nichts Lieberes als Christus kennen.

18) St. II, 115, 22 Acceptissimas livpostun a 247b b 252 liupostun c 94a d 108a liebesten h 21b - Definitio fidei Chalc. (Mansi VII, 754)
... utique litteras ad Nestorium, et ad alios per Orientem, acceptissimas habet ad convincendas Nestorii blasphemias, ...
... besitzt er zumal willkommene Briefe des Nestorius und der übrigen im Osten, um die Gotteslästerungen des Nestorius unwiderleglich zu beweisen, ...

19) St. II, 132, 25 Probatus livp a 255a b 263 livper i 1a liuper c 102b liup d 116b - Decr. Leonis XLIX
..., qui et sacerdotii merito nobis est probatus, ...
..., der [Bruder David] uns auch aufgrund des Verdienstes um das Priesteramt genehm ist, ...

20) St. II, 135, 37 Uotiuam liube h 171b - Item Decr. Symmachi III
..., quia Deus praesentiam vestram votivam mihi sub qualibet occasione concessit, ...
..., da mir Gott Eure willkommene Anwesenheit bei der ersten besten Gelegenheit zuteil werden ließ, ...

21) St. II, 171, 65 Placentem liupa 129b - Gregor, Cura pastoralis 3, 19
Admonendi sunt abstinentes, ut noverint, quia tunc placentem Deo abstinentiam offerunt, ...
Man muß die Enthaltsamen ermahnen, damit sie einsehen, daß sie dann Gott das Opfer einer wohlgefälligen Enthaltsamkeit darbringen, [wenn] ...

22) St. II, 173, 30 (Desiderabilius) .i. liupor 93a - Gregor, Cura pastoralis 3, 23
..., nil est desiderabilius diabolo extinctione caritatis.
..., ist dem Teufel nichts willkommener/lieber als das Erlöschen der Liebe.

23) St. II, 192, 62 Desiderabilius livpora a 233a b 241 liupora c 111b d 125b - Gregor, Cura pastoralis 3, 23 (= Nr. 22)

24) St. II, 193, 36 Amabilis livp b 241 liup a 233b - Gregor, Cura pastoralis 3, 26
David Deo amabilis rectior fuit in servitio, ...
David, von Gott geliebt, war während seiner Knechtschaft gerechter, ...

25) St. II, 236, 48 Gratior liuberora - Gregor, Cura pastoralis 3, 28
Et fit plerumque Deo gratior amore ardens vita post culpam, ...
Und häufig ist ein in Liebe entflammtes Leben nach der Sünde Gott lieber/wohlgefälliger [als] ...

26) St. II, 274, 30 [quid] Carius tiurorin a 236a tiurorin. (ve)l liuporin b 81 tivrorin. (ve)l livporin c 197 - Gregor, Homiliae I, 5 p. 1451
Pensate igitur, fratres, quid vilius cum emitur, quid charius cum possidetur.
Bedenkt aber, Brüder, was gibt es Wohlfeileres zu kaufen, was gibt es Teureres zu besitzen [als das Gottesreich].

27) St. II, 274, 43 [nihil] Ditius tivririn a 236a tiuririn. livporin b 82 tiuririn [darüber liuporin ausradiert] c 198 e 114b f 129a tiurires d 20b - Gregor, Homiliae I, 5 p. 1451
Nihil quippe offertur Deo ditius voluntate bona.
Freilich wird Gott nichts Kostbareres/Teureres dargebracht als der gute Wille.

28) St. II,431,52 Dulces [liberos] livpiv a 32b livpiu b 30b - Prudentius, P. Laur. 84
.../ et summa pietas creditur / nudare dulces liberos.
.../ und es gilt als größte Frömmigkeit, die lieben(swerten) Kinder mittellos zu machen.

29) St. II,516,34 (Est - tanti) s. mihi amabilivs nnir [= mir] ist liebera b 154b - Prudentius, Ham. 652
Zusatz: mihi amabilius / mir ist es lieber

30) St. II,545,10 Est - tanti mir ist lie bera 126a - Prudentius, Ham. 652
...; est perdere tanti / extinctum vitae officium de parte cerebri, ...
...; es ist kein zu hoher Preis, die in einem Teil des Gehirns bereits getilgte Lebensfunktion völlig zu verlieren, als ...
Übersetzungsgrundlage: mihi amabilius (= Nr. 29)

31) St. II,608,50 Gratus i. lieber a 46b1 lieber b 11a - Sallust, Catilina 23 p. 169,2
quoi cum minus gratus esset, quia inopia minus largiri poterat, ...
Als sie ihm weniger gewogen wurde, weil er ihr wegen seiner Armut weniger Geschenke machen konnte, ...

32) St. II,630,15 Dulcis [nidos], amabilis livpiv - Vergil, Georgica I,414
...; iuvat imbribus actis / progeniem parvam dulcisque revisere nidos:
...; nachdem der Regen aufgehört hat, ist es eine Freude, die junge Brut im behaglichen Nest wieder aufzusuchen.

33) St. II,641,40 Dulcis livpvn - Vergil Georgica III,495
.../ et dulcis animas plena ad praesepia reddunt;
.../ und [die Kälber] hauchen das geliebte Leben aus vor vollen Krippen;

34) St. II,646,48 Dilectus liuper - Vergil, Aeneis I,344
huic coniunx Sychaeus erat, ditissimus agri / Phoenicum et magno miserae dilectus amore, / ...
Sychaeus war ihr [Didos] Gemahl, an Ländereien der Reichste der Phoeniker und der Unglücklichen lieb/teuer durch große Liebe, ...

35) St. II,647,50 Dulci liupun - Vergil, Aeneis I,659
..., ut faciem mutatus et ora Cupido / pro dulci Ascanio veniat ...
..., daß Cupido mit vertauschter Gestalt und vertauschtem Gesicht für den geliebten/werten Askanius gehe ...

36) St. II,648,52 Dulcis liupun - Vergil, Aeneis II,138
nec mihi iam patriam antiquam spes ulla videndi / nec dulcis natos exoptatumque parentem, / ...
Ich habe nicht mehr die geringste Hoffnung, die alte Heimat wiederzusehen, noch die lieben(swerten) Kinder und den ersehnten Vater, ...

37) St. II,651,20 Optate liupero - Vergil, Aeneis III,132
ergo avidus muros optatae molior urbis / ...
Also baue ich mit Eifer Mauern für die ersehnte Stadt ...

38) St. II,653,11 Praemia liuper [durch Unterstreichen getilgt] - Vergil, Aeneis IV,33
.../ nec dulcis natos Veneris nec praemia noris?
.../ und willst nichts wissen von den lieben Kindern noch von den Geschenken der Venus?
(Glossenverschiebung? freie Wiedergabe? Geliebter?/Lieber?)

39) St. II,653,63 Dulce liut [= liup] - Vergil, Aeneis IV,318
..., fuit aut tibi quicquam / dulce meum, ...
..., widerfuhr dir überhaupt Liebes von mir, ...

40) St. II,750,48 (Optata) llyp [= liup] - Sulpicius Severus, Epistola III,148,26
et quamuis optata sit seni remissio post laborem, ...
Und obgleich nach der Mühsal Ruhe dem Greis willkommen ist, ...

41) St. IV, 124, 26 Carus. amabilis. lieber .t. - Glossae Salomonis
lieb/teuer

42) St. IV, 134, 51 Carus, lieber .t. - Glossae Salomonis (= Nr. 41)

43) St. V, 13, 37 Tollerabilius, ikbpr [lies: lkbpr = libor] - Matth. 10, 15 (= Nr. 14)

44) St. V, 103, 43 Mirata liubon - Juvencus 3, 58
Ipse sed in primis mirata uirginis arte / Attonitus stupuit;
Er [Herodes] aber stutzte zunächst, erstaunt über die Bewunderung erregende/anmutige Kunst des Mädchens; ...

45) Thoma, Ahd. Gl. z. AT, 5, 15
Da inquit quantum uelis. sose dir gemach si unte liup si - Zusatz zu Gen. 23, 15
Gib, sagte er, soviel du willst, wie es dir angemessen und genehm erscheint.

46) Thoma, Ahd. Gl. z. AT, 9, 32
Gratum habeo q[uod] p[etis]. liup ist mir daz du pitist - Gen. 30, 34 (= Nr. 1)

47) Mayer, Ahd. Gl.: Nachträge, 104, 1
santa dir liubes - Federprobe
Ich habe dir etwas Liebes geschickt.

48) W (E. Hartl, Festschrift G. Leidinger) 95, 2
Placabile. livpemo - Esai. 60, 7 (= Nr. 11)

Nachdem in dieser Weise die Bedeutungen aller Wörter der Wortfamilie LIOB überprüft bzw. ermittelt und die Strukturformeln eingetragen worden waren, ergab sich folgendes Bild:

LIOB

1.1	*liuben* (*) sw.V.	(wA)Vjan/	›angenehm, lieb machen; (an)empfehlen, anvertrauen; [jemanden] erhören; Gunst erwerben‹. (m. refl. Dat.:) ›lieben‹
	gi- (*)	p((wA)Vjan)/	›angenehm, lieb machen; (an)empfehlen, gutheißen, billigen; [jemandem] gewogen, gut sein; zu eigen machen, aneignen; beliebt machen bei; Gunst, Gnade erwerben‹
	liobôn * sw.V.	(wA)Vôn/	›lieben‹
1.2	*liob* (+ *) st.N.	(wA)S/	›Liebe; Angenehmes; Freude; Glück, Heil‹
	lioba * st.F.	(wA)S/	›Wohlgefallen, Liebe‹
	liubî (*) st.F.	(wA)S/	›Freude; Freundlichkeit, Lieblichkeit, Annehmlichkeit, Erfreuliches; (Zu-)neigung, Huld, Gnade, Liebe, Treue‹
	liobo (+) sw.M.	(wA)San/	›Geliebter, Freund, Jünger‹

1.3	*liob* (+*) Adj.	wA/	›lieb(enswert), geliebt, teuer; (an)genehm, wohlgefällig, erfreulich, anmutig; willkommen, wünschenswert, begehrens-, ersehnt; gewogen; uneigennützig‹. *zi liobêm habên* ›lieben‹
	bi- ? *	p(wA)/	›erwünscht, willkommen‹
	filu-	(wAD)(wA)/	›wohlgefällig‹ (1)
	gi-	p(wA)/	›einander zugetan‹
	un- *	/	›unangenehm, unlieb, unerwünscht‹
	liob-sangôn sw.V.	[(wA)((wV)S)]Vôn/	›ein Freudenlied singen‹
	liob-hêr(i)ro sw.M.	(wA)(((wA)Akomp)San)/	›lieber Herr‹
	-minna * st.F.	(wA)(wS)/	›Liebe‹
	-tât (+)	(wA)((wV)sS)/	›Wohltat‹

	–		
	mana-liubi * Adj.	(wS)(wA)Aja/	›menschenfreundlich‹ (2)
1.4	*liobo* (*) Adv.	(wA)AD/	›angenehm, in angenehmer Weise‹. *l. sîn,* unpers.: ›Wohlgefallen haben an‹
2.1	–		
	gi-liub-lîhhôn * sw.V.	p[((wA)sA)Vôn]/	›anmutig machen‹
2.2	*liub-lîhhî* * st.F.	((wA)sA)S/	›Lieblichkeit, Anmut‹
	---------------		
	liob-samî (+*) st.F.	((wA)sA)S/	›Liebreiz, Anmut, Wohlgefallen, Neigung‹
2.3	*liub-lîh* (*) Adj.	(wA)sA/	›angenehm, lieblich, anmutig, stattlich, schön‹
	---------------		
	liob-sam Adj.	(wA)sA/	›angenehm, schön, wohlgefällig, lieblich‹
2.4	*liub-lîhho* (*) Adv.	((wA)sA)AD (wA)sAD/	›freundlich, zärtlich, liebevoll; angenehm, (wohl)gefällig‹

(1) AWB III, 826, setzt kein Kompositum an.
(2) SPLETT, Abrogans-Studien, 148.

Die Graphik am Ende dieses Beitrages soll verdeutlichen, wie durch die Strukturformeln die Verflechtung der Wörter in einer Wortfamilie und mit Wörtern anderer Wortfamilien erfaßt wird. Da vor allem bei umfangreicheren Wortfamilien und solchen mit komplizierterem inneren Aufbau eine graphische Darstellung unökonomisch und aus Platzgründen nicht realisierbar ist, ist hier ein relativ überschaubares Beispiel gewählt worden. Zugleich wird durch die Gegenüberstellung mit der Wortfamilie TIURI auf die unterschiedliche Struktur von Wortfamilien, deren Kernwörter in synonymischer Beziehung zueinander stehen, aufmerksam gemacht.

Grundlage für den zweiten Teil dieser graphischen Darstellung bildet die nach demselben Schema erarbeitete Wortfamilie TIURI:

TIURI

1.1.1	*tiuren* (*) sw.V.	(wA)Vjan/	›preisen, verherrlichen, wertvoll machen, hochschätzen‹. Part.Perf.: ›angesehen‹
	gi- *	p((wA)Vjan)/	›verherrlichen‹
	–		
	gi-un- *	p[(p(wA))Vjan]/	›geringschätzen, im Wert herabsetzen‹
1.2.1	*tiurî* (*) st.F.	(wA)S/	›Preis, Wert; Pracht, Herrlichkeit, Heiligkeit, Köstlichkeit; Verherrlichung‹
1.2.2	–		
	un-tûra st.F.	[p[wA]]S p[[wA]S]/	›Unbekümmertheit‹
	----------------		
	tûr st.F.	[wA]S/	*t. ni wesan,* unpers.: ›[jemanden] verachten‹ (1)
1.3.1	*tiuri* (+*) Adj.	wA/	›teuer, kostbar, wertvoll; lieb; angesehen, hoch(geschätzt); außerordentlich‹. *t. stein* ›Edelstein‹
	bora- *	(wS)(wA)/	›von besonderem Wert‹
	un- (*)	p(wA)/	›wertlos, niedrig [Preis], wohlfeil‹
	wuntar-	(wS)(wA)/	›außerordentlich kostbar‹
1.4.1	*tiuro* Adv.	(wA)AD/	›teuer‹
2.1.1	*tiur-isôn* (*) sw.V.	((wA)Vjan)sV (wA)sV/	›preisen, verherrlichen‹
2.2.1	*tiur-ida* (*) st.F.	(wA)sS/	›Kostbarkeit; Ruhm, Ehre, Herrlichkeit, Pracht; Preis; das Gloria‹
	stank-	((wV)S)((wA)sS)/	›kostbarer Wohlgeruch‹
	weralt- *	(wS)((wA)sS)/	›irdische Kostbarkeit‹ (2)
	----------------		
	tiur-nissa ? * st.F.	(wA)sS/	›Herrlichkeit‹ (3)
2.3.1	*tiur-lîh* (*) Adj.	(wA)sA/	›kostbar; feierlich, festlich, pomphaft, herrlich, prächtig; angesehen, geschätzt, vortrefflich‹
2.4.1	*tiur-lîhho* (*) Adv.	((wA)sA)AD (wA)sAD/	›auf herrliche Weise, mit Pomp‹
2.4.2	–		
	un-tûr-lîhho Adv.	[[p[wA]]sA]AD [p[[wA]sA]]AD/ [p[wA]]sAD	›rücksichtslos, heftig‹

(1) Kluge/Mitzka, S. 122 f.
(2) Splett, Abrogans-Studien, S. 202.
(3) Goetz, Beitr. 90 (Halle 1968), S. 421 f.

Die hier kurz vorgestellte zweite Arbeitsphase - die Umwandlung der Wortlisten zu strukturierten Wortfamilien - ist die zeitaufwendigste, bei der der Einsatz des Computers weder Zeitgewinn noch Arbeitserleichterung bringen würde. Zur Zeit (Februar 1988) liegen rund 1500 Wortfamilien vor, voraussichtlich im Juli 1989 dürfte diese Phase abgeschlossen sein. Parallel dazu werden kontinuierlich die jeweils fertiggestellten Wortfamilien auf Datenträger übernommen.[14] Im Rahmen eines Kooperationsabkommens zwischen der Universität Münster und der Firma IBM steht für das Projekt seit Herbst 1986 ein PC (XT) mit einem Matrixdrucker zur Verfügung. Da erst das Gesamtkorpus erstellt sein muß, bevor an eine Bearbeitung gedacht werden kann, dient er zur Zeit als komfortables Eingabegerät, das allerdings mit Hilfe eines Programms zur Anzeige formaler Fehler zugleich erste Überprüfungs- und Korrekturgänge ermöglicht.

In einer anschließenden dritten Arbeitsphase wird es um die Überprüfung und Auswertung des so strukturierten Materials gehen. Ohne Anspruch auf Vollständigkeit können schon jetzt folgende wichtige Punkte genannt werden:

1. Überprüfung der Vollständigkeit der Einträge bei Komposita, die ja jeweils zwei oder mehr Wortfamilien angehören;
2. Überprüfung der Strukturformeln (Übereinstimmung bei analog strukturierten Wörtern);
3. Aufbau und Überprüfung eines Verweissystems;
4. Erstellung von Präfixlisten, Suffixlisten, Wortregistern und Indices;
5. Erstellung der Druckvorlage (Laserdrucker).

Hier ist der Einsatz des Computers unverzichtbar. Es wird sich dann zeigen, wie leistungsfähig die auf dem PC einsetzbaren Datenbanksysteme bei der Lösung der genannten Aufgaben sein werden. Sich im Rahmen dieses Projektes schon jetzt auf eine spezielle Version festzulegen, erscheint angesichts der stürmischen Entwicklung auf diesem Gebiet wenig sinnvoll. Das vorgegebene, auch im Blick auf diese Arbeitsphase entworfene Schema zur Erfassung der Wortfamilienstrukturen bietet jedenfalls das Material in einer so formalisierten Form an, daß von dieser Seite her alle notwendigen Voraussetzungen für einen Computereinsatz gegeben sind.

Über diese unmittelbar mit der Abfassung des althochdeutschen Wortfamilienwörterbuchs zusammenhängenden Arbeitsgänge hinaus bietet sich eine Reihe von weiteren Auswertungsschritten an. Drei Bereiche seien besonders hervorgehoben, für die ebenfalls der Einsatz der Datenverarbeitung sinnvoll ist:

1. Auswertung der Strukturformeln (Typen, Häufigkeit);
2. Vergleich der Wortfamilienstrukturen im Althochdeutschen;
3. Vergleich der althochdeutschen mit den mittelhochdeutschen Wortfamilien.

Mit dem letzten Punkt ist zugleich der Zusammenhang mit dem von Herrn Hunds-

---

[14] Seit Herbst 1986 haben daran gearbeitet: Elke Donalies, Brigitte Fischer, Bibiane Kemner, Andreas Kerstan und Helke Schollmeier.

nurscher in Angriff genommenen mittelhochdeutschen Wortfamilienwörterbuch[15] und das Fernziel dieser beiden Projekte angesprochen; nämlich eine erste Grundlage für eine angemessene Beschreibung des deutschen Wortschatzes in seiner geschichtlichen Entwicklung zu liefern. Nur durch einen Vergleich der Wortfamilienstrukturen der einzelnen, aufeinander folgenden historischen Sprachstufen läßt sich dies erreichen; denn der Auf-, Um- oder Abbau eines Wortschatzes kann sich nur innerhalb dieser Strukturen vollziehen.

Von der EDV-Seite her bietet sich, wie hoffentlich deutlich geworden ist, eine Kombination von herkömmlichen lexikographischen Mitteln und dem Einsatz des Computers, speziell des PCs, an. Zumindest bei der heutigen Ausgangslage der historischen Lexikographie erscheint dies als der sinnvollste Weg. Denn nur mit einem philologisch solide aufbereiteten Material als Basis lassen sich die Möglichkeiten der EDV verantwortungsvoll nutzen. Daran aber fehlt es weithin, zumal die dafür erforderliche Textkenntnis nicht über die Datenverarbeitung zu gewinnen ist.

[15] Vgl. Franz Hundsnurscher: Wortfamilienforschung als Grundlage einer Bedeutungsgeschichte des deutschen Wortschatzes. In: Germanistik - Forschungsstand und Perspektiven. Vorträge des Deutschen Germanistentages 1984. Hg. v. G. Stötzel. Berlin 1985, Teil 1, S. 116-123.

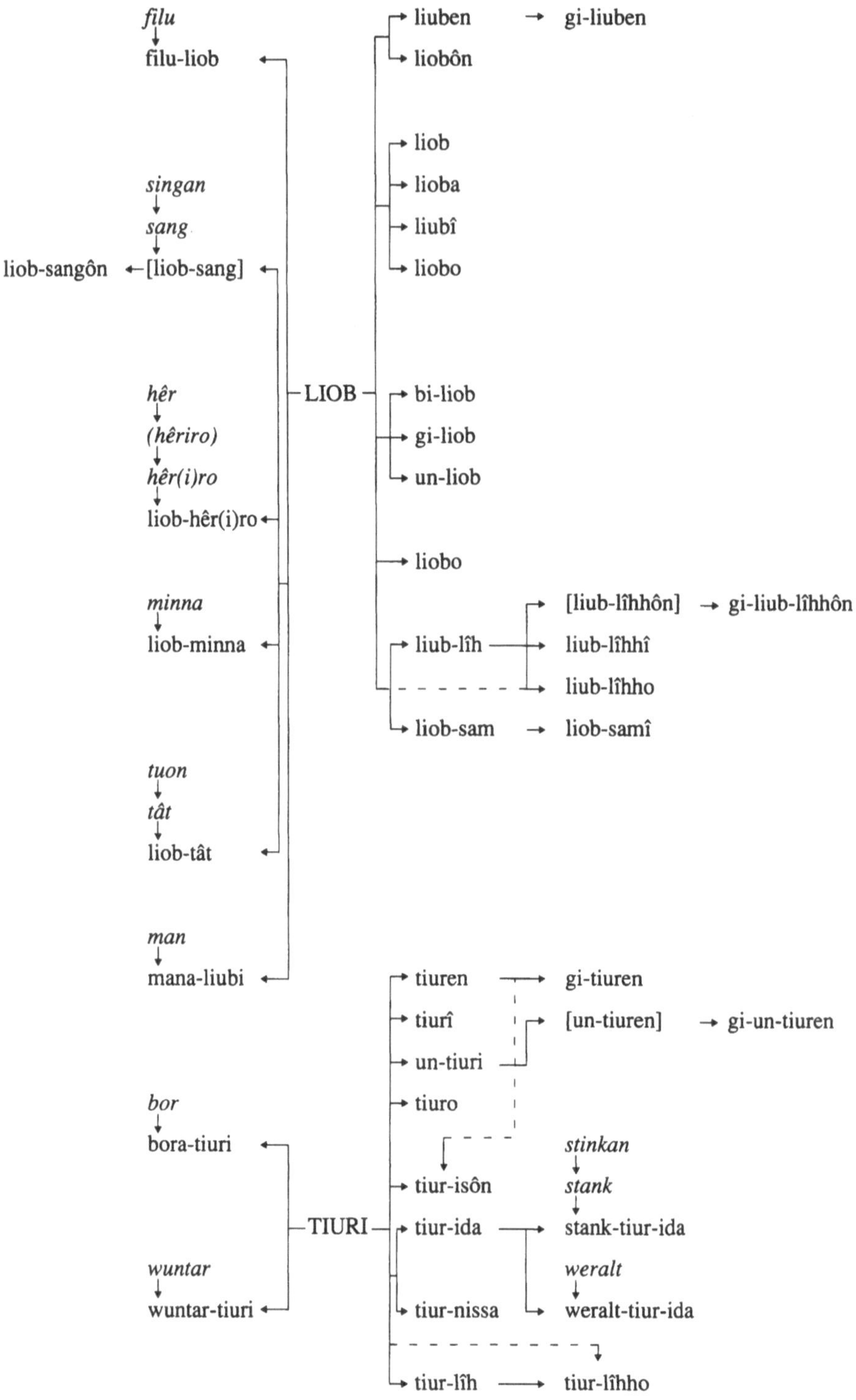
filu
filu-liob
singan
sang
liob-sangôn
[liob-sang]
hêr
(hêriro)
hêr(i)ro
liob-hêr(i)ro
minna
liob-minna
tuon
tât
liob-tât
man
mana-liubi
LIOB
liuben
gi-liuben
liobôn
liob
lioba
liubî
liobo
bi-liob
gi-liob
un-liob
liobo
[liub-lîhhôn]
gi-liub-lîhhôn
liub-lîh
liub-lîhhî
liub-lîhho
liob-sam
liob-samî
bor
bora-tiuri
wuntar
wuntar-tiuri
TIURI
tiuren
gi-tiuren
tiurî
[un-tiuren]
gi-un-tiuren
un-tiuri
tiuro
stinkan
stank
tiur-isôn
tiur-ida
stank-tiur-ida
weralt
tiur-nissa
weralt-tiur-ida
tiur-lîh
tiur-lîhho

Wilhelm Ott

Möglichkeiten und Grenzen von Programmsystemen zur wissenschaftlichen Textverarbeitung

»Daß die niedrigste aller Geistesthätigkeiten die arithmetische sei, wird dadurch belegt, daß sie die einzige ist, welche auch durch eine Maschine ausgeführt werden kann, wie denn jetzt in England dergleichen Rechenmaschinen bequemlichkeitshalber schon in häufigem Gebrauche sind.«

Der Mann, der dies feststellte, feierte in diesen Tagen seinen 200. Geburtstag. Aus den Rechenmaschinen, auf die er anspielt, waren 100 Jahre später (das Zitat stammt aus dem Jahr 1851, aus Schopenhauers »Parerga und Paralipomena«) längst Computer geworden, die dem Menschen nicht mehr nur die Mühe des Multiplizierens und Dividierens abnahmen; zu den arithmetischen Grundoperationen war die Möglichkeit der automatischen Steuerung der Abfolge solcher Operationen hinzugekommen; das Werkzeug hatte neue Qualitäten bekommen. Mit diesen neuen Möglichkeiten waren einerseits die Grenzen der Einsetzbarkeit dieses Werkzeugs selbst und damit die Grenzen dessen, was wissenschaftlich erkennbar und technisch machbar ist, in Regionen verschoben, die zuvor unvorstellbar gewesen wären. Andererseits sind inzwischen Naturwissenschaft und Technik essentiell auf dieses Werkzeug angewiesen. Der Umgang mit entsprechender Software auf leistungsfähigen Arbeitsplatzrechnern und Supercomputern ist selbstverständliches, unverzichtbares Handwerkszeug; die Frage nach Möglichkeiten und Grenzen stellt sich zwar auch dort, aber im wesentlichen als Frage nach der Möglichkeit des Zugangs zu solchen Geräten bzw. ihrer Finanzierbarkeit und als Frage nach den Grenzen der Leistungsfähigkeit der entsprechenden Hardware und Software. Daß immer schnellere Supercomputer gebaut und eingesetzt werden, entspringt der puren Notwendigkeit, schon längst formulierte Aufgaben in nicht nur endlicher, sondern auch tolerierbar kurzer Zeit zu lösen.

Dem Thema meines Vortrags, das mir die Veranstalter dieses Symposiums vorgeschlagen haben, nämlich »Möglichkeiten und Grenzen von Programmsystemen zur wissenschaftlichen Textverarbeitung«, liegt, wenn ich recht sehe, ein anderer Erwartungshorizont zugrunde, der etwa so umschrieben werden könnte: Lohnt sich für jemanden, der mit Texten statt mit Zahlen umzugehen hat, der Einsatz von solchen Systemen? Welche Möglichkeiten bieten sie überhaupt? Wo habe ich spätestens die Grenzen zu erwarten, die einen Einsatz unwirtschaftlich oder gar unmöglich machen?

Computer als Arbeitsmittel

Dafür, daß die Schreibmaschine nicht mehr das angemessene Werkzeug des Philologen zur Textverarbeitung sein sollte, braucht es keine Argumente mehr; immerhin sehen die Empfehlungen des Wissenschaftsrats zur Ausstattung der Hochschulen mit Rechenkapazität für die Jahre 1987/88 bis 1993/94, die im Mai 1987 verabschiedet worden sind, und die in diesen Punkten fast gleichlautenden Empfehlungen der Kommission für Rechenanlagen der DFG vom Januar 1988 vor, daß für jeden zweiten Geisteswissenschaftler (Professoren und Mittelbau) ein PC-orientierter Arbeitsplatz zu beschaffen ist.

Es scheinen sich also ungeahnte Möglichkeiten für die computergestützte geisteswissenschaftliche Forschung aufzutun. Und zu den Grenzen? Dies können Grenzen des Machbaren und Grenzen des Erlaubten sein. Obwohl auch zu letzterem viel zu sagen wäre, und mir vor der Vorstellung graut, welche sprachnivellierende Wirkung die in vielen sogenannten »intelligenten« Textverarbeitungssystemen vorhandenen Stilhilfen haben können, möchte ich es mit der Bemerkung genug sein lassen, daß Systeme zur wissenschaftlichen Textverarbeitung nur als Werkzeug verantwortlicher wissenschaftlicher Arbeit und nicht als Ersatz für solche eingesetzt werden sollten.

Ich möchte mich hier darauf konzentrieren, das Bewußtsein zu schärfen für die Möglichkeiten, die Programmsysteme für die wissenschaftliche Textverarbeitung bieten, und folglich für die Notwendigkeit, in der geisteswissenschaftlichen Forschung solche Werkzeuge zur Verfügung zu haben. Dieses Bewußtsein scheint mir in der Tat notwendiger denn je.

Sie werden sich wundern, daß ich dies vor einem Kreis von Fachleuten betone, die z. T. täglich mit diesem Werkzeug umgehen, und daß ich dies tue angesichts der Tatsache, daß die Notwendigkeit der entsprechenden Geräte auch für Geisteswissenschaftler von den geldgebenden Stellen gesehen wird, wie wir den eben zitierten Empfehlungen der beiden wichtigsten wissenschaftlichen Beratungsgremien der Bundesrepublik entnehmen können.

Doch bei näherem Hinsehen entpuppen sich diese Empfehlungen als eine Katastrophe für die Zukunft computergestützter geisteswissenschaftlicher Forschung, wobei diese Katastrophe von vielen Geisteswissenschaftlern, die Computer einzusetzen begonnen haben, sogar noch gefördert wird. Ich möchte Ihnen diese meine Einschätzung erläutern anhand der entsprechenden Zahlen, von denen die beiden genannten Empfehlungen ausgehen.

Insgesamt müssen, so die Empfehlungen, künftig mehr Mittel als bisher für die Rechnerversorgung der Hochschulen aufgewandt werden. Stand dabei bisher vor allem das zentrale Hochschul-Rechenzentrum im Mittelpunkt, so wird sich künftig eine andere Verteilung ergeben:

Mit mehr als zwei Dritteln der Mittel, die künftig für die Hochschulrechenzentren vorgesehen sind, werden regionale Höchstleistungsrechner finanziert.

Für die Hochschulrechenzentren stehen künftig etwa 50% der dafür im Jahr 1986 vorgesehenen Investitionsmittel bereit.

Etwa die gleiche Summe wie für Höchstleistungsrechner wird für die Beschaffung von Bereichsrechnern eingesetzt, wobei nur Informatik und Natur- und Ingenieurwissenschaften in diesem Zusammenhang genannt sind und die Medizin ausgeklammert ist; außerdem wird davon ausgegangen, daß die gleiche Summe noch einmal aus Sondermaßnahmen der Industrie und der angewandten Forschungsförderungen dazukommen.

Der insgesamt größte Anteil der Investitionsmittel fließt aber in die dezentralen Rechner, die sich auf drei Einsatzgebiete verteilen:

a) für die Grundausbildung der Studenten: im Schnitt ein Gerät auf je 15 Studenten; durchschnittliche Investition je Gerät: 5000,– DM
b) für die fortgeschrittene Studentenausbildung und fortgeschrittene Nutzung durch Studenten in der Informatik und in den Natur- und Ingenieurwissenschaften (Hauptfach-Studenten): im Schnitt ein Gerät auf je 7 Studenten (Informatik) bzw. 12 Studenten (Natur- und Ingenieurwissenschaften); durchschnittliche Investition je Gerät: 15.000,– DM
c) Arbeitsplätze für Wissenschaftler: an Hochschulen soll im Schnitt ein Gerät mittlerer bis höherer Leistungsfähigkeit (mit durchschnittlichen Kosten von 20.000,– DM je Gerät) zur Verfügung stehen für
   – je 2,1 Wissenschaftler der Fächergruppen: Informatik, Rechts-, Wirtschafts-, Sozialwissenschaften, Mathematik, Naturwissenschaften, Agrar-, Forst- und Ernährungswissenschaften, Ingenieurwissenschaften (rund 19400 Geräte, darunter 1026 Geräte = eines für jeden Wissenschaftler in der Informatik)
   – je 11 Wissenschaftler der übrigen Fachgebiete, nämlich: Medizin, Kunst, Sprach- und Kulturwissenschaften, Zentrale Einrichtungen (rund 3800 Geräte, darunter 471 Geräte = eines je 31 Wissenschaftler in den Sprach- und Kulturwissenschaften.

Diese Zahlen, die der Tabelle auf S. 70f. der Empfehlungen des Wissenschaftsrats entnommen sind, betreffen sogenannte »professionelle Arbeitsplatzrechner«, die für die Wissenschaften, in denen solche nach der Einschätzung der Empfehlungen nicht gebraucht werden, durch Beschaffung von Geräten der PC-Klasse mit »niedriger bzw. mittlerer Funktionalität« ergänzt werden sollen, so daß sich auch hier eine Relation von einem Gerät auf etwa zwei Wissenschaftler ergibt, wobei hier »teilweise ... auch eine Verbindung mit Sekretariat und ... Verwaltung« gesehen wird. Das durchschnittliche Investitionsvolumen für diese Geräte liegt bei 4000,– DM (wohlgemerkt: einschließlich Drucker und Software und eventueller Netzanschlüsse).

Auf einen kurzen Nenner gebracht: Wissenschaftsrat und DFG-Kommission sind der Auffassung, daß der durchschnittliche Geisteswissenschaftler mit PCs auskommt, wie sie auch im Sekretariat gebraucht werden, die er sich mit je einem weiteren Kollegen und dem Sekretariat teilen muß, und für die man pro Gerät mit 75% der Investitionssumme auskommt, die für ein Gerät für die Studenten-Grundausbildung notwendig ist. Nur vier von hundert Geisteswissenschaftlern brauchen einen professionellen Arbeitsplatz.

Es ist nicht anzunehmen, daß hier eine Gruppe von Wissenschaftlern bewußt benachteiligt werden sollte; es muß vielmehr davon ausgegangen werden, daß man sich bemüht hat, den für die Geisteswissenschaften vermuteten Bedürfnissen gerecht zu werden. Wenn dem aber so ist, so kann dem nur ein fundamentales Mißverständnis dessen zugrunde liegen, was unter wissenschaftlicher Textverarbeitung zu verstehen ist. Da dieses Mißverständnis auch bei vielen unserer geisteswissenschaftlichen Kollegen vorhanden ist, birgt es die Gefahr in sich, daß daraus ein Zirkel wird, dem wir bald nicht mehr entrinnen können. Deshalb meinte ich vorhin, daß es heute notwendiger denn je ist, das Bewußtsein zu schärfen für die Möglichkeiten der wissenschaftlichen Textverarbeitung und ihre Bedeutung für die geisteswissenschaftliche Forschung.

Was ist wissenschaftliche Textverarbeitung?

Das Mißverständnis, dem zu begegnen ist, liegt im Begriff der Textverarbeitung per Computer selbst. Lassen Sie mich versuchen, die Geschichte dieses Mißverständnisses - stark vereinfacht - nachzuzeichnen.

Verarbeitung von Texten mit Hilfe der elektronischen Datenverarbeitung ist so alt wie die EDV selbst: Ich erinnere an den Pionier der EDV in den Geisteswissenschaften, Padre Roberto Busa SJ, der mit den Arbeiten an seinem Index Thomisticus mit Lochkarten-Maschinen im Jahr 1949 begonnen hat, oder - im Bereich der Verarbeitung mittelhochdeutscher Texte, mit dem wir uns hier beschäftigen - an die Arbeiten von Roy Wisbey zur Lexikographie des Mittelhochdeutschen. Auch das Rechenzentrum der Universität Tübingen, an dem ich tätig bin, betreibt seit 1966 EDV-Unterstützung für den wissenschaftlichen Umgang mit Texten durch einen eigens für diese Aufgaben abgestellten wissenschaftlichen Mitarbeiter. Konsequenter EDV-Einsatz hatte freilich innerhalb der Geisteswissenschaften insgesamt eher Seltenheitswert und im Urteil der Kollegen eher exotischen Charakter; und dies zu einer Zeit, in der EDV in den Naturwissenschaften schon unverzichtbar geworden war.

Ans Licht der Öffentlichkeit trat die Textverarbeitung mit Computer erst, als im graphischen Gewerbe Mitte der 70er Jahre der elektronische Lichtsatz die Satzherstellung in großem Stil revolutionierte und die Redaktionsbildschirme am Schreibtisch der Redakteure die Gewerkschaften auf den Plan riefen.

Eine andere Art des Verarbeitens von Texten hatte inzwischen zum Zweck des Abspeicherns und Wiederfindens von Information vor allem in der Großindustrie (Chemie, pharmazeutische Industrie, Patentwesen) in großem Stil auf Großrechnern Einzug gehalten.

Zuerst ebenfalls in Großunternehmen, vor allem Banken, Versicherungen, Bausparkassen, wurde Textverarbeitung auf Großrechnern zum Abwickeln der Korrespondenz eingesetzt: Serienbriefe, Bausteinbriefe, Adressenverwaltung sind die wichtigsten Stichworte in diesem Zusammenhang. Für kleinere Betriebe kamen zwischenzeitlich spezielle Textverarbeitungssysteme auf den Markt, die im Unterschied zu der heutigen Textverarbeitung auf dem PC zu keinem anderen Zweck nutzbar waren als zum Erledigen der im normalen Büro anfallenden Textverarbeitungsaufgaben.

In aller Mund und Bewußtsein ist Textverarbeitung aber erst, seit die Computer als ›personal computer‹, PCs, für jeden erschwinglich sind, die zugehörigen Drukker etwa Schreibmaschinenqualität erreichen und Programme wie WORDSTAR, um nur den frühesten wichtigen Vorreiter zu nennen, den Umgang mit Texten jedermann erlaubten. Ergänzt durch Programme wie Mailmerge, fanden auch diese Systeme Eingang ins Büro.

Dies ist der Zeitpunkt, zu dem nun auch die Philologen und die Geisteswissenschaftler allgemein hierzulande in breitem Umfang den Nutzen des Computers für die Textverarbeitung entdecken, nachdem eine ähnliche Entwicklung in Amerika etwa zwei Jahre vorher stattfand.

EDV in den Geisteswissenschaften ist jetzt in aller Munde. Kongresse schießen aus dem Boden; Vorträge werden bis heute zu dem Thema gehalten, wie viel einfacher das Korrigieren auf solchen Geräten ist und wie praktisch es ist, einen einmal gespeicherten Text nie mehr neu abschreiben zu müssen, um fehlerfreie Manuskripte zu erstellen. Seit etwa einem Jahr, nämlich der Hannovermesse 1987, gilt auch in Deutschland das Desk Top Publishing als Krönung der Textverarbeitung mit der Möglichkeit, nicht mehr nur Manuskripte, sondern Druckvorlagen - oder für kleine Stückzahlen die gesamte Auflage - über Programme wie Page Maker oder Ventura Publisher auf dem eigenen Schreibtisch zu erstellen, dabei sogar Abbildungen integrieren zu können und alles in sogenannter professioneller Qualität auf dem Laserdrucker auszudrucken. Für die Geisteswissenschaftler ist dabei die Möglichkeit, griechische oder hebräische Zitate oder phonetische Umschrift mit auszudrucken, das, was für ihre naturwissenschaftlichen Kollegen das Einfügen von mathematischen Formeln in ihren Text ist.

Letztere beide Funktionen - über das Amerikanische hinausgehender Zeichenvorrat und die Formelschreibung - unterscheiden, wie man Werbeprospekten und Marktübersichten in PC-Zeitschriften entnehmen kann, die wissenschaftliche Textverarbeitung von der normalen Textverarbeitung, wie sie etwa im Büro eines Kleinunternehmers oder einer Uni-Verwaltung eingesetzt wird.

Aber: muß uns nicht aufhorchen lassen, daß das, was als Computer-Einsatz für die Geisteswissenschaftler von Wissenschaftsrat und DFG empfohlen wird, nicht über das hinausgehen soll, was unsere naturwissenschaftlichen Kollegen zum Erstellen ihrer Texte benutzen, und zwar schon länger als die Geisteswissenschaftler?

Um nicht mißverstanden zu werden: ich bestreite in keiner Weise den Nutzen und die Wichtigkeit des Ersatzes der Schreibmaschine durch PC-Textverarbeitung und die Erweiterung ihrer Möglichkeiten durch größeren Zeichenvorrat. Diese Funktionen müssen selbstverständlich in jedem System zur wissenschaftlichen Textverarbeitung vorhanden sein.

Aber: Ist das alles? Ist das alles, was wissenschaftliche Textverarbeitung bedeutet? Ist das alles, was Geisteswissenschaftler an Computer-Unterstützung am Arbeitsplatz brauchen?

Es wird Sie nicht sonderlich überraschen, wenn ich hier mit »nein« antworte.

Wenn wir uns auf diese Funktionen beschränken ließen, würden wir methodisch dorthin zurückgeworfen, wo unsere numerisch arbeitenden Kollegen zu der Zeit waren, aus der unser Eingangszitat stammt, zu der Zeit, als »bequemlichkeitshalber« Maschinen zur Übernahme mehr oder weniger mechanischer arithmetischer Tätigkeit eingesetzt wurden.

Der qualitative Sprung, den die Übernahme von Algorithmen durch die Maschine bedeutete, stünde für die Verarbeitung von Texten noch bevor - oder wäre gar ausgeklammert. Und mit schuld an dieser Entwicklung wären die Betroffenen selbst, wenn sie die Schreib- und Korrekturarbeiten, die sie mit Computerhilfe verrichten, Verarbeitung von Texten nennen, statt sich gegen diesen heute geläufigen Begriff von Textverarbeitung zu wehren.

Wer dabei den Begriff in der richtigen Weise benutzt, ist in diesem Zusammenhang fast gleichgültig.

Denn: ist das, was heute jeder als Textverarbeitung bezeichnet, überhaupt Verarbeitung von Texten? Handelt es sich nicht vielmehr lediglich um Werkzeuge zur Erstellung, zur Korrektur und zum Druck von Texten?

Eindeutig, so sollte man meinen, müßte aber das Begriffspaar »wissenschaftliche Textverarbeitung« sein: wissenschaftlich mit Texten umgehen, Texte wissenschaftlich verarbeiten, ist doch genuin das Geschäft von Philologen, Sprach- und Literaturwissenschaftlern und Linguisten. Doch weit gefehlt: auch dieses Begriffspaar ist inzwischen belegt, wie schon erwähnt, durch Schreibprogramme, die neben dem amerikanischen Alphabet auch noch griechisch schreiben und mathematische Formeln darstellen, also mit *wissenschaftlichen* Texten umgehen können.

Das Erstellen, Redigieren, Korrigieren und Drucken wissenschaftlicher Texte ist etwas völlig anderes als das wissenschaftliche *Verarbeiten* von Texten: ersteres tun auch unsere naturwissenschaftlichen Kollegen bzw. deren Sekretärinnen; Geisteswissenschaftler tun dies auch, aber erst als Ergebnis von wissenschaftlichem Umgang mit anderen Texten, gerade auch mit Texten unwissenschaftlicher Art (oder handelt es sich beim Oedipus des Sophokles oder bei Goethes Faust oder Hölderlins Dichtungen um wissenschaftliche Texte?)

Bei der wissenschaftlichen Textdatenverarbeitung werden selbstverständlich auch alle die Funktionen benötigt, die für das (V)erfassen, die Korrektur und den Druck von Texten notwendig sind: auch ein Text, den ich wissenschaftlich verarbeiten will, muß erst einmal in die Maschine eingegeben und dort fehlerfrei gemacht werden, bevor er wissenschaftlich verarbeitet werden kann. Dafür freilich werden zusätzliche Funktionen benötigt, Funktionen, die über die in marktüblichen Textverarbeitungssystemen vorhandenen nicht nur graduell, sondern qualitativ und prinzipiell hinausgehen.

Für viele dieser Anwendungen dürften PCs der Leistungsklasse, wie sie die zitierten Empfehlungen vorsehen, wohl nicht ganz das richtige Arbeitsinstrument sein.

Natürlich sage ich Ihnen hiermit nichts Neues. Aber wir müssen es auch unseren Kollegen aus den Geisteswissenschaften weitervermitteln, auch denen, für die der Computer noch ein Fremdwort ist, und vor allem denjenigen, die über die Zukunft der Forschungsförderung mit entscheiden: wir brauchen leistungsfähige Programme für die wissenschaftliche Arbeit und leistungsfähige Rechner, die auch komplexere Operationen in vertretbarer, den wissenschaftlichen Arbeitsprozeß nicht behindernder Zeit erlauben, und dies auch dann, wenn große Textmengen zu verarbeiten, zu analysieren oder zu durchsuchen sind. Auch Geisteswissenschaftler brauchen leistungsfähige workstations, und zwar nicht nur jeder dreißigste (wohlgemerkt: die Empfehlungen gelten bis 1994!); sie brauchen zusätzlich Zugang zu leistungsfähigen Universalrechnern, und zwar mit derselben Selbstverständlichkeit, mit der die Kollegen aus den Naturwissenschaften Zugang zu Höchstleistungsrechnern benötigen.

Für diese Erkenntnis wird es in der Tat hohe Zeit! Sie zu verbreiten wird freilich nur gelingen, wenn das Mißverständnis ausgeräumt wird, wissenschaftliche Textverarbeitung sei nicht mehr als das Schreiben, Korrigieren und Drucken von Texten.

Programmsystem vs. Summe von Einzelprogrammen

Wir dürften kaum Schwierigkeiten haben, über die Hilfen beim Schreiben, Korrigieren und Drucken hinaus weitere Grundfunktionen der computer-gestützten Textverarbeitung auch unseren Kollegen nahezubringen, die bisher ohne EDV arbeiten. Der Zeitgewinn, den etwa die automatische Sortierung von Bibliographie- oder Registereinträgen für viele Arbeiten bringt, ist sofort einsichtig. Auch für weitere Grundfunktionen der Textverarbeitung lassen sich inzwischen fertige Programme am Markt finden. Der Mühe (oder dem - zeitaufwendigen - Spaß) des Selbstprogrammierens muß man sich als Anwender in der Regel nicht mehr unterziehen.

An ihre Stelle ist für viele freilich eine andere Mühsal getreten: nämlich die, herauszufinden, wo es die entsprechenden Programme gibt, die für eine bestimmte Teilaufgabe geeignet sind, und wie sie mit anderen Programmen für andere Teilaufgaben zusammenpassen.

Dies entfällt, wenn es sich bei dem eingesetzten Werkzeug nicht um mehr oder weniger isolierte Programme handelt, sondern, wie das Thema dieses Vortrags voraussetzt, um ein Programm*system* zur wissenschaftlichen Textverarbeitung. Ein System ist mehr als ein einzelnes Programm oder eine Summe von solchen. Und dies ist der Punkt, wo ich TUSTEP, das Tübinger System von Textverarbeitungsprogrammen, und die Arbeit, die wir in Tübingen seit mehr als 20 Jahren darin investiert haben, nicht mehr aussparen kann. Ich möchte diesen Aspekt also an TUSTEP aufzeigen.

TUSTEP ist entstanden aus der Erfahrung, die wir bei der Programmierung für so unterschiedliche Projekte wie: Metrische Analysen lateinischer Hexameter; Konkordanz zur Vulgata; Edition und Index zu Heinrich Kaufringers Werken gemacht haben. Diese Erfahrung zeigte, daß für jedes Projekt eine Reihe von Grundfunktionen der Textverarbeitung benötigt werden. Jede dieser Grundfunktionen muß freilich individuell an die Anforderungen des jeweiligen Projekts anzupassen (z. B. für die abweichende Sortierfolge eines griechischen Textes) sein. Auch die Abfolge, in der diese Grundfunktionen benötigt werden, ist von Projekt zu Projekt verschieden. Die entsprechenden Programme müssen also wie die aufeinander abgestimmten Werkzeuge eines Werkzeugkastens einsetzbar sein und ohne Systemwechsel alle Phasen der Arbeit abdecken können.

Die Ausgabe eines Textes über Lichtsatz (genauer: die Aufbereitung des Textes zur Ausgabe auf der Satzanlage) ist ein solcher Systembaustein. Vor allem bei Wörterbüchern, Dokumentationen, Bibliographien oder Editionen ist es besonders wichtig, daß die mit EDV-Hilfe erzielten Arbeitsergebnisse auf diese Weise fehlerfrei in eine Druckvorlage überführt werden können. Ein solches Satzprogramm, das auf die Bedürfnisse geisteswissenschaftlicher Anwendungen zugeschnitten ist, muß hinsichtlich Zeichenvorrat und - vor allem bei Editionen mit textkritischen und anderen Apparaten - hinsichtlich der Anordnung der Elemente einer Seite besondere Anforderungen erfüllen, auf die hier aber nicht näher eingegangen werden soll.

Gerade an diesem Baustein, der in der Regel als letzter im Lauf der Arbeit an einem Projekt eingesetzt wird, läßt sich gut aufzeigen, wie die Forderung, er müsse sich als Baustein in ein System von Textverarbeitungsprogrammen einfügen, Konsequenzen für die Architektur des Programms selber hat, und welche zusätzlichen Möglichkeiten diese Einbettung in ein System bietet.

Bei so gut wie allen am Markt befindlichen Satzprogrammen (das vor allem von unseren naturwissenschaftlichen Kollegen hochgeschätzte TEX eingeschlossen), handelt es sich technisch um Sackgassen: man gibt einen mit Steuerzeichen versehenen Text ein und erhält eine Satz- oder Druckausgabe in der gewünschten Anordnung (bzw. eine Steuerdatei für das entsprechende Ausgabegerät). Die Information, die beim Setzen eines Textes hinzukommt, nämlich die neue Anordnung des Textes, ist (bis auf die in einigen Programmen vorgesehene Möglichkeit der Indexerstellung) nicht greifbar, für die Weiterverarbeitung nicht verfügbar.

Das TUSTEP-Satzprogramm dagegen erzeugt zusätzlich zu der Ausgabedatei für Setzmaschine (oder, für die Korrekturphase, für den Laserdrucker) eine zweite Ausgabedatei, die den Text mit allen Eingabekodierungen und in der gleichen Dateistruktur wie die Eingabedatei enthält, aber in einer Seiten- und Zeileneinteilung, die dem - automatisch erstellten - Umbruch entspricht. Dies erleichtert nicht nur Korrekturvorgänge (man kann in dieser Datei die Stelle direkt anwählen, an der in der Probebelichtung bzw. in einem Korrekturausdruck ein Fehler gefunden wurde, da Seiten- und Zeilennumerierung der Datei mit der der Probebelichtung übereinstimmen; anschließend wird der Satzvorgang wiederholt, wobei diese Datei als Eingabedatei benutzt wird); vor allem aber ist dies die Voraussetzung für jede Art von Weiterverarbeitung eines Textes, für die die endgültigen Referenzen benötigt werden. Beispiele dafür sind die Auflösung von Querverweisen aller Art im Text selber und das Erstellen von Registern und Konkordanzen zum Text, in denen der Verweis auf die Seiten- und möglicherweise Zeilennummern des fertigen Buches benötigt wird.

Ein weiteres Beispiel für Eigenschaften, die ein Programm zum Baustein eines Systems machen, ist das TUSTEP-Programm VERGLEICHE.

Einer der Unterschiede zu anderen Vergleichsprogrammen besteht darin, daß hier immer nur zwei Textversionen miteinander verglichen werden. Dies ist, obwohl es zunächst wie eine Einschränkung aussieht, Voraussetzung für die prinzipielle Unbegrenztheit bezüglich der Zahl der tatsächlich zu vergleichenden Textversionen. Denn: man kann beliebig viele Vergleiche von verschiedenen Textversionen mit der gleichen Kollationsgrundlage nacheinander ausführen, die Ergebnisse auf Datei aufbewahren und anschließend in der für die Aufgabenstellung notwendigen Weise sortieren bzw. ineinandermischen. Voraussetzung dafür ist wieder, daß die Ausgabe des Vergleichsprogramms kompatibel ist zu dem, was die übrigen Programme (z. B. das Programm, das Texte bzw. Textbestandteile zum Sortieren oder Mischen vorbereitet bzw. zum Drucken aufbereitet) verarbeiten können. Durch die Kombination mit diesen Bausteinen kann dann etwa eine zeilensynoptische Übersicht über die Überlieferungslage ausgedruckt werden, oder eine Zusammenstellung der Varianten in der von kritischen Apparaten gewohnten Anordnung, oder ein Verzeichnis der in verschiedenen Zeugengruppen bevorzugten Ersetzungen gleicher Wörter einer als Kollationsgrundlage verwendeten Textfassung. Das gleiche Vergleichs-Programm kann aber auch dazu benutzt werden, um Änderungen, die im Lauf der Arbeit an einem Text - z. B. im Zusammenhang mit der Vorbereitung einer kritischen Edition - vorgenommen wurden, durch automatischen Vergleich mit dem vorherigen Zustand des Textes zu protokollieren und so jeden Eingriff noch einmal zu kontrollieren. Schließlich wird das gleiche Programm dazu benutzt, dort, wo es auf wirklich fehlerfreie Texterfassung ankommt, das herkömmliche Korrekturlesen zu ersetzen durch doppeltes Abschreiben und automatischen Vergleich. Denn die Unterschiede zwischen den verglichenen Textfassungen werden in der Form auf eine Datei ausgegeben, die das Programm KORREKTUR-AUSFUEHRE (KA) als Korrekturanweisungen erwartet. Aus dieser Datei werden nun diejenigen ›Korrekturanweisungen‹ herausgestrichen, die Stellen betreffen, an denen die zweite Abschrift fehlerhaft war; es bleiben dann die Korrekturanweisungen für die Stellen übrig, an denen die erste Abschrift fehlerhaft, die zweite korrekt war (wenn beide falsch, aber wenigsten noch unterschiedlich waren, wird die betreffende Korrekturanweisung selbst korrigiert). Ein anschließender Aufruf des Programms KORREKTUR-AUSFUEHRE stellt dann (falls nicht beide Abschriften an ein und derselben Stelle denselben Fehler aufweisen) den fehlerfreien Text her.

Weitere wichtige Bausteine will ich nur noch aufzählen, um Ihnen einen Eindruck von dem zu vermitteln, was wir als Werkzeugkasten zur wissenschaftlichen Textdatenverarbeitung verstehen:

TUSTEP enthält selbstverständlich einen eigenen Editor, der nicht nur auf die Dateistruktur Rücksicht nimmt, die vom System vorausgesetzt wird und in der jeder Eingabesatz so lange eine feste Seiten- und Zeilennummer hat, bis sie absichtlich (z. B. beim Neuformatieren) geändert wird. Der Editor sieht darüber hinaus auch Funktionen für Suchen und Ersetzen vor, die auch den Fragestellungen etwa eines Linguisten entgegenkommen (z. B.: suche mir alle Zeichenfolgen, die aus zwei identischen Konsonanten zwischen zwei identischen Vokalen bestehen, aber nicht, wenn sie am Wortanfang oder Wortende stehen.)

Andere Funktionen, wie sie bei vielen PC-Textverarbeitungsprogrammen im Editor mit vorgesehen sind, fehlen im TUSTEP-Editor. Sie sind, wie das Formatieren, in eigene Bausteine verlagert.

Dies ist eine weitere wichtige Eigenschaft, die der Systemcharakter fordert: die einzelnen Programme decken nur jeweils die entsprechenden Grundfunktionen ab; für andere Grundfunktionen stehen andere Programme zur Verfügung. Die einzelnen Programme sind aber fast beliebig miteinander kombinierbar; ihre Grundfunktionen selbst sind über Parameter dem jeweiligen Problem anzupassen (z. B. durch Angabe der Sortieralphabet-Folge für nicht-amerikanische Texte oder durch Angabe von Transformationsregeln für Sortiereinheiten, die nicht alphabetisch oder numerisch, sondern - wie etwa Monatsnamen - nach anderen Kriterien sortiert werden müssen).

Die Modularität, die sich auf diese Grundfunktionen stützt, ist sehr viel weiter getrieben als sonst üblich; so müssen in TUSTEP z. B., um eine alphabetische Wortliste zu einem Text zu erstellen, wenigstens drei Bausteine benutzt werden: RVORBEREITE (RV), das den Text zerlegt und die einzelnen Einträge mit Sortierschlüsseln und Referenzen versieht; SORTIERE, das die gewünschte Umordnung (etwa: steigend oder fallend) vornimmt, und RAUFBEREITE (RA), das aus den sortierten Einträgen ein Register der gewünschten Form erstellt; falls dieses ausgedruckt werden soll, käme noch mindestens der Aufruf von DRUCKE hinzu. - Das mag umständlich erscheinen, gibt dem System aber eine sonst unerreichbare Flexibilität.

Für die meisten Funktionen, die interaktiv im Editor ausführbar sind, gibt es darüber hinaus eine Entsprechung in anderen Programmen. Für die Manipulation von Texten nach vordefinierbaren Regeln steht hierfür ein eigenes Programm mit Namen KOPIERE zur Verfügung. Es erlaubt nicht nur Auswahl und beliebige Änderung (z. B. Austauschen, Umstellen) des zu verarbeitenden Textes und seiner Bestandteile. Auch numerische Information, die im Text explizit (z. B. in Form von Kalenderdaten oder Maßangaben) oder implizit (z. B. Zahl der Vokale in jeder Zeile) enthalten ist, kann damit erfaßt, verarbeitet und für andere Zwecke - z.B. für statistische Analysen mit anderen Paketen wie SPSS - aufbereitet werden.

So stellt sich ein solches System dem Benutzer nicht wie eine black box dar, in die er einen Text und eine bestimmte Fragestellung eingibt und ein - mehr oder weniger nachprüfbares - Resultat erhält. Es hat vielmehr den Charakter eines flexiblen Werkzeugs, das mit einer problemorientierten Programmiersprache verglichen werden könnte, wobei leistungsfähige Grundfunktionen angeboten werden.

Wesentlich ist, daß der Anwender sein Problem selbst auf solche Grundoperationen zurückführt, so eine Strategie zu seiner Lösung entwirft und entsprechend die einzelnen, jeweils Grundfunktionen anbietenden Programme einsetzt.

Dabei ist der Benutzer natürlich frei, einmal entworfene Aufrufsequenzen in Form von ausführbaren Kommandos in Kommandodateien aufzubewahren und für ähnliche Fälle unverändert oder nach entsprechender Änderung wieder einzusetzen. Er kann sich darüber hinaus mit TUSTEP-Mitteln eigene übergeordnete Kommandos zusammenstellen und bei Bedarf sogar selbst geschriebene (FORTRAN-)Programme integrieren, falls TUSTEP-Bausteine eine Leistung für ein Problem nicht in adäquater Weise vorsehen sollten. TUSTEP enthält dazu eine Bibliothek von Unterprogrammen, die dem Selbstprogrammierer erlauben, kompatible Dateien zu erzeugen und die in den einzelnen TUSTEP-Programmen selbst vorhandenen Möglichkeiten der Zeichen- und Zeichenkettenoperationen (wie Suchen und Austauschen) auch in selbst geschriebenen FORTRAN-Programmen durch einfachen Unterprogramm-Aufruf zu nutzen.

Für den Philologen als Anwender schließlich ist die Portabilität von Problemlösungen wichtig. Dazu gehört auch, daß der Übergang von einem Rechner auf den anderen, oder vom Großrechner auf den PC und umgekehrt, weder Probleme mit unterschiedlichen Datenformaten mit sich bringt noch zusätzlichen Lernaufwand bedeuten darf. Deshalb enthält TUSTEP auch alle Funktionen, die ein Textverarbeiter sonst von einem Betriebssystem benötigt, einschließlich der Routinen zum Auslagern von Plattendateien auf Band oder Diskette, oder zum Umwandeln von Textdateien in ein ›Transportformat‹, das einen Transport ohne Informationsverlust auch über Netze erlaubt, die etwa nur 7-bit-Codes übertragen. Das Ein- und Ausschalten des Geräts (im Fall des PCs) bzw. die LOGON- und LOGOFF-Prozedur und der Start von TUSTEP selbst sind typischerweise die einzigen maschinenabhängigen Kommandos. Benutzeroberfläche und Leistung sind ansonsten auf allen Systemen, auf denen TUSTEP verfügbar ist, identisch (wenn man davon absieht, daß auf dem PC und der VAX der Bildschirm im Editor sehr viel effektiver eingesetzt werden kann als auf Mainframe-Terminals, bei denen man von den vom Hersteller vorgesehenen Funktionen abhängig ist).

Lassen Sie mich zusammenfassen. Zwei Punkte vor allem sollten deutlich geworden sein: 1. Ein System von Programmen zur wissenschaftlichen Textverarbeitung ist mehr als die Summe isoliert verfügbarer Einzelfunktionen; 2. Textverarbeitung, vor allem wissenschaftliche Textverarbeitung, ist mehr als Erfassen, Korrigieren und Drucken von Texten. Viele Mißverständnisse, einschließlich derjenigen, die möglicherweise den eingangs zitierten Empfehlungen zugrunde liegen, resultieren aus dieser Gleichsetzung. Machen Sie - in der Diskussion mit Fachkollegen, mehr noch in Diskussionen mit Kollegen in Entscheidungsgremien - darauf aufmerksam, daß das, was Sie an Werkzeugen zur wissenschaftlichen Textdatenverarbeitung benötigen, mit einem marktüblichen Textverarbeitungssystem etwa so viel gemeinsam hat wie ein Taschenrechner mit einem Supercomputer. Und daß die entsprechenden Möglichkeiten und Grenzen ähnlich weit auseinanderliegen. Wenn Sie dies versäumen, werden Sie eines Tages nicht verstehen können, wieso Sie in Ihren Arbeitsmöglichkeiten auf das Taschenrechner-Niveau beschränkt werden und gleichzeitig diejenigen, die über die Mittelverplanung und -vergabe zu entscheiden haben, noch glauben, Ihnen das non plus ultra an Arbeitsmöglichkeiten verschafft zu haben.

Thomas Stadler

PC und Großrechner in der philologischen Datenverarbeitung

Abstract

Die Besonderheit der Datenverarbeitung im geisteswissenschaftlichen Bereich liegt in der ausgeprägten Mehrfachdimensionalität der Daten. Während des editorischen Prozesses beispielsweise begleiten einen Text in seinen vielen Zuständen Anmerkungen, editorische Fragen und Entscheidungen, Registerkennzeichnungen, graphematische Erkenntnisse, überlieferungsgeschichtliche Vermutungen, chronologische und geistesgeschichtliche Zuordnungen, lexikographische Beobachtungen etc.

Handelsübliche Instrumente zur Textbearbeitung können die vielen logischen Sichtweisen, denen ein Text nicht nur während seines Erarbeitungsprozesses unterliegt, nicht ausreichend darstellen. Die Texte müssen weit über typographische Belange hinaus mit Zusatzinformationen (z. B. in Form von Auszeichnungen und mit den Mitteln der Standard Generalized Markup Language [SGML]) versehen werden.

Der steile Anstieg der Leistung und der Kapazität von PCs (z. B. Portierung von TUSTEP auf PC) sowie der Preisverfall im Bereich von UNIX-Workstations ermöglichen weitgehend den Verzicht auf den Einsatz von Großrechnern.

Robert Warnock

Vorteile und Probleme bei der Verwendung eines Macintosh-Computers für die Bearbeitung altjiddischer Texte

Abstract

Warnock berichtete von seinen Computer-Erfahrungen, die er während seiner Arbeit an der Edition von zwei altjiddischen gereimten Artustexten nahezu ausschließlich an einem Macintosh-PC gesammelt hat. Große Vorteile habe gerade diese Art Computer bei der Generierung der vielen für die Transkription notwendigen Sonderzeichen, die mit Hilfe eines von Computer-Fachkräften der Brown University entwickelten Programms aus der lateinschriftlichen Transkription maschinell in ihre hebräischen Äquivalente umgesetzt werden. Letzteres, schätzte W., habe ihm bei einem Textvolumen von etwa 10000 Versen drei Monate Arbeitszeit erspart. Bisher jedoch nicht gelungen sei die Entwicklung von Programmen für eine Konkordanz und für die Sammlung und Einordnung der Belege für die graphemisch-phonemische Analyse der Texte. Die Schwierigkeiten, vermutete W., seien wenigstens zum Teil mit seiner Computer-Wahl verbunden. Unter anderem aus marktwirtschaftlichen Gründen seien für Macintosh-Benutzer wenig wissenschaftliche Hilfsmittel entwickelt worden - ein IBM PC wäre hierfür vielleicht günstiger gewesen.

Peter Stahl

Kollation und Satztechnik als Vorbereitung für eine kritische Edition

I. Kollation

Nach der Verbreitung und dem weidlichen Einsatz von EDV-Programmen zur Erstellung von Wörterbüchern, Indices oder Konkordanzen sind in letzter Zeit auch Kollations- und Satzprogramme auf den Markt gekommen, die für sich den Anspruch erheben, die Erstellung einer kritischen Edition zu erleichtern. Der vorliegende Beitrag möchte Ihren Blick auf die Textgrundlagen zur Ausarbeitung von kritischen Editionen und deren drucktechnische Einrichtung lenken und die Möglichkeiten und Grenzen des Einsatzes von Kollations- und Satzprogrammen bei einem solchen Unternehmen umreißen.

Was die Editionsmethoden angeht, genügt es, auf die zwei grundlegenden Positionen[1] hinzuweisen. Auf der einen Seite haben wir die Lachmannsche Methode. Dem gegenüber steht das Verfahren, die Textgeschichte[2] selbst zum Gegenstand der Edition zu machen. Daß solch einer Edition ein anderes Editionsverfahren als das Lachmannsche zugrunde liegen muß, liegt auf der Hand. Beide Editionsverfahren bauen auf einer Kollation der Textzeugen auf, allerdings mit anderen Zielsetzungen. Für welches Verfahren sich ein Herausgeber auch entscheidet, er muß sich im klaren darüber sein, daß es kein Patentrezept für die Anlage einer Edition geben kann. Das heißt aber auch, daß es genausowenig ein Kollationsmuster geben kann, mit dem sich alle Probleme des Textzeugenvergleichs lösen lassen. Da in der Zwischenzeit dem EDV-Philologen Kollationsprogramme zur Verfügung stehen, möchte man meinen, daß ab sofort die mühsame Arbeit des Kollationierens gänzlich einem Rechner überlassen werden kann. Bevor wir jedoch »Papier, Bleistift, Schere und Klebstoff«[3] aus der Hand legen, lohnt es sich, sich mit der exakten Zielsetzung einer Kollation auseinanderzusetzen und die Anforderungen an ein Kollationsprogramm festzulegen, denn »nichts mit der Technik zu tun haben zu wollen und zudem blindes Vertrauen auf schnelle und gute Resultate sind die schlechtesten Voraussetzungen für den Erfolg«.[4]

---

[1] Vgl. HORST FUHRMANN: Überlegungen eines Editors. In: Probleme der Edition mittel- und neulateinischer Texte. Kolloquium der Deutschen Forschungsgemeinschaft, Bonn, 26.-28. Februar 1973. Hg. v. LUDWIG HÖDL und DIETER WUTTKE. Boppard 1978, S. 1-34.

[2] Vgl. GEORG STEER: Textgeschichtliche Edition. In: Überlieferungsgeschichtliche Prosaforschung. Beiträge der Würzburger Forschergruppe zur Methode und Auswertung. Hg. v. KURT RUH. Tübingen 1985 (TTG 19), S. 37-52.

[3] Prospekt zum Kollationsprogramm ›Collatio‹, 1987, Rückseite.

[4] THOMAS STADLER: Der EDV-Einsatz der Würzburger Forschergruppe. In: Überlieferungsgeschichtliche Prosaforschung [wie Anm. 2], S. 126-143, hier S. 127.

Als schnellste Möglichkeit, einen Überblick über das gesamte tradierte Material zu bekommen, hat sich empfohlen, eine sogenannte quantitative Kollation aller Textzeugen anzufertigen. In ihr wird graphisch dargestellt, welche einzelnen Einheiten des Gesamttextes in jedem Textzeugen tradiert werden. Im Falle des Arzneibuches des Ortolf von Baierland (Abb. 1) repräsentieren die horizontalen Balken die vorhandenen Kapitel. Ohne daß man den Text der Handschriften zu untersuchen braucht, zeigt die Graphik zu diesem Arbeitsschritt bereits Verwandtschaften zwischen mehreren Textzeugen, die freilich durch eine qualitative Kollation endgültig abgesichert werden mußten. So stellte sich z.B. heraus, daß die Handschriften M 24, M 27, S 1 die Textstufe Cx 3 bezeugen (s. Stemma in Abb. 1). Noch auffälliger sind die Handschriften Kr 1, Ba 1, Lo 7 und M 9. Allesamt belegen sie die Textstufe Cy. Beim 'Lucidarius' verhält es sich ähnlich. Hier belegen die Querbalken die in den Textzeugen tradierten »Fragen des Jüngers« und die dazugehörigen »Antworten des Meisters«. Zusammengehörigkeiten lassen sich auf einen Blick erfassen (Abb. 1 unten rechts).

Bei der weiteren Editionsarbeit an Ortolfs Arzneibuch ergab sich die Notwendigkeit, die Anzahl der über 300 Textzeugen auf ein zahlenmäßig sinnvolles und edierbares Maß zu reduzieren, das dennoch eine fundierte, kritische Textausgabe zuläßt. Voraussetzung solch einer Reduktion ist jedoch, daß der Stellenwert jedes Textzeugen innerhalb der Gesamtüberlieferung so fest wie möglich abgesichert wird. Das wiederum kann nur aufgrund der Erkenntnisse geschehen, die aus einer Teil- oder Vorkollation gewonnen werden. Die quantitative Kollation, angeordnet in den Querbalken, hilft dabei wesentlich, Textbereiche für eine Teilkollation günstig auszuwählen. Bei der Anlage der Vorkollation, und das gilt auch für die Hauptkollation selbst, hat es sich auch als nützlich erwiesen, nur die Änderungen im Text gegenüber der Leithandschrift zu verzeichnen und nicht den gesamten Text jedes Textzeugen vollständig abzuschreiben. So interpretiert der Kollationeur während des Kollationierens die Differenzen seiner Vorlage und verzeichnet in einem Kollationsheft nur die Textumformungen. Das Textbeispiel (Abb. 2) zeigt deutlich den Unterschied zwischen einer vollständigen Vorkollation (I) und einer interpretierenden Hauptkollation (II), bei der die Überlieferungszeugen bereits textgeschichtlich sortiert sind. Es dürfte kaum vorstellbar sein, ein Kollationsverfahren zu entwickeln, das die Textumformungen noch übersichtlicher darbietet als die interpretierende Kollationspartitur von Muster II. Bei einem Vergleich von mehreren Textzeugen halte ich eine horizontale Anordnung des Textes für unerläßlich. Dies wird umso zwingender, je mehr Textzeugen gegeneinander verglichen werden. Wenn dem Anwender eines Kollationsprogramms versprochen wird, er könne »je nach Arbeitsgewohnheit zwischen Spalten- und Zeilensynopse wählen«,[5] so klingt das für den EDV-Laien bestechend anwenderfreundlich, für die Editionspraxis erweist sich ein solcher Hinweis als überflüssig.

Kehren wir noch einmal zu den beiden Kollationsmustern zurück. Die Anlage einer Kollation wie unter II dient der Aufdeckung von textgeschichtlichen Zusammenhängen. Das Kollationieren von Hand ist dabei mühsam und zeitraubend. Um so mehr ist zu bedenken, daß die Kollation nur dann zum Erfolg führt, wenn sie

---

[5] Prospekt [wie Anm. 3], Rückseite.

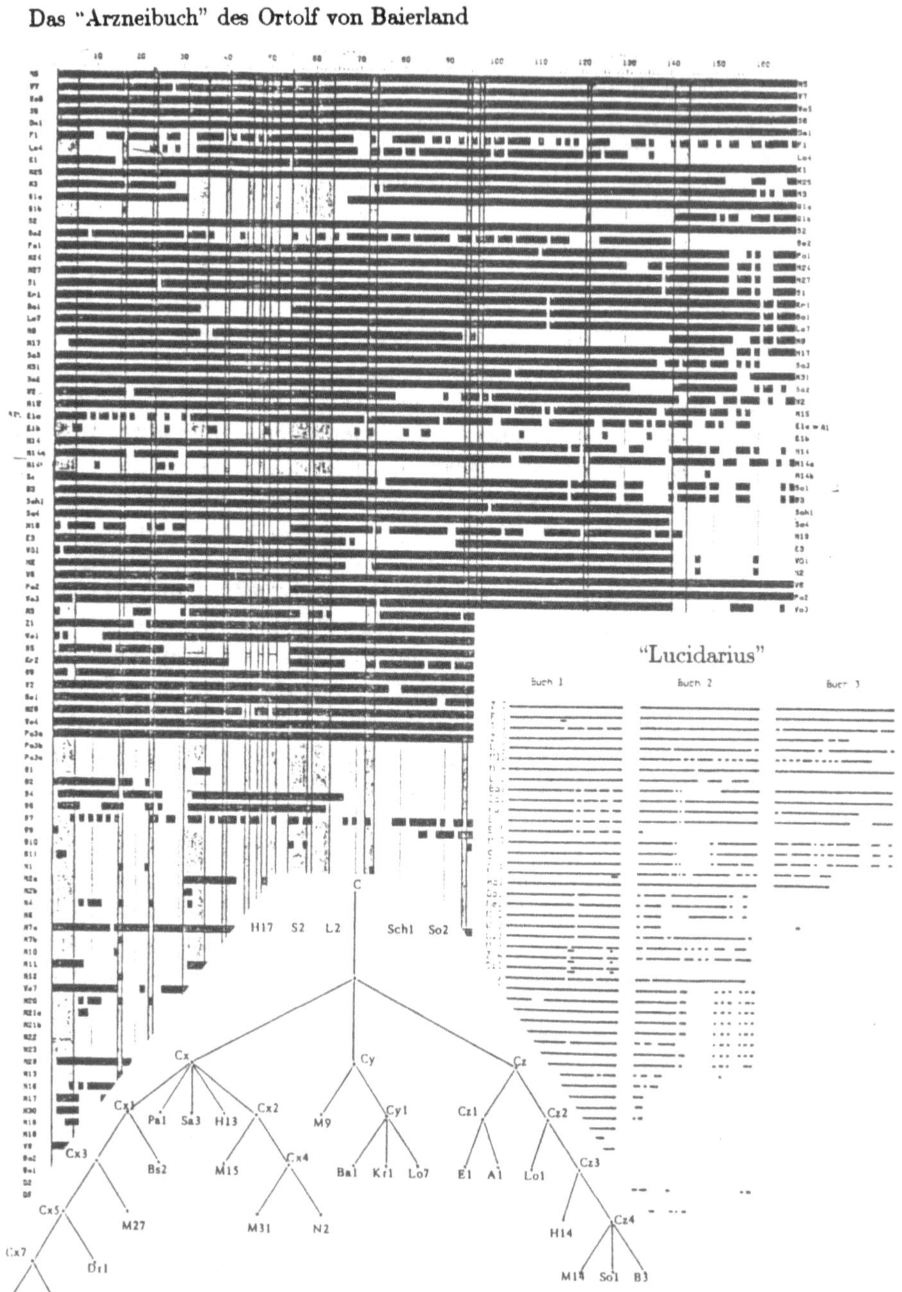

Abb. 1: Das Arzneibuch des Ortolf von Baierland
Lucidarius

I	Il	Ejn	menſch	daȝ	ſeinen	vater	oder		mûter	oder	der	ſelben	oder	ſein
	Dil	Ein	menſch	das	ſeinē	vater	oder	ſein	Müter	oder	der	ſelbigen		ſeiner
	Ghl	Eyn	mentſche	der	ſynē	vater	adir		moter	ader	der	ſelben		
	I1	Eyn	menſche	de	ſynen	vad'	vñ		mod'	edder	der	ſuluen		
	W3	Eyn	menſch	das	ſeinē	vatter	oder	ſein	mutter	oder	der	ſelb		ſeiner
—		—		—		—		—		—		—	—	—
II	Il	Ejn	menſch	daȝ	ſeinen	vater	⌜oder	T	mûter	oder	der	ſelben	oder	ſein
	Dil							Tſein				ſelbigen	o	ſeiner
	W3							Tſein				ſelb	o	ſeiner
	Ghl			der									o	o
	I1			de			⌜vñ						o	o

I	Il	elter		tôttet	oder	ſeinen	vetern		ſeinē	prûder		ſein	ſweſter	
	Dil	eltern	ains	tött	oder	ſein	Sweſter	oder		prüder	oder		vettern	
	Ghl	altern		thodet	adir	ſynen	vetern	adir	ſynē	bruder	ader	ſyne	ſweſter	
	I1	olderen			edder	ſynen	vedderē	edder	ſinen	brod'	edder		ſuſter	
	W3	eltrñ	ains	tot	oder	Seinen	pruder	od'	ſein	ſweſter	od'	ſeinen	vettern	oder ſein muem
—		—		—		—		—		—		—	—	—
II	Il	elter	T	tôttet	oder	ſeinen	⌜vetern	T	ſeinē	⌜prûder	T	ſein	⌜ſweſter	T
	Dil	eltern	Tains			ſein	⌜Sweſter	Toder	o		Toder	o	⌜vettern	
	W3	eltrñ	Tains				⌜pruder	Tod'		⌜ſweſter	Tod'	ſeinen	⌜vettern	Toder ſein muem
	Ghl	altern						Tadir			Tader			
	I1	olderen		o				Tedder			Tedder	o		

Abb. 2: Kollationsbeispiele anhand der Rechtssumme

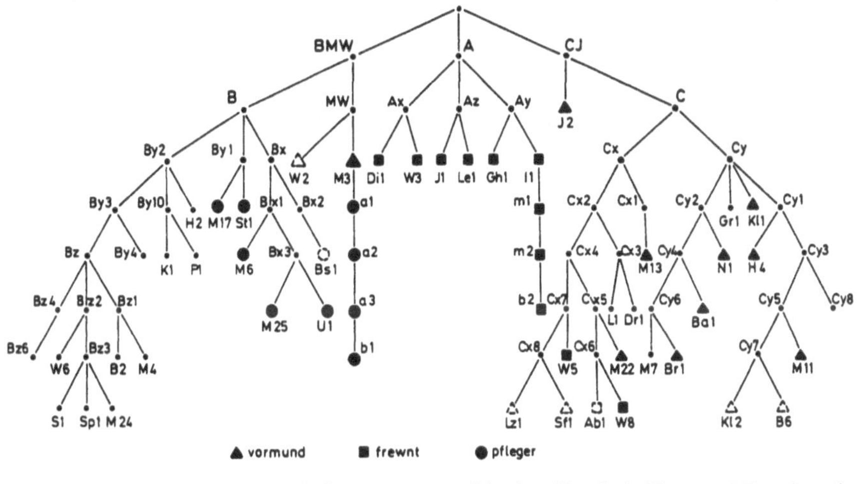

Abb. 3: Wortersetzungen für *gerhab* bzw. *vormund* in den Handschriften und Drucken der Rechtssumme

mit Sachverstand und nicht rein mechanisch ausgeführt wird. Und ein Computer-Kollationsprogramm muß mindestens zu solch einem aufschlußreichen Ergebnis führen, wie es im Kollationsmuster II vorliegt, damit man es als effektiv bezeichnen kann. Doch damit nicht genug. Ein Kollationsprogramm sollte noch mehr leisten. Wenn Texte schon automatisch kollationiert werden können, dann wäre es auch wünschenswert, verschiedene Auswertungsmöglichkeiten zur Auswahl zu haben. Es muß möglich sein, ganz spezielle Vergleichsinhalte zu definieren. Ich denke insbesondere an vier punktuelle Kollationsmöglichkeiten, die jeweils ein spezifisches Problem darstellen sollen:

1. Eine Graphkollation. Hier interessieren ausschließlich ganz bestimmte Schreibungen eines einzigen Wortes, z. B. im Bereich der Labialen. Anhand einer

punktuellen Kollation könnte die Verteilung von *pf* und *ff* dargestellt werden oder der Wechsel von *v* und *b* oder die Distribution von anlautendem *p* und *b*. Ein Kollationsprogramm muß in der Lage sein, zu einer Leithandschrift horizontal nur diejenigen Stellen auszugeben, die sich gemäß den definierten Anforderungen qualifizieren.

2. Interessant könnte auch eine automatische Kollation im Bereich der Präfixe und Suffixe sein, beispielsweise die Opposition von mhd. *vergleichen* und *begleichen,* oder eine Kollation im Hinblick auf die Wortbildungssuffixe *-ung, -heit* und *-schaft.* Wird solch eine Kollation angestrebt, dann sollten alle anderen Varianten jedes Textzeugen in bezug zur Leithandschrift keine Rolle spielen und vom Kollationsprogramm nicht als Varianten ausgegeben werden.
3. Noch einen Schritt weiter geht die Forderung nach der Möglichkeit einer automatisierten, selektiven Kollation des Lexikons. Dazu ein Beispiel: In der Rechtssumme Bruder Bertholds[6] wird *gerhab* auf verschiedenste Weise substituiert, z.B. durch *vogt, vormund, pfleger* oder *freund.* Repräsentiert man solch ein Kollationsergebnis textgeschichtlich-stemmatisch (Abb. 3), dann wird sofort deutlich, daß in diesem Fall der Umsetzungsprozeß weniger sprachlandschaftlich bedingt ist, sondern eher redaktionell. Ganz deutlich ist zu sehen, daß nur der Redaktor der A-Fassung, von einigen Ausnahmen abgesehen, *gerhab* in *freund* ändert. Und dabei belassen es auch alle A-Fassungstextzeugen.[7] Eine automatische Kollation muß also die Varianz bestimmter Lemmata aufzeigen können.
4. Schließlich könnte eine rechnergestützte Kollation auch hinsichtlich der Interpungierung angefertigt werden. Denn das System der Zeichensetzung, Auszeichnungsstriche, Groß- und Kleinschreibung und Rubrizierungen liefert eine Fülle von Daten, die für eine Ausarbeitung der externen Überlieferungsgeschichte nötig sind.[8]

Gemäß ihrer Zielsetzung ändert somit jede Kollation ihr Vergleichsprofil. Je nach Sockel, auf dem sie aufbaut, erzeugt sie ein anderes Bild. Eine im Idealfall elektronisch erstellte, programmier-technisch ausgeklügelte Kollation muß je nach Vergleichsabsicht und -inhalt in der Lage sein, eine entsprechende expositionelle Kollationspartitur erzeugen zu können. Bis dahin ist es jedoch - von TUSTEP abgesehen - in der Software-Entwicklung noch ein weiter Weg. Wichtig ist, daß Methode und Zielsetzung die Arbeitsweise und die Anforderungen an das Programm bestimmen. In keinem Fall sollte es so sein, daß ein EDV-Kollationsprogramm, das - wie im Falle von ›Collatio‹ - nur eine eingeschränkte Anzahl von Textzeugen auf eine ganz bestimmte, starr festgelegte Weise kollationiert, den Problemhorizont des Bearbeiters einengt.

---

[6] Die ›Rechtssumme‹ Bruder Bertholds. Eine deutsche abecedarische Bearbeitung der »Summa Confessorum« des Johannes von Freiburg. Synoptische Edition der Fassungen B, A und C. Hg. v. GEORG STEER und WOLFGANG KLIMANEK, DANIELA KUHLMANN, FREIMUT LÖSER, KARL-HEINER SÜDEKUM. Bd. I-IV, Tübingen 1987 (TTG 11-14).

[7] Vgl. STEER [wie Anm. 2], S. 30.

[8] Vgl. STEER [wie Anm. 2], S. 29.

II. Satztechnik

So wie am Anfang eines Editionsprojektes meist die Kollationsarbeit steht, muß als einer der letzten Schritte ein Zeilen- und Seitenumbruch des Editionstextes für die Publikation erfolgen. Nun hat das Erscheinen der PC-Version des Satzprogrammes TEX für dessen außerordentlich starke Verbreitung auch in Philologenkreisen gesorgt. Hauptanliegen des Programmautors war es, für Mathematiker und Physiker ein Satzprogramm zu schaffen, das die Einrichtung von komplexen Formeln erlaubt. Philologische Belange, wie wir sie beim Satz kritischer Editionen antreffen, werden aber nicht berücksichtigt. Das trifft insbesondere für die Anlage von kritischen Apparaten zu, die häufig zusammen mit Fußnoten gesetzt werden müssen. Doch nicht nur dieses Manko gibt zu denken. TEX ist so konzipiert, daß von einer Textdatei, die mit Satzsteuerzeichen versehen ist, ein Satzergebnis erzeugt wird, das einzig in einem Punktraster zum Zwecke einer Bildschirmausgabe oder Druckersteuerung vorliegt. Es wird also auf keinen Fall eine zeilen- und seitenumbrochene Ergebnistextdatei erstellt, die sich mit einem Texteditor oder Textverarbeitungssystem bearbeiten ließe. Dies wäre jedoch wünschenswert, um einerseits eine fehlerhafte Silbentrennung zu korrigieren, ohne in den Originaltext noch einmal eingreifen und ihn dann nochmals setzen zu müssen, und andererseits, um von dieser Ergebnisdatei einen alphabetischen Gesamtindex erstellen zu können. Unüberwindliche Problemstellungen, wie die oben beschriebenen, zeigen deutlich die Grenzen dieses Satzprogrammes. Nur wer als Herausgeber keine Ansprüche hat, die über die beschränkte Leistungsfähigkeit von TEX hinausgehen, kann es getrost anwenden und wird mit dem Ergebnis zufrieden sein. Für differenzierte philologische Aufgabenstellungen hingegen muß ein Satzprogramm eingesetzt werden, dessen Zielgruppe in erster Linie Philologen sind.

Kurt Gärtner / Werner J. Hoffmann

Die Edition der Werke Konrads von Heimesfurt

Vor einiger Zeit haben wir eine kritische Ausgabe der zwei kleinen mittelhochdeutschen Versepen Konrads von Heimesfurt abgeschlossen. Die Ausgabe, die der Freiburger Germanist Werner Fechter begonnen hatte und aus Altersgründen uns dann übertrug, wurde in Trier mit allen Möglichkeiten, die die EDV einem Herausgeber heute bietet, erstellt und ist als Band 99 der Altdeutschen Textbibliothek erschienen.[1] Der Autor Konrad von Heimesfurt[2] lebte und wirkte zu Beginn des 13. Jahrhunderts, war also Zeitgenosse der großen höfischen Epiker Hartmann von Aue, Wolfram von Eschenbach und Gottfried von Straßburg. Obgleich Konrads Dichtungen sprachlich und verstechnisch auf der Höhe ihrer Zeit stehen, haben sie wegen ihrer geistlichen Thematik bisher wenig Aufmerksamkeit in der Forschung gefunden. Die Quellen für die beiden Werke Konrads, das eine über die Himmelfahrt Marias (*Unser vrouwen hinvart*, 1209 Verse), das andere über den Prozeß Jesu vor Pilatus, seine Höllenfahrt und Auferstehung (*Diu urstende*, 2162 Verse), waren bekannte neutestamentliche Apokryphen, der *Transitus Mariae* des Pseudo-Melito und das *Evangelium Nicodemi,* die im Mittelalter weit verbreitet waren.

Die bisher einzigen Ausgaben von 'Hinvart' und 'Urstende' sind 1851 bzw. 1840 erschienen;[3] sie entsprechen also längst nicht mehr dem Stand unserer Kenntnisse der Überlieferung. Eine neue Ausgabe war daher überfällig, und sie gehört zu den Pflichtleistungen der germanistischen Zunft, die sie nicht nur für sich selber zu erbringen hat, sondern auch für jene, die sich für die mittelalterliche Geschichte der Apokryphen, der Frömmigkeit, der Liturgie, der religiösen Spiele usw. interessieren. Die Neuausgabe der Werke Konrads war also seit langem ein Desiderat. Mit dieser Feststellung ist auch die Frage geklärt, die sich jeder Herausgeber zunächst einmal stellen muß, bevor er ans Werk geht: ob denn sein Autor eine Ausgabe verdient, die doch einige Arbeit und nicht geringe Kosten verursacht, zumal wenn auch noch die EDV zur Unterstützung des Editionsvorhabens eingesetzt wird. Die Bedeutung des zu edierenden Textes muß nämlich in einem vertretbaren Verhältnis stehen zu dem Aufwand, der für die Vorbereitung einer Edition getrieben wird.

---

[1] Konrad von Heimesfurt, *Unser vrouwen hinvart* und *Diu urstende.* Mit Verwendung der Vorarbeiten von Werner Fechter hrsg. v. KURT GÄRTNER und WERNER J. HOFFMANN. Tübingen 1989 (ATB 99).

[2] Neuere Literatur über ihn s. WERNER FECHTER: Konrad von Heimesfurt. In: Die deutsche Literatur des Mittelalters. Verfasserlexikon. 2. Aufl. Hg. v. KURT RUH u. a. Bd. 5, Berlin/New York 1985, Sp. 198-202; WERNER J. HOFFMANN: Konrad von Heimesfurt. Untersuchungen zu Quellen, Überlieferung und Wirkung seiner beiden Werke *Unser vrouwen hinvart* und *Diu urstende.* Phil. Diss. Trier 1987. Eine vollständige Bibliographie findet sich in der Einleitung der in Anm. 1 genannten neuen Ausgabe.

[3] FRANZ PFEIFFER: Mariae Himmelfahrt von Konrad von Heimesfurt. In: ZfdA 8 (1851), S. 156-200 ('Hinvart'); KARL AUGUST HAHN (Hg.): Gedichte des XII und XIII Jahrhunderts. Quedlinburg/Leipzig 1840 (Bibl. der ges. dt. Nat.-Lit. 20), S. 103-128 ('Urstende').

Falls eine Ausgabe erwünscht ist, dann ist bei mittelalterlichen Texten außerdem noch zu fragen, ob nicht ein einfacher Handschriftenabdruck genügt. Mit einem solchen wären die Sprachwissenschaftler in der Tat am besten bedient, denn ihnen kommt es vor allem auf die Wiedergabe des wirklich Überlieferten an. Für bestimmte Textsorten (wie Texte der Sach- und Gebrauchsliteratur) kommt meist von vornherein nur ein direkter Abdruck der Überlieferung in Frage; für dichterische Texte dagegen, und dazu rechnen auch die Werke Konrads von Heimesfurt, bildet die Rekonstruktion eines autornahen Textes aus der z.T. viel jüngeren Überlieferung in vielen Fällen das erklärte Ziel eines Herausgebers. Je größer die literarische Bedeutung eines Textes ist, desto weniger ist mit einer überlieferungsnahen Ausgabe z.B. den Literaturwissenschaftlern und all jenen gedient, denen es auf die Kenntnis des ursprünglichen Textes ankommt und denen der Umgang mit der Überlieferung schwerfällt.

Nun wird im Idealfalle eine Ausgabe sowohl überlieferungsnah als auch autornah sein, nämlich dann, wenn Autographe oder eine solchen nahe kommende Überlieferung vorhanden ist. Autographe von deutschen Dichtungen aus der Zeit um 1200 sind so gut wie nicht erhalten, jedenfalls gibt es von Konrads beiden Werken keine. Folglich kann eine überlieferungsnahe Ausgabe nur den autorfernen Sprachzustand der rund 100 Jahre jüngeren Handschriften bieten. Für eine solche Ausgabe gibt es, wie schon angedeutet, aber nur ein begrenztes Interesse. Die Ausgabe der Werke Konrads soll vielmehr gut aufbereitete, normalisierte und sorgfältig interpunktierte Texte zum Ziel haben, die den Bedürfnissen eines weiten Kreises von potentiellen Benutzern entgegenkommen. Angestrebt werden sollte nicht nur ein gut lesbarer, sondern auch ein autornaher Text, dessen Überlieferungsvarianten bzw. Textgeschichte im Apparat ebenfalls noch hinlänglich dokumentiert werden.

Die Vorbereitung einer Ausgabe mit der EDV bietet nun den Vorteil, daß bestimmte Arbeitsergebnisse, die nicht direkt in die Ausgabe eingehen, aber für ihre Vorbereitung unabdingbar sind, erhalten bleiben können, wenn man sie speichert. Dazu gehört z.B. der Wortlaut der Handschriften, die maschinenlesbar gemacht worden sind, ferner automatisch erstellte Reimwörterbücher, Indices (vor- und rückläufig angeordnet) und Konkordanzen sowohl von den Textversionen der einzelnen Handschriften als auch von den verschiedenen Stadien des angestrebten kritischen Textes. All diese Materialien bleiben also auch nach Abschluß der Ausgabe noch erhalten und können den daran interessierten Sprachwissenschaftlern zur Verfügung gestellt werden.

Für unsere Editionsarbeit haben wir in allen Phasen das in der philologischen Datenverarbeitung z.Zt. konkurrenzlose »Tübinger System von Textverarbeitungsprogrammen« (TUSTEP) benutzt wegen seiner vielfältigen Möglichkeiten, Texte zu erfassen, zu formatieren, in veränderter Form zu kopieren, Indices und Konkordanzen herzustellen und verschiedene Versionen eines Textes miteinander zu vergleichen. Die Vielseitigkeit dieser Programme bot immer wieder überzeugende Lösungen für unsere z.T. sehr speziellen Probleme.

Am Anfang der Editionsarbeiten steht die vollständige Erfassung der Überlieferung und das Studium der Textgeschichte durch den Vergleich der erhaltenen Textzeugen, d.h. des Wortlautes der einzelnen Handschriften. Die Überlieferung der Werke Konrads ist sehr unterschiedlich. Die 'Hinvart' ist in vier Handschriften mehr oder weniger vollständig und in sechs Handschriftenfragmenten überliefert, die 'Urstende' dagegen ist nur in einer einzigen Handschrift vollständig erhalten, daneben gibt es von ihr noch ein paar Exzerpte in einigen Handschriften einer großen Weltchronikkompilation. Die Haupthandschrift der 'Urstende' stammt wohl erst aus der Zeit um 1300 (es ist der Cod. 2696 der Österreichischen Nationalbibliothek in Wien), doch nach dem übereinstimmenden Urteil der Forscher hat sie den Wortlaut des Dichters am treusten bewahrt. Der Text dieser Handschrift wurde daher von uns zuerst maschinenlesbar gemacht, und er bzw. die von ihm automatisch hergestellten Graphemlisten, Indices, Konkordanzen etc. spielten eine wichtige Rolle für die Beurteilung der variantenreichen Überlieferung der 'Hinvart'.

Natürlich konnte der Text der Wiener 'Urstende'-Handschrift nicht das Maß aller Dinge sein; unverzichtbar war für die Feststellung des ursprünglichen Wortlauts des Dichters auch ein R e i m w ö r t e r b u c h, das wir wohl zunächst ohne Hilfe des Computers erstellt haben, und zwar aus dem Grunde, weil wir bei der manuellen Erstellung des Reimwörterbuchs mehr über den Reimgebrauch des Dichters lernen konnten. Zudem erwies es sich als wenig sinnvoll, von einem nichtnormalisierten Text wie der Wiener 'Urstende'-Handschrift, in der z. B. Längezeichen über Vokalen unsystematisch und selten gesetzt sind, mittelhochdeutsch *î* in den Schreibungen *i, iͤ, ei, æi* und mittelhochdeutsch *uo* in den Schreibungen *vͤ, uͤ, vͦ, uͦ, v, u* erscheinen, einen Reimindex zu erstellen. Die Kontrolle unserer manuellen Arbeit, die angesichts der vielen Stellenangaben viele Fehler aufwies, haben wir dem unfehlbaren Computer überlassen und den von ihm erstellten Reimindex mit doppeltem Verzeichnis der Reimbindungen, Sortierung der Reimtypen nach dem Reimvokal und Sortierung der Reimwörter innerhalb der Reimtypen nach dem Wortanlaut (s. Abb. 1) neben unserem Reimwörterbuch benutzt. Für die Normalisierung der Orthographie und der Morphologie haben wir immer wieder zurückgegriffen auf maschinell erstellte Listen mit besonderen Graphemkombinationen und auf rückläufige Wortformenverzeichnisse.

Die 'Hinvart' mit ihrer ganz anderen Überlieferung machte uns wesentlich mehr Arbeit, weil erstens kein Zeuge eine der Wiener 'Urstende'-Handschrift vergleichbare textkritische Qualität hatte und zweitens alle umfangreicheren Textzeugen aus verschiedenen Sprachlandschaften und Zeiten stammten; das erschwerte den Weg zurück zum Autor beträchtlich. Von besonderem Gewinn war aber in diesem Fall eine automatische K o l l a t i o n aller zuvor maschinenlesbar gemachten Textzeugen, die das Vergleichen schon allein durch die günstige optische Anordnung der Differenzen und Übereinstimmungen außerordentlich erleichterte und bei der Abfassung und Kontrolle des textkritischen Apparates hervorragende Dienste leistete (s. Abb. 2).

Die Herstellung dieser automatischen Kollation war allerdings mit gewissen Schwierigkeiten verbunden wegen der sehr disparaten Überlieferung der 'Hinvart', d. h. der sehr starken Abweichungen der Handschriften voneinander, sowohl was den Wortlaut als auch was die Dialektformen betrifft. Um eine genaue Zuordnung der einzelnen Textzeugen - Vers für Vers und Wort für Wort - zu dem (normalisierten) Grundtext zu erreichen, war es deshalb notwendig, die überlieferte Schrei-

```
         -  :  - 463
         -  : ir 438
        wir: dir 562
         -  : ir 1003
irt          (6)
        birt: wirt 920
        geswirt: wirt 1113
        swirt: wirt 164
        wirt: birt 919
         -  : geswirt 1114
         -  : swirt 163
is           (2)
        **tuis: gewis 235
        gewis: **tuis 236
ischet       (2)
        erlischet: mischet 930
        mischet: erlischet 929
i1se         (6)
        hovewi1se: pri1se  23
        paradi1se: ri1se 243
         -  : wi1se 956b
        pri1se: hovewi1se  24
        ri1se: paradi1se 244
        wi1se: paradi1se 956a
ist          (22)
        bist: ist 237
         -  :  - 856
         -  :  - 864
        Christ: ist 807
        ewangelist: krist  71
        ist: bist 238
         -  :  - 855
         -  :  - 863
         -  : Christ 808
         -  : krist 219
         -  :  - 497
         -  : list   2
         -  : mitewist 944
         -  : vrist 446a
         -  :  - 1102
        krist: ewangelist  72
         -  : ist 220
         -  :  - 498
        list: ist   1
        mitewist: ist 943
        vrist: ist 446b
         -  :  - 1101
i1t          (10)
        gi1t: li1t 294
         -  : zi1t 268
        li1t: gi1t 293
        si1t: zi1t 358b
         -  :  - 1029
        stri1t: zi1t 534
        zi1t: gi1t 267
         -  : si1t 358a
         -  :  - 1030
         -  : stri1t 533
ite          (12)
        mite: site 192
```

Abb. 1

bung der Handschriften vorher mittels automatischer Austauschprozeduren etwas zu vereinheitlichen und zu vereinfachen, indem z. B. Längezeichen und Superskripte getilgt, Abkürzungen aufgelöst und verschiedene Zeichengruppen ausgetauscht wurden, z. B. die jüngeren Schreibungen *au* und *eu* in die älteren *ou* und *iu*. Das hatte freilich zur Folge, daß die maschinell erstellte Kollation bei der Abfassung des kritischen Apparates nur als Leitfaden für die Anordnung und Auswahl der Varianten dienen konnte, für die genaue Zitierung der handschriftlichen Lesarten jedoch immer auf die (nicht präparierten) Transkriptionen der Handschriften zurückgegriffen werden mußte.

Während für die 'Urstende' der kritische Text auf der Basis des überlieferten Wortlautes einer guten Handschrift hergestellt werden konnte unter weitgehender Zuhilfenahme von automatischen Routinen und Kontrollen, war das für die 'Hinvart' kaum geraten. Der Aufwand für eine weitergehende Automatisierung der Textherstellung hätte in keinem vertretbaren Verhältnis gestanden zu unserem

```
1.457   V. 445   er sprach         muter        nu var             +++
 Ä1Ü    I: 275   -- ------         mueter       -- ------ vrolich  ---
 Ä2Ü    F: 205   -- ------         muder        -- ------          ---
 Ä3Ü    C: 329   -- ------         mueter  mein -- ------          ---
 Ä7Ü    A: 461   -- ------ liebiu  -----   min  -- ------          ---
 Ä8Ü    B: 443   -- ------ liebe   -----           ------          ---
 Ä9Ü    H: 22   got ------         -----   min  -- ------          ---

1.458   V. 446   vroelich   unde ane angest gar            +++
 Ä1Ü    I: 275              und  an  ------ sicnerleich    ---
 Ä2Ü    F: 206   frolich    ---- an  ------ ------         ---
 Ä3Ü    C: 330   froleichen und  an  ------ ------         ---
 Ä7Ü    A: 462   vrolich    und  --- ------ ------         ---
 Ä8Ü    B: 444   frolich    und  on  ------ ------         ---
 Ä9Ü    H: 23   froleich an alle     ------ ------         ---

1.459   V. 446a  hin da  dir vroude  bereit:t ist    +++
 Ä1Ü    I: 277   --- --  --- vrouwe  bereit   ------ ---
 Ä2Ü    F: 207   --- --  --- frouwde -------- ------ ---
 Ä3Ü    C: 331   --- --  --- vreud   pereitet ------ ---
 Ä7Ü    A: 463
 Ä8Ü
 Ä9Ü    H: 24    --- dar --- froude  bereit   ------ ---

1.460   V. 446b  von anegenge unz  an dise    vrist   +++
 Ä1Ü    I: 278   --- -------- untz andisiu    ------- ---
 Ä2Ü    F: 208   van -------- ---  -- ----    frist   ---
 Ä3Ü    C: 332   --- anegeng  ---  -- disiu   frist   ---
 Ä7Ü
 Ä8Ü
 Ä9Ü    H: 25    --- --------      -- diser   frist   ---

1.461   V. 447   min   erweltiu kum              zu mir    +++
 Ä1Ü    I: 279   mein  -------- chum             -- ------ ---
 Ä2Ü    F: 209   ein   erwelde  ---              tu ------ ---
 Ä3Ü    C: 333   mein  -------- nu chum          -- ------ ---
 Ä7Ü             miniu -------- ---              -- ------ ---
 Ä8Ü    B: 445   ---   erwelte  ---              -- ------ ---
 Ä9Ü    H: 26    mein  aa: zirwelte nu chom      -- ------ ---

1.462   V. 448       ich wil zieren               mit dir      +++
 Ä1Ü    I: 280       --- --- ziren                --- ------ ---
 Ä2Ü    F: 210       --- --- ------               --- ------ ---
 Ä3Ü    C: 334   wand mein tron dar ist           --- ------ ---
 Ä7Ü    A: 464 min tron ist                       --- ------ ---
 Ä8Ü    B: 446       min t:ron ist                --- ------ ---
 Ä9Ü    H: 27   wan ---wil  ziren                 --- ------ ---

1.463   V. 449   minen tron        des bistu     wert       +++
 Ä1Ü    I: 281   mein  ----        dez pist   tu -------    ---
 Ä2Ü    F: 211   ----- ----        --- -----     -------    ---
 Ä3Ü    C: 335   wol geziret       --- pist   du -------    ---
 Ä7Ü    A: 465 gezieret wol        --- -----     -------    ---
 Ä8Ü    B: 447   gezieret wol      --- -----     -------    ---
 Ä9Ü    H: 28   min himel:trone dez bist  du w(er)t         ---
```

Abb. 2

Ziel; wir wollten nicht mit Kanonen auf Spatzen schießen. Der vorläufige kritische Text aus den von Werner Fechter übernommenen Vorarbeiten wurde daher schon als Basis für die automatische Kollation genommen und manuell unter Benutzung der automatisch erstellten übrigen Hilfsmittel ständig verbessert bis zum Abschluß. Der kritische 'Hinvart'-Text wird wie bei jedem Werk mit disparater handschriftlicher Überlieferung nur etwas Vorläufiges sein. Doch seine Speicherung auf einem Datenträger läßt bei jeder nötig werdenden Neuauflage eine Revision zu.

Die Ausgabe der Werke Konrads von Heimesfurt wurde natürlich auch mittels Lichtsatz gesetzt, d.h. der maschinenlesbare Text samt der Einleitung wurde über geeignete Satzprogramme direkt in die Druckvorlage verwandelt ohne die beim traditionellen Druckverfahren nötigen Umwege und die Last eines vollständigen zweiten Korrekturganges und der mit diesem verknüpften komplizierten Umbruchprobleme. Bevor allerdings auf der teuren computergesteuerten Lichtsetzmaschine ein Film belichtet wird, der die Seiten der fertigen Ausgabe abbildet, kann man das Ergebnis des Satzes anhand von kostengünstigen Simulationen, die mit einem Laserdrucker hergestellt werden, kontrollieren (s. Abb. 3). Erst wenn die Simulationsergebnisse befriedigend ausfallen, wird die Belichtung vorgenommen.

Die so erstellte Ausgabe bleibt maschinenlesbar und wird daher ohne großen Aufwand erneuert werden können, sobald neue Textzeugen gefunden worden sind und die Forschung neue Einsichten über die Gestalt des ursprünglichen Textes gewonnen hat. Damit wird das Prinzip der dynamischen Ausgabe durchführbar, die dem aktuellen Stand unserer Kenntnisse ohne großen drucktechnischen Aufwand angepaßt werden kann; denn die EDV ermöglicht auch Neuauflagen ohne große Mehrkosten.

Hinvart 21

alsô wir dir getrûwet hân.'
er sprach: 'nû sult ir iu lân
mîn muoter enpfolhen sîn; 435
und dise drî tage beitet mîn,
sô chum ich selbe nâch ir
und nim si schône zuo mir
als ich ir des schuldic bin.'
mit der rede schiet er hin. 440
Die herren leisten sîn gebot.
dô erschein in unser herre got
des tages als er in gehiez.
unser vrouwen er sich bereiten hiez.
er sprach: 'muoter, nû var 445
vrœlich und âne angest gar 446
hin dâ dir vreude bereitet ist a
von anegenge unz an dise vrist. b
mîn erweltiu, chum zuo mir! 447
ich wil zieren mit dir
mînen trôn, des bistû wert,

479 alsô *I*] Als *CAB*, Sie als *H*. dier (*verbessert aus* dich) herre *C*. haben *H*. **480/481** *in H drei Verse:*

Got sprach· frūte ir scholt beg^a^ben
Mariam die mūtir min
Vnd lazzent sie eūch enpholen sin.

480 nû *fehlt B*. ir súllt uch *B*. bewolhē lā *AB*. **481** Mine lieben (liebe *B*) mūter (mūter myn *B*) sin *AB*. **482** Vnd diz *I*, Die *C*, *fehlt H*. zwene *AB*. vnd beitet *H*. peitet *IFC*, bitent *A*, beitent *B*. **483** sô *IFC*] Sa *H*, An dem dritten tage (*fehlt B*) *AB*. selbe] selbir her *H*, h^s^ *A*, *fehlt B*. **484** *fehlt F*. schône] selb *I*. hin zū *B*, dan zū *H*. **485/486** *in H:* Mit der rede fūr got hin Die iūg'n hetten heiligen sin. **485** ir des] von rehte *A*, ir wol *B*. **486** hin *IH*] von in *FCAB*. **487** *Initiale FAB*. Sie hilten alle gotes gebot *H*. Dise *B*. **488** Nv *FC*. *Nach* **488** *in B zwei Verse:* An dem dritten morgen frū Do kam er in aber zū. **489** Das er sich schinberlichē (schinber *B*) sehē lies *AB*. Andem driten tage *C*. gehiez *aus* gehaize *verbessert C*, enthies *H*, g... *F*. **490** Sin mūt^s^ *H*. sich] si *F*. lies *H*. *Nach* **490** *in I ML 9326–37*. **491/492** var *:* gar] var vrolich *:* sicherleich *I* (*falsche Versabtrennung*). **491** Got *H*. liebe mūter *B*, liebù mūt^s^ min *A*, mueter mein *CH*. nû *fehlt B*. **492** Föelcichen *C*. und âne] an alle *H*. **493/494** *fehlen AB*. **493** dar *H*. vrowwe *I*. berait *IH*. **494** anegenge .../an dise *F*. unz an dise] an disser *H*. **495** Minù *A*, Ein *F*. aūzzirwelte *H*. nu chum *CH*. **496/497** *IF(H)*] Band (*fehlt AB*) mein troen der (*fehlt AB*) ist mit dier Bol gezieret (Gezieret wol *AB*) des pist du bert *CAB*. **496** Wan ich *H*. **497** Mein *IH*. himel trone *H*.

Abb. 3

Hans Fix

Edition im Altnordischen am Beispiel des 'Elucidarius'

Nachdem im 16. Jahrhundert in verschiedenen Werken zur skandinavischen Geschichte Inhalte altisländischer Texte in lateinischer Übersetzung publiziert waren, erschienen im 17. Jahrhundert die ersten Texte in der Originalsprache im Druck: Gautrekssaga (Uppsala 1664), Snorra Edda, Hávamál, Vǫluspá (Kopenhagen 1665), Herrauðs ok Bósa saga (Uppsala 1666), Landnámabók, Kristnisaga, Íslendingabók (Skálholt 1688), Ólafssaga Tryggvasonar (Uppsala 1691), Heimskringla (Stockholm 1697).[1] Vor allem in Schweden, das im Streben nach dem *dominium maris baltici* auf dem Höhepunkt seiner Macht stand und als Gewinner aus dem Dreißigjährigen Krieg hervorgegangen war, entstanden in der Verbindung von antiquarischem Interesse und Politik die ersten altisländischen Texteditionen, teils mit Übersetzung ins Schwedische und/oder Lateinische, die nicht zuletzt schwedischem Großmachtanspruch eine historische Legitimation verschaffen sollten. Im 19. Jahrhundert erlebte die Erforschung des Altnordischen eine Blütezeit, als gleichermaßen intensiv an den Texten und Hilfsmitteln gearbeitet wurde, die immer noch zu den Grundlagen des Faches zählen. Man könnte also vermuten, daß nach über 300 Jahren Editionstätigkeit im Bereich des Altnordischen und gut 100 Jahren intensiver philologischer Forschung alles ediert ist. Aber weder trifft das zu, noch sind die edierten Texte für alle Fragestellungen brauchbar, insbesondere helfen sie uns sprachwissenschaftlich oft nicht weiter. Diese Situation kann man nur aus der Editionstradition verstehen und erklären, und ich möchte im folgenden versuchen, Strömungen zu nennen und mit Personen zu verbinden, die durch ihr wissenschaftliches Engagement die heutige Lage wenn nicht bestimmt, so doch wenigstens mitbestimmt haben. Dadurch wird klar, in welchem editionsgeschichtlichen Zusammenhang der 'Elucidarius' steht.

Sieht man sich zunächst die Editionen seit dem 19. Jahrhundert an, ihre Standards, die Erscheinungsjahre, so lassen sich drei Schwerpunkte des editorischen Interesses erkennen: ein historischer, ein sprachlicher und ein literarischer, wobei der historische vom literarischen nicht einfach abzugrenzen ist. Das sprachliche Interesse galt vornehmlich der ältesten handschriftlichen Überlieferung, ohne Rücksicht, wie es scheint, auf deren literarischen oder historischen Wert und ebbte spätestens zur Jahrhundertwende ab. Die vorgelegten Editionen folgen vier verschiedenen Prinzipien: Entweder geben sie die Texte normalisiert wieder, oder sie lösen die Kürzungen ohne Kursive auf, so daß nicht klar ist, was überhaupt in der Handschrift steht (Beispiele: h̄ → hann, f̍ → fyrir), oder sie drucken diplomatisch mit Kursive, dann aber im allgemeinen doch so, daß eine Rückführung der Kursive in die Graphie der Handschrift nicht immer eindeutig möglich ist (Beispiele:

[1] Vgl. Halldór Hermannsson: Icelandic Books of the Seventeenth Century, 1601-1700. Ithaca NY 1922 (Islandica 14). Halldór Hermannsson: Old Icelandic Literature. A Bibliographical Essay. Ithaca NY 1933 (Islandica 23).

ħ → h*ann*, þ̊ → þ*ess* oder þ*ess*, maɴ → maɴ, f͛a → f*ar*a oder f*a*ra).[2] Dies gilt für die Ausgaben der wissenschaftlichen und literarischen Gesellschaften, die sich mit unterschiedlichen Zielen im einzelnen die Publikation des historischen Erbes teilten, Hið íslenzka bókmenntafélag [gegr. 1816],[3] Det kgl. nordiske Oldskriftselskab [gegr. 1825],[4] Det nordiske litteratursamfund [1847-70],[5] beerbt vom Samfund til udgivelse af gammel nordisk litteratur [1879-1956],[6] genauso wie für verschiedene Einzelausgaben und die der Arnamagnäanischen Kommission [gegr. 1772],[7] der Verwalterin des Nachlasses des berühmten Handschriftensammlers. Die Ausgaben aus Norwegen[8] hält FINNUR JÓNSSON für besonders sorgfältig, wenn sie auch normalisiert sind oder - vor allem die jüngeren Ausgaben - Kürzungen ohne Kursive auflösen.[9] Sprachwissenschaftlichen Bedürfnissen wurde schließlich nur in weni-

---

[2] Die in den alternativen Beispielen zu erkennenden Prinzipien der Behandlung alphabetischer Superskripte bedürften längst einer abbildungstheoretischen Diskussion. FINNUR JÓNSSON spricht sich in »Handrit og handritalestur og útgáfur« (Skírnir 105 [1931], S. 1-16) dafür aus, alphabetische Superskripte wie nichtalphabetische (titulus, Nasalstrich etc.) zu behandeln, was mir prinzipiell nicht einleuchten will, vor allem aber dafür, endlich zu einer einheitlichen Praxis zu kommen: »Hvorttveggja má vel til sanns vegar færa, en æskilegast væri, að mönnum kæmi saman um að hafa ætíð sömu aðferðina« (7).

[3] Z.B. Sturlunga saga (1817-18), Biskupa sögur (1858-78), Diplomatarium Islandicum (1857 ff.).

[4] Diese Gesellschaft wurde von C. C. RAFN und den Isländern G. BRYNJÓLFSSON, ÞORGEIR GUÐMUNDSSON, SVEINBJÖRN EGILSSON mit dem Ziel gegründet, »nordiske oldskrifters udgivelse og fortolkning og ellers alt, hvad der kan tjæne til at oplyse det gamle Nordens historie, sprog og oldsager i almindelighed, og derved til at vække og nære kærlighed til fædre og fædreland« zu fördern (zit. F. JÓNSSON 1918 [s. u. Anm. 9], S. 42). Es wurden ediert: Fornmannasögur, 12 Bde., 1825-37, dazu je 12 Bde. dänische (1826-37) und lateinische (1828-46) Übersetzungen. Weiter erschienen 2 Bde. Íslendingasögur (1829-30) und 3 Bde. Fornaldarsögur Norðrlanda (1829-39). Anderer Art ist K. GÍSLASONS Njála-Ausgabe (1875-89). Es folgten schließlich noch Hauksbók (1892-96), Landnámabók (1900), Sturlungasaga (1906-11). Daneben gab es Ausgaben in Folio wie Antiquités russes (1850-52) und Antiquitates americanæ (1837) mit lateinischer Übersetzung. SVEINBJÖRN EGILSSONS Lexicon poeticum erschien 1854-60, EIRÍKUR JÓNSSONS Oldnordisk Ordbog 1863, BENEDIKT GRÖNDALS Clavis poetica 1864. Seit 1832 gab es auch eine Zeitschrift, die sich in den Årbøger for Nordisk Oldkyndighed og Historie noch fortsetzt.

[5] Gründer waren N. M. PETERSEN und einige Isländer. Publiziert wurden z.B. eine Reihe populäre Islendingasaga-Ausgaben, FINSENS Grágás (1850-70), Íslenzk fornkvæði (1854-1860), K. GÍSLASONS Oldnordisk formlære (1858), G. LUNDS Oldnordisk ordföjningslære (1862).

[6] Nach JÓNSSON 1918 wurde mit dieser Reihe eine neue Epoche eingeleitet, nämlich die kritischer Texte. HERMANNSSON 1933, S. 14, kritisiert die Editionspraxis wegen mangelnder Koordination in aller Deutlichkeit.

[7] Gelehrte Editionen mit umfangreichen lateinischen Einleitungen etc.: z.B. Kristnisaga (1773), Gunnlaugssaga (1775), Edda (1787-1828), Egilssaga (1809), Grágás (1829, 1879, 1883), Elucidarius (1869), KÅLUNDS Islandsbeskrivelse (1877-82) und sein Katalog der AM-Sammlung (1889-94) sowie der Kgl. Bibliothek (1900). Eine Kritik der Kommission und ihrer Arbeit findet sich bei HERMANNSSON 1933, S. 45 ff. Seine Reorganisationsvorschläge sind mittlerweile zum Teil in die Tat umgesetzt.

[8] Norges gamle love (1846-95), Stjórn (1853-62), Karlamagnussaga (1860), Morkinskinna (1867), Postolasögur (1874), Heilagra manna sögur (1877). Kildeskriftfondet [gegr. 1857] publizierte z.B. Flateyjarbók (1860-68), Frísbók (1871); Det norske Oldskriftselskab [1861-73] z.B. Gammel norsk homiliebog (1864), Maríusaga (1867-71).

[9] »Alt dette var særdeles nöjagtige udgaver, hvor dog retskrivningen enten var normaliseret eller - især i de senere - bibeholdt (dog uden kursiverede opløsninger).« In: Udsigt over

gen sehr diplomatischen Editionen von hervorragender Qualität Rechnung getragen, die ich Faksimiledrucke[10] genannt habe, die aber in Analogie zur phonetischen Transkription vielleicht besser als enge diplomatische Drucke bezeichnet würden, beginnend mit Beispielen in KONRÁÐ GÍSLASONS Um frumparta íslenzkrar túngu á fornöld, Kopenhagen 1846, seinen Brudstykker af den islandske Elucidarius [11] bis hin zu VERNER DAHLERUPS Ágrip af Noregs Konunga Sögum, Kopenhagen 1880. DAHLERUP diskutiert in seinem Vorwort die früheren Ágrip-Ausgaben und weist auf die für ihre Zeit besonders sorgfältige von FINN MAGNUSSON (Fornmannasögur X, 1835) hin. Er begründet die eigene Neuausgabe damit, daß für Sprach- und Literaturforscher eine zuverlässige Ausgabe vorliegen möge, die soweit wie möglich die Handschrift ersetzen kann.[12] Seltsamerweise wird die Möglichkeit des fotolithografischen Faksimile, wofür es 1880 ja bereits beste Beispiele[13] gab, von DAHLERUP nicht erwähnt. Ob DAHLERUP schon den unterschiedlichen Wert beider Editionstypen gesehen hatte? Jedenfalls können die genannten Ausgaben auch heute noch als vorbildlich gelten.

KONRÁÐ GÍSLASON (1808-91) war wohl der erste, der erkannte, daß Editionen zielgerichtet für ein bestimmtes Publikum hergestellt werden sollten. Deshalb forderte er 1846 bereits zwei Arten von Ausgaben: eine für den Sprachwissenschaftler, dem die Handschrift selber leider nicht vorliegt, der aber alles genauso vorfinden sollte, wie es die Handschrift aufweist, und eine für den gemeinen Leser, normalisiert nach Sprache, Alter und Lokalisierung des Textes, d. h. in vielen Fällen also anders als unsere übliche Normalisierung.[14] Diese Forderung hat - aus

den norsk-islandske filologis historie. Festskrift udg. af Københavns Universitet i Anledning af Hans Majestæt Kongens Fødselsdag den 26. September 1918. København 1918, S. 46f.

[10] Vgl.: Production and Usage of a Machine-Readable Manuscript. A Report on the Saarbrücken Version of Grágás Konungsbók. In: Computer Applications to Medieval Studies. Ed. ANNE GILMOUR-BRYSON. Kalamazoo MI 1984 (Studies in Medieval Culture 17), S. 107-115; ders.: Wörterbuch und Grammatik als Folgeprodukte der computerunterstützten Textedition. In: Amsterdamer Beiträge zur älteren Germanistik 24 (1986), S. 107-115.

[11] Die Fragmente AM 675 4° und AM 238 fol. XVIII (In: Annaler for nordisk Oldkyndighed og Historie, 1858, S. 98-172) sind eng diplomatisch abgedruckt, nicht aber AM 674a 4°, ebd. S. 51-98.

[12] »Af disse udgaver er navnlig Finn Magnussons besørget med en for den tid sjælden stor omhu. Når jeg altså ikke des mindre har ment at turde byde den oldnordiske litteraturs og sprogvidenskabs dyrkere en ny udgave, da er det, fordi jeg tror, at der af et i alle henseender så vigtigt kildeskrift som Ágrip bör findes en udgave, der så vidt muligt kan erstatte håndskriftet selv og kan danne et pålideligt grundlag ved så vel historiske som sproglige undersøgelser over dette mærkelige værk, hvilket ikke kan siges at være tilfældet med de tidligere udgaver, hvor höjt de en står over de aftryk af gamle håndskrifter, som ellers præsteredes for 40-50 år siden« (2f.).

[13] Z. B. Det Arnamagnæanske Haandskrift, Nr. 674 A, 4to, indeholdene det ældste Brudstykke af Elucidarius paa Islandsk. Kjøbenhavn 1869.

[14] »Ef vel væri, ættu að vera tvennskonar útgáfur af því sem ritað er á íslenzku í fornöld. Í fyrsta lagi ætti að prenta allar helztu skinnbækur, án þess að neinu væri breytt, svo að blaðsíða svaraði blaðsíðu, lína línu, orð orði, stafur staf, band bandi, púnktur púnkti, og allt eptir því; þess kyns útgáfur eru nauðsynlegar handa þeim, er leggja stund á málið, en hafa ekki sjálf handritin. Í öðru lagi þarf almenníngur eins fyrir því að halda á þesskonar útgáfum, þar sem allt er fært til rjetts og stöðugs ritsháttar, eptir því sem næst verður komizt, að menn hafi talað í fornöld á þeim stað og tíma, er hver bók hefur verið rituð« (Um frumparta ..., S. II).

verständlichen Gründen, wenn man sich Editionen der ersten Art ansieht, - kaum die verdiente Resonanz gefunden; die Ausgaben waren für viele Benutzer zu aufwendig und im Endeffekt wohl auch zu teuer. Unter seinem Nachfolger in Kopenhagen, FINNUR JÓNSSON (1858-1934), waren Editionen dieser Art passé. Dazu kam, daß die sich entwickelnde Fotografie Handschriften viel genauer wiedergeben konnte als der Faksimiledruck, der Fotograf sozusagen die Aufgabe des Editors übernahm. Von größtem Interesse ist in diesem Zusammenhang HALLDÓR HERMANNSSONS Kommentar zur Editionspraxis, selbst wenn ich seine Ansichten keineswegs teilen kann:

> The editing of the texts has naturally varied. The earliest editions were uncritical, but the method adopted by the Society of Northern Antiquaries was adequate for most purposes. Other societies and editors have followed similar methods. Then the diplomatic editions came into vogue, and philologists eagerly welcomed them. All texts were to be published, if possible, in that way. Doubtless various things can be brought forward in favor of such reproductions, but they have one very serious drawback; most of them are absolutely unreadable, and that can hardly be called a recommendation for any book, because most books are printed to be read. Philologists, however, were supposed to read them, but now we hear testimonies to the contrary and the effort required is said to be too great for them.* In other words, there is no longer much excuse for them. Wherever it is desirable, or necessary, to reproduce old texts accurately there is only one way to do it - by the photographic method, and Mr. Munksgaard has shown the way by his excellent reproductions of manuscripts. Such reproductions are the only absolutely reliable ones from every point of view. But they are for libraries, museums, the scholar and the bibliophile. When the works are of general interest, as are most of the sagas, readable editions are required (with or without variant readings as the case may be), and stress should be laid upon supplying them. Strange as it may seem, for some of the sagas there are no readable editions in existence, not even of those which would be widely read. As an example I might mention the *Morkinskinna,* a collection of Kings' sagas full of interesting and well-told tales. Of this there are two editions of the diplomatic type, both virtually unreadable by most mortals, especially the second; but a readable one does not as yet exist.[15]

Die älteste isländische Überlieferung, die fast ausschließlich nicht-heimisches Material umfaßt, Übersetzungen von lateinischen Traktaten, Homilien, Heiligenleben u.ä. und die vor allem die Sprachwissenschaftler so beschäftigt hatte, rückte an den Rand des Interesses. Eine Reihe dieser »wenig interessanten« Texte lag - teils diplomatisch - vor,[16] 1891 folgte noch LARSSONS spezielles vollständiges Wörter-

---

[15] HALLDÓR HERMANNSSON 1933, S. 44. Die zum Zitat gehörende, mit * markierte Fußnote lautet: »Finnur Jónsson, the most prolific producer of diplomatic editions, recently confessed that he has come to the conclusion that these editions are not worth while because even philologists do not read them, but rely for the most part upon the analysis of the orthography generally found as an introduction to the editions (see Skírnir, vol. CV, 1931, pp. 14-15).« FINNUR JÓNSSONS Aufsatz legt, wie ich meine, programmatisch dar, wie Ausgaben zu machen sind, vor allen Dingen aber, wie Ausgaben unter seiner Regie zu machen waren.

[16] Z.B. J. SIGURÐSSON / G. VIGFÚSSON (Hgg.): Biskupa sögur. Kaupmannahöfn 1858-78; TH. WISÉN (Hg.): Homiliu-bók. Isländska Homilier efter en handskrift från tolfte århundradet. Lund 1872; C. R. UNGER (Hg.): Maríu saga. Christiania 1871; ders.: Postola sögur. Christiania 1874; ders.: Heilagra manna sögur. Christiania 1877; THORVALDUR BJARNARSON (Hg.): Leifar fornra kristinna fræða íslenzkra. Kaupmannahöfn 1878; L. LARSSON (Hg.): Äldsta delen af cod. 1812 4to gml. kgl. samling på kgl. biblioteket i København. København 1883; ders.: Isländska handskriften No 645 4° i den Arnamagnæanske samlingen. Lund 1885; V. DAHLERUP (Hg.): Physiologus i to islandske bearbejdelser. In: Aarbøger for nordisk Oldkyndighed og Historie 1889, S. 199-290.

buch zu den ältesten Handschriften;[17] literaturwissenschaftlich haben die Texte in allerjüngster Zeit erst Interesse gefunden.[18]

Die Blüte der engen diplomatischen Editionen war kurz. Das Interesse der meisten Forscher der jüngeren Generation war eher auf Historisches und Literarisches gerichtet, und die Akribie diplomatischer Genauigkeit, wie KONRÁÐ GÍSLASON und andere sie gefordert und bewerkstelligt hatten, war nicht länger gefragt, solchen Aufwand mußte man zur Befriedigung des neuen Interesses nicht treiben.[19] So wundert es nicht, daß FINNUR JÓNSSONS Nachfolger JÓN HELGASON 1937 noch über die geradezu sprichwörtliche Langsamkeit der Kopenhagener Textedition spötteln konnte, die erst durch FINNUR JÓNSSON so in Schwung gekommen sei, daß alle Reihen hinreichend zu tun gehabt hätten.[20] Für die Sprachwissenschaft bleibt davon jedoch kaum etwas; im Gegenteil, FINNUR JÓNSSONS Ausgaben sind für ihre mangelnde Zuverlässigkeit bekannt. Er gestand den Sprachwissenschaftlern zwar diplomatische Ausgaben zu, baute dann aber Hinderungsgründe auf und kam zu dem Schluß, daß eigentlich nur die Handschriften selbst eine Lösung auf viele Fragen geben können. Zudem seien solche Ausgaben für Historiker, Literaturwissenschaftler u. a. wenig geeignet. Aufgabe der Zukunft sei es, alle Interessenten zufriedenzustellen.[21] An anderer Stelle wirft er den Philologen vor,

---

[17] L. LARSSON: Ordförrådet i de älsta isländska handskrifterna. Leksikaliskt ock gramatiskt ordnat. Lund 1891.

[18] Vgl. M. CLUNIES ROSS: Skáldskaparmál. Snorri Sturluson's *ars poetica* and medieval theories of language. Odense 1987 (The Viking Collection 4).

[19] JÓNSSONS Erwägungen, ob der Aufwand eigentlich die Mühe lohne, müssen unter diesen Prämissen zu einem negativen Schluß führen: »En hjer kemur til greina hugleiðing, sem höfundur þessarar ritgjörðar hefur alið einkum á síðari tímum, þ. e. hvort þessi nákvæmni sje nú svo mikils virði í rauninni, og hvort ekki sú hin mikla vinna, sem þá er lögð á skrifara og útgefanda, setjara og prófarkalesara, sje of dýru verði keypt, með öðrum orðum: hvort ›erindið svari til erfiðis‹. Jeg er nú kominn að þeirri niðurstöðu helst, að svo sje ekki í raun og veru« (JÓNSSON 1931, S. 14).

[20] »Den Langsomhed, som i de foregaaende Aartier havde præget det københavnske Udgivelsesarbejde, blev nu afløst af en saadan Fart, at saavel de gamle Institutioner, Den Arnamagnæanske Kommission og Det kgl. nordiske Oldskriftselskab, som det 1879 stiftede Samfund til Udgivelse af gammel nordisk Litteratur i J.s Tid altid havde nok at bestille« (Dansk Biografisk Leksikon 12, 1937, S. 76).

[21] »Men der er meget endnu at göre, ikke blot udgivelsen af de nys nævnte ikke-udgivne tekster, men både enkelte håndskrifter må særskilt udgives på grund af deres egenskaber, selv om de tidligere er bleven benyttede, og dernæst må det samme værk i flere tilfælde helst udgives på flere måder. Sprogforskeren kræver med rette udgaver, der er så nöjagtige som muligt, hvor håndskrifternes skrivemåde nöje er fulgt; dette sker best ved de såkaldte »kursiverede« udgaver, hvor håndskriftets forkortelser angives med kursivbogstaver, og dog kan der her ofte være tvivl og vanskeligheder tilstede, for ikke at tale om subjektiv opfattelse af mange enkeltheder. Fotografisk gengivelse vilde være det mest tilfredsstillende, men heller ikke den er altid tilstrækkelig; hvor membranen er stærkt slidt eller blækket afbleget, hjælper fotograferingen ikke meget. Da er det kun muligt at læse den slags blade ved hjælp af vand (fugtning), når blækket ikke er jærnholdigt, idet skriften da pludselig bliver tydeligere. Men de udgaver, de sprogforskeren ønsker, er ikke altid lige heldige for historikeren, litteraturforskeren, tekstkritikeren, for ikke at tale om dem, der blot for fornöjelsens skyld vil læse de gamle skrifter; disse ønsker let læselige udgaver med almindelig retskrivning, når de blot er kritisk udgivne. Det bliver fremtidens opgave at tilfredsstille aller parter, og efterhånden bliver det lettere« (JÓNSSON 1918, S. 54f.).

für die ja diese komplizierten diplomatischen Editionen schließlich gemacht würden, daß sie die Texte selbst gar nicht läsen, sondern nur die Einleitungen dazu.[22]

Das Schwergewicht der editorischen Mühen wurde spätestens seit FINNUR JÓNSSON auf heimische Stoffe gelegt, die literarischen und historischen Anspruch erheben, zwar nicht so alt, dafür aber - beste Voraussetzung für kritische Editionen - öfter parallel überliefert sind und ja in heidnische Vergangenheit zurückreichen. Beispielhaft für diesen Stand ist die Altnordische Saga-Bibliothek (18 Bde., Halle 1892-1929) mit normalisierten Texten, aber auch die noch laufende Reihe von Hið íslenzka fornritafélag [gegr. 1928] (bisher 19 Bde., Reykjavík 1933 ff.) folgt dieser Praxis. An der Samfund-Reihe (67 Bde., Kopenhagen 1880-1956/76) kann man die Veränderungen der editorischen Konzeption gut sehen, weg von der einzelnen Handschrift und hin zum kritischen Text, weg von der (engen) diplomatischen Ausgabe und hin zum Text ohne Kursive. Auf ein Paradox der Überlieferung möchte ich noch aufmerksam machen: Die in den ältesten Handschriften überlieferten Texte sind fast ausschließlich christlich-religiöser Natur, während die auf die vorchristliche Zeit zurückweisenden Texte der historisch und literarisch bedeutsamen altisländischen Gattungen in jüngeren Handschriften überliefert sind. Darüber kann man zwar in den einleitenden Kapiteln mancher Grammatiken etwas lesen, in den meisten Literaturgeschichten spielt dieses Faktum aber keine Rolle, zumindest nicht die, die es meiner Überzeugung nach verdient hätte.[23] Für das Studium der sprachlichen Entwicklung heißt das, daß anhand der engen diplomatischen Ausgaben der ältesten Überlieferung die Sprache zwar einigermaßen studiert werden kann, daß das edierte Material aber immer dünner wird, je jünger die Handschriften sind und je mehr zugleich überliefert ist. Welche Funktion in diesem Zusammenhang kritische Apparate haben, die diplomatischer sind als die zugehörigen Texte,[24] bleibt mir unklar. Als Beispiel für die inhaltsinteressierte Editionspraxis sei C. R. UNGER genannt, der in seiner Einleitung zur Postolasögur-Edition[25] den Verlust der Skarðsbók zwar beklagt, aber mit den vorhandenen guten Abschriften, die ÁRNI MAGNÚSSON hatte anfertigen lassen, hinreichend bedient ist. Solche Einstellung war für die Sprachwissenschaft nicht förderlich. Von Bedeutung scheint mir an dieser Stelle auch das Unbehagen BOERS in der Einleitung zu seiner Grettla-Ausgabe[26] und wie er das ganze Problem sieht. Die Orthographie sei die übliche der Sagabibliothek, unproblematisch für die Prosa, aber keinesfalls klar für die Strophen, deren Wiedergabe ein Abweichen von den Prinzipien der

[22] JÓNSSON 1931, S. 14f.: »Jeg þykist líka hafa skilið, að þar sem nákvæm rjettritunarlýsing er í formála, hafa málfræðingar notað hana, en alls ekki útgáfuna sjálfa, þótt böndin hafi verið sýnd í henni.«

[23] Ausnahmen bilden: H. BEKKER-NIELSEN / TH. D. OLSEN / O. WIDDING: Norrøn Fortællekunst. Kapitler af den norsk-islandske middelalderlitteraturs historie. [København] 1965; G. TURVILLE-PETRE: Origins of Icelandic Literature. Oxford 1967.

[24] Z. B. KR. KÅLUND (Hg.): Laxdœla saga. København 1889-91 (Samfund til Udgivelse af gammel nordisk Litteratur 19).

[25] »Originalen existerer desværre ikke mere, men Arne Magnusson har i sin Tid under sit eget Tilsyn ladet tage en særdeles god Afskrift af den og fordelt den i 3 Bind (No. 631, 636 og 628 qv.), saa at Tabet for saa vidt ikke er meget stor« (S. II).

[26] R. C. BOER (Hg.): Grettis saga Ásmundarsonar. Halle 1900 (Altnordische Saga-Bibliothek 8).

Reihe erfordert hätte; denn kaum eine Strophe verdiene das altertümliche Gewand, das sie trage. »Doch zeigen gerade solche stellen, dass es besser wäre, keine unveränderliche normalorthographie und normalsprachformen für litterarische produkte, welche jahrhunderte auseinander liegen, vorzuschreiben« (S. XLVIII).

Wie ordnet sich nun der 'Elucidarius' in diese Editionstradition? Der altisländische 'Elucidarius' ist die altisländische Version des bekannten, auch in andere Vulgärsprachen übersetzten und Honorius Augustodunensis mit guten Gründen zugeschriebenen lateinischen Traktats, der im Dialog von Magister und Discipulus die theologische Gelehrsamkeit seiner Zeit dartut. Altisländisch sind acht Fragmente[27] überliefert, von denen eines zu den ältesten isländischen Handschriften überhaupt gerechnet wird und daher entsprechende Aufmerksamkeit gefunden hat. Die Fragmente sind zum Teil parallel, bieten zusammen aber ca. 80% des lateinischen Textes. Das gelehrte Island hatte offenbar ein großes Interesse an diesem *Dialogus de summa totius christianae theologiae,* wie der moderne Untertitel heißt; zumindest bis ins 17. Jahrhundert muß der Elucidarius dort eine pädagogische Rolle gespielt haben,[28] während die Theologen der Hochscholastik kaum rezipiert wurden.[29] Das älteste Fragment (Abb. 1) wird auf 1200 datiert, ist gut erhalten und sprachlich altertümlich, daher erscheint es nicht verwunderlich, wenn gerade diesem Text 1869 eine der ersten Faksimileausgaben gewidmet wurde.[30] Elf Jahre zuvor war er in mustergültiger Weise mit zwei weiteren Fragmenten von Konráð Gíslason ediert (Abb. 2) und zusammen mit einer dänischen Übersetzung publiziert worden.[31] Der Text der ältesten Handschrift ging vollständig in das schon erwähnte Wörterbuch von Larsson mit ein und spielte 1877 in der Kopenhagener Dissertation[32] von Julius Hoffory, dem spätere Berliner Mentor Andreas Heuslers, eine wichtige Rolle.

Yves Lefèvre publizierte 1954 seine kritische Ausgabe des lateinischen 'Elucidarius' (hauptsächlich) nach der Überlieferung in Frankreich[33] und löste damit die

[27] Es sind die Handschriften der Arnamagnäanischen Sammlung: AM 674a 4°, AM 675 4°, AM 544 4°, AM 685b 4°, AM 685d 4°, AM 238 fol. XVIII, AM 238 fol. XIX, AM 229 fol.

[28] Es gibt zwei Abschriften von AM 674a 4° aus dem 17. Jh., nämlich AM 676a 4° und 676b 4°, und letztlich ein faksimilierendes Autograph Konráð Gíslasons von 3 Bll. in KG 26 VI. Lateinisch liegen zwei Bruchstücke vor: AM 674b 4° (15. Jh.) und 674c 4° (1300). Bemerken möchte ich hier noch, daß es auch verschiedene im Verfasserlexikon (VL 5 [1985], Sp. 939-947) nicht erwähnte 'Lucidarius'-Fragmente auf isländisch gibt, nämlich AM 696 VI 4° (1. Hälfte 17. Jh., so Jón Helgason 1957, s. u. Anm. 34, S. XXXII), AM 779b 4° (17. Jh.), BM Add. 4889 (1700), schließlich eine ganze Reihe im einzelnen noch nicht untersuchte in der isländischen Nationalbibliothek aus dem 19. Jahrhundert.

[29] Vgl. Paul Lehmann: Skandinaviens Anteil an der lateinischen Literatur und Wissenschaft des Mittelalters. 2. Stück. München 1937 (Sitzungsberichte der Bayerischen Akademie der Wissenschaften. Phil.-hist. Abt., Heft 7).

[30] Vgl. Anm. 16.

[31] Vgl. Anm. 11. Magnus Eiriksson (Übers.): Brudstykker af den islandske Elucidarius. In: Annaler for nordisk Oldkyndighed og Historie, 1857, S. 238-308.

[32] Auch als Aufsatz veröffentlicht: Oldnordiske consonantstudier. In: Arkiv for Nordisk Filologi 2 (1883), S. 1-96.

[33] Yves Lefèvre (Hg.): L'Elucidarium et les Lucidaires. Contribution, par l'histoire d'un texte, à l'histoire des croyances religieuses en France en moyen âge. Paris 1954 (Bibliothèque des Écoles françaises d'Athène et de Rome 180).

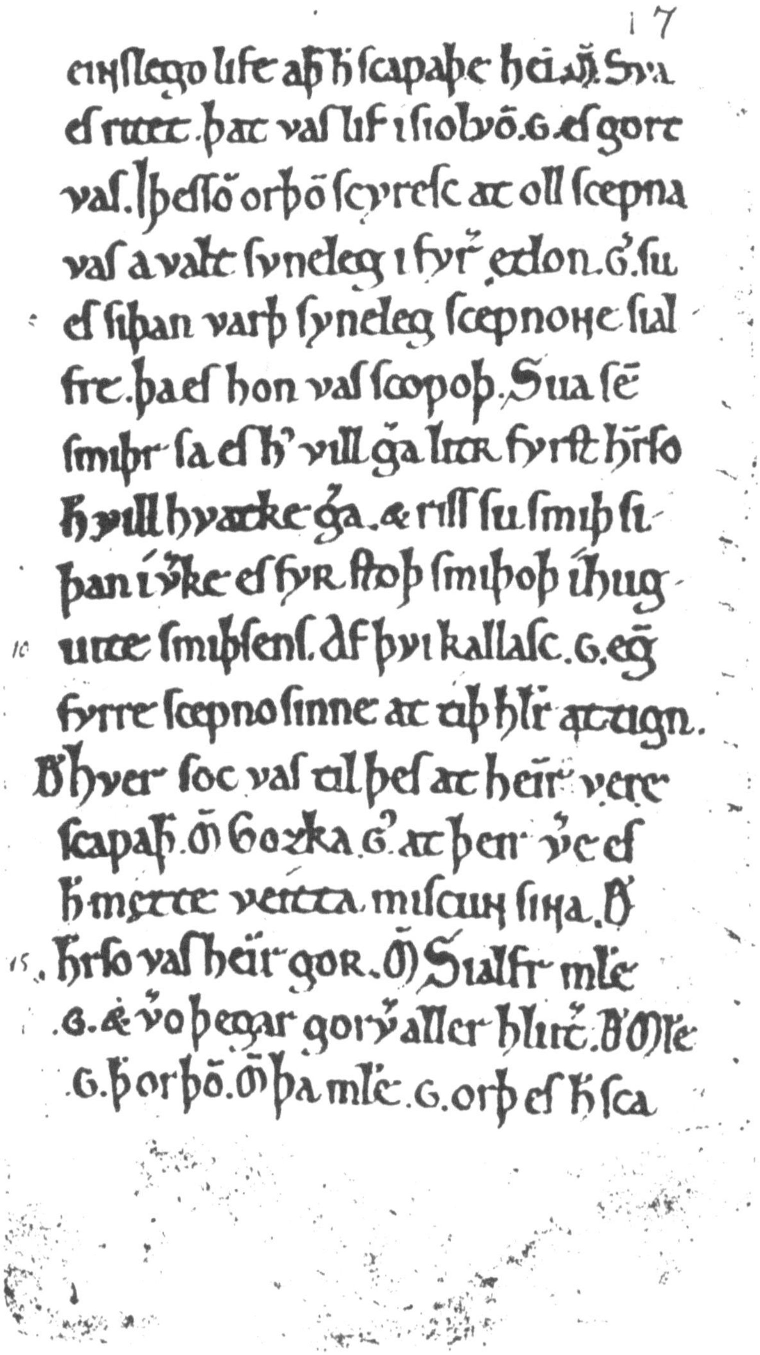

Abb. 1: AM 674a 4°

oc verk *oc* hugrenn*gar*[3]. *Discipulus.* Scolo*m* ve*r* þ*at* ętla at .G.
lifþe (*S.7*) einslego life a[þr] h*ann* scapaþe hei*m*. *Magister.*
Sva es ritet. þat vas lif isiolvo*m* .G. es gort vas. Jþesso*m*
orþo*m* scvresc at oll scepna vas á valt svneleg ifvr*er* ętlon[4].
Go*þ*(s). su es siþan varþ svneleg scepnoꝛe sialfre. þaes
hon vas scopoþ. Sua se*m* smiþr sa es h*us* vill g*er*a litr
fvrst h*v*erso h*ann* vill hvatke g*er*a. *oc* riss su smiþ siþan
i v*er*ke es fvꝛ stoþ smiþoþ ihugute smiþsens. Af þvi
kallasc .G. e*ig*e fvrre scepno sinne at tiþ he*ldr* at tign.
Discipulus Hver soc vas til þes at hei*m*r vęre scapa[þr].
Magister Gezka .Go*þs*. at þeir v*er*e es h*ann* męlte veitta[5]
miscuꝛ sina[5]. *Discipulus* hv*er*so vas hei*m*r goꝛ. *Magister*
Sialfr mel*t*e .G. *oc* v*or*o þegar gorv*er* aller hlut*er*. *Discipulus* Mel*t*e .G. þ*at* orþo*m*. *Magister* þa mel*t*e .G. orþ
es h*ann* sca- (*S.8*) paþe alla hlu*t*e fvr son es kallasc orþ foþor
se*m* ritet es. Alt g*er*þ*er* þu i speke .Go*þs*. *Discipulus.*

Diplomatischer Abdruck 'Elucidarius' Fragment AM 674a 4°: KONRÁÐ GÍSLASON (Hg.), Annaler for nordisk Oldkyndighed og Historie, 1858, S. 51-98 (S. 56).

vilia oꝛð z verk z hvgrēningæ   Skolō pær þ ætla at gvð
lifði ſlikv [7] lifi aðꝛ en h̄ ſkapaði himīn [8]   va er ritat [þ
pæ iſialfō gvði er goꝛt væ [9] iþesō oꝛðv̄ ſkyrizc at oll ſkepna
pæ iānan ſynilig iper [10] ætlan gvðſ ſv er ſiðan pæð ſynilig
ſkepnv̄ni ſialfræ þa er hon væ ſkopoð Sv(a) ſem ſmiðꝛ ſa er
hvſ vill gæra lit*r* fyrſt a hvæꝛſo h̄ vill hv*er*ki goꝛa z riſſv
ſmið ſiðan iverki er [fyꝛi ſtoð hvlð ſmiðot [11] i i [12] hvgſkote
ſmiðſinſ   f þ*v*(i) kallazc gvð eigi fyꝛi ſkepno ſiŋi at tið
[hælðꝛ en at tign [13]   h(v)æꝛ ſok væ til þes er hæim*r* þæsi
væ ſkapaðꝛ   Gæzka gvðſ at þ*eir* være er h̄ mætti [at h̄ [14]
væita mikvŋ ſina   hvæꝛſo væ hæim*r* goꝛ   Sialf*r* melltí
gvð z vrðv þægæ goꝛf*er* allir hlyt*er*   Mællti gvð þ orðō
þa mælti gvð oꝛðv̄ er h̄ ſkapaðe alla hlvte fyr*er* ſon ſiŋ er

Enger diplomatischer Abdruck 'Elucidarius' Fragment AM 675 4°: KONRÁÐ GÍSLASON (Hg.), Annaler for nordisk Oldkyndighed og Historie, 1858, S. 98-172 (S. 101).

Abb. 2

Edition der Patrologia Latina Bd. 172 ab. Er schuf damit die Voraussetzung für eine Neubeschäftigung auch mit dem altisländischen Text, so daß 1965 JÓN HELGASON ein Faksimile mit detaillierter Einleitung erscheinen ließ; drei Jahre später folgte das zweite Elucidariusfragment in Faksimile, dem die genaue Analyse allerdings fehlt.[34] JÓN HELGASON regte schließlich Anfang der 70er Jahre auch die Neuausgabe der gesamten altisländischen 'Elucidarius'-Überlieferung an. Betraut mit dieser Aufgabe wurden EVELYN S. FIRCHOW und KAAREN GRIMSTAD, die für die Schriftenreihe des AM-Instituts in Island die diplomatische Edition aller acht bekannten Fragmente vorbereiten.[35]

Dieses Unternehmen begann noch in der Lochkartenzeit mit Großbuchstaben; es ist einer der ersten Versuche, die damals noch neue Computertechnik für philologische Zwecke nutzbar zu machen. Die beiden umfänglichsten Handschriftenfragmente mit 7800 und 11800 Wörtern wurden maschinenlesbar gemacht. In einer vielleicht noch nicht sonderlich geschickten, aber jedenfalls hinreichend detaillierten und offenen, d.h. bei neu auftauchenden Buchstaben problemlos erweiterbaren Kodierung hielt man ohne vorherige Graphemanalyse graphische Einzelheiten wie Buchstabenform, Kürzel etc. fest, wenn auch die Kürzungen zugleich aufgelöst wurden, weil sie in der Edition als Kursive erscheinen sollten und an eine automatische Auflösung[36] noch nicht zu denken war. Dennoch war das Hauptziel, die Handschriften zunächst einmal abzubilden, um danach erst Entscheidungen über Allographien etc. zu fällen, also genau das, was die enge diplomatische Edition KONRÁÐ GÍSLASONS und seiner Zeitgenossen getan hatte. Die Auflösung der Kürzungen geschah in einem iterativen Verfahren nach den vorherrschenden Schreibungen der jeweiligen Handschrift, die man mit Hilfe von Konkordanzen studiert hatte. 1984 lagen die beiden größten Fragmente schließlich maschinenlesbar zum Druck vorbereitet vor, in einer Kodierung, die zugleich ein Abbild der Handschriften darstellt und einen relativ diplomatischen Text mit der Möglichkeit kursiver Auflösungen von Kürzungen.

Die übrigen sechs Fragmente sind kürzer, zwischen 100 und 3700 Wörtern, sie waren lediglich diplomatisch, also nicht eng, ediert, die paläographischen Details fehlten. In der Zwischenzeit entstand die Idee, ein vollständiges Wörterbuch zu der gesamten altisländischen 'Elucidarius'-Überlieferung zu erarbeiten; darauf soll hier nicht weiter eingegangen werden.[37] Das legte jedoch nahe, auch die kleinen noch nicht maschinenlesbaren Fragmente zu erfassen, damit man mit einem ein-

---

[34] JÓN HELGASON (Hg.): The Arna-Magnæan Manuscript 674 A, 4to: Elucidarius. Copenhagen 1957 (Manuscripta Islandica 4); ders.: Hauksbók: The Arna-Magnæan Manuscripts 371, 4to, 544, 4to, and 675, 4to. Copenhagen 1960 (Manuscripta Islandica 5).

[35] Es wurde verschiedentlich über das Projekt berichtet. Vgl. zuletzt KAAREN GRIMSTAD: Editing the OI 'Elucidarius' with the aid of the computer. In: Amsterdamer Beiträge zur älteren Germanistik 24 (1986), S. 91-97, und EVELYN S. FIRCHOW: On the Multiple Use of the Computer in Medieval Text Editing. Ebd., S. 99-105.

[36] Vgl. ANDREA VAN ARKEL: Can the Computer Expand Abbreviations? In: Amsterdamer Beiträge zur älteren Germanistik 17 (1982), S. 1-12.

[37] Vgl. EVELYN S. FIRCHOW / HANS FIX: Das teilautomatisierte Wörterbuch zum altisländischen Elucidarius. In: Kontroversen, alte und neue. Akten des VII. Internationalen Germanisten-Kongresses Göttingen 1985. Tübingen 1986. Bd. 3. Hg. v. WALTER WEISS u. a., S. 193-199.

36v NJÁLS SAGA

veitt hm nabiarḡ ė opn̄ ėo nafarn̄. þ ætlaða ek
ſkarþ̄. ſ. ħ. ſꝁþ̄. geck at ⁊ veitti hm nabiarḡ
þa mli ſꝁþ̄. ᷌ ꝼoður ſin̄. hu᷑ ſeḡ þu at h haꝼi
vegit. ɴ.ſ. lytıngr aꝼ ſaſtoðu̅ mun h haꝼa ve
git. ⁊ bb.ñ. hroðny mli. ꝧ ꝼel ek a honðum
ſꝁp at heꝼna broður þinſ ⁊ þói h ſe ė ſkilge
tin̄ þa ætla ek þo at ꝧ muni vel ꝼara ⁊ þu
mun̄ þo meſt epꞇ̄ ganga. ƀgðora .m. vnðarli
ga er yðr ꝼarit. ꝧ vegit víg þau ė yðr rekr lí
tið ꞇ. en melltið þta ⁊ ſioðet ꝼ yðr ꞅ at ecki
v̊ðr aꝼ. ᴍun ħ þegar ſpyrſt kōa .ħ. ħtaneſ
goði ⁊ biðia yðr ſætta. ⁊ munu ꝧ veita hm þ.
⁊ ė nu ꞇ at raða eꝼ ꝧ vilit ſꝁþ̄.m. Eggiar mo
ðer v́ar oſſ log eggiun nu. Siðan hlıopu þr
v́t. hroðny geck in̄ m; .ɴ. ⁊ ᷌ þar v̄ nottina.

99 Nu ė at .ſ. ꝼ ſꝁþ̄ ⁊ þei̅ .bb. at þr ſteꝼna vpp m;
rang á. þa mli ſꝁþ̄. ſtonðu v̊ nu ⁊ hlyðū ꞇ
Siðan mli h ꝼoru v̊ nu hliott. ꝧ at ek heyri
m̄ mal vpp m; āni. eða huart vili þit hellðr
eiga ᷌ lyting eða .bb.ñ.íj. þr q̊ðuz hellðr vil
ia eiga ᷌ lytīg ein̄. J hm er þo veiðrin meiri. ſ.
ſꝁþ̄. ⁊ þiki m̄ illa eꝼ vnðan beꝁ. en ek treyſti
m̄ at ė ðragi vnðan. ꞇ ꝟu ᷌ ꞅ ſteꝼna. ſ. helgi
eꝼ ᷌ komūz i ꝼæri at ė reki vnðan. Siðan gen
gu þr þangat ſē ſꝁþ̄. haꝼði heyrt m̄ malit. ok
ſia huar þr lytıngr ero ᷌ læk ein̄. ſꝁþ̄ hleypr
þegar ıꝼ̄ lækin̄ ⁊ i melbackān oðrū megin. ꝧ
ſtoð hallġmr a vppi ⁊ þr bb. ſꝁþ̄. hauɢr a læ
rit hallġmi ꞅ at þeḡ tok vnðan ꝼotin̄. En
þriꝼr hallkel ānaꝁi hēði. lytīgr leɢr ꞇ ſꝁph̄
helgi kō þa at. ⁊ bra ᷌ ſkilldinū ⁊ kō þar i lagit ly
tīgr tok vpp ſteī ānaꝁi henði. ⁊ lauſt ſꝁþ̄. ⁊ varð
hallkell þa lauſſ hallꝁ hleypr þa vpp a backāɴ
⁊ kēz ė a vpp ānan veg en h ſkaut niðr knia
nū ſꝁþ̄. ſlæm̄ ꞇ ñ exini ⁊ hauḡr i ſunðr i hm
hryggin̄ lytīgr ſnyr nu vnðan en þr Grīr ⁊ hel
gi epꞇ̄ ⁊ kēr ſinu ſari huaꝁ a lyting. h kōz
vt a ana vnðan þei̅ ⁊ ſua ꞇ hroſſa ⁊ hleyþ
ꞇ ꝧ ė h kō i oſſabæ. ħ. ᷌ heima. ⁊ ꝼinr h þeḡ
lytıngr. ſ. hm v̊kin ſlikſ ᷌ ꝧ v́an. þu ꝼórt raſ
anði miog. ᴍun ħ ſānaz þ ſē mīt er at ſkā
ma ſtunð v̊ðr honð hoǵ ꝼegin. enða þiki m̄ nu

ſē ꝧ þiki iſia v̊t. hút þu munt hallðit þig ꝼa e
ða ė. Ŝ ė viſt. ſ. lyꞇ̄. at ek komūz nauðuglıga i
i brott En þo villða ek nu at þu kæm̄ m̄ i ſǽtt
᷌ .ɴ. ⁊ .ſſ.ñ. ⁊ mætta ek hallða bui mínu ſua
ꝟ v̊a. ſ.ħ. Siðan let .ħ. ſauðla heſt ſin̄. ⁊ reið ꞇ
ƀgðorſ hualſ ᷌ ēn .vi. mān. þa v̊ .ſſ.ɴ. hei̅ kōn̄
⁊ hoꝼðu lagiz ꞇ ſueꝼnſ. ħ. ꝼór þeḡ at ꝼina .ɴ.
⁊ gengu þr a tal. ħ. mli ꞇ .ɴ. hīgat em ek kom
in̄ at biðia ꝼ lyꞇ̄. magi minū. heꝼ̄ h ſtort aꝼ ġt
᷌ yðr. roꝼit ſǽtt. ⁊ ðrepit ſon þin̄. ɴ. mli. lytꞇ̄.
mun nu þikiaz mikit aꝼroð golldit haꝼa
ilati .bb. ſina. En eꝼ ek ġi nockurn koſt a þa
mun ek þín lata at niota ⁊ mun ek þ þo ſki
lia ꝼ ſættina at .bb. lytꞇ̄ ꝟu ohelḡ ꝼallit haꝼa
ꝟ ⁊ lyꞇ̄. ecki haꝼa ꝼ ſár ſitt. en bæta .ñ. ꝼullū
botū. h .ſ. þ vil ek at þu ðæm̄. ɴ.ſ. þ mun ek
nu ⁊ ġa ſē þu vill. eða villtu nock. ſ.ħ. at .ſſ.
þin̄ ſe hía. ɴ.ſ. ecki mun þa næꝁ ſættum.
en hallða munu þr þ ſē ek ġi. þa mli .ħ. lu
ku ᷌ nu malinu ⁊ ſelðu hm ġð ꝼ .ſſ. þi
na Ŝ ꝟ v̊a. ſ.ɴ. þ vil ek. ſ. ɴ. at h giallðe
.cc. ſilꝼrſ ꝼ vig .ñ. En bui a ſaſtoðū. ⁊ þiki
m̄ þo rað ligra at h ſeli lðit ⁊ ꝼari i brott
En ė ꝼ ꝧ ecki mun ek riuꝼa a hm trygðer
ne .ſſ. min̄. en þo þiki m̄ v̊a mega at noc
kuꝁ riſi ſa vpp ħ i ſueit at hm ſe við ſia
v̊t. En eꝼ hm þikir ſē ᷌ ġim h ħaðſ ſekiā
þa leyꝼi ek hm at bua ħ i ſueit. en h abyr
giz meſtu ꞇ. Siðan ꝼor ħ. hei̅. þr voknuðu
.ɴ.ſſ. ⁊ ſꝧðu ꝼoð̄ ſin̄ huat komit heꝼði en h
.ſ. þei̅ at .ħ. ᷌ þar ꝼoſtri ñ. h munði biðia ꝼ ly
tꞇ̄. ſ. ſꝁp. Sua var. ſ.ɴ. þ var illa. ſ. Grīr. Ecki
munða ek. ſ.ɴ. haꝼa ſkotið ſkilldi ꝼ h eꝼ þu
heꝼðer þa ðrepit h ė ꝧ ᷌ þ ætlat. teliu vær
ecki. ſ. ſꝁþ̄. a ꝼoður v́arn. Nu ė at ſegia ꝼ ꝧ

Þ at ꝧi ſætt hellz m; þei̅. **hoꝼðingia**
100 **ĀN** tima var hoꝼ **ſkipti i noregi**
ðingia ſkipti i noꞇ̄. hak.J. ᷌ liðin̄
vnðer lok. En komin̄ i ſtaðin̄ Olaꝼr
tryġ .ſ. vrðu æꝼilok hak.J. at ꝁkr
þræll ſkar h a halſ a rimul i gaulardal. þ ſpur
ðiz þar m; at ſiða ſkipti varð i noꞇ̄. ⁊ hoꝼðu

Abb. 3: Enger diplomatischer Abdruck Möðruvallabók: Andrea van Arkel-de Leeuw van Weenen (Hg.), 2 Bde., Leiden 1987.

heitlichen Corpus arbeiten kann. Gleichzeitig sollte die Edition mit Computerhilfe in Satz gehen, was den Bearbeitern die Entscheidung abnahm, die fehlenden Fragmente maschinenlesbar zu machen.

Das vollständige 'Elucidarius'-Corpus besteht aus acht Texten von Handschriften aus drei Jahrhunderten, die graphisch erwartungsgemäß recht unterschiedlich sind, es bildet die Basis für die Wörterbucharbeit. Die Kodierung erlaubt einerseits den Zugriff auf eine handschriftengetreue Abbildung zum Studium sprachlicher und graphischer Fragen, natürlich auch eine Edition analog der soeben erschienenen ANDREA VAN ARKELS zur umfänglichen Möðruvallabók[38] (Abb. 3). Andererseits war das Corpus Grundlage für die Ausarbeitung einer zweisprachigen Leseausgabe, die unterdessen erschienen ist.[39] Diese »Leseausgabe« erinnert an KONRÁÐ GÍSLASONS Ausgabe für den gemeinen Leser und an die oben bereits genannten Prinzipien. Sie enthält keine Kursive, die Kapitälchen sind aufgelöst, sonst wurde aber weder interpungiert noch normalisiert; die unterschiedliche Überlieferung bleibt deutlich, wenn auch ein Teil des »irritierenden« Beiwerks diplomatischer Ausgaben beiseite gelassen wurde. Die Herausgeber sehen ihre Aufgabe darin, die Schwierigkeit des Textes zu zeigen, Hilfestellung hauptsächlich mit der recht genauen Übersetzung zu geben und nicht, wie leider üblich, den Text so herzurichten, daß er zwar einfach zu lesen ist, aber kaum noch etwas vom Charakter der Handschriften enthält, dem Leser nicht einmal einen Vorgeschmack darauf gibt, wie die eigentliche Überlieferung aussieht. Die Möglichkeiten zur Fehlinterpretation auf der Grundlage solcher Ausgaben müssen in einem eigenen Beitrag behandelt werden, VERNER DAHLERUP hat sicher mit Bedacht auch die Literaturforscher als Adressaten für seine enge diplomatische Ágrip-Ausgabe genannt. Ein normalisierter 'Elucidarius' wäre natürlich auch möglich, und zwar mit relativ einfachen Umschreiberegeln zu erzeugen, aber außer für Unterrichtszwekke kaum im Sinne der Bearbeiter:

Nichtnormalisierter Lesetext[40] 'Elucidarius' Fragment AM 674a 4°

1.15 Discipulus. Scolom ver þat ętla at Goþ lifþe **[674a: 7]** einnslego life aþr hann scapaþe heim.
Magister. Sva es ritet. þat vas lif ísiolvom Goþe es gort vas. Iþessom orþom scyresc at oll scepna vas á valt svneleg ífyrer etlon Goþs su es siþan varþ syneleg scepnonne sialfre. þaes hon vas scopoþ. Sua sem smiþr sa es hus vill gera litrr fyrst huerso hann vill hvatke gera. oc riss su smiþ siþan í verke es fyrr stoþ smiþoþ íhuguite smiþsens. Af þvi kallasc Goþ eige fvrre scepno sinne at tíþ heldr at tign.
1.16 Discipulus Hver soc vas til þes at heimr vęre scapaþr.
Magister Gøzka Goþs at þeir vere es hann mętte veítta miscunn sinna.
1.17 Discipulus huerso vas heimr gorr.
Magister Sialfr męlte Goþ oc voro þegar gorver aller hluter.
1.18 Discipulus Męlte Goþ þat orþom.
Magister Þa męlte Goþ orþ es hann scapaþe **[674a: 8]** alla hlute fvr son es kallasc orþ foþor sem ritet es. Alt gerþer þu í speke Goþs.

---

[38] ANDREA VAN ARKEL-DE LEEUW VAN WEENEN (Hg.): Möðruvallabók. 2 Bde., Leiden 1987.
[39] E. S. FIRCHOW / H. FIX (Hgg.): The Old Icelandic Elucidarius. Bilingual Edition. Dudweiler 1989 (Bibliotheca Germanica 1).
[40] Die Numerierung der Fragen 1.15–1.18 entspricht der LEFÈVRES.

Normalisierter Lesetext 'Elucidarius' Fragment AM 674a 4°

1.15 DISCIPULUS: Skulum vér þat ætla at Guð lifði [**674a: 7**] einsligu lifi áðr hann skapaði heim?
MAGISTER: Svá er ritit: þat var líf í sjǫlfum Guði, er gǫrt var. Í þessum orðum skýrist at ǫll skepna var ávalt sýnilig í fyriræltun Guðs, sú er síðan varð sýnilig skepnunni sjálfri, þá er hon var skǫpuð. Svá sem smiðr, sá er hús vill gera, lítr fyrst, hversu hann vill hvatki gera, ok ríss sú smið síðan í verki, er fyrr stóð smiðuð í hugviti smiðsins. Af því kallast Guð eigi fyrri skepnu sinni at tíð heldr at tign.
1.16 DISCIPULUS: Hver sǫk var til þess, at heimr væri skapaðr?
MAGISTER: Gœzka Guðs, at þeir væri, er hann mætti veita miskunn sinna.
1.17 DISCIPULUS: Hversu var heimr gǫrr?
MAGISTER: Sjálfr mælti Guð, ok váru þegar gǫrvir allir hlutir.
1.18 DISCIPULUS: Mælti Guð þat orðum?
MAGISTER: Þá mælti Guð orð, er hann skapaði [**674a: 8**] alla hluti fyr son, er kallast orð fǫður, sem ritit er: Alt gerðir þú í speki Guðs.

Für die Textedition ergibt sich also theoretisch eine Skala der Abbildungstreue, deren Anfang durch die maschinenlesbare Handschrift definiert ist mit der Möglichkeit des Faksimiledrucks, der engen diplomatischen Edition, deren Endpunkt der normalisierte Text darstellt nach der heute für das Altisländische gängigen Norm des 13. Jahrhunderts. Dazwischen stehen diplomatische Texte unterschiedlichen Grades. Praktisch ist diese Skala je nach Entfernung der zugrundeliegenden Handschrift vom Normalaltisländischen des 13. Jahrhunderts unterschiedlich lang, wenn man allen Abweichungen dieselbe Distanz zumißt.

Im Fall des 'Elucidarius' ist man einen Weg gegangen, der vor 140 Jahren von KONRÁÐ GÍSLASON vorgezeichnet und auch beschritten worden war. Man hat zunächst die Handschrift(en) auf Datenträger abgebildet, damit die Arbeitsgrundlage für Sprachwissenschaftler hergestellt. Dann wurden davon Texte anderen Abbildungsstatus erzeugt und bearbeitet, wie sie Literaturwissenschaftlern, Mediävisten, Theologen, ja selbst Anfängern im Altnordischen genügen können; denn wenn eine Handschrift erst einmal maschinenlesbar vorliegt, läßt sich der Text verhältnismäßig einfach manipulieren, bis das erreicht ist, was Benutzer erwarten, die mit der Handschrift selbst wenig anfangen können. Die Computertechnik bietet heute die Möglichkeiten, die im herkömmlichen Satz zu aufwendig waren. Und so bleibt von FINNUR JÓNSSONS Zukunftsvision (Anm. 21) doch etwas: Der bildungsgeschichtlich und sprachhistorisch außerordentlich bedeutsame altisländische 'Elucidarius', der wegen seiner zeitlichen Nähe zum Original selbst zur Textkritik der lateinischen Überlieferung[41] beitragen kann, zählt nicht nur zu den meistedierten Texten, sondern wird für unterschiedliche Bedürfnisse auch in speziellen Ausgaben vorgelegt, seien sie nun nur maschinenlesbar oder gedruckt.

---

[41] Die altisländische Überlieferung gehört jedenfalls der Tradition von LEFÈVRES Handschriftenfamilie A an, ebenso die beiden lateinischen Fragmente der Arnamagnäanischen Sammlung. Das lateinische Fragment AM 674c 4° (um 1300; LEFÈVRES Fragen 1.26–1.64 umfassend) enthält wie das altisländische Fragment AM 674a 4° (um 1200) die Fragen 1.37a und 1.48a. Das lateinische Fragment AM 674b 4° (15. Jh.) reicht vom Prolog bis 2.89, mit Lücken; es gehört zwar auch zu A, enthält aber die Zusätze 1.120a, 149a; 2.28a, 41a, 51b, 51c, 85a. Nur die beiden letztgenannten liegen auch altisländisch vor in AM 675 4° bzw. in AM 238 fol. XVIII.

Ernst Bremer / Klaus Ridder

Die Edition des 'Vocabularius optimus'

Zur EDV-Unterstützung einer überlieferungskritischen Textausgabe

Der Beitrag versucht, die Berechtigung des EDV-Einsatzes nach Abschluß eines mit ›konventionellen‹ Mitteln erarbeiteten Editionstextes zu begründen. Im folgenden soll auf dem Hintergrund der abgeschlossenen Edition des 'Vocabularius optimus'[1] die Überlieferungsgeschichte und Struktur dieses spätmittelalterlichen lateinisch-deutschen Sachglossars skizziert werden (I.). Auch für eine sich bereits im fortgeschrittenen Stadium befindende überlieferungskritische Edition bringt der EDV-Einsatz noch methodische Konsequenzen mit sich und vermag zudem die wissenschaftliche Arbeit am Text als ein nachträgliches Korrektiv abzusichern (II.). Schließlich werden die sich aus einem maschinenlesbaren Text ergebenden Möglichkeiten der Generierung von editionserschließenden Registern umrissen. Das Beispiel des lemmatisierten Index der frnhd. Interpretamente der Edition soll belegen, inwieweit bei der Lemmatisierung dieses Wortmaterials der Computer einsetzbar war (III.).

I.

Als Autor des in der ersten Hälfte des 14. Jahrhunderts entstandenen 'Vocabularius optimus' konnte der Luzerner Stadtschreiber und scolasticus Johannes Kotman identifiziert werden. Das Vokabular ist in 18 hand- und zwei druckschriftlichen Textzeugen überliefert und nach Sachgruppen des täglichen Lebens gegliedert: Sieht man von den alphabetisch geordneten Pflanzen-, Tier- und Steinbezeichnungen ab, so bleiben als Charakteristika dieser Frühfassung jene Wortfelder, die spezifisch städtische Sachbereiche abdecken - wie Handwerkerbezeichnungen, Kleidungsutensilien, Geräte eines städtischen Haushaltes, daneben Auflistungen der Bezeichnungen für kirchliche und weltliche Würdenträger, die als Informationsangebot für städtische Oberschichten, aber auch als Instrument des Unterrichts in einer städtischen Klosterschule gelten können.

Seine größte Verbreitung erreicht das Vokabular mit den Umarbeitungen des 15. Jahrhunderts; die Struktur des aus Wort-für-Wort-Gleichungen bestehenden Sachglossars bedarf nun der Ergänzung durch derivatorische Definitionen des Wortcharakters. Die Dominanz des Lateins in diesen späten Redaktionen signalisiert die Einbindung des Vokabulars in die schriftliche Rezeption und Verbreitung der wissens- und bildungsvermittelnden Literatur; es wird um 1474 in Augsburg von Günther Zainer zum ersten Mal gedruckt.[2]

---

[1] Ernst Bremer: Vocabularius optimus. Bd. I: Werkentstehung und Textüberlieferung. Register; Bd. II: Edition. Tübingen 1990 (TTG 28.29).

[2] Vgl. hierzu Ernst Bremer: Ein spätmittelalterlicher Werktyp auf dem Wege zum Frühdruck. Der 'Vocabularius optimus' im Umkreis frühhumanistischer Schriftkultur Augs-

Die Schwierigkeit einer Edition dieses Werkes lag in den großen Mutationen des Textes im Laufe seiner Überlieferungsgeschichte: Umfaßt eine der frühesten Handschriften nur 17 Blätter, so sind es in den späten redaktionellen Umarbeitungen bis zu 138, wofür nicht nur die Zunahme der Lemmata - der Autortext umfaßt 3088, die Edition 4546 -, sondern vor allem die lateinischen etymologisch-derivatorischen Zusätze verantwortlich sind. Ziel der Ausgabe war es, eine überlieferungskritische Edition zu bieten, die die Textentwicklung rekonstruierbar werden läßt, dem Sprachhistoriker den Rückgriff auf die Textzeugen erspart und interdisziplinäre Benutzbarkeit ermöglicht.

II.

Es geht im folgenden nicht darum, besondere Hardware-Bedingungen oder neue Programmentwicklungen im Anwendungsbereich Edition[3] vorzustellen - zumal die hier vorliegende Ausgabe nicht im Rahmen editorischer Großprojekte[4] entstand; vielmehr soll gezeigt werden, wie ohne erheblichen programmiertechnischen Aufwand mit bewährten Systemen der Text optimiert und zum computergesteuerten Lichtsatz gebracht werden konnte.

Durch die Aufnahme der Edition in eine wissenschaftliche Reihe bzw. die Vorgaben des Verlages war der Computer-Satz und damit auch das Satzprogramm festgelegt: Die Tübinger Satzprogramme bieten neben ihrer Ausrichtung auf Anforderungen kritischer Editionen den Vorteil, daß sie selbst als Baustein in ein System von Programmen zur wissenschaftlichen Textdaten-Verarbeitung integriert sind; dieses Programmierwerkzeug TUSTEP[5] ermöglicht durch seinen modularen Aufbau, seine große Flexibilität und freie Kombinierbarkeit die erforderliche maschinenlesbare Abschrift des Editionstextes auch über die Satzaufbereitung hinaus zu ›Manipulationen‹ des Editionstextes zu nutzen: Die eigentliche EDV-Unterstützung lag ohne Zweifel nicht in der Satzerstellung selbst, sondern in jenen, dem Satz vorausgehenden Arbeitsgängen.

Die Erfassung und Bearbeitung des Textes erfolgte auf den Großrechnern des Universitätsrechenzentrums Marburg, auf denen TUSTEP verfügbar ist. Die Satzerstellung im engeren Sinne wurde in Zusammenarbeit mit dem Verlag entwickelt.

---

burgs. In: Brüder-Grimm-Symposion zur Historischen Wortforschung. Beiträge zu der Marburger Tagung vom Juni 1985. Hg. v. REINER HILDEBRANDT und ULRICH KNOOP. Berlin/New York 1986, S. 164–178 (Historische Wortforschung 1).

[3] Zu den Möglichkeiten des EDV-Einsatzes bei wissenschaftlichen Editionen vgl. z. B. WILHELM OTT / HANS WALTER GABLER / PAUL SAPPLER: EDV-Fibel für Editoren. Tübingen 1982.

[4] Zum EDV-Einsatz in philologischen Großprojekten vgl. die Beiträge von THOMAS STADLER: Der EDV-Einsatz der Würzburger Forschergruppe, und PETER STAHL: Die Arbeit mit der EDV - Darstellung und Erfahrungen. In: Überlieferungsgeschichtliche Prosaforschung. Beiträge der Würzburger Forschergruppe zur Methode und Auswertung. Hg. v. KURT RUH. Tübingen 1985 (TTG 19), S. 126–143 bzw. S. 144–156.

[5] Das Programmpaket TUSTEP (Tübinger System von Textverarbeitungs-Programmen) wurde am Zentrum für Datenverarbeitung der Universität Tübingen, Abteilung Literarische und Dokumentarische Datenverarbeitung, unter der Leitung von Wilhelm Ott entwickelt.

Durch den direkten Einfluß auf die Satzgestaltung gelang es in Kooperation mit dem Lektorat, den Text in einer Form zu präsentieren, die einem breiten Benutzerkreis der Edition zu gute kommen soll, ohne ihren überlieferungsgeschichtlichen Anspruch zu reduzieren. Durch Simulation der Satzausgabe auf einem Laserdrukker konnte schließlich ein mit dem späteren Satz beinahe identischer Ausdruck erstellt werden, um die gesamte Edition - bereits in ihrem späteren Druckbild - zu korrigieren. Anhand einer solchen Probeseite der Edition (Abb. 1) soll kurz Aufbau und typographische Gestaltung der Wortartikel erläutert werden.

Für die Konstituierung der durch einen größeren Schriftgrad hervorgehobenen Kapitelüberschrift (*De membris humani corporis*) und das lateinische, halbfett gedruckte Lemma eines Wortartikels (z.B. *1.001 Caput*) hat die Autorhandschrift Priorität; die Lemmata der Textzeugen späterer Redaktionen werden dagegen in Normalschrift gedruckt (z.B. *1.002 Caluitium*). Im Bereich der deutschen Interpretamente, die dem Lemma folgen, werden alle graphisch nicht identischen Belege der Textzeugen wiedergegeben (*haupt ho̊bt hopt* ...). Dieses Vorgehen versteht sich als der Versuch, eine Überlieferungssituation so darzustellen, daß sie auch Anforderungen der historischen Sprachwissenschaft an den Editionstext Genüge leisten kann.

Eingerückt und in Petit-Druck folgt der i. d. R. mit einer grammatischen Sigle beginnende lateinische derivatorische Text der späteren Redaktionen. Die in diesem Werktyp häufig auftretenden grammatischen Verse werden in Petit gedruckt, allerdings auf die Höhe des Lemmas herausgerückt, da auch die primären Redaktionen Verse überliefern.

Die überlieferungskritischen Prinzipien erlaubten, auf einen kritischen Apparat zu verzichten und die Edition dadurch ›lesbarer‹ zu halten. Im fortlaufend gesetzten Anmerkungsapparat werden Kommentare, Quellennachweise und Lesarten des lateinischen Zusatztextes verzeichnet.

Vor dem Erfassen des Editionstextes auf einem Datenträger war auf der Grundlage der TUSTEP-Konventionen ein Kodierungssystem zu entwickeln, das ökonomisch zu handhaben ist, ohne daß relevante Informationen des Textes verlorengehen. Zudem mußte es eine problemlose Umkodierung zur Steuerung des Satzes erlauben und Möglichkeiten zur Isolierung von Textelementen bieten, um Register und Inventare bereitzustellen.

Die bei einer Edition des vorliegenden Typs sich dennoch einstellende Komplexität der Kodierung ruft - fast unvermeidbar - Eingabefehler bei den Steuerkodes hervor. Auch hier lassen sich von ›Nicht-Programmierern‹ mit TUSTEP automatische Verfahren entwickeln, die einen Text daraufhin prüfen, ob bestimmte Kennungen fehlen, die z. B. nur paarweise auftreten dürfen (etwa Anfang und Ende von Schriftarten, Überschriften, Fußnoten etc.).

Die anfängliche Mehrbelastung durch die Erstellung eines maschinenlesbaren Textes wurde durch das spezifisch organisatorische (und analytische) Potential der Datenverarbeitung, das in einigen Punkten zu einer Reorganisation des Editionstextes führte, bei weitem aufgewogen.

Als Beispiel sei die automatische Generierung einer Zählung der Kapitel und Wortartikel sowie die automatische Aktualisierung von Verweisen auf Wortartikel im laufenden Text erwähnt (ein solcher Verweis z.B. in Wortartikel 1.003); auch

3

1 De membris humani corporis[1] 1 18

Vocabula capitis et aliorum membrorum 4
Sequitur de partibus, que sunt in corpore humano 10 14
Primo de partibus hominis 17

1.001 **Caput** haupt 1 4 7 10 15 hǒbt 2 3 8 hopt 5 17 hapt 6 heubt 9 habt 11 haubt 12 houpt 13 18 hǎpt 14 hawpt 19 hǒpt 20

nt Caput/-tis est membrum animalis, in quo omnium sensuum tam exteriorum quam interiorum organa ponuntur et[2] per quod sumitur alimentum. Et dicitur a verbo capio/capis/-pere, quia capit cognicionem rerum per sensus. Vel dicitur a capio/-pis/-ere, quia ibi[3] omnes sensus et omnes nerui initium capiunt atque ex eo omnis causa vigendi oritur[4]. Ibi enim omnes sensus apparent. Et quandoque[5] caput ponitur pro principio rei, sicut dicimus: In capite libri scriptum est, id est in principio. Quandoque ponitur pro principali uel pro domino alterius uel aliorum, sicut dicimus: Vir[6] est caput mulieris.

Versus: Principium caput est, pars corporis, et dominatur. C_1 C_2

1.002 ns Caluitium glatz 14 glacz 15 16

1.003 fquin Caluities (= 1.002)

1.004 **Crinis** haur 1 7 10 17 har 2 3 6 9 12 13 C_2 19 hǎr 4 5 18 20 hor 8 harr 11

mt Crinis [generis masculini] est viscosa pilositas ex fumosa superfluitate nascens et per poros pellis pertransiens et calore naturali propulsa. Et dicitur a cerno/-nis/-ere secundum vocem, sed quantum ad significationem pocius dicitur a discerno/-nis/-ere, quod significat distingwere uel separare, quia homines officio pectinis ab inficem distingwunt et separant, vt vult Ysidorus. Et proprie crines sunt mulieris, ut vult Hugwicio, sic dicti, quia vittis discernantur[7].

Versus: Est coma quadrupedis, colubri iuba seu leonis;
Cesaries hominis, crinis proprie mulieris:
Huius et illius bene dicitur esse capillus. C_2

1.005 **Vertex** scheiteil 1[8] scheitel 2 3 8 9 15 20 schaitel 4 5 7 10 12 18 schaittel 6 11 14 16 19 schater 13

fq Vertex/-cis/-icis est summa pars capitis, in qua capilli ab inficem distingwuntur. Et dicitur a uerto/-tis/-ere, quia ibi pili vertuntur et distingwuntur ab invicem. Et quandoque vertex ponitur pro summitate montis uel alterius rei.

---

1 *In 1 nur im Register* **2** et] + *14* **3** ibi *11*] *fehlt 10 14* **4** oritur *14*] aritur *10* **5** quandoque *14*] quando *10* **6** vir] + iste *14* **7** *Vgl. Isidor, Et. XI,1,31* **8** scheitel *Wackernagel*

Abb. 1

nach Abschluß des Typoskripts mußte diese Zählung durch Umstellen, Einfügen oder Streichen von Wortartikeln etliche Male geändert werden. Die Relevanz dieser Automatisierung für Arbeitsersparnis und Fehlervermeidung wird deutlich, wenn man berücksichtigt, daß als Referenz bei allen Registern auf diese seitenunabhängige Zählung zurückgegriffen wird.

Die Notwendigkeit, den Editionstext maschinengerecht zu erfassen, erwies sich darüber hinaus als ein Zugewinn an philologischer Exaktheit, der ohne das Hilfsmittel EDV nur mit sehr viel mehr Arbeitsaufwand zu erreichen gewesen wäre. Zur Standardisierung von Orthographie, Interpunktion, Sprachkonsistenz, Abkürzungskonventionen, Groß-/Kleinschreibung etc. konnten mit den hier verwendeten Programmen relativ leicht Korrekturgrundlagen und -hilfen wie Textauszüge und -sortierungen sowie die verschiedensten Indices erstellt werden.

III.

Bei einem nach Sachgruppen gegliederten Vokabular kommt den erschließenden Indices eine besondere Bedeutung zu. Gerade im Bereich der automatisch aus dem Text extrahierten Register ist die Unterstützung der philologischen Arbeit durch den Rechner naturgemäß besonders groß.[6] Die Edition begleiten insgesamt sieben mehr oder weniger umfangreiche Verzeichnisse: Es sind dies ein Register der Kapitelüberschriften, der lateinischen Lemmata, der deutschen Interpretamente, der grammatischen Siglen und der lateinischen Merkverse; ebenso wurden Register der im lateinischen derivatorischen Text direkt zitierten Autoren und Werke sowie der erschlossenen Quellen erstellt. Diese Register konnten von dem einmal erfaßten und entsprechend kodierten Text problemlos mit den Registerprogrammen von TUSTEP aufbereitet werden.

Daß Indices die Arbeit am Editionstext in vielfältiger Weise unterstützen, Inkonsequenzen aufdecken und Korrekturen erleichtern, zeigte insbesondere das Register der lateinischen grammatischen Verse. Die Möglichkeit, diese Verse nach den Versanfängen oder nach ihren lateinischen Bezugswörtern zu indizieren, erleichterte nicht nur den schnellen Zugriff auf gedruckt vorliegende Quellensammlungen,[7] sondern etwa auch auf den noch nicht edierten 'Novus Grecismus' als

---

[6] Zu automatisch erstellten Indices im Bereich der älteren deutschen Philologie vgl. KURT GÄRTNER / PETER KÜHN: Indices und Konkordanzen zu historischen Texten des Deutschen. Bestandsaufnahme, Typen, Herstellungsprobleme, Benutzungsmöglichkeiten. In: WERNER BESCH u. a. (Hgg.): Sprachgeschichte. Ein Handbuch zur Geschichte der deutschen Sprache und ihrer Erforschung. Bd. 1, Berlin/New York 1984 (Handbücher zur Sprach- und Kommunikationswissenschaft 2.1), S. 620-641.

[7] Z.B. auf das von HANS WALTHER und PAUL G. SCHMIDT herausgegebene Verscorpus; vgl. H. WALTHER: Initia carminum ac versuum medii aevi posterioris latinorum. Alphabetisches Verzeichnis der Versanfänge mittellateinischer Dichtungen. Göttingen 1959 (2. durchges. Aufl. 1969); ders.: Proverbia sententiaeque latinitatis medii aevi. Lateinische Sprichwörter und Sentenzen des Mittelalters in alphabetischer Anordnung. T. 1-6, Göttingen 1963-1969; P. G. SCHMIDT: Proverbia sententiaeque latinitatis medii ac recentioris aevi. Nova Series. Lateinische Sprichwörter und Sentenzen des Mittelalters und der frühen Neuzeit in alphabetischer Anordnung. Neue Reihe, T. 7-9. Aus dem Nachlaß von HANS WALTHER. Göttingen 1982-1986.

einer der hauptsächlichen Quellen der Verse im 'Vocabularius optimus'.[8] Die EDV-Unterstützung für das umfangreichste Register dieser Edition, der vollständig lemmatisierte Index der ca. 20000 frnhd. Interpretamente, soll näher erläutert werden.

Aus der methodischen und praktischen Verzahnung von überlieferungskritischer Edition und editionsbegleitender lexikographischer Arbeit erwuchsen - vor allem mit Blick auf potentielle Benutzer der Edition - folgende Anforderungen an dieses Register:

1. Es sollte das gesamte deutschsprachige Wortmaterial der Edition erschließen;
2. Der Wortschatz mußte vollständig lemmatisiert werden;
3. Das Wortmaterial sollte in einer Sprachgestalt präsentiert werden, die das Spektrum der Überlieferung angemessen repräsentiert, daneben jedoch auch dem Nicht-Sprachwissenschaftler den problemlosen Zugriff ermöglicht;
4. Die Anlage des Registers sollte Möglichkeiten bieten, dieses - wenn auch eingeschränkt - unabhängig vom Werk zu benutzen; vor allem aus diesem Grunde wurden den deutschen Belegen die lateinischen Bezugsworte als erweiterte Referenz beigegeben. Daß hier nicht konsequent der Weg zum Wörterbuch eingeschlagen wurde, das sowohl Wortformen als auch Bedeutungen klassifiziert, ergibt sich aus der Funktion eines editionserschließenden Registers.[9]

Da die größte Überlieferungsdichte des 'Vocabularius optimus' im 15. Jahrhundert liegt, mangelt es an einer adäquaten Korrelationsgröße für die erforderliche phonologisch-graphematische Normalisierung. Zwar ist das Vokabular nur im obd. Sprachraum überliefert, doch vermag weder der Luzerner Schriftdialekt der Autorhandschrift noch eine alemannische oder bairische Landschaftssprache die Überlieferung angemessen zu repräsentieren. In Anlehnung an das von den Bearbeitern des Frnhd. Wörterbuchs[10] eingeschlagene Verfahren wurde versucht, der Normalisierung ein Graphemsystem zugrunde zu legen, das sich nicht an einem regionalen Schriftdialekt orientiert; aus dem Spektrum der Überlieferungsvarianten wird jene Schreibung zum Lemma erhoben, in der ausgleichssprachliche Tendenzen am deutlichsten greifbar werden.

Zur technischen Realisierung dieses Index wurde in der Kombination von wechselweise maschinellen und manuellen Arbeitsschritten ein Weg gesucht, der mit geringem programmiertechnischen Aufwand zu einer effektiven Erleichterung bei der philologischen Bearbeitung führt.[11] In einem dreistufigen Verfahren werden nach einer ersten maschinellen Vorsortierung der Belege die Lemmastichworte

---

[8] Zum 'Novus Grecismus' vgl. ERICH KLEINSCHMIDT: Konrad von Mure. In: VL 5 (1985), Sp. 236-244. Als Textgrundlage wurde hier die Handschrift München, Bayerische Staatsbibliothek, clm 13123 hinzugezogen.

[9] Vgl. ähnliche Überlegungen zur Erschließung des frühnhd. Wortmaterials im 'Vocabularius Ex quo' bei HANS-JÜRGEN STAHL: *mertel uel in alijs partibus pflaster.* Ein Beitrag zur Methode editionsbegleitender Wörterbücher und zur frühneuhochdeutschen Lexikographie. In: Überlieferungsgeschichtliche Prosaforschung (wie Anm. 4), S. 89-125.

[10] Vgl. Frühneuhochdeutsches Wörterbuch. Hg. v. ROBERT R. ANDERSON, ULRICH GOEBEL, OSKAR REICHMANN. Bd. 1, Lief. 1-2, Berlin/New York 1986-1987.

[11] Paul Sappler (Tübingen) sei für Anregungen und Hilfestellungen bei der Programmerstellung für dieses Register gedankt.

manuell gekennzeichnet. Lemmata und Untereinträge können schließlich automatisch zusammengestellt, sortiert und typographisch differenziert werden. Folgender Ablauf ergibt sich im einzelnen:

In einem ersten Schritt (dessen Resultat sich ausschnittsweise in Abb. 2, Spalte I findet) wird durch Normalisierung der frnhd. Graphien eine ökonomische Basis, ein erster Arbeitsindex, für die Lemmatisierung geschaffen. Da die graphischen und lautlichen Varianten der frnhd. Interpretamente in der Edition erhalten bleiben, war zunächst die Alphabetisierung so vorzunehmen, daß variierende Graphien beieinanderstehen. Für eine Vielzahl der am häufigsten auftretenden Varianten ist auf diese Weise ein Sortieralphabet zu entwickeln, das auf die Spezifik des überlieferten Graphien-Inventars zugeschnitten ist; die Mehrzahl der Schreibvarianten konnte so ohne weiteres zusammengestellt werden. Wertvolle Hilfestellungen bot dieser erste Index auch für die häufig durchaus schwierige Unterscheidung zwischen Fehlern der Schreiber und Graphien, die auf Sprach- und Schreibkonventionen beruhen.

In einem zweiten Schritt (das Ergebnis in Abb. 2, Spalte II) wird jeder Beleg zunächst numeriert und das Lemma manuell gekennzeichnet (in der ersten Position durch ein Ausrufezeichen); neu zu konstituierende Lemmata werden eingefügt und entsprechend markiert (durch ein Pluszeichen), um die spätere typographische Absetzung dieses Lemmatyps zu gewährleisten. Mit den entsprechenden Sortierprogrammen können anschließend die Lemmagruppen zusammengestellt, die Lemmata alphabetisch sortiert und innerhalb der einzelnen Gruppen auch die Untereinträge nach Wortformen geordnet werden.

In einem dritten Schritt (vgl. Abb. 2, Spalte III) wird schließlich das Register zum Druck aufbereitet: Nach dem halbfett gesetzten Stichwort folgen eingerückt die Belege in Originalgraphie, alphabetisch geordnet, mit ihren Referenzen.

Die beschriebenen maschinellen Arbeitsschritte zur Generierung dieses Registers ersetzen nicht die mit philologischer Kompetenz zu leistende Lemmatisierung; allein die zeitaufwendige und fehleranfällige Segmentierung, Speicherung, Sortierung und Referenzierung des Wortmaterials ließ sich durch das beschriebene Verfahren gegenüber der traditionellen lexikograpischen Vorgehensweise vereinfachen und beschleunigen.

IV.

Durch die überlieferungskritische Betrachtungsweise avancierte die Textvariante zum »Indikator des historischen Textverständnisses und der historischen Textgestalt«.[12] Mit der Edition des 'Vocabularius optimus' liegt ein Corpus von frnhd. ›Varianten‹ vor, die bereits text- und überlieferungsgeschichtlich klassifiziert sind, soweit die Analyse der Textzeugen dies erlaubt. Der Bestand einzelner Textträger kann jederzeit wieder rekonstruiert, jeder Einzelbeleg auf sein lateinisches Lemma rückbezogen sowie der Gesamtwortschatz nach Sachgruppen aufgefächert werden; durch die Indizierungs- und Abfragemöglichkeiten der EDV bieten sich auch nach

---

[12] GEORG STEER: Gebrauchsfunktionale Text- und Überlieferungsanalyse. In: Überlieferungsgeschichtliche Prosaforschung (wie Anm. 4), S. 11.

I

aaron 50.160 (Iarus), 50.163 (Pes vituli)
abc ordo literarum 39.040 (Alphabetum)
abenbrot 13.246 (Merenda)
abendbrot 13.246 (Merenda)
abent 56.049 (Vesper), 56.050 (Vespera)
abentbrot 13.246 (Merenda)
abentbrott 13.246 (Merenda)
abentbroͮt 13.246 (Merenda)
abentprot 13.246 (Merenda)
abentprůt 13.246 (Merenda)
aberwiezig 4.059 (Delirus)
abetbrot 13.246 (Merenda)
abgeschonden hut 21.004 (Tergus)
abgeschondene hůt 21.004 (Tergus)
abgeschriefft brieff 37.050 (Copia)
ain abgeschrifft brieff 37.050 (Copia)
abgeschrift 37.050 (Copia)
(ein) abgeschrift brief 37.050 (Copia)
abgeschrift brieff 37.050 (Copia)
abgeschrift prieff 37.050 (Copia)
abgeschunden 21.004 (Tergus)
abgeschunden haut 21.004 (Tergus), 21.005 (Tergus/-oris), 21.006 (Tergum)
abgeschunden hut 1.210 (Tergus), 21.004 (Tergus)
abgezogen hut 21.004 (Tergus)
abgezogin hut 21.004 (Tergus)
abgrund 54.042 (Abissus)
abgrúnt 54.042 (Abissus)
abpt 36.016 (Abbas)
abptissin 36.017 (Abbatissa)
abrel 56.009 (Aprilis)
abrelle 56.009 (Aprilis)
abschaittach 48.039 (Quisquilie)

II

!00001 **aaron̄** 50.160 (Iarus), 50.163 (**Pes vituli**)
*00001 aron 50.160 (**Iarus**), 50.163 (**Pes vituli**)
!00002 **abc ordo literarum** 39.040 (Alphabetum)
+00005 ***abend***
*00005 abent 56.049 (**Vesper**), 56.050 (**Vespera**)
*00005 aͮbend 56.049 (**Vesper**), 56.050 (**Vespera**)
!00004 **abendbrot** 13.246 (Merenda)
*00004 abenbrot 13.246 (Merenda)
*00004 abentbrot 13.246 (Merenda)
*00004 abentbrott 13.246 (Merenda)
*00004 abentbroͮt 13.246 (Merenda)
*00004 abentprůt 13.246 (Merenda)
*00004 abentprot 13.246 (Merenda)
*00004 abetbrot 13.246 (Merenda)
*00004 aͮbendbroͮt 13.246 (Merenda)
*00004 aubentbrot 13.246 (Merenda)
*00004 aͮbentbrot 13.246 (Merenda)
+00011 ***aberwitzig***
*00011 aberwiezig 4.059 (Delirus)
+00017 ***abgeschrift (brief)***
*00017 abgeschriefft brieff 37.050 (Copia)
*00017 abgeschrift brieff 37.050 (Copia)
*00017 abgeschrift prieff 37.050 (Copia)
*00017 abgeschrift 37.050 (Copia)
*00017 ain abgeschrifft brieff

III

aaron 50.160 (Iarus), 50.163 (Pes vituli)
aron 50.160 (**Iarus**), 50.163 (**Pes vituli**)
abc ordo literarum 39.040 (Alphabetum)
abend
abent 56.049 (Vesper), 56.050 (**Vespera**)
aͮbend 56.049 (Vesper), 56.050 (Vespera)
abendbrot 13.246 (Merenda)
abenbrot 13.246 (Merenda)
abentbrot 13.246 (Merenda)
abentbrott 13.246 (Merenda)
abentbroͮt 13.246 (Merenda)
abentprůt 13.246 (Merenda)
abentprot 13.246 (Merenda)
abetbrot 13.246 (Merenda)
aͮbendbroͮt 13.246 (Merenda)
aubentbrot 13.246 (Merenda)
aͮbentbrot 13.246 (Merenda)
aberwitzig
aberwiezig 4.059 (Delirus)
abgeschrift (brief)
abgeschrift 37.050 (Copia)
abgeschriefft brieff 37.050 (Copia)
abgeschrift brieff 37.050 (Copia)
abgeschrift prieff 37.050 (Copia)
ain abgeschrifft brieff 37.050 (Copia)
(ein) abgeschrift brief 37.050 (Copia)
abgeschunden (haut)
abgeschonden hut 21.004 (Tergus)
abgeschondene hůt 21.004 (Tergus)
abgeschunden 21.004 (Tergus)
abgeschunden haut 21.004 (Tergus), 21.005 (Tergus/-oris), 21.006 (Tergum)
abgeschunden hut 1.210 (Ter-

Abb. 2

dem Abschluß der Edition für sprachwissenschaftliche Fragestellungen nicht nur quantitative, sondern auch strukturelle Analyseverfahren an. Zu Graphiesystemen, zur Wortbildung, zu spätmittelalterlichen Übersetzungstypen sowie zum textspezifischen Verhältnis von Latein und Volkssprache sind hier empirisch begründete Aussagen zu erwarten. Insbesondere die Kontrastierung der Sprachvarianz verschiedener spätmittelalterlicher Gebrauchstexte desselben Werktyps wie auch textsortenspezifisch nicht kongruenter Werke ermöglicht - wie KONRAD KUNZE gezeigt hat[13] - differenzierte Verfahren, spätmittelalterliche Sprachverwendung mehrschichtig zu analysieren.

Die Nutzung der durch die EDV bereitgestellten Hilfsmittel erwies sich - zusammenfassend - unter drei Aspekten als sinnvoll:

1. Der EDV-Einsatz kann auch in einem späten Stadium des Editionsprojektes die wissenschaftliche Arbeit am Text als nachträgliches Korrektiv sichern und editorische Entscheidungen objektivieren;
2. Die editionsbegleitende lexikographische Tätigkeit wird wesentlich erleichtert;
3. Auf der Grundlage überlieferungsnaher, EDV-erfaßter Editionen eröffnen sich weiterführende Forschungsmöglichkeiten.

---

[13] Vgl. KONRAD KUNZE: Neue Ansätze zur Erfassung spätmittelalterlicher Sprachvarianz. In: Überlieferungsgeschichtliche Prosaforschung (wie Anm. 4), S. 157-200.

David N. Yeandle

Der Einsatz von Microcomputern bei Wortschatzuntersuchungen

Dargestellt am Beispiel der Entwicklung von *schame* im Alt- und Mittelhochdeutschen[1]

Einleitung

Wenn ich anekdotisch anfange, werden Sie es hoffentlich dadurch entschuldigen, daß sich hinter meinem jetzigen Thema eine ziemlich lange Geschichte verbirgt. Seit längerer Zeit beschäftige ich mich in unregelmäßigen Abständen mit einer Untersuchung des Wortes *schame* im Alt- und Mittelhochdeutschen. Das Projekt hat klein angefangen - eigentlich sollte es nur ein kurzer Artikel über die Verwendung von *schame* bei Wolfram von Eschenbach sein, da mir im Laufe der Arbeit an meinem Parzivalkommentar[2] aufgefallen war, daß unter den wichtigsten Begriffen von Wolframs ethischem Vokabular allein *schame* noch nie ausführlich untersucht worden war.

Es sind jetzt wohl sechs Jahre her, seitdem ich diesen Entschluß faßte, den ›kurzen Artikel‹ selbst zu schreiben, also zu einer Zeit, wo der Microcomputer bei Wissenschaftlern und Akademikern kaum im Umlauf war, wo alles ›Computern‹ eigentlich noch Rechnen war und dementsprechend in großen Rechenzentren auf Großrechenanlagen ausgeführt wurde. Ich interessierte mich zu der Zeit kaum für solche Dinge, wurde jedoch durch den neuen Wordprocessor [Textautomat],[3] den sich unsere Philosophische Fakultät für umgerechnet ca. DM 30000 gekauft hatte, und dessen Fähigkeit, Texte zu edieren und wiederholt zu drucken, ohne daß sie neu eingetippt werden mußten, fasziniert. Ein solches Gerät schien wie geschaffen für meine Kommentararbeit, da es sich bei letzterer nur um leichte Änderungen in meinem Text handelte, wofür es eine große Zeitverschwendung zu sein schien, alles neu tippen zu müssen. Meine Erfahrungen mit diesem Gerät, das aus heutiger Perspektive die Computersteinzeit repräsentiert, hätten beinahe dazu beigetragen, daß ich bei meinen wissenschaftlichen Arbeiten auf jegliches elektronische Hilfsmittel für immer verzichtet hätte, nachdem der Wordprocessor - einem Foodprocessor eher ähnlich - zwanzig Seiten meines Texts spurlos verschlungen hatte.[4]

---

[1] Für wertvolle Hinweise bei der Vorbereitung dieses Referats bin ich meinem Kollegen Herrn Dr. Dietmar Rösler sehr zu Dank verpflichtet.

[2] DAVID N. YEANDLE: Commentary on the Soltane and Jeschute Episodes in Book III of Wolfram von Eschenbach's PARZIVAL (116,5-138,8). Heidelberg 1984.

[3] Es war ein Philips ›dedicated wordprocessor‹, also ein Gerät, das nur Texte verarbeiten konnte und alles auf 8-Zoll-Disketten gespeichert hat.

[4] Vgl. WOLFGANG COY: Von QWERTY zu WYSIWYG - Texte, Tastatur & Papier. In: Sprache im technischen Zeitalter 25 (1987), S. 136-144, bes. 138: »Über das plötzliche Verschwinden der Texte beim Schreiben«.

Nach fast ebenso schlimmen Erfahrungen mit einem Großrechner war ich völlig entmutigt, denn dieser besaß nur einen Zeileneditor, man hatte also keinen Kursor zum Edieren und mußte deshalb alles, was falsch war, genau falsch eintippen, um es eben löschen zu können; danach erst durfte man den richtigen Text eintippen. Da es sehr viele Fehler in meinem Text gab, die daher rührten, daß der Text auf elektronische Weise durch ein automatisches Lesegerät, eine sogenannte KDEM [Kurzweil Data Entry Machine] von meinem Typoskript eingelesen worden war, wurde dieses Verfahren unerträglich; deshalb griff ich wieder zu meiner altbewährten Schreibmaschine.

Das alles habe ich berichtet, um die erste ernsthafte, aber im Rahmen einer solchen Tagung vielleicht etwas häretische Frage aufzuwerfen: nämlich, ob man überhaupt den Computer bei einem literarischen oder linguistischen Projekt mehr oder weniger bescheidenen Umfangs heranziehen sollte. In dem gerade geschilderten Fall hat es sich als wesentlich schneller und zweckmäßiger herausgestellt, die Schreibmaschine zu verwenden, teilweise weil ich die nötigen Computererfahrungen auf diesem Gebiet noch nicht gesammelt hatte und teilweise weil die Computertechnologie zu jener Zeit von dem jetzigen Stand noch weit entfernt war. Mein *schame*-Projekt wurde also begonnen, als ich mich von den elektronischen Hilfsmitteln abgewandt hatte, d. h. ich habe mit einem Karteikasten angefangen.

Zwischendurch kam die Microcomputerrevolution, zumindest für mich. Das Erscheinen des IBM PC und die dazu gehörende Software haben es ermöglicht, nicht nur Textverarbeitung, sondern eine Reihe anderer wissenschaftlicher Aufgaben auf bequemere Weise per Computer zu erledigen, und zwar so, daß man alles unter Kontrolle im eigenen Arbeitszimmer hat, ohne auf ein anonymes Rechenzentrum angewiesen zu sein. Vom Wert des Microcomputers war ich nun völlig überzeugt. Man ist selbstverständlich durch den Speicherplatz des PC eingeschränkt und hätte vielleicht beträchtliche Schwierigkeiten, eine ansehnliche Konkordanz auf dem PC herzustellen, selbst wenn man eine übliche Festplatte von 20 Megabyte benutzt. Als Beispiel dafür möchte ich die Erfahrung meiner Doktorandin, Frau Janet Gilbert, anführen, die vor kurzem eine Konkordanz zum altsächsischen 'Heliand' erstellt hat, wofür Version 1.4 des Oxforder Konkordanzprogramms (OCP) auf einem VAX-Rechner, bei einem Versuch, den ganzen Text auf einmal zu konkordieren, mehr als zwei Stunden CPU-Zeit verbraucht und ca. 60 Megabyte Speicherplatz für die provisorischen Dateien verwendet hat, bevor man den Versuch eingestellt hat und den Text dann in fünf Abschnitten hat bearbeiten lassen.

Wenn man einen Blick in die Bände der drei vorhergehenden Symposien zur maschinellen Verarbeitung altdeutscher Texte wirft, findet man aus verständlichen Gründen, soweit ich weiß, keinen Hinweis auf den Einsatz von Microcomputern.[5]

[5] Maschinelle Verarbeitung altdeutscher Texte I. Beiträge zum Symposion Mannheim 11./12. Juni 1971. Hg. v. Winfried Lenders und Hugo Moser. Berlin 1978; Maschinelle Verarbeitung altdeutscher Texte II. Beiträge zum Symposion Mannheim 11./12. Juni 1973. Hg. v. Winfried Lenders und Hugo Moser. Berlin 1978; Maschinelle Verarbeitung altdeutscher Texte. Beiträge zum dritten Symposion Tübingen 17.–19. Februar 1977. Hg. v. Paul Sappler und Erich Strassner. Tübingen 1980.

Die da beschriebenen Projekte sind ja zum größten Teil große, anspruchsvolle Unternehmen, die von mehreren Wissenschaftlern betreut werden und auf Großrechenanlagen durchgeführt werden.

Ich möchte nun hier darauf aufmerksam machen, daß ich in diesem Referat ausschließlich über den PC berichten werde und ausschließlich über ein Projekt bescheidenen Umfangs, das ich allein ohne jegliche weitere menschliche Unterstützung bearbeite.

Eine der Hauptanwendungen des Microcomputers im alltäglichen Geschäftsleben ist die Erstellung von Datenbanken, normalerweise sehr routinemäßigen Inhalts, z. B. Kundenlisten, Adressenlisten usw. Das Datenbank- oder Dateiprogramm gehört somit seit Anfang der Microcomputerrevolution zu den drei üblichsten Anwenderprogrammen; die beiden anderen sind Textverarbeitungs- und Kalkulationsprogramme. Es erscheint mir also als sinnvoll, über die Verwendung dieser weitverbreiteten Programmsorte im Rahmen der maschinellen Verarbeitung altdeutscher Texte zu berichten, und zwar speziell für eine Wortschatzuntersuchung von *schame* im Alt- und Mittelhochdeutschen. Die Art der Untersuchung und die Ergebnisse der hier gesammelten Erfahrungen dürften aber auch für Vorhaben ähnlicher Art von Interesse sein, z. B. Wörterbücher, Bibliographien. Demzufolge werde ich eine Reihe von Möglichkeiten, die sich durch ein Datenbankprogramm anbieten, nun etwas ausführlicher erörtern in der Hoffnung, daß ich zeigen kann, inwiefern und in welcher Hinsicht es sinnvoll ist, den Computer bei dieser und verwandten Studien zu verwenden.

Computer oder Karteikasten?

Meine erste Frage hinsichtlich der Benutzung des Computers für eine Wortschatzuntersuchung oder ähnliche Studie war, ob man den Rechner überhaupt benutzen sollte. Bei allen potentiellen Anwendungen des Computers sollte man sich die Fragen stellen: Was kann der Computer besser als der Mensch, bzw. was kann der Mensch ggf. mit herkömmlichen Mitteln besser als der Computer? Als vorläufige verallgemeinernde Antworten seien hier angegeben: Der Computer kann besser rechnen, sortieren, suchen, sich erinnern, genau arbeiten, wiederholt das gleiche machen, große Datenmengen bewältigen; der Mensch kann besser denken, analysieren, Schlußfolgerungen ziehen.

Wie entscheidet man aber, ob man lieber elektronisch oder manuell verfahren sollte? Als Antwort hierauf möchte ich drei Hauptkriterien anführen: Ziel des Vorhabens, Art der Analyse und Umfang der zu analysierenden Daten. Dazu kommt noch die Art der Erstellung des endgültigen wissenschaftlichen Manuskripts in Frage. Wenn man die Studie am Computer selbst schreiben will, besteht die Möglichkeit, die vom Datenbankprogramm gespeicherten Daten ganz oder in Auswahl in den endgültigen Text direkt zu übernehmen, ohne daß sie neu eingetippt werden müssen.

Ziel meiner Studie ist es, die Geschichte des Wortes *schame* von althochdeutscher Zeit bis einschließlich Hartmann von Aue, Wolfram von Eschenbach, Walther von der Vogelweide und Gottfried von Straßburg darzustellen, um dadurch die

Entwicklung einer ethischen Bedeutung, die bei Wolfram besonders stark zum Vorschein kommt, zu beleuchten. Es ist also eine herkömmliche Wortschatzuntersuchung, die durch detaillierte Analyse der einzelnen Belege in ihrem Kontext die Bedeutungsentwicklung zu erfassen versucht. Der Verfasser einer solchen Studie muß sich jedem einzelnen Beleg zuwenden, um ihn auf seine Bedeutung hin genau unter die Lupe zu nehmen, ganz gleich ob der jeweilige Beleg in der endgültigen Fassung der Studie ausführlich besprochen wird. Es handelt sich also hier nicht um einfaches Sortieren, wie etwa in einer nichtlemmatisierten Konkordanz. Man ist also, unabhängig davon wie schnell und bequem der Computer arbeiten kann, immer auf seine eigenen wissenschaftlichen Fähigkeiten und Kenntnisse bei der Analyse der Belege angewiesen. Hier erinnere ich an die grundsätzliche Fragestellung: Was kann der Computer besser als der Mensch, bzw. was kann der Mensch besser als der Computer? Auf den Wissenschaftler kommt es in diesem Fall selbstverständlich an, wie er die Belege semantisch kategorisiert. Hier kann der Rechner kaum von Nutzen sein. Dem Wissenschaftler steht jedoch die Möglichkeit zur Verfügung, seine Kenntnisse und Schlußfolgerungen mit den faktischen Daten zusammenzuspeichern, so daß er die Sortier- und Abruffähigkeiten des Rechners auch bei diesen Daten beanspruchen kann.

Die Art der Analyse der Daten ist natürlich mit dem Ziel des Vorhabens eng verbunden. Wie kann also ein Computer benutzt werden, um die Geschichte eines Worts zu untersuchen? Wir haben es eigentlich schon gesagt: am ehesten zum Sortieren und zum Abrufen. Das sind ja die Hauptzwecke eines Datenbankprogramms, auf die ich später eingehen werde.

Ich komme jetzt zu meinem dritten Kriterium zurück: Umfang der Daten. Bei meiner *schame*-Untersuchung handelt es sich beim jetzigen Stand meiner Kenntnisse um insgesamt ca. 400 Belege. Bei ca. 400 Belegen, könnte man argumentieren, handle es sich um einen Grenzfall zwischen Computer und Karteikasten. 400 Belege sind nun keine überwältigende Menge, die zum Einsatz des Rechners automatisch einlädt. Es muß in diesem Fall andere überzeugende Gründe zugunsten des Computers geben. Bei mehreren Tausenden von Belegen dagegen sieht man die Vorteile des Computers umso deutlicher.

Wenn kein einziges Kriterium eindeutig für den Einsatz des Computers spricht, wird es wohl - vielleicht sogar am ehesten - eine Kombination von diesen Kriterien sein, wodurch sich der Gebrauch der Maschine empfiehlt.

Ich hatte oben die Integrierung von Datenbankprogramm und Textverarbeitungsprogramm erwähnt. Wenn man sich sonst nicht entscheiden kann, ob man den Computer einsetzen sollte, kann man sich die praktische Frage stellen, ob man die vom Datenbankprogramm gespeicherten Daten zum größten Teil in den Text der Studie aufnehmen will. Bei manchen Textverarbeitungsprogrammen, z.B. *Microsoft Word,* läßt sich das mühelos vornehmen, indem man mit zwei oder mehreren Fenstern auf dem Bildschirm arbeitet. In einem Fenster hat man den Text, im anderen die Daten. Die jeweiligen Daten lassen sich problemlos durch das Textverarbeitungsprogramm ggf. suchen und von dem einen Fenster ins andere kopieren, und zwar so, daß die gerade geholten Daten entweder in der Datendatei intakt gelassen werden können oder aus dieser gelöscht werden können, so daß man in letzterem Fall genau weiß, welche Daten man schon besprochen hat.

So gesehen, hat man wenigstens so gut wie nichts verloren, wenn man sich zugunsten des Computers entscheidet. Die Möglichkeit besteht natürlich auch, einen Ausdruck der Daten zu machen; auf diese Weise hat man die Vorteile sowohl des Computers als auch des Karteikastens.

Man hat sich für den Computer entschieden

Hat man sich also für den Computer entschieden, fangen jetzt die Probleme erst richtig an, nämlich bei der Wahl der Software. Ich kenne bis jetzt kein perfektes kommerzielles Datenbankprogramm für den PC, das alles liefert, was man gerne hätte. Es muß aber erwähnt werden, daß das Angebot auf diesem Gebiet ständig und rasch zunimmt. Eine Möglichkeit wäre, daß man sein eigenes Programm spezifisch für den Zweck schreibt. In Wirklichkeit kommt diese Möglichkeit kaum in Frage, da sie mit so vielen Schwierigkeiten verbunden und sehr zeitaufwendig ist. Darüber hinaus gibt es wohl genug Fertigprogramme zur Auswahl, die, obwohl sie nicht perfekt sind, doch wenigstens fast alle Ansprüche des Wissenschaftlers irgendwie erfüllen können. Wenn man keine persönliche Erfahrung mit dem vorhandenen Softwareangebot hat, läßt man sich beraten, am besten von einem Kollegen, der mühsame Erfahrungen eigens gesammelt hat, oder von einem Experten des Rechenzentrums der Universität, möglichst aber nicht von einem Händler, es sei denn, daß man einen guten, zuverlässigen kennt.

Bei meinem *schame*-Projekt habe ich mit drei verschiedenen Programmen gearbeitet, die alle ihre Vorteile und Nachteile hatten. Chronologisch gesehen, waren die Programme: *Perfect Filer, Cardbox* und *dBase.*

Vor- und Nachteile der Software

Auf die Vor- und Nachteile der Programme möchte ich jetzt näher eingehen und zugleich einige Aspekte des idealen Datenbankprogramms für meine Zwecke zu beschreiben versuchen. Zunächst einmal muß man sich über die Struktur und Zusammenstellung einer Datenbank im klaren sein: Eine Datenbank besteht aus Datensätzen [›Records‹], die ihrerseits aus Datenfeldern [›Fields‹] bestehen. In diesem Fall wäre ein Datensatz eine einzige Belegstelle von *schame*, die Felder wären z.B. *Lemma, Wortart, Kontext, Denkmal, Zeilen, Datum, Übersetzung* usw.

Wir hatten oben festgestellt, daß die Hauptfunktionen eines Datenbankprogramms Sortieren und Abrufen sind. Abrufen setzt wiederum gute Suchfähigkeiten voraus. Mein erstes Programm *Perfect Filer* hat diese Kriterien nur zum Teil erfüllt, war also nicht ganz so perfekt, wie es der Name nahelegt. Sortiervorgänge ließen sich nach bis zu fünf Feldern vornehmen, obwohl die Benutzerfreundlichkeit in dieser Hinsicht zu wünschen übrigließ. Die Möglichkeiten zum Abrufen dagegen waren trotz der einfachen Bedienungsweise mittels einer leeren Datensatzschablone ziemlich beschränkt. Obwohl man sog. ›Wildcards‹ oder Jokerzeichen benutzen konnte, d.h. daß * für eine beliebige Kombination von Buchstaben stehen konnte und *?* für e i n e n beliebigen Buchstaben, war es nicht möglich, ein * am Anfang eines Felds zu setzen, um dadurch, z. B. durch die Kombination **scham**, das Vorkommen von einem Wort, welches die Buchstaben *scham* beinhaltet, innerhalb eines längeren Texts zu lokalisieren. Die Bedenklichkeit dieser Einschränkung liegt auf der Hand. Man kann praktisch nur das suchen, was am Anfang eines jeweiligen Felds steht.

Ein zweiter Nachteil hinsichtlich dieses Programms und mancher anderer Datenbankprogramme ist, daß dem Benutzer keine Akzente, Umlaute usw. zur Verfügung stehen. Dies ist eine Einschränkung der älteren Programme vorwiegend amerikanischer Herkunft, die ASCII-Codes über 127 nicht zulassen.[6] Für die älteren Sprachstufen ist dies ein beachtliches Hindernis, das aber von moderneren Programmen behoben worden ist. Ein solches Hindernis läßt sich selbstverständlich durch Dollar-Zeichen für Umlaute, Schrägstriche für Akzente und dergleichen umgehen, erschwert aber die Arbeit unnötigerweise.

Mit diesem Programm also konnte ich schöne Listen erstellen, alles ordnen, wie ich wollte, konnte z. B. die Belege alphabetisch nach den Lemmata, nach Denkmälern oder chronologisch ordnen, was bei einer Wortschatzuntersuchung an erster Stelle wohl am wichtigsten ist.

Perfect Filer war das Programm, das ich für die althochdeutschen Belege benutzt habe, und ich muß ehrlich eingestehen, daß das chronologische Ordnen hier kaum von Nutzen war, da es sich um folgende Belegtexte handelte: 'Isidor' (2), 'Monseer Fragmente' (1), 'Benediktinerregel' (1), 'St. Emmeramer Gebet' (1), 'Altbairische Beichte' (1), 'Tatian' (4), Otfrid (2), Notker (64), 'Bamberger Beichte' (1), 'Himmel und Hölle' (1). Es sind also insgesamt nur 10 Denkmäler, die zum chronologischen Ordnen keines Computers bedürfen. Für eine statistische Auswertung dagegen wäre der Rechner eher geeignet, um z. B. festzustellen, wie oft etwa bei Notker die Übersetzung *scama* lateinisch *verecundia* entspricht (3mal) und wie oft sie lateinisch *confusio* entspricht (4mal). Bei dem jetzt zu besprechenden Programm ist dieses Verfahren jedoch umständlich und für solche kleinen Datenmengen vielleicht kaum der Mühe wert. Bei jeder auf diese Weise gewonnenen Information ist man immerhin darauf angewiesen, alles genau zu überprüfen, was sich am besten anhand des Datenbankausdrucks vornehmen läßt. Jedoch ermöglicht dieses Programm, wie oben kurz erwähnt, abgesehen von den gerade erörterten Problemen, eine sehr genaue Bestimmung der zu suchenden Daten. Beim Suchen bestimmt man sog. ›Subsets‹ [›Teilmengen‹] der gesamten Datenbank, indem man in eine leere Datensatzschablone die verschiedenen Suchkriterien einträgt, z. B. *Lemma* = ›sca*‹, *Ahd. Belege* = ›ja‹, *Übersetzung* = ›ja‹, *lateinische Entsprechung* = ›erubesco‹, *Denkmal* = ›Notker‹. So kann man auf bequeme Weise gleichzeitig viele zu erfüllende Kriterien angeben. In diesem Fall werden nur Lemmata

[6] ASCII-Codes [*A*merican *S*tandard *C*odes for *I*nformation *I*nterchange] sind die in den USA entwickelten und heutzutage meist international anerkannten und benutzten Codes für Microcomputerdaten, wobei jeder Buchstabe einen eigenen eindeutigen numerischen Code erhält, den der Computer versteht. Die alphabetischen Codes laufen von 65 *A* bis 90 *Z* und von 97 *a* bis 122 *z*. Die komplette Reihe der Codes, worunter auch Interpunktionszeichen und Computersteuerzeichen sich befinden, läuft von 0 bis 255. Die Codes, die einen höheren Wert als 127 haben, sind Buchstaben mit Akzent, bzw. Grafikzeichen usw., z. B. *ä* hat den Wert 132, *Ü* den Wert 154.

bei Notker gesucht, die mit *sca-* anfangen und eine Übersetzung des lateinischen *erubesco* sind. Genau genommen, ist es hier nicht nötig, *ahd.* zusätzlich zu *Notker* zu bestimmen, da es sich in der Datenbank nur um einen althochdeutschen Notker handelt. Abbildung 1 zeigt das Ergebnis des Abrufs.

Nr.	Lemma	Denkmal	Zeilen	Lateinische Entsprechung
42	scamen	Consolatio	I,158,2	erubesco
45	scamen	Ps. 6,11	II,016,13	erubesco
46	scamen	Ps. 6,11	II,016,17	erubesco
39	scamen	Ps. 24,2	II,076,20	erubesco
16	scameg	Ps. 30,18	II,100,28	erubesco
17	scameg	Ps. 33,6	II,112,28	erubesco
47	scamen	Ps. 34,4	II,117,4	erubesco
21	scameg	Ps. 34,26	II,122,24	erubesco
48	scamen	Ps. 39,15	II,149,6	erubesco
23	scameg	Ps. 68,7	II,265,8	erubesco
50	scamen	Ps. 68,36	II,273,1	erubesco
25	scameg	Ps. 69,4	II,274,7	erubesco
27	scameg	Ps. 82,18	II,346,8	erubesco

Abb. 1

Ich komme nun zu meinem zweiten für die frühmittelhochdeutschen Belege verwendeten Programm, *Caxton Cardbox,* das wegen seiner renommierten Abruffähigkeiten gewählt wurde. Hier habe ich gewählt, ohne mich vorher genau erkundigt zu haben, d. h. daß ich keine exakten Auskünfte erfahren konnte, und als das Programm ankam, fiel sofort eine seiner Haupteinschränkungen auf, nämlich daß überhaupt keine Sortierfähigkeiten existieren. Als Pluspunkt gilt aber, daß man nicht nur ein einziges Feld nach einem bestimmten Kriterium absuchen kann, sondern daß man auch ggf. alle Felder auf einmal, die ganze Datenbank also, auf eine einzige Zusammenstellung von Buchstaben hin absuchen kann. Die gleichen ›Wildcards‹ lassen sich hier anwenden wie bei dem vorigen Programm.[7] In diesem Fall aber kann man, wie eben beschrieben, alles mehr oder weniger bequem lokalisieren. Man kann z. B. nach Belegen suchen, die *schame* usw. im Reim mit dem Substantiv *name* usw. haben. In einem solchen Fall würde man den Befehl ›Mask Select‹ benutzen, um alle Vorkommen festzustellen.[8] Man würde dann als Suchkriterium + *nam* + eingeben. Beim Mask-Befehl ist ein Pluszeichen vor und hinter der zu suchenden Zeichenkette erforderlich, sonst findet das Programm gar nichts. In diesem Fall ist das Pluszeichen nach *nam* ein nützliches

---

[7] Anstelle des * wird ein + für jede beliebige Zusammenstellung von Buchstaben benutzt.

[8] Wenn man nur ›Select‹ benutzt, werden nur die indexierten Wörter abgesucht, die man selbstverständlich vorher bestimmt haben muß. Da man leicht vergessen kann, ein jeweiliges Wort innerhalb eines längeren Felds zu indexieren, sollte man unter diesen Umständen ›Mask Select‹ benutzen, das alles absucht.

Hilfsmittel, das Vorkommen von *name, namen* auch zu lokalisieren vermag. Es ist auf jeden Fall nötig, nach dem ersten Pluszeichen einen Zwischenraum zu lassen, da man in diesem Fall nur Wörter sucht, die mit *n* anfangen. Das Pluszeichen vor *nam* ohne Zwischenraum dagegen könnte nützlich sein, wenn man auch die Verbalformen *genam(en)* und das unverwandte Substantiv *lichnamen* gleichzeitig lokalisieren wollte, um jeglichen Reim auf *-nam-* zu finden. Man muß jeden auf diese Weise gewonnenen Beleg genau überprüfen, um zu sehen, ob er den Suchkriterien entspricht, da man auf das altbekannte Problem der Homographen stößt und etwa Vorkommen von *nam* = nhd. *nahm* ausschließen muß. Bei diesem Programm vermißt man die Möglichkeit, bestimmte elektronisch erzeugte Karteikarten einfach zu verwerfen, ohne daß man neue Kriterien zum Ausschließen von bestimmten Kombinationen eingeben muß. Man könnte z. B. den Befehl geben ›Schließe alles aus, was *genam* + lautet‹, aber im Falle der semantischen Diskriminierung ist dies viel umständlicher, wenn nicht in vielen Fällen sogar unmöglich. Das *Cardbox*-Programm ermöglicht weiteres Suchen und Bestimmen der auf diese Weise gewonnenen Belege, somit erfüllt es die gleichen Kriterien wie das vorige Programm, nämlich daß man wiederum nach z. B. *Lemma* = ›sca*‹, *Ahd. Belege* = ›ja‹, *Übersetzung* = ›ja‹, *lateinische Entsprechung* = ›erubesco‹, *Denkmal* = ›Notker‹ suchen kann; nur daß hier alles stufenweise gemacht werden muß, d. h. daß bei jedem Suchen die Anzahl der ›Karten‹ sich verringert, bis man alle Kriterien bestimmt hat. Das führt verständlicherweise zu einer gewissen Langsamkeit im Programmlauf.

Es besteht nun die Möglichkeit, die durch Suchen gewonnenen Belege als Datei zu sichern oder sie auszudrucken. Man kann entweder jeweils alle Felder als ganze ›Karteikarte‹ ausdrucken oder die Felder mittels einer Schablone nur auszugsweise ausdrucken. Auf die Möglichkeiten für die Gestaltung des Ausdrucks werde ich später kurz eingehen.

Das Fehlen von Sortiermöglichkeiten hat hier zu Problemen geführt, aber es war immerhin möglich, die Daten chronologisch zu ordnen, wenn man bei dem Feld für das Datum des Denkmals nach bestimmten Jahrhunderten und Jahrzehnten gesucht hat, z. B. sucht man nach Belegen des 12. Jahrhunderts durch ›Select /Years/110 + ‹, dann ›Select /Years/111 + ‹, ›Select /Years/112 + ‹ usw. Trotz dieser Überwindung des Problems hat sich das Programm als nicht besonders geeignet für meine Zwecke erwiesen. Also habe ich ein drittes Programm (*dBase*) in Anspruch genommen.

dBase gilt bisher allgemein als das Standardprogramm unter Datenbanken für den Microcomputer. Es ist aber wie die beiden anderen kein neues Programm, wurde ursprünglich für 8-Bit-Rechner geschrieben und ist besonders in den älteren Fassungen nicht sehr benutzerfreundlich. Dieses Programm vermag nun Such- und Sortierfähigkeiten zu kombinieren. Jedoch sind sowohl Such- als auch Sortierbefehle kompliziert und verhältnismäßig umständlich. Anders als bei den letzten beiden Programmen darf man hier auf 16-Bit-Rechnern alle ASCII-Zeichen über 127 verwenden, also auch die Zeichen für Umlaute, Akzente und *ß*.

Um die Suchfähigkeiten von *dBase* zu erläutern, nehme ich ein dem schon besprochenen ahd. Beispiel ähnliches frühmittelhochdeutsches Beispiel. In diesem

Fall suchen wir Belege für: *Lemma* = ›scham‹, *Wortart* = ›stf‹, *Übersetzung* = ›ja‹, *Frühmhd.* = ›ja‹, *lateinische Entsprechung* = ›rubor‹, *Datum des Denkmals* = ›vor 1195‹.

Hier müßte man bei meiner Datenbank etwa folgende Suchbefehle eingeben:

```
DISPLAY⁹ ALL FOR HEADWORD = "scham" .AND. PTOFSPEECH = "stf"
.AND. STATUS = "trans" .AND. ERA = "EMHG" .AND. "rubor"$(NOTES)
.AND. YEARS < "1195"
```

Wenn man sicher sein wollte, daß man alle möglichen Kombinationen von groß- und kleingeschriebenen Wörtern findet, sollte man auch noch alles Gesuchte und alles Abzusuchende in Großbuchstaben konvertieren lassen mittels der Funktion *!* (bei *dBase II*) oder *UPPER* bei *dBase III*, wie folgt:

```
DISPLAY ALL FOR UPPER(HEADWORD) = "SCHAM" .AND.
UPPER(PTOFSPEECH) = "STF" .AND. UPPER(STATUS) = "TRANS" .AND.
UPPER(ERA) = "EMHG" .AND. "RUBOR"$(UPPER(NOTES)) .AND.
YEARS < "1195"
```

Bei diesen Beispielen fallen zwei verschiedene Suchmöglichkeiten auf: Für alles, was am Anfang eines Datenfelds steht, kann man das einfache FELDNAME = "Gesuchtes" setzen. Hier prüft das Programm nach, ob die angegebene Zeichenkette mit dem Anfang des angegebenen Datenfelds übereinstimmt, gleichviel wie das Datenfeld dann weitergeht, z. B. bei dem Suchkriterium HEADWORD = "scham" findet das Programm nicht nur Lemmata, die *scham* lauten, sondern auch diejenigen, die *schame, schamen* usw. lauten. Wenn wir aber ausschließlich *scham* gewünscht hätten, hätten wir ›*scham* ‹ bestimmen müssen, d. h. mit Leerzeichen nach *scham,* oder wir hätten den Befehl ›SET EXACT ON‹ geben können, der bedeutet, daß jedes Suchkriterium mit dem vollen Inhalt des Datenfelds genau übereinstimmen muß.[10]

Im Falle der lateinischen Entsprechung = ›rubor‹ mußten wir das Suchkriterium auf andere Art bestimmen, da das lateinische Wort n i c h t am Anfang des Datenfelds vorkommt, sondern im Laufe eines längeren Texts. Hier benutzt man das Dollar-Zeichen, um eine Unterkette, d. h. eine Zeichenkette innerhalb einer längeren Zeichenkette, zu suchen. Hier ist die Syntax etwas komplizierter, und im Gegensatz zum ersten Kommando wird die gesuchte Zeichenkette v o r dem Feldnamen angegeben.

Zwei Einschränkungen dürften vielleicht hier erwähnt werden, nämlich daß man bei Unterketten keine ›Jokerzeichen‹ benutzen kann und daß die Formen mit Umlaut oder Akzent oder *ß* sich nicht in Großbuchstaben konvertieren lassen (was in letzterem Fall natürlich orthographisch korrekt ist, für das Alt- und Mittel-

---

[9] Hier gibt es verschiedene Möglichkeiten. Man kann entweder LOCATE, DISPLAY ALL, oder LIST benutzen. Im ersten Fall bekommt man nur die Nummer des ersten Datensatzes, den man dann mittels DISPLAY auf dem Bildschirm zeigen kann. Bei DISPLAY ALL werden alle Datensätze gezeigt, die den Suchkriterien entsprechen, jeweils mit Pause nach jedem Datensatz, bei LIST werden alle Datensätze gezeigt, jedoch ohne Pause dazwischen.

[10] Leerzeichen am Ende eines Felds werden nicht beachtet: z. B. ist es nicht von Belang, ob man nach "scham" oder "scham " oder "scham " am Ende eines Felds sucht.

hochdeutsche jedoch nicht von Bedeutung ist). Hier muß man also doppelte Suchkriterien angeben, wie etwa:

```
DISPLAY ALL FOR "SÜND"$(UPPER(HEADWORD)) .OR.
"SüND"$(UPPER(HEADWORD))
```

um z. B. *sünde(n), SÜNDE(N)* und *Sünde(n)* zu finden. Wenn man gleichzeitig nichtumgelautete Formen finden wollte, müßte man noch hinzufügen:

```
.OR. "SUND"$(UPPER(HEADWORD))
```

Bei diesem Beispiel sieht man den Gebrauch eines zweiten logischen Operators, nämlich ›.OR.‹, der benutzt wird, um einen Entweder-Oder-Fall zu bestimmen. Man kann natürlich ›.AND.‹ mit ›.OR.‹ kombinieren, um z. B. Vorkommen von *scham* usw. (wie oben) zu lokalisieren, wo nicht nur Substantive gesucht werden, sondern auch Verben. In diesem Fall würden die Suchkriterien insgesamt wie folgt lauten:

```
DISPLAY ALL FOR UPPER(HEADWORD) = "SCHAM" .AND.
(UPPER(PTOFSPEECH) = "STF" .OR. UPPER(PTOFSPEECH) = "VB")
.AND. UPPER(STATUS) = "TRANS" .AND. UPPER(ERA) = "EMHG" .AND.
"RUB"$(UPPER(NOTES)) .AND. YEARS < "1195"
```
[11]

Hier beachte man die Klammern um *UPPER(PTOFSPEECH) = "STF" .OR. UPPER(PTOFSPEECH) = "VB"*, die zeigen sollen, daß *Starkes Femininum* und *Verb* als gleichwertige Alternativen innerhalb einer ›.AND.‹-Bedingung sind.[12] Ohne diese Klammern würde es heißen: ›Zeige sowohl alle Datensätze, die die zwei Kriterien HEADWORD = "SCHAM", PTOFSPEECH = "STF" erfüllen, als auch alle Datensätze, die die fünf Kriterien PTOFSPEECH = "VB", STATUS = "TRANS", ERA = "EMHG", "RUB" = Unterkette von NOTES, YEARS YEARS < "1195" erfüllen‹. Im vorigen Fall mit den Klammern erhalten wir 10 Belege, ohne die Klammern dagegen 60. Einige Beispiele sind in Abbildung 2 zu sehen.

Man sieht also, daß es bei *dBase* möglich ist, komplexe Suchkriterien aufzustellen, die sich ggf. zu *dBase*-Programmen gestalten lassen, die man dann wiederholt verwenden kann oder die man eventuell ändern kann. Es ist sogar möglich, sehr komplexe Programme zu schreiben, die die Datenbank gewissermaßen zum selbständigen Anwenderprogramm machen, so daß es überhaupt nicht erforderlich ist, daß man sich in der *dBase*-Befehls- und Programmiersprache auskennt. Alles ließe sich durch Menüsteuerung so ausführen, daß die Datenbank jedem ohne Computererfahrung zugänglich wäre.

Bei *dBase* ist Sortieren auch sehr leistungsstark. Man kann entweder die ganze Datenbank nach einem oder mehreren Feldern sortieren, oder man kann die ursprüngliche Reihenfolge der Datensätze beibehalten (und dazu die Datensatznummern) und einen oder mehrere Indices erstellen, so daß man die Datensätze in der

---

[11] Hier mußte *RUB* für *RUBOR* gesetzt werden, da die Verbalformen *erubesco* usw. sonst nicht lokalisiert würden.

[12] Bei ›.AND.‹-Bedingungen müssen alle durch .AND. gekoppelten Kriterien erfüllt werden, wogegen bei ›.OR.‹-Bedingungen geprüft wird, ob wenigstens e i n Kriterium erfüllt ist.

gewünschten Reihenfolge erhält. Wie beim Sortieren besteht die Möglichkeit, ein oder mehrere Felder als Indexkriterien zu bestimmen. Man hat somit ein sehr flexibles System, mit dem man die Belege ordnen kann.

Zusammenfassung

Wir haben also drei verschiedene Programme gesehen, die alle ihre Vorteile und Nachteile haben. Unter diesen ist *dBase* offensichtlich das leistungsfähigste aber dafür auch das komplizierteste. Was man bei *dBase* am ehesten vermißt, ist die Möglichkeit, alle Datenfelder auf einmal mittels eines einfachen Befehls auf das Vorkommen einer Zeichenkette irgendwo im Datensatz hin abzusuchen. Darüber hinaus wünscht man bessere e i n f a c h e Bildschirm- und Druckgestaltungsmöglichkeiten (Reportfähigkeiten) beim Abrufen von Datensätzen größeren Umfangs und die Möglichkeit, die Schablone, die man bei der Eingabe der Daten verwendet hat, beim Abrufen auf einfache Weise wiederzuverwenden.

Gestaltung der Datenbank

Ich möchte mich nun kurz der Gestaltung der Datenbank zuwenden, d. h.: Welche Felder sollte der Datensatz beinhalten, wie läßt man den Ausdruck der Daten am besten gestalten usw.? Es ist m. E. sehr wichtig, die Datenfelder auf Papier zu planen, bevor man den Rechner einschaltet. Dies spart viel unnötiges Umorganisieren auf dem Bildschirm. Man muß sich genau überlegen, wie lang ein jeweiliges Feld sein soll - meistens macht man die kurzen zu kurz und die langen zu lang - und in welcher Reihenfolge die Felder im Datensatz erscheinen sollen. Bei den meisten Programmen besteht die Möglichkeit, diese Kriterien zu ändern, aber es ist normalerweise viel umständlicher, etwas von der Art zu ändern, wenn man Daten schon eingetragen hat. Bei dem Bestimmen der Felder selbst sollte man die Such- und Sortierkriterien beachten, die man später verwenden will.

Am besten läßt man alles Faktische am Anfang des Datensatzes erscheinen, so daß man es ungehindert in der gewünschten Reihenfolge eintippen kann. Es ist vielleicht auch sinnvoll, bei der Eingabe von linguistischen Daten wie hier, den Text gleich nach dem Lemma einzutragen, da man den Text dann überblickt, wenn man nachher die Wortart usw. bestimmen und eintragen muß. Alles, was längerer Überlegung bedarf, z. B. ob es sich bei diesen Belegen um einen ethischen Sinn handelt oder wie die genaue Übersetzung lauten muß, sollte man wohl erst später eintragen, d. h. wenn die faktischen Daten für alle Datensätze schon eingetragen worden sind. Hierbei ist es sehr nützlich, einen vollständigen sortierten Datenbankausdruck zu haben und eher hiermit zu arbeiten als direkt am Bildschirm. Man kann - muß sogar - selbstverständlich alles nachträglich revidieren, aber man täte besser daran, möglichst nur Richtiges gleich beim ersten Mal in die Datenbank einzutragen. Bei manchen Datenbankprogrammen, z. B. bei *dBase*,[13] kann

[13] Das Kommando dazu bei *dBase* ist ›SET CARRY ON‹.

man beim Eintragen jedes neuen Datensatzes die Details des vorigen auf dem Bildschirm erscheinen lassen, so daß man hier nur edieren muß und alles, was gleich ist, einfach so stehen lassen kann. Dies ist besonders nützlich bei einer solchen linguistischen Datenbank, bei der man z. B. den Titel des Denkmals, den Herausgeber und dgl. nur einmal eintippen muß, vorausgesetzt nun, daß man alle Belege eines jeweiligen Denkmals nacheinander einträgt.

Die Länge der Datenfelder ist ein wichtiges Thema, da bei den meisten Datenbanken die Felder eine festgelegte Länge haben, auch wenn sie gespeichert werden. Macht man seine Felder zu lang, wird also sehr viel Speicherkapazität mit Leerzeichen verschwendet. Wenn man (Floppy-)Disketten zum Speichern benutzt, sind die Möglichkeiten sehr beschränkt, da die Größe der gesamten Datenbank beim normalen IBM PC oder Kompatiblen auf ca. 360 KB beschränkt ist,[14] die Kapazität einer Diskette beim PC. Auch wenn man eine Festplatte benutzt, sollte man darauf achten, daß man den wertvollen Speicherplatz nicht sinnlos verschwendet. Im Falle von einer Datenbank, bei der die Datensätze von sehr unterschiedlicher Länge sind, ist zu überlegen, ob man vielleicht lieber ein Freiformatprogramm wählen sollte, das nur den Text speichert, nicht aber die Leerzeichen am Ende der nicht voll ausgefüllten Datenfelder.

Bei der Wahl bzw. Benennung der Felder selbst macht man meistens Fehler am Anfang. Bei meiner Datenbank z. B. habe ich anfangs nur e i n Feld für ›Übersetzung‹ benutzt, obwohl es sich dabei einerseits um Belege handelte, die Übersetzung eines (lateinischen) Originals sind, und andererseits um Belege, wofür ich selbst eine Übersetzung angegeben habe. Hier habe ich es später für sinnvoller gehalten, die zwei Arten von Übersetzung auseinanderzuhalten. Bei der Version für die althochdeutschen Belege habe ich zwei verhältnismäßig lange Felder benutzt, einmal für den lateinischen Urtext, einmal für allgemeine Anmerkungen. Bei den frühmittelhochdeutschen Belegen dagegen schien es angemessener zu sein, nur e i n Feld für Anmerkungen zu haben, das ggf. auch für einen lateinischen Urtext benutzt werden konnte, da es sich bei den frühmittelhochdeutschen Belegen weniger oft um Übersetzungen handelt. Solche Umstrukturierungen der Datenbank sind bei komplexeren Daten vielleicht nicht zu vermeiden, aber man sollte sie durch gutes Planen möglichst verhindern.

Schließlich noch ein Wort zur Gestaltung des Datenbankausdrucks. Hier bieten sich viele Möglichkeiten an. Man kann die Felder ganz oder nur auszugsweise ausdrucken, man kann die Datensätze mit Schablone ausdrucken, man kann sie als ›Report‹ in Spalten ausdrucken, man kann sie sortiert, indexiert oder frei ausdrucken. Solch eine reiche Auswahl führt meistens dazu, daß der Drucker Unmengen Papier auswirft, die der Wissenschaftler zu bewältigen hat. Man sollte sich daran gewöhnen, das Datum und den Dateinamen deutlich auf jeden Ausdruck zu schreiben oder besser, den Rechner so zu programmieren, daß diese automatisch erscheinen. Dies ist besonders wichtig, wenn man nicht ständig am Projekt arbeiten kann. Abbildung 3 zeigt die erste Seite der frühmittelhochdeutschen Belege nach folgenden Kriterien sortiert: Datum des Denkmals [*YEARS*], Denkmal

---

[14] Man muß auch Indices und sonstige Dateien, die zur Datenbankgestaltung gehören, in Betracht ziehen.

[*MONUMENT*], Wortart [*PTOFSPEECH*], Lemma [*HEADWORD*], Art der Scham [*TYPEOFSHAM*], Zeilennummer [*LINES*]. Bei diesen Belegen habe ich schon die vorläufige semantische Auswertung bei ›Art der Scham‹ [*TYPEOF-SHAM*] angegeben, aber eine auf diese Weise sortierte Datenbank bietet die Möglichkeit, vor allem die chronologische Entwicklung der Bedeutungen darzustellen und somit die semantische Kategorisierung vorzunehmen.

Schluß

Wir haben also gesehen, daß das richtige Datenbankprogramm für eine solche Studie wesentlich mehr bietet als der herkömmliche Karteikasten, daß es aber die Arbeit gewissermaßen komplizierter macht, dafür aber einen hohen Grad an Flexibilität bietet. Das wichtigste Ergebnis meiner persönlichen Erfahrungen ist, daß das Datenbankprogramm nur als zusätzliches Mittel für den genaueren praktischen Umgang mit den Daten zu betrachten ist und keineswegs benutzt werden kann, um etwa die wichtigste Arbeit, nämlich die semantische Auswertung, zu automatisieren.

dBase III Plus: Suchkriterien und Ergebnis (Teil)

```
. LIST FOR UPPER(HEADWORD)="SCHAM" .AND. (UPPER(PTOFSPEECH)="STF" .OR. UPPER(PTOFSPEECH)="VB") .AND. UPPER(STATUS)="TRANS" .AND. UPPER(ERA)="EMHG" .AND. "RUB"$(UPPER(NOTES)) .AND. YEARS <
"1195"
Record#  HEADWORD              TEXT
                                                                        PTOFSPEECH    ETHIC QUASIETH SEX TRANSLATIO                       RELA
TTERM               ADDGRAMM             LATORIG            STATUS  ERA     NOTES
                                                                    MONUMENT                 EDITION          LINES    DATE      TYPEOFSHAM
                                           YEARS
    107  schamen (sich)         Nu scamen sich un- wer|din betro+vuet alle mine ***nde
                                                                        vb.refl.                          zuschanden werden
                                         erubesco           trans.  EMHG    Erubescant et conturbentur vehementer omnes inimici mei Ps. 6,11
                                                                    Schleizer Ps.-Fragmente  Kriedte          152,23f. 08/09/85 Negative vorausblickende (zukünfti
ge) Nachscham                              1120 c.
    108  schamen (sich)         Nu scamen sich un- wer|din betro+vuet alle mine ***nde. se mo+vzen sich sca|men unde bekeren sich harte snelliche
                                                                        vb.refl.                          zuschanden werden
                                         erubesco           trans.  EMHG    Erubescant et conturbentur vehementer omnes inimici mei: convertantur | et erubescant valde velociter. Ps. 6
,11                                                                 Schleizer Ps.-Fragmente  Kriedte          152,23f. 08/09/85 Negative vorausblickende (zukünfti
ge) Nachscham                              1120 c.
     14  scham                  vns aber tragen vn- ubil lebinden vn sumsulige- di rothi der scami ist.
                                                                        stf.              q               Scham < rubor
                                         rubor confusionis  trans.  EMHG    Lat.: Nobis autem desidiosis et male viventibus et negligentibus rubor confusionis est
                                                                    Mhd. Benediktinerregel   Selmer           47,5     08/09/85
                                           1150 c.
     63  schame                 vmb schande iwer zwispilder vn- schame suln loben teil sines
                                                                        stf.
                                                            trans.  EMHG    Pro confusione uestra duplici et rubore laudabunt partem suam Isaiah 61,6-9
                                                                    Millstätter Perikopen                     94,16,7  08/09/85
                                           1190 c.
     79  schamen (sich)         cheren sich ze rukke un- schamen sich die da wellent mir ubel
                                                                        vb.refl.
                                                            trans.  EMHG    Avertantur retrorsum et erubescant: qui uolunt michi mala
                                                                    Millstätter Psalmen                       69,3     08/09/85
                                           1190 c.
     84  schamen (sich)         schamen sich un- werden getru+obet ewechlichen un- geschendet un- erwerden
                                                                        vb.refl.
                                                            trans.  EMHG    Erubescant et conturbentur in seculum seculi et confundantur et pereant
                                                                    Millstätter Psalmen                       82,18    08/09/85
                                           1190 c.
     70  schamen (sich)         si schamen sich un- miden sich ensamt die sich frowent laeides mines
                                                                        vb.refl.
                                                            trans.  EMHG    Erubescant et reuereantur simul: qui gratulantur malis meis
                                                                    Millstätter Psalmen                       34,26    08/09/85
```

Abb. 2

dBase III Plus: Die frühmittelhochdeutschen Belege nach folgenden Kriterien sortiert: Datum des Denkmals [*YEARS*], Denkmal [*MONUMENT*], Wortart [*PTOFSPEECH*], Lemma [*HEADWORD*], Art der Scham [*TYPEOFSHAM*], Zeilennummer [*LINES*]

```
Record# HEADWORD              TEXT
                                                              PTOFSPEECH    ETHIC QUASIETH SEX TRANSLATIO                     RELA
TTERM               ADDGRAMM            LATORIG          STATUS  ERA     NOTES
                                                          MONUMENT             EDITION         LINES   DATE     TYPEOFSHAM
                                        YEARS
    142  schamen (sich)         er begunde sich scamen  daz er nieht hêt ane
                                                              vb.refl.                  s   sich seiner Nacktheit schämen
                                                 Bearb.  EMHG    Adam nach dem Verzehr des Apfels
                                                          Wiener Genesis       Smits           722      08/09/85 Persönliche nichtquasiethische neg
ative Geschlechtsscham                  1060/65
    141  schamen (sich)         [Judas spricht zu Joseph:] nieht ist des ich mich scame  et dû gnâdich bist ime!/ wil dû in lâzzen ze lante  ich lide iemer diz ellente
                                                              vb.refl.                      sich einer auferlegten Schmach schämen
                                                 Bearb.  EMHG
                                                          Wiener Genesis       Smits           4828     08/09/85 Negative vorausblickende (zukünfti
ge) Nachscham                           1060/65
    143  schamen (sich)         Beidiv wâren si nachent,  [scham hêten si deheine],/ si nehabeten nehein lit  iz newâre eben heilich./ duo si nedwanch  nehein ubel gedanch,/ noch unter ir
e brust chom nehein ubel gelust/ unze si wâren wolgezogen,  wes mahten si sich duo scamen?   vb.refl.      q      s   sich seiner Nacktheit schämen
                                                 Bearb.  EMHG    Adam und Eva vor dem Fall: Beschreibung der paradiesischen Unschuld. *scham hêten ... is supplied from Mills
tätter MS                                                 Wiener Genesis       Smits           619      08/09/85 Innerliche quasiethische negative
Geschlechtsscham                        1060/65
    140  verschamen (sich)      [Verlust der Jungfräulichkeit:] Sô er sich denne vescamet  got er fravelichen vemanet./ sô flizzet er sich denne  waz er wibe gewinne.
                                                              vb.refl.      q      s   schamlos / unverschämt werden
                                                 Bearb.  EMHG    Vgl. 870ff.: Och nestêt ez porlenge  ê des glustes gedwenge/ in aver ane gât  daz er alsame tuot.  Vgl. auch
 Millst. Gen. u. Ex.                                      Wiener Genesis       Smits           874      08/09/85 Schamlosigkeit / Unverschämtheit g
ravierender quasiethischer sexueller Art  1060/65
    107  schamen (sich)         Nu scamen sich un- wer|din betro+vuet alle mine ***nde
                                                              vb.refl.                      zuschanden werden
                                        erubesco         trans.  EMHG    Erubescant et conturbentur vehementer omnes inimici mei Ps. 6,11
                                                          Schleizer Ps.-Fragmente  Kriedte     152,23f. 08/09/85 Negative vorausblickende (zukünfti
ge) Nachscham                           1120 c.
    108  schamen (sich)         Nu scamen sich un- wer|din betro+vuet alle mine ***nde. se mo+vzen sich sca|men unde bekeren sich harte snelliche
                                                              vb.refl.                      zuschanden werden
                                        erubesco         trans.  EMHG    Erubescant et conturbentur vehementer omnes inimici mei: convertantur | et erubescant valde velociter. Ps. 6
,11                                                       Schleizer Ps.-Fragmente  Kriedte     152,23f. 08/09/85 Negative vorausblickende (zukünfti
ge) Nachscham                           1120 c.
    50  schamelôs               Do noe erwahte unde uil rehte betrahte/ wie der schamlos cham [nom. prop.] mit im hete getan,/ unde er in niht wolde dechen...
                                                              adj.                      s   schamlos / unverschämt
                                                 Bearb   EMHG    Beschreibung von Chams Verhalten gegenüber Noahs Nacktheit
                                                          Millstätter Gen. und Ex  Diemer      31,11    08/09/85 Schamlosigkeit / Unverschämtheit n
ichtgravierender sexueller Art          1120/30
    51  scham                   Nu tu mir allez daz du wellest  daz du in hie nicht chwellest,/ la in heim ze lande;  ich wil dinen handen/ immer undirtanich sin,  dienstis scham si immir
```

Abb. 3

Klaus M. Schmidt

Ein Datenbanksystem für das Begriffwörterbuch mittelhochdeutscher Epik und Fortschritte bei der automatischen Disambiguierung

Die Entwicklung des Begriffwörterbuches ist seit etwa einem Jahr in eine kritische Phase eingetreten, die kurz vor ihrem Abschluß steht. Obwohl zwei weitere Teilbände, die Begriffsindices zu Ulrichs von Zatzikhoven Lanzelet und zur Kudrun so gut wie publikationsfertig sind, obwohl das Gesamtwörterbuch nunmehr ca. 12000 Einzelwörter und 4500 Lemmata enthält, für die jedes einzelne Vorkommen begrifflich exakt zugeordnet und verzeichnet ist, hatten wir uns dazu entschlossen, eine Art schöpferische Pause einzulegen, da uns trotz der ständigen Mithilfe zweier Assistenten die Fortschritte nicht schnell genug zu gehen schienen. Traum und Wirklichkeit klafften einfach zu sehr auseinander, und persönlich begann sich die Möglichkeit abzuzeichnen, daß ich den Abschluß des selbstbegonnenen Projekts vielleicht nicht mehr erleben könnte oder wollte.

Der Traum: Totale Kontrolle über ein repräsentatives Gesamtkorpus der mhd. Epik zwischen ca. 1175 und 1275 vom begriffsanalytischen Gesichtspunkt aus, d. h. gleichzeitiger Zugriff sowohl auf onomasiologischer als auch semasiologischer Basis auf allen Ebenen, Text, Einzelwort, Begriffsbereich, Einzelbegriff, mit exakter empirischer Erfassung der Häufigkeit des Vorkommens (vgl. Abb. 1 und 2).

Die Wirklichkeit: Zwar schafften wir die Fertigstellung der beiden weiteren Einzelindices auf entschieden verbesserter Basis im Vergleich zu den beiden Ulrich von Lichtenstein-Bänden: die Disambiguierung der mehrdeutigen Wörter ist nicht mehr in Form eines Textausdrucks dem Benutzer überlassen, sondern es werden nun reale Frequenzen aller Bedeutungsvorkommen mit den entsprechenden Textstellen geliefert, und das begriffliche Zuordnungssystem wurde von vielen Ungereimtheiten befreit. Aber diese Ziele wurden unter großem Zeitaufwand in vielen Einzelschritten erreicht, von der Neuaufnahme und Adaption der Texte für das BGWB bis zur manuellen Disambiguierung mehrdeutiger Wörter. Ein System von mehr als 25 Programmen war bislang dafür notwendig.

Da wir einem gewaltigen kumulativen Anschwellen des Text- und Wortmaterials entgegensehen, denn die großen Brocken wie Parzival und Tristan liegen ja noch vor uns, schien eine technische Reorganisation des Projekts dringend notwendig. Das Ziel ist, ein Minimum an manueller Arbeit zu erreichen und lange Einarbeitungsphasen für zukünftige Assistenten durch größere Benutzerfreundlichkeit des Systems zu vermeiden, indem die vielen einzelnen Programmschritte durch ein interaktives Aktualisierungsverfahren der verschiedenen Dateien ersetzt werden. Gleichzeitig soll das gesamte Projekt durch ein On-line-System via Daten-Netz und leicht verständliche Menus einzelnen Benutzern zu Forschungszwekken zugänglich gemacht werden.

CROSSREFERENCE			CONCEPTUAL CATEGORY
	2. SOZIALE KLASSEN		2432
	AA) GEBURTSADEL		24321
24452	BISCHOF (13) (BISCHO.F 6) (BISCHOVE 6) (BISCHOVES 15)	*****40	(GR 16)(WH 15)(TR 5)(FDE 4)
21103 23133 233103*	GARZU-N (3) (GARZU-NE 7)	*****10	(PZ 5)(TR 3)(GR 1)(FDE 1)
	GRA-VE (48) (GRA-VEN 34)	*****82	(FDE 22)(WH 19)(PZ 16)(TR 15) (WH 8)(GR 2)
	GRAEVINNE (22)	*****22	(WH 16)(PZ 4)(FDE 2)
2431	HE-RRE (150) (HER 764) (HERN 151) (HERR 50) (HERRE 303) (HERREN 214)	***1632	(FDE 589)(PZ 350)(TR 225) (WH 187)(GR 122)(LZ 89)(WG 27) (FB 13)(FDB 12)
	HERZOGE (9) (HERZOGES 7)	*****16	(WH 11)(TR 3)(GR 1)(FDE 1)
	HERZOGINNE (17)	*****17	(WH 13)(TR 2)(GR 1)(FDE 1)
21101	HO-CHGEBORN (10) (HO-CHGEBOREN 32) (HO-CHGEBORNE 23) (HO-CHGEBORNEN 11) (HO-CHGEBORNIU 4)	*****80	(GR 32)(WH 21)(PZ 15)(FDE 8) (WG 4)
2101 23134 23309	HU-SVROUWE (10) (HU-SFROWE 12) (HU-sFROWEN 10) (HU-SVROWE 14)	*****46	(GR 15)(PZ 11)(TR 8)(FDE 6) (WH 6)
2101 21103	JUNCVROUWE (30) (JUNFROWE 18) (JUNCVROWE 23)	*****71	(PZ 24)(TR 13)(WH 12)(FDE 11) (GR 5)(LZ 3)(WG 3)
	KEISER (12) (KEISERES 8) (KEISERS 13)	*****33	(WH 21)(GR 6)(WG 3)(FDE 2)
	KEISERINNE (10) (KEISERI-N 1)	*****11	(WH 10)(FDE 1)
	KU.NIC (42) (KU.NC 12) (KU.NEC 10) (KU.NEGE 72) (KU.NGE 11) (KU.NIGE 6) (KU.NEGEN 17) (KU.NEGES 20)	****190	(TR 122)(PZ 21)(FDE 18)(LZ 11) (WG 1)(FB 1)
2411	KU.NICRI-CHE (50) KU.NCRI-CHE 12) (KU.NICRI-CHEN 20)	*****82	(PZ 31)(TR 18)(WH 12)(GR 9) (LZ 6)(WG 4)(FDE 1)(FDB 1)

lemma
variant
category with textlines in CG
conceptual crossreference
total frequency
text logo
frequency for individual text

FB = Frauenbuch
FDB = Frauendienst(büech
FDE = Frauendienst(Epik)
GR = Gregorius
LZ = Lanzelet
PZ = Parzival
TR = Tristan
WG = Wigalois
WH = Willehalm

Abb. 1: Conceptual Dictionary (Thesaurus)
Simulation

CONCEPTUAL RANGE	LEMMAS (VARIANTS)	FREQ.	CONCEPTUAL CATEGORY	TEXT
2292	A.RGE (1)	*****1		
		1	2292	(FDE 1)
316	A-BENT (28) (A-BENDES 8) (A-BENTES 1) (A-BENTS 1)	****38		
		38	316	(FDE 26)(TR 5)(ER 6) (FB 1)
316	A-BENTZI-TE (1)	*****1		
		1	316	(TR 1)
2103 21041 21042* 23231 25153	A-DER (7) (A-DERES 2) (A-DERN 3)	****12		
		1	2103	(FDE 1)
		5	21042	(WH 3)(WG 1)(GR 1)
		6	25153	(PZ 3)(TR 2)(LZ 1)
0	A-NE (898) (A-N 43)	***947	0	(PZ 310)(TR 293)
		947		(ER 111)(WH 96)(FDE 62 (LZ 34)(WG 16)(FB 16) (FDB 9)
21043	A-TEM (1)	*****1		
		1	21043	(FDE 1)
31243	A-TEMSTANC (1)	*****1		
		1	31243	(FDE 1)
0	ABE (212) (AB 139)	***941	0	(FDE 84)(PZ 62)(TR 54)
		941		(WH 37)(ER 38)(GR 23) (LZ 24)(FB 13)(WG 11) (FDB 1)
0	ABER (1192) (ABR 7)	**1192	0	(TR 443)(PZ 329)
		1192		(WH 122)(FDE 119) (GR 93)(ER 41)(LZ 24) (WG 18)(FB 9)(FDB 1)
231125 2444	ABSOLO-N (1) (ABSOLO-NE 1)	*****2		
		2	231125	(ER 1)(FDE 1)
		2	2444	(ER 1)(FDE 1)
0	ABWEGE (1)	*****1	0	(FDE 1)
		1		
0	ACH (22)	****24	0	(PZ 11)(WH 5)(GR 3)
		24		(TR 2)(FDE 2)(LZ 1) (TR 1)
233032* 3134	ACKER (2) (ACKERS 1) (AKKER 1)	*****4		
		2	233032	(FDE 2)
		2	3134	(PZ 1)(TR 1)
3134	ACKERBREITE (0) (ACKERBREITES 1)	*****1		
		1	3134	(FDE 1)
1204* 1205 211106	ADAMAS (7)	*****7		
		3	1204	(FDE 2)(ER 1)
		4	211106	(WH 2)(LZ 1)(PZ 1)

category with textlines in CG

lemma

variant

total frequency

total frequency of word for foll.

category

text logo

freq. for text

ER = <u>Erec</u>
(others see thesaurus

Abb. 2: Conceptual Dictionary (Alpha-Version)
Simulation

Die Antwort auf diese Zielsetzungen lag in der Überführung des bisherigen Systems in ein Datenbanksystem. Dafür steht uns das von DIGITAL entwickelte DBMS für die VAX 8530 zur Verfügung. Da diese Software eine direkte Übernahme von COBOL-Programmen vorsieht, lag sie uns am nächsten, denn die meisten unserer Programme sind in dieser Sprache erstellt. Außerdem sieht dieses System auch PROLOG als Eingabesprache vor, was unter anderem bei unseren jüngsten Schritten zur automatischen Disambiguierung verwendet wird. Ein Datenbanksystem erlaubt einen gleichzeitigen Zugriff zu allen Dateien im System, von der Textbank über Rohindices und Konkordanzen und über das Begriffssystem zu individuellen Begriffsindices, bis hin zum Gesamt-BGWB und einzelnen Disambiguierungskonkordanzen. Dabei werden auf interaktiver Basis bisherige Programmschritte wie Text- und Systemkorrektur, die Integrierung und Kategorisierung neuer Wörter bis zum automatischen Disambiguieren einzelner Textstellen vorgenommen werden. Die Fehlerkontrolle ist verbessert und erfolgt direkt am Bildschirm, und eine viel größere Flexibilität in der Erstellung von Einzel- und Zwischenreports wird erreicht.

Zwar ist geplant, die Reihe von einzelnen Begriffsindices in traditioneller Publikationsweise fortzusetzen, aber parallel dazu sind wir dabei, den elektronischen Zugriff zum Gesamtsystem zu eröffnen. Wie schon erwähnt, soll durch ein einfach zu betreibendes Menu dem Forscher ein paralleler Zugriff zu allen Dateien ermöglicht werden, so daß der Einblick in den aktuellen Stand des Systems jederzeit offen ist. Darüberhinaus soll der Benutzer aus einer großen Anzahl von Such- und Analysemöglichkeiten je nach seinen eigenen Forschungsbedürfnissen auswählen können, bis hin zu selbstkonstruierten statistischen Erhebungen zu Einzelwörtern, -begriffen, Wortgruppen oder Begriffsbereichen.

Wie für alle computer-gestützten Projekte, die sich mit Bedeutungsinhalt herumschlagen, ist die Disambiguierung mehrdeutiger Wörter auch für unser Projekt das Hauptproblem. Da wir es uns zum Ziel gesetzt haben, die Belegung von Begriffen durch lexikalische Ausdrücke für die gewählte literarische Periode exakt mit Frequenzzahlen zu belegen, war die Angabe relativer Frequenzen für mehrdeutige Wörter und die Lieferung von Textstellen zur eigenen Disambiguierung durch den Benutzer allenfalls eine Notlösung für den Anfang. Bei größerem Anschwellen des Korpus wäre dies früher oder später ohnehin an natürliche physische Grenzen gestoßen.

Der manuelle Disambiguierungsprozeß hat sich aber eindeutig als der zeitraubendste Schritt in unserem System erwiesen. Dies gilt besonders für Wörter mit sehr hoher Frequenz. Dabei werden nach unserer bisherigen Methode auf der Basis der Textausdrucke sogenannte Disambiguierungsdateien erstellt, in denen jeweils für eine Reihe von Textzeilen ein entsprechendes mehrdeutiges Wort endgültig einer bestimmten Begriffskategorie zugeordnet wird. Eine Reihe von Programmen erledigt dann den rechnerischen Vorgang der Umwandlung von relativen Frequenzen in absolute, wobei die relative Frequenz parallel dazu erhalten bleiben muß, da viele Wörter gleichzeitig zu mehreren Begriffskategorien zugeordnet werden müssen und deshalb die kumulative absolute Frequenz zumeist höher als die relative ist.

Der Grundgedanke für die Entwicklung unserer neuen, teilautomatischen Disambiguierungsmethode war zunächst einmal der, daß wir versuchen mußten, die unzähligen Arbeitsstunden, die bereits in die manuelle Methode der Disambiguierung eingeflossen waren, uns irgendwie zunutze zu machen. Das heißt, wir besitzen für die wichtigsten mehrdeutigen Wörter von hoher Frequenz bereits umfangreiche Disambiguierungsdateien, die uns erlauben, für jede einzelne Bedeutung eines entsprechenden Wortes eine große Anzahl von Textstellenbelegen zu erbringen. Daraus ließen sich dann für jede Bedeutung eines mehrdeutigen Wortes sogenannte Disambiguierungskonkordanzen mit beliebig langem Kontext erstellen.

Der nächste Gedanke war, daß auf dieser Basis die Maschine selbst uns helfen sollte, die jeweiligen Grundregeln zur automatischen Disambiguierung zu finden. Da die Bedeutung des Wortes mit den vielen Kontextbelegen bereits festliegt, galt es also, signifikante Kookkurrenzerscheinungen in diesen Kontexten zu finden, die für die jeweilige Bedeutung charakteristisch sind, d.h. die Kookkurrenzerscheinungen müssen auf diese Bedeutung besonders und nicht auch auf die anderen Bedeutungen gleichermaßen zutreffen. Dabei stehen uns die folgenden Kontextkriterien zur Verfügung: Einzelwort, Wortkette, Wortart, Zeilenende, Position in Relation zum Schlüsselwort und Begriffskategorien für jedes einzelne Kontextwort. Die statistisch signifikanten Ergebnisse dieser Kookkurrenzanalysen führen dann zur Erstellung von Musterregeln (pattern rules) für die jeweilige Bedeutung eines Wortes. Diese Musterregeln werden als Erkennungs- oder Zuordnungskriterien bei der automatischen Disambiguierung eingesetzt. Das Wichtigste dabei ist, und hier unterscheidet sich unsere Methode grundsätzlich von anderen, rein synthetisch erstellten Disambiguierungsmodellen, daß die Erkennungsregeln sich nicht absolut gegenseitig aufheben müssen, sondern lediglich als statistische Leitlinien fungieren. Denn auch das vorwiegende und nicht nur das ausschließliche Auftreten solcher Erkennungsmuster im Kontext führt zur automatischen Zuordnung.

Als erstes Ziel hatten wir uns das Modellwort *man* zur Aufgabe gestellt, und daran unsere Methode bis zur Erstellung der Musterregeln durchgeführt. Dieses Wort erscheint mit seinen verschiedenen Varianten in unserem noch relativ bescheidenen Textkorpus allein 2270 mal. Es ist also eine erhebliche Aufgabe, aus dieser Fülle an Belegen die Stellen herauszusuchen, an denen *man* z.B. im Sinne von ›sozial Abhängiger‹ erscheint.

Wir wollen aber pragmatisch vorgehen. Erstens ist für mehrdeutige Wörter mit relativ geringer Frequenz unsere neue interaktive, halbmanuelle Disambiguierung durch Bildschirmeditoren immer noch schneller als die Entwicklung der Musterregeln für die automatische Disambiguierung. Zweitens lohnt sich eine solche Entwicklung erst, wenn eine hohe Anzahl von Belegstellen zuverlässige Musterregeln liefern kann.

In der Abbildung 3 sehen Sie einen Auszug aus einer der bisherigen Disambiguierungsdateien für das Wort *man* aus dem Lichtenstein-Korpus. Hier sind nur die Belege zu einem einzigen Text aufgeführt. Die Begriffskategorien sind in unserem System nach einem Nummernkode aufgeschlüsselt. Die Zahl 0 steht demnach für »unpersönliches Fürwort«, 2101 für »männlicher Mensch«. Zur Erinnerung an dieses Prinzip zeigt Abb. 4 nochmals einen Auszug aus unserem Be-

```
051    1355,1447MAN2&2101
052    1534MAN0
053    1538MAN2&2101
054    1548MAN2101
055    1572,1573,1593,1792,1858,1874,1884MAN0
056    1893,1985MAN2101
057    1908,1942,1953,1975,1987,2017,2046,2086,2097MAN0
058    2102,2128,2175,2218MAN2101
059    2126,2261,2286,2324MAN0
060    2336,2491,2517MAN2101

lfd. Nr.    Textzeile    Schlüsselwort    Begriffkategorie
```

Abb. 3: Disambiguierungsdatei (Schlüsselwort *man*)

griffsystem. Abb. 5 bietet eine Darstellung aus den Begriffskonkordanzen, die als Basis für unsere automatische Disambiguierungsmethode erstellt worden sind. Insgesamt umfaßt das Wort *man* die folgenden Begriffskategorien:

1. Mensch allgemein	=	2 (wie engl. *man*)
2. männlicher Mensch	=	2101
3. Krieger	=	23241
4. sozial Abhängiger	=	24323
5. unpersönliches Fürwort	=	0

Unsere Darstellung hat die Form einer Matrix, wobei hier zunächst die Bedeutungen 1-4 im unteren Teil in einer Datei zusammengefaßt sind. Der Kontext ist auf 5 Wörter vor und nach dem Schlüsselwort beschränkt, was die Positionen −/+5 ergibt. Die Buchstaben über dem Kontext verweisen links auf Lemma, Variante oder Mehrdeutigkeit, rechts auf die Wortart, die erste Zahl unter den Einzelwörtern auf die Textzeile (daraus läßt sich das Zeilenende erkennen), die weiteren Zahlen auf die Begriffskategorien.

Die maschinelle Analyse erfolgt nun in zwei Schritten: 1. die Unterscheidung zwischen »unpersönlichem Pronomen« und Substantiv 2. die Differenzierung zwischen den verschiedenen substantivischen Bedeutungen. Dabei hat sich herausgestellt, daß für den ersten Schritt ein Kontextrahmen von −/+3 genügt, während für den zweiten der Kontextrahmen bis auf −/+10 erweitert werden muß. Kookkurrenzerscheinungen können nun nach Kontexthälfte, Kontextfenster (2-3 Positionen zusammen) oder Einzelposition erfaßt werden. Dafür müssen allerdings jeweils statistisch signifikante Grenzwerte festgelegt werden:

1. Das Kontextvorkommen von Einzelphänomenen muß mindestens 10% des Gesamtvorkommens des Schlüsselwortes im Text betragen.
2. Die Differenz im prozentualen Kookkurrenz-Vorkommen in Relation zum Bedeutungsvorkommen des Schlüsselwortes muß zwischen den beiden Kontexthälften mindestens den Wert ≥ 40 betragen, zwischen Fenstern und Einzelpositionen ≥ 30.

B. MENSCH	2
I. KÖRPERLICHES WESEN	21
A) GESCHLECHT	2101
B) RASSE	2102
C) KÖRPER UND GLIEDMASSEN	2103
D) ORGANE UND IHRE FUNKTION	2104
1. GEHIRN UND NERVENSYSTEM	21041
2. KREISLAUF	21042
3. ATMUNG	21043
4. STOFFWECHSEL	21044
5. GESCHLECHTSWERKZEUGE/ZEUGUNG/GEBURT	21045
E) SPRECHWERKZEUGE	2105
F) SINNESORGANE UND IHRE FUNKTION	2106
1. GESICHTSSINN	21061
2. GEHÖR	21062
3. GERUCH	21063
4. GESCHMACK	21064
5. TASTSINN	21065
G) BEWEGUNGEN UND STELLUNGEN	2107
1. SELBSTBEZOGENES PHYSISCHES VERHALTEN	21071
2. OBJEKTBEZOGENES PHYSISCHES VERHALTEN	21072
H) SCHLAF	2108
I) GESUNDHEIT/KRANKHEIT	2109
1. GESUNDHEIT	21091
2. KRANKHEIT/DEFORMATION/UNREGELMÄSSIGKEIT	21092
AA) BESTIMMTE KRANKHEITEN	210921
BB) HEILUNG UND PFLEGE	210922
J) LEBEN ALLGEMEIN	211
1. GEBURT	21101
2. LEBEN	21102
3. ALTERSSTUFEN	21103
4. TOD	21104
K) ALLGEMEINE MENSCHLICHE BEDÜRFNISSE	2111
1. ERNÄHRUNG	211101
AA) ALLGEMEINES	2111011
BB) MAHLZEITEN	2111012
CC) NAHRUNGSMITTEL	2111013
1. FLEISCH	21110131
2. BACKWAREN	21110132
3. MILCHPRODUKTE	21110133
4. NAHRUNGSZUBEREITUNG	21110134
5. ZUTATEN/GEWÜRZE	21110135
6. GERICHTE	21110136
7. GETRÄNKE	21110137
DD) GENUSSMITTEL	2111014
2. SEXUALLEBEN/EROTIK	211102

Abb. 4

Position	- 5	- 4	- 3	- 2	- 1	Ø	+ 1	+ 2	+ 3	+ 4	+ 5
Word Type Text Line No. Conc.Categ.	V F UNS 59614 Ø	V Z STE-T 59614 21071 22706 22825 22833 2293 23133 312	L U VIL 59614 3141	V U OFT 59614 316	V A UNHO- 59614 2270203 2293 2431 3121	L P/H MAN 59615	V Z SIHT 59615 21061	V F UNS 59615 Ø	V U OFT 59615 316	L/V P/F IN 59615 Ø	L/V Z/H SORGEN 59615 2270204 227054 22823
	V Z HABT 69932 21072 23308 231212	L Z BEWEGEN 69932 22825 318	V U WAR 60001 Ø	V P UMB 60001 Ø	L/V H/Z SOLT 60001 2291 22833 23134 23306 23133 2292 228261 23306 319	L P/H MAN 60001	V F IUCH 60001 Ø	L Z LACHEN 60001 2271	L P AN 60001 Ø	L F EZ 60002 Ø	V Z DIUHT 60002 225
		Keyword: MAN (meaning: 2 = noun; 2101 = male; 23241 =warrior; 24323 = socially dependent)									
Word Type Text Line No. Conc.Categ.	L F ICH 59514 Ø	V A PESTE 59514 3133	V Z KAN 59514 2266 228311	L H WI-P 59515 2101 231122	L B UND 59515 Ø	L P/H MAN 59515	V U NU 59515 316	V Z HOERET 59515 21062	V F MICH 59515 Ø	V A DITZ 59516 Ø	V H BU.ECHEL 59516 231222
	V U E- 316	L M DIE Ø	V H FROWEN 2101 23134 24321	V Z GRUOZTEN 228261 231212 23132 23241 2433	V A WERDE 22707 2293 3133	L P/H MAN	V Z SAGT 231212	L P AN Ø	L F WAZ Ø	V Z HAB 21072 23308 231212	L F WIR Ø

Abb. 5: Keyword *man* (meaning 0 = pronoun)

3. Das Kontextvorkommen in Einzelpositionen muß mindestens 10% des Vorkommens des Schlüsselwortes in der jeweiligen Bedeutungskonkordanz betragen.

Vorläufige und rohe statistische Ergebnisse für die Bedeutungsunterscheidungen in Schritt 1 sind auf Abb. 6 zu sehen.

»EOL« steht für Zeilenende (end of line). Es läßt sich leicht erkennen, daß das Vorkommen von Zeilenende in der linken Kontexthälfte signifikant für die Bedeutung ›unpersönliches Pronomen‹ spricht und in der Position –1 nach dem derzeitigen Stand eine ausschließende Musterregel für diese Bedeutung zu sein scheint, während das Vorkommen in der Position 0 ausschließlich auf die substantivische Bedeutung verweist. Signifikant ist auch das Vorkommen der Konjunktion in der Position –1 für die Bedeutung ›Pronomen‹ und in der Position +1 für die Bedeutung ›Substantiv‹, wofür auch das Vorkommen von Artikel und Adjektiv in Position –1 spricht.

Auf dieser Basis sind wir dann zu den folgenden Musterregeln gelangt, wobei wir eine gewisse Feinabstimmung über die statistischen Ergebnisse hinaus auf der Basis eigener Kontextbetrachtungen vorgenommen haben (Abb. 7).

Wir sehen zunächst die Musterregeln für die beiden verschiedenen Bedeutungszweige. Die erste Ziffer, 0 oder 2, verweist auf den Bedeutungsstrang, die folgenden sind Erkennungsziffern für die einzelnen Musterregeln, die letzte Ziffer verweist jeweils auf die Position innerhalb der Matrix. So bedeutet z. B. die Regel 0 6, daß ein Vorkommen von Pronomen in den Positionen +1 bis +3 auf die Bedeutung 0 = ›Pronomen‹ verweist und die Regel 2 3 (Pronomen in den Positionen kleiner als 0, ausgenommen die Kombination Pronomen plus Substantiv) auf die Bedeutung 2 = ›Substantiv‹. Die Eliminierungsregel 0 1 bedeutet, daß beim Vorkommen von Zeilenende in der Position –1 alle Regeln für die Bedeutung ›Substantiv‹ aufgehoben sind. Das Vorkommen der Regeln 2 (5–8) setzt die Regel 0 2 außer Kraft. Der Disambiguierungsfaktor legt im vorliegenden Fall nur fest, daß bei einfachem Überwiegen von Musterregeln für die eine oder andere Bedeutung das Schlüsselwort in der entsprechenden Textzeile automatisch zugeordnet wird. Bei gleichgroßem Vorkommen von Musterregeln wird die Textstelle in eine Fehlerdatei zur manuellen Disambiguierung übergeführt.

In Abbildung 8 sind die Musterregeln für die einzelnen Begriffskategorien innerhalb der substantivischen Bedeutung des Wortes zu erkennen. Hierbei handelt es sich vorwiegend um Kookkurrenzen von anderen Begriffskategorien. Die Regeln drücken sich aus in einer Kookkurrenz von Begriffsnummern aus manchmal ganzen Bereichen innerhalb des Begriffsystems, d. h. die angegebenen Begriffskategorien sind oft nur Grenzwerte innerhalb der Systemtaxonomie, d. h. unterhalb oder oberhalb dieser Grenzwerte können Begriffsnummern signifikant kookkurrieren. Sie sind also selbst keine Definitionskriterien.

Die Frage nach der Effizienz der Methode läßt sich nach vorläufigen Berechnungen äußerst positiv beantworten. Allerdings ergab sich nur für den ersten Schritt, Unterscheidung von Pronomen und Substantiv eine 100%-ige Exaktheit. Bei der feineren Differenzierung innerhalb der Substantivgruppe sank die Exaktheit auf ungefähr 80%. Hauptfehlerquelle lag bei der Bedeutung ›sozial Abhängi-

POSITION	TOTAL LEFT BRANCH		- 4		- 3		- 2		- 1		Ø		+ 1		+ 2		+ 3		+ 4		TOTAL RIGHT BRANCH	
CONCEPT	0	2	0	2	0	2	0	2	0	2	0	2	0	2	0	2	0	2	0	2	0	2
EOL	57 83.9% +65.8	29 18.1%			21 30.9% 57% +14	16 10.0% 43%	22 32.4% 63% +26	13 8.1% 37%	14 20.6% 100% +100	0 0% 0%	0 0% 0%	92 57.5% 100% +100	1 1.5% 9%	10 6.2% 91% +82	9 13.2% 39%	14 8.7% 61% +42	19 27.9% 61% +42	12 7.5% 39%			29 42.6% +18.9	36 23.7%
CONJ	41 60.2% +42.1	29 18.1%			3 4.4% 21%	11 6.9% 79% +58	12 17.6% 48%	13 8.1% 52% +4	26 38.2% 84% +68	5 3.1% 16%			4 5.9% 15%	23 14.4% 85% +70	1 1.5% 6%	15 9.4% 94% +88	6 8.8% 35%	11 6.9% 65% +30			11 17.0%	49 30.7% +13.7
ADJ	29 42.6%	69 43.0% +.4			9 13.2% 47%	10 6.2% 53% +6	13 19.1% 52% +4	12 7.5% 48%	7 10.3% 13%	47 29.3% 87% +74			1 1.5%	3 1.9%	7 10.3% 41%	10 6.2% 59% +18	6 7.3% 30%	14 8.7% 70% +40			14 20.6% +3.8	27 16.8%
ART	21 30.9%	112 57.5% +26.6			3 4.4% 13%	21 13.1% 87% +74	4 5.9% 13%	26 16.3% 87% +74	14 20.6% 24%	45 28.1% 76% +52			8 11.8% 16%	42 26.2% 84% +68	3 4.4% 12%	23 14.4% 88% +76	6 8.8% 20%	24 15.0% 80% +60			17 25.0%	89 55.6% +30.6
PRON	11 21.5%	34 50.0% +28.5			4 7.4%	6 8.8%	4 7.4%	7 10.3%	3 6.7% 12%	21 30.9% 88%			22 40.7% 85%	4 5.9% 15%	8 14.8% 57%	6 8.8% 43%	5 9.3% 64%	9 13.2% 36%			35 64.8% +43.1	19 27.9%
NOUN	23 42.6% +4.3	26 38.3%			12 22.2% 52% +4	11 16.2% 48%	5 9.3% 26%	14 20.6% 74% +48	6 11.1% 86% +72	1 1.5% 14%			4 3.7%	9 13.2%	20 13.2% 70% +40	9 37% 30%	9 16.7% 60% +20	6 8.8% 40%			33 61.1% +25.9	24 35.2%
DAZ	12 17.6% +13.9	6 3.7%			0 0%	5 3.1%	0 0%	1 .6%	12 17.6% 100% +100	0 0% 0%			0 0%	6 3.8%	1 1.5%	8 5.0%	2 2.9%	6 3.8%			3 4.4%	20 12.6% +8.2
VERB	47 87.0% +35.6	38 51.4%			20 37.0% 50%	20 29.4% 50%	9 16.7% 36%	16 19.1% 64% +28	18 33.3% 90% +80	2 2.9% 10%			9 16.7% 73% +46	25 36.8% 27%	17 31.5% 50%	17 25% 50%	23 42.6% 60% +20	15 22.1% 40%			49 90.8% +6.9	57 83.9%

Abb. 6

POSITION

MEANING: Ø (pronoun)

0 1 EOL = - 1

0 101 EOL < - 1

0 2 Conj. < 0 > - 4

0 3 'DAZ' (L)
0 301 'SWAZ' (L) = - 1
0 302 'MAN' (L)

0 4 Adv. = - 1

0 5 Noun = - 1

0 6 Pron. >0= < + 3

0 7 Verb = - 1

0 8 'MANS' (L)
'MANZ' (L) = 0
'MANN' (L)

POSITION

MEANING: 2 (noun)

2 1 EOL = 0

2 101 EOL = + 1

2 2 Conj. > 0
2 201 Conj. < - 1 (C = C+Ar./Pro./N)

2 3 Pron. < 0 (Pro. ≠ Pron.+ N)

2 4 Verb = + 1

2 5 Art. < 0 (Art. ≠ 'DAZ'/'DES')
2 501 Art. = +1(Art./Pron 0 - 3)

2 6 Adj. = - 1

2 7 'NIE'
2 701 'NIEMER'
2 702 'NIEME-R'
2 703 'NIENDER' = - 1
2 704 'NIMMER'
2 705 'A-NE'

2 8 'EIN' (L/V)
2 801 'DEHEIN' (L/V) < 0 > - 3
2 802 'KEIN' (L/V)

2 9 'MAN' = + 1

2 91 'MAN' (V) = 0

ELIMINATION RULES

0 1 ≠ 2

0 3 ≠ 2 9

0 7 ≠ 2 501

0 8 ≠ 2

2 1 ≠ 0

2 (2,5,6,7,8,) ≠ 0 2

2 91 ≠ 0

DISAMBIGUATION FACTOR

0 (X) - 2 (X) ≠ 0; ALLOCATE TO > 0; COLLECT ALL Ø FOR ERROR FILE

Abb. 7: Automatic disambiguation patterns for MHG. *man*

ger‹, wo typisch für die Lichtenstein-Texte das »Frauendienst-Verhältnis« interferierte, das in sich ja schon ein etwas dubioser gesellschaftspolitischer Begriff ist. Insgesamt liegt aber der Exaktheitsgrad weit über dem durch manuelle Disambiguierungsmethode erreichten. Erst so kamen wir vielen Fehlern in den ursprünglichen Disambiguierungsdateien auf die Spur.

Es dürfte klar geworden sein, daß wir durch unsere Neuentwicklungen in Richtung auf ein Datenbanksystem und die automatische Disambiguierungsmethode endlich wieder das Licht am Ende unseres Projekt-Tunnels sehen, wenn auch in der Zukunft noch vieles von Finanzierungsfragen abhängt. So ist z. B. noch nicht geklärt, ob und wann wir einen projekteigenen Plattenspeicher zur Verfügung gestellt bekommen. Wir haben auch schon erste Überlegungen angestellt in Richtung auf ein ausschließlich PC-gestütztes System, das zwar mit dem Auftauchen der CD-ROMs in größere Nähe rückt, sind aber von der Flexibilität der z. Z. auf dem kommerziellen Markt erhältlichen Datenbanksysteme für unsere Zwecke noch nicht überzeugt. Aber die Leichtigkeit der Übertragung auf alle interessierten Benutzergruppen ist definitiv ein zwingendes Argument. Zunächst ist das jedoch noch Zukunftsmusik für uns.

MEANING:	2	"Human Being"	Occurrence: >1 (Position >- 5<+ 5)
Categories:	<2101	"Gender"	>2 (Position >-10<+10)
	>2434	"Executive Power"	
	<2445	"Ecclesiastical System"	
	>32	"Science and Technology"	

MEANING:	2101	"Male Human"	
Categories:	>210	"Human Being"	Occurrence: >0 (Position >- 5<+ 5)
	< 232	"Knighthood"	>1 (Position >-10<+10)
	> 23264	"Tournament Rituals"	
	< 24	"Social Structure"	
	> 24457	"Religious Holidays"	
	< 3	"Relationship Man/Environment"	
Item:	= 'SIE'(L/V) (Position>-10<+10)		

MEANING:	23241	"Warrior"	
Categories:	>231354	"Customs & Traditions"	Occurrence: >0 (Position>- 5<+ 5)
	<24	"Social Structure"	>1 (Position>-10<+10)

MEANING:	24323	"Socially Dependent"	
Categories:	= 22832	"Possession"	Occurrence: >1 (Position > - 5< + 5) (1 = .5 for 23134 in same position)
	>233102	"Offices"	
	< 244	"Mythology/Religion"	
	>2444	"Christianity/Theology"	
	<25	"Arts and Crafts"	
Item:	= 'SI-N' = 'SI-NEN' = 'SI-NER' = 'SI-NIU'	(Position>- 3< 0)	
	= 'IR' = 'IRN' = 'IRS' = 'IRZ'	+ 231123 (Position>- 4< 0)	

Allocate to meaning 2 exclusively only if none of the other meanings occur; allocate meanings 2 more than once, if criteria are met.

Abb. 8: Automatic disambiguation patterns for MHG. *man*

Roy A. Boggs

Such- und Retrieval-Algorithmen in den Programmsprachen der Expertensysteme

Das Beispiel der Epitheta in Hartmanns 'Erec'

Die enorme Vielfalt der Möglichkeiten, die Computer-Systeme für das Sammeln, Ordnen, Speichern, Durchsuchen und Zurückgewinnen von Daten bieten, hat Wissenschaft und Wirtschaft viele neue Wege der theoretischen wie auch der angewandten Forschung erschlossen.

Komplexe Computer-Konfigurationen, gesteuert von tiefgründigen Programmen, wurden entwickelt und arbeiten mit geradezu atemberaubendem Erfolg. Einige dieser Konfigurationen sind multinational angelegt. Sie umspannen die Welt und arbeiten mit Abermillionen von Dateneinheiten - ohne den geringsten Verlust. Ihre Erfolge sind hinreichend belegt.

Während der größte Teil der Daten numerischen Formats ist, liegt ein bedeutender Anteil auch in Textform vor. Sie sind geordnet in getrennten, genau definierten Einheiten, auch »records« genannt. Selbst den Datenbanksystemen liegen kleinste Einheiten zugrunde, die einem »record« im Format ähnlich sind. Obwohl ihre Anzahl meist groß ist, sind diese Einheiten einfach zu definieren und relativ klein. So gibt es auch einsatzbereite Verfahren für die Bearbeitung der Elemente von Textdaten. Unter Verwendung weitverbreiteter Organisationstechniken für Files kann ein fähiger Analytiker erfolgversprechende computergestützte Datenmanagement-Systeme entwerfen und einsetzen.

Die Lage ist etwas anders für die, die große Bestände zusammenhängender, ungegliederter Textdaten handhaben möchten. In einem Datenkomplex, in dem über 50000 Einzeldaten Abermillionen von möglichen Kombinationen bilden - wie es in dem hier untersuchten Datenbestand der Fall ist - gibt es keine alleinige, genau definierte Struktur für Untersuchung und Analyse. Der Wissenschaftler sucht sich wiederholende Muster, die ihn zu einem besseren Verständnis der Natur und Struktur des Datenkomplexes führen. Es besteht folglich die Notwendigkeit, diese Daten nicht nur als Gruppe individueller Einheiten, sondern auch als *Gesamtheit* eben dieser Einheiten in übergreifender Struktur und Gestalt zu sehen. Der Begriff ›Bedeutung‹ ist hier sicherlich nicht fehl am Platze.

Dem Wissenschaftler stellt sich bei der Verarbeitung semantischer Textdaten eine noch viel größere Herausforderung, nämlich die der *»membership recognition«* (Erkennung der Zugehörigkeit). Verfasserabhängig kann sich eine Struktur mit einer anderen zu brauchbarer Bedeutung verbinden oder nicht. Sicher ist es möglich zu erkennen, daß eine Beziehung zwischen »go«, »went« und »gone« usw. besteht, selbst in einer dem Zusammenhang entsprechenden Umgebung ist es möglich, diese Beziehung zu definieren. Nicht so einfach ist es freilich zu erkennen, daß »father«, »son« und »employ« - in einer gewissen Nähe zueinander gefunden - »nepotism« implizieren können. Hierin wird deutlich, daß der Begriff der ›Nähe‹ selbst verschwommen und durchaus noch diskussionswürdig ist.

Die Programmsprachen der sogenannten Dritten Generation wie COBOL, FORTRAN, BASIC etc. haben sich im Einsatz an diskreten Dateneinheiten bestens bewährt. Diese Sprachen mitsamt den sie begleitenden Programmiertechniken wurden zu einer Zeit entwickelt, als die Kapazitäten für Haupt- und Massenspeicher begrenzt und teuer waren. Sie sind immer noch für serielle Datenbestände nützlich, ferner für Daten, die sich in Files ohne Tiefenstruktur aufnehmen lassen. Sie bleiben schließlich in all den Fällen überaus nützlich, wo Daten klar zu definieren sind und leicht in diskrete Einheiten zerlegt werden können. Da indessen die heutigen Computer intern prinzipiell in derselben Art und Weise seriell funktionieren und die Systeme sehr leistungsfähig geworden sind, werden zunehmend andere Kriterien als Geschwindigkeit und Kapazität für die Wahl zwischen Programmiersprachen herangezogen. Viel öfter ist jetzt der Programmierer und das konkrete Anwendungsinteresse ausschlaggebend.

Es ist ebenfalls richtig, daß aufgrund der Schnelligkeit, der internen Struktur und der Kapazität der heutigen Computer fast alles mit diesen Programmiersprachen zu erreichen ist. Für Spezialisten ist das weniger eine Frage der Komplexität des Problems als der Unübersichtlichkeit und der spezifischen Erschwernisse der Programmerstellung. Indizierte Files lassen sich wesentlich leichter mit COBOL handhaben, aber sie können genauso erfolgreich mit BASIC oder FORTRAN bearbeitet werden; das ist nur eine Frage der Zeit und der Fachkenntnis. Diese Sprachen können auch für großvolumige Textdaten herangezogen werden; die Vorbehalte hierfür bleiben dieselben. Das Mißverhältnis zwischen zeitlichem und Arbeitsaufwand einerseits und den Ergebnissen andererseits wirkt sich alsbald lähmend aus, selbst wenn man ein Experte der betreffenden Sprache ist.

Die Sprachen der sogenannten vierten Generation, auch Datenbank-Sprachen genannt, bieten dagegen bessere Möglichkeiten, potentielle Beziehungen zwischen diskreten Dateneinheiten zu untersuchen. Einer der Hauptanreize der Sprachen der vierten Generation ist, daß nur geringe Programmierkenntnis für die Untersuchung von Daten benötigt wird. Oft kann man sich bei der Formulierung von Programmanweisungen mit einer Form von Pigeon English behelfen. Der Nachteil ist, daß individuelle Dateneinheiten oft im voraus definiert werden müssen, deren Redefinition dann wieder beschwerlich und zeitraubend ausfällt. Werden darüber hinaus Definitionen im voraus getroffen, obwohl sie in der weiteren Verarbeitung modifizierbar bleiben, so kann ein solches Vorgehen die möglichen Resultate einschränken.

Gute Datenbanken setzen enorme Ressourcen voraus und sind auf relativ große Anlagen beschränkt. Für Wissenschaftler, die große Komplexe von Textdaten untersuchen wollen, sind diese Beschränkungen oft unüberwindbar. Es verbleibt so vieles unbekannt und noch undefiniert, daß die Notwendigkeit, Strukturen vorzuordnen, oft Wissen voraussetzt, das die Untersuchung selbst erst hervorbringen will. Trotzdem sind Datenbanken aufregende Werkzeuge, besonders wenn ihr Gegenstand diskrete Dateneinheiten sind, wie z.B. lexikalische und begriffliche Verzeichnisse.

Die Sprachen der fünften Generation, auch als Sprachen der Künstlichen Intelligenz bekannt, bieten eine andere Möglichkeit, größere Textdatenbanken zu bearbeiten. Nicht alle von ihnen sind neu. LISP wird schon seit vielen Jahren als Sprache für die Stringanalyse benutzt, Gleiches gilt für SNOBOL. PROLOG wurde erst kürzlich in die Reihe der Sprachen der fünften Generation aufgenommen; es wird in diesem Vortrag weiter untersucht werden.

Außerhalb der Künstlichen Intelligenz fand LISP nur zögernde Akzeptanz - vermutlich eine Folge seiner scheinbaren Komplexität. LISP arbeitet mit Strings, und einfachere Funktionen sind normalerweise leicht nachzuvollziehen. Andererseits werden LISP-Strukturen schnell komplex und extrem unübersichtlich. Man braucht normalerweise eine relativ große Maschine, um brauchbare Ergebnisse im Umgang mit großen Datenbeständen zu erzielen. LISP ist außerdem für den Laien schwer zu erlernen, und dies wiederum wirft Probleme für den Spezialisten auf, der bloß ein Werkzeug möchte, um tiefer in die Daten einzudringen.

SNOBOL dagegen ist sehr leicht zu erlernen. Auch diese Sprache läuft auf Mikros und bietet leistungsfähige Funktionen zur Stringmanipulation. Die Hartmann-Konkordanz etwa wurde von einem Wissenschaftler mit SNOBOL analysiert, der sich selbst das Programmieren beibrachte und damals noch keine Ahnung von der Bedeutung solcher Computer-Fachtermini wie ›Rekursion‹ und ›Algorithmus‹ hatte. Das Kernstück des Hartmannschen Reimindexes wurde in nur zwanzig Minuten programmiert, desgleichen erforderten Programmroutinen zur Datenmanipulation ein Minimum an Aufwand, in der Regel weniger als einer Stunde; das Analyseprogramm selbst benötigte etwas mehr Zeit. Es gibt hinreichend Anlaß zu der Behauptung, daß SNOBOL wahrscheinlich die beste Sprache für elementare Stringmanipulationen ist. Es ist sehr preisgünstig und funktioniert ausgezeichnet in einer Mikrocomputerumgebung, ganz besonders mit einer Festplatte, die genügend Massenspeicher für den Datenbestand selbst sowie für Sortier- und Backup-Files bietet.

Ein Beispiel für ein kleines SNOBOL-Programm gebe ich im folgenden: Zeile 1 definiert LETTERS als ein Set aus den nachfolgenden Buchstaben. WPAT wird in Zeile 2 definiert, um das Programm beim Vorkommen eines LETTERS im Text

```
1            LETTERS = "abcdefghijklmnopqrstuvwxyz"

2            WPAT = BREAK(LETTERS) SPAN(LETTERS) . WORT

3            TEXT = EINGABE


4   repeat   TEXT WPAT          :F(end)
5            AUSGABE = WORT
6            TEXT WORT =        :(repeat)
7   end
```

Abb. 1

anzuhalten (BREAK), danach bis zum nächsten definierten BREAK zu springen (SPAN) und alle dazwischenliegenden Buchstaben WORT zuzuordnen. Diese Definitionen sind nun Bestandteil der SNOBOL-Anweisungen und können wie alle anderen Befehle - z. B. EINGABE (Zeile 3) und AUSGABE (Zeile 5) - benutzt werden. Je mehr Definitionen, desto besser.

Das Programm selbst liest einfach eine Zeile des Texts (Zeile 3), findet mit Hilfe von WPAT das erste Wort (Zeile 4) und druckt es (Zeile 5). Das Programm entfernt dann WORT (Zeile 6) und wiederholt sich selbst bis zum Ende der Textdaten. Für die eingegebene Reihe *bî ir und bî ir wîben* ist das Ergebnis:

bî
ir
und
bî
ir
wîben

Der Vorteil von SNOBOL ist seine Fähigkeit, Definitionen zu seinem eigenen Sprachumfang hinzuzufügen und dann diese Definitionen in Stringfunktionen zu verwenden. Dasselbe kann mit den Sprachen der dritten Generation erreicht werden, z. B. mit BASIC, aber halt nicht so einfach oder bequem. SNOBOL ist auch im Prinzip darauf begrenzt, jeweils mit nur einem String zu operieren. In vielerlei Hinsicht bietet es aus traditioneller Perspektive höchst unterschiedliche Möglichkeiten.

PROLOG eröffnet demgegenüber viele neue Möglichkeiten. Seine Grundstruktur basiert auf Logik. Beziehungen zwischen Dateneinheiten werden festgesetzt und dann auf Grund von Regeln untersucht. Wenn die beiden Beziehungen

Jim ist der Vater von John.
John ist der Vater von Ray.

festgesetzt werden, und die Regel

X ist der Großvater von Z, wenn
X ist der Vater von Y, und
Y ist der Vater von Z.

aufgestellt wird, dann wird die Frage »Wer ist der Großvater von Ray« mit »Jim ist der Großvater von Ray« beantwortet werden. Eine Beziehung zwischen Jim und Ray ist in den Daten nicht unmittelbar enthalten. Nur wenn eine Regel über den Begriff ›Großvater‹ aufgestellt wird, wird eine neue Bedeutungsebene für den Datensatz erschlossen. Für viele nicht auf Computer spezialisierte Forscher bietet diese Methode neue und faszinierende Möglichkeiten zur Untersuchung von Daten.

Bei dem Versuch, eine Methode für die Untersuchung begrifflicher Zusammengehörigkeiten in großen Datenbeständen zu finden, wurde der Versuch unternommen, die Darstellungen des Protagonisten in Hartmanns 'Erec' zu betrachten. Dieser Datenbestand bietet außerordentlich vielfältige Untersuchungsansätze, wobei dies einige Probleme für die Anlage selbst aufwirft.

Es wurde außerdem Vorsorge getroffen, daß alle Programme und Utilities auf einem Mikrocomputer mit einer Festplatte arbeiten konnten. Der Grund für diese Einschränkung war, daß Wissenschaftler im Interesse höchster Effizienz unabhängig sein müssen von großen Anlagen und deren Beschränkungen im Hinblick auf Zugang und Kontrolle.

Der erste Schritt war die Erstellung eines Files, der einen Katalog geeigneter Oberbegriffe enthielt. Die meisten der Erwägungen, die bei diesem Vorgang angestellt wurden, basieren auf Vorschlägen, die Klaus Schmidt im Verlauf der letzten zehn Jahre unterbreitet hat. In dem Diagramm ›Konzept-Katalog‹ sind einige dieser Oberbegriffe aufgeführt. *junc* wird als Konzept definiert, das die Liste *junc, juncherre, jungelinc* enthält. *tugent* wird als Liste definiert, die nicht nur Konzepte enthält, sondern auch eine untergeordnete Liste *wîsheit, schœne, sterke, milde.* Diese Liste wurde aus 'Erec' 2816 ff. übernommen. Es ist auch möglich, sich indirekt auf Listen innerhalb einer Liste zu berufen. Das Konzept *unêre* wird als Liste mit fünf Gliedern definiert. Eines der Glieder, *schame* ist selbst eine Liste mit vier Gliedern. Die Existenz dieses Katalogs an sich ist hier wichtig, während Definitionen und Anordnungen eher von untergeordneter Bedeutung sind, da sie zu jeder Zeit geändert werden können.

Dies aber bleibt denen überlassen, die auf diesem Gebiet mehr Erfahrung haben. Zum Beispiel kann das Konzept einer Liste *ritter* mit Gliedern wie *êre, manheit, tugent,* [...] je nach Wunsch des Forschers erstellt werden. Sollte die Liste sich als nicht brauchbar erweisen, kann man sie einfach verändern. Ein Probelauf des Programms zeigt dann, ob so zu einer tragfähigeren Definition gefunden werden kann.

```
junc(junc,juncherre,jungelinc)

tugent(tugenthaft,tugentlîch,tugentrîch,(wîsheit,schœne,sterke,milde))

schame(schamec,schamen,schamerôt,schamvar)

unêre(leit,schade,schame,schande,schult)
```

Abb. 2

Im folgenden gebe ich einen kleinen Ausschnitt aus einem PROLOG-Programm als Beispiel für ein solches Vorgehen. Ein Exemplar der Hartmann-Konkordanz wurde untersucht, dabei alle Lemmata für den 'Erec' herausgezogen, sortiert und reformatiert - mit Hilfe eines SNOBOL-Programms. Da die Lemmata einmalig sind, wurden einige Schichten semantischer Abweichungen durch Definitionen entfernt. Dies ist ein einschränkender, zugleich aber auch ein positiver Faktor; verfeinerte Bewertungen müßten schließlich ihren Ausgangspunkt von den Rohdaten nehmen.

Der Kern des PROLOG-Programms enthält die Beziehungen, die an Hand der Listen *êre* und *unêre* aufgestellt wurden. Der Datenbestand stammt aus den Versen

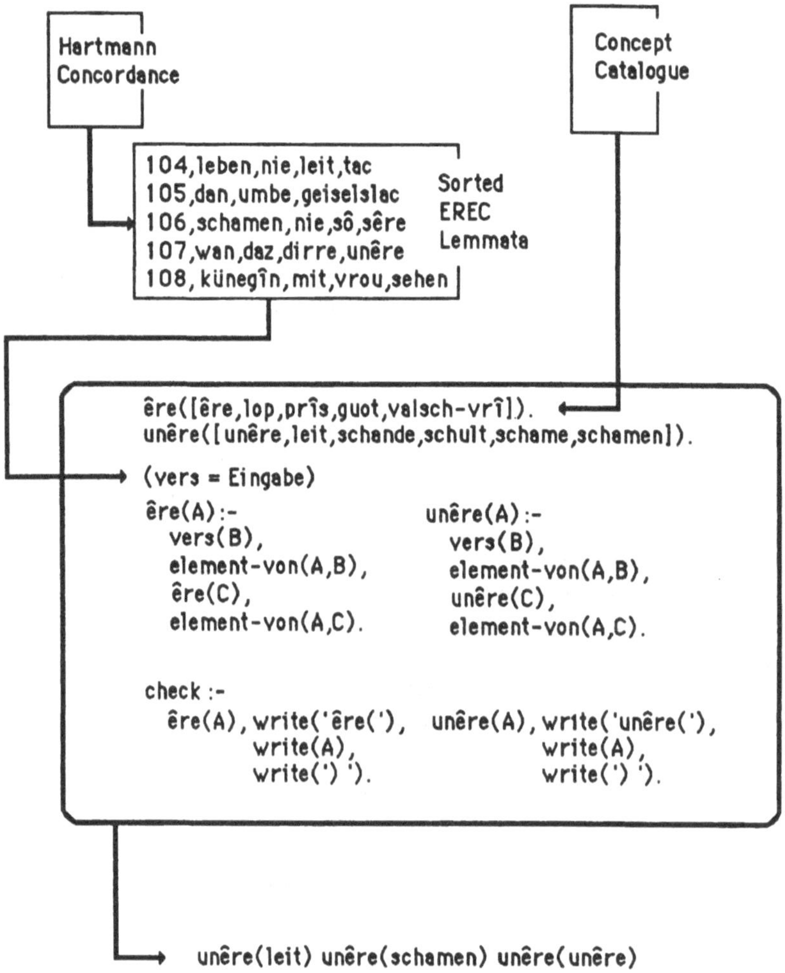

Abb. 3

104 bis 108 und wird nach den folgenden Regeln ausgewertet. Die Regel für *êre* kann wie folgt gelesen werden:

êre (A) : –	Der Begriff ›Ehre‹ liegt vor, wenn
vers (B),	der Vers
element-von (A,B)	ein Lemma enthält und wenn
êre (C),	die Liste für *êre* eben-
element-von (A,C).	falls dieses Lemma enthält.
êre (A), write …	Wenn der Begriff ›Ehre‹ vorliegt, schreib …

Dies kann auch so gelesen werden: »Wenn A in B ist und A in C ist, dann liegt A vor«; oder »Wenn ein Lemma in einem Vers gefunden wird und dasselbe Lemma im Begriffsfeld ›êre‹ enthalten ist, dann liegt der Begriff ›êre‹ vor«.

Wie es das Ergebnis ausweist, kommen, der Definition entsprechend, folgende drei Glieder der Liste *unêre* in dem ausgewählten Text vor: *leit, schamen, unêre.*

Der nächste Schritt war, einen kleinen Begriffskatalog zu erstellen und diesen mit dem gesamten Datenbestand zu konfrontieren. Vorläufig wurden an die fünfzig Begriffsfelder definiert und als Listen in Listen aufgenommen. Das Ergebnis war eine Reihe von Listen mit den Gliedern *unêre, junc, wîgant, ritter, künec, wunderære*. Die endgültige Auswahl wurde von einigen Testläufen bestimmt, mit deren Hilfe die zweckmäßigsten Listen herausgefiltert wurden. Im Interesse höherer Effizienz und Geschwindigkeit wurden einige, auf Erec nicht bezogene Textstellen, wie zum Beispiel Beschreibungen von Hofhaltung, Sätteln etc. entfernt. Sobald die Begriffe gefunden waren, wurden sie zuerst in einem sequentiellen Datenfile gespeichert. Dann wurden sie, wiederum nacheinander (FIFO), als Eingabe für ein Programm abgerufen, das daraus ein Scattergram erzeugte. Da diese ganze Leistung von einem Mikrocomputer erbracht wurde, mit einem kleinen Drucker, war es erforderlich, die Daten in drei kleine, aber aufeinanderfolgende Einheiten aufzuteilen, um das Scattergram in ein einzelnes Blatt Papier einpassen zu können.

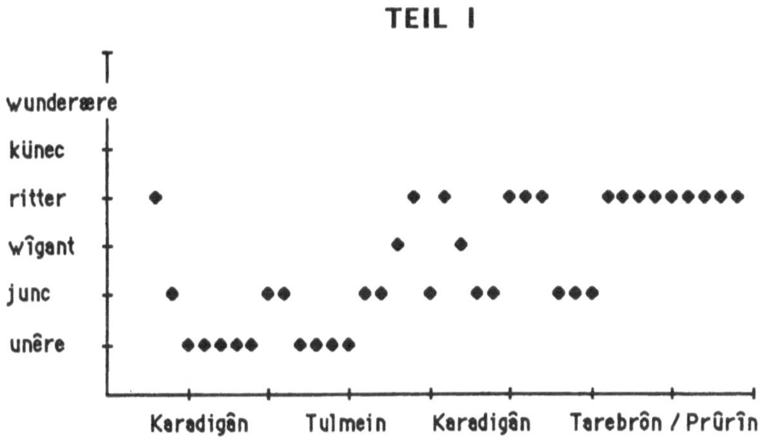

Abb. 4

Die Bewegung im ersten Scattergram geht von links nach rechts; sie beginnt außerhalb von Karadigân und endet bei dem Turnier bei Tarabrôn. Die Begriffe sind auf der linken Seite von unten nach oben aufgeführt, oder von *unêre* und *junc* nach *künec* und *wunderære*. So wie die Begriffe in den Daten auftauchen, werden sie auf dem Scattergram eingezeichnet. Die Teile II und III folgen demselben Muster.

Am Ende dieses Beitrags gebe ich eine Zusammensetzung der drei Teile. Eine Untersuchung des Diagramms zeigt die Entwicklung des Helden durch die drei Hauptteile des Datenbestandes hindurch. Das Ergebnis ist eine intensive Veranschaulichung der charakterlichen Entwicklung und der Handlungsstruktur. Es zeigt außerdem, wie Begriffe und Begriffskataloge auf große Textdatenbestände angewandt werden können. Noch wichtiger aber ist, daß es zeigt, wie die Sprachen der fünften Generation, etwa PROLOG, angewandt werden können, um diese Daten über Indices, Konkordanzen und Textkritik hinaus zu untersuchen. Beziehungen und Regeln, die auf Logik beruhen, sind dem Nicht-Techniker angeneh-

TEIL II

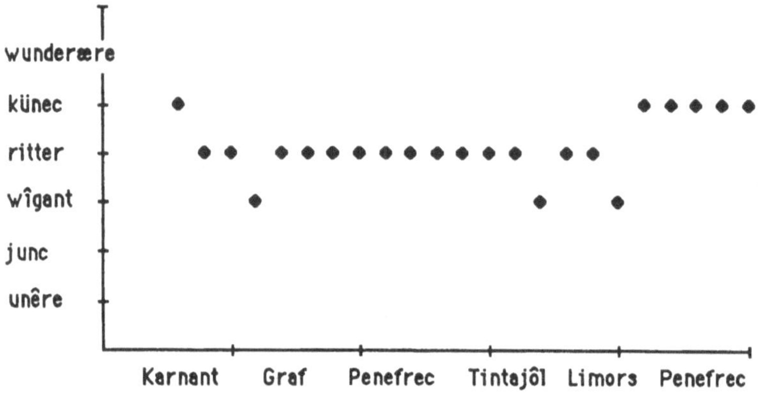

Abb. 5

TEIL III

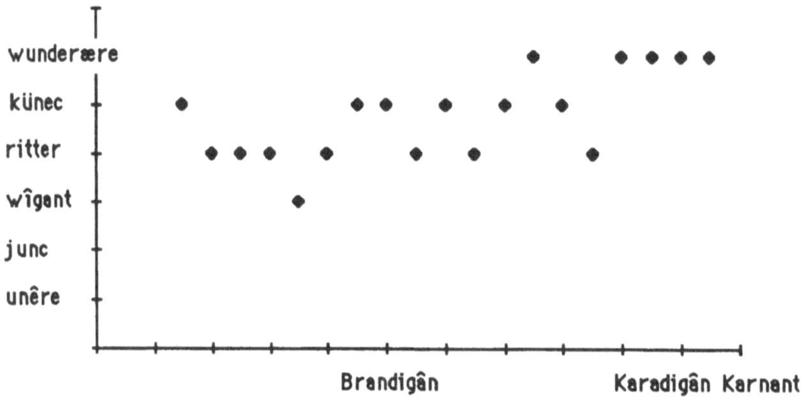

Abb. 6

mer. Sie erlauben Datenbeschreibungen und -untersuchungen, die bisher als nahezu unmöglich galten. Sie haben außerdem den Vorzug, die Forschung mehr im akademischen, dem Wissenschaftler vertrauteren Bereich zu belassen.

Es ist einige Jahre her, seit die Durchführbarkeit der maschinellen Verarbeitung altdeutscher Texte in Orten wie Mannheim, Tübingen, Marburg und Bonn erörtert wurde. Fraglos gab es seinerzeit neben den echten Anhängern dieser Perspektiven auch einige Skeptiker. Seitdem sind freilich bedeutende wissenschaftliche Durchbrüche erzielt worden. Die Erinnerungen sind willkommen, doch müssen wir uns heute neuen Herausforderungen und Tendenzen stellen. Es steht uns eine fruchtbare Zukunft bevor.

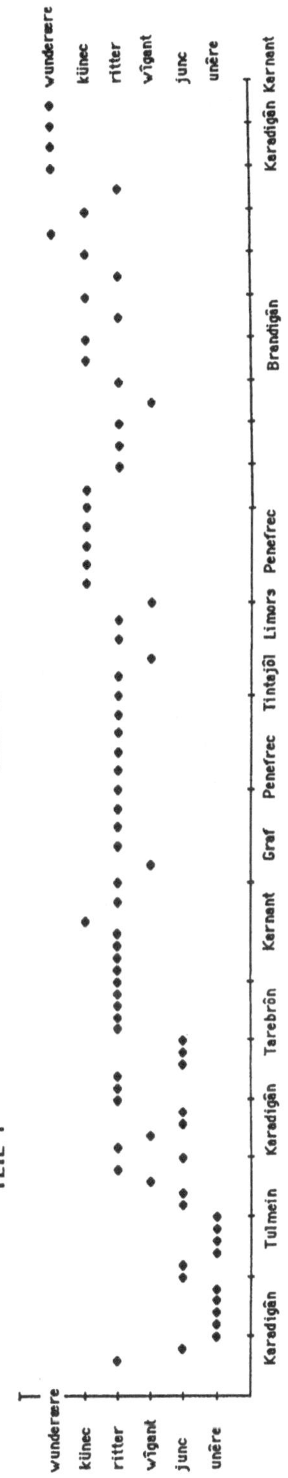
TEIL I
TEIL II
TEIL III
wunderære
künec
ritter
vîgent
junc
unêre
Karadigân
Tulmein
Karadigân
Tarebrôn
Kernant
Graf
Penefrec
Tintajôl
Limors
Penefrec
Brandigân
Karadigân
Kernant

Abb. 7

Hans-Jürgen Stahl

DOS, Pascal und *pauperes scolares*

EDV-gestützte Auswertungen der Edition des 'Vocabularius Ex quo'

1. 'Vocabularius Ex quo' und Rechnereinsatz

Ein gutes Jahrzehnt ist vergangen, seit die Lexikographiegruppe des Sonderforschungsbereichs 226 (damals noch im Rahmen der von Kurt Ruh ins Leben gerufenen ›Würzburger Forschergruppe‹ [WFG]) zuversichtlich und wohlvorbereitet ins EDV-Zeitalter aufbrach mit dem Ziel, die Ausgabe des spätmittelalterlichen, lateinisch-deutschen 'Vocabularius Ex quo' computerunterstützt zum Druck zu befördern[1] und auszuwerten. Zur Verfügung stand uns damals die bereits betagte Telefunken TR 440[2] und das mächtige, bewährte Tübinger Programmpaket TUSTEP.

Die Welt der Elektronenrechner ist schnellebig, und die Zeugnisse unserer Anfänge haben heute bereits musealen Charakter: Die Batch-Jobs waren noch echte Lochkartenstapel, Outputs kamen von Zeilendruckern, denen deutsche Umlaute und zeilenexakte Positionierung der Buchstaben fremd waren.[3] An ›(Near) Letter Quality‹ oder gar an die direkte Darstellung der etwa vier Dutzend benötigten Sonderzeichen war nicht zu denken. Heute erstellen wir zu Korrekturzwecken üblicherweise Ausdrucke, die bis auf den Umbruch dem späteren Satzbild entsprechen, und bei Bedarf läßt sich auch dieses am Laserdrucker simulieren.

Die entscheidende Veränderung der letzten Jahre dürfte aber der unaufhaltsame Siegeszug der zunächst für die Aufgaben (geistes-)wissenschaftlicher Textverarbeitung rundheraus für untauglich befundenen Personal Computer sein.[4] Zu un-

---

[1] Die Ausgabe ist zwischenzeitlich erschienen: 'Vocabularius Ex quo'. Überlieferungsgeschichtliche Ausgabe. Gemeinsam mit KLAUS GRUBMÜLLER hrsg. v. BERNHARD SCHNELL, HANS-JÜRGEN STAHL, ERLTRAUD AUER und REINHARD PAWIS. 5 Bde., Tübingen 1988f. (TTG 22-26).

[2] Zum Einsatz dieser Maschine in der WFG sind zu vergleichen THOMAS STADLER: Der EDV-Einsatz der Würzburger Forschergruppe. In: KURT RUH (Hg.): Überlieferungsgeschichtliche Prosaforschung. Beiträge der Würzburger Forschergruppe zur Methode und Auswertung. Tübingen 1985 (TTG 19), S. 126-143, und PETER STAHL: Die Arbeit mit der EDV - Darstellung und Erfahrung. Ebd., S. 144-156.

[3] Noch 1980 bekennt FRANZ VIKTOR SPECHTLER, er habe die »Pünktchen für die Umlaute« in der Mönch-von-Salzburg-Konkordanz »vor dem Druck im Manuskript von Hand nachgetragen« und statt des scharfen *ß* erscheine doppeltes rundes *s*, »weil der Computer [!] das *ß* nicht aufweist« (Ders.: Verskonkordanzen zu spätmittelalterlicher Lyrik. Erfahrungen und methodische Konsequenzen. In: PAUL SAPPLER / ERICH STRASSNER (Hgg.): Maschinelle Verarbeitung altdeutscher Texte. Beiträge zum dritten Symposion, Tübingen, 17.-19. Februar 1977. Tübingen 1980, S. 86-91, hier S. 91 bzw. S. 90).

[4] Vgl. z.B. WILHELM OTT u.a.: EDV-Fibel für Editoren. Tübingen 1982, S. 19; STADLER [wie Anm. 2], S. 141.

abweislich sind ihre Vorzüge: ihre Reaktionsgeschwindigkeit, ihre Unabhängigkeit von der Infrastruktur und Kooperationsbereitschaft eines Rechenzentrums, ihr Standort (nämlich der Arbeitsplatz des Philologen), ihre Kompaktheit bis hin zur Portabilität, ihr Preis und damit ihre Erreichbarkeit auch für den ambitionierten Privatmann, die - seit sich ein Betriebssystem als marktbestimmender Standard durchsetzen konnte - in der Realität zur schier ubiquitären Verfügbarkeit eines bestimmten Rechnertyps führte.[5] Selbst Großaufträge wie die Drucklegung der 'Ex quo'-Edition rücken nach und nach in den Bereich des am PC Realisierbaren. Mit knapp neun Megabyte Textdaten hat die Ausgabe gut auf den heute üblichen Festplattenformaten Platz, und mit der auf diesem Symposion vorgestellten PC-Version von TUSTEP wird der bislang den Großrechnern vorbehaltene professionelle Standard echt wissenschaftlicher Textverarbeitungssoftware auch auf DOS-Ebene verfügbar. Der Laufzeitenvergleich fällt freilich in aller Deutlichkeit zugunsten des Großrechners aus, doch kann nur vergleichen, wer die Wahl hat, und selbst dann schneidet der langsamere Mikrorechner nicht so schlecht ab, wie der blanke Runtime-Faktor vermuten lassen könnte: Der CPU-Zeitvorteil der meist zentral, also fern vom eigenen Arbeitsplatz installierten Großrechnersysteme wird bei vielen Anwendungen durch langsame Datenzugriffe und -transfers und durch ärgerliche, weil unproduktive Wegezeiten vollständig aufgebraucht.

Wer wählen kann, entscheidet aufgabenbezogen: rechenintensive, platzgreifende und - bezogen auf Responszeiten - zeitunkritische Verfahren (wie z. B. Erfassung und Korrektur des Editionstextes, Erstellung von Magnetbändern zur Ansteuerung des Satzbelichters, mechanische KWIC-Indices etc.) wickeln wir nach wie vor mit bewährten Routinen auf dem Großrechner ab. Für die hier vorzustellenden Auswertungen, die zum Teil stark interaktiv ausgerichtet sind, also sofortige Rechnerreaktionen voraussetzen, lag hingegen der Mikrorechnereinsatz nahe. Die zugehörigen Programme sollten möglichst ortsungebunden und sie mußten in Reichweite von Handschriften und Handbibliothek, also am eigenen Arbeitsplatz, benutzbar sein. Sie sollten ferner über eine hilfreiche Benutzerführung verfügen, also auch dem EDV-Laien ohne langwierige Einarbeitung zugänglich sein: die Anwender sind Mediävisten und möchten dies auch bleiben. Schließlich war Rücksicht auf die verfügbare Hardware zu nehmen, und das hieß eindeutig: MS-DOS. Es darf freilich nicht verschwiegen werden, daß der Luxus, den auf die konkrete Einzelanwendung hin konzipierte Programme nun einmal bieten, nur durch erhebliche programmiertechnische Eigeninvestition möglich geworden ist, die sich durch den Zeit- und Qualitätsgewinn allerdings leicht rechtfertigt.

---

[5] Der Appetit kommt beim Essen: 1984 wurde in unserer Gruppe ein erster PC installiert, heute besitzen alle Mitarbeiter auch privat ein eigenes Gerät.

2. EDV-unterstützte textgeschichtliche Auswertung

Für eine detaillierte Vorstellung des 'Vocabularius Ex quo' und der Edition ist an diesem Ort kein Raum: beides ist dem Einleitungsband zur Ausgabe in der erforderlichen Ausführlichkeit beigegeben. Einige für das Verständnis des Folgenden hilfreiche Stichworte muß ich allerdings nennen. Der 'Vocabularius Ex quo' ist das erste Universalglossar aus der mittelalterlichen lateinischen Lexikographietradition auf deutschem Boden, das volkssprachige Interpretamente nicht nur in breitem Umfang aufnimmt, sondern sogar zum beinahe regelmäßigen Bestandteil seiner alphabetisch angeordneten Wortartikel macht: es ist zu Recht als lateinisch-deutsches Vokabular anzusprechen. Vielleicht gerade deshalb wird es zum erfolgreichsten Vertreter spätmittelalterlicher Vokabularliteratur: 280 erhaltene Handschriften aus dem gesamten deutschen Sprachgebiet und 50 nachweisbare Druckauflagen bezeugen seine außergewöhnliche Verbreitung. Als Adressatengruppe nennt die Vokabularvorrede konstant die *pauperes scolares*; de facto dürfte der Text in seinen verschiedenen Ausformungen die Gesamtheit der Lateinlernenden betroffen und zum großen Teil auch erreicht haben. Ein Autor oder Bearbeiter des um 1400 entstandenen Werkes ist nicht bekannt. Dies gilt auch für die zahlreichen Nachfolgebearbeitungen, die während des 15. Jahrhunderts entstehen. Der ursprüngliche Text scheint zwar genau in eine Bedarfslücke getroffen zu haben, doch ließ er offenkundig bei den differenziert interessierten Benutzern auch manchen Wunsch offen: Die Textgeschichte des Vokabulars ist gekennzeichnet von mehrfachen, meist sekundär lateinisch erweiternden Bearbeitungsschüben. Sieben Bearbeitungen vermochten in die Breite zu wirken; wir nennen sie Redaktionen. Anderen blieb Breitenwirkung versagt; wir nennen sie freie Bearbeitungen. Innerredaktionelle Fassungen bezeichnen wir als Textstufen.

Die Edition des 'Vocabularius Ex quo' ist diesem Befund entsprechend überlieferungsgeschichtlich angelegt, d. h. sie verzeichnet über die Textform der zwar ursprünglichen, aber nicht werkrepräsentativen Ausgangsfassung S hinaus den Text 5 weiterer Redaktionen[6] und dreier Textstufen. Nimmt man mit den redaktionellen Ästen alles in allem, so sind demnach 15 mehr oder weniger unterschiedliche Fassungen des Vokabulars in der Ausgabe in Form einer Wortartikelsynopse dokumentiert (siehe Abb. 1). 12000 Wortartikel verzeichnet die Ausgangsfassung des 'Ex quo'; mit den Zusätzen der sekundären Bearbeitungen wächst die Edition auf mehr als 21000 Wortartikel an. Der Gesamtumfang der Ausgabe beläuft sich auf vier Bände mit jeweils etwa 800 Seiten.

Die Textgeschichte des 'Vocabularius Ex quo' ist durchsetzt von Bearbeitungsschüben: der Wandel des Textes im Gebrauch ist konstitutives Element der Werkeinheit 'Ex quo'.[7] Die Eingriffe der Redaktoren betreffen alle Ebenen und Elemen-

[6] Aus der Edition ausgeschlossen blieb einzig die in ihrer Art außergewöhnliche und singuläre Redaktion Me. Ihr gilt meine Monographie: Text im Gebrauch. Rezeptionsgeschichtliche Untersuchungen zur Redaktion Me des 'Vocabularius Ex quo' und zum 'Vokabular des alten Schulmeisters'. Diss. phil. Würzburg 1987 (erscheint in der Reihe ›Texte und Textgeschichte‹ als Band 30).

[7] Vgl. dazu z. B. KLAUS KIRCHERT: Text und Textgeschichte. Zu überlieferungsgeschichtlichen Editionen spätmittelalterlicher Gebrauchsprosa. In: GEORG STÖTZEL (Hg.): Germanistik - Forschungsstand und Perspektiven. Vorträge des Deutschen Germanistentages 1984. Teil 2, Berlin/New York 1985, S. 51–71, und demnächst STAHL [wie Anm. 6].

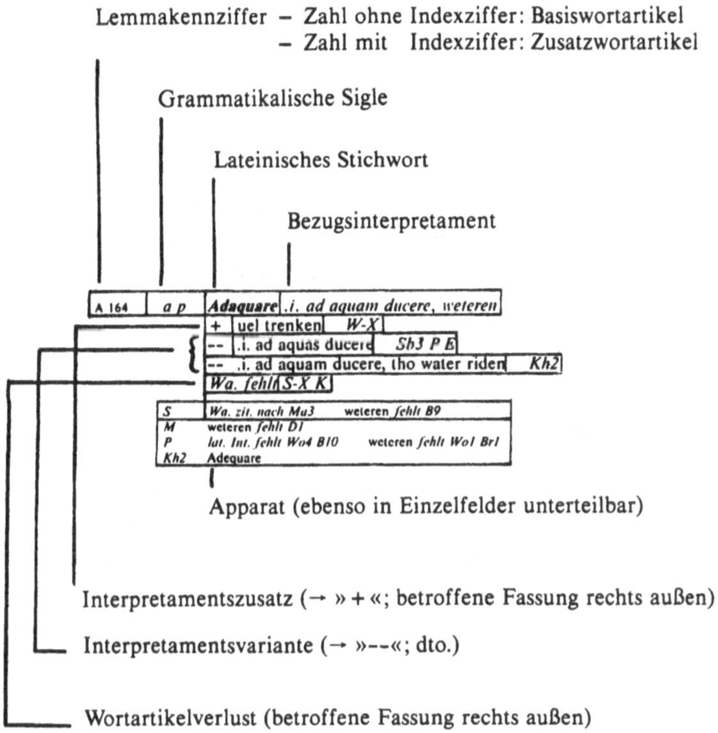

Abb. 1: Der 'Ex quo'-Wortartikel (hier ein Beispiel aus dem A-Bereich) läßt sich unmittelbar als Verbund ansprechen, dessen einzelne Felder für das zugreifende Programm an Satzsteuerzeichen kenntlich sind.

te des Vokabulars, angefangen mit der Verzeichnung aller Wortarten, die gelegentlich rückgängig gemacht wird, über den Wortartikelbestand (Lemmazusatz, -streichung oder -ersatz, aber auch Neuordnungen) bis hin zu den Interpretamenten (Erweiterungen, Kürzungen, kompletter oder partieller Austausch). Die textgeschichtliche Untersuchung, eine der zentralen Auswertungen, die wir im Gefolge der Editionsarbeit in Angriff genommen haben, hat diese Prozesse wenigstens für alle in der Edition abgedruckten Fassungen zu bestimmen und zu bewerten. Es geht um die Analyse von Quellenhorizont und Bearbeitungsabsicht, die Rückschlüsse auf das Wissens- und Wirkungsinteresse und damit auf das bildungs-soziale Umfeld der Bearbeiter und ihrer Abschreiber zulassen, kurz: um die Deutung aller über den Text vermittelten Hinweise auf den ›Sitz im Leben‹ des Vokabulars. Die Edition stellt dafür in breiter Streuung das Belegmaterial zur Verfügung. Es bedarf eigentlich nur der Auswertung im Überblick.

Eben das aber ist das Problem: 21000 Wortartikel in den unterschiedlichen Gestalten von 15 Bearbeitungen sind kaum mehr zu übersehen und rein manuell gesamthaft nicht mehr zu bearbeiten. Die Ausgabe müßte mehrfach Wortartikel für Wortartikel durchgesehen und alles Einschlägige buchstabengetreu kopiert werden: ein zeitraubendes, ja aussichtsloses Unterfangen. Die Auswahl einiger

Probestollen, die wir für die Kollation vornehmen mußten, und die für stemmatische Zwecke durchaus ihre Berechtigung hat, führt zwar gewiß nicht zu schlichtweg falschen Resultaten, aber sie birgt die Gefahr, an den variantenreichsten Abschnitten und an den deutlichsten Beispielen vorbeizuzielen, zumal sich Intensität und Konzeption einer Bearbeitung häufig von Buchstabenbereich zu Buchstabenbereich ändern. Gesamttendenzen lassen sich daher auf der Basis mehr oder weniger zufällig herausgegriffener Teilabschnitte kaum brauchbar profilieren. Die Beschränkung auf Probestollen ist angesichts der gewaltigen Textmengen sicherlich unumgänglich. Die Auswahl hat sich aber auf Kenntnis und Beurteilung des Gesamttextes in allen Fassungen zu gründen.

Ich habe ein Programmpaket entwickelt, das den Bearbeiter dabei maßgeblich unterstützt und ihm vor allem die langwierigen Such- und Abschreibearbeiten abnimmt. Im Kern steht ein Programm (SUCHE), das den Gesamttext oder anwählbare Ausschnitte daraus auf das Vorkommen bestimmter Zeichenfolgen hin untersucht und eine Liste aller einschlägigen Wortartikel in eine Datei ausgibt, das also - über die hier vorgestellte Anwendung hinaus - für mannigfaltige Aufgaben (z.B. Vereinheitlichungen, Belegstellensuche) nutzbar ist. Bis zu zehn Zeichenfolgen können simultan gesucht werden, wobei logische Konnektoren angebbar sind, also im Klartext etwa »Identifiziere alle Wortartikel, die entweder Zeichenfolge *X* oder Zeichenfolge *Y* enthalten« oder »Identifiziere alle Wortartikel, die die Zeichenfolge *X* und die Zeichenfolge *Y* enthalten, aber ignoriere unter ihnen solche, die die Zeichenfolge *Z* enthalten«. Das Programm kann aber, und das macht es für die textgeschichtliche Auswertung erst richtig nützlich, weitaus mehr: Es unterscheidet Text und Apparat, Wortartikel der Ausgangsfassung, sekundäre Zusätze und Bestandskürzungen sowie Varianten und Erweiterungen der Interpretamente, und es vermag all dies über die Angaben in der Edition den betreffenden 'Ex quo'-Fassungen zuzuordnen. Wenn die Liste der einschlägigen lateinischen Stichwörter zur Orientierung ausreicht, kann das Ergebnis des SUCHE-Laufs unmittelbar gedruckt werden (siehe Abb. 2). Andernfalls lassen sich mit einem nachgeordneten Programm (SDRUCKE) die von SUCHE identifizierten Wortartikel aus dem Editionstext buchstabengetreu auskopieren, ein weiteres Programm (EQDRUCKE) stellt einen bis auf den Umbruch mit dem gesetzten Exemplar der Ausgabe identischen Output am Matrixdrucker her (also mit allen - insgesamt etwa 50 - Sonderzeichen, Kursive, Halbfett, Petit etc.).

Bei der Programmierung dieses Paketes kam mir der Text als solcher weit entgegen: Das Vokabular ist ein stark uniform strukturierter Text, und die Ausgabe mußte im Interesse der Lesbarkeit und Überschaubarkeit diese Strukturiertheit beibehalten, ja sogar noch verstärken. Das geht so weit, daß der für die Drucklegung mit entsprechenden Satzsteuerzeichen markierte Wortartikel unmittelbar, also ohne zusätzlichen Markierungsaufwand, als Verbund anzusprechen ist, dessen einzelne Felder ein darauf eingerichtetes Programm zu identifizieren vermag. In der Abbildung 1 ist ein solcher Wortartikelverbund beispielhaft ausdeklariert. Das Programm SUCHE greift direkt auf die einzelnen Felder zu und wertet dabei quasi textgeschichtlich aus.

Die Analyse der mit dem Computer erstellten Wortartikellisten oder Textausschnitte kann in bewährter Manier erfolgen: Zusätze und Varianten, aber auch die

```
C937.1 : Considerare
C943.1 : Contenciose
C984.1 : Contumeliose
C1054.2 : Cornutare
C1054.3 : Cornum
C1070.1 : Costus
C1073.1 : Cotta
C1075.1 : Cracouita
C1145.1 : Cruciamen
C1198.1 : Cuncta
C1236.1 : Cumentum
C1236.2 : Cubera
C1236.3 : Cubale
C1236.4 : Cubella
C1236.5 : Cucibulus
D19.1 : Dactulum
D20.1 : Daxo
D20.2 : De
D20.3 : Depes
D98.1 : Defectuositas
D127.1 : Delegatus
D260.1 : Determinare
D260.2 : Determinare
D285.2 : Dya
D356.1 : Dilectus
D356.2 : Dileccio
D427.1 : Dissilium
D441.1 : Dissertus
D441.3 : Dissertitudo
D554.1 : Dorothea
D555.2 : Dorca
D583.1 : Dulce
E0.1 : E
E93.1 : Eis
E103.1 : Ellebrus
E122.2 : Elixapium
E123.2 : Eloquencia
E141.1 : Emendacio
E165.2 : Energia
E173.4 : Enudare
E184.3 : Epi
E184.4 : Epicarium
E267.1 : Est
E278.1 : Et
E278.6 : Eternitas
E282.2 : Eternum
E346.2 : Exasperare
E411.1 : Exire
E507.1 : Ex
F123.1 : Febris acuta
F269.1 : Filta
F277.1 : Fissus
F277.2 : Finis
F319.1 : Flammeus
F385.3 : Fomes peccati
F385.4 : Fomes peccati or
F581.1 : Fungillus
F609.2 : Fusus
F609.3 : Fusa
F609.4 : Fusum
F616.1 : Futis
G45.1 : Garrulositas
G53.1 : Ge
G157.1 : Glabra
G168.1 : Glarius
G169.1 : Glandare
G169.2 : Glandis
G169.3 : Glaucom
G187.1 : Gloria
G203.1 : Godalia
G233.1 : Gramarius
G249.1 : Grauus
G249.2 : Grauitas
H50.1 : Herbipularius
H87.2 : Hictericia
H94.1 : Hinc
H96.1 : Hylla
H187.2 : Hulcitum
I71.1 : Idapticum
I71.2 : Ideota
I71.3 : Iditus
I71.4 : Idraullum
I71.5 : Idra
I71.6 : Idis
I108.1 : Igwen
I108.3 : Ignitegium
I121.1 : Illex
I144.1 : Illibata
I191.1 : Impenetratudo
I206.2 : Intingere
I215.1 : Imponere
I220.1 : Impressus
I220.2 : Impressio
I226.1 : Improuidencia
I237.2 : Inaniter
I245.1 : Incantatrix
I335.1 : Inducere
I338.1 : Inducare
I359.1 : Infancia
I369.1 : Infestacio
I387.1 : Infirmarium
I445.1 : Invitus
I461.1 : Impartitus
I476.1 : Inrogatus
I533.1 : Insurrectus
I594.1 : Intubus
I624.1 : Inuenire
I685.1 : Iperbole
I691.1 : Ipomanes
I691.2 : Ipotamus
I691.3 : Ipofera
I695.1 : Ipotetica
I703.1 : Ircus
I745.1 : Isoperimetrum
I790.1 : Iugis
K4.1 : Kalo
K12.2 : Katheruarius
K12.3 : Katherua
K12.4 : Kalendula
K12.5 : Kimalepra
K12.6 : Kimi
K12.7 : Karolina
K12.8 : Kimuea
K12.9 : Keyo
K12.10 : Krepus
K12.11 : Kyrica
K12.12 : Kalechiles
K12.13 : Kappadenarius
K12.14 : Kathasus
K12.15 : Kanthissis
K12.16 : Kayson
K12.17 : Kereon
K12.18 : Kirillus
K12.19 : Kandalum
K12.22 :
L2.1 : Labarus
L55.1 : Lamia
L57.1 : Lambeta
L76.1 : Lapillus
L78.1 : Labium ueneris
L78.2 : Lapacium
L79.1 : Lappatus
L79.2 : Lapistucia
L93.1 : Large
L120.1 : Latrocinare
L127.1 : Latitudo
L137.1 : Laureola
L144.1 : Latena
L144.2 : Lactena
L144.3 : Lanceola
L144.4 : Lama
L144.5 : Lamon
L144.6 : Latinia
L144.7 : Laculus
L186.1 : Lencia
L196.1 : Lepusculus
L228.1 : Lectitare
L228.2 : Lecturire
L228.3 : Lecticella
L228.4 : Leucipiperis
L228.5 : Leucrus
L228.6 : Leuceola
L228.7 : Leuistica
L228.8 : Leuellus
L261.1 : Licare
L261.2 : Licari
L297.1 : Limax
L366.1 : Lixos
L370.1 : Lix
L370.2 : Lixiolum
L381.1 : Lodex
L386.1 : Logium
L389.1 : Longio
L399.1 : Lonum
L411.2 : Lotix
L411.3 : Lotria
L430.1 : Luciper
L497.3 : Lutare
L497.4 : Lutere
L497.5 : Liuidus
```

Abb. 2: Ein mit SUCHE erzeugtes Wortartikellisting (Zusätze der 'Ex quo'-Textstufe Sb3; Ausschnitt)

Lücken im Bestand, lassen sich im Überblick bewerten, thematisch einordnen, mit mutmaßlichen Quellentexten konfrontieren, gegebenenfalls auch kollationieren. Dabei ist von Vorteil, daß die Vokabularbearbeiter (zumindest im lateinischen Bereich) regelhaft vor allem kompilierten, also schriftliche Quellen ohne erhebliches eigenes Zutun ineinander montierten. Das Bearbeitungsprodukt kann dann im Idealfalle wie ein Mosaik wieder in seine einzelnen Bestandteile zerlegt werden. Ich führe einige Anwendungsbeispiele vor, wobei ich Schlußfolgerungen ausspare, um den Resultaten meines Kollegen Bernhard Schnell, der die 'Ex quo'-Textgeschichte bearbeitet, nicht ungebührlich vorzugreifen.

Die mit SUCHE ermittelten Zahlenverhältnisse lassen sich zunächst nutzen, um die Entwicklungstendenzen in den einzelnen Redaktionen und Textstufen überschaubar in sogenannten Bearbeitungsprofilen zu visualisieren. Die Abbildung 3 zeigt das Bearbeitungsprofil der Redaktion M.

Die horizontale Achse folgt dem Alphabet; die einzelnen Buchstabenbereiche sind durch vertikale Striche markiert. In der oberen Hälfte der Grafik sind die Änderungen im Wortartikelbestand aufgetragen: in der ersten Zeile der Plusbestand gegenüber der Vorlagenfassung (nach oben), in der dritten Zeile der Minusbestand (also Streichungen und Verluste; nach unten). In der mittleren Zeile sind Plus und Minus arithmetisch verrechnet. Diese Kurve zeigt also das Bestandsverhalten über alles; schlägt sie nach oben aus, so bietet die behandelte Redaktion mehr Wortartikel als ihre Vorlage, schlägt sie nach unten aus, so bietet sie dementsprechend weniger.

In der unteren Hälfte der Grafik ist das Interpretamentsverhalten der Redaktion aufgezeichnet: in der oberen Zeile sind es die Interpretamentserweiterungen (dort wiederholt sich abgeschwächt das Bestandsbild), in der unteren Zeile sind es die Wortartikel, in denen die Edition für die Redaktion M ein Ersatzinterpretament angibt.

Der Kurvenverlauf ist typisch für eine Bearbeitung, die mit Elan begonnen, aber bald wieder eingestellt wurde: Die Grafik zeigt deutlich, daß der M-Redaktor etwa ab der Mitte von C keine nennenswerten Veränderungen mehr vornimmt. Ein solch markanter Bruch war den Editoren natürlich schon bei der Herstellung der Ausgabe aufgefallen. Kleine Peaks im G-, I- und im T-Bereich deuten allerdings darauf hin, daß dort noch einmal einige Lemmata eingeschoben worden sind. Diese Zusätze bezeugen, daß eine ab C- textgeschichtlich kaum mehr bedeutsame Bearbeitung zumindest als stemmatische Größe bis ans Alphabetsende fortbesteht, was sowohl für die Untermauerung des M-Stemmas hilfreich als auch für die Charakterisierung der Bearbeitung von Bedeutung war. Es zeigt den Nutzen der Bearbeitungsprofile (und es fällt den Herausgebern leicht einzugestehen), daß diese ›Nachzügler‹ überhaupt erst durch die grafische Gesamtschau eindeutig lokalisiert werden konnten.

Vergleichen wir damit das Bearbeitungsprofil der Textstufe Kh2 (Abb. 4). Auffällig ist vor allem die gegenüber M konsequentere und intensivere Ausweitung des Wortartikelbestandes: Sie zeugt von einem planvollen, weitreichenden Bearbeitungskonzept, das offenkundig sehr konsequent durchgehalten wurde. Der signifikante Einbruch im R-Bereich markiert eine Textlücke, der Spitzenwert im H-Bereich einen umfänglichen Zusatzblock. Auffällig ist aber zugleich, daß die Textstufe ihre Vorlage weitaus weniger konservativ übernimmt als M: Vor allem in der zweiten Alphabetshälfte fehlen viele Wortartikel, so daß das Bestandsmittel trotz der massiven Erweiterung öfters unter die Marge der Vorlage fällt.

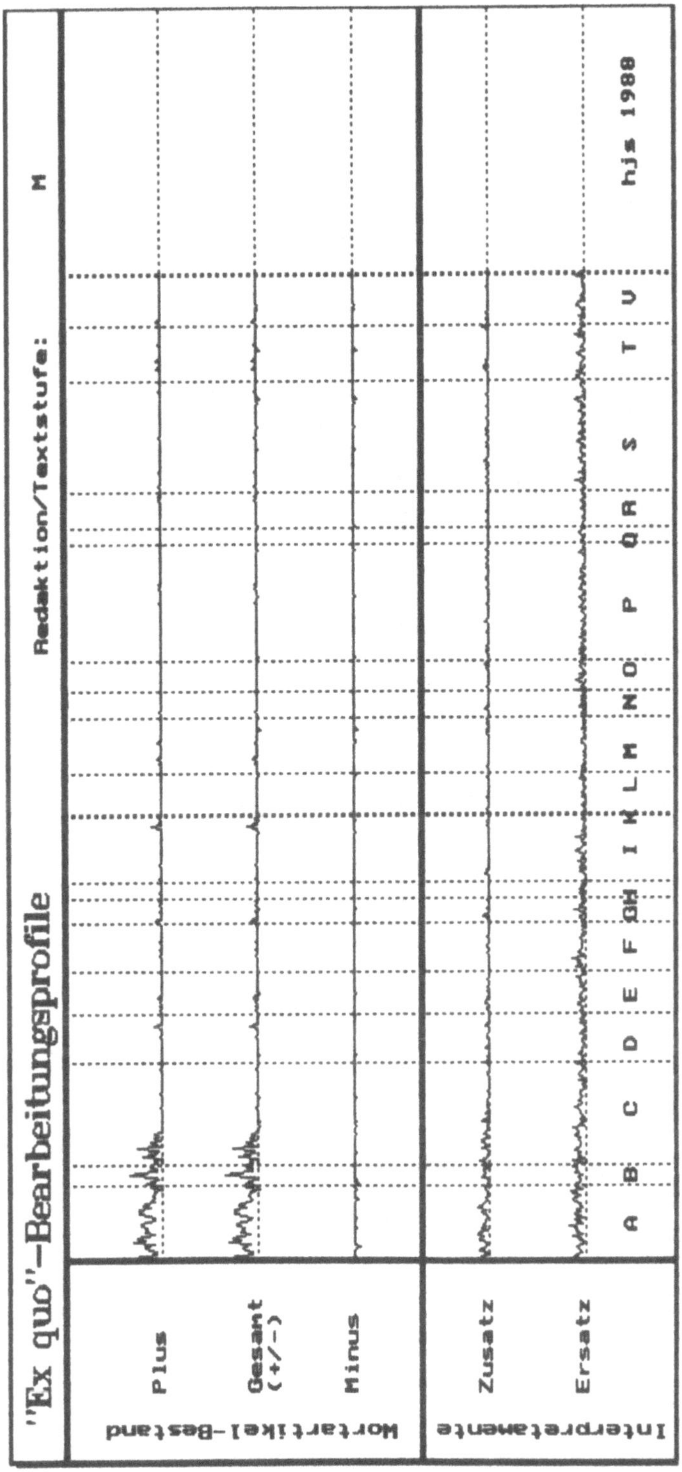

Abb. 3: Das Bearbeitungsprofil der Redaktion M

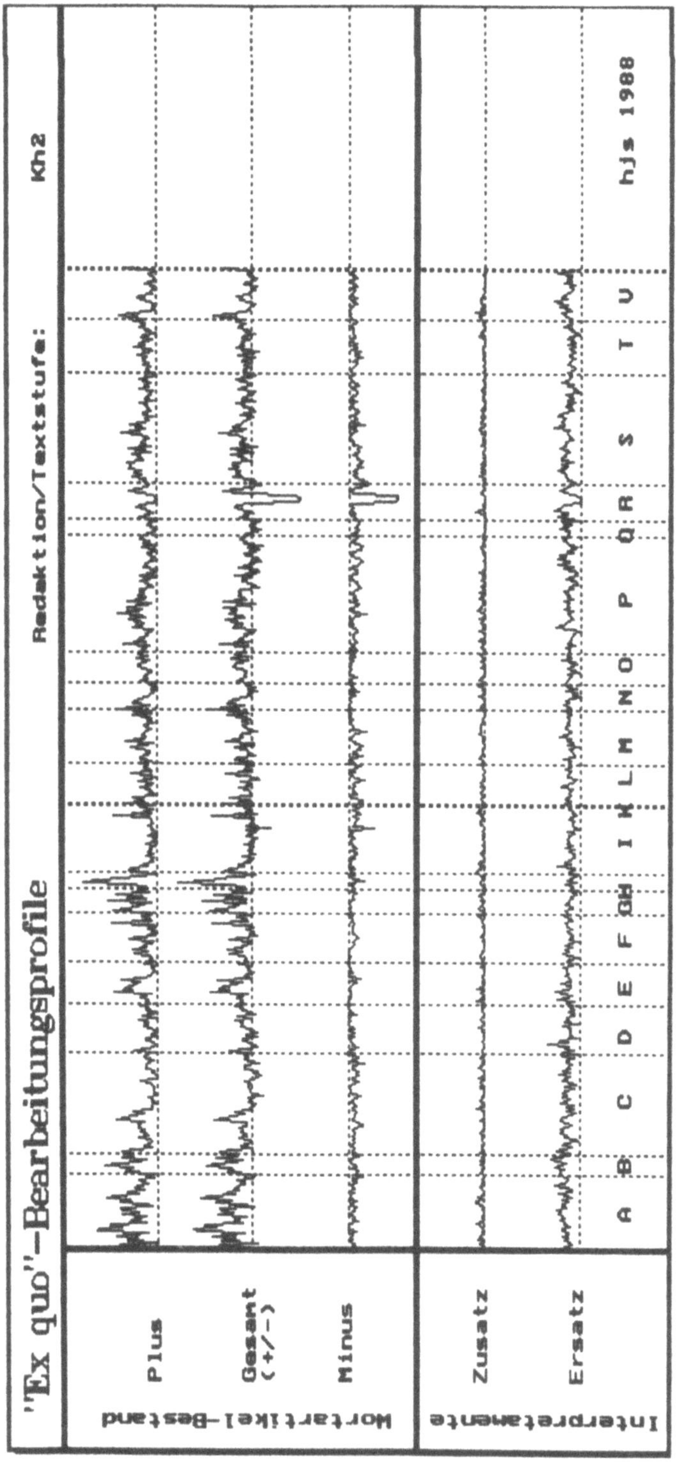

Abb. 4: Das Bearbeitungsprofil der Textstufe Kh2

Wieder anders sehen die Profile der Redaktionen P (Abb. 5) und K (Abb. 6) aus. Die Redaktion P verhält sich auffällig konservativ, d. h. sie streicht nahezu keinen Wortartikel: Der Redaktor muß das Vokabularkonzept seiner Vorlage grundsätzlich gebilligt haben. Andererseits erweitert er aber den Bestand deutlich und gleichbleibend über das ganze Alphabet. Die Redaktion K erweitert zwar ebenfalls, aber in merklich geringerem Umfang, und vor allem: sie kürzt massiv. Es fehlen über 1000 Wortartikel, das sind rund zehn Prozent des Vorlagenbestandes. Diese Kürzungen werden durch die Bestandserweiterungen nur knapp wieder gutgemacht: Der K-Text fällt - entgegen der sonst allenthalben zu beobachtenden Erweiterungstendenz - schmaler aus als der der Ausgangsredaktion S.

Die Erkenntnisse aus diesen grafischen Bearbeitungsprofilen sind nun freilich in erster Linie quantitativer Natur, obschon die wenigen Beispiele gezeigt haben sollten, daß die Beobachtung der Quantitäten in qualitative Aussagen über das Bearbeiterverhalten überführbar ist und daß sie nützliche Hinweise auf die Auswertung lohnende Buchstabenbereiche ergibt. Die textgeschichtliche Fragestellung ist damit aber noch nicht beantwortet, und die Leistungen des Programmpaketes sind damit auch noch nicht ausgereizt. So war beispielsweise wichtig zu wissen, ob hinter der unübersehbaren Kürzungstendenz der Redaktion K ein bestimmtes Selektionsprinzip waltet. Redaktoren streichen gemeinhin nicht willkürlich Wortartikel (zumindest nicht in solcher Menge), sondern nur jene, die ihnen für ihr Vorhaben aus irgendwelchen Gründen entbehrlich gewesen sein müssen, sei es nun, daß sie ihnen zu allgemein und geläufig oder zu abgelegen und rar erschienen. Die (mit SUCHE automatisch ermittelte) Stichwortliste der in K gestrichenen Wortartikel ergab bereits einen eindeutigen Befund: Es fehlen vor allem bestimmte Eigennamen (Orts- und Personennamen), Monatsnamen, Numeralia, aber auch Wortschatz aus der kirchlichen und klösterlichen Amtshierarchie, aus Schule und Skriptorium. Erste Schlußfolgerungen liegen nahe, wenn man den engen Überlieferungszusammenhang der K-Redaktion mit dem Stift Klosterneuburg kennt.

Auf der anderen Seite interessieren Umfang, Art und stoffliche Provenienz von Bestandserweiterungen (auf Lemma- und Interpretamentsebene). Die Vorgehensweise ist prinzipiell ähnlich. Ich demonstriere sie knapp an der Textstufe Sb3, und zwar am Ausschnitt des D-Bereichs. Zunächst wird mit SUCHE eine Liste aller Zusatzwortartikel der Fassung erzeugt. Für den Buchstaben D- ergibt sich die folgende Liste:[8]

D19.1	Dactulum	D260.1	Determinare	D441.1	Dissertus
D20.1	Daxo	D260.2	Determinare	D441.3	Dissertitudo
D20.2	De	D285.2	Dya	D554.1	Dorothea
D20.3	Depes	D356.1	Dilectus	D555.2	Dorca
D98.1	Defectuositas	D356.2	Dileccio	D583.1	Dulce
D127.1	Delegatus	D427.1	Dissilium		

Diese Wortartikel werden in einem nächsten Arbeitsgang mit SDRUCKE (ich wiederhole: automatisch und auf der Basis der Druckvorlage, also mit dieser absolut identisch) auskopiert und mit EQDRUCKE satznah gedruckt. Der Bearbeiter hat

[8] Insgesamt enthält Sb3 über 600 Zusatzwortartikel. Man muß sich vor Augen halten, was es bedeutet hätte, eine solche Liste manuell und für alle Einzelfassungen zu erstellen.

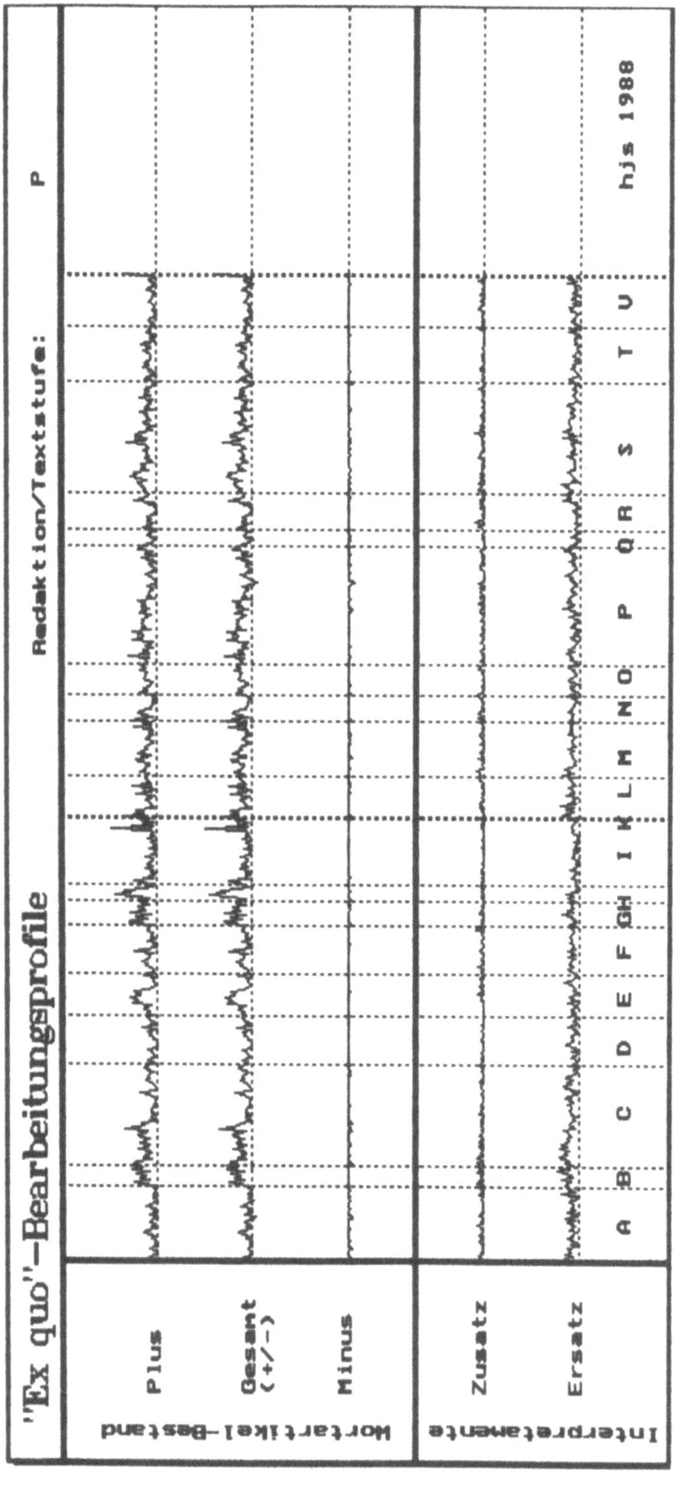

Abb. 5: Das Bearbeitungsprofil der Redaktion P

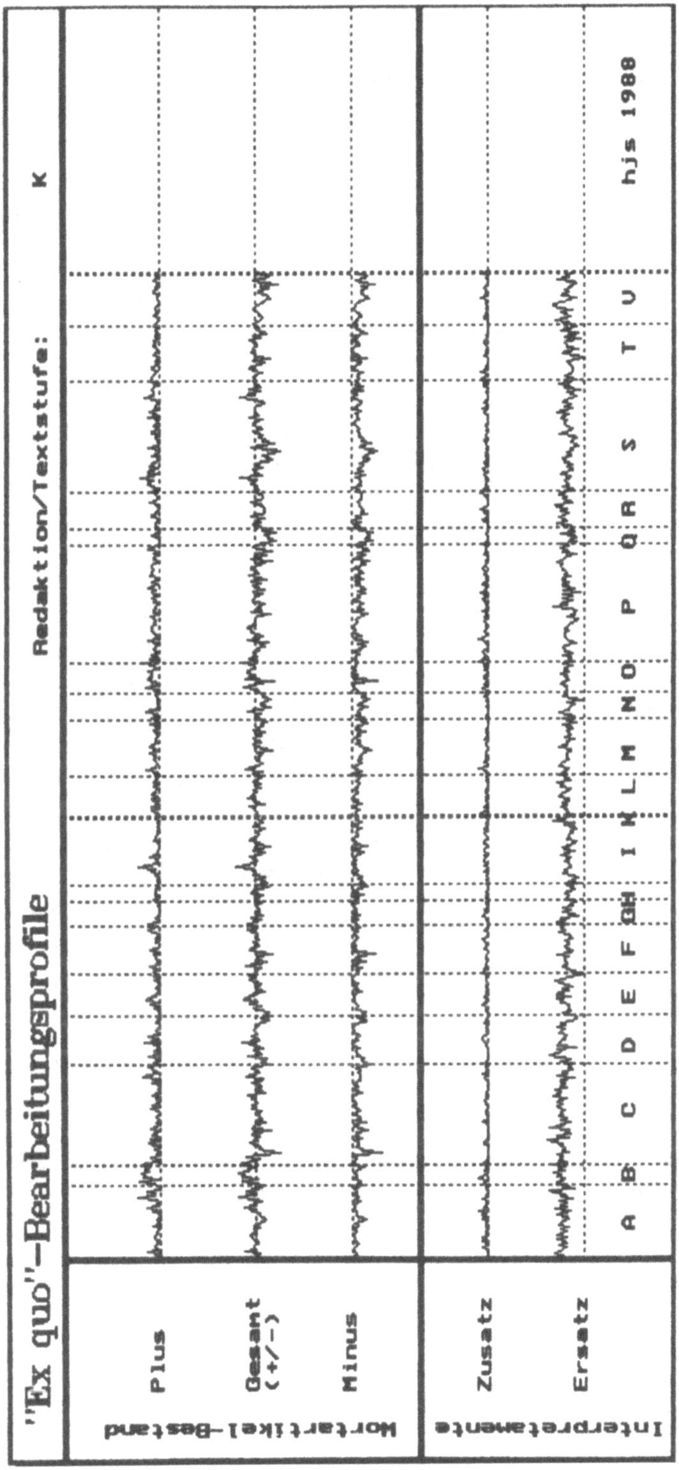

Abb. 6: Das Bearbeitungsprofil der Redaktion K

im Ergebnis ein Typoskript vor sich, das exakt diejenigen Wortartikel in editorischer Darstellung enthält, die der Sb3-Bearbeiter in seinen Vorlagentext eingebracht hat. Die Gegenüberstellung zweier einschlägiger Beispiele (D20.1 *Daxo* und D20.2 *De*; vgl. Abb. 7) zeigt, daß es sich um ganz verschiedene Wortartikel aus vermutlich unterschiedlichen Quellen handelt. Der leichter zu identifizierende Quellentyp liegt dem ausführlich lateinisch erklärenden Wortartikel *De* zugrunde. Umfängliche und stets distinktionenartig Bedeutungen reihende Interpretamente wie das zu *De* bietet Sb3 auch als Variante oder Ergänzung zu Lemmata der Ausgangsfassung. In einem zweiten SUCHE-Lauf wurden daher all jene Wortartikel gesucht, in denen (1.) die Textstufe mit einem eigenen Interpretament angegeben ist, das (2.) diese spezifische Struktur aufweist (Suchbegriffe: *primo, exemplum*). Für den D-Bereich ergab sich dabei die folgende Stichwortliste:

D16	Dare	D324	Dies	D560	Dragma
D20.2	De	D342	Digitus	D576	Ducere
D94	Deferre	D399	Disciplina	D584	Dulcis
D197	Deponere	D428	Discus	D589	Dum
D285.2	Dya	D550	Donec	D604	Durus
D307	Dicere	D553	Dormire		

Diese Liste erweist sich - mit zwei Ausnahmen - als mit dem Bestand der 'Equivoca' des Johannes de Garlandia identisch (vgl. Abb. 8); sie führt schließlich zum zugehörigen Kommentar, der als Quelle des Sb3-Bearbeiters identifiziert werden kann. Ist auf diese oder ähnliche Weise ein Quellentext ermittelt, so lassen sich die aus ihm herzuleitenden Zusätze und Varianten aus der SUCHE-Liste tilgen. Übrig bleibt dann eine Restliste, die wiederum mit SDRUCKE auskopiert, mit EQDRUCKE gedruckt und auf weitere Quellentexte hin untersucht werden kann.

Das Verfahren, das ich hier nur knapp und anhand eines leicht demonstrablen Falles vorführen kann, erweist sich in der textgeschichtlichen Praxis als großartige Hilfe bei der Bewältigung der Datenmengen, mit denen wir es zu tun haben. Alle philologische Arbeit (und dazu zählt auch das Stellen sinnvoller Fragen) bleibt freilich dem menschlichen Bearbeiter überlassen; die aufwendigen mechanischen Verrichtungen aber nimmt uns der Computer ab.

3. Computer Assisted Index - der deutsche Wortindex zur Ausgabe des 'Vocabularius Ex quo'[9]

Die zweite Auswertungsaufgabe, die wir im Gefolge der Editionsarbeit mit Computerunterstützung erfüllen, ist die Erstellung eines deutschen Wortindex zur Ausgabe des 'Vocabularius Ex quo'. Die Notwendigkeit eines solchen Entschlüsselungsinstruments, das einen möglichst einfachen, zugleich umfassenden Zugang zu den Verdeutschungen der 'Ex quo'-Ausgabe gestattet, braucht sicher im einzelnen nicht begründet zu werden. Es dürfte kaum übertrieben sein zu behaupten, daß sich der

[9] Das Programmpaket CAI war auf dem Symposion Gegenstand einer kommentierten Vorführung. Die hier gegebene Beschreibung faßt Leistungen und Bearbeitungsablauf knapp zusammen.

D 20.1 **Daxo**, -as, -are schaczen *Sb3*

Sb3 *vgl. T 70*

D 20.2 ppo **De** primo significat locum cum recessu; exemplum: Iste exiuit de hac domo. 2° significat locum cum origine; exemplum: Iste est natus *de* illa ciuitate. 3° significat locum *cum* permanencia; vnde: Vigiles respiciunt de turribus, .i. cum permanencia ipsorum. 4to significat statum, et hoc dupliciter: Primo significat statum transitum cum mutacione status; exemplum: De *i*dyota est factus sapiens; 2° significat transitum de statu in statum sine mutacione status, ut dicendo: De deo factus est homo. *5to* significat causam; exemplum: De re qua venisti, .i. que est causa, quod venisti. Eciam significat finem; *exemplum: A te de mensura terre quero, .i. in hunc finem, vtrum sit rotunda an non. Eciam significat particionem*, et hoc dupliciter: Primo particionem integralitatis; exemplum: Da mihi frustrum de pane; 2° significat particionem multitudinis; exemplum *(Mt 11,2)*: Misit deus duos de discipulis, .i. de multitudine. Eciam significat tempus; exemplum *(Ps 95,2)*: Anuncciate de die in diem salutare eius. Eciam De aliquando valet tantum sicut »secundum«, illa preposicio; exemplum: Ille facit de moribus suis, .i. secundum mores suos. Eciam significat auctoritatem; exemplum: Iste facit de duce. Eciam significat memoriam; exemplum: Ego loquor de principe, .i. memoriam habeo. Eciam significat humanitatem; exemplum: Cristus descendit de celis. Eciam significat materiam, et hoc dupliciter: Primo materiam transeuntem; exemplum: De farina fit panis: 2° significat materiam permanentem; exemplum: De ferro fit cultrum. Et hoc omne est de apposicione. Item nota, quod De- in com*posicione* primo significat priuacionem, ut patet in ista diccione **Demens**, *quod* dicitur *a »de«*, quod est sine, et »mens, mentis«, quasi sine mente; vnde Antegamoratus *(Antigamaratus 47)*: *Hoc* demens, larga; tunc pelles frigora larga. 2° significat deturpacionem, ut in hac diccione **Deformis**, quia deturpatur in forma. 3° significat infimacionem, .i. degradacionem; exemplum: Dux venit debellari barbaros, .i. infimare. 4° significat augmentacionem; exemplum: Deprecor, .i. valde precor. Aliquando dicitur quasi non precor; exemplum: Sepe precor morte*m*, mortem quoque deprecor idem *Sb3*

Sb3 de *V1*] ex cum *V1*] *fehlt* De idyota *emend.*] de dyota 5to *emend.*] 3° exemplum *bis* particionem *V1*] *fehlt* quero *emend.*] quere *V1* hunc finem] hunc finem terre *V1* composicione *V1*] comparacione quod dicitur *V1*] dicitur a »de« *V1*] ab a Hoc *emend.*] Vt quasi non] non quasi non mortem *(1) emend.*] morte

Abb. 7: Die Wortartikel D 20.1 und D 20.2: verschiedene Zusätze der Textstufe Sb3

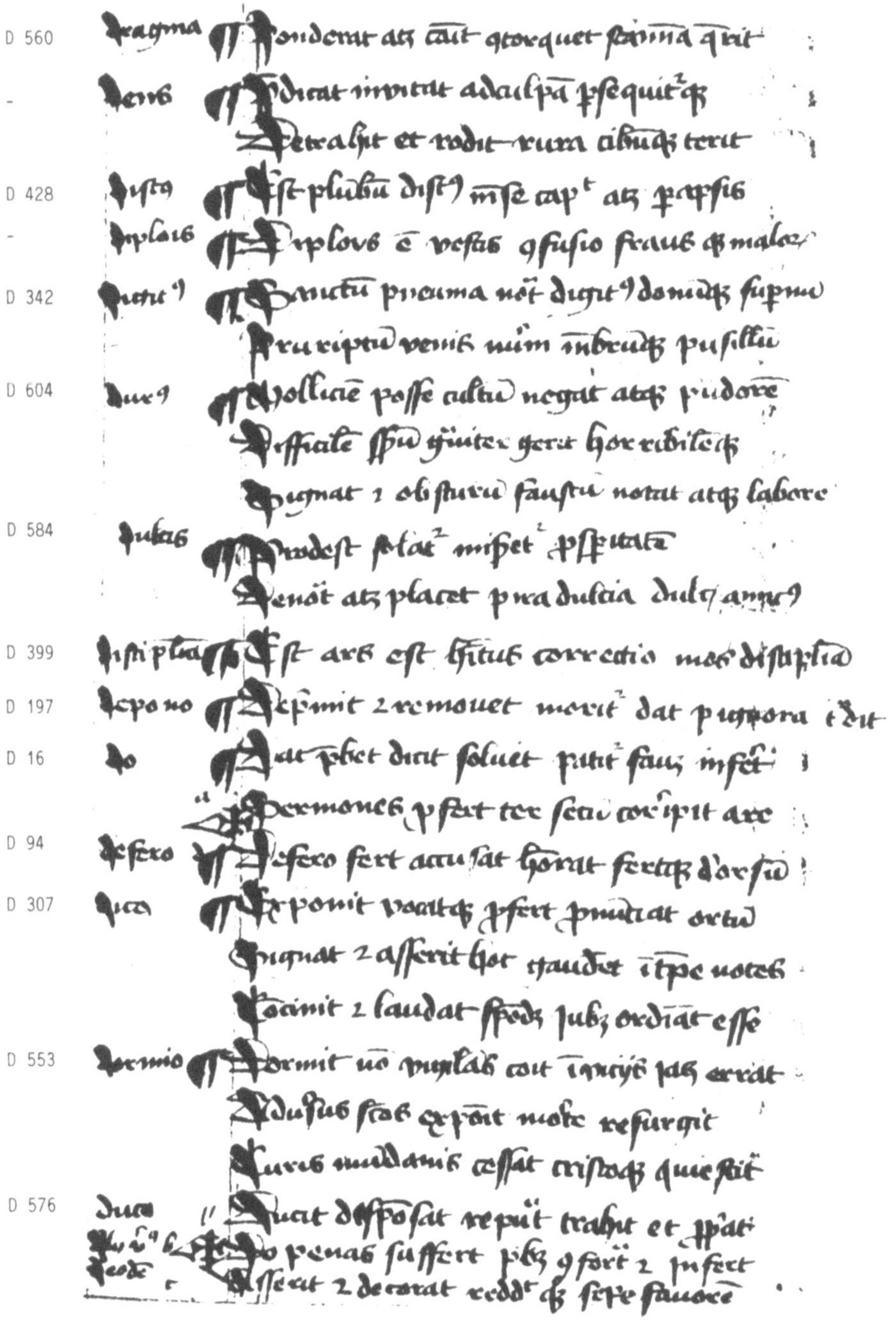

Abb. 8: Die 'Equivoca' des Johannes de Garlandia (Ausschnitt aus dem D-Bereich; Basel, UB, F.VII.6, f. 245r; Albert Löffler, Ulm, 1436)

Wert der 'Ex quo'-Edition für den Sprachhistoriker überhaupt erst durch ein solches Instrument erschließt. Der ohne einen Wortindex unvermeidliche Umweg über das lateinische Stichwort ist umständlich und kaum erfolgversprechend, was die Vollständigkeit der so erfaßbaren Wortbelege angeht. Für den beispielsweise an Wortbildung oder Flexionsmorphologie Interessierten gibt es ohne Wortindex ohnehin nur einen halbwegs zuverlässigen Weg zum Erfolg: die 3000 Seiten der Edition von A bis Z durchzuarbeiten. Die mechanisch via EDV erstellte und dabei schlicht nach ASCII-Norm sortierte Belegformenliste stellt, wie sicher nicht eigens vorgeführt werden muß, keine Hilfe dar, weder für einen Benutzer noch für den Indexbearbeiter.

Es lag nahe, das mit dem Editionstext im Rechner erfaßte und vorsorglich mit entsprechenden Markierungen versehene deutsche Wortmaterial unmittelbar von dort und EDV-gestützt weiter zu verarbeiten, doch war vor aller programmiertechnischen Überlegung der Wortindex philologisch-methodisch zu konzipieren: Nur die klar umrissene philologische Vorgabe kann in eine ebenso klare EDV-Aufgabenstellung münden.[10] Die philologische Vorgabe lautet in unserem Falle, kurz zusammengefaßt: Das gesamte deutsche Wortmaterial der Ausgabe (mit Ausnahme eindeutiger Verschreibungen und des Artikels), das sind etwa 60000 Belege, ist unter Angabe zweier Referenzen, nämlich der zugehörigen Lemmakennziffer und des entsprechenden lateinischen Stichworts, gegebenenfalls auch eines deutschen Kontexts, aus dem Editionstext auszuziehen, auf eine normalisierte Grundform hin zu lemmatisieren, dabei auch zu klassifizieren (Wortklassenzugehörigkeit, bei flektierbaren Wortarten zusätzlich Angaben zum Paradigma), adäquat alphabetisch zu sortieren und das solcherart aufbereitete Material zunächst in eine leicht korrigierbare, schließlich in eine leicht benutzbare äußere Form zu überführen, die Grundlage des gedruckten Buches wird.

Unsere Antwort auf diese Vorgabe ist ein Programmpaket, das wiederum dem Bearbeiter alle philologischen Entscheidungen beläßt, aber alle mechanischen Verrichtungen (wie Ausziehen, Abspeichern, Sortieren, Drucken, Konsistenzprüfungen usw.) ermüdungsfrei und mit der bestechenden Korrektheit binärer Logik übernimmt.

Am Beginn der Bearbeitungsphase steht das Auskopieren der Wortformenbelege aus dem abgespeicherten Editionstext. Diese Aufgabe übernimmt ein Programm, das die Quelldateien sequentiell abarbeitet, dabei in Wortartikeleinheiten unterteilt und alle markierten Wörter in der Reihenfolge ihres Auftretens unter Angabe der geforderten Referenzen und Umgebungen in listenartige Dateien ausliest. Diese Listen, die die weitere Bearbeitungsabfolge vorgeben, werden nicht voralphabetisiert oder umgeordnet. Das hat zwei Gründe: Erstens ist die Bearbeitung so ökonomischer: das Blättern in der Edition entfällt, die Bedeutungen sind, da man von einem lateinischem Stichwort zum nächsten fortschreitet und alle

[10] Es würde zu weit führen, die linguistischen Implikationen des Wortindex und unsere Lösungsversuche hier im einzelnen zu diskutieren. Über Grundsätzliches, vor allem über die Normalisierungsproblematik, habe ich an anderer Stelle gehandelt: *mertel uel in alijs partibus pflaster.* Ein Beitrag zur Methode editionsbegleitender Wörterbücher und zur frühneuhochdeutschen Lexikographie. In: Überlieferungsgeschichtliche Prosaforschung [wie Anm. 2], S. 89–125.

Verdeutschungen eines Stichwortes gebündelt bearbeiten kann, leichter zu ermitteln. Zum zweiten führt eine mechanische Alphabetisierung der Wortformenbelege (und nur sie wäre als Alternative sinnvoll) eher zu zweifelhaften Zusammenfassungen als zu hilfreichen Anordnungen des wirklich Zusammengehörigen, zumal die Edition die unterschiedlichen, in sich keineswegs konsistenten Graphien von über 40 Handschriften aus nahezu allen Schreiblandschaften des 15. Jahrhunderts enthält.

In einem zweiten Schritt werden die so ausgeblendeten Wortformen auf Vollständigkeit und Richtigkeit überprüft. Dabei hilft uns ein (wiederum von einem Programm erzeugter) Ausdruck, der die Listen in übersichtlicher Form und ohne die störenden Feldmarkierungen ausgibt (ein Auszug in Abb. 9). Die Überprüfung wird ›manuell‹ geleistet: Notizen, Literaturverweise, Normalisierungsentscheidungen werden protokolliert, Versehen oder Fehler gebessert, Dubletten getilgt, bei der

```
C559  Cliuus
         auffganchk,                    -
         steyl                          -
         ge                             ge auf
         auf                            ge auf
         neder                          -
         steil                          steil nedder
         nedder                         steil nedder
         ge                             ge nider
         nider                          ge nider
         puchel                         -
         ge                             ge herneder
         herneder                       ge herneder
         steygher                       -
         steygher                       steygher dal
         dal                            steygher dal
         steil                          steil dale
         dale                           steil dale
         hoch                           hoch dal
         dal                            hoch dal

C559.3  Clodus
         hinkende                       -

C560  Cloaca
         scheishaus                     -
         schyt                          schyt grave
         grave                          schyt grave
         schytkule                      -
         heymelichkeit                  -
         haymleichait                   -
         haimlich                       haimlich gemach
         gemach                         haimlich gemach
         sprachhus                      -
         schitkammer                    -
```

Abb. 9: Listing der markierten Wortformenbelege und ihrer Kontexte

Markierung Übersehenes wird nachgetragen. Die so korrigierte Liste, ein Exemplar der Edition und die erforderlichen Handbücher sind die schriftlichen Unterlagen des Indexbearbeiters.

Im Kern des Programmpaketes steht das für die eigentliche Bearbeitung des Index dienliche Programm *Computer Assisted Index.* CAI setzt beim Benutzer nur elementare EDV-Kenntnisse und eine gewisse Einarbeitungsphase zum Kennenlernen voraus, wenn auch die Nähe eines Fachmannes für den EDV-Laien stets von Vorteil ist. Der Benutzer wird durch das Programm von weitgehend selbsterklärenden Menüs geführt (ein Beispiel als Abb. 10). Unnötige Imaginationsleistung ist nicht gefordert: statt mit unverständlichen Kürzeln und Chiffren arbeitet CAI (freilich nur an der Oberfläche) mit ausbuchstabierten Kennzeichnungen: Verben sind Verben und nicht Wörter der Klasse »010«, der Nominativ Singular ist als solcher benannt und nicht als Kode »xyz«. Hardwareseitige Voraussetzung ist ein schneller MS-DOS-Rechner mit beliebiger Bildschirmkonfiguration und Festplatte im 20-Megabyte-Bereich. Eine funktionierende Datenleitung zu einem Großrechner ist mit Blick auf den späteren Druck, der via TUSTEP vonstatten gehen soll, von Vorteil.

```
'Vocabularius Ex quo'  *  Deutscher Wortindex zur Ausgabe  *  CAI 2.4 hjs 88

Belegform: knecht                                    LKZiffer : C2.5
Stichwort: Cacedulus
Kontext  : eyn bose knecht

Norm-Form:                         | Index:        | Verw
Wortart  :
Klassif. :
Stoffber.:
Kommentar:

 Angeboten wird der oben ausgedruckte Beleg. Sie haben diese Möglichkeiten:
 <Ret> -  <a>nnehmen       (= Beleg in dieser Form bearbeiten              )
 <F1>  -  <ü>berspringen   (= diesen Beleg übergehen                       )
 <F2>  -  <k>orrigieren    (= Fehler im angezeigten Beleg bessern          )
 <F3>  -  <z>urückstellen  (= zuvor selbst einen Beleg/Querverweis eingeben)
 <F10> -  Problemfall; vorerst nicht bearbeiten; wird weiterhin gespeichert
 <Esc> -  Abbrechen der Belegbearbeitung und zurück ins Hauptmenu
 ***      <E> bringt Sie innerhalb der Bearbeitung in den Editor        ***

L: bose            | N: verspotten      | A:       | S:  1461  |  0
```

Abb. 10: Das Hauptmenü des Programmes CAI

Ein kurzes Wort zur verwendeten Software. Alle vorgestellten Programme sind in Turbo Pascal geschrieben, die SUCHE-Umgebung ursprünglich noch mit der Version 3.0, der gesamte CAI-Komplex mit dem schnelleren und um ein Vielfaches leistungsfähigeren Compiler Turbo Pascal 5.5. Wortindices sind ihrem Wesen nach zwar nichts anderes als Datenbanken, doch schieden die am Markt erhältlichen konfektionierten Datenbanksysteme zur Realisierung des Vorhabens aus mehreren Gründen aus (beschränkter Vorrat an Datentypen, daher nicht minutiös genug programmierbar; ungenügende Systemschnittstellen [z. B. keine direkt programmierbaren Interrupts und Funktionsaufrufe]; langsame Laufzeiten, bei kompilierten Programmen wegen der vollständig eingebundenen Standardbibliotheken monströser Speicherplatzbedarf; ärmliche, nur umständlich aufzubessernde Sortierleistungen). Umfängliche und leistungsfähige TPUs aus anderen Zusammenhängen (Maskengeneratoren, I/O-Hilfen, Datenbankorganisation) konnten in das CAI-Paket ohne Modifikationen eingebunden werden, so daß sich der Zeitaufwand für die Eigenprogrammierung begrenzen ließ. Die bei Datenbanken stets zu beobachtende Kollision zweier wesentlicher Interessen, nämlich der Laufzeitoptimierung und der Speicherplatzminimierung, ist im Falle unseres Programmes zugunsten des minimalen Speicherplatzes gelöst. In der Praxis zeigt sich, daß sich die Anzahl der Lesezugriffe zwar durchschnittlich verdreifacht - was übrigens nicht einmal beim Diskettenbetrieb sonderlich ins Gewicht fällt -, daß aber andererseits der weitaus kritischere Speicherplatzbedarf auf ein knappes Viertel reduziert werden kann. CAI organisiert die Indexdaten als relationale Datenbank, verteilt Einzeldaten also auf verschiedene Dateien, die untereinander über Verweisfelder verknüpft sind. Dabei werden obligatorische (Belege, Normalformen), alternative (Belegform versus Kontextbeleg) und optionale Felder (Kommentare) unterschieden und Dubletten in den Referenzen (Lemmakennziffer, Stichwort) und Kontexten unterdrückt.

Mit Hilfe des Programmes CAI werden die eingangs erstellten Beleglisten am Mikrorechner sequentiell abgearbeitet, wobei mehrere simultane Einsätze in unterschiedlichen Buchstabenbereichen an verschiedenen Geräten möglich sind. Die Belege können übergangen, korrigiert, dauerhaft oder kurzfristig (z.B. zur Eingabe eines Belegs von der Tastatur) zurückgestellt oder zur Bearbeitung angenommen werden. Es folgt schrittweise die Qualifizierung der Belege: Lemmatisierung und Normalisierung, Wortklassenzuweisung (bei flektierbaren Wortklassen mit Angaben zum Paradigma). Fehleranfällige Abschreibarbeit entfällt fast vollständig; das gesamte bis dato abgearbeitete Material steht auf Knopfdruck zur Verfügung. Selbstverständlich kann der Index in allen Stadien am Bildschirm ediert und korrigiert werden. Die sonstigen Leistungen von CAI im Überblick:

- CAI verwaltet simultan drei separate Indices. Wir differenzieren aus Gründen, die ich hier nicht ansprechen kann, eine frühneuhochdeutsche, eine mittelniederdeutsche und eine Eigennamen-Abteilung;
- CAI erstellt wahlweise einen Index verborum oder eine bis zu 65 Zeichen breite Kontexte mitverzeichnende Konkordanz oder auch eine Mischform (der 'Ex quo'-Index wird eine solche Mischform darstellen); theoretisch sind bis zu 2^{32} Wortformenbelege und ebensoviele Kontextbelege abzuspeichern;
- CAI erlaubt es, zu jedem Beleg einen ebenfalls 65 Zeichen breiten Kommentar abzuspeichern (bis zu 25 pro Indexlemma). Diese Kommentare können z.B. Literaturhinweise, Begründungen für Einzelentscheidungen oder Bedeutungsangaben enthalten. Beim Übergang zum gedruckten Buch können sie gestrichen, in Auswahl oder komplett beibehalten werden;
- CAI überprüft selbsttätig, ob ein aktuell in Bearbeitung befindlicher Beleg schon einmal (oder mehrfach) abgespeichert ist und bietet an, diese(n) zu edieren;
- CAI bietet Gelegenheit, parallel zur sequentiellen Abarbeitung des Quellmaterials Querverweise im Wortindex zu installieren, und zwar sowohl völlig frei definierbare als auch - programmunterstützt - unmittelbar auf den aktuell bearbeiteten Beleg gerichtete. Bei der Behandlung von *abkaufen* läßt sich also z.B. ein Querverweis von *kaufen* auf dieses Lemma vorsehen, unabhängig davon, ob *kaufen* bereits Indexlemma ist oder nicht. Im Endergebnis sind dann unter dem

Indexstichwort *kaufen* über Querverweise auch alle zugehörigen Präfixbildungen oder unter *-lich* alle Ableitungen mit diesem Suffix erfaßt. Man wird sehen müssen, ob dieses Querverweissystem die rückläufige Sortierung der Lemmata ersetzen und zusammen mit der Lemmatisierung der Belege einen ausreichenden Überblick über morphologische Dissoziationen geben kann;

- CAI bietet selbstverständlich eine Alphabetisierung der Lemmata nach deutschen Konventionen, zwar nicht nach der für linguistische Zwecke wenig tauglichen DIN 5007, wohl aber mit am vokalischen Ort eingeordneten, zugleich von den Vokalen unterschiedenen Umlauten und Akzentbuchstaben. CAI bietet ferner bei Bedarf die Einordnung von V bei F, P bei B, T bei D;
- CAI erlaubt neben der rein alphabetischen Anordnung der Wortartikel die Installation einer zweiten Gliederungsebene mit (maximal 30) Sachgruppen oder Stoffbereichen, weil sich für den 'Vocabularius Ex quo' interessante Differenzierungen der Verdeutschungstechniken in Abhängigkeit vom behandelten Stoffbereich erwarten lassen.[11] Bei manueller Herstellung würde dies exakt die Verdopplung des Materials und des Schreibaufwandes bedeuten.

Bei aller EDV-Arbeit besteht der verständliche Wunsch, Texte und Daten nicht nur als Magnetisierungen auf Disketten, als Bitmuster im RAM oder als flüchtige Ausschnitte am Bildschirm greifbar zu haben, sondern in durchaus traditioneller Weise auch schwarz auf weiß gedruckt in Händen halten, zur Begutachtung vorlegen oder verschicken zu können. In der CAI-Umgebung erwächst dieser Wunsch bereits aus der Notwendigkeit, die abgearbeiteten Daten in überschaubarem Zusammenhang besehen und gegebenenfalls korrigieren zu müssen. Des weiteren ist es notwendig, die individuellen Arbeitserträge der einzelnen mit der Indexbearbeitung betrauten Mitarbeiter als Teilmengen des wachsenden Korpus ausblenden und weiterverarbeiten zu können.

All diese Leistungen übernehmen Programme in der CAI-Umgebung: CAIDRUCK stellt, ohne daß zusätzliche Markierungen erforderlich wären, aus der Datenbank einen jeweils aktuellen, im Layout an den gewünschten Satzkonventionen orientierten Korrekturoutput her (vgl. Abb. 11); das Programm dient gleichzeitig als Schnittstelle zum späteren Druck: statt der Druckersteuerzeichen werden dann die Satzsteuerzeichen implementiert. CAISTOFF erstellt wortklassen- und/oder stoffbereichsspezifische Lemmalistings zum Wortindex, die zu internen Korrekturen (z.B. der Wortklassenzuweisungen) oder Auswertungen genutzt werden, aber auch dem gedruckten Buch beigegeben werden können (Abb. 12). Vollständigkeit und Konsistenz des abgearbeiteten Materials lassen sich anhand eines

[11] An einzelnen Beispielen vorgeführt in: HANS-JÜRGEN STAHL: Latein und Deutsch in den spätmittelalterlichen Vokabularien – vorgeführt am Beispiel des 'Vocabularius Ex quo'. In: REINER HILDEBRANDT / ULRICH KNOOP (Hgg.): Brüder-Grimm-Symposion zur Historischen Wortforschung. Beiträge zu der Marburger Tagung vom Juni 1985. Berlin/New York 1986 (Historische Wortforschung 1), S. 193–221; vgl. auch KLAUS GRUBMÜLLER / HANS-JÜRGEN STAHL: Volkssprachig indizierte Wissensfelder in Vokabularien. In: NORBERT RICHARD WOLF (Hg.): Wissensorganisierende und wissensvermittelnde Literatur im Mittelalter. Perspektiven ihrer Erforschung. Kolloquium 5.–7. Dezember 1985. Wiesbaden 1987 (Schriften des SFB 226, 1), S. 164–174.

man, Pn
II: eyn reme, dar me dat want anspent (C2.4 Cacha); ⟨eyn ysen⟩ da man vnrat ynne becket (C10 Calamistrum); eyn ysen, da man crüz hair mit macht (C10 Calamistrum); ain ysen, da mit man oflaten machet (C10 Calamistrum); ein eysen, da mit man protel pächt uel vnradt (C10 Calamistrum); ein kruß ysen, da man kruß brot inne becket (C10 Calamistrum); ein hert, da man gelt in smelczt (C69 Caminus);

[**mann**], S
III: feldmann; spilmann; zimmermann;

mass, S
K- (A3.3:) Femininum! Genus beachten!
II: *(Dat.Sg.):* en corn delere myt ener mate, de dre scheppel holdet (A3.3 Abbacus);

mässig, Aj
I: Abydemius (A14.3: m*eassig);

[**mauer**], S
III: feuermauer;

mein, Pn
II: *(Gen.Sg.):* mins enis enin (A16.3 Abauus);

meister, S
II: *(Gen.Pl.):* cleyt der mestere (A5.7 Abella);

mensch, S
K- (A30:) Kasus zweideutig
II: *(Dat.Pl.):* van mynschen gheboren werden (A30 Abhominari);

[**menschlich**], Aj
III: unmenschlichkeit;

mesner, S
K- (C75:) DWB 12,2138 'Meszner' jüng. ahd. mesinari ⟨ (?) mansionarius
I: Campanator (C75: mesner);

messgerte, S
K- (C14:) DWB 12,2136 'Meszgerte' pertica
I: Calamus (C14: eyn messe gerte);

minze, S
K- (B18:) DWB 12,2706
I: Balamite (B18: mynczen); Calamenta (C15: ain mincz);
III: kornminze; krausminze;

minzkraut, S
I: Balamite (B18: müntzen krawt);

mit, Prp
II: en corn delere myt ener mate, de dre scheppel holdet (A3.3 Abbacus); myt stocken slan (B12 Baculare); mit stecken slan (B12 Baculare); h%unscher trub mit grossen beren (B17.1 Balatine); eyn crus yser, dar man krus brot mede becket (C10 Calamistrum); eyn ysen, da man crüz hair mit macht (C10

Abb. 11: Mit CAIDRUCK erzeugter Korrekturoutput des 'Ex quo'-Wortindex

Wortarten : Verben;
Stoffe : Alle Stoffbereiche

abgen, abkaufen, absagen, abschwören, absein, abtilgen, abtun, abwaschen, abwerfen, abwesen, anlegen, anspannen, antun, ausrecken, austreiben, backen, baren, begattern, begreifen, behalten, besagen, beschimpfen, beschrankeln, beschranken, beschwören, besondern, bespotten, betragen, betrügen, bezwingen, blähen, blätzen, blecken, blerren, blökitzen, bringen, drängen, dringen, dunkeln, dustern, eisen, entbinden, entfernen, entfremden, entspänen, entwönen, entzweiteilen, enwegfüren, enwegtreiben, enwegtun, erschrecken, erstören, erwerfen, fallen, verändern, verbannen, verbergen, verbringen, verdammeln, verdammen, verderben, verfälschen, verfernen, verfluchen, vergattern, verhelen, verklagen, verkürzen, verkürzigen, verlassen, verleugnen, vernemen, versachen, versagen, verschmähen, verschrecken, verspotten, verstören, versünden, vertreiben, vertümen, vertun, verweisen, verwerfen, finstern, flöhen, vonsein, vonwesen, fremden, fürchten, füren, gebaren, geben, geberen, gegittern, geschänden, gestalten, grauen, grausen, greueln, haben, halten, härten, helen, hinwegfüren, hitzen, hönen, honlachen, hosen, hüten, knüppeln, krümmen, kürzen, kürzern, kuttern, lachen, laden, lästern, laufen, lecken, leugnen, limpfen, lösen, machen, narren, pflanzen, rechen, reiten, sagen, schaffen, schänden, schlagen, schmelzen, schneiden, schränken, schuhen, schwören, sehen, sein, sondern, spänen, spotten, stelen, stinken, teilen, tilgen, toben, töten, tragen, treten, tun, uneren, unsinnen, wegfüren, wegsetzen, wegtun, werden, werfen, wesen, widersagen, widersten, wönen, wüten, zälen, zerstören, zweiteilen, zwingen,

Wortarten : Alle Wortarten
Stoffe : Tierreich;

blähen, blätzen, blecken, blerren, blökitzen, cachen, caloppen, galander, gurre, hänfener, hänfer, hanfvogel, hänfling, hengst, käfer, kamel, kämeltier, katassum, kobold, laubfrosch, leopard, mönch, nachtvogel, olbend, pand, pard, pferd, ross, schlag, stinken, taubenschlag, tier, zeislein,

Wortarten : Substantive;
Stoffe : Handwerk(er);

eisen, eisenschaufel, herd, holzschuher, holzschuhmacher, holzschuster, holzträger, hufeisenkiste, hufschläger, hufschmid, kalkofen, kalkrose, kalkstaub, kesseler, kolengestoss, kolenstatt, kolenstaub, krauseisen, krauspeisen, leist, schaufel, sporer, stocken, stütze, zimmermann,

Das sind 25 Belege von 1410

Abb. 12: Beispiele für CAISTOFF-Outputs

mit CAIWAORD erzeugten Outputs leicht überprüfen (Abb. 13). Zur Kontrolle der im Index enthaltenen Querverweise dient CAIVERW, während mit einem Programm namens CAINEWS individuelle Arbeitserträge durch den Vergleich mit einem (korrigierten) Datenkern ausgeblendet werden können.

Hier zeigen sich die gegenüber jedem herkömmlichen Verfahren erheblichen Vorzüge computerunterstützter Indexarbeit: sinnfällige Sortierungen des Datenmaterials mit zugehörigen Outputs sind ohne großen Arbeitsaufwand zu realisieren. Die Ausdrucke können der angestrebten Satzgestalt im Druckbild weitgehend angeglichen werden (auch wenn ›nur‹ ein Matrixdrucker zur Verfügung steht), so daß alle Korrekturen nicht auf der Basis mehr oder weniger behelfsmäßiger Manu- oder Typoskriptabschriften, sondern auf der Grundlage eines jederzeit abrufbaren, sauberen und vor allem zuverlässig bis ins letzte Zeichen mit dem abgearbeiteten Material identischen Typoskripts erfolgen kann. Einige der installierten Korrekturausdrucke wären bei herkömmlicher Bearbeitung in vernünftigem Zeitrahmen überhaupt nicht zu verwirklichen. Die Computerunterstützung kommt daher der Indexerstellung in zweifacher Hinsicht zugute: sie beschleunigt die Arbeit und sie sichert einen Qualitätsstandard, der anders nicht zu erreichen wäre.

```
      finster               K: ser vinster
      ser                   K: ser vinster

C 43.  Caliditas
      arglist               B: argeliste
      arglistig             B: argelistik
      arglistigkeit         B: arglistigkait
      hitze                 B: hytte
      hitzicheit            B: hytticheyt

C 44.  Callere
      härten                B: harden
      arglistig             K: arglistig sin in malicia
      sein                  K: arglistig sin in malicia
      arglistigkeit         K: clug syn up argelisticheit
      auf                   K: clug syn up argelisticheit
      klug                  K: clug syn up argelisticheit
      sein                  K: clug syn up argelisticheit
      hart                  K: hert sin
      bosheit               K: klueg sein in poßhait
      in                    K: klueg sein in poßhait
      klug                  K: klueg sein in poßhait
      sein                  K: klueg sein in poßhait
      klug                  K: klug sin in malicia
      sein                  K: klug sin in malicia
      listig                K: listig sin
      sein                  K: listig sin

C 45.  Callidus
      arglistig             B: arghelistich
      arglistigkeit         B: arghelisticheyt
      arglist               B: arglist
      klug                  B: klug
      listig                B: listig
      weise                 B: wis

C 47.  Callis
      richtsteig            B: eyn richte stich
      fusspfad              B: fuess phad
      pfad                  B: pfad
      schwill               B: schwil
      steg                  B: steg
      steig                 B: stig
      weg                   B: weg
      hart                  K: ein hertter steig
      steig                 K: ein hertter steig

C 48.  Calligare
      hosen                 B: hosen
      antun                 K: hosen an don
      hose                  K: hosen an don
      anlegen               K: hosen an legen
      hose                  K: hosen an legen

C 49.  Callus
      schwill               B: ain schwill
      trischaufel           B: drischofel
      quese                 B: eyn quese
      geschwill             B: geswile
```

Abb. 13: Beispiel für CAIWAORD-Output

Horst P. Pütz

Projekt ›Namen in deutschen literarischen Texten des Mittelalters‹

Probleme der maschinellen Bearbeitung umfangreicher Textdaten an einer DEC-Anlage

Seit seiner Berufung an die Christian-Albrechts-Universität Kiel im Wintersemester 1969/70 leitet Prof. Dr. F. Debus am dortigen Germanistischen Seminar ein Forschungsprojekt zur Erfassung, wissenschaftlichen Bearbeitung und Dokumentation der Namen in deutschen literarischen Texten des Mittelalters. Ziel des Projekts ist die Erstellung eines Lexikons aller Namen der mittelalterlichen deutschen Literatur. Die Aufnahme der Namen erfolgte in den ersten Jahren in traditionell-manueller Weise mit Schreibmaschine auf Karteikarten. Die Namen wurden im Satzkontext herausgeschrieben und durch Unterstreichung hervorgehoben. Fanden sich mehrere Namen im gleichen Satz, so mußte der Satz entsprechend oft auf ebensoviele Karteikarten geschrieben werden. Varianten zu dem Namen wurden unterhalb des Textes auf der gleichen Karteikarte eingetragen (vgl. Abb. 1).

- 46 -
Kei Tandareis zw. 1250 u. 1280
603 ze Kei sprach hêr Gâwân
»swaz ich ir gedienen kan
unt allen vrowen, wizzet daz,
daz tuon ich gerne ân allen haz.«
Anm.: kayn, herre M.

- 47 -
Gâwân Tandareis zw. 1250 u. 1280
603 ze Kei sprach hêr Gâwân
»swaz ich ir gedienen kan
unt allen vrowen, wizzet daz,
daz tuon ich gerne ân allen haz.«

- 244 -
Kei Tandareis zw. 1250 u. 1280
2242 nû wart dem künec Artûs bekant
daz Kei unt Kalogriant,
die zwêne ritter wert erkant,
Dodineis unt Iwânet
was gevangen. ...

Abb. 1: Beispiel für die früher verwendeten Karteikarten

Auf diese Weise kamen bis 1984 mehr als 80.000 Karteikarten zusammen, geordnet innerhalb der Texte lediglich nach der Reihenfolge der Namenvorkommen. Um feststellen zu können, welche Namen überhaupt - evtl. auch wie oft und mit welchen Varianten - in einem oder mehreren literarischen Werken vorkommen, hätte es enormer Umsortierungen und Vervielfältigungen der Karteikarten bedurft; das wäre eine sehr mühsame, zeitaufwendige und daher kostspielige Arbeit geworden, die noch dazu mit Sicherheit nicht ohne etliche Fehler hätte bewältigt werden können.

Als ich 1984 mit der Betreuung des Projekts beauftragt wurde, war es leicht, davon zu überzeugen, daß eine Fortsetzung der Projektarbeit in der damaligen Form zu wahrscheinlich kaum überwindbaren Schwierigkeiten führen würde und daher nicht empfehlenswert war. Wir begannen daher 1984 damit, die Texte komplett an der PDP-10 abzuspeichern. Da bei dieser Arbeit bald zuviel Rechenzeit verbraucht wurde, stellte man uns einen CPM-Mikrocomputer (mit 9-Nadel-Matrixdrucker) und ein Jahr später zwei weitere gleichartige Geräte zur Verfügung; eines der Geräte konnten wir mit einer 40-MB-Festplatte ausstatten lassen, eine Größenordnung, die uns damals (vor nun zwei Jahren) als enorm viel und für viele Jahre ausreichend erschien. Die Platte ist inzwischen voll, obgleich wir alle Projektfiles möglichst bald auf Magnetband sichern und von der Platte löschen.

Die Texte und separat die zugehörigen Variantenverzeichnisse werden seitdem auf den Mikrocomputern zwischengespeichert und zum Korrekturlesen ausgedruckt; die Korrekturen werden dann in die zwischengespeicherten Files übertragen. Erst nach Abschluß aller Eingabe- und Korrekturarbeiten werden die Text- und die Variantenfiles über das inneruniversitäre Rechnerverbundnetz auf die PDP-10 geschickt. Dieses Verfahren ist auch für die studentischen Mitarbeiterinnen erheblich komfortabler als die unmittelbare Arbeit am Großrechner, weil dort bis vor kurzem nur Editoren mit erheblichen Nachteilen entweder hinsichtlich des Bedienungskomforts oder hinsichtlich der Schnelligkeit zur Verfügung standen; außerdem können die normalen zugeschalteten Drucker keine Kleinbuchstaben und keine Umlaute drucken, was das Korrekturlesen fast zu einem Glücksspiel werden ließe; nur ausnahmsweise - und auch dies noch nicht lange - können ›Weiß-Drucke‹ (zweimal im Monat) hergestellt werden, die zwar auch keine Umlaute im gewohnten Aussehen darzustellen vermögen, dafür aber wenigstens Kleinbuchstaben.

Falls die Daten auf einer PDP-10-Platte ordnungsgemäß abgespeichert werden konnten, besteht unsere Datenbasis für jeden Text aus einem Textfile (*.TXT, vgl. Abb. 2) und einem Kommentar- oder Variantenfile (*.KOM, vgl. Abb. 3). Die Namen sind durch einen Code gekennzeichnet, und zwar:

1 für einen Namen mit kleinem Anfangsbuchstaben und ohne Variante,
11 für einen Namen mit großem Anfangsbuchstaben und ohne Variante,
2 für einen Namen mit kleinem Anfangsbuchstaben und mit Variante,
21 für einen Namen mit großem Anfangsbuchstaben und mit Variante,
3 für eine Namenvariante mit kleinem Anfangsbuchstaben (in *.KOM),
31 für eine Namenvariante mit großem Anfangsbuchstaben (in *.KOM).

Die Kodierung mit 2/21/3/31 erfolgt natürlich auch dann, wenn in der Textausgabe oder in einer Handschrift der Name durch ein anderes Wort ersetzt ist.

```
000001 Welt ir nu^ hoeren wunder,
000002 so^ künde ich iu besunder
000003 diu starken niuwen maere.
000004 la^t iu niht wesen swaere,
000005 ob ich iu sage diu wa^rheit
000006 (daz enhabent niht vür leit)
000007 von einem edelen künege he^r:
000008 11Dietwart so^ hiez er.
000009 dem dient vür eigen 21Roemisch-lant
000010 und muoste im warten allesant
000011 scho^ne mit gewalde.
```

Abb. 2: Auszug aus dem Textfile zu 'Dietrichs Flucht' (DIETFL.TXT)

```
000009 3192Roemischen A
000159 31Dietwart fehlt P,
000159 31Ditwart dafür in 000160
000355 31Georgen P
000371 31Ernwein A
000403 3193Thuscan A
000404 31Twan P, 31Tiban A
000411 31Ru^a^n-von-paruht A
000449 31Minnunckh A
000457 3hystereich A
```

Abb. 3: Auszug aus dem Variantenfile zu 'Dietrichs Flucht' (DIETFL.KOM)

Die Files werden dann an der DEC-Anlage mit verschiedenen Programmen bearbeitet: Die Namen werden aus Text- und Variantenfile extrahiert (mit Dokumentation der jeweiligen Belegstelle); gleichzeitig wird automatisch zu jedem Namen der Kontext im Umfang eines Satzes herausgeschrieben (File *.KXT). Nach der alphabetischen Sortierung der Namen wird dann eine komprimierte Namenliste erstellt, die gleiche Namensformen zusammenfaßt. So kann schließlich auch ein Gesamtverzeichnis aller Namen in allen erfaßten Texten mit Angabe sämtlicher Belegstellen hergestellt werden (*.NAM, vgl. Abb. 4).

Albarle	31	DIETFL	1 008649
Alphart	11	DIETFL	9 005865 006323 006332 006339 008309
Alphart	21	DIETFL	2 003010 009558
Alpharte	11	DIETFL	1 010090
Alpharten	11	DIETFL	5 005582 009523 009527 009896 009930
Alphort	31	DIETFL	1 009558
Alsan	31	DIETFL	1 009235
Alzey	21	DIETFL	1 009235
Amelgart	11	DIETFL	1 001985
Amelgart	21	DIETFL	1 001944

(Die Zeilen haben im Original eine Länge von max. 132 Zeichen)

Abb. 4: Auszug aus dem Namenregister zu 'Dietrichs Flucht' (DIETFL. NAM)

Es kann ein ›Editionsfile‹ erstellt werden, der Textfile und Variantenfile wieder zusammenführt, und zwar so, daß die Varianten rechts parallel in gleicher Zeilenhöhe neben der Zeile mit der Editionsnamensform stehen (*.EDT, vgl. Abb. 5). Selbstverständlich wird auch ein Verzeichnis aller Wortformen, aller Reimwörter und aller Reimkombinationen produziert.

000001 Welt ir nu^ hoeren wunder,
000002 so^ künde ich iu besunder
000003 diu starken niuwen maere.
000004 la^t iu niht wesen swaere,
000005 ob ich iu sage diu wa^rheit
000006 (daz enhabent niht vür leit)
000007 von einem edelen künege he^r:
000008 11Dietwart so^ hiez er.
000009 dem dient vür eigen 21Roemisch-lant   3192Roemischen A
000010 und muoste im warten allesant
000011 scho^ne mit gewalde.

Abb. 5: Kombination von Text- und Variantenfile (DIETFL. EDT)
Dietrichs Flucht. In: Deutsches Heldenbuch, zweiter Teil. Hg. v. ERNST MARTIN. Berlin 1866.

Aber es gibt natürlich auch eine Reihe von Problemen, die wir noch nicht alle in befriedigender Weise haben lösen können. Ich will hier nur einige ansprechen, zu denen ich mir Lösungshinweise von Ihnen erhoffe:

1. Dauer der Datenspeicherung

Die Namensammlung ist natürlich nur die Vorarbeit, die Materialbasis für das angestrebte Ziel, das Namenlexikon. Es sollen alle deutschen literarischen Texte bis ca. 1300 erfaßt werden (ursprünglich hatten wir vor, nur die mhd. Texte bis 1300 aufzunehmen; da aber entgegen unserer Hoffnung die althochdeutschen Denkmäler nicht maschinenlesbar erfaßt werden, werden wir auch diese berücksichtigen müssen). Die Texteingabe und -korrektur wird von fünf studentischen Mitarbeitern mit 38-Stunden-Verträgen vorgenommen. Abgesehen davon, daß durch den naturgemäß häufigen Wechsel dieser Mitarbeiterzusammensetzung Zeit durch die immer wieder neu notwendige Einarbeitung verloren geht, ist natürlich auch die sich ergebende Gesamtstundenzahl dieser Mitarbeiter nicht so groß, daß die gewaltige Datenmenge kurzfristig bewältigt werden könnte.

Eine denkbare und auch schon versuchte Lösung dieses Zeitproblems könnte es sein, andernorts erstellte maschinenlesbare Texte zu übernehmen. Nach unserer Erfahrung - die übernommenen Texte waren an einer IBM-Anlage abgespeichert und von dort auf Magnetband kopiert worden - kostet es erheblich mehr Zeit, solche ›Fremdtexte‹ nach einer Konvertierung vom EBCDIC-Code in ASCII-Code auch nur sauber lesbar zu machen, von der für unsere Zwecke erforderlichen Formatierung noch ganz zu schweigen, als gleich den ganzen Text selbst einzugeben. Wir machen in Kürze allerdings noch einmal einen Versuch, indem wir in Wien beschriebene Disketten (dort wird eine Neuausgabe der 'Crône' vorbereitet) übernehmen und in Kiel auf die DEC-Anlage einzulesen versuchen.

Eine völlig andere Lösung könnte zumindest theoretisch das Einlesenlassen durch einen ›lernfähigen‹ Scanner sein. Eine solche Anschaffung, die immerhin noch etwas mehr als 100000,– DM erfordert, wird von Universitätsseite weder dem Forschungsprojekt noch dem Germanistischen Seminar zugestanden. Leider ist das Interesse auf Seiten der übergreifenden (Philosophischen) Fakultät (noch) nicht groß genug, um einen fachübergreifenden Vorstoß in diese Richtung machen zu können. Allerdings haben mir Tests an einer Kurzweil-Maschine im Januar 1988 gezeigt, daß eine noch akzeptable Lesequalität - mit einer Fehlerquote deutlich unter 20% - nur bei ausgezeichneten Vorlagen erreichbar ist. Eine solche Qualität besitzen leider viele der von uns benutzten Ausgaben noch nicht; im Fall einer Ausgabe, die schon ein wenig vergilbt ist, womöglich gar mit Frakturschrift, wurde im Test nur eine unbefriedigende Trefferquote erreicht, noch dazu mit einem Zeitaufwand, der im Verhältnis zur der für das Eintippen des gleichen Textstückes benötigten Zeitspanne nicht mehr zu rechtfertigen ist. Allerdings haben wir die Texte zur Heldenepik und zur Artusepik inzwischen erfaßt, und gerade in diesem Bereich mußten noch viele ältere Editionen genutzt werden. Soweit neuere Ausgaben erreichbar sind, könnte sich die Arbeit mit dem Scanner lohnen - wenn wir nur einen hätten![1]

2. Die Zeichendarstellung

Ein anderes Problem geben uns bestimmte von der nhd. Norm abweichende Zeichen auf.[2] So schon das Längenzeichen ›^‹ über den mhd. Vokalen, aber das ist noch einfach lösbar; wir haben das Längenzeichen regelmäßig unmittelbar nach dem entsprechenden Vokal eingegeben. Andere Zeichen, vor allem Superskripte (wie z. B. ein ›e‹ über einem ›u‹), lösen wir auf, schreiben also auch hier das übergeschriebene Zeichen nach dem unteren Zeichen. Bei Namen wird ein solcher Fall im Code berücksichtigt, d. h. es wird dem regulären Namencode eine ›9‹ als Zeichen für einen Sonderfall hinzugefügt und dann noch die durchgezählte Nummer für das Zeichen, das von dieser Sonderschreibung betroffen ist; so steht etwa für den Text »... 3195Burguenier ...« in der Liste dann:

Burguenier 3195 DIETFL 1 009145

was besagt, daß der fünfte Buchstabe des Namens in einer Variante (Code 31) ein superskribiertes ›e‹ trägt.

Die Ziffer 9 verwenden wir übrigens auch in anderen Fällen, wenn Sonderfälle zu markieren sind, etwa bei falscher Verszählung in der Ausgabe (die Versnummer erhält dann als erste Ziffer eine 9).

3. Sortier- und Speicherplatzprobleme

Mit dem Problem der Zeichendarstellung hängt ein Sortierproblem eng zusammen.

---

[1] Die Bemerkung von Herrn W. Slaby in der Diskussion im Anschluß an den Vortrag, eine solche Maschine könnten wir gar nicht auslasten, beruht wohl auf einer falschen Einschätzung unserer Arbeitszeit und trifft daher m. E. nicht; wir arbeiten von morgens 7 Uhr bis wenigstens 22 Uhr, samstags und sonntags allerdings nicht ganz so lange.

[2] Das Tübinger System TUSTEP in seiner bisherigen Version kann von uns nicht eingesetzt werden, da es weder unter dem Betriebssystem TOPS-10 (PDP-10) noch unter BS2000 (SIEMENS) lauffähig ist. Wie Herr Ott (Tübingen) während der Tagung mitteilte, wird eine erste Version für IBM-kompatible PCs seit Frühjahr 1988 ausgeliefert; auch diese werden wir erst dann verwenden können, wenn uns derartige Rechner zur Verfügung stehen.

An der DEC-Anlage steht auf Betriebssystemebene ein recht schnelles Sortierprogramm SORT zur Verfügung, das standardmäßig natürlich die ASCII-Code-Werte verarbeitet. Es kann jedoch eine abweichende Sortierfolge definiert werden, wobei allerdings immer nur ein Wert mit einem anderen zu vertauschen ist; es können aber keine Zeichenkombinationen gegen einen Einzelwert getauscht oder damit identifiziert werden.[3]

So kann z. B. dafür gesorgt werden, daß die kleinen Anfangsbuchstaben genauso einsortiert werden wie die entsprechenden Großbuchstaben (sonst bekämen wir ja bekanntlich zwei komplette durchalphabetisierte Listen), aber es läßt sich nicht kurzes ›a‹ mit langem ›a^‹ gleichbehandeln. Im Regelfall steht daher der erste Name mit einem langen ›A^‹ nach dem letzten Namen mit kurzem ›A‹, gleichgültig, welches der zweite Buchstabe ist, weil der Wert für das Längenzeichen ›^‹ höher als der für ›Z‹ ist (›A^bel‹ steht daher in unserer Liste hinter ›Azzari^a^‹). Natürlich läßt sich der Wert für das Längenzeichen auf Oktal 000 setzen, aber damit wird die Reihenfolge nur umgekehrt, nicht aber das Problem grundsätzlich gelöst. Es muß daher ein anderes Sortierprogramm eingesetzt werden, das uns aber z. Zt. noch nicht zur Verfügung steht.

Der Vorteil des genannten SORT-Programms ist zweifellos seine Schnelligkeit, die wir gerne auch für zwei parallel zu unserem Namenmaterial entstehende bibliographische Datenbanken nutzen möchten. Derzeit werden diese mit einem Sortierprogramm auf den PCs bearbeitet, das bei dem derzeitigen Umfang einer Datenbank aber etwa 30 Minuten für die Sortierung benötigt. Die zu sortierenden Felder sind - um Speicherplatz zu sparen - variabel angelegt; das DEC-Sortierprogramm akzeptiert aber nur feste Datenfelddefinitionen. Wenn wir die variablen Felder mit einem Konvertierungsprogramm auf eine sicherheitshalber recht hohe fixe Größe erweitern, erhält die Datei einen Umfang, den wir weder auf Disketten für die Netzübertragung noch auch auf der PC-Festplatte verwalten können; von der mit dem Betriebssystem TURBO-DOS verwalteten Festplatte können wir überdies keine direkte Übertragung auf die DEC-Anlage vornehmen, weil das dort implementierte Transferprogramm nicht darauf eingerichtet ist. Eine Lösung dieses Problems wird sich durch den Einsatz modernerer PCs erreichen lassen, für die auch an der DEC-Anlage die erforderliche Kommunikationssoftware vorhanden ist.

Es entsteht aber in diesem Zusammenhang ein weiteres Problem, auf das unsere Rechenzentrumsleitung lange nur schwer ansprechbar war. Um längere Texte wie etwa den 'Parzival' zu verarbeiten, vor allem um die dabei entstehenden Listen zu sortieren, brauchen wir sehr viel Platz. Als ich im August 1987 zur Vorbereitung unseres Kieler Namenkunde-Symposions alle bis dahin erfaßten Namen und Wortformen sortiert zusammenstellen wollte, benötigte ich zeitweise mehr als 500.000 Blocks; auf der Standardplatte stehen uns 3000 Blocks und zusätzlich auf einer Scratchplatte noch einmal 20.000 Blocks zur Verfügung, beides zusammen reicht aber bei weitem nicht aus.

---

[3] Soeben habe ich über BITNET (EARN) die Nachricht aus Bonn erhalten, daß auch das dort am IKP entwickelte Sortierprogramm IKSSORT nicht in der Lage ist, Zeichensequenzen umzudefinieren; ein solches Feature ist auch dort erst in Vorbereitung.

4. Ordnung orthographischer Varianten und Lemmatisierung

Jedem, der mit mhd. Texten arbeitet, ist das Problem geläufig, daß automatisch aufgelistete Lexikoneinträge wegen der unnormierten Schreibweise für das gleiche Wort u. U. weit voneinander getrennt stehen können.

Wir verfügen über ein Programm, in das drei Vergleichsverfahren integriert sind und das es ermöglicht zu überprüfen, ob es zu einer Ausgangsform in einem File einen weiteren Eintrag gibt, der den Vergleichskriterien dieser drei Verfahren genügt. Durchgeführt werden kann ein elastischer Vergleich, für den ein Fehlerabstandsparameter anzugeben ist und durch den Gleichheit auch dann noch festgestellt werden kann, wenn der verglichene Zweiteintrag ein Zeichen mehr oder weniger oder aber zwei Zeichen gegenüber dem Ausgangseintrag vertauscht hat. Ein zweites Verfahren überprüft Gleichheit auf phonetischer Basis; dabei ist definierbar, welche orthographischen Repräsentationen als jeweils identisch für den gleichen Laut oder die gleiche Lautkombination zu betrachten sind. In einem dritten Verfahren kann Identität hinsichtlich eines Teilstrings des Ausgangsworts oder -namens geprüft werden. Dieses Programm arbeitet interaktiv, aber die Anwendung einzelner Prozeduren ließe sich wohl noch etwas weiter automatisieren, so daß schließlich als identisch erkannte Einträge auch automatisch unmittelbar zueinandergestellt werden können.

Es bleibt schließlich als wesentliche Aufgabe die Lemmatisierung, die wir programmtechnisch noch nicht gelöst haben. Es ist bei uns derzeit nicht vorgesehen, eine Lemmatisierung der Namen auf der Basis etymologischer Lemmata vorzunehmen, wie das etwa in dem Freiburger Urkundennamen-Projekt gemacht wurde.[4] Inwieweit wir ein fertiges Fremdprogramm zur Lemmatisierung einsetzen können, hängt von der verwendeten Programmiersprache und evtl. auch von den in dem Programmpaket eingesetzten Editierverfahren ab. An der DEC-Anlage gibt es zwar mehrere Compiler, nicht jedoch für alle modernen Programmiersprachen, und auch die vorhandenen sind leider nicht alle einsatzfähig, da einige nicht gewartet werden, so daß die Systemweiterentwicklung mittlerweile über sie hinweggegangen ist, ohne daß der Benutzer dies vor langwierigen Fehlversuchen mit einem solchen überholten Compiler erfährt.

Gleichwohl läßt sich sagen, daß man seitens der Informatiker und der Verwaltung allmählich mehr Verständnis für die ›sonderbaren‹ Probleme der datenverarbeitenden Philologen aufzubringen bereit ist, als dies noch vor nicht allzu langer Zeit der Fall war.

---

[4] Vgl. DIETER GEUENICH / ALFRED LOHR: Der Einsatz der EDV bei der Lemmatisierung mittelalterlicher Personennamen. In: ONOMA XXII (1978), S. 554–585. Dort ist auch weitere Literatur zu dem Freiburger Projekt genannt.

George F. Jones

Text Word Analyser (TWA)

History of Program

This version of the text word analyser (TWA 8) is the latest stage of a program that has been ongoing for a decade and a half. The program has remained basically the same; but it has been altered to fit each new project, with the result that some of its earlier and no longer needed features have been discarded in later versions to save computer time. The omitted items, however, are still contained in earlier versions of the program, which still exist on tape. The first half-dozen concordances were typed out on punch-cards, sometimes requiring as many as six or seven of the heavy boxes. Despite their bulk and ungainliness, the punch-cards offered certain advantages, especially to people untrained on the computer. The user could shuffle his cards about, make substitutions and changes, and have all corrections in order before submitting them to the computer programmer. In other words, he worked as our former professors did with Zettelkästchen, the only difference being that the computer could sort out as many items in two minutes as Herr Prof. Dr.'s five assistants could have done in two years. I can remember the Zettelkästchen in the office of the Schweizerisches Idiotikon, which covered all four walls to the ceiling.

This TWA program, which was developed for me by Bertha M. Butler of the User Service of the Computer Science Center of the University of Maryland, was based on a program by Norman D. Peterson in the January 1970, issue of Software Magazine. It was first designed for a verse concordance to the 'Poema del Cid' and then altered for the songs of Oswald von Wolkenstein and a number of other late-medieval German-language authors. Mrs. Butler showed incredible patience in making the numerous changes I suggested, many of them without precedent, and many of them necessitating extensive changes elsewhere in the program, as was discovered only after the changes were made.

Description of Program

These concordances, usually of 8000 or more verses, consist of an alphabetical listing of every ›grapheme‹ (Wortbild) in the songs. Each ›grapheme‹ (any connected series of letters) is followed by all verses in which it is found. The number of verses in which each ›grapheme‹ is found can range from one to several hundred. Since a single ›grapheme‹ may represent several different concepts, a method was devised to sort any given ›grapheme‹ into its different meanings, each of which is listed separately with the verses in which it appears. Distinguishing between the various concepts represented by a single ›grapheme‹ is, of course, a subjective, not electronic, decision. The system also incorporates the capability of obtaining several outputs from the same input. Certain ›graphemes‹ can be selected for inclusion in the output, while others can be selected for omission. The verse-concordance can be followed by a listing of all words in either alphabetical, or reverse-alphabetical, order. This system also provides the ability to update the input without reprocessing the entire work, that is, without sorting the words again. This program has had many years of practical use with large bodies of real data, and no failures have been noted yet.

Fifteen years ago a learned critic called the output of this program »antediluvian«, but I have not yet heard whether he has put a superior word-concordance on the market. At that time almost every known classic singer of the German High Middle Ages had been preempted for concordances, yet few concordances saw print. Because concordances are so bulky and, consequently, so expensive to print, this program has aimed at economy. When it was first designed, the printing devices at the University of Maryland Computer Center could already print both capital and minuscule letters, but only at considerable expense. In several stages of this program, capital letters were indicated by a following colon (:); but later it was decided that capitals, being the choice of the scribe rather than of the poet, were insignificant, and this distinction has been dropped. The present printers at the University of Maryland have unlimited type for umlauts and other diacritical marks, but these would require special formatting and would thus add to the total expense of the printed volumes, which are expensive enough already.

Functions

This program has three functions, the second and third being outgrowths of the first. They are:

Function I (Scanning and Sorting)

In the first function the lines of text are scanned and the words are sorted, a word being a connected group of from 1 to 15 characters. If a word has less than 15 characters and is not the first or last word in the line of text, it must be set off by spaces. The whole line consists of 80 characters. The first 6 to 12 spaces are reserved for the line-identifier, which names the manuscript, the folio, the verse number, or whatever else is necessary to identify the verse; and the last 6 to 10 spaces are reserved for a comment, such as the edition or anthology in which the song is found. The remaining spaces contain the verse itself. In each stage of this program the spacing for the verse-identifier and the comment was tailored to fit the format of the songs in question, and the spacing can be further altered as required or desired by updating the program. The line-identifier and the comment are not included in the scanning process.

During this function of the program, two magnetic tapes are generated, which are referred to here as the ›Generated-Print-File‹ (GPF) and the ›Sorted-Print-File‹ (SPF). The GPF consists of every word in each verse-line together with all the verses in which it is found. These new lines are sorted and written on the SPF in the following sequence. The key words (Lemmata) are listed alphabetically, the verses following them are listed in the ascending order of the verse-identifiers, that is, in the order in which the verses appear in the input, which is usually that of the manuscript. When errors are found in the output, corrected lines are inserted and Function I is re-employed to generate and list a new SPF.

Function II (Updating the SPF)

If only a few errors are discovered in the input text, the user can avail himself of this second function of the program for economy's sake. Function II consists of updating a previously generated SPF to create an ›Updated-Print-File‹ (UPF). The SPF will henceforth be referred to as the ›Master-Print-File‹ (MPF). This program can process two kinds of updates, namely, additions and deletions. The additions are either new lines or corrected lines, and the deletions are the incorrect original input lines, for which the new lines are substituted. A new GPF and a new SPF are generated from these updated lines as is done in Function I. The MPF and the new SPF generated from the updates are processed simultaneously, thus producing the UPF.

The program prints the number of lines on the ›Master-Print-File‹, the number of lines added, the number of lines deleted, the number of lines on the ›Updated-Print-File‹, and the number of lines selected for deletions that could not be found on the ›Master-Print-File‹. This information enables the user to estimate the degree of success of the attempted update. The updating may be repeated until the desired UPF is generated. Listings of the resulting UPF may be reproduced in a separate run using Function III of the program.

Function III (Listing the Sorted-Print-File)

The user of this program may wish to obtain different outputs from the same input text. Rather than repeating the process of generating a SPF as described in Function I above, this program can produce its output from any previously generated SPF or UPF. This function is simply the latter half of the first function.

The user may choose either Listing 1 or Listing 2. Listing 1 is the concordance proper: each unique word found in the processed input-text is printed as a Lemma and is followed by all the verses in which it is found. The program counts the number of times the word appears: if more than five times, the number is printed under the pertinent verses. Listing 2 is merely a list of alphabetically listed key words, without the verses in which they are found.

Incorporated in this program is the capability of specifying the words that are to appear in Listing 1: the output can be greatly reduced by omitting such frequent words as the definite and indefinite articles and the verbs *to be* and *to have*. Anyone wishing to know how a poet used these words might just as well read the entire opus, which would hardly be longer than the concordance entries for them. As many as two hundred separate items can be omitted.

Omissions may be made either ›inclusively‹ or ›exclusively‹, but not in both ways simultaneously. The first method lists the words that are to be retained, the second lists those that are to be omitted or deleted. This program distinguishes between words that are to be ›omitted‹ and those that are to be ›deleted‹. When the signal "omi" is given, both the word and the verses following it are dropped; when the signal "del" is given, the key word remains along with the frequency count. In the case of high-frequency words like pronouns, which would extend the concordance unduly, their frequency might be of stylistic interest. The user may also suppress Listing 2 (the alphabetical listing of the key words).

Description of Input Data

Introduction

The input data for this program consists of program control lines and the input text to be processed. The program control lines are used to specify the function the user wishes to employ, the output desired, and the form of the input to be processed.

The various types of input data lines are listed below in the order in which they must appear if they are used.

Control-Lines

Line type	Function	Columns	Contents specified
1.		1-6	"OUTPUT"
		9-44	"OCCURRENCES" (left justified)
2.		1-5	"SEL", "OMI", or "DEL".
		6-20	Word in question (left justified). One card for each word.
3.		1-7	"NOALPHA" (Option for no alphabetized listing)

Input Text (Lines to be processed in Function I)

4.	III	1-8	"PRINTSPF"
5.	II	1-6	"UPDATE"
6.	II	1-3	"ADD"
			INPUT TEXT (LINES TO BE ADDED TO MPF)
7.	II	1-6	"DELETE"
			INPUT TEXT (LINES TO BE DELETED FROM MPF)

Program Control-Lines

All program control lines are optional. The purpose of each type of control line and the conditions under which it is to be included in the input data are as follows:

Type 1

Example: Output occurrences — This type of control-line determines the contents of Listing 1. The ›OUTPUT‹ is required in columns 1-6. Columns 9-44 are for the word(s) following the frequency count in Listing 1 (such as »times«, »mal«, »veces«).

Type 2

Example: SEL, DEL, OMI — The type 2 control-lines specify the words that are to be included or omitted from Listing 1. Only one word may be specified on each control-line of this type. These lines must be arranged in ascending order according to the words specified on them, that is, alphabetically. The maximum number of words that can be specified is 200.
The contents of columns 1-5 depend upon which method is employed to determine the contents of Listing 1. If the ›inclusive‹ method is selected, columns 1-5 of the control-lines of this type bear the signal ›SEL‹. If the ›exclusive‹ method is chosen, then columns 1-5 on the control-lines of this type are marked either ›OMI‹ or ›DEL‹.

Type 3

Example: NOALPHA — This control-line suppresses Listing 2, the alphabetized list.

Type 4

Example: PRINTSPF — This control-line lists a ›Sorted-Print-File‹ or an ›Updated-Print-File‹. The use of this line precludes the use of the updating control-line types 5, 6 and 7.

Types 5, 6 & 7

Examples: UPDATE, ADD, DELETE

These control-lines must be present update the ›Master-Print-File‹. The ADD and/or DELETE control-lines must also be present when updating.
The ADD control-line precedes any input text lines that are to be added to the MPF; and DEL precedes any input text lines that are to be deleted. The use of these control-lines precludes the use of control-line types 1 through 4.

Rolf Bräuer

Vorüberlegungen zu Aufbau und Funktion einer elektronischen Assoziationsfeld-Datei (›Motivschatzwörterbuch‹) der epischen Literatur des europäischen Mittelalters

Der Hauch von elektronischer Poetizität und wissenschaftsfiktionaler Exotik, der über dem benannten Thema zu schweben scheint, bedarf sicherlich sowohl historischer als auch sachlicher Begründung. Gelegentlich der Erarbeitung des Bandes II der ›Geschichte der deutschen Literatur‹, die mit dem Zeitraum von der Mitte des 12. bis zur Mitte des 13. Jahrhunderts die von uns so genannte ›feudalklassische Literaturperiode‹ umfaßt,[1] entstand das Problem einer möglichst präzisen und detaillierten Inhaltswiedergabe der behandelten Werke, um nicht - wie es bekanntlich auch bisweilen geschieht - mit eindrucksvollen Interpretationsversuchen über die Köpfe jener Leser hinwegzuformulieren, die gar nicht wissen, worum es denn eigentlich geht. Jeder, der einmal derartige Inhaltsreferate - vor allem von umfangreichen epischen Texten - verfaßt hat, wird sich möglicherweise seines schlechten Gewissens erinnern, wenn er auf Grund einer bestimmten Abstraktionshöhe Selektionsentscheidungen treffen und damit Auslassungen von Figuren, Handlungselementen, Deskriptionen, Erörterungen und anderem in Kauf zu nehmen hatte. Oft liegt ja der spezifische kulturhistorische oder poetische Reiz eines literarischen Kunstwerks gerade nicht in der referierten groben Fabelstruktur, sondern in der Feingestaltung einer für die Haupthandlung scheinbar oder realiter völlig nebensächlichen Motivik, von der besonderen soziokulturellen Funktionalität, ethischen Intentionalität und ästhetischen Wirkungsinstrumentalität zunächst ganz abgesehen.

Die geschilderte Situation kennzeichnet punktuell das trotz aller anerkennenswerter neuerer textwissenschaftlicher und sprechakttheoretischer Bemühungen bestehende literaturwissenschaftliche Dilemma mangelnder methodischer Kriterien und Verfahren zu sowohl exakter als auch gegenstandsadäquater Beschreibung literarischer Texte. Das für alle Philologien notwendige Umdenken auf die ›Computerisierbarkeit‹ geistiger Strukturen, was man in bezug auf unsere Disziplin als das neue philologische Denken bezeichnen könnte, dürfte auch für die Lösung unseres Problems hilfreich sein, denn der Computer zwingt zu maximaler Objektivierung und optimaler Arrangierung der Fakten bei gleichzeitiger (Teil-)Ausschaltung subjektiver Faktoren.

Natürlich muß hierfür ein computerfähiges Modell vorgegeben werden. Als ein solches, unserer Erfahrung nach theoretisch wie praktisch besonders tragfähiges Instrumentarium erscheint das Assoziationsfeld-Modell, das - obwohl es aus eini-

---

[1] Geschichte der deutschen Literatur von den Anfängen bis zur Gegenwart. Bd. 2: Mitte des 12. bis Mitte des 13. Jahrhunderts. Von einem Autorenkollektiv unter Leitung von ROLF BRÄUER, Berlin 1990.

gen Publikationen grundsätzlich bekannt ist[2] - hier noch einmal zum besseren Verständnis des folgenden vorgestellt und auf seine Computerisierbarkeit für eine epische Datenbank überprüft werden soll.

Das Assoziationsfeld-Modell betrachtet jeden beliebigen Text (einschließlich des als ›mündlich‹ definierten Diskurses) als Spiegelung sprachlich materialisierter und sowohl hierarchisch als auch assoziativ operierender Denkstrukturen, die insgesamt eine aus Assoziationsfeldern unterschiedlich hoher Abstraktionsstufe bestehende Systempyramide bilden, die durch zwei Koordinaten determiniert wird: die horizontale syntagmatische Textkoordinate, die der Konkretebene bzw. Oberflächenstruktur des Textes und den aus ihr abstrahierten darübergelagerten Abstraktionsebenen im Handlungsablauf folgt, sowie die vertikale paradigmatische Koordinate, die Textsegmente als Assoziationsfelder zu paradigmatischen Klassen kompositorischer Einheiten zusammenfaßt.

Assoziationsfelder sind als Sinnabschnitte definiert, die eine gedankliche Einheit bilden und durch einen (im Modell hierarchisch übergeordneten) Assoziationskern determiniert und zusammengehalten werden, dem abhängige Assoziative gleichsam attributiv zugeordnet sind. Die Begrenzung dieser Assoziationsfelder als einer auf die zentrale Semantik des Assoziationskerns ausgerichteten Sinneinheit kann signalisiert werden durch Handlungswechsel, Ortswechsel, Figurenwechsel, Wechsel des gedanklichen Objekts, Wechsel der Erzählperspektive etc.

Die Segmentierung eines Textes auf der untersten Abstraktionsebene liefert Mikroassoziationsfelder, die wir in Anlehnung an die gebräuchliche Terminologie - allerdings exakter definiert - als Motive oder motivische Assoziationsfelder bezeichnen. Eine von Text zu Text unterschiedliche Menge solcher motivischer Assoziationsfelder wird auf der nächsthöheren Abstraktionsebene, die wir als Handlungsebene bezeichnen, wiederum durch einen Assoziationskern als Assoziationsfeld zu einer Sinneinheit zusammengehalten, in der die Assoziationskerne der untergeordneten motivischen Assoziationsfelder die Assoziative bilden. Je nach Textumfang und Feinstrukturierung kann sich in entsprechender weiterer Abstraktion über der Handlungsebene eine Haupthandlungsebene oder auch gleich eine Fabelebene auflagern, aus deren Assoziationskernen sich schließlich als Gipfel der Abstraktionspyramide das Thema (oder genauer: das thematische Assoziationsfeld) ergibt, von dem aus man dann (z.B. zu Überprüfungszwecken) in Form von Konkretisierungsschritten wieder über Fabelebene, Haupthandlungsebene und Handlungsebene bis zur oberflächennahen Motivebene herabsteigen kann - eine Verfahrensweise, die für die hier nicht behandelte Textproduktion von entscheidender Modellbedeutung ist.

Es wäre nun grundsätzlich möglich, wenngleich kaum praktikabel noch wünschbar, etwa die gesamte mittelalterliche Epik bereits auf der untersten Ebene der Motive durchgängig einzeln abrufbar zu speichern. Für eine vertretbare Aufwand-Nutzen-Relation erscheint es ausreichend, die Darstellung auf der Hand-

---

[2] Bräuer, Rolf: Grundfragen und Grundlagen einer generellen Stiltheorie. In: WZ der PH »Dr. Th. Neubauer«, Erfurt/Mühlhausen. GSR, 1970, S. 73-77; ders.: Zu Wesen und Struktur der Bedeutung im Modell einer kommunikativen Grammatik. In: Greifswalder Germanistische Forschungen, 1977, S. 25-37; ders.: Text und Sprachsystem. In: Greifswalder Germanistische Forschungen, 1968, S. 68-73.

lungsebene anzusetzen, ähnlich wie es praktisch bereits für vergleichende Analysen des Brautwerbungsschemas durchgeführt wurde.[3]

Unter Anpassung an die Möglichkeiten der elektronischen Datenverarbeitung ergäbe sich an Hand dieses Beispiels auf der Handlungsebene folgende Assoziationsfeldstruktur für das Brautwerbungsschema:

1. Assoziationsfeld

(AK Herrscherdarstellung)
- (A1 Residenz)
- (A2 Machtaufzählung)
- (A3 Eigenschaften)

2. Assoziationsfeld

(AK Rat oder Entschluß zur Brautwerbung)
- (A1 Ausführender(r))
- (A2 Begründung)
- (A3 Unkenntnis einer geziemenden Braut)

3. Assoziationsfeld

(AK Rat zur fernen Braut)
- (A1 Ratgeber)
- (A2 Beschreibung der Braut)
- (A3 Schwererringbarkeit der Braut)

4. Assoziationsfeld

(AK Vorschlag und Vorbereitung zur Werbungsfahrt)
- (A1 Vorschlagender)
- (A2 Werbungsart)
- (A3 Fahrtvorbereitung)

5. Assoziationsfeld

(AK Werbungsfahrt)
- (A1 Teilnehmer)
- (A2 Reiseverlauf)

6. Assoziationsfeld

(AK Durchführung der Werbung)
- (A1 Ankunft in Verkleidung)
- (A2 Anlockung der Braut)
- (A3 Kemenatenszene)
- (A4 Entführung oder Heimführung)

---

[3] BRÄUER, ROLF: Literatursoziologie und epische Struktur der deutschen ›Spielmanns‹- und Heldendichtung. Berlin 1970; TAHANY EL-AGAMI: 'Tausendundeine Nacht' und die hochmittelalterliche Literatur. Ein Vergleich zwischen der arabischen und der deutschen Brautwerbungsepik. Diss. (A) Berlin 1983.

Diesem weltliterarischen mittelalterlichen Erzählschema folgen mit 'König Rother', 'Salman und Morolf', dem 'Grauen Rock', 'König Oswald', 'Ortnit-Wolfdietrich (B)', dem 'Nibelungenlied', 'Kudrun', 'Dukus Horant', 'Tristrant', 'Tristan' und dem 'Buch von Bern' mindestens elf der wichtigsten hochmittelalterlichen deutschen Epen vollständig, zum Teil mit doppelten und dreifachen (dann allerdings häufig schemadefekten oder schemareduzierten) Varianten, die oft wesentliche Teile der Gesamthandlung und Konfliktgestaltung tragen. Noch überraschender ist es allerdings, daß von 16 Brautwerbungen aus 'Tausendundeine Nacht' (nach der Calcuttaer Ausgabe von 1839)[4] zehn ebenfalls diesem Schema zugeordnet werden können, wie es TAHANY EL-AGAMI in ihrer Dissertationsschrift nachgewiesen hat,[5] es sind dies (nach LITTMANN):

Die Geschichten von Sulaiman Schah (107.-109. Nacht), von Tadsch el-Muluk (129.-136.), von Ardaschir (719.-738.), von Kamar ez-Zaman (170.-206.), vom Ebenholzpferd (357.-371.), von Tighmus (499.-500.), vom Prinzen Bahram (597.-598.), von Dschullanar und ihrem Sohn Badr Basim (738.-756.), vom Prinzen Saif el-Muluk (759.-778.) und von Ibrahim und Schamila (952.-959. Nacht).

Dieses Beispiel versucht die universellen Möglichkeiten einer epischen Assoziationsfelddatenbank für literarische Vergleiche, Querverweise und Zuordnungen zu demonstrieren, die auch einem ausgewiesenen Fachmann ohne ausgedehnte Lektüre nicht gegenwärtig sind, die der Computer aber bei Existenz einer entsprechenden Datenbank auf Nachfrage augenblicklich zur Verfügung stellen könnte.

Obgleich das hierarchisch strukturierte Assoziationsfeldmodell die Benutzung eines hierarchischen Datenbankmodells nahezulegen scheint, besitzt die vernetzte Datenbank zweifellos Vorteile zur Abfrage von Querverbindungen. Das in den Sprach- und Literaturwissenschaften wohl meistbenutzte relationale Datenbanksystem hat für unseren Zweck Nachteile wegen der geringen Flexibilität und starren Vorgabenormen, die unterschiedlich lange Texte und Formate bislang nur schwer verarbeiten können, von dem relativ langsamen Suchalgorithmus, der zumindest für langsame Anlagen wenig tauglich ist, ganz abgesehen. So bietet sich für die Datenverarbeitung des Assoziationsfeldmodells die assoziative Speichertechnik des modernen Freiformat-Datenbanksystems an, das Daten über den Inhalt, d.h. bestimmte Kennwörter, ausgibt, die gleichsam als Überschriften fungieren (z.B. DayFlo). Als derzeit optimale Variante wäre eine Kopplung von Netzstruktur- und Freiformat-Datenbanksystem anzusehen, um die fiktionale Semantik literarischer Texte nicht nur so gegenstandsadäquat wie möglich abspeichern zu können, sondern auch deren Abrufbarkeit so einfach und vielseitig wie möglich zu gestalten.

Sicherlich ist für die volle Funktionstüchtigkeit und Brauchbarkeit einer Datenbank der epischen Literatur neben der konsequenten methodischen Anwendung eines praktikablen Textmodells, wie es hier in Form des Assoziationsfeld-

---

[4] Die Erzählungen aus den tausendundein Nächten. Vollständige deutsche Ausgabe in sechs Bänden. Zum ersten Mal nach dem arabischen Urtext der Calcuttaer Ausgabe vom Jahre 1839 übertragen von E. LITTMANN. Bd. 1-6, Leipzig 1966.

[5] Siehe Anm. 3.

modells exemplarisch vorgeschlagen wurde, die Wahl der Kennwörter oder anderer entsprechender Verweiszeichen von entscheidender Bedeutung. Um bei dem ausgewählten Beispiel zu bleiben: Unter dem Kennwort »Brautwerbung« würden natürlich nicht nur die sogenannten Brautwerbungsepen (bzw. ihre entsprechenden Textpassagen) abgerufen, sondern auch Wittenwilers 'Ring', 'Herzog Ernst B', 'Aucassin et Nicolette', russische Bylinen etc. Beim Assoziativ der Durchführungsart der Werbung würde das Kennwort ›List‹ eine unverzichtbare Verweisrolle spielen, denn es charakterisiert nicht nur die Mehrzahl der Brautwerbungen, sondern beschreibt auch eine fast unübersehbare Vielzahl und Vielfalt von Figuren und Aktionen mittelalterlicher Epik, die aber mittels der epischen Datenbank geschlossen oder in Subklassen abrufbar sind. So wäre bei den Brautwerbungsepen die Subklasse der Verkleidungslisten aufstellbar, der die Subsubklassen der Kaufmannslist, der Vertriebenenlist und der Spielmannslist zugeordnet werden könnten. Andere wichtige Subklassen würden zweifellos die Kampflist, die intellektuelle List und die komikkonstituierende List bilden, zu den Listträgern als eigenständiger Klasse würden neben den Listwerbern wie Tristan, Siegfried, Oswalds Rabe, Horant oder der Zwerg Alberich auch der Pfaffe Amis, Eulenspiegel, Reinhart und Neidhart Fuchs gehören, bei internationaler Ausweitung eines solchen Projekts ebenso die arabischen Helden Tadsch el-Muluk, Ardaschir oder der altrussische Kitovras.

Am schwierigsten ist sicherlich der gewaltige Kampflärm wissenschaftlich übersichtlich zu ordnen und dateizuverwalten, der fast durch die gesamte mittelalterliche Epik dröhnt. Aber auch hier sind weitgehende Subklassifizierungen möglich, die etwa Schlachten, Einzelkämpfe, Heidenkämpfe, Riesenkämpfe, Drachenkämpfe, Turnierkämpfe, Belagerungskämpfe, Seekämpfe, Freundschaftskämpfe und andere voneinander abgrenzbar und damit auch einzeln und relativ übersichtlich abrufbar machen.

Wie ULRICH MÜLLER einmal vorgeschlagen hat, sämtliche mittelalterlichen Handschriften auf Disketten zu speichern, so daß man sie in einer Aktentasche bequem mit sich herum- und nach Hause tragen kann,[6] wäre hier eine vergleichbare Möglichkeit gegeben, die gesamte mittelalterliche Epik samt ihrer semantisch und elektronisch bearbeiteten Inhalte auf einer überschaubaren Anzahl von Disketten zu besitzen, von voraussehbaren Entwicklungen neuer und noch weit leistungsfähigerer miniaturisierter Speichermedien ganz zu schweigen.

Wurde bislang über das sicherlich schon jetzt realisierbare Projekt einer epischen Datenbank des europäischen Mittelalters gesprochen, so soll am Ende doch

---

[6] Vgl. die nebenstehenden Tagungsbeiträge von ULRICH MÜLLER und KLAUS M. SCHMIDT. Das hier vorgeschlagene Konzept ist mit beiden dort diskutierten Projekten verwandt und gleichsam in deren Mitte angesiedelt; handelt es sich bei Ulrich Müller um die grundlegende elektronische Speicherung aller mittelalterlichen Handschriften und bei Klaus M. Schmidt um die äußerst aufwendige Erfassung und Aufbereitung des gesamten Sprachmaterials der Dichtungen, so geht es hier um die exakte motivisch-handlungstechnische Aufarbeitung der Texte und ihre Abrufbarkeit in semantischen Segmenten (einschließlich der Vergleichbarkeit mit entsprechenden Segmenten anderer Texte) oder als übersichtsbietender hierarchischer Gesamtstruktur (= Inhaltsreferat und kompositorischer Aufbau des betreffenden Textes). Die Projekte schließen einander nicht aus, sondern ergänzen sich und wären im Idealfall als einheitliches Gesamtprojekt konzipierbar.

noch ein Blick in die Zukunft gewagt werden, denn die Geschichte der Wissenschaften - wie übrigens auch der Poesie - zeigt, daß ein großer neuer Aufschwung der Produktivkräfte und der Kommunikationsmöglichkeiten, wie er sich derzeit vor unseren Augen, in unseren Disziplinen und mit uns selbst abspielt, auch zu großen Projekten genutzt werden muß, bevor er sich allmählich in Einzelheiten zerfasert und verliert. In diesem Sinne wäre es sicherlich faszinierend, die Gesamtgeschichte der fiktionalen Semantik aller Kulturen als die Geschichte aller menschlichen Erfahrungen, Wunschvorstellungen, Ängste und Phantasien, vielleicht sogar die Gesamtgeschichte menschlichen Denkens bzw. alles bisher Gedachten entsprechend den oben unterbreiteten theoretischen und methodologischen Vorschlägen aufzuarbeiten, zu ordnen und zu klassifizieren. Hierzu bedürfte es allerdings einer ebenso intensiven wie umfassenden internationalen Zusammenarbeit und eines einheitlichen, nach genau vereinbarten Kriterien und Methoden arbeitenden Großprojekts, an dem sich möglichst viele Länder zu beteiligen hätten. Eine solche universale Computer-Textdatei alles bisherigen Denkens wäre sicherlich ein würdiges Abschiedsgeschenk unseres sterbenden Jahrhunderts an das mit mächtigen Schritten auf uns zueilende neue Jahrtausend. Aber eigentlich könnten wir auch schon recht zufrieden sein, wenn uns bis dahin die Anfertigung einer elektronischen Assoziationsfeld-Datei der epischen Literatur des europäischen Mittelalters im hier vorgeschlagenen Sinne einigermaßen perfekt gelänge.

Max Siller

Computergestützte Analyse von Fastnachtspielen[1]

1. Das Tiroler Fastnachtspiel *'Die zwen Stenndt'*

Ich beschäftige mich seit Jahren mit jenem Fastnachtspiel, das in der Literaturgeschichte allgemein als eines der interessantesten der ganzen Tiroler Sammlung angesehen wird: *'Die zwen Stenndt'*. Das 'Zweiständespiel', auch 'Tiroler Reformationsspiel' genannt, ist das einzige Tiroler Fastnachtspiel, das in zwei Handschriften vorliegt. Beide sind von Vigil Raber geschrieben. Eine hat sich in dessen Sammlung, im Sterzinger Spielarchiv, erhalten, Hs. B, die andere im Pfarrarchiv von Sterzing, Hs. A. Die Texte der beiden Hss. unterscheiden sich z. T. recht markant, so daß neuerdings sogar von zwei »Fassungen« gesprochen worden ist.[2]

Das Spiel wurde schon 1886 in OSWALD ZINGERLES Ausgabe der ›Sterzinger Spiele‹ nach der Hs. B ediert[3] und dann von WERNER M. BAUER 1982 wieder abgedruckt, ohne daß die 1946 aufgefundene Hs. A berücksichtigt worden wäre.[4]

Die Edition der A-»Fassung« (vgl. Bsp. 1: Textprobe aus der Edition) bietet mir die Gelegenheit, ein Spiel, das, vielleicht aufgrund seiner sprachlichen Probleme, in der früheren Forschung wenig Interesse gefunden hat, in jüngster Zeit aber nicht nur die Literaturwissenschaft,[5] sondern auch die Rechtsgeschichte[6] und die

---

[1] Der gegenständliche Vortrag ist eine gekürzte und veränderte Fassung der Einleitung zum 2. Band von MAX SILLER: Das Tiroler Fastnachtspiel *'Die zwen Stenndt'*. Textkritische Edition nach der Handschrift des Sterzinger Pfarrarchivs mit Kommentar, Untersuchungen, Verskonkordanz, Indices und vollständigem Facsimile. 1. Bd.: Text, Kommentar, Untersuchungen, Facsimile. 2. Bd.: Verskonkordanz und Indices (Innsbrucker Beiträge zur Kulturwissenschaft - Germanistische Reihe). Der Anmerkungsteil ist in dieser Vortragsfassung möglichst knapp gehalten. Für eingehendere Auseinandersetzung mit verschiedenen hier nur angerissenen Fragen kann auf die genannte Einleitung verwiesen werden.

[2] Vgl. HANSJÜRGEN LINKE: Die beiden Fassungen des Tiroler Fastnachtspiels »Die zwen Stenndt«. In: Daphnis 14 (1985), S. 179-218.

[3] Eilf Fastnachts-Spiele aus den Jahren 1512-1535. Nach Aufzeichnungen des Vigil Raber hrsg. v. OSWALD ZINGERLE. Wien 1886 (Wiener Neudrucke 11), Nr. XXV, S. 175-235.

[4] Sterzinger Spiele. Die weltlichen Spiele des Sterzinger Spielarchivs. Nach den Originalhandschriften (1510-1535) von Vigil Raber und nach der Ausgabe Oswald Zingerles (1886) hrsg. v. WERNER M. BAUER. Wien 1982 (Wiener Neudrucke 6), Nr. V/10, S. 429-480.

[5] Vgl. zuletzt LINKE, Die beiden Fassungen [wie Anm. 2]. Breiter Raum wird dem Spiel gewidmet bei WERNER M. BAUER: Das weltliche Spiel des Spätmittelalters in Österreich. In: Die österreichische Literatur. Ihr Profil von den Anfängen im Mittelalter bis ins 18. Jahrhundert (1050-1750). Hg. v. HERBERT ZEMAN. Teil I, Graz 1986 (Die österreichische Literatur. Eine Dokumentation ihrer literarhistorischen Entwicklung = Jb. für Österr. Kulturgesch., XIV.-XV. Bd. [1985-1986]), S. 547-615, besonders S. 598f., 605ff.

[6] Vgl. PETER LEISCHING: Wege zur kirchlichen Trauung im mittelalterlichen Tirol. In: Ders., Beiträge zur Geschichte des mittelalterlichen Eherechts. Innsbruck 1978, S. 67-95, besonders S. 79ff.

Geschichtswissenschaft[7] beschäftigt, einer genaueren sprachlichen und inhaltlichen Untersuchung zu unterziehen, seine möglichen Entstehungs- und Rezeptionsbedingungen zu erforschen, seine kultur- und religionsgeschichtliche Bedeutung im Rahmen reformatorischer Tendenzen im Herrschaftsbereich des großen Reformationsfeindes König Ferdinand I. aufzudecken.

Nach den Ergebnissen meiner bisherigen Untersuchungen entstand das 'Zweiständespiel' um 1532. Der vermutliche Autor ist Christopf Kefer, der, aus Mistelbach in Niederösterreich stammend, in Wien die Artes-Fakultät besucht hatte und von 1520 bis 1540 als Lateinschulmeister in Meran wirkte. Im reformationsfreundlichen Sterzing, wo einige Jahre vorher (1525) die Bauern das Deutsch-Ordens-Haus geplündert hatten, kam das Spiel wahrscheinlich des öfteren, fast sicher am Fastnachtsdienstag der Jahre 1533 und 1535, auf dem Rathaus zur Aufführung.

2. Wörterbuchmäßige Erschließung des Textes

Der textkritischen Ausgabe des 'Zweiständespiels' sollten nicht nur ein umfänglicher Sach-, Sprach- und literarhistorischer Kommentar, Untersuchungen und ein vollständiges Facsimile beigegeben werden, sondern der Text sollte auch wörterbuchmäßig erschlossen werden.

Über die Nützlichkeit von Konkordanzen und Indices zu altdeutschen Texten, seien sie manuell erstellt oder computergeneriert, ist man sich im großen einig.[8] Doch sind Interesse und generelle Zielsetzung, die mit solchen Hilfsmitteln verfolgt werden, in jedem einzelnen Fall neu zu überdenken und zu bestimmen. Wenn auch eine ihrer primären Funktionen eine literaturwissenschaftliche und im Sinne der weitgehenden Materialaufbereitung für (semasiologische) Wörterbücher lexikographische sein wird, so ist doch grundsätzlich zu fordern, daß Konkordanzen und Indices auch die Basis für viele weitere Fragestellungen vor allem sprachwissenschaftlicher Natur, der Dialektologie, Wortbildungsforschung, Morphologie, Phonologie und Graphemik bereitstellen. Ihrer Erstellung und Gestaltung haben also bestimmte Vorüberlegungen vorauszugehen. Eine erste betrifft die Frage, ob das Textmaterial sinnvoller durch einen Index oder eine Konkordanz zu erschließen ist. Die Antwort wird wesentlich von der Beschaffenheit des Materials selbst mitbestimmt.

---

[7] ALDO STELLA: Cultura umanistica e riforma religiosa nei *Passionsspiele* e *Fastnachtspiele* di Vigilio Raber. In: Atti e Memorie dell'Accademia Patavina di Scienze, Lettere ed Arti. Vol. XCVI (1983-84). Parte III: Classe di Scienze Morali, Lettere ed Arti. Padova 1984, S. 101-113.

[8] Vgl. KURT GÄRTNER / ROY WISBEY: Zur Bedeutung des Computers für die Edition altdeutscher Texte. In: Kritische Bewahrung. Beiträge zur deutschen Philologie. Fs. für Werner Schröder. Hg. v. ERNST-JOACHIM SCHMIDT. Berlin 1974, S. 344-356, hier S. 346ff.; KURT GÄRTNER / PETER KÜHN: Indices und Konkordanzen zu historischen Texten des Deutschen. Bestandsaufnahme, Typen, Herstellungsprobleme, Benutzungsmöglichkeiten. In: Sprachgeschichte. Ein Handbuch zur Geschichte der deutschen Sprache und ihrer Erforschung. Hg. v. WERNER BESCH u. a. 1. Halbbd., Berlin/New York 1984, Nr. 42, S. 620-641, besonders S. 633ff.

3. Index und (normalisierende) Lemmatisierung oder Konkordanz?

Für frühneuhochdeutsche Texte gilt zunächst das von WERNER SCHRÖDER in Hinblick auf »wortstatistische und andere Zwecke« als Ärgernis empfundene Faktum der vielen »durch wechselnde Schreibung bedingten Ansätze ein und desselben Wortes«.[9] Der Nutzen eines bloßen Index ohne Klassifizierung und Lemmatisierung kann unter diesen Umständen nicht besonders hoch veranschlagt werden.

Das daher erhobene Postulat der (normalisierenden) Lemmatisierung der einzelnen Wortformen scheint mir aber andererseits aus mehreren Gründen problematisch. So einleuchtend und naheliegend etwa bei mittelhochdeutschen Texten die Orientierung der Normalisierung am LEXER oder bei neuhochdeutschen am DUDEN bzw. an normalisierten Ausgaben sein mag, so wenig ist für das Frühneuhochdeutsche eine ähnlich wörterbuchmäßig vereinheitlichte Normalsprache vorhanden. Die Verdienste eines lemmatisierten Index sind überhaupt nicht zu schmälern, doch dürfen auch dessen Nachteile nicht übersehen werden. Ein Beispiel: ERIKA BAUER hat das Verfahren, für den Index, wie es PAUL SAPPLER für die Werke Heinrich Kaufringers gemacht hatte, eine »Durchschnittssprache« zu wählen,[10] auf einen tirolischen Text von 1466 angewandt: auf Heinrich Hallers Übersetzung der 'Imitatio Christi'.[11] Dabei wird für (das gut dokumentierte) Tirolische des Heinrich Haller eine nicht weiter erklärte (im Vokalismus bairische) Kunstsprache generiert, die sowohl dem ans Mittelhochdeutsche wie ans Neuhochdeutsche gewöhnten Benutzer entgegenkommt. Die Problematik, die im Ansatz einer artifiziellen Normalsprache liegt, wird aber hier sehr deutlich. So hat keines der 39 mit initialem *k* angesetzten Lemmata[12] eine tatsächliche Entsprechung in der Sprache des Haller-Textes. Zeigt die so geschaffene Normalsprache an sich schon relativ starke Abweichungen vom individuellen Text, so wird das Problem noch deutlicher, wenn die Kriterien für eine phonologisch-graphematische Normalisierung nicht aus dem weiteren Rezeptionsfeld des Textes gewonnen werden. So hat das Erscheinungsbild der Sprache des Haller-Index nicht nur mit der des Textes, sondern auch mit der des Tirolischen des 15. Jahrhunderts nicht mehr viel gemeinsam.

Bei einer index- oder konkordanzmäßigen Erschließung des Wortschatzes eines Textes als Vorstufe bzw. Vorarbeit für ein Wörterbuch hat weiters eine Normalisierung auch insofern einen unerwünschten Nebeneffekt, als in einem prälexikographischen Stadium Entscheidungen getroffen werden, die eigentlich erst bei der Lexematisierung gemacht werden sollten. Die Wertung von Formen und Schreibungen, die ein Normalisierungssystem impliziert, ist schwer rückzuvollziehen, einmal abgesehen von den »allseits bekannten Erstarrungs- und Gewöhnungseffekten«,[13] zu denen Normalisierungen führen.

---

[9] »... von den ebenfalls verselbständigten flektierten Formen ganz abgesehen«, WERNER SCHRÖDER: Der Computer in der deutschen Philologie des Mittelalters. In: Beitr. 91 (Tübingen 1969), S. 386–396, hier S. 389.

[10] Vgl. PAUL SAPPLER (Hg.): Heinrich Kaufringer, Werke. I: Text; II: Indices. Tübingen 1972/74. Vgl. II, besonders S. XIV.

[11] ERIKA BAUER (Hg.): Heinrich Hallers Übersetzung der *Imitatio Christi.* Salzburg 1982 (Analecta Cartusiana 88).

[12] Vgl. ebd., S. 130f.

[13] HANS-JÜRGEN STAHL: *mertel uel in alijs partibus pflaster.* Ein Beitrag zur Methode edi-

Mit besonderer Beharrlichkeit aber widersetzt sich das Wortmaterial jedem Normalisierungsversuch, wenn der Text in sich mehrere Sprachschichten oder dialektale Strata aufweist (vgl. Bsp. 2: Neben hochsprachlichem *souil* erscheint dialektales *soflá*). Dann verdunkelt nämlich ein normalisierender Index genau jene idiomatischen Eigenheiten, die nicht nur auf poetisch-stilistischer Ebene einen wesentlichen Wirkungsfaktor des Textes darstellen, sondern auch unter phonologischem, morphologischem und lexikalischem Aspekt als im sprachlichen Inventar verfügbare und vom Dichter bewußt eingesetzte Varianzen aufzufassen sind.

Und hier kommt ein wesentlicher Faktor ins Spiel, der nicht nur die Entscheidung gegen eine Normalisierung bedingt, sondern auch die Wahl zwischen Index und Konkordanz eindeutig zugunsten letzterer ausfallen läßt: Nur eine Konkordanz, die durch die referentielle Beigabe der ›Rolle‹ das Wortmaterial figurenspezifisch auflistet, läßt den bewußten dichterischen Einsatz sprachlicher Varianten – etwa indirekte Charakterisierung der Rollen (vgl. Bsp. 3: Die ›Gebildeten‹ verwenden die hochsprachliche *euch*-Form, die Bauern die dialektale *enck*-Form) – schnell erkennen. Es erschiene mir nicht gerechtfertigt, diese Möglichkeit unbedacht (durch Beschränkung auf einen Index) zu vergeben.

4. Die Verskonkordanz

Ist die Frage, ob Konkordanz oder Index, zugunsten ersterer beantwortet, so fällt die Entscheidung für eine Vers-Konkordanz, als Kontexteinheit der Lemmabelege also jeweils einen vollständigen Vers zu wählen, in unserem Fall leicht, da der Text praktisch kein Enjambement kennt, die Versgrenze also stets auch eine syntaktische Segmentierung bedeutet.

Die Verskonkordanz zum 'Zweiständespiel' orientiert sich im wesentlichen an der von Jones, Mück und Müller 1973 erstellten ›Verskonkordanz zu den Liedern Oswalds von Wolkenstein‹.[14] Wenn analog zur Oswald-Konkordanz also auf (normalisierende) Lemmatisierung verzichtet wird, so stand aber von vornherein fest, daß die Brauchbarkeit der Konkordanz durch ›manuelle‹ Eingriffe erhöht werden sollte.

1. Einen ersten manuellen Eingriff stellt die Homographentrennung dar. Im Gegensatz zur Oswald-Konkordanz wurde versucht, nicht nur nach semantischen, sondern auch nach funktionalen Kriterien zu scheiden. So wird beispielsweise bei der Wortform *So,* für die in der Oswald-Konkordanz ein Lemma-Ansatz steht, in fünf Funktionen getrennt (vgl. Bsp. 4).

2. In einem zweiten Schritt sollte in das maschinell geordnete Verzeichnis manuell ein möglichst vollständiges Verweissystem eingearbeitet werden. Dieses Verfahren, das in der Oswald-Konkordanz konsequente Anwendung fand, scheint sich

---

tionsbegleitender Wörterbücher und zur frühneuhochdeutschen Lexikographie. In: Überlieferungsgeschichtliche Prosaforschung. Beiträge der Würzburger Forschergruppe zur Methode und Auswertung. Hg. v. Kurt Ruh. Tübingen 1985 (TTG 19), S. 89–125, hier S. 103.

[14] George Fenwick Jones / Hans-Dieter Mück / Ulrich Müller: Verskonkordanz zu den Liedern Oswalds von Wolkenstein (Hss. B und A). Göppingen 1973 (GAG 40/41).

heute allgemeiner Anerkennung zu erfreuen.[15]

Das Verweissystem berücksichtigt a) primäre Verweise: graphische und flexivische Formvarianten der Lemmawörter, auch Suppletivformen (vgl. Bsp. 5). Daneben werden b) sekundäre Verweise, in eckiger Klammer, eingearbeitet. So werden in Fällen von Krasis die Vollformen hergestellt und (in eckiger Klammer) verweismäßig aufgenommen (vgl. Bsp. 6). Auf lexikalische Varianten wird nur in Ausnahmefällen verwiesen: grundsätzlich bei Diminutivformen (wie z. B. *mietl - múet* oder *márler - mer 2*), ferner bei umkehrbaren Präpositionaladverbien (mit gleicher Semantik) des Typs *abhin - hinab, herein - Inher* (vgl. Bsp. 7). Nicht berücksichtigt werden Derivativa und Komposita sowie etymologisch zusammengehörige Wörter.

3. Ein dritter manueller Eingriff betrifft die Zusammen- und Getrenntschreibung. Auch hier geht es natürlich um bessere Benutzbarkeit der Konkordanz, die soweit als möglich über den Nachweis bloßer Wortteile hinausgehen sollte. Ich habe mich in der Edition bezüglich Segmentierung von Wörtern und Wortteilen streng an die Handschrift gehalten. Desto sinnvoller erscheinen daher in der Konkordanz interpretierende Eingriffe (vgl. Bsp. 8: Aus den zwei Lemmata *Vorm* und *Weiß* wäre das Wort *VormWeiß* < *vorimbîȝ* = Frühstück, nur mit Mühe und erst bei Durchsicht der Belegvarianten zu konstruieren; dasselbe gilt von Komposita des Typs *totnkreutz* usw.). In diesem Sinn werden als Komposita interpretierbare feste Verbindungen nichtverbaler Art, auch wenn sie im Text getrennt erscheinen, als ein Lemma angesetzt. Die Belege erscheinen aber in der Fassung des Editionstexts. Vor allem bei Adverbien des Typs *da(r), her, hin* + Präposition (vgl. Bsp. 7) bewährt sich dieses Verfahren, da diese häufig auch im Text als ein Wort erscheinen.

Lemmazeile und Belegzeilen stellen sich also folgendermaßen dar (vgl. etwa Bsp. 5): Dem Lemma folgt eine Angabe 1. der absoluten, 2. der relativen Häufigkeit, 3. (bei Homographen) eine Ordinalzahl mit Wortartangabe, 4. der durch ›s.‹ (= siehe) eingeleitete Verweis auf Lemmavarianten bzw. Minus- oder Pluszeichen (-/+), wenn die Lemmavarianten unmittelbar vorausgehen oder folgen. Die Adresse der Belegzeilen enthält drei Angaben: 1. Rollenangabe, 2. Verszählung nach der Ausgabe von ZINGERLE, 3. Zeilenzählung meiner Ausgabe (mit der Ausgabe von BAUER übereinstimmend).

5. Die Indices und das rückläufige Wortformenverzeichnis

Für die Orts- und Personennamen (vgl. Bsp. 9), für die lateinischen Ausdrücke (vgl. Bsp. 10) sowie die ›Regieanweisungen‹ (vgl. Bsp. 11) wurden eigene Indices erstellt. Die Lemmata erscheinen hier ohne Kontext, aber mit Angabe der Belegstellen. Die manuellen Eingriffe erfolgen ähnlich wie in der Konkordanz. Im ›Regie-Index‹ sind die Rollennamen mit Asterisken (*) gekennzeichnet.

---

[15] Vgl. etwa GÄRTNER/KÜHN, Indices und Konkordanzen [wie Anm. 8], S. 627; MAX SCHIENDORFER: Computergenerierte Indices zu mittelhochdeutschen Liedersammlungen. In: ZfdPh 105 (1986), S. 114–126, hier S. 117.

Das ›Rückläufige Wortformenverzeichnis‹ (vgl. Bsp. 12) soll einerseits Interessen der Wortbildungsforschung entgegenkommen, Daten für Flexionsmorphologie und ähnliches zusammenstellen, andererseits die Nachteile der nichtlemmatisierten Konkordanz (teilweise) neutralisieren. Das ›Reimverzeichnis‹ (vgl. Bsp. 13) wurde (manuell) vor allem in Hinblick auf Dialektuntersuchungen erstellt, wobei der Ansatz der Reimtypen unter dem Anordnungsgesichtspunkt eines normalisierten mittelhochdeutschen Vokal- und Diphthong-Systems erfolgt.

Verschiedene andere Indices und Listen wurden erstellt, hauptsächlich als Arbeitshilfen: eine Frequenzliste, eine Wortlängenliste, eine Liste des Graphems *k* in allen Stellungen etc. Deren Publikation ist jedoch nicht geplant.

Verskonkordanz und Indices wurden mit Hilfe des ›Oxford Concordance Program‹ erstellt.

6. Projekt-Rahmen

Die konkordanz- und indexmäßige Aufarbeitung des Tiroler Fastnachtspiels *'Die zwen Stenndt'* - meines Wissens einer der ersten derartigen Versuche auf dem Gebiet der mittelalterlichen Spielliteratur - verfolgt eine mehrfache Zielsetzung. Die lexikographische Aufbereitung des Wortmaterials des Textes dient natürlich in erster Linie seiner Interpretation. Doch erblicke ich darin vor allem einen Baustein für eine zeitlich und räumlich weiterreichende Erfassung einer territorial abgrenzbaren Schriftsprache.

In der 2. Hälfte des 13. Jahrhunderts, fast gleichzeitig mit dem Auftauchen der ersten deutschsprachigen Texte (Friedrich von Sonnenburg, Heinrich von Burgeis, deutsche Urkunden), wird Tirol zu einer politischen Einheit, zu einem relativ geschlossenen Territorium geformt. Die politische Geschlossenheit dieses Raumes an einer Sprachgrenze und mit Einschluß einer romanischen Minderheit läßt die Entwicklung einer Sprach- und Literaturlandschaft eigener Prägung erwarten, wie sie uns ja auch tatsächlich in der ersten Hälfte des 15. Jahrhunderts in der Gestalt Oswalds von Wolkenstein literarisch in markanter Art entgegentritt. Für die Erforschung der sprachlichen Eigenheit dieses Raumes im Mittelalter fehlen noch weithin die Voraussetzungen. Dabei lassen etwa das ›Tirolische Idiotikon‹ von JOHANN BAPTIST SCHÖPF[16] und das ›Wörterbuch der Tiroler Mundarten‹ von JOSEF SCHATZ und KARL FINSTERWALDER[17] sehr deutlich den Sondercharakter (auch) des mittelalterlichen und frühneuzeitlichen Tirolischen erkennen.

Vollständige Spezialwörterbücher, -konkordanzen oder -indices zur tirolischen Literatur, sei es Dichtung oder Gebrauchsliteratur, fehlten bis vor kurzem ganz. Neben einigen Wortverzeichnissen und Auswahlglossaren mit besonderer Zielsetzung bildet das ›Oswald-Glossar‹ von JOSEF SCHATZ[18] eine wissenschaftliche Lei-

[16] J[OHANN] B[APTIST] SCHÖPF: Tirolisches Idiotikon, vollendet von ANTON J. HOFER. Innsbruck 1866.

[17] JOSEF SCHATZ: Wörterbuch der Tiroler Mundarten. Für den Druck vorbereitet von KARL FINSTERWALDER. 2 Bde., Innsbruck 1955/1956 (Schlern-Schriften 119/120).

[18] JOSEF SCHATZ: Sprache und Wortschatz der Gedichte Oswalds von Wolkenstein. Wien/ Leipzig 1930 (Akad. d. Wiss. in Wien, Philos.-histor. Kl., Denkschriften 69, 2).

stung eigener Art, ein der Oswald-Forschung bis heute höchst willkommenes Bedeutungswörterbuch, das gleichzeitig eine Grammatik zur Sprache Oswalds von Wolkenstein mitliefert. In Ergänzung dieses nicht letzte Vollständigkeit anstrebenden Glossars erschien 1973 die erste vollständige Konkordanz zum gesamten Wortschatz der Lieder Oswalds von Wolkenstein und damit zur tirolischen Literatur des Mittelalters überhaupt, die erwähnte Oswald-Konkordanz von JONES, MÜCK und MÜLLER.[19] 1982 folgte dann der erste vollständige Index zur tirolischen Literatur des Mittelalters: der ebenso verdienstvolle, schon genannte Haller-Index von ERIKA BAUER.[20]

Die so begonnene Reihe von Konkordanzen und Indices zur tirolischen Literatur des Mittelalters soll mit der Konkordanz und den Indices zum 'Zweiständespiel' fortgesetzt werden. Es wäre wünschenswert und jedenfalls als Fernziel im Auge zu behalten, alle tirolischen (geistlichen und weltlichen) Spieltexte und anderen literarischen Denkmäler durch ähnliche Arbeiten sprachlich zu erschließen. In weiterer Folge wird schließlich an eine Erfassung auch der Gebrauchstexte, von den ältesten deutschen Urkunden bis hin zu den spätmittelalterlichen Rechts- und Verfachbüchern des tirolischen Raumes, zu denken sein. Und wenn sich aus dieser langfristigen Zielsetzung als Postulat zunächst eine Indizierung sämtlicher ›Sterzinger Spiele‹ ergibt, so wird, hoffe ich, für den Augenblick auch hier gelten, was WERNER SCHRÖDER »angesichts des beklagenswerten Zustandes der mittelhochdeutschen Lexikographie, der zunächst einmal eine verläßliche Registrierung des Wortmaterials der wichtigsten literarischen Denkmäler gebietet«, vor neunzehn Jahren feststellte: »Bis dat qui cito dat.«[21]

Beispiele

Beispiel 1

kropf

Vnnd wenns enckh gleich hat verdroſſn
Was leit mir Verleſſtn dran
Ich kúm Leycht noch mit der heite dauon
Dj weils doch ye am tage iſt
So habetz yns verfúert á lange friſt
Mit vmbſtánden das nit Sein Sellt
vnd nembts gleich auf fúr weúer Wéllt
Ier ſetzet euch denn Wie ander eeleit heyſn
So Woltn wir euch guet nachperlich frointſchafft Beweyſn
Das mócht Ir wol thuen mit gúetn ern

---

[19] Siehe Anm. 14.
[20] Siehe Anm. 11. Wortindex und verschiedene Verzeichnisse S. 107–224.
[21] SCHRÖDER, Der Computer [wie Anm. 9], S. 388.

pfarrer

Jer ſolt eúch an Vnſerj wort vnd nit an Vnſerj werckh kern
Es thúet euch paurn am maiſtn Zorn 650
das wir nit mit enckh gen ackher Varn
Wier arbaitn aber In dem rechtn Weingartn

freyhart

Ja herr mit Wúrffl vnd mit kartn
iſt es aber nit wár herr

pfarrer

Was ſagſt du du lannds verráter ⟨21r⟩
Schaú das ich dier ains zum grind Schlag 656
es lanndlauffer es bringt dj ſach gar an tag
Habt nix den núr von pfaffn Zſagn
vnd ain gſpaib hin das ander her tragn
Jch main Wann Ich mit drei Vingern ſchreib 660
So arbait an mir der gantze leib
Nit minder mues ich Vaſtn pettn leſn Vnd Singenn
mit ſolchm múes Ich enckh paurn gen himel pringen
Noch wellt es dennocht nit erkhennenn

freyhart

Ia herr euch iſt gleich wie ainr vaiſtn hennenn 665
dj gaggitzt vnd treibt So vil gſchray
legt dennoch kaúm In drey woch ain ay
Iſt eúch auch wenn Ir habt ab gmeſſn
So eillt Ir dann Núr ſchnell Zum eſſn
Darnach habt Ir kain ander gdingen 670
dann Wie Ir ain peyrin Vmb Ir eer mócht pringen

Beispiel 2

ſoflá	1	0.01	*s.* ſouil
RUB	0117	0144	Sy es glábt niempt das man ſoflá vnútzler leúte Ietz Vindt
ſouil	1	0.01	*s.* [ſo 2], ſoflá, [vil]
FRE	0226	0255	Sy gaben ſouil Indulgentz vnd ablas

Beispiel 3

enckh	24	0.27	*s.* es 2
KRO	0003	0004	Lieſts ynſn koſſtn wárs enckh kain mie
KRO	0078	0095	Wolan richter Ich hét enckh vor ain gebracht e
RUB	0087	0108	gſegns enckh got mein her richter
RUB	0088	0109	Dj weil Ich enckh nit pin Vnmár
RUB	0091	0112	Ich pin albeg gegn enckh gúets willn
RIR	0270	0300	Ir nachparn Wie gfellt enckh aber ſein klaffn
KRO	0529	0632	Wie gfellt enckh das frummer her richter
KRO	0560	0668	Wolt enckh vmb eppas fragn
...			
euch	24	0.27	*s.* Ir 1 +
FRE	0255	0284	Ir erſamen herren lat euch nit Verdrieſſenn

FRE 0260 0289 das euch got euren magtumb behiet
FRE 0316 0358 Hent Ir nachparn Wie gfellt euch die latein
MAR 0492 0589 Ich kúnd euch halt nit mer reſpondiern
RIR 0500 0600 Herr pfarrer was dúnckht euch von meim ſun
PFA 0507 0608 Laſſt euch nit Iernn den Iezigen glaubn
...

Beispiel 4

So 63 0.70 *1. part.*
KRO 0010 0011 So trúeget yns des ain maſſe her
RIR 0016 0018 darnach So gieng ain yeder wider haim
...
ſo 37 0.41 *2. a.*, [*s.* ſouil]
KRO 0006 0007 es lobetn enſchtag wol ſo vaſſt der teml an der puechn
KRO 0008 0009 er Iach wie er ſo verlúechtlách piczlet auf der Zungen
...
So 9 0.10 *3. c.*, [*s.* Sopald]
RUB 0105 0128 So Wir Núr guete hofnúngkh Zun Im habm
RUB 0110 0133 So man In Núr mit ernſt rúeffet an
...
So 3 0.03 *4. part. (absolut)*
RIR 0266 0296 So gaúggler ge á wenckh baß her fir
KRO 0974 1171 So faculus wo piſt ge her Zu aller naet
...
So 1 0.01 *5. rel. pron.*
KRO 0275 0306 So Sy mir alſo thuet In rachn

Beispiel 5

beſſer 2 0.02 *s.* guet 1 +
RIR 0530 0634 Jch wais ſchier nit welles das beſſer wer
PFA 0930 1118 So du es aber beſſer erkenſt Vnd waiſt
béſſer 2 0.02 - +
RIR 0437 0508 wer béſſer Sy wer her auß vnd gedácht hinein
KRO 0569 0677 Enckher húerrerey ſoll béſſer den der elich ſtand ſein
...
guet 11 0.12 *1. a., s.* baß, baſſtn, beſſer, béſſer, beſſern, béſſt, beſſtes, [deſtpas], gúet, guete, gúete, guetem, gúeten, gueter, gúeter 2, guetn, gúetn 1, guets, gúets, guetz, gúetz, paß, peſſtn, [verguet]
RUB 0102 0125 E ich Setz Zu got mein guet getrauwen
FRE 0168 0197 Der hab Im ain guet Spill Zutrennt
...

Beispiel 6

es 1 0.01 *3.* [in des, *s.* Der, In 1]
RIR 0390 0453 Schweigt es rittn nam der pfarrer geth da her

Beispiel 7

Inher 3 0.03 [*s.* herein]
RUB 0396 0462 wir habn enckher langeſt In her begert
RIN 0786 0936 Iſt er denn net Inher gangen mit enckh
RIR 0824 0986 Hayſſn an ſein Zech In her gien

Beispiel 8

VormWeiß 1 0.01
KRO 0023 0026 Ich bin Seidm Vorm Weiß heút gantz lár worn vmb die pruſt

totnkreutz 1 0.01
PFA 0629 0749 man múes *euch* mittm totn kreutz Vmb dj Kirch treibn

Beispiel 9

adlheit 1 955
Ariſtotiles 1 728
Bernhardtin 1 1004
Burgkhtor 1 560
chriſtj 1 856
Dietrich 1 745
eggen 1 746
Gerſon 1 727
hainrice 1 529
hans 1 + 272
hanſn 1 [*s. auch Konkordanz*] - 1071
Hiltgartn 1 1536
kathrine 1 *s.* trein + 1270
katrein 1 - 1510
kropf 13 66, 98, 115, 477, 623, 684, 943, 983, 1167, 1175, 1427, 1463, 1469
leberWurſt 1 272
lennzn 1 715
luther 1 + 845
Lutter 2 - 196, 690
marten 4 + 1192, 1281, 1335, 1523
martine 6 - + 530, 592, 1027, 1046, 1272, 1508
martinum 1 - + 560
Martinus 1 - + 196
Mártl 4 - + 530, 1186, 1227, 1237
märtl 1 - 1172
[.N. 1 480]
ort 1 [*s. auch Konkordanz*] 623
...

Beispiel 10

accede 1 523
ad 2 523, 560
amice 1 527
amplius 1 550
anima 1 571
Aſperges 1 1566d
audiuiſti 1 + 571
audj 1 - 653
Baclarium 1 579
beanúm 1 577
bena 1 [+] 455
Beneuenertis 1 [*s.* bena, Veni -] 527
bibe 1 533
caſte 1 654
cauſam 1 551
caúte 1 654
Cum 1 *s.* cúm, mecum, tecum + 1127
cúm 1 - 555
curas 1 593
De 1 571
debetis 1 468
Deo 1 *s.* Deús 457
Depoſuiſtj 1 577
Deús 1 *s.* Deo 546
diſtinctione 1 721
domine 5 468, 525, 555, 590, 1566d
eciam 1 1029
ego 1 *s.* me, mecum, Michi, mihi 579
et 2 457, 1127
Eúangelys 1 [*s. auch Konkordanz:* Ewagilg] 850

Beispiel 11

Actum 1 1567
aim 1 + 1014
Ain 1 - + a
ainem 3 - b, d, e
anander 1 [+] 1546
andern 1 [-] d
auch 3 + 1018, 1033, 1488
aúch 2 - c, e
auf 1 913
auß 3 1015, 1136, 1547
Buitet 1 1548
Da 5 139, 512a, 1136, 1269, 1488
Dann 1 1136a
der 55 + 13, 22, 34, 37, 40, 49, 52, 57, 62, 65, 70, 73, 82, 87, 94, 100, 106, 139, 140, 143, 148, 152, 295, 454, 454, 515, 518, 542, 613, 913, 926, 926, 949, 1014, 1016, 1018, 1033, 1136, 1136a, 1136b, 1269, 1269, 1410, 1410, 1426, 1433, 1435, 1437, 1472, 1488, 1489, 1507, 1519, 1548, 1566a
des 2 - + 512a, 933a
di 3 - + 1147, 1410, 1545
dj 1 - 1406
*dorfrichter 2 [*s.* richter] b, 13
dſtubnthir 1 *s.* ſtubnthür 1136
eevölckl 1 [*s.* Volckh] 1507
ein 5 1, 139, 454, 512a, 933a
enphacht 1 454
er 1 *s.* im, jm 1, jn 1015
etwo 1 1136b
*fraß 34 *s.* fraſſ, [ruebmfraß] + 37, 57, 73, 87, 106, 124, 143, 315, 336, 347, 386, 396, 403, 417, 458, 515, 542, 613, 714, 724, 751, 894, 921, 939, 947, 979, 1003, 1018, 1024, 1033, 1042, 1435, 1448, 1452
*fraſſ 1 - 528
...

Beispiel 12

1	Verckhern
2	Iern
1	degradiern
1	reſpondiern
2	ſtudiern
1	derhofiern
1	Schiern
1	Carceriern
1	Viſiern
1	tiſpenſiern
1	conúerſiern
1	Zhaúſiern
1	Viſitiern
1	Vexiern
3	kern
1	Verkern
1	lern
1	dernern
1	pérn
2	nachpern

Beispiel 13

êren
begern
– wern [werden]
eren, ern
– gern
– gewern
– kern
– wern, Wern [werden]
gern
– ern
– Verkern
– wern [2], Wern [werden]
kern
– ern
– wern [werden] [2]
Verckheren, Verckhern, Verkern
– gern
– weren, wern, Wern [werden]

Ilpo Tapani Piirainen

Möglichkeiten und Grenzen der EDV bei der Untersuchung frühneuhochdeutscher Texte in der Slowakei

Die Slowakei (im Sinne der heutigen Bezeichnung Slovenská Socialistická Republika / Slowakische Sozialistische Republik im Bundesstaat ČSSR/Tschechoslowakei) ist eine alte slawische Kulturlandschaft im Herzen Europas, nur ein Stückchen von den europäischen Metropolen Wien und Budapest entfernt. Archäologische Funde aus der Zeit von 3000 v. Chr. weisen darauf hin, daß sich die Siedlung in der fruchtbaren Gegend in der Mittelslowakei auf die Flußtäler der Ipel (Eipel) konzentrierte. Gut tausend Jahre später, zwischen 1900 und 1500 v. Chr., hatte sich die Siedlung auf die höher gelegenen Berggegenden ausgeweitet. Besonders reiche Funde stammen aus der Bronzezeit, die darauf schließen lassen, daß damals bereits Edelmetalle gewonnen wurden.[1] Etwa 400 v. Chr. waren Kelten in der Slowakei.[2] In der römischen Zeit kämpfte 172-180 n. Chr. Kaiser Marcus Aurelius am Fluß Hron/Gran.[3] Eine eindeutige slawische Kultur ist in der Mittelslowakei während des Großmährischen Reiches im 8.-9. Jahrhundert n. Chr. nachweisbar.[4] Für dieselbe Zeit gilt für die Ostslowakei, daß im sog. Košicer/Kaschauer Becken vor der Landnahme durch die Ungarn im 10. Jahrhundert die slawische Besiedlung gefestigt war; in der Landschaft Spiš/Zips ist eine slawische Besiedlung seit dem 6. Jahrhundert belegt.[5]

Im 13. Jahrhundert, als die Slowakei bereits längere Zeit zum ungarischen Herrschaftsbereich gehörte, wurden besonders in der Regierungszeit Belas IV. (1235-1270) Begünstigungen geschaffen, durch die deutsche Siedler in die Slowakei gelockt wurden. Sowohl in den Bergbaugegenden der Mittelslowakei als auch in den wichtigen Handelsknotenpunkten der Ostslowakei entstanden im 13.-14. Jahrhundert Städte, in denen Slowaken, Ungarn und Deutsche nebeneinander lebten.[6] Die-

[1] Paulík, Jozef: Praveké umenie na Slovensku. [Prähistorische Kunst in der Slowakei.] Bratislava 1980, speziell die dort abgedruckte Karte über die archäologischen Fundorte; Vladár, Josef: Dávne kultúry a Slovensko. [Frühere Kulturen und die Slowakei.] Bratislava 1983.

[2] Zachar, Lev: Keltské umenie na Slovensku. [Die keltische Kunst in der Slowakei.] Bratislava 1987.

[3] Kolník, T.: Rímske a germánske umenie na Slovensku. [Römische und germanische Kunst in der Slowakei.] Bratislava 1984.

[4] Dekan, Ján: Vel'ká Morava. Doba a umenie. [Groß-Mähren. Epoche und Kunst.] Bratislava 1976; Havlík, Lubomir: Kronika o Velké Morave. [Chronik über Groß-Mähren.] Brno 1987, speziell die Karte auf S. 144.

[5] Varsik, Branislav: Osídlenie košickej kotliny. [Die Besiedlung des Kaschauer Beckens.] Band 1-3, Bratislava 1964-1977, speziell Band 1, S. 155-164; Spiš v 6.-16. storoči v archeologických pramenoch. [Die Zips im 6.-16. Jahrhundert in archäologischen Quellen.] Ausstellungskatalog Levoča-Stará Lubovna 1987.

[6] Kučera, Milan: Die Struktur der Bevölkerung in der Slowakei im 10.-12. Jahrhundert. In: Studia Historica Slovaca 4, 1966, S. 7-82; Lehotská Darina: Vývoj mestského práva na Slovensku. [Entwicklung des Stadtrechts in der Slowakei.] In: Zborník Filozofickej Fakulty Univerzity Komenského-Historica 10 (1959), S. 65-114.

ses Nebeneinander dauerte bis zum Zweiten Weltkrieg, als der durch die Nationalsozialisten unterstützte slowakische Staat und die auf sowjetischer Seite kämpfenden Partisanen in Kämpfe miteinander gerieten. Die größte Tragödie in diesen Kriegsjahren erlitten die Deutschen, die an der Seite der Slowaken im SNP (Slowakischen Nationalaufstand) gegen das Hitler-Regime kämpften.[7] Die Zahl der Deutschen in der Slowakei hat niemals die Grenze von 5% der Gesamtbevölkerung überschritten; es gab jedoch Schwerpunkte in der Besiedlung der deutschsprachigen Bevölkerung, u. a. in Bratislava/Preßburg, in Bergstädten der Mittelslowakei sowie in der Landschaft Spiš/Zips in der Ostslowakei.[8] Die Kanzleisprache war neben dem Latein und seit dem 15. Jahrhundert neben dem Slowakischen in vielen Städten der Slowakei das Deutsche, das erst 1840 durch das Ungarische und mit der Gründung der ersten Tschechoslowakischen Republik im Jahre 1918 durch das Slowakische verdrängt wurde.[9]

Fast ausnahmslos sind die alten Rechtstexte der Slowakei auf Deutsch kodifiziert worden. Die deutschsprachigen Rechte der Slowakei interessieren seit Jahrhunderten die Forschung. Bereits im Jahre 1791 hat THOMAS VON WAGNER eine Handschrift des Stadt- und Bergrechts von Banská Štiavnica/Schemnitz herausgegeben.[10] Im 19. Jahrhundert bemühten sich vor allem die ungarischen Forscher um die Veröffentlichung der deutschsprachigen Texte aus der Slowakei. GUSZTÁV WENZEL gab das Bergrecht von Kremnica/Kremnitz heraus,[11] und im Jahre 1855 veröffentlichte JOSEF KACHELMANN die Edition des Stadt- und Bergrechts von Banská Štiavnica/Schemnitz nach einer Prachthandschrift des 15. Jahrhunderts, die heute im Ungarischen Nationalmuseum in Budapest aufbewahrt wird.[12] In der ersten Tschechoslowakischen Republik bemühten sich die einheimischen Forscher um Editionen: MICHAL MATUNÁK druckte 1928 das Stadt- und Bergrecht von Kremnica/Kremnitz[13] und VÁCLAV CHALOUPECKÝ die alttschechische bzw. altslowakische Übersetzung des Stadtrechts von Žilina/Sillein ab.[14] Von deutscher Seite hat sich in den 30er und 40er Jahren dieses Jahrhunderts HERBERT WEINELT mit frühneuhochdeutschen Handschriften der Slowakei beschäftigt; er veröffentlichte 1938 den Band ›Die mittelalterliche deutsche Kanzleisprache in der Slowakei‹ und 1940 eine Edition des Stadtbuches von Spišská Nová Ves/Zipser Neudorf.[15] Da-

---

[7] Slovensko I. Dejiny. [Die Slowakei I. Geschichte.] Hg. v. JÁN TIBENSKÝ. Bratislava 1971, S. 733-739, 757-804.

[8] MARSINA, RICHARD (Hg.): Národnostný vývoj miest na Slovensku do roku 1918. [Nationalitätenentwicklung der Städte in der Slowakei bis zum Jahre 1918.] Martin 1984.

[9] KRAJČOVIČ, RUDOLF: Svedectvo dejín o slovenčine. [Zeugnisse der Geschichte über die slowakische Sprache.] Martin 1980; PIIRAINEN, ILPO TAPANI: Stadtbücher in der Slowakei. In: Ars. Kunsthistorische Revue der Slowakischen Akademie der Wissenschaften 1977/1981, S. 51-62.

[10] WAGNER, THOMAS VON: Corpus iuris metallici recentissimi et antiquioris. Sammlung der neuesten und älteren Berggesetze. Leipzig 1791, S. 163ff.

[11] WENZEL, GUSZTÁV: Magyarország bányaszatának kritikai története. [Kritische Geschichte des ungarischen Bergbaus.] Budapest 1880.

[12] KACHELMANN, JOSEF: Geschichte der ungarischen Bergstädte und ihrer Umgebung. Band 1-3, Schemnitz 1853, 1855, 1857, speziell Band 2, S. 177ff.

[13] MATUNÁK, MICHAL: Z dejín slobodného a hlavného banského mesta Kremnice. [Aus der Geschichte der freien Hauptbergstadt Kremnitz.] Kremnica 1928.

[14] CHALOUPECKÝ, VÁCLAV: Kniha Žilinska. [Das Silleiner Buch.] Bratislava 1934.

[15] WEINELT, HERBERT: Die mittelalterliche deutsche Kanzleisprache in der Slowakei. Brünn/Leipzig 1938; ders.: Das Stadtbuch von Zipser Neudorf und seine Sprache. München 1940.

nach ruhte die Frühneuhochdeutsch-Forschung in der Slowakei fast 30 Jahre lang.

Seit 1969 arbeite ich jährlich in slowakischen Archiven und habe bisher vier Bände mit frühneuhochdeutschen Rechtstexten aus der Slowakei herausgegeben. Die Bücher enthalten eine vollständige, diplomatische Edition aller Handschriften des jeweiligen Rechtstextes, eine graphemische Analyse der Handschriften sowie ein Glossar der rechtlichen und bergbaulichen Termini.[16] Da ich bereits in meiner 1968 veröffentlichten finnischen Dissertation die Analyse der Grapheme sowie ihrer Häufigkeit mit dem Computer durchgeführt habe, taucht für mich seit zwei Jahrzehnten immer wieder das Problem der Datenverarbeitung für die Archivarbeiten und Editionsvorbereitungen auf.[17]

Das staatliche Archivwesen in der Slowakei ist hierarchisch geordnet: In Bratislava/Preßburg befindet sich das zentrale Staatsarchiv, für größere Flächen sind die Gebietsarchive zuständig, jeder Kreis hat ein Kreisarchiv. Im Gegensatz zu der oft Jahrhunderte langen Tradition der Stadtarchive haben nur zwei Städte, Bratislava/Preßburg und Košice/Kaschau, ihr eigenes Stadtarchiv.[18] Angesichts der Möglichkeiten des Personal Computers wäre es eine leichte Arbeit, einen Katalog der frühneuhochdeutschen Handschriften der Slowakei zu erstellen. Einem derartigen Plan stehen aber die praktischen Schwierigkeiten entgegen. Erst in einem einzigen Archiv, im Staatlichen Kreisarchiv in Banská Bystrica/Neusohl, hat man begonnen, die Bestände des Archivs mit dem Computer zu katalogisieren. Da es Archive gibt, die mehrere Regalkilometer deutschsprachiger Handschriften besitzen, ist es nicht einmal möglich, aufgrund der hand- und maschinengeschriebenen Kataloge eine Zusammenstellung von Rechtstexten der Slowakei zu erreichen. Deswegen steht jeder Sprachforscher in den slowakischen Archiven vor der Aufgabe, große Mengen von Archivalien durchzusehen und zusammen mit dem Archivpersonal nach wertvollen Handschriften zu suchen. Die Folge ist, daß man nur punktuell über einzelne Ortschaften und Texte arbeiten und auch für eine Textedition die Provenienz und die Genealogie der einzelnen Handschriften nur mit Mühe klären kann.

Bei der Editionsarbeit sind für die frühneuhochdeutschen Rechtshandschriften zwei Typen von Vorlagen zu berücksichtigen: 1. Ein Rechtscodex, der nur in einer einzigen Handschrift vorliegt (Žilina/Sillein, Kremnica/Kremnitz);[19] 2. Ein Recht, das in mehreren Handschriften, oft aus verschiedenen Jahrhunderten, vorliegt

---

[16] PIIRAINEN, ILPO TAPANI: Das Stadtrechtsbuch von Sillein. Einleitung, Edition und Glossar. Berlin/New York 1972; ders.: Das Iglauer Bergrecht nach einer Handschrift aus Schemnitz. Untersuchungen zum Frühneuhochdeutschen in der Slowakei. Heidelberg 1980; ders.: Das Stadt- und Bergrecht von Kremnica/Kremnitz. Untersuchungen zum Frühneuhochdeutschen in der Slowakei. Heidelberg 1983; ders.: Das Stadt- und Bergrecht von Banská Štiavnica/Schemnitz. Untersuchungen zum Frühneuhochdeutschen in der Slowakei. Oulu 1986.

[17] PIIRAINEN, ILPO TAPANI: Graphematische Untersuchungen zum Frühneuhochdeutschen. Berlin 1968.

[18] Über die Organisation und die Bestände der Archive in der Slowakei informiert: Archivy v Slovenskej Socialistickej Republike. [Archive in der Slowakischen Sozialistischen Republik.] Bratislava 1976. Für Forschungen in Archiven der Slowakischen Sozialistischen Republik muß eine Studiengenehmigung bei der Slowakischen Archivverwaltung (Archívna správa MV SSR), Križkova ulica 7, ČSFR-81104 Bratislava, beantragt werden.

[19] [wie Anm. 16].

(Banská Štiavnica/Schemnitz mit zehn Handschriften, das Recht der Landschaft Spiš/Zips in 13 erhaltenen Handschriften).[20] Bei dem letztgenannten Typus treten weitere Unterschiede auf: Während bei dem Stadt- und Bergrecht von Banská Štiavnica/Schemnitz nur ein Paragraph in einer Handschrift vorkommt, der inhaltlich von allen anderen Handschriften gänzlich abweicht, ist für die Überlieferung des Rechts der Spiš/Zips die Umstellung von unterschiedlichen Paragraphen und inhaltlichen Bestimmungen charakteristisch. Deswegen ist der vollständige Abdruck der einzelnen Handschriften die einzige Methode, die den Erwartungen der Rechtshistoriker und Germanisten entspricht.

Die vollständige Wiedergabe der handschriftlich überlieferten Texte ermöglicht auch einen Einblick in die sprachliche Form jeder Handschrift. Die frühneuhochdeutschen Texte aus der Slowakei geben einen Eindruck von einer Übergangslandschaft außerhalb des geschlossenen deutschen Sprachgebietes. In der Westslowakei finden sich viele bairisch-österreichische Dialektmerkmale (z. B. ⟨p⟩ für mhd. /b/, ⟨w⟩ für mhd. /b/), in der Ostslowakei dagegen vorwiegend ostmitteldeutsche Züge (z. B. die Durchführung der Monophthongierung, ⟨e⟩ für mhd. /ei/). In der Mittelslowakei kommen Züge beider Sprachlandschaften vor. Andererseits läßt sich aber in den frühneuhochdeutschen Handschriften der Slowakei eine deutliche Tendenz zu einer überregionalen Form hin feststellen. Insofern zeigt das Frühneuhochdeutsche in der Slowakei eine interessante Dynamik: Es lassen sich vom 14. bis zum 16. Jahrhundert Historiolekte finden, die bis 1700 zugunsten eines vereinheitlichten Neuhochdeutsch verdrängt werden. Die Sprache der Handschriften in der Slowakei bestätigt, daß es sich beim Frühneuhochdeutschen um ein Diasystem handelt.[21]

Bisher haben sich die computerunterstützten graphematischen Untersuchungen auf die Analyse älterer Sprachstufen konzentriert. Die erste maschinell durchgeführte graphematische Analyse eines umfangreichen Textcorpus wurde 1965 von Sture Allén realisiert und diente der Edition von handschriftlichen Briefen im Schwedischen. Diese Arbeit geht auf die theoretischen Vorlagen der Prager Schule zurück und ist angesichts der beschränkten technischen Möglichkeiten der Computer vom Anfang der 60er Jahre eine erstaunliche Leistung, die in bezug auf die Editionstechnik bis heute nicht überholt ist.[22]

Die darauf folgende computerunterstützte graphematische Analyse wurde 1968 von mir für die Untersuchung eines frühneuhochdeutschen Textes aus dem Jahre

---

[20] [wie Anm. 16]. Für das Recht der Spiš/Zips s. Papsonová, Mária: Die Zipser Willkür aus Spišská Sobota (Georgenberg). In: Beiträge zur Erforschung der deutschen Sprache 5 (1985), S. 41-65; Piirainen, Ilpo Tapani: Sprachliches aus der Zipser Willkür. Ein Beitrag zum Frühneuhochdeutschen in der Slowakei. In: Festschrift für L. Seppänen. Tampere 1983, S. 241-246.

[21] Piirainen, Ilpo Tapani: Regionale Charakteristika und überregionale Vereinheitlichungstendenzen im Frühneuhochdeutschen in der Slowakei. In: Wirkendes Wort 37 (1987), S. 105-117; ders.: Die Diagliederung des Frühneuhochdeutschen. In: Sprachgeschichte. Ein Handbuch zur Geschichte der deutschen Sprache und ihrer Erforschung. Band 1-2, Berlin/New York 1984-1985, Band 1, S. 1368-1379.

[22] Allén, Sture: Grafematisk analys som grundval för textedering med särskild hänsyn till Johan Ekeblads brev till brodern Claes Ekeblad 1639-1655. [Graphematische Analyse als Grundlage für die Textedition mit besonderer Berücksichtigung der Briefe Johan Ekeblads an seinen Bruder Claes Ekeblad 1639-1655.] Göteborg 1965.

1616 durchgeführt. Da dieser Text von Hans Ulrich Krafft insgesamt über 150000 laufende Wörter umfaßt, war die Erforschung der Verteilung und der Häufigkeit der verschiedenen Schriftzeichen nur mit Hilfe der EDV möglich. Theoretisch ging die Untersuchung von der Autonomie des Graphems aus, wobei ein sprachhistorischer Vergleich mit dem Mittelhochdeutschen vorgenommen wurde; die Entsprechungen jedes mittelhochdeutschen Graphems wurde distributionell und quantitativ erfaßt. Als Ergebnis zeigte sich, daß die Graphematik eines frühneuhochdeutschen Textes eine eigenständige sprachliche Struktur aufweist und die von dem vereinheitlichten Neuhochdeutschen abweichenden Schreibformen nur periphere Erscheinungen sind. Aufgrund der Graphematik wurde dann eine sekundäre phonologische Analyse durchgeführt, die einige sprachgeographische Besonderheiten erkennen ließ.[23]

Auch die Arbeit ERICH STRASSNERS beschäftigt sich mit dem Frühneuhochdeutschen. Bereits im vergangenen Jahrhundert wurde angenommen, daß Nürnberg ein Zentrum der Ausgleichsvorgänge im Frühneuhochdeutschen gewesen sei. Diese Forschungsansätze, die in unserem Jahrhundert wieder auftauchten, beruhten jedoch nicht auf Quellenstudien. STRASSNER hatte sich vorgenommen, anhand von Nürnberger Chroniken aus dem Zeitraum von 1385 bis 1709 eine graphematische Untersuchung durchzuführen. Er arbeitete ohne sprachhistorischen Bezug und konstituierte die Grapheme mit ihren Varianten, mit den korrespondierenden Schreibungen, mit den Abweichungen vom konventionellen Gebrauch des jeweiligen Graphems im Neuhochdeutschen, mit der Verteilung der Grapheme sowie mit ihrer Variantenhäufigkeit in Prozenten. Es zeigt sich, daß der Kontext des jeweiligen Graphems genau abgegrenzt werden kann. Phonologische Konsequenzen werden aus der graphematischen Analyse nicht gezogen.[24]

Auch die neueste computerunterstützte graphematische Untersuchung von GERHARD KOLLER wurde mit einem frühneuhochdeutschen Textcorpus durchgeführt. Als Grundlage diente der über 300000 laufende Wörter umfassende schriftliche Nachlaß von Albrecht Dürer (1471–1528). Da weder die von PIIRAINEN noch die von STRASSNER benutzte Software noch einsetzbar war, entwarf KOLLER ein in FORTRAN geschriebenes Programmsystem, das weitgehend kompatibel zu den früheren Graphem-Programmen ist. Theoretisch ist die Arbeit an keinen bestimmten Graphembegriff gebunden, aber eine weitgehende Autonomie des Graphems wird vorausgesetzt. Als Ergebnis werden vokalisch-konsonantische Graphkettenpaare sowie eine Graphkettenstatistik erzielt, die Auskunft über die Distribution und die Häufigkeit der Grapheme geben.[25]

Bei der Glossarherstellung ist der Computereinsatz zur Routine geworden. Wenn man einen frühneuhochdeutschen Rechtstext ediert, lernt man auch dessen

---

[23] [wie Anm. 17]. Obwohl die graphematische Ebene vor allem in der Untersuchung älterer Texte einen autonomen Charakter hat, ist eine phonologische Rekonstruktion, nicht zuletzt für sprachhistorische und dialektgeographische Zwecke, auf der Grundlage der graphematischen Analyse möglich und sinnvoll.

[24] STRASSNER, ERICH: Graphemsystem und Wortkonstituenz. Schreibsprachliche Entwicklungstendenzen vom Frühneuhochdeutschen zum Neuhochdeutschen, untersucht an Nürnberger Chroniktexten. Tübingen 1977.

[25] KOLLER, GERHARD: Computative Graphematik. Dokumentation eines Programmsystems zur schreibsprachlichen Analyse historischer Texte. Wiesbaden/Stuttgart 1985.

Inhalt kennen. Es hat keinen Sinn, den Personal Computer in der Form zu strapazieren, daß man zu jedem Lexem ein Glossar mit dem Kontext herstellen läßt. Vielmehr arbeite ich mit Schlüsselwörtern, die bergbauliche und rechtliche Termini sind. Nach der Eingabe sortiert der Computer den Text nach diesen Wörtern und druckt den Kontext aus. Somit läßt sich mit geringem Aufwand ein Glossar herstellen, das durch Bedeutungsangaben für jedes Stichwort ergänzt wird. Allerdings muß aus wirtschaftlichen Überlegungen im Druck auf die Wiedergabe aller Varianten der Stichwörter und ihrer Kontexte in den unterschiedlichen Handschriften verzichtet werden. Da jeder Band über einen Wortindex mit Stellenangaben verfügt, lassen sich die für ein Stichwort aufschlußreichen Textstellen im Buch schnell finden.

Mit den hier geschilderten Methoden in der Veröffentlichung frühneuhochdeutscher Texte aus der Slowakei erfährt die Editionstechnik älterer deutschsprachiger Texte eine Erweiterung. Bereits Jacob Grimm wies darauf hin, daß man es in der germanistischen Forschung mit einem paläographischen Zeichenbegriff zu tun hat. Bei dem Versuch einer historisch-kritischen Ausgabe, die eine dem Original möglichst getreue Textform rekonstruiert und repräsentiert, würde bei der Herausgabe frühneuhochdeutscher Texte ein Teil der handschriftlichen Überlieferung verloren gehen.[26] Ein Rechtstext aus der Slowakei hat eine vielfältige Geschichte: Muster des im eigentlichen deutschen Sprachraum geltenden Rechts (Magdeburger Recht - Žilina/Sillein; Süddeutsches Recht - Košice/Kaschau) wurden übernommen, aber durch die lokale, slawische und ungarische Rechtstradition modifiziert und ergänzt. Wie das Recht der Spiš/Zips zeigt, hatte eine Rechtskodifizierung Gültigkeit für eine Reihe von Städten im Gebiet Spiš/Zips, das zum ungarischen Herrschaftsbereich gehörte, für die Jahre 1412–1771 an Polen verpfändet wurde und über Jahrhunderte hinaus eine Bevölkerung von Slowaken, Ungarn, Deutschen, Polen und Ukrainern aufwies. Da sich die Überlieferung in den erhaltenen 13 Handschriften des Rechts der Spiš/Zips vom 15. Jahrhundert bis 1800 erstreckt, kann man bei den inhaltlichen und sprachlichen Änderungen nicht von Fehlern, sondern in den meisten Fällen von bewußten Eingriffen in die Textgestalt ausgehen.

Nicht nur für die Rechtsgeschichte, sondern auch für die Germanistik bieten die diplomatischen, buchstabengetreuen Editionen frühneuhochdeutscher Texte eine zuverlässige Grundlage für die Erforschung der Graphemik, der Morphemik, der Lexik und der Syntax. Jede Handschrift ist ein autorisierter Textzeuge, der die Kanzleitradition der Sprachregion in einem zeitlich begrenzten Abschnitt widerspiegelt. In der Edition des Bergrechts von Jihlava/Iglau wurde die in Banská Štiavnica/Schemnitz aufgetauchte Handschrift dieses für große Teile Europas geltenden Rechts synoptisch der Edition der nächstverwandten Handschrift gegenübergestellt; zusätzlich wurde ein Apparat der Nicht-Übereinstimmung zwischen den einzelnen Textzeugen eingerichtet. Obwohl das Druckbild der Edition wegen der leeren Textstellen in Fällen von Zusätzen oder des Fehlens einzelner Paragraphen uneinheitlich aussieht, ist ein synoptischer Druck eine der Möglichkeiten,

---

[26] Reichmann, Oskar: Editionsprinzipien für deutsche Texte des späten Mittelalters und der frühen Neuzeit. In: Sprachgeschichte [wie Anm. 21], Band 1, S. 693–703.

die Zusammengehörigkeit der Handschriften zu zeigen.[27] Da dies bei zehn (Banská Štiavnica/Schemnitz) oder 13 (Spiš/Zips) unterschiedlichen Handschriften nicht möglich ist, wäre eine chronologische Anordnung der Handschriften mit einer vergleichenden Darstellung der rechtsgeschichtlichen und graphemischen Erscheinungen der Handschriften eine gangbare Lösung. Allerdings muß darauf hingewiesen werden, daß der vollständige Abdruck der Editionen der einzelnen Handschriften bei der Veröffentlichung eine größere Seitenzahl erfordert als der einer eventuellen historisch-kritischen Edition. Es gibt aber auch in der Bundesrepublik Deutschland - ganz im Gegensatz zu den hohen finanziellen Forderungen mancher Verlage - in zunehmendem Maße Möglichkeiten, Arbeiten bis zu 500 Druckseiten ohne Druckkostenzuschüsse zu veröffentlichen.[28]

Aufgrund meiner Erfahrungen bei der Edition frühneuhochdeutscher Rechtstexte in slowakischen Archiven sehe ich die Hilfe der Datenverarbeitung als nützlich an; andererseits können viele der durch den Computergebrauch eröffneten Möglichkeiten für die Editionsarbeit nicht genutzt werden. Vor allem sehe ich die Vorteile des Computereinsatzes in der Textverarbeitung: Ich schreibe die Transkriptionen der Handschriften mit meiner Schreibmaschine in Archiven. Aufgrund der jahrelangen Erfahrungen kann ich festhalten, daß ich in effektiv 1000 Stunden Archivarbeit etwa 350 Seiten Handschriften edieren kann. Meine Sekretärin, die ebenfalls seit zwanzig Jahren Erfahrung im Schreiben frühneuhochdeutscher Texte hat, kann von meinen nach Paragraphen eingeteilten Editionen mit dem Computer eine fertige Druckvorlage herstellen.[29] Auf der Grundlage der eingegebenen Texte kann ich die graphematische Analyse automatisch durchführen und nach den Schlüsselwörtern die Stichwörter für das Glossar mit dem jeweiligen Kontext sortieren und drucken lassen. Das Glossar muß jedoch durch Bedeutungsangaben manuell erweitert werden. Beim Vergleich der Inhalte unterschiedlicher Paragraphen kann der Computer jedoch nicht eingesetzt werden; diese Arbeit ist durch die intellektuelle Arbeit, mit dem Einsatz rechtsgeschichtlicher Methoden, besser möglich. Insgesamt ist der Computer bei der Herausgabe frühneuhochdeutscher Texte aus slowakischen Archiven ein nützliches Hilfsmittel vor allem im Bereich der Textverarbeitung; die Genealogie und die Sprache der Handschriften können jedoch nach wie vor besser mit menschlichen Kräften als mit dem Computer untersucht werden.

---

[27] Das Iglauer Bergrecht [wie Anm. 16].

[28] Der Band ›Das Stadt- und Bergrecht von Banská Štiavnica/Schemnitz‹ [wie Anm. 16] wurde in einer Auflage von 700 Exemplaren in der Reihe der Universität Oulu in Finnland veröffentlicht. Die Produktionskosten für die Gesamtauflage des 350 Seiten umfassenden Buches, einschließlich der farblichen Reproduktion einer Stadtansicht aus dem 19. Jahrhundert, beliefen sich auf eine Summe, die manche bundesdeutsche Verlage als Druckkostenzuschuß für die Veröffentlichung eines Buches im gleichen Umfang verlangen. Es gibt jedoch in der Bundesrepublik Deutschland auch Verlage, die nicht auf die hohen Druckkostenzuschüsse seitens der Deutschen Forschungsgemeinschaft angewiesen sind und trotzdem in wirtschaftlicher und wissenschaftlicher Hinsicht erfolgreich arbeiten.

[29] Hier möchte ich Frau Gisela Niggemann danken, die im Germanistischen Institut der Ruhr-Universität Bochum meine Frühneuhochdeutsch-Forschungen in druckfertige Vorlagen umsetzt.

Klaus-Peter Wegera

Erfahrungen bei der computergestützten Erarbeitung der frühneuhochdeutschen Flexionsmorphologie

Der Vortrag bezog sich in wesentlichen Teilen auf den Beitrag ›Computergestützte Grammatikographie‹, der inzwischen im Handbuch ›Computerlinguistik‹ erschienen ist.[1] Es wird deshalb hier nur ein Abstract abgedruckt.

Das Ziel des von der Deutschen Forschungsgemeinschaft finanzierten Projektes ›Grammatik des Frühneuhochdeutschen‹ war die Erarbeitung der Flexionsmorphologie des Frühneuhochdeutschen im Rahmen der von VIRGIL MOSER unter dem Titel ›Frühneuhochdeutsche Grammatik‹ begonnenen und von HUGO MOSER, HUGO STOPP und später WERNER BESCH fortgesetzten ›Grammatik des Frühneuhochdeutschen‹. Die ersten Bände zur Flexionsmorphologie sind erschienen bzw. im Druck.

Das computergestützte Vorgehen erfolgte in drei aufeinanderfolgenden Stufen: Das Ziel der ersten Stufe war die Ersetzung des traditionellen Zettelkastens durch ein mit Unterstützung des Rechners erstelltes, maschinell bereitgehaltenes Material. Dabei ergaben sich vier Schritte der Bearbeitung:

1. Schritt (manuell): Es wurden 40 Texte des Zeitraums von ca. 1350-1700 - verteilt über die verschiedenen hochdeutschen Sprachlandschaften - gespeichert und bei der Eingabe mit einer Wortartenmarkierung versehen. Die Texte wurden diplomatisch getreu - nötigenfalls kodiert - eingegeben. Zusätzlich erhielten sie einen sogenannten Ordnungsteil vor jede Zeile, bestehend aus einem Zahlenschlüssel, der es ermöglicht, die Texte hinsichtlich ihrer räumlichen Herkunft und ihrer Entstehungszeit zu sortieren und in jeder gewünschten Weise zu kombinieren, und der Angabe von Seite, Spalte und Zeile des Originals.

2. Schritt (maschinell): Für den Aufbau einer alle flexionsmorphologisch relevanten Informationen enthaltenden Datei wurde ein Ausdruck erstellt, der die jeweiligen Belege einer Wortart, alfabetisch sortiert, mit einem dreizeiligen Kontext und mit freien Feldern für die jeweiligen Einträge enthielt. Jeder dieser Belege war ebenfalls mit einem Ordnungsteil versehen, bestehend aus Textnummer sowie Seite, Spalte, Zeile und der Nummer des Belegs in der jeweiligen Zeile.

3. Schritt (manuell): Dieser Schritt umfaßte die Eintragung der im Blick auf die Flexionsmorphologie für notwendig erachteten Daten und deren Speicherung in einer von der Textdatei getrennten Datei; der kombinierte Zugriff auf beide Dateien ist durch die korrespondierenden Ordnungsteile gesichert.

[1] ECKHARD BERG/KLAUS-PETER WEGERA: Computergestützte Grammatikographie. Eine Fallstudie. In: Computerlinguistik. Ein internationales Handbuch zur computergestützten Sprachforschung und ihrer Anwendung. Hg. v. ISTVÁN BÁTORI, WINFRIED LENDERS und WOLFGANG PUTSCHKE. Berlin 1989, S. 519-527. Ausführlich werden die DV-Aspekte beschrieben in: WINFRIED LENDERS/KLAUS-PETER WEGERA (Hg.): Maschinelle Auswertung sprachhistorischer Quellen. Tübingen 1982.

4. Schritt (maschinell): Es wurden - getrennt nach Wortarten - Ausdrucke zuächst der Substantiv- und Verbdaten in verschiedenen Sortierungen hergestellt. Als besonders zweckmäßig erwiesen sich dabei, neben den alfabetischen Sortierungen nach Lemmata, Sortierungen nach morphologischen Kategorien; bei den Substantiven: nach Numerus, innerhalb jeder Numerusausprägung nach Kasus und Genus; bei den Verben: nach Personen, innerhalb der jeweiligen Person nach Numeri, innerhalb der Numeri nach Tempusstufen und innerhalb dieser nach Modi.

Auf der zweiten Stufe sollten Teile der späteren Endfassung als Bausteine maschinell erstellt werden. Diese Bausteine wurden zunächst auf der Basis der vorhandenen Dateien einzeltextbezogen erstellt; danach auf der Basis aller 40 Texte. Die dritte Stufe war eine Weiterentwicklung der zweiten. Die linguistischen Operationen des Segmentierens und Klassifizierens sollten weitgehend automatisiert werden. Dabei wurde bei Verben und Substantiven unterschiedlich verfahren. Bei den Verben gehörten die Belegsegmente, die durch den philologischen Bearbeiter zuvor ermittelt und dann gespeichert worden waren, von Beginn an zur Datei. Ebenso wurde zu jedem Beleg eine (traditionelle) Klassenangabe eingegeben. Die Auswertung wurde entsprechend den Stufen 1 und 2 vorgenommen. Auf der Basis der Dateien von 40 Texten wurde erst im nachhinein ein automatisches Segmentierverfahren entwickelt, das sich durch eine hohe Sicherheit auszeichnet und nun auf weitere Texte angewandt werden kann.

Im Falle der Substantive gehörten manuell vorgenommene Segmentierungen nicht zur Basisdatei, vielmehr wurde von Beginn an eine automatische Segmentierung und Klassifizierung anvisiert. Das umfangreiche Programmpaket leistet die Segmentierung der Belege, deren Zusammenführung zu strukturell definierten Klassen und die Ermittlung der Verteilungsregeln von *-e* und *-Ø* in *-(e)r, -(e)n, -(e)s.* Für das Programm zur Segmentierung wurde ein maschinelles Suchverfahren (von rechts nach links am Beleg) entwickelt. Das Programm arbeitet jedoch aufgrund der besonderen Bedingungen des Frühneuhochdeutschen (Variantenvielfalt) und der Beleglage nicht zuverlässig genug, so daß die genaue Segmentierung dem philologischen Bearbeiter überlassen werden mußte.

Im Forschungsunternehmen ›Grammatik des Frühneuhochdeutschen‹ erwiesen sich neben den elementaren Hilfsmitteln der lemmatisierten Beleglisten auch eine Reihe von maschinengestützten Analyseprozeduren als hilfreich bzw. unverzichtbar. Viele der Vorarbeiten konnten inzwischen bei der Erarbeitung der Adjektivflexion nutzbar gemacht werden, und sie sind auch Basis des Nachfolgeprojektes ›Wortbildung des Frühneuhochdeutschen‹ in Bonn und Augsburg.

Monika Rössing-Hager

EDV-gestützte Untersuchungen zum Gebrauch von Verbalsubstantiven in frühneuhochdeutschen Texten

1. Vorbemerkung

Die Verwendung von Verbalsubstantiven als Elemente nominal-verbaler Verbindungen oder in syntaktisch autonomer Funktion kennzeichnet ein Grenzgebiet von Lexik und Syntax. Ihr Vorkommen in Texten wirft u.a. die Fragen auf:

- Inwieweit konkurrieren nominal-verbale Verbindungen mit stammidentischen Vollverben?
- Welche syntagmatischen Begleiterscheinungen treten in Verbindung mit den beiden unterschiedlichen lexikalischen Ausdrucksformen auf?
- Inwieweit läßt sich eine gegenseitige Einwirkung syntaktischer und lexikalischer Komponenten aufeinander nachweisen?

Die Absicht, diesen Fragen an historischen Texten - speziell der frühen Neuzeit - nachzugehen, führte zu Überlegungen, bis zu welchem Grad sich Hilfsmittel der elektronischen Datenverarbeitung einsetzen lassen, um möglichst dicht an Analyse-Ergebnisse heranzukommen, die die endgültige Auswertung vorbereiten oder partiell sogar unnötig machen. Erforderlich ist hierfür die rechnergestützte Bereitstellung kombiniert auftretender Analysedaten.[1]

Im folgenden wird der Entwurf einer Arbeitsgrundlage für eine differenzierte Detail-Analyse vorgestellt. Als Beispiel dient ein Materialausschnitt, der alle Belege des Verbalsubstantivs ›*hilfe*‹ und des Verbs ›*helfen*‹ in einem Text erfaßt. Die Analyse soll die Begleiterscheinungen, die zusammen mit einer bestimmten sprachlichen Ausdrucksform auftreten, wie in einem »Brennglas« erfassen.

Diesem Verfahren wird in einem anschließenden Beitrag von Ulrike Petry die ergänzende Methode großflächiger Materialbearbeitung gegenübergestellt: »Verfahren zur Gewinnung nominal-verbaler Verbindungen in frühneuhochdeutschen Texten. Einschätzung ihres Ausdruckswerts und Geltungsbereichs«.

Die Untersuchung nimmt ihren Ausgang bei Johann Eberlin von Günzburgs Flugschriftenzyklus 'Bundesgenossen', einem ca. 220 Seiten umfassenden Text, der maschinenlesbar und mit einer sprachanalytischen Kodierung versehen ist. Es ist geplant, zum Vergleich weitere Flugschriftentexte der Reformationszeit sowie andere zeitgenössische Prosatexte in Stichprobenform heranzuziehen. - Da den reformatorischen Flugschriften eine besondere Nähe zur sprechsprachlichen Syntax

[1] Entwicklung und Anwendung der erforderlichen Programme durch Dipl.-Math. Roland Hahn. Programmiersprache: FORTRAN 77, unter Benutzung der Programmpakete SPERRY SERIES 1100, SORT/MERGE PROZESSOR und TUSTEP. Benutzter Rechner: Sperry 1100/60.

und Lexik zugesprochen wird, mußte das gehäufte Auftreten nominal-verbaler Verbindungen in diesen Texten, das man aus der Tradition der Kanzleisprache kennt, zunächst Verwunderung erregen. Eine genauere Untersuchung des Phänomens und seiner Bedeutung für den Text - insbesondere im Hinblick auf seine kommunikative Wirkung - schien daher erforderlich.

2. Verfügbare Vorarbeiten für die Untersuchung

2.1. Mental-manuelle Sprachanalyse des Textes

Die bereits vorhandene sprachanalytische Kodierung des Textes[2] umfaßt eine Lemmatisierung, sowie die grammatische Bestimmung der Wortarten + Flexionsmorphologie, Satzglieder und des Satzbaus.

```
07071351 verstandt kundtlich sein mag    . ||ich moechte anzeigen ,
07071352 n3        bp        vsi  vm13   . ||mi1 vm11    vvi       ,
07071353 Verstand  kundlich  sein moegen . ||ich moegen  anzeigen ,
07071354                     p             ||s   p
07071355                                   ||h>

07072011 |das  solicher vsserlicher gebracht zuo grosser hindernüß
07072012 |kd   dh1      b1          n1       f3  b3      n3
07072013 |dass solch    aeusserlich Gepracht zu  gross   Hindernis
07072014 |kd   s                             of.a
07072015 |g1.k.o4>

07072021 dienet an hylff der todten , |so durch maerlin+         vnd kuchin+prediger
07072022 vv13   f3 n3    db6 n6.b   , |kc f8    n8               k+  n8
07072023 dienen an Hilfe die- Tote- , |so durch Maerleinprediger und Kuechenprediger
07072024 p         of.e               |kc yg
07072025                              |g2.k.ac.a> >
```

Abb. 1

Abb. 1 zeigt die erste Phase der mental-manuellen Bearbeitung des fortlaufenden Textes. Die Bearbeitung verteilt sich auf ein Zeilenbündel:

Zeile 1: Original-Wortlaut, zeilengetreu zur edierten Textausgabe der 'Bundesgenossen'.[3]

Zeile 2: Bestimmung der Wortart und Flexionsmorphologie[4] zu jeder Wortform

[2] Die Arbeiten gehen zurück auf eine Konzeption, die vorgestellt ist bei RÖSSING-HAGER (1970), S. 145-178, deren Durchführung sich jedoch wegen Schwierigkeiten bei der Programmierung verzögerte. - Als einführende und problemorientierte Literatur zu den Möglichkeiten und Grenzen automatischer Texterschließung, zum Erfordernis intellektueller Präkodierung, zu den Typen maschinell erzielbarer Analyseergebnisse u. ä. sei hingewiesen auf: LENDERS/WILLÉE (1986); DROOP/LENDERS/ZELLER (1976); LENDERS/WEGERA (1982); SCHWARZ/THURMAIR (1986); SCHMITZ (1986); HELLWIG/LEHMANN (1986).

[3] ENDERS (Hg.) (1896). Die Edition ist ein diplomatischer Abdruck eines der ersten Drucke: Basel 1521 für die ersten 15 'Bundesgenossen', Wittenberg 1523 für den 16. 'Bundesgenossen'.

[4] Liste der Abkürzungen für die Wortarten, Flexionsmorphologie und Satzglieder: RÖSSING-HAGER (1970), S. 149-154 und 169.

des Originalwortlauts (Wortart, mit Angabe von Unterklassen, z. B. für die Pronomina, die Verben im Hinblick auf Vollverb, Hilfsverb, Modalverb, die Konjunktionen im Hinblick auf parataktischen und hypotaktischen Gebrauch; Markierung der Flexionsmorphologie durch eine Ziffer für Kasus + Numerus bei Deklinationen, zwei Ziffern bei Verben zur Kennzeichnung von Person + Numerus, Tempus + Modus).

Bsp.:	mi1	Personalpron. 1. P. Sg., Nom.
	vm11	Modalverb »mögen«, Ind. Präs., 1. P. Sg.
	vvi	Vollverb, Inf.
	kd	Konjunktion, subord., »daß«
	dh1	Artikel, demonstrat., Nom. Sg.
	b1	Adjektiv, Nom. Sg.
	n1	Substantiv, Nom. Sg.
	f3	Präposition, Dat. Sg.

Zeile 3: Lemmatisierung der Wörter des Originalwortlauts, in Anlehnung an die nhd. Orthographie.
Zeile 4: Bestimmung der Satzglieder (jeweils linksbündig unter der ersten Wortform eines Satzglieds).

Bsp.:	s	Subjekt
	p	Prädikat
	of.a	Präpositionalobjekt (Anfang)
	of.e	Präpositionalobjekt (Ende)
	yg	Agens
	o3	Objekt im Dativ
	pr	Prädikativum
	aru	adverbiale Bestimmung d. Richtung (übertragene Bedeutung)

Zeile 5: Bestimmung der Sätze (Selbständigkeit vs. Abhängigkeit, Abhängigkeitsgrad, Satzform, Funktion, Koordination bei abhängigen Sätzen bzw. Teilsätzen, Satzunterbrechungen, Nachträge usw.).

Bsp.:	h	Hauptsatz (unabhängiger Aussagesatz oder Überordnung im Satzgefüge)
	g1.k.o4	Gliedsatz 1. Grades, eingeleitet durch Konjunktion (k) in der syntaktischen Funktion eines Akkusativobjekts (o4)
	g2.k.ac.a	Gliedsatz 2. Grades, eingeleitet durch Konjunktion, in der syntaktischen Funktion einer kausalen Adverbialbestimmung (ac), Anfang (d. h. der Satz ist unterbrochen)
	g3.b.xt	Gliedsatz 3. Grades, »Adjektivsatz« (b = gliedsatzwertige Adjektivgruppe) in der Funktion eines Attributs (xt)
		Das Zeichen ">" hinter einer Satzbestimmung verweist auf einen folgenden abhängigen Satz, "<" auf einen vorausgehenden.

Einzelsätze bzw. Satzstücke, die durch andere Konstruktionen unterbrochen sind, werden durch einen senkrechten Strich abgetrennt, Satzeinheiten (d. h. Einfachsätze oder Satzgefüge) sind durch senkrechte Doppelstriche begrenzt.

Links vom Text erfolgt fortlaufende Zeilenzählung, identisch mit den Seiten und Zeilen der benutzten Textausgaben und am Ende mit einer Zählung der Bearbeitungszeilen.

Bsp.: 07071351 = 7. 'Bundesgenosse', S. 71, Z. 35,
1. Bearbeitungszeile = Originalwortlaut

2.2. (Halb-)Automatische Erweiterung der Analysedaten

Abb. 2 zeigt eine Erweiterung der mental-manuellen Bearbeitung durch automatisch erstellte Analysen, die aus den Kodierungen der Zeilen 2 und 4 von Abb. 1 gewonnen sind. Der Zeilenumbruch ist durch die Grenzen der Einzelsätze festgelegt und wird gesteuert von den Eintragungen der Satzart in Zeile 5 von Abb. 1.

SE: 900 AD 7071350

07071351	ich	moechte	anzeigen
07071352	mi1	vmf	vvi
07071353	ich	mögen	anzeigen
07071354	s	p	–
07071355	h>	–	–
07071356	m1	fm	iv
07071357	m	fi	–
07071358	1	mv	–
07071359	m-	vf-	–

07072011	das	solicher	vsserlicher	*gebracht	zuo	grosser	*hindernüß	dienet	an	*hylff	der	todten
07072012	kd	dh1	b1	*n1	f3	b3	*n3	vvf	f3	n3	db6	n6.b
07072013	dass	solch	äusserlich	Gepracht	zu	gross	Hindernis	dienen	an	Hilfe	die-	Tote-
07072014	kd	*s	–	–	*of.a	–	–	p	*of.e	–	–	–
07072015	g1.k.o4>	–	–	–	–	–	–	–	–	–	–	–
07072016	kd	d1	b1	*n1	f3	b3	*n3	fv	f3	*n3	d2	n2
07072017	k	dbn	–	–	dbn	–	–	f	fndn	–	–	–
07072018	d	111	–	–	333	–	–	v	3322	–	–	–
07072019	k-	*n-	–	–	*fn-	–	–	vf-	*fn-	–	–	–

Abb. 2

Z. 1-5 wie Abb. 1.

a) Veränderung in Zeile 2: Alle flektierenden Verbformen sind als »finit« zusammengefaßt (z. B.: vv11 → vvf, vw13 → vwf).

b) Hinzufügung von vier Ergänzungszeilen:

Zeile 6: Vereinfachung der flexionsmorphologischen Kodierung der Wortarten. Die Wortart einer Wortform wird nur mit einem Buchstaben benannt, d. h. Angaben zu Teilklassen entfallen, außer beim Verb. Bei den deklinierenden Wortarten werden die Kasusangaben von Sg. und Pl. zusammengefaßt (5 = 1, 6 = 2, 7 = 3, 8 = 4). Bei den Verben werden nur flektierte und unflektierte Formen unterschieden (f = finit, i = Inf., p = Part. Prät., g = Part. Präs.). Das wortartkennzeichnende v entfällt; das Flexionsmerkmal eröffnet die Kodierung, ein zweiter Buchstabe benennt die grammatische Teilklasse (v = Vollverb, w = Modalverb ›*werden*‹, s = Hilfsverb ›*sein*‹ usw.).

Bsp.: fv = finite Form eines Vollverbs
iv = Infinitiv eines Vollverbs
pv = Part. Perf. eines Vollverbs
fw = finite Form von *werden*

Zeile 7 und 8: Wortgruppenstruktur der Satzglieder. Die Abfolge aller Wortformen, die zu einem Satzglied gehören, sind doppelzeilig markiert, durch den ersten Buchstaben der jeweiligen Wortart mit untergeschriebener Kasusziffer (1-4), ohne Numerusdifferenzierung bei den deklinierenden Wortarten. Bei Verben kennzeich-

net der obere Buchstabe finite bzw. infinite Verbformen, der untergeschriebene Buchstabe die grammatische Unterklasse (Vollverb, Hilfsverb, Modalverb u. ä.).
Zeile 9: Wortgruppentyp (jeweils gekennzeichnet durch einen Buchstaben, der die Wortart des Kerns der Wortgruppe bestimmt, in einigen Fällen durch einen signifikanten zweiten Buchstaben markiert, z. B.: n- = Substantivgruppe, fn- = Präpositionalausdruck, m- = Pronominalgruppe, c- = Adverbgruppe, vf- = Verbalgruppe, die durch ein finites Verb bestimmt ist usw.).

Die Kombination der mental-manuell kodierten Zeilen und der automatischen Weiterverarbeitung der erstellten Analysen führt - bei entsprechender Umstellung der Kodierzeilen - von den detaillierten flexionsmorphologischen Angaben (Z. 2) über deren Vereinfachung (Z. 6) zur Wortgruppenstruktur (Z. 7 + 8), dem Wortgruppentyp (Z. 9) und der zugehörigen Satzgliedfunktion (Z. 4):

Bsp.:

Wortfolge	solicher	vsserlicher	gebracht	gesatzt	wirt	(Z. 1)
flexionsmorph. Merkmale	dh1	b1	n1	vvp	vwf	(Z. 2)
vereinfacht	d1	b1	n1	pv	fw	(Z. 6)
Wortgruppenstruktur	dbn			pf		(Z. 7)
	111			vw		(Z. 8)
Wortgruppentyp	n-			vf-		(Z. 9)
Satzgliedfunktion	s			p		(Z. 4)

Aufgrund einer Liste von Wörtern, die als »Abstrakta« definiert wurden, sind im Text automatisch alle Wörter als Abstrakta markiert (*), die in dieser Liste auftreten.[5] Für die Weiterverarbeitung ist die Markierung automatisch der zugehörigen Wortartbestimmung zugeordnet, ebenso dem entsprechenden Element in der Wortgruppenstruktur und dem entsprechenden Satzglied. Hierdurch lassen sich alle Substantivgruppen, auch ohne Berücksichtigung des Wortlauts, daraufhin überprüfen, ob und wie viele Abstrakta sie enthalten. Für jeden Einzelsatz läßt sich erfassen, ob, wie viele und welche Satzglieder mit Abstrakta er enthält, und für jedes Verb, ob es in Verbindung mit abstrakthaltigen Satzgliedern auftritt, und wenn, mit welchen (vgl. Abb. 4 und 5).

2.3. Umschichtung der Daten-Kombinationen

Durch Umschichtung der Daten-Kombination erfolgt eine partielle oder vollständige Trennung des Wortlauts von den grammatischen Bestimmungen.

In Abb. 3 ist der fortlaufende Text in Satzglieder zerlegt, die chronologisch untereinander stehen. Abstrakte Analyse-Daten und Wortlaut des Textes sind von-

[5] Die Liste wurde halbautomatisch gewonnen:
1a) automatische Auflistung aller Substantive des Textes, die (als Liste vorgegebene) Derivationsaffixe haben, die zur Bildung von Abstrakta benutzt werden.
1b) Auflistung des Restes der Substantive.
2a) manuelle Eliminierung aller Nicht-Abstrakta aus 1a).
2b) Selektion der (automatisch nicht erkennbaren) Abstrakta aus 1b).
3) alphabetische Zusammenfügung der beiden Teilmengen von Abstrakta.
Die endgültige Liste enthält im Interesse der Vollständigkeit des Untersuchungsmaterials auch Wörter, die nicht ausschließlich als Abstrakta benutzt werden.

einander getrennt und je für sich allein aussagekräftig, jedoch weiterhin aufeinander beziehbar. In der jeweils satzeröffnenden Zeile steht in der ersten Spalte die Satzart, es folgen in weiteren Spalten von links nach rechts: Satzglied, Wortgruppentyp, Wortgruppenstruktur (doppelzeilig), rechts der zugehörige Wortlaut. Abstrakthaltige Satzglieder sind markiert (mit *).

h>	s	m-	m 1	ich
	p	vf-	fi mv	moechte anzeigen
g1.k.o4>	kd	k-	k d	das
	*s	*n-	dbn 111	solicher vsserlicher *gebracht
	*of.a	*fn-	fbn 333	zuo grosser *hindernüß
	p	vf-	f v	dienet
	*of.e	*fn-	fndn 3322	an *hylff der todten

Abb. 3. Ausschnitt: S. 71, Z. 35 bis S. 72, Z. 2

In Abb. 4 ist der fortlaufende Text in Sätze zerlegt, die chronologisch untereinander stehen. Dem Wortlaut jedes Satzes (rechts) sind zwei syntaktische Analysen zugeordnet: in einer Begleitzeile unmittelbar unter dem Wortlaut die Satz-

```
h>
   anzeigen   o:            ich moechte anzeigen
                            s   p
g1.k.o4>
   dienen     2: *af *s     das solicher vsserlicher *gebracht zuo   grosser *hindernüß dienet
                            kd  *s                              *of.a                    p
                            an   *hylff der todten
                            *of.e
g2.k.ac.a>
   (setzen)   2: (*aru)*s   so  durch maerlin + vnd kuchin + prediger das *drumm vnd das *end aller *hilff
   p                        kc  yg                                    *s
g3.b.xt
              1: o3         den todten fürderlich
                            o3          pr
g2.k.ac.e
   setzen     1: *aru       in solich vsser scheinliche *ding gesatzt wirt
   p                        *aru                              p
g3.c.w,as
   erwachsen  2: *alu*s     dar + durch heimliche vnd vnentpfintliche *hinlaessigkeit erwechßt
                            ac           *s                                          p
                            in menschlichen *gemueten
                            *alu
```

Abb. 4. Ausschnitt: S. 71, Z. 35 bis S. 72, Z. 6

gliedbestimmungen, am linken Rand die Satzbestimmung. - Aus den vorhandenen Daten sind zusätzliche Informationen für jeden Einzelsatz entnommen und in den beiden mittleren Spalten angeführt:

a) das prädikatbestimmende Verb in Lemma-Form (Vollverb, mit Genushinweis bei Passivformen (z. B.: ›*setzen*‹ (p)), bei Fehlen des Vollverbs die prädikatbestimmende Form von ›*haben*‹, ›*sein*‹, ›*werden*‹ oder einem anderen Modalverb).
b) Angabe der Anzahl abstrakthaltiger Satzglieder pro Einzelsatz und deren Nennung in alphabetischer Reihenfolge.

Abb. 5 enthält die Satzstruktur ohne Wortlaut. Links befindet sich die Satzart und das prädikatbestimmende Verb, rechts die Satzgliedfolge.

Z. (1):	Position der Satzglieder,
Z. (2):	Bezeichnung der Satzglieder bzw. der Satzgliedteile bei Wortgruppenhäufungen oder bei unterbrochenen syntaktischen Einheiten,
Z. (3):	zugehöriger Wortgruppentyp,
Z. (4) + (5):	Struktur der Wortgruppe,
Z. (6):	Anzahl der lexikalischen Elemente pro Satzglied, in Klammern Gesamtzahl der Elemente eines unterbrochenen Satzglieds.

g1.k.o4>	(1)	{1}	{2}	{3}	{4}	{5}
*	(2)	kd	*s	*of.a	p	*of.e
dienen	(3)	k-	*n-	*fn-	vf-	*fn-
	(4)	k	$db\underline{n}$	$fb\underline{n}$	f	$f\underline{n}dn$
	(5)	d	$11\overline{1}$	$33\overline{3}$	v	$3\overline{3}22$
	(6)	1	3	3(7)	1	4

Abb. 5. Ausschnitt: S. 72, Z. 1

Abb. 5 visualisiert das Zusammenspiel struktureller Einheiten von der Wort- bis zur Satzebene und zu Satzsequenzen. Sie ist u. a. geeignet zur Ermittlung von Gesetzmäßigkeiten der Satzgliedfolge, Umfang der verbalen Klammer, Ausklammerungen, Satzgliedstellung im Vergleich zur Satzgliedlänge u. a. Zu den durch die Kodierung vorgegebenen Merkmalbündeln können Sortierungen angefertigt werden, die Index-Typen mit dem Charakter von Teilgrammatiken in Listenform ergeben (vgl. z. B. Abb. 6 und Abb. 9).

3. Synoptische Darstellung der lexikalischen und syntagmatischen Verwendungszusammenhänge von Verbalsubstantiven

3.1. Aufbereitung der Analyse-Daten für die Untersuchung

Der Bearbeitungsprozeß für das hier behandelte Thema besteht in einer fortgesetzten Spezifizierung und Präzisierung der Ausgangsfragestellung und in der Ausgliederung von Begleitergebnissen, die die Grundlage für neue Fragestellungen bilden. Die Befunde werden zu den aufbereiteten Materialien in den Listengrammatiken rückgeführt, bei Bedarf auch ergänzt durch neue Sortierungen.

Als Zusatzhilfen dienen Visualisierungen sprachlicher Erscheinungen (tabellarische Übersichten, Abbildungen von komplexen Strukturen, die vom Wortlaut abstrahieren). Die Verbindung von Einzelergebnissen zu komplexeren Sachverhaltsdarstellungen macht das interne Beziehungsgeflecht deutlich. Die Verfolgung einer Ausgangsfragestellung ruft konzentrisch neue hervor. Um den Gewinn für die auswertenden Weiterarbeiten nicht zu gefährden, muß jedoch die Berücksichtigung der zutagetretenden Querbezüge eingedämmt werden (vgl. Anm. 16).

Die im folgenden vorgestellte Listengrammatik (Abb. 6) bildet die Grundlage für die Untersuchung der Verwendungsbedingungen des Verbalsubstantivs *›hilfe‹*. Sie dient als Beispiel für entsprechende Übersichten zu den übrigen Verbalsubstantiven. Die Überprüfung der Listengrammatiken in Verbindung mit dem zugehörigen Wortlaut läßt die Besonderheiten der verschiedenen gewählten Ausdrucksformen hervortreten. Erste Ergebnisse sind im folgenden festgehalten und kommentiert.

3.2. Listengrammatik zu *›hilfe‹*

In Abb. 6 sind die vorhandenen Analysedaten so angeordnet, daß möglichst viele Informationen kombiniert greifbar sind, die die syntagmatischen Beziehungen betreffen, in denen das Verbalabstrakt *›hilfe‹* steht. Für den jeweils zugehörigen Satz sind strukturelle Einheiten unterschiedlicher Komplexität erfaßt, die sich alle aufeinander beziehen. Ihnen zugeordnet sind in lemmatisierter Form die lexikalischen Elemente des Satzes, auf die sich die Untersuchung erstreckt und die daher auch dort präsent sein müssen, wo beim Betrachten der Strukturen vom Wortlaut abstrahiert wird. Alle Informationen entstammen dem erweiterten Mehrzeilenbündel (Abb. 2). Sie verteilen sich in Abb. 6 auf Spalten. Die Nummern der Zeilen, denen die Daten entstammen, sind im folgenden unter den Spaltenangaben in Klammern mitgeführt. Für die Abkürzungen vgl. die Erläuterungen zu Abb. 1 und 2.

Sp. 1	Stellenbeleg.
Sp. 2 (Z. 3)	Präposition, die mit dem Verbalabstrakt eine Verbindung eingeht.
Sp. 3 (Z. 3)	Verbalabstrakt *›hilfe‹*.
Sp. 4/5 (Z. 3)	Prädikatbestimmendes Verb (Vollverb; falls nicht vorhanden: eine Form von *›sein‹*, *›haben‹*, *›werden‹* oder einem anderen Modalverb. Genuskennzeichnung bei Passivformen (p)). Das dem Verb vorangestellte Zeichen "–" ist als Ergebnis einer ersten Bearbeitungsphase eingefügt, die sich am Wortlaut des jeweiligen Beleg-Satzes orientiert: Es kennzeichnet die Verben, die mit dem Verbalabstrakt zusammen eine nominal-verbale Verbindung eingehen. "–" bildet ein gesondertes Sortierkriterium und belegt die Spaltenziffer "4".
Sp. 6 (Z. 4)	Funktion des Satzglieds mit dem Verbalabstrakt *›hilfe‹*. Angabe der Position von *›hilfe‹* innerhalb des Satzglieds. Falls dieses durch eine Wortgruppe mit Neuansätzen repräsentiert ist: hinter der Satzgliedbezeichnung bei zwei- und mehrgliedriger Koordination der Wort-

1	2	3	4/5	6	7	8	9
1003200	aus	hilfe	-hervorgehen	avu	fn-	fbn|	333
1005290		hilfe	-tun	o4	n-	n	4
1011050		hilfe	-entsetzen (p)	o2	n-	dn|(fd)n|	22|(33)3
1011140		hilfe	-tun	o4.a	n-	n| * dbn|	4| * 333
1014190	zu	hilfe	-kommen	af	fn-	mfn|	333
2016070	um	hilfe	-bitten	of	fn-	fnkn|	44 + 4
2021140	mit	hilfe	geschehen	ai	fn-	f|bkbn|nkn|	3|2 + 22|3 + 3
3033100	um	hilfe	-anrufen	of	fn-	fn|	44
3033130		hilfe	-sein	s	n-	n	1
4036010	zu	hilfe	-kommen	af.e	fn-	m * fn|	3 * 33
4036150	in	hilfe	-stehen	alu.2	fn-	fnnkn * kfn|dn|	333 + 3 * + 33|22
4037020		hilfe	-haben	o4	n-	nnkn|	44 + 4
4040150	auf	hilfe	-legen (sorge)	o4	n-	bkdnfbnkn|	4v44444 + 4
4041010	um	hilfe	-keren (sich . . zu)	of	fn-	fnkn|n|	44 + 4|2
5046010	aus	hilfe	unterstehen (sich)	ac	fn-	cfnkn|n|	c33 + 3|2
5050320		hilfe	-warten	o2.a	n-	dn| * fnkn|	22| * 33 + 3
7068190	mit	hilfe	tun (eintrag)	ai	fn-	f|n|n|	3|2|3
7068240		hilfe	vermeinen (p)	s	n-	nkn|dn|	1 + 1|22
7069220		hilfe	verbergen	s	n-	dcb|n|bn|bnbn| kn|dbn	1c1|3|11|2222| + 1|222
7069320		hilfe	-tun	o4	n-	n	4
7070030	um	hilfe	-bitten	of	fn-	fnkn|dn|	44 + 4|33
7070180	um	hilfe	-tun (wunsch)	o4.e/of	fn-	dbn|fn| * fn|dn|	444|33| * 44|33
7071040		hilfe	-sein	pr	n-	bn|	11
7071090		hilfe	-sein	pr	n-	dbkcbn|	11oc11
7071170	zu	hilfe	anzeigen (p)	af	fn-	fndn|	3333
7071240	zu	hilfe	-sein	pr	fn-	fndn|	3333
7072020	an	hilfe	dienen (zu . .)	of.e	fn-	fbn * fn|dn|	333 * 33|22
7072030		hilfe	setzen (p)	s	n-	dnkdn|dn|	11 + 11|22|
7072070		hilfe	-geschehen	s	n-	dkdn|	1 + 11
7073140	zu	hilfe	-bewegen (p)	of.02	fn-	fbkdn * kn|dn|	33 + 33 * + 3|22
7074260		hilfe	-haben	o4	n-	m|nknc|	4|2v2c
7077210		hilfe	-reichen (p)	s	n-	bn|	11
8084110		hilfe	-geben	o4	n-	n	4
9089070	zu	hilfe	-kommen	af	fn-	fn|	33
9090090		hilfe	-leisten	o4	n-	n	4
9090170		hilfe	-tun	o4.a	n-	bn| * f|bn|f|	44| * 0|33|2
9091030	um	hilfe	-schreien	of	fn-	fn|	44
9091060	zu	hilfe	-kommen	af	fn-	fn|	33
9101170	ohne	hilfe	waten (lassen)	am	fn-	fdn|	444
9101260	um	hilfe	-bitten	of	fn-	fn|	44
9104050	um	hilfe	-schreien	of	fn-	fnkn|	44 + 4
9105200		hilfe	-tun	o4	n-	bn|	44
10115220		hilfe	-erlangen	o4	n-	n|n|fdbn|	4|2|3333
11122340	ohne	hilfe	tun (etwas)	am	fn-	fnkn|m|	44 + 4|2
11123040	ohne	hilfe	vermoegen	o4.e/am	fn-	m * fnkn|dn|	4 * 44 + 4|22
11123080	zu	hilfe	tun (dienst)	af.01	fn-	fnkn * kn|dbn|	33 + 3 * + 3|222
11123140		hilfe	-beduerfen	o2.a	n-	n| * fbn|	2| * 444
12134080	zu	hilfe	-erbieten (sich)	of	fn-	fbnkn|	333 + 3
12134160		hilfe	-geschehen	s	n-	bn|	11
12136220		hilfe	-nehmen	o4	n-	n	4
12139030	aus	hilfe	erlauben	ai	fn-	fn|dn|	33|22
14156090		hilfe	-zugeben	o4.1	n-	bn * kbn|	44 * + 44
14156220	aus	hilfe	brechen	ac	fn-	fn|dn|	33|22
16178070	aus	hilfe	aufrichten (p)	ac	fn-	fbnkn|dbn|	333 + 3|222
16178170		hilfe	-geschehen	s.a	n-	dn| * dnkn|	11| * 33 + 3
16187180	zu	hilfe	stiften (p)	af	fn-	fndn|	3333
16187230		hilfe	-leisten	o4	n-	dn|	44
16187240		hilfe	-haben	o4	n-	n	4
16188220		hilfe	-geben	o4	n-	nkn|	4 + 4
16194290		hilfe	-wuenschen	o4	n-	nkn|fn|	4 + 4|33
16194320	zu	hilfe	bleiben	af	fn-	fn|dbn|	33|222
16195090	zu	hilfe		af	fn-	fndn|	3333
16195100		hilfe	-verleihen	o4	n-	nkn|	4 + 4
16197090		hilfe	sein (genugsam)	s	n-	dbn|	111

10/11	12	13	14	15	16	17
1/1	3	0	2	ko p *s *avu	: ko *avu p.a *s p.e	h >
1/1	1	0	1	p *o4 o3	: p o3 *o4	h.t2 >
1/1	5	0	1	k + p s *o2	: k + s *o2 p	g1,2.k0.ac
2/2	4	1	1	p s *o4 am	: s am *o4.a p *o4.e	g3,1.m.xt
1/1	3	0	1	k + p *af	: k + p *af	h]
2/1	4	0	1	p s o4 *of as/ks	: as/ks s o4 p *of	g1.k.as.e >
2/1	8	0	2	ko p *s *ai	: ko *s p *ai	h
1/1	2	0	1	kd p s o4 *of am	: kd s o4 am p *of	g1,1.k.of
1/1	1	0	1	p *s alu	: alu p *s	h
1/1	3	1	1	p s *af	: p af.a s *af.e	h] >
4/1	10	1	1	p s *alu	: s p *alu.1 *alu.2	g2.m.xt
3/1	4	0	1	kf p s *o4 al	: kf s al p *o4	g'1@.k.af <
3/2	9	0	1	k + p *o4 al	: k + al *o4 p	g2.k.ab.t7 >
2/1	5	0	3	p s *of agr *alu/ai *am aru at	: s p.a at agr o4r *alu/ai aru p.e *of *am	h
2/1	6	0	1	p s *ac	: *ac p s	h >
1/1	6	1	1	p s *o2	: s p.a *o2.a p.e o2.e	h
1/1	3	0	2	k + p *o4 *ai	: k + *ai *o4 p	g1,2.zi.xto
2/1	5	0	1	p *s alu	: alu p *s	g1.c.xt >
5/2	15	0	1	kc ko p *s o4r alu	: ko kc o4r alu p *s	g1.k.ac >
1/1	1	0	1	p *o4	: *o4 p	g1/2,2.zi.o4 >
2/1	6	0	1	k + p o4 *of	: k + p o4 *of	h]
2/2	9	1	1	kf p *o4 agr/ax	: kf agr/ax *o4.a p *o4.e	g2.k.af.el@
1/1	2	0	1	p *pr	: *pr p	h >
1/1	6	0	2	kd p *s *pr o3 o2 ao	: kd ao *pr o3 p *s o2	g1.k.s >
1/1	4	0	2	p *s o3 *af	: *s p.a o3 p.e *af	h
1/1	4	0	2	p s *pr ams *zams	: s ams *zams.01 *zams.02 p *pr	g2.c.xt
2/2	7	1	2	kd p *s *of	: kd *s *of.a p *of.e	g1.k.o4 >
2/2	10	0	2	kc p yg *s *aru	: kc yg *s *aru p	g2.k.ac.a > >
1/1	4	0	2	p *s o3 *alu	: o3 p.a *s p.e *alu	g2.v2k.o4
2/1	9	1	2	kz p s *yg *of	: kz s *yg p *of.01 *of.02	g1.k.z.e >
2/1	5	0	2	p *s *o4	: s.01 *s.02 p *o4	h <
1/1	2	0	1	k + p *s o3 am	: k + o3 p.a *s am p.e	h
1/1	1	0	2	k + p *o4 o3 *ai al	: k + p o3 *o4 al *ai	h.t3 >
1/1	2	0	1	p s o3 *af	: kf s o3 *af p	g1.k.af >
1/1	1	0	1	kf p *o4 o3	: kf *o4 p o3	g2.zi.af >
2/2	6	1	1	p s *o4 o3 ac at	: ac s p.a at *o4.a o3 p.e *o4.e	g2.c.w
1/1	2	0	1	k + p s *of am at	: k + at s am of *of p	g1,2.k0.au
1/1	2	0	1	k + p s o3 *af an	: k + p s o3 an *af	g1.v1.ab
1/1	3	0	1	p s o4 *am at	: at p.a s o4 p.e *am	h >
1/1	2	0	1	o3 *of	: o3 *of p	g1,2.i.of
2/1	4	0	2	p s *of *alu ar	: s *alu p ar *of	g2.m.xt
1/1	2	0	1	p *o4 o3 ac	: ac p o3 *o4	h]
2/2	6	0	1	k + kf p s *o4	: k + kf s p *o4	g1.k.af
2/1	5	0	1	o4 *am	: o4 p *am	g1.zi.xto >
2/1	7	1	1	p s *o4 a +	: s a + o4.a p *o4.e	g1.m.xt
4/2	9	1	2	ko p s *o4 *af	: ko *o4 p.a s p.e *af.01 *af.02	h
2/2	4	1	1	ko p s *o2	: ko s *o2.a p *o2.e	g1.k.ab
2/1	5	0	1	k + p o4r *of am	: k + p o4r am *of	h.t2
1/1	2	0	2	kc p *s *o3 an	: kc *o3 an *s p	g1.k.ac
1/1	1	0	1	p s *o4 of	: p.a s of *o4 p.e	h <
1/1	4	0	1	p o3 *ai	: o3 p *ai	h >
2/1	5	1	1	k + p s *o4 o3	: k + o3 p.a s p.e *o4.1 *o4.2	h
1/1	4	0	1	ko p s *ac	: ko *ac p.a s p.e	h.t1 +
2/1	8	0	1	p s o3 *ac as	: as *ac p.a o3.1 o3.2 p.e s	h.t1 + >
1/1	6	1	1	kd p *s ai	: kd ai *s.a p s.e	g2.k.o4
1/1	4	0	1	kd p s a + *af	: a + kd *af s p	g2,2.k.s
1/1	2	0	1	p s *o4 o3 a +	: a + p s *o4 o3	h
1/1	1	0	1	p *o4	: p.a s *o4 p.e	g1.v1.ab
2/1	3	0	1	k + p s *o4 o3 an	: k + o3 s an p *o4	g1,2.k0.ab >
2/1	5	0	1	p s *o4 o3	: o3 p s *o4	h
1/1	5	0	2	kd p s *o4 *af ao	: kd s ao *o4 p *af	g1.k.s
1/1	4	0	1	*af	: *af	nt
2/1	3	0	1	p s *o4 o3 of ac	: ac p.a o3 s *o4 p.e of	h
1/1	3	0	1	p *s pr	: *s p pr	h >

Abb. 6

gruppe: ".1", ".2" usw., eines Wortgruppenteils: ".01", ".02" usw., Anfang und Ende einer unterbrochenen Wortgruppe: ".a", ".e").

Sp. 7 (Z. 9) Wortgruppentyp des Satzglieds mit dem Verbalabstrakt ›*hilfe*‹ (n- = Substantivgruppe, fn- = Präpositionalausdruck).

Sp. 8 (Z. 7) Wortgruppenstruktur des Satzglieds mit dem Verbalabstrakt ›*hilfe*‹: Buchstabenfolge zur Kennzeichnung, welcher Wortart die Wörter angehören, die die Wortgruppe bilden.

Sp. 9 (Z. 8) Wortgruppenstruktur des Satzglieds mit dem Verbalabstrakt ›*hilfe*‹: Ziffernfolge zur Kennzeichnung, in welchem Kasus die einzelnen Wörter gebraucht werden.

In Sp. 8 und Sp. 9 trennen senkrechte Striche die kasusdifferenten Glieder der Wortgruppe gegeneinander ab. Durch "#" werden Neuansätze innerhalb der Wortgruppe markiert (d. h. der jeweilige Beginn von koordinierten Wortgruppen(teilen) oder die Nahtstelle bei Wortgruppenunterbrechungen). Die Position von ›*hilfe*‹ ist durch Unterstreichung markiert.

Sp. 10 Anzahl der Abstrakta innerhalb der Wortgruppe von ›*hilfe*‹.

Sp. 11 Anzahl der unterschiedlichen Glieder innerhalb der Wortgruppe von ›*hilfe*‹, die (mindestens) ein Abstraktum enthalten. Unterschiedliche Ziffernblöcke verweisen auf hierarchische Stufung der Glieder.

Sp. 12 Anzahl der Wörter, die die Wortgruppe von ›*hilfe*‹ konstituieren.

Sp. 13 Anzahl der Neuansätze innerhalb der Wortgruppe von ›*hilfe*‹ (= Anzahl der "#" in Sp. 8 und 9).

Sp. 14 Anzahl der Satzglieder, die (mindestens) ein Abstraktum enthalten, innerhalb des Satzes, dessen Element ›*hilfe*‹ ist.

Sp. 15 (Z. 4) Bestand der Satzglieder in dem Satz, der ›*hilfe*‹ enthält. Automatisch durchgeführte Umstellung und Vereinfachung der Eintragungen von Sp. 16:

Jedes Satzglied ist nur einmal erwähnt, d. h. Hinweise auf Distanzstellung der Elemente eines Glieds oder auf koordinierte Mehrfachsetzung von Satzgliedern oder Satzgliedteilen entfällt. Die Satzglieder sind in einer vorgegebenen Sortierfolge angeordnet: Konjunktion (k), Prädikat (p), Subjekt (s), Prädikativum (pr), Agens (yg), Akkusativobjekt (o4), Dativobjekt (o3), Genitivobjekt (o2), Präpositionalobjekt (of), adverbiale Bestimmungen (aa bis az), Vergleichsgrößen (z). Das Satzglied mit *hilfe* ist unterstrichen.

Sp. 16 (Z. 4) Chronologische Abfolge aller Satzglieder des Satzes, der ›*hilfe*‹ enthält. Koordinierte Wortgruppen(teile) desselben Satzglieds werden einzeln angeführt, unterbrochene Satzglieder sind als solche gekennzeichnet (".a", ".e" usw.). Das Satzglied bzw. Satzgliedteil mit ›*hilfe*‹ ist unterstrichen.

Sp. 17 (Z. 5) Kennzeichnung des Satzes, der ›*hilfe*‹ enthält: Satzart, bei Gliedsätzen Abhängigkeitsstufe, Form, Funktion u. ä.).

3.3. Ergänzende Bemerkungen zu einzelnen Spalten

Die in den Spalten 10-14 mitgeführten Zähler sind aus den Analysedaten, auf die sie sich beziehen, automatisch neu hinzugefügt.

Zu Sp. 8 und 9: Die durch einen senkrechten Strich markierte Abgrenzung von Wortgruppengliedern gegeneinander wird in Spalte 8 und 9 gesteuert durch zifferngleiche Blöcke in Spalte 9, die die Kasusgleichheit der Wortgruppenglieder kennzeichnen. Der Kern der Wortgruppe läßt sich über die Ziffernblöcke automatisch ermitteln: Das Kernsubstantiv (bzw. die Sequenz mehrerer Kernsubstantive) hat die Ziffer

1 beim Subjekt (s) und beim Prädikativum (pr),
2 beim Genitivobjekt (o2),
3 beim Dativobjekt (o3),
4 beim Akkusativobjekt (o4).

Bsp.: s nkn|dn 1 + 1|22 **handtreichung vnd* **hilff der todten* 68.24

Für alle Präpositionalsausdrücke (fn- in Sp. 7) gilt, unabhängig von deren Satzgliedfunktion: Kern ist das Substantiv der ersten Wortsequenz, die zifferngleich mit der ersten Präposition (f) der Wortgruppe ist.

Bsp.: fbn333 *auß himmlischer* **hylff* 3.20

Bei Wortgruppenhäufungen bzw. Häufungen von Wortgruppenteilen tritt, entsprechend der Anzahl der koordinierten Einheiten, die Ebene des Kerns mehrfach auf:

Bsp.: fnnkn * kfn|dn 333 + 3 * + 33|22 *in* **lieb,* **gloub vnd* **hoffnung, vnd in* **hilff der armen* 36.15

Durch die Festlegung der Position des Kerns ist auch das Vorfeld und das Nachfeld des Kerns festgelegt. Hierdurch lassen sich automatisch erfassen:

- die Angliedtypen des Vorfelds:
  Artikel und Adjektiv je zifferngleich mit dem Kernsubstantiv
  Genitivausdruck: Ziffernfolge 2
- Angliedtypen des Nachfelds:
  Genitivausdruck: Ziffernfolge 2
  Dativausdruck: Ziffernfolge 3
  Präpositionalausdruck im Dativ/Akkusativ: Ziffernfolge 3/4, die Vertreter der Wortarten in Sp. 8 sind durch eine ziffernidentische Präposition (f) eingeleitet.

Die automatische Abtrennung von Gliedern gegeneinander bedarf noch weitergehender Regeln, um auch dann zu greifen, wenn funktionsunterschiedliche Glieder aufeinander folgen, die kasusgleich sind. Präposition (f) und Artikel (d) in Sp. 8 bilden häufig, aber nicht notwendig, das Signal für den Einschnitt. Die erforderlichen Einschnitte wurden während der Bearbeitung berücksichtigt, u. a. als Grundlage für die Angaben in Sp. 11 (Abstrakta in Abhängigkeitsrelation).

Eine weitergehende Aktivierung der Informationen von Sp. 8 und 9 ermöglicht die Erfassung struktureller Besonderheiten der Wortgruppe, z. B. aller Belege, in denen ›*hilfe*‹ mit einem (selten zwei oder mehr) Substantiv(en) koordiniert auftritt, aller Belege, in denen *›hilfe‹* durch ein Adjektiv modifiziert ist usw. (vgl. 4.2. und 4.5.).

Zu Sp. 15: Die Eintragungen bilden die Basis für vergleichende Untersuchungen zur Verwendung der Satzglieder, die in Verbindung mit dem Vollverb *›helfen‹* auftreten, und derer, die in Sätzen mit verschiedenen Typen nominal-verbaler Verbindungen zum Verbalsubstantiv *›hilfe‹* vorkommen (vgl. 4.1. bis 4.3.6.).

3.4. Automatische Weiterverarbeitung

Für die Behandlung einzelner Fragestellungen innerhalb der Untersuchung werden die Eintragungen der Spalten in beliebiger Sortierfolge und Anzahl kombiniert. Meist ist eine Auswahl-Kombination von vier bis acht Spalten relevant, wobei sich die Teilfragestellungen auf überlappende Merkmalgruppierungen stützen und diese je nach Bedarf in variierenden Sortierfolgen benutzen. Für die Auswertung der Informationen einer bestimmten Spalte ist diese primäres Sortier-Kriterium. Bei einer kleinen Datenmenge, wie im vorliegenden Fall, ist eine Feinsortierung über die Kriterien dreier Spalten hinaus nicht signifikant.

Zu jeder gewählten Sortierfolge ist, gesteuert durch die mitgeführten Stellenangaben in Sp. 1, in gleicher Reihenfolge der Wortlaut der Belege verfügbar: wahlweise im Umfang der Wortgruppe, die das Verbalabstrakt *›hilfe‹* enthält, und/oder im Umfang des zugehörigen Satzes.[6] Bei Bedarf wird der mitzuführende Wortlaut auch stärker reduziert oder erweitert.

Die Spalten mit komplexen Informationen (insbes. 8/9 und 15) werden durch tabellarische Übersichten für Auswertungen aufbereitet und für die Analyse teilweise automatisch weiterzerlegt.

4. Auswertungen

4.1. Bezugsbasis: Das Verb *›helfen‹* und seine tragenden Satzglieder

Die syntagmatischen Beziehungen, die das Verbalabstrakt *›hilfe‹* eingehen kann, korrespondieren mit der Struktur der Sätze, deren prädikatbestimmendes Verb *›helfen‹* ist, im Hinblick auf deren tragende Satzglieder.

Die hier als »tragend« bezeichneten Satzglieder sind durch den Erwartungshorizont des Sprachbenutzers vorgegeben. Sie umfassen zusätzlich zu den valenzbedingten Ergänzungsbestimmungen[7] Angaben, die in Sätzen mit dem Prädikatsverb

---

[6] Mit einigen festgelegten Erweiterungen: Bei einem Attributsatz wird der Wortlaut des vorausgehenden Satzes, der das Bezugswort enthält, miterfaßt; bei einem Satz der innerhalb einer Reihe koordinierter Sätze an zweiter oder späterer Stelle steht, wird der Wortlaut des ersten koordinierten Satzes vorangestellt, da dieser in der Regel die Satzglieder aufweist, die in den koordinierten Folgesätzen durch Ellipse entfallen.

[7] Bei HELBIG/SCHENKEL (1978), S. 178, z. B. gilt als obligatorischer Mitspieler nur das Substantiv im Nominativ. Als zwei weitere, fakultative Mitspieler werden der Dativ und ein Präpositionalausdruck/Infinitiv(-Satz) angesehen, deren Auftreten alternativ oder konjunktiv erfolgt.

›*helfen*‹ sowohl bei Eberlin als auch allgemein so häufig stehen, daß sie als zu erwartende Einheiten angesehen werden können. Dies gilt insbesondere für Angaben, die sich auf das Ziel des Helfens richten (›*helfen wozu, wogegen, wovon*‹) oder die im weitesten Sinn einen Sachverhaltsbezug bezeichnen (›*helfen wobei, wo, in welcher Situation*‹). Modale oder instrumentale Angaben (»Qualifikation/ Mittel«) sind demgegenüber in den Sätzen mit Vollverb zwar seltener, aber auch zum Bestand gehörend. Am seltensten sind kausale Angaben (»Grund«).

Alle genannten Funktionen der Primärsatzglieder kommen auch bei den Angliedern der Wortgruppe vor, deren Kern ›*hilfe*‹ ist. Um eine Bezeichnungsidentität zu haben für die korrespondierenden Funktionen auf den verschiedenen syntaktischen Ebenen, die zugleich unabhängig ist von der jeweiligen formalen Realisation eines Funktionsträgers, werden im folgenden vereinheitlichende Termini im Sinn von Tiefenkasus benutzt.

›*helfen*‹:	wer	wem	wozu/wovon/wobei	wie/womit	warum
›*es wird geholfen*‹:	von wem	wem	wozu/wovon/wobei	wie/womit	warum
Funktion (Tiefenkasus)	Agens	Experiens	Ziel/Bezug	Qualifikation/ Mittel	Grund

Abb. 7

In Form einer Tabelle registriert Abb. 8 die tragenden Satzglieder zu allen ›*helfen*‹-Belegen in der genannten Abfolge. Alle nichtrelevanten Einheiten (einleitende Konjunktionen, Ausrufe, Satzglieder, die nicht zum Erwartungshorizont gehören) sind nicht aufgenommen.

Abb. 8 ist die automatische Weiterverarbeitung einer Listengrammatik zu allen Belegen von ›*helfen*‹ (vgl. Abb. 9).

Erklärung der Abkürzungen in Abb. 8

ac	=	Adv. Bestimmung, kausal
ah	=	Adv. Bestimmung des Bezuges (›im Hinblick‹)
ai	=	Adv. Bestimmung, instrumental
al	=	Adv. Bestimmung, lokal
alu	=	Adv. Bestimmung, lokal, übertragen
am	=	Adv. Bestimmung, modal
ams	=	Adv. Bestimmung des Maßes
an	=	Adv. Bestimmung der Negation
aru	=	Adv. Bestimmung der Richtung, übertragen
avu	=	Adv. Bestimmung der Herkunft, übertragen
o3	=	Dat.-Objekt
of	=	Präp.-Objekt (›Ziel‹)
s	=	Subjekt
(s)	=	implizit im Satz enthaltenes Subjekt (bei Infinitiv- und koordinierten Teilsätzen und
(s!)		bei Imperativsätzen)
( )	=	Passivsatz, Subjekt fehlt
zs	=	Vergleichsangabe, subjektbezogen
*		vor einer Satzgliedbezeichnung verweist auf ein Abstraktum als Kern

Agens	Experiens	Ziel/Bezug	Qual./Mittel	Grund	Belegstelle
s	o3	of	ai		1005090
s	o3				1005280
*s		of	am		2021250
s	o3				3024140
s		of			3032080
s	o3	of, al			3033110
s	o3	al			4041060
(s)	o3				5046270
(s!)		of			5052120
s	o3		ams		5053080
s	o3	aru			5053100
s		of			6061110
( )	o3	avu			6061120
*s	o3		ams		7069320
(s)	o3				7076190
(s!)	o3				7076230
s	o3				7077070
*s	o3	avu			9092060
s	o3	of	am		9092340
s	o3	avu			9102320
s	o3	avu			9102340
s	o3	of			9102360
s	o3	avu		ac	9103220
s	o3	of	*ai		12139070
s		of	am		13143040
s	o3	of	*am		13149290
(s!)	o3				13150200
s		ah			14156090
s	o3				14159320
*s, *zs			ams		15167070
*s		*of	an		15167080
s	o3	*of	ai		16175310
s	o3		am		16175370
s		of			16185080
s	o3	*aru	ai		16186110
s	o3	of	ai		16186120
s	o3		ai		16186140
s		*af			16188160
s	o3				16188240
(s!)	o3	of			16191110

Abb. 8: Das Verb ›*helfen*‹ in seinen syntagmatischen Beziehungen
Tragende Satzglieder

Abb. 9 bietet Angaben zur syntaktischen Distribution von ›*helfen*‹. Vorhandene Informationen: Stellenbeleg - formale und funktionale Bezeichnung des Satzes, in dem das Verb steht, - Suchwort - Verb-Genus (a = aktiv) - Anzahl der abstrakthaltigen Satzglieder - Satzgliedbestand im zugehörigen Satz. - Zugehöriger Wortlaut, mit untergeschriebenen Satzgliedbezeichnungen und mit Markierung der abstrakthaltigen Satzglieder (*).

9092060	g2.c.w	helfen	a	1	p		s	o3	avu		
9092340	g1.m.s	helfen	a	0	p		s	o3	of	am	
9102320	g1.k.o4	helfen	a	0	p		s	o3	avu		
9102340	g1.m.s	helfen	a	0	p		s	o3	avu		
9102360	g1.k.ab>	helfen	a	0	p	kb	s	o3			
9103220	g1.k.ab	helfen	a	1	p	kb	s	o3	avu	ac	
12139070	h	helfen	a	1	p		s	o3	of	ai	x

a	1	dovon kein *dispensatz jn helffen moeg
		avu *s o3 p
a	0	wer in williglich dar+zuo hylfft
		s o3 am of p
a	0	welches eim solichen klostermenschen darvon hilff
		s o3 avu p
a	0	waer eim solichen kloster+menschen darvon hilff
		s o3 avu p
a	0	so ir helffen im
		kb s p o3
a	1	wann du eim solichen münch vmb gotz *willen dar+von hilffst
		kb s o3 *ac avu p
a	1	ja alle amptleüt der stet soellen inen do+zuo mit *gwalt haelffen
		x s p.a o3 of *ai p.e

Abb. 9: ›*helfen*‹ mit Angaben zur syntaktischen Distribution
Ausschnitt aus der chronologischen Sortierung

4.2. Das Verbalsubstantiv ›*hilfe*‹ in seinen syntagmatischen Beziehungen innerhalb der Wortgruppe

Als Kern einer Wortgruppe kann ›*hilfe*‹ mehrere Anglieder haben, die formal verschieden sind. Ihre syntaktische Funktion im Hinblick auf den Kern korrespondiert mit der Funktion der tragenden Satzglieder beim Prädikatsverb ›*helfen*‹ (vgl. 4.1.). In der nominalen Wortgruppe haben die Anglieder, die die einzelnen Funktionen repräsentieren, z.T. mehrere formale Ausprägungen, sowie unterschiedliche Positionen zum Kern.

Abb. 10 zeigt das Verhältnis zwischen Form und syntaktischer Funktion der Anglieder in den Wortgruppen mit dem Verbalabstrakt ›*hilfe*‹ als Kern. In der senkrechten Spalte sind die Anglieder nach ihrer Position und Form aufgeführt, in der waagerechten nach ihrer Funktion im obengenannten Sinn. Die Ziffern in den Feldern geben für jeden Realisationstyp die Häufigkeit seines Vorkommens an. Die Anmerkungsziffern verweisen auf je ein Belegbeispiel, dem die übrigen Stellenangaben beigefügt sind.

Die Tabelle zeigt, daß für die einzelnen Funktionen eine erstaunliche Formenvielfalt zur Verfügung steht: Das Agens ist durch vier Formtypen vertreten: im Vorfeld Adjektiv (1)[8] und Genitiv (2), im Nachfeld Genitiv (3) und Präpositionalausdruck (4), wobei der Nachfeldgenitiv die stärkste Besetzung (8 Belege) zeigt. Auch das Experiens ist durch vier Formtypen vertreten: im Vorfeld durch den

[8] Die Ziffern beziehen sich auf die Beispielbelege zu Abb. 10.

Dativ (5), im Nachfeld durch den Genitiv (6) und Dativ (7) (angenähert gleich häufig), sowie durch ein erstes Kompositionsglied zu *›hilfe‹* (8). Der Nachfelddativ zeigt die Fälle, in denen das Verbalabstrakt die Fügungspotenz beibehält, die auch das stammidentische Verb *›helfen‹* hat. Diese Tendenz zeigt Eberlin auch bei anderen Verbalabstrakten. Sie ist auch sonst in der Zeit zu beobachten und wird durch die Lehren in den lateinischen Grammatiken für das Lateinische propagiert.[9] Das Ziel erscheint in drei unterschiedlichen Formtypen: als Genitiv (9), Präp.-ausdruck (10) und Gliedsatz (11). Die Konkurrenz des Genitivs mit dem Präpositionalausdruck ist besonders bemerkenswert. Bei den Qualifikationen dominiert das Adjektiv im Vorfeld (12). Es ist relativ mehr als doppelt so häufig wie die Qualifikationen zu *›helfen‹* durch Adverbialgebrauch der Adjektive. Bemerkenswert ist die variierende Form der beiden qualifizierenden Gliedsätze (13), von denen einer ein Relativsatz ist, der andere ein Adjektivsatz, d. h. eine satzäquivalente appositive Nominalgruppe mit einem Adjektiv als Kern. Die Konstruktion ist erheblich kürzer als ein eingeleiteter Gliedsatz und daher nach dem Geschmack der Zeit bei weitem eleganter (vgl. 4.3.2., Anm. 12 und 4.3.4., Anm. 18). Die mögliche Vielfalt in der formalen und funktionalen Gliederung der Wortgruppen mit *›hilfe‹* als Kern oder als Anglied zeigt eine unterschiedliche Verteilung der realisierten Fälle auf die verschiedenen syntaktischen Funktionen, die die *›hilfe‹*-haltigen Satzglieder auf der Satzebene haben, sowie insbesondere auf die verschiedenen Typen nominal-verbaler Verbindungen, deren Element die jeweilige *›hilfe‹*-haltige Wortgruppe ist (vgl. 4.3.2. bis 4.3.6.).

Form \ Funktion		Agens	Experiens	Ziel/ Bezug	Qualifikation	Grund	Σ
Vorfeld	Adj.	3[1]			13[12]		16
	Gen.	2[2]					2
	Dat.		4[5]				4
Nachfeld	Adv.					1[14]	1
	Gen.	8[3]	5[6]	1[9]			14
	Dat.		6[7]				6
	Präp.-Ausdr.	3[4]		2[10]			5
	Glieds.			1[11]	2[13]		3
Kern	1. Kompos.-Glied		1[8]				1
Σ		16	16	4	15	1	52

Abb. 10: Verhältnis Form – syntaktische Funktion der Anglieder in den Wortgruppen mit dem Verbalabstraktum *›hilfe‹* als Kern.

[9] Z. B. Exercitium Puerorum Grammaticale (1493) s6r. – Zur »Erhaltung der verbalen Fügungspotenz« im Frnhd.: Pavlov (1983), S. 97. – Belege für adnominalen Akkusativ bei Eberlin: Rössing-Hager (1988a), S. 310.

Die folgenden Nummern 1) bis 14) beziehen sich auf die hochgestellten Ziffern in Abb. 10.

1) 3.19 *auß himmlischer *hylff* (ähnl. 40.14; 197.09)
2) 21.13 *mit geistlicher vnd waeltlicher prelaten *rat vnd *hilff* (ähnl. 68.19)
3) 41.01 *vmb *hylff vnd *bystand gots* (ähnl. 46.01; 115.22; 123.04; 139.03; 156.22; 178.07; 122.33)
4) 11.05 *aller *hylff vom pabst* (ähnl. 50.32; 194.28)
5) 14.19 *vnß zue *hilff* (ähnl. 36.01; 89.07; 91.06)
6) 36.15 *in *lieb, *gloub vnd *hoffnung, vnd in *hilff der armen* (ähnl. 68.24; 72.02; 73.14; 194.32)
7) 70.03 *vmb *hilff vnd *trost disem todten* (ähnl. 70.18; 71.17; 71.24; 187.18; 195.09)
8) 70.27 *soelich todten hylff*
[in Abb. 6 ist das Kompositum nicht berücksichtigt]
9) 123.08 *zuo *trost vnd *hilff auch *fürdernüß ains gmeinen *nutz*
10) 115.22 **hilff gots zuo eim christenlichen *laeben* (ähnl. 123.14)
11) 188.22 *synn vnd *hilff, yhn ze myden*
12) 69.20 *ein so schedlicher got mißfalliger *vaßnacht butz eigens *gesuochs, menschlicher *blendung vnd *hindernüß der rechten *hylff, so den todten moecht fürderlich sein* (ähnl. 71.04; 71.08; 72.09; 73.14; 74.26; 77.20; 90.17; 105.20; 134.08; 134.16; 156.09; 178.07)
13) 69.20 *ein so schedlicher got mißfalliger *vaßnacht butz eigens *gesuochs, menschlicher *blendung vnd *hindernüß der rechten *hylff, so den todten moecht fürderlich sein*
72.03 *das drumm vnd das *end aller *hilff den todten fürderlich*
14) 74.26 *meer *hylff oder *gefallens dar von*

Die variantenreichen Beziehungen zwischen Angliedern und dem Verbalabstrakt ›*hilfe*‹ als Kern werden noch ergänzt, wenn man die Belege mit ›*behilf*‹ hinzuzieht, die im übrigen in dieser Untersuchung nicht berücksichtigt sind:

- Nachfeldgenitiv als Experiens: *behilff der todten* (75.33),
- Adverb im Nachfeld als Zweckangabe: *behilff dar zu* (31.16),
- Präpositionalausdruck im Nachfeld als Zweckangabe: *ein behilff zuo grossem schaden der christenheit* (85.29),
- Nachfeldgenitiv als Zielangabe (*abhilfe von*): *ain behilff synes irsals* (189.27).

4.3. Die syntagmatischen Beziehungen von ›*hilfe*‹ auf der Satzebene

4.3.1. Allgemeine Übersicht

Die syntagmatischen Beziehungen, die ›*hilfe*‹ auf der Satzebene eingeht, ergeben als Typen (Abb. 11, Horizontal-Aufgliederung):

I Das Verbalsubstantiv geht eine enge Bindung mit dem Verb des Satzes ein. Diese nominal-verbalen Verbindungen[10] sind entweder

1) »Streckformen«, d. h. das Verb ist primär Träger grammatischer Funktionen, seine Eigenbedeutung tritt zurück. Die nominal-verbale Verbindung ist als ganze (angenähert) synonym mit dem stammidentischen Vollverb ›*helfen*‹. Bsp.: ›*hilfe tun*‹. Sie fungiert als Periphrase für Aktiv- oder Passivformen des Vollverbs, oder

2) »Kontraktionsformen«,[11] d. h. der verbale Teil der nominal-verbalen Verbindung behält seine Eigenbedeutung, während der nominale Teil mit einem möglichen Gliedsatz konkurriert, dessen Prädikatsverb stammidentisch mit dem Verbalsubstantiv ›*hilfe*‹ ist. Bsp.: ›*um hilfe bitten*‹ = ›bitten, daß {jem.} hilft/daß geholfen wird‹.

II Das Verbalsubstantiv ist Kern von autonomen Präpositionalausdrücken, die, unabhängig vom Verb des jeweiligen Satzes, mit potentiellen Gliedsätzen konkurrieren, deren Prädikatsverb stammidentisch mit dem Verbalsubstantiv ›*hilfe*‹ ist. Bsp.: ›*mit hilfe*‹ = ›indem {jem.} hilft‹.

Bei den Streckformen wie bei den Kontraktionsformen verbindet sich ›*hilfe*‹ mit einer Anzahl verschiedener Verben. In beiden Typen übernimmt ›*hilfe*‹, je nach dem verwendeten Verb, unterschiedliche Satzgliedfunktionen (Abb. 11, Vertikal-Auflistung. Ziffern in Klammern geben die Vorkommenshäufigkeit an). Die Präpositionalausdrücke, mit ›*hilfe*‹ als nominalem Kern und eingeleitet durch verschiedene Präpositionen, sind - in wechselnder syntaktischer Funktion - häufig Elemente von Kontraktionsformen, nur gelegentlich von Streckformen. Mehrfach fungieren sie als autonome Satzglieder (Spalte II benennt die logisch-semantische Funktion der adverbialen Bestimmungen, die die Präpositionalausdrücke repräsentieren).

---

[10] Zu Fragen der Terminologie in Verbindung mit Definitionen, zur syntaktischen und semantischen Leistung von Verbalabstrakta (»Satzwertigkeit«) und von nominal-verbalen Verbindungen (als »Streckformen« überhaupt und speziell als »Funktionsverbgefüge«, z. B. zur Markierung von Aktionsarten, Passivumschreibung), zur historischen Dimension, textsortenspezifischen Verwendung, kommunikativen Wirkung und zum Stilwert vgl. FRANCK (1962), DANIELS (1963), VON POLENZ (1963 und 1987), BAUSCH (1964), STÖTZEL (1965), HERINGER (1968), SCHIPPAN (1968), SCHMIDT (1968), ENGELEN (1968), SCHREINERT (1972), BURGER (1973), HERRLITZ (1973), PAVLOV (1983), zusammenfassend: EISENBERG (1986).

[11] Der Terminus ist in der Literatur nicht eingeführt. Er bietet sich jedoch insofern an, als eine nominal-verbale Verbindung nur dann eine ›Streck‹-Form ist, wenn sie mit einem Verb konkurriert. Wenn ihr nominaler Teil mit einem Gliedsatz konkurriert, bewirkt die nominal-verbale Verbindung eine ›Kontraktion‹.

		I in nominal-verbalen Verbindungen			II in autonomen Präp.-Ausdrücken
Satzglied	Beleg	Streckformen		Kontraktionsformen	
		Aktiv	Passiv-Periphrase		
Subjekt	*hilfe*	*ist* (2)	*geschieht*(3) *wird gereicht*		
Prädikativ	*hilfe*	*sein* (2)			
Gen.-obj.	*der hilfe*		*entsetzt sein*	*bedürfen* *warten*	
Akk.-obj.	*hilfe*	*geben* (2) *leisten* (2) *tun* (5) *verleihen*	*haben*(3) *nehmen*	*erlangen* *wünschen*	
Präp.-ausdr.	*zu hilfe*	*kommen* (4) *sein*		*bewegt werden* *sich erbieten*	final (5)
Präp.-ausdr.	*um hilfe*			*anrufen* *bitten* (3) *sich kehren* *schreien* (2) *wunsch tun*	
Präp.-ausdr.	*in hilfe*			*stehen*	
Präp.-ausdr.	*aus hilfe*			*hervorgehen*	kausal (4)
Präp.-ausdr.	*auf hilfe*			*sorge legen*	
Präp.-ausdr.	*mit hilfe*				modal/instrum. (2)
Präp.-ausdr.	*ohne hilfe*				modal/instrum. (3)

Abb. 11: ›*hilfe*‹ als Element unterschiedlicher Typen syntaktischer Einheiten

Verwendungen des Verbalsubstantivs in Verbindungen, in denen der verbale Erfassungskern nicht aktiviert wird, sind in Abb. 11 nicht erfaßt.

Das in den nominal-verbalen Verbindungen benutzte Verb ist nicht nur Träger grammatischer Funktionen. Auf der Grundlage seiner Eigenbedeutung(en), die es als Vollverb hat, vermittelt es zusätzliche Bedeutungskomponenten - von denen einige in den Bereich der Aktionsarten gehören -, oder trägt zur Differenzierung der Stilebenen bei. In jedem Fall ermöglicht die nominal-verbale Verbindung auch im Frnhd. eine Modulierung der Aussage. Doch stellt sich die Frage, ob und inwieweit der Autor die variierenden Möglichkeiten in den einzelnen Gruppen bewußt zur Differenzierung seiner Ausdrucksabsicht oder z. B. zur Verminderung von Wiederholungen eingesetzt hat.

4.3.2. Streckformen als Aktiv-Periphrasen

hilfe sein

71.04 *naechste *hilff ist armen lüten guots thuon*

71.09 *das aber ein groß (doch wenig erkant) *hilff den todten sy *besserung des *laebens, deren*

Die beiden Streckformen, in denen ›*hilfe*‹ prädikativ verwendet ist, haben als Subjekt anstelle eines möglichen Konjunktionalsatzes komplexe Nominalausdrücke: in 71.09 ein Verbalabstrakt mit Genitivus objectivus, von dem ein Relativsatz abhängt, in 71.04 einen Infinitiv mit Dativ und Akkusativ in Objektfunktion. In beiden Fällen ist somit die »elegantere« Ausdrucksweise gewählt.[12]

zu hilfe sein

71.24 *das aller kost vnd sorg gelegt wirt vff das, so nit meer dann ein theil* [...] *ist zuo *hilff den todten*

Das Prädikativum *zuo hilff* ist syntaktisch eine Variante zu dem Prädikativum ›*hilfe*‹ in den vorausgehenden Belegen. Gleichzeitig ergibt sich jedoch aus der Erweiterung der Streckform durch die Präposition, daß das Prädikativum einen finalen Aspekt bekommt: ›ein Teil (...) des genannten Zieles hilft den Toten/nützt dazu, den Toten zu helfen‹.

Den Streckformen, in denen ›*(zu) hilfe*‹ prädikativ gebraucht wird, ist jeweils ein nicht-personales Subjekt zugeordnet. Die Sätze enthalten explikative Aussagen.

hilfe ist

33.13 *by got ist *hylff*

197.09 *kain menschlich *hilff ist gnugsam, die pfaffen vß bepstlichem *gewalt zebringen*

[12] Vgl. Exercitium Puerorum Grammaticale, z. B. o7 v f.

›hilfe‹ als Subjekt in Verbindung mit dem Verbum *›sein‹* ist nur in 33.13 eine Streckform. Die personenbezogene Ortsangabe ist die Anspielung auf ein Agens. Der Satz kann paraphrasiert werden durch: ›(sei nur zuversichtlich:) Gott hilft.‹

In 197.09 handelt es sich um keine echte Streckform. Das Subjekt *hilff*, genauer spezifiziert durch das Adjektiv *menschlich*, ist hier die Basis eines Urteilssatzes, in dem *ist* als Kopula zum Prädikativum *gnugsam* verwendet wird. Zu dem Prädikativum ist der nachfolgende Gliedsatz eine Bezugsangabe: ›keine menschliche Hilfe genügt, um die Pfaffen aus der päpstlichen Gewalt zu bringen‹. Oder: ›kein Mensch kann (dazu) so viel helfen, daß er damit erreicht, daß die Pfaffen aus der päpstlichen Gewalt gebracht werden.‹

hilfe geben

84.11 *aber jetz sicht vnß got genaediglichen an in vnserem vnbilliglichen *lyden,* [...] *vnd gibt vnß *hilff vssen durch goettliche christliche *lere hoch verstendiger frummer lerer*

188.22 *vnd im got nit gibt synn vnd *hilff*

In 84.11 ist das Agens, *got*, verstärkt durch ein abstraktes Instrumental-Adverbiale, *durch goettliche christliche lere*, mit zusätzlichen Agens-Merkmalen: *goettliche* und *lerer*.

In 188.22 bildet das mit *hilff* koordinierte Abstraktum *synn* keine Streckform, sondern ein Syntagma aus zwei Bedeutungskomponenten. Hierdurch erscheint auch die Beziehung zwischen *›hilfe‹* und *›geben‹* in diesem Fall weniger eng, d. h. die Elemente des Syntagmas behalten stärker ihre Eigenbedeutung, als wenn sie, wie in 84.11, ohne Zusätze verbunden sind.

hilfe leisten

90.09 *vmb *hylff zuo leisten den christen*

187.23 *auch laisten sie kain *hilff den pfarrern*

In beiden Belegen, obwohl sie unterschiedlichen Satzformen angehören, ist das Dativobjekt, das den Hilfeempfänger benennt, ausgeklammert und damit besonders betont.

hilfe tun

5.29 *vnd got erhoeret andaechtig *gebaet* [...] *thuot dir *hylff*

11.14 *die gern *hilff thaeten der ewangelischen *warheit*

69.32 **hilff zuo thuon*

90.17 *darumb ir alle soellen bald mügliche *hylff inen thuon von bruederlicher *liebe wegen*

105.20 *darumb thuond in mügliche *hylff*

›hilfe tun‹ ist die Streckform, die Eberlin am häufigsten benutzt. Aufgrund der semantischen Weite des Verbums *›tun‹* hat die Streckform gegenüber *›helfen‹* keine zusätzliche semantische Komponente. Ihre Verwendung kann satzrhythmisch bedingt sein (vgl. 4.4.) oder der Wiederholung meidenden Variation dienen.

hilfe verleihen

195.10 *darumb wurt euch got *gnad vnd hilff verlyhen fur euch vnd ewer kinde*

Die Verbindung von *hilff* und *verlyhen* ist gesteuert durch das Abstraktum *gnad*, mit dem *hilff* koordiniert ist: ›*gnade verleihen*‹ ist eine usualisierte Verbindung, die im Text mehrfach belegt ist.[13] Gegenüber den Konkurrenten ›*tun*‹, ›*leisten*‹, ›*geben*‹ oder ›*reichen*‹ verweist *verlyhen*, verbunden mit dem Futur, in eine gehobene Stilebene. Der Helfende ist *got*; der Hilfeempfänger ist zweimal genannt: im Dativ *euch* und in einem Präpositionalausdruck *fur euch vnd ewer kinde*, der außerhalb des Satzrahmens einen Hauptton trägt. Das heißt, der getragene Stil ist durch eine Breitenamplifikation mit Informationsredundanz geprägt. Die Diktion hat den Charakter einer prophezeienden Zusicherung. Der Beleg entstammt dem 16. 'Bundesgenossen'. Er zeigt Anklang an den Ton der Bibelsprache, der aufgrund der vielen Bibelzitate, besonders aus Paulus, in diesem 'Bundesgenossen' dominant ist.

zu hilfe kommen

14.19 *vnd kumm vnß zuo *hilff*
36.01 *kvmme mir herr Jesu zuo *hilff*
89.07 *dz man inen zuo *hilff kum-*
91.06 *vnd kummen wir in nit zuo *hylff*

Auch diese Streckform gehört zu den besonders häufig benutzten (vgl. 4.3.5.). Durch das Verb wird die Vorstellung geweckt, daß der Helfende sich zu dem Hilfeempfänger hinbewegt bzw. sich ihm zuwendet. Die Sätze sind alle kurz. In drei Fällen wird aus der zweiteiligen Streckform ein Satzrahmen gebildet mit satzeröffnendem Verb und satzschließendem Präpositionalausdruck. Umklammert ist ein pronominaler Dativ (zur formalen Besonderheit vgl. 4.4.). In einem Fall (89.07) ist die gesamte Streckform zweiter Teil eines Gliedsatzrahmens, dessen ersten Teil die Konjunktion ›*daß*‹ bildet. Da mehrfach das Ende eines Konjunktionalsatzes durch die flektierte Form von ›*helfen*‹ gebildet wird - z. B.: *das man aim gantzen dorff do mit hulffe* (186.13; u. ö.) - erklärt sich in 89.07 die Verwendung der ›fülligeren‹ Form vielleicht aus ihrem Vorkommen in einer Überschrift auf einem Titelblatt.

Selbst wenn mit der nominal-verbalen Verbindung - im Gegensatz zum heutigen Deutsch - nicht häufig Aktionsarten angesprochen sind, enthält die Streckform doch semantische Komponenten, die zumindest aktualisiert werden können, auch wenn sie als Synonym zum stammidentischen Vollverb benutzt wurde und, insbesondere durch häufige Verwendung, einem mechanisierten Gebrauch unterlag. Verben wie ›*geben*‹, ›*reichen*‹, ›*verleihen*‹ unterstützen die semantische Komponente der Zuwendung, d. h. die ›Hilfe‹ erhält zugleich den Charakter einer abgrenzbaren Größe, vergleichbar mit ›Gabe‹, ›Geschenk‹ u. ä., die man übermitteln kann. Ein Verb wie ›*kommen*‹ (+ ›*zu hilfe*‹) drückt dagegen die Bewegung dessen

---

[13] Auch bei Maaler (1561) ist die Verbindung *gnad verlihen* unter *Gnad* angeführt (als Interpretament), aber unter *Hilff* kein ›*hilfe verleihen*‹, wohl das Gegenteil: *Hilff entlyhen*.

aus, der helfen will, hin zu demjenigen, dem geholfen werden soll, und mit der Bewegung die Hilfsbereitschaft.

Die Sätze, in denen Streckformen als Aktiv-Periphrasen fungieren, haben regelmäßig ein personales Agens (außer in den explikativen Aussagen 71.04, 71.09 und 71.24) und ein personales Experiens. Eine Ziel- oder Bezugsangabe fehlt immer. Je einmal begegnen die Angabe eines Mittels (84.11) und eines Grundes (90.17). Auch nicht relevante Satzglieder sind kaum vorhanden. - Die Wortgruppen der ›*hilfe*‹-haltigen Satzglieder sind in der Regel einfach gebaut. Nur selten ist ›*hilfe*‹ zweigliedrig, Anglieder fehlen fast ganz, bis auf die Dative, die je nach syntaktischer Interpretation als adnominale Ergänzungsbestimmung zu ›*hilfe*‹ oder als Primärsatzglieder zum Prädikatsverb aufgefaßt werden können. Echte Dativobjekte liegen vor bei ›*geben*‹, ›*kommen zu*‹, ›*verleihen*‹. Auf der Grenze zwischen Primärsatzgliedern und adnominalen Ergänzungen zu ›*hilfe*‹ sind die Dative bei ›*leisten*‹, ›*sein*‹, ›*tun*‹.

4.3.3. Streckformen als Passiv-Periphrasen

hilfe geschieht

72.07 *den todten sy vyl vnd gnuog *hilff geschaehen in *maessen, vigilgen, *jarzeiten*
134.16 *so aber lang gewurtzletem *vnrecht nit gaehe *hilff kan geschehen*
178.17 *das durch zehenden kain *hilff geschehen ist den armen vnnd bilgern*

›*geschehen*‹ ist das Verb, das bevorzugt verwendet wird, um zu intransitiven Verben Passiv-Periphrasen zu bilden. Eberlin verbindet es in dieser Funktion auch mit anderen Verbalabstrakta. In den drei Belegen mit ›*hilfe*‹ ist das verbale Element immer zweiteilig. Durch das Fehlen eines Agens ist die Ausdrucksweise unpersönlich.

hilfe reichen

77.21 *die pfarrer* [...] *achte ich aller eren waerdt, vnd in soll noetige *hylff trülich gereicht werden*

Die Streckform ist im Passiv gebraucht, d. h. ›*hilfe*‹ ist hier Subjekt. Mit der Streckform sind zwei qualifizierende Angaben verbunden: *hylff* hat das Adjektiv *noetig* im Vorfeld, dem Prädikat *gereicht werden* ist das Adverbiale *trülich* zugeordnet. Dies wäre zwar dem Vollverb ›*geholfen werden*‹ genauso gut zuzuordnen. Die mit dem Adjektiv *noetig* bündig vermittelte Information müßte dann jedoch zu einem ganzen Satz ausgeweitet werden: ›und ihnen soll treulich geholfen werden, wo es not ist‹ (o. ä.).

Die Verwendung des Passivs ermöglicht, die Personalidentität in beiden Sätzen durch eine Anfangsbetonung im zweiten Satz zu verdeutlichen. Da der Helfende (Agens) ohnehin nicht genannt ist, ist mit dem Passiv eine natürlichere, rhythmisch ausgewogenere Satzform gegeben als durch mögliche Sätze im Aktiv: ›und man soll ihnen nötige Hilfe treulich reichen‹ oder ›und ihnen soll man nötige

Hilfe treulich reichen‹.[14] Daß aus den konkurrierenden Verben in diesem Fall *gereicht* ausgewählt wurde, mag daran liegen, daß sich die endbetonte zweisilbige Verbform besser mit dem nachfolgenden Infitiniv *werden* verbindet als eine mit unbetonter Endsilbe.[15]

der hilfe entsetzt sein

11.05 *vnd wir aller *hylff vom pabst entsetzt sind*

Die Streckform enthält eine perfektive Komponente. Das in der Vergangenheit Mögliche wird für die Gegenwart ausgeschlossen: ›uns wird nicht mehr geholfen‹. Der Präpositionalausdruck *vom pabst* ist ein syntaktisch doppeldeutiges Agens: Er kann sich auf das Prädikat beziehen: ›der Papst hilft uns nicht mehr‹ oder adnominal auf *hylff*: ›uns ist die Möglichkeit genommen (durch wen? wodurch?), daß uns der Papst hilft‹.

hilfe haben

37.02 *das er do hette *zyt *stat vnd hylff*
74.26 *got vnd die selen hetten meer *hylff oder *gefallens dar von*
187.24 *wollen die pfarrer *hilff haben*

Die Verbindungen mit ›*haben*‹ bewirken in allen drei Belegen eine Ausdrucksverkürzung gegenüber dem Passiv von ›*helfen*‹.

In 187.24 verbindet sich die Streckform mit dem Modalverb ›*wollen*‹ zu einer Satzaussage. Durch das Passiv wäre eine Aufspaltung in zwei Sätze erforderlich: ›wenn die Pfarrer wollen, daß ihnen geholfen wird‹. In den beiden anderen Belegen ist *haben* zeugmatisch verwendet:

In 37.02 fungiert es als Vollverb und als Funktionsverb: ›daß er dort {dazu} Zeit und {den geeigneten} Ort hätte, und daß ihm dort {im Hinblick auf etwas bestimmtes} geholfen würde‹. Faßt man *hilff* in Koordination mit *zyt* und *stat* als abstrakte Größe auf, so ist es nicht verbalisierbar.

In 74.26 verbindet sich ›*haben*‹ mit zwei Verbalsubstantiven zu zwei getrennten Streckformen, von denen die eine aktivischen, die andere passivischen Sinn hat. Die Personenbezeichnungen und die ihnen zugeordneten Verbalsubstantive sind chiastisch angeordnet: ›Gott würde es besser gefallen und den Seelen würde dadurch geholfen‹.

[14] Es stellt sich die Anschlußfrage, in welchen Fällen ein Dativ in Aktivsätzen überhaupt markierte, d. h. erste, Position in Hauptsätzen hat.

[15] Hier wäre zu überprüfen, ob der Autor Passivformen des Typs ›*gegeben werden*‹ benützt, soweit »gefälligere« Varianten möglich sind. – Den genannten weiterführenden Fragen wird hier nicht nachgegangen, vielmehr soll nur das Vernetzungsprinzip für Hypothesenbildung bei der Analyse des Mikrokosmos angedeutet werden. – Wollte man systematisch für alle sprachlichen Einheiten alle im Text vorhandenen Ausdrucksvarianten verfolgen, so käme man auf eine unbegrenzte Fülle darzustellender Erscheinungen, zumal die Variationstechnik im Humanismus und bis weit ins 18. Jahrhundert als rhetorische Teildisziplin außerordentliche Bedeutung hatte. Vgl. Erasmus (1512), sowie Großgebauer (1703), der auf 335 Seiten mögliche Varianten eines einzigen Satzes mit Hilfe von Lexik, Grammatik, Rhetorik und Dialektik vorführt.

hilfe nehmen

136.22 *soll man von eim rychen *hylff nemen*

›*nehmen*‹ verweist hier auf die subjektive Einstellung dessen, dem geholfen werden soll: ›soll man sich von einem reichen Mann helfen lassen‹/›soll man veranlassen/zulassen, daß einem ein reicher Mann hilft‹.

In den Sätzen mit Streckformen als Passivperiphrasen zu ›*helfen*‹ ist von den tragenden Satzgliedern das Experiens meist benannt, je nach benutztem Verb entweder als Subjekt (bei ›*haben*‹, ›*nehmen*‹, ›*entsetzt sein*‹) oder als Dativobjekt (bei ›*geschehen*‹, ›*sein*‹, ›*gereicht werden*‹). Das Agens fehlt bis auf zwei Fälle: 136.22 und 11.05, d. h. der Helfende bleibt meist anonym. Mehrfach ist ein Bezug angegeben: 37.02 (hier impliziert die Ortsangabe eine Zielangabe, die im vorausgehenden Satz schon ausgeführt ist, *do*), 72.07 (hier benennt die übertragene Ortsangabe kirchliche Sakralhandlungen, mit denen implizit die Personen vergegenwärtigt sind, die die Handlung ausführen, und zugleich die konkreten Hilfeleistungen, die man von diesen Personen innerhalb der kirchlichen Handlungen erwartet, *in maessen, vigilgen, jarzeiten*), 74.26 (*dar von*). Je einmal benannt ist eine Qualifikation, 77.21 (*noetige*) und ein Mittel, 178.17 (*durch zehenden*).

4.3.4. Kontraktionsformen

Während ein Teil der nominal-verbalen Verbindungen den Charakter von idiomatisierten Wendungen hat - als Indiz kann angesehen werden, daß dasselbe Verb mehrfach in Verbindung mit ›*hilfe*‹ (oder zumindest mit verschiedenen Abstrakta) auftritt -, scheinen andere Verbindungen weniger fest oder sogar ad hoc gebildet zu sein. Die hierbei benutzten Verben treten innerhalb des untersuchten Textes auch nicht oder doch sehr selten mit anderen Abstrakta auf.[16] Dies gilt für die meisten der im folgenden behandelten Kontraktionsformen.

In den Kontraktionsformen behalten die Verben weitgehend ihre Eigenbedeutung. Sie heben (Begleit-)Sachverhalte hervor, die mit dem Vorgang des Helfens verbunden sind:

der hilfe warten

50.32 *ir bedoerffen keiner *hylff warten von byschoffen vnd bapst*

›*warten*‹ betont die Zeitdauer des dem Vorgang des Helfens vorausgehenden Hoffens auf den Vorgang (durative Aktionsart): ›über lange Zeit darauf hoffen, daß einem geholfen wird‹.

hilfe erlangen

115.22 *vnd das er woell erlangen *hilff gots zuo eim christenlichen laeben*

›*erlangen*‹ betont die Zielgerichtetheit des Vorgangs (resultative Aktionsart): ›erreichen, daß (...) geholfen wird‹.

[16] Vgl. PETRY, in diesem Band.

der hilfe bedürfen

123.14 *so ein amptman *hylff bedarff für gemeinen nutz*

›*bedürfen*‹ verweist auf die Notsituation dessen dem geholfen wird: ›nötig haben, daß {einem} geholfen wird‹.

zu hilfe bewegt werden

73.14 *als ob sy durch vyle deß zytlichen *guots (ynen rylich dar gebotten) bewegt wurden zuo flyssigem vnd vylem *fürbit vnd *hylff der todten*

›*bewegt werden*‹ kennzeichnet die persönliche Affiziertheit des Helfenden als Voraussetzung für das Helfen: ›als ob sie (...) dazu bewegt würden, fleißig und viel für die Toten zu bitten und ihnen zu helfen‹.

auf hilfe sorge legen

40.15 *so sy on *gefaer den *anfang versumen* [...], *vnd dar neben kleine oder keine *sorg vff bruederlich *hilff vnd *bistand legen*

›*sorge legen*‹, eine nominal-verbale Verbindung als ›verbales‹ Element innerhalb der Kontraktionsform, betont die Intentionalität des Helfenden als Voraussetzung für das Helfen - hier mit einer Negation versehen. Da der stark nominalisierten Äußerung sprachliche Signale fehlen, die die personalen Bezüge vereindeutigen, ergeben sich als alternative Paraphrasierungsmöglichkeiten: ›wenn sie (...) nicht darauf bedacht sind, einander brüderlich zu helfen‹ oder: ›(...) den anderen brüderlich zu helfen‹.

sich zu hilfe erbieten

134.08 *wir wünschen eüch *fryd vnd *gnad von got vnd erbieten vnß williglich zuo nachgender *hilff vnd *trost*

›*sich erbieten*‹ verweist auf die erklärte Bereitschaft des Helfenden gegenüber dem Hilfe-Empfänger, zu helfen: ›(...) bieten bereitwillig an, auf folgende Art zu helfen und zu trösten‹. *erbieten*, verstärkt durch das Adverb *williglich*, steht in einer texteröffnenden Passage, *einer ›erbietung‹*, und ist Bestandteil einer captatio benevolentiae.

hilfe wünschen

194.29 *disen vnd allen glidern der ritter orden wunsche ich *gnad vnd *hilff von got*

Die Wendung hat den Charakter einer religiösen Grußformel,[17] fast wortgleich mit dem Anfang von 134.08. Daß hier *hilff* gegen *fryd* ausgetauscht ist, legt nahe, den

[17] Ähnlich dem Paulinischen Gruß, den auch Luther häufig verwendet, insbesondere zu Beginn seiner Briefe.

Ausdruck *gnad vnd hilff* als abstrakte Größe mit einer Gesamtbedeutung aufzufassen (ähnlich wie bei *synn vnd hilff geben* und *gnad vnd hilff verlyhen*): ›diesen (...) wünsche ich, daß Gott ihnen Gnade und Hilfe verleiht‹, während bei einer Aktualisierung des verbalen Erfassungskerns von *›hilfe‹* die Ausdruckseinheit sich auch spalten läßt ›(...), daß Gott ihnen Gnade verleiht und ihnen hilft‹.

Eine besonders ausgebaute Gruppe stellen die Wendungen dar, die das ›Bitten um Hilfe‹ betreffen.

um hilfe bitten

16.07 *also das jetlicher* [...] *got bitten vmb *inspruch vnd *hylff solichs ze thuon*
70.03 *vnd bit in vmb *hilff vnd *trost disem todten*
101.26 *bin ich erbetten worden von vyl erberen frummen kloster leüten, eüch solichen iren *drang vnd *qual anzaigen, inen vmb *hylff zuo bitten* (*inen* ›für sie‹)

Als situationsbedingte partielle Synonyme zu *›bitten‹* begegnen vier Verben, die charakteristische Begleiterscheinungen benennen, die in Verbindung mit *›bitten‹* auftreten können:

um hilfe anrufen

33.10 *das sie got zuoversichtlich anrueffen vmb *hilff*

um hilfe schreien

91.03 *vnd jetz vnsere kind jaemerlich zuo vnß vmb *hylff schrien*
104.05 *das vber vyl ort kummen hagel vnd vngewitter vnd *pestilentz von wegen solicher gefangen, die yn irem *lyden schrien zuo got vmb *hilff vnd *rach*

um hilfe sich kehren zu

41.01 *ein jetlicher christ sol all tag ein mol zum minsten sich im *gebaet zuo got keren vmb *hylff vnd *bystand gots in *dancksagung vmb alles guots*

um hilfe einen wunsch tun

70.18 *vff das wenigest ein haertzlichen *wunsch zuo got thuond vmb *hylff disem todten*

›anrufen‹ (33.10) vergegenwärtigt die mit einem Bittgebet üblicherweise verbundene invocatio. Die Haltung der Bittenden ist durch das Adverbiale *zuoversichtlich* betont. *›schreien‹* (91.03; 104.05) benennt die Lautstärke als Indiz für die emotionale Intensität, in der eine Bitte vorgebracht wird, in 91.03 verstärkt durch

das Adverbiale *jamerlich*, in 104.05 durch das mit *hilff* koordinierte Verbalsubstantiv *rach*, das konkretisiert, worin das Helfen Gottes bestehen soll.

›*sich kehren zu*‹ (41.01) verdeutlicht die mit der Bitte verbundene Gebärde der Hinwendung des Bittenden zu dem Angesprochenen. Der Satz enthält mehrfache Redundanz. Der Empfänger der Bitte, der zugleich der Helfende ist, wird als Agens in zwei Satzgliedern erwähnt: *zuo got* und *gottes*. Außerdem ist *hylff* durch das Synonym *bistand* verstärkt, und das *sich* [...] *zuo got keren* wird explizit verdeutlicht durch den Präpositionalausdruck *im gebaet*.

›*einen wunsch tun*‹ (70.18) ist dagegen ein echtes Synonym zu ›*bitten*‹. Die nominal-verbale Streckform, die das »verbale« Element in der Kontraktionsform ›*einen wunsch um hilfe tun*‹ bildet, gehört einer getragenen Stilebene an (vergleichbar ›*verleihen*‹ gegenüber ›*tun*‹/›*geben*‹/›*leisten*‹). Sie ist verstärkt durch das Adjektiv *haertzlichen* und ist Bestandteil einer Textstelle, die aus einer Reihe nominalverbaler Verbindungen besteht. Die Stelle ist in feierlicher, getragener Form gehalten und schildert das prozessionsartige Zeremoniell bei einem Begräbnis, einschließlich dem Hinweis auf das begleitende *glocken gethoen*:

Darumb dann in gebrauch ist kummen der zuolouff aller vmbsessen, so man ein lych zuo grab will tragen, vnd auch das lang glocken gethoen do mitloeüffig, das da durch alle christen gemanet werden die solichs hoeren, vff das wenigest ein haertzlichen wunsch zuo got thuond vmb hylff disem todten. (70.13-70.18)

Inwieweit die mit den verschiedenen Verben verbundenen semantischen Komponenten vom Autor/Leser jeweils aktualisiert oder nur als Ausdrucksvarianten für denselben Inhalt betrachtet wurden, läßt sich nicht exakt ermitteln. Allerdings gibt es Anhaltspunkte, z.B. für den Einsatz der stilistischen Varianten, wenn weitere Merkmale des Textes, wie in den genannten Beispielen, diese stützen.

Nur bedingt in die Gruppe der Kontraktionsformen gehören zwei Belege, in denen ›*hilfe*‹ Kern eines Präpositionalausdrucks ist, dessen einleitende Präposition vom Verb des Satzes ausgeht:

stehen in

36.15 *vnd dar neben rechter christenlicher *gots dienst versumpt wirt, welcher stadt in *lieb, *gloub vnd *hoffnung, vnd in *hilff der armen*

hervorgehen aus

3.20 *aber auß himmlischer *hylff gond die *ding alle haerfür*

Der Präpositionalausdruck in 36.15 ist Bestandteil einer Explikation: ›rechter christlicher Gottesdienst besteht in Glaube, Hoffnung, Liebe (als Bezeichnungen für Tugendbegriffe sollten die Abstrakta hier nicht in Verbalausdrücke aufgelöst werden) und darin, daß man den Armen hilft‹. Der Präpositionalausdruck in 3.20 enthält eine Herkunftsangabe im übertragenen Sinn, d.h. er ist einer Kausalangabe verwandt und benennt eine Wirkursache: ›durch die himmlische Hilfe werden alle diese Dinge bewirkt‹, wobei ›*himmlisch*‹ eine Ortsangabe enthält, die auf Gott als Agens anspielt: ›weil Gott hilft, entstehen alle (diese) Dinge‹.

Zwar erscheint bei den Kontraktionsformen der nominale Teil, das ›*hilfe*‹-haltige Satzglied, als Konkurrent eines potentiellen Gliedsatzes, dessen Prädikat das Verb ›*helfen*‹ ist. Doch sind für einen solchen Satz nicht immer alle Informationen explizit gegeben, die als dessen tragende Satzglieder zu erwarten wären. Die entsprechenden Informationen verteilen sich auf Primärsatzglieder des einbettenden Satzes und auf adnominale Ergänzungsbestimmungen, die innerhalb der Wortgruppe von ›*hilfe*‹ auftreten,wobei die Grenze zwischen Primär- und Sekundärsatzgliedern oft unscharf ist. Häufig werden Informationen ausgespart, die durch den (meist vorausgehenden) Kontext implizit gegeben sind.

Bsp.: 33.10 *das sie got zuoversichtlich anrueffen vmb *hilff*

In diesem Fall ist zu vermuten, daß das Agens des potentiellen Gliedsatzes personenidentisch ist mit dem Akkusativ *got* des einbettenden Satzes: ›daß sie Gott zuversichtlich anrufen, damit er ihnen hilft‹. Es ist jedoch auch möglich, daß gar kein personell spezifiziertes Agens beabsichtigt ist. Derselbe Grad an Wahrscheinlichkeit, daß das personale Agens mit dem als Objekt benannten Bittempfänger identisch zu setzen ist, gilt für ›*bitten*‹, ›*schreien*‹, ›*einen wunsch tun*‹. Dagegen bildet Beleg 41.01 ›*sich kehren zu*‹ eine Ausnahme. Hier wird das Agens explizit als adnominaler Genitiv zu ›*hilfe*‹ benannt. Weder aus dem einbettenden Satz noch aus dem vorausgehenden Kontext ist ein Agens zu erschließen in den Belegen 123.14 und 36.15.

Das Experiens ist eindeutig festgelegt, wenn der nominale Teil der Kontraktionsform, ›*hilfe*‹, eine entsprechende adnominale Ergänzungsbestimmung hat:

70.18 *das* [...] *alle christen* [...] *ein haertzlichen *wunsch zuo got thuond vmb *hylff disem todten*
›damit Gott diesem Toten hilft‹ (ähnlich 73.14; 70.03; 36.15)

Fehlt die adnominale Ergänzungsbestimmung, so ist zu vermuten, daß das Experiens identisch ist mit einem Satzglied des einbettenden Satzes, speziell für ›*bitten*‹ und seine Synonyme sowie für ›*bedürfen*‹ und ›*warten*‹, das Subjekt:

33.10 *das sie got zuoversichtlich anrueffen vmb *hilff*
›daß sie Gott (...) anrufen, damit er ihnen hilft‹ (ähnlich 16.07; 104.05; 91.03; 50.32; 123.14)

Kein Experiens läßt sich ermitteln für die Belege 40.15 und 3.20.

Die Angabe des Ziels für das Helfen erfolgt bei den Kontraktionsformen nur selten explizit, als adnominaler Präpositionalausdruck zu ›*hilfe*‹: 115.22: **hilff gots zuo eim christenlichen *laeben*, und 123.14: **hylff* [...] *für gemeinen *nutz*, als adnominaler Gliedsatz zu ›*hilfe*‹, in 16.07: **hylff solichs ze thuon*, durch ein kataphorisches Adjektiv, das global auf den folgenden Inhalt verweist, in 134.08: *zuo nachgender *hilff vnd *trost*.

Implizit ergeben sich Hinweise aus einer übertragenen adverbialen Bestimmung des Ortes, die eine Situation benennt, deren Beseitigung erstrebt wird, 104.05: *yn irem *lyden*, aus einem Akkusativobjekt des vorausgehenden Satzes, das ebenfalls eine zu beseitigende Notsituation benennt, in 101.26: *solichen* [...] *drang vnd* *qual.* Mehrfach ist die Notsituation in vorausgehenden Textstellen so ausführlich geschildert, daß das Ziel des Helfens eindeutig präsent ist. In solchen Fällen kann jedes sprachliche Signal der Bezugnahme fehlen, selbst ein verallgemeinerndes Adverb ›*davon*‹, ›*dazu*‹ o.ä., z.B. in 33.10; 104.05. Jeglicher Anhaltspunkt für das Ziel des Helfens fehlt z.B. in 50.32; 70.18; 41.01; 3.19 und 36.11.

Das vorgestellte Ökonomieprinzip betrifft nicht nur die Verwendung der sprachlichen Mittel durch Vermeidung zweifacher Formulierungen derselben Informationseinheiten, sondern es betrifft auch die Informationen selbst. In nicht wenigen Fällen ist die mögliche Auflösung keineswegs zwingend gegeben, so daß eine gewisse Vagheit an Stellen existiert, die vielleicht vom Autor - weil er die impliziten Bezüge am besten verfügbar hat - durchaus eindeutig gemeint sind und nur beim Leser/Hörer Unsicherheit aufkommen lassen, die aber auch vom Autor bewußt in der Schwebe gehalten sein können, weil er sich im Hinblick auf einen bestimmten Sachverhalt nicht präzise festlegen möchte - vielleicht weil er es gar nicht kann -, die aber vom Rezipienten spontan und analog zu anderen Fällen als eindeutig aufgefaßt werden und bei ihm möglicherweise Sicherheit in Zusammenhängen hervorrufen, in denen prüfende Aufmerksamkeit ratsamer wäre.

Sehr oft nutzt Eberlin die durch den Textzusammenhang gegebenen Präsuppositionen aus und vermeidet an entsprechenden Stellen eine zu erwartende Explizität. Es handelt sich beim Aussparen tragender Satzglieder, die ›mitgedacht‹[18] werden können - wie sonst bei der kontextbedingten Ellipse sprachlicher Einheiten - um ein Ökonomieprinzip, das wegen seiner Eleganz von stilbewußten Autoren der Zeit aktiv gepflegt wurde. Dem Ökonomiestreben gegenläufig ist ein Prinzip, das als Informationsredundanz bezeichnet werden kann und als besonderes Stilmittel in Verbindung mit anderen Elementen der Breitenamplifikation fungiert. Hierher gehört die Agens-Verstärkung in 41.01 (›*sich kehren zu*‹), sowie die Experiens-Verstärkung in 195.10 (›*gnade und hilfe verleihen*‹) sowie die Verstärkung des Agens durch ein abstraktes Instrumental-Adverbiale mit zusätzlichen Agensmerkmalen in 84.10 (›*hilfe geben*‹).

4.3.5. Zum Befund in zeitgenössischen Wörterbüchern

Viele der von Eberlin benutzten nominal-verbalen Verbindungen ›*hilfe*‹ + Verb sind in zeitgenössischen Wörterbüchern belegt. Als geläufigste Synonyme zu ›*helfen*‹ erscheinen ›*zu hilfe kommen*‹ und ›*hilfe tun*‹.[19]

Maaler, der zu jedem Lemma zahlreiche Wendungen auflistet, registriert unter *Helffen* und ergänzend unter *Hilff* alle bei Eberlin vorkommenden Streckformen, auch die in passivischer Bedeutung. In einem Fall kennzeichnet er eine Passiv-Periphrase ausdrücklich als solche: *Mir beschicht Hilff. Mir wirt offt vnd dick geholffen. Adiutor.*

---

[18] Im Anschluß an Laurentius Valla wird das »Mitdenkbare« in zeitgenössischen Grammatiken als Qualitätskriterium einer Ellipse eingehend behandelt. Hierzu: PERCIVAL (1975), 239 u. 246f. Exercitium Puerorum Grammaticale (1493) 12v, q3v, q4r u.ä.

[19] Vgl. Maaler unter *Helffen.* - ›*zu hilfe kommen*‹ als Entsprechung zu ›*succurrere*‹ im Exercitium Puerorum Grammaticale, bei Frisius und bei Dasypodius, außerdem bei Frisius als Entsprechung zu *Adiuuare auxilio.*

Auch die bei Maaler unter *Hilff* erfaßten Kontraktionsformen stimmen zum Teil mit den von Eberlin verwendeten überein. Eberlin verwendet ohne Entsprechung bei Maaler:

›*der hilfe warten*‹, ›*hilfe erlangen*‹, ›*zu hilfe bewegt werden*‹, ›*zu hilfe sich erbieten*‹, ›*auf hilfe sorge legen*‹, ›*in hilfe stehen*‹, ›*aus hilfe hervorgehen*‹.

Im Hinblick auf die deutschsprachigen Wendungen ist das Angebot sowohl der Streckformen als auch der Kontraktionsformen bei Maaler etwas reichhaltiger als bei Eberlin. Die bei Maaler angeführten lateinischen Entsprechungen haben eine noch größere Variantenfülle - dies gilt insbesondere für die Einträge unter *Helffen* -, da sowohl für den verbalen wie für den nominalen Teil der Verbindungen alle möglichen Synonyme eingesetzt werden, wobei auch Wortbildungsmittel, z.B. Präfixzusätze, für Variationszwecke genutzt werden. - Dasypodius setzt gegeneinander ab: *Iuuo* (...) *Ich hilff* und *Adiuuo idem* (...) *frequentat. Ich hilff emsig.* D.h. er weist explizit darauf hin, daß mit der Präfigierung eine Verstärkung verbunden sein kann, die die Aktionsart betrifft. - Konstruktionsbedingte Varianten bei der Verwendung identischer lexikalischer Elemente kommen in analoger Form bei Eberlin wie Maaler vor, hier auch in den lateinischen Wendungen: ›*hilfe sein*‹ und ›*zu hilfe sein*‹ (Eberlin), *Esse præsidio siue præsidium alicui* (Maaler, unter *Helffen*), *Einß Hilff anrůffen/ Einen vmb hilff anschreyen* (Maaler, unter *Hilff*). Zwischen den lexikalischen Elementen der lateinischen Wendungen und deren Wiedergabe im Deutschen und umgekehrt besteht bei Maaler - (partielle) Synonymie jeweils vorausgesetzt - keine eineindeutige Entsprechung.

Hieraus läßt sich schließen, daß die einzelnen Verben, sowohl im Lateinischen wie im Deutschen, als gegeneinander austauschbar betrachtet wurden. Es besagt daher nicht viel, wenn Eberlin entsprechend einem lateinischen ›*adiumentum afferre*‹ und ›*auxilium portare*‹ kein ›*hilfe bringen/tragen*‹ verwendet. In anderen nominal-verbalen Verbindungen benutzt er ›*tragen*‹ und ›*bringen*‹ durchaus.[20] Überlegungen über mögliche Ausdrucksdifferenzierungen, die durch die unterschiedlichen Verben innerhalb der Wendungen bewirkt sein könnten, relativieren sich durch diese Feststellung kaum, da bei der Textproduktion im Einzelfall eine Vielzahl von Begleiterscheinungen die Bevorzugung einer bestimmten Variante lenkt.

Die Verbindungen mit ›*hilfe*‹ bieten Anhaltspunkte für eine vorhandene Ausdruckswendigkeit Eberlins. Sie bedürfen der Bestätigung und eventuellen Modifikation durch großflächige Überprüfung des lexikalischen Bestands und seiner Kombination sowie der syntaktischen Verwendungsweisen der nominal-verbalen Verbindungen im Bereich der übrigen Verbalsubstantive beim Autor.[21]

4.3.6. Autonome Präpositionalausdrücke

Neben den an das Verb gebundenen Präpositionalausdrücken in den nominalverbalen Verbindungen kommen Präpositionalausdrücke als freie Angaben vor. Sie konkurrieren mit Gliedsätzen in der Funktion adverbialer Bestimmungen:

---

[20] Vgl. PETRY, in diesem Band.

[21] Verfahrensvorschläge für derartige Untersuchungen bei PETRY, in diesem Band.

kausal

46.01 *allain auß *hilff vnd inspruch gots vnderstand ich fünffter bundtsgnoß*
139.03 *allen münchen soll erloubt sein vß *hilff der stat amptleüt, das er mag haeraus gon*
156.22 *aber auß *hilff eins heiligen ist der strick gebrochen*
178.07 *also vß fraintlicher *hilff vnnd *handtraychung der gmainen christen ist dem antichrist vnd synem huffen vffgericht worden ain koenigklich rych*

konditional/kausal/instrumental

21.14 *aber ein solcher *inbruch soll gschaehen mit geistlicher vnd waeltlicher prelaten *rat vnd *hilff*
68.19 *do mit *vrsach geben den verstendigen* [...] *vnd mit gots *hylff den *mißbrauchen ein *intrag zuo thuon*

konditional/modal

101.17 *darnach lassen sie die armen kind watten vnd schwimmen on alle *hilf*
122.34 *kein oberhand soll *gewalt haben etwas zuo thuon on *hylff vnd *rat deren, so* [...] *geordnet sind*
123.04 *vnder allen fürsten sol einer vß in genant werden küng, der auch nicht vermoeg on *rat vnd *hylff der fürsten*

final

71.17 *dise obgemelte *mittel sind unß angezeigt zuo *hylff den todten*
123.08 *aber allen seinen *dienst sol er thuon zuo *trost vnd *hilff auch *fürdernüß ains gmeinen *nutz*
187.18 *auch so das zu *hilf ainem pfarrer soliche nebenpfaffen gestift sendt*
194.32 *das man aber die *guetter sollicher orden ließ blyben, zcu *hilff der armen edelleut*
195.09 *auch schamen euch ain sondere sect machen, zcu *hilff dem antichrist*

Die Komplexität der Wortgruppenstruktur ist bei den freien Angaben des ›*hilfe*‹-haltigen Satzglieds deutlich größer als bei den Kontraktionsformen. Das erklärt sich daraus, daß im Falle der Kontraktionsformen bereits der Satz, in dem sie auftreten, einige Informationen enthält, die auch für den mit ›*hilfe*‹ potentiell konkurrierenden Gliedsatz relevant sind.

Dagegen enthalten die Sätze, in denen ›*hilfe*‹ Element freier Angaben ist, in der Regel keine Satzglieder mit Informationen, die in einem Gliedsatz, der mit ›*hilfe*‹ konkurriert, verwertet werden können. Ein solcher potentieller Gliedsatz rekrutiert seine Satzglieder ausschließlich aus den Informationen, die innerhalb der ›*hilfe*‹-haltigen Wortgruppe durch die verschiedenen Anglieder gegeben sind, oder aus vorausgehendem syntaktisch nicht eingrenzbarem Kontext.

Diese Wortgruppen zeichnen sich durch eine typische Verteilung der adnominalen Glieder aus: bei den durch ›*aus*‹, ›*mit*‹, ›*ohne*‹ eingeleiteten Präpositionalausdrücken, die in der Regel Kausal-, Konditional-, Instrumental- und Modalangaben sind, kommt jeweils ein Anglied in Agensfunktion vor, als Genitiv im Vorfeld (21.14; 68.13) oder im Nachfeld (46.01; 139.03; 156.22; 178.07; 123.04), als Pronomen im Vorfeld (101.17) oder im Nachfeld mit nachfolgendem Gliedsatz (122.34). Die Finalangaben, eingeleitet durch ›*zu*‹, haben ein Anglied in der Funktion eines Experiens, jeweils im Nachfeld entweder als Genitiv (123.08; 194.32) oder als Dativ (71.17; 187.18; 195.09). Verkürzt läßt sich dieser Sachverhalt darstellen:

– ›*aus/mit/ohne hilfe jemandes*‹ = ›weil/wenn/indem/wie jemand hilft‹
– ›*zu hilfe jemandes oder jemandem*‹ = ›um jemandem zu helfen‹.

Die Kernbesetzung innerhalb dieser autonomen Präpositionalausdrücke erfolgt mehrfach durch eine Koordination von ›*hilfe*‹ mit einem zweiten Verbalsubstantiv (46.01; 178.07; 21.14; 122.34; 123.04), einmal ist die Koordination auch dreigliedrig (123.08).

4.4. Intonationsbedingte Stellung des ›*hilfe*‹-haltigen Satzglieds

Unter den Positionen, die ›*hilfe*‹ im Satz einnimmt, werden im folgenden die herausgegriffen, in denen ›*hilfe*‹ das letzte Wort im letzten Satzglied ist, d. h. absolute Endstellung im Satz hat. Es handelt sich hierbei um 1/5 aller Belege.

Am Beispiel der Imperativ- und Wunschsätze, die meist sehr kurz sind und sowohl durch Streckformen als auch durch das Vollverb ›*helfen*‹ gebildet werden, zeigt sich, daß die alternative Verwendung einer der beiden Ausdrucksformen im Einzelfall satzrhythmische Konsequenzen hat und unterschiedliche Sinnschwerpunkte begünstigt.

In den 3 Belegen mit Streckformen bilden Verb und Substantiv den Satzrahmen, so daß die Endbetonung im Satz auf ›*hilfe*‹ fällt:

14.19 *vnd kumm vnß zuo *hilff*
36.01 *kvmme mir herr Jesu zuo *hilff*
105.20 *darumb thuond in mügliche *hylff*

In den 6 Belegen mit dem Vollverb ›*helfen*‹ ist das Nachfeld des Verbs in jedem Fall so besetzt, daß auch hier ein satzschließender Akzent gesichert ist: ein Pronominalobjekt ist zweigliedrig und dadurch am Ende tonstark (5.28; 188.24), oder es ist durch ein vorangestelltes Adverb betont (150.20). Das Objekt ist ein Nominalausdruck, der eine akzentstarke Silbe enthält (76.23). Dem Verb folgt eine satzschließende Infinitiverweiterung mit Hauptton auf dem letzten Verbalstamm (191.11), oder dem zweigliedrigen Verbalausdruck folgt ein Adverb mit Ton auf der zweiten Silbe (52.12):

5.28 *so haelff got dir vnd vns*
188.24 *got helff yhnen vnd vns*
150.20 *vnd helffen auch vnß*
76.23 *haelffen den dürfftigen*
191.11 *vnd helffen mir waynen vnnd klagen*
52.12 *so helffen vnd raten do zuo*

Bei den Wunsch- und Aufforderungssätzen mit dem Vollverb *›helfen‹* wird durch die Satzgliedstellung der Hauptton dem Experiens oder dem Ziel des Helfens gesichert. Demgegenüber gibt es eine Anzahl von Fällen, in denen das Vollverb die absolute Endstellung im Satz hat, meist bei pronominal oder konjunktional eingeleiteten Gliedsätzen, aber auch als infinite Verbform in einfachen Aussagesätzen (Bspp. in 4.1., Abb. 9).

Unter den Belegen mit absoluter Endstellung von *›hilfe‹* im Satz befinden sich außer den drei Imperativsätzen ein Inversionsbedingungssatz (91.06), sieben Ausklammerungen, davon fünf in konjunktionalen Gliedsätzen (16.07; 33.10; 37.02; 188.22; 69.22), zwei in Hauptsätzen (101.17; 21.14), eine Endstellung des Subjekts in einem Aussagesatz (33.13) sowie eine Wortstellung, die keine Alternative erlaubt (5.29):

91.06 *vnd kummen wir in nit zuo *hylff*
16.07 *also das jetlicher* [...] *got bitten vmb *inspruch vnd *hylff*
33.10 *das sie got zuoversichtlich anrueffen vmb *hilff*
37.02 *das er do hette *zyt *stat vnd *hylff*
188.22 *vnd im got nit gibt synn vnd *hilff*
69.22 *aber so sich vnder disem erlichen deckmantel verborgen hat ein so schedlicher got mißfalliger *vaßnacht butz eigens *gesuochs, menschlicher *blendung vnd *hindernüß der rechten *hylff*
101.17 *darnach lassen sie die armen kind watten vnd schwimmen on alle *hilff*
21.14 *aber ein solcher *inbruch soll geschaehen mit geistlicher vnd waeltlicher prelaten *rat vnd *hilff*
33.13 *by got ist *hylff*
5.29 *vnd got erhoeret andaechtig *gebaet* [...] *thuot dir *hylff*

Meist sind die Ausklammerungen Präpositionalausdrücke in der Funktion von adverbialen Bestimmungen oder Objekten, doch kommen auch Akkusativobjekte und sogar ein Subjekt vor. Im Fall von 69.22 handelt es sich um eine Schlußstellung des Subjekts aufgrund der Wortgruppenlänge des Satzglieds, in dem *hylff* Genitivanglied im Nachfeld des Verbalabstrakts *hindernüß* ist.[22] Satzgliedstellung und hiermit verbundene Besonderheiten der Hervorhebung sind oft erst aus dem weiteren Kontext zu erklären (z. B. 188.22).

Die Betrachtung der Fälle, in denen *›hilfe‹* absolute Endstellung im Satz hat, erfolgt unabhängig davon, ob *›hilfe‹* Element einer nominal-verbalen Verbindung oder einer freien Angabe ist. Für das Hervorrufen von Intonationsschwerpunkten ist diese Differenzierung zweitrangig.

---

[22] Noch Aichinger (1754) weist in seiner Grammatik auf die Notwendigkeit hin, ein umfangreiches Subjekt in Endstellung zu bringen um des »Nachdrucks« willen, mit Beispielsatz: S. 554,3.

4.5. Kumulation von Abstrakta

Häufig tritt in Verbindung mit dem Verbalsubstantiv ›*hilfe*‹ eine Kumulation von Abstrakta im selben Satz auf. Sie begegnet auf verschiedenen syntaktischen Ebenen:

1) innerhalb der Wortgruppe,
   a) als Koordination,
   b) als Subordination,
2) auf der Ebene des Satzes in verschiedenen Satzgliedern.

Zu 1a) Innerhalb der Koordination tritt ›*hilfe*‹ fast ausschließlich mit anderen Verbalabstrakta[23] auf, mit einigen mehrfach, jedoch nicht in fester Abfolge.

zweigliedrig:

inspruch vnd hylff	(16.07)
hilff vnd inspruch	(46.01)
rat vnd hilff	(21.13; 123.04)
hylff vnd rat	(122.33)
hilff vnd bistand	(40.14; 41.01)
handtreichung vnd hilff	(68.24)
hilff vnnd handtraychung	(178.07)
hilff vnd trost	(70.03; 134.08)
fürbit vnd hylff	(73.14)
hylff oder gefallens	(74.26)
hylff vnd rach	(104.05)
synn vnd hilff	(188.22)
gnad vnd hilff	(194.28; 195.10)

dreigliedrig:

zyt stat und hylff	(37.02)
trost vnd hilff auch fürdernüß	(123.08)

viergliedrig:

in lieb, gloub vnd hoffnung, vnd in hilff	(36.11)

Die zweigliedrigen Koordinationen sind entweder (partiell) synonyme Paarformeln, oder das mit ›*hilfe*‹ koordinierte Substantiv benennt einen Sachverhalt, der die durch ›*hilfe*‹ angesprochene Vorstellung konkretisiert. Einige Abstrakta sind von Verben abgeleitet, die eine andere Rektion als ›*helfen*‹ haben: (*trost*, *fürbit*, *rach*, *fürdernüß*).

In diesen Fällen bewirkt die Verwendung der koordinierten Verbalsubstantive gegenüber der Verwendung stammidentischer Verben mit kasusdifferenten Ergänzungsbestimmungen eine größere Sprachökonomie.

---

[23] Zur Zwei- und Mehrgliedrigkeit in frnhd. Texten vgl. WENZLAU (1906), BESCH (1964), MATZINGER-PFISTER (1972), BURGER/BUHOFER/SIALM (1982).

Zu 1b) Bei den Wortgruppen, die in zwei unterschiedlichen Gliedern Abstrakta in hierarchischer Abhängigkeit voneinander haben, handelt es sich mehrfach um Grenzfälle zwischen Sekundär- und Primärsatzgliedern:

11.14 *noch dar zuo woellen sein,* [...] *die gern *hilff thaeten der ewangelischen *warheit*

40.15 *so sy on *gefaer den anfang versumen,* [...] *vnd dar neben kleine oder keine *sorg vff bruederlich *hilff vnd *bistand legen*

70.18 *vff das wenigest ein haertzlichen *wunsch zuo got thuond vmb *hylff disem todten*

90.17 *darumb ir alle soellen bald mügliche *hylff inen thuon von bruederlicher *liebe wegen*

In den beiden ersten Belegen haben die Anglieder Objektfunktion, in den beiden letzten stehen sie im Verhältnis einer logischen Beziehung zum Kern, als Angabe eines Ziels (70.18) oder Grundes (90.17).

Je nachdem, ob das Glied direkt auf das Prädikatsverb oder auf den verbalen Erfassungskern des Verbalabstrakts bezogen wird, ist die Einstufung unterschiedlich. Die Anglieder in der Grenzsituation zeigen ihre relative Selbständigkeit darin, daß sie sehr oft in Distanzstellung zum Kern treten, indem das Prädikatsverb als Hyperbaton zwischen die Glieder tritt (Bspp. 11.14; 90.17). Da Abb. 6 die Abstrakta auf beiden Ebenen erfaßt, bleibt der Gesamtsachverhalt - Kumulation innerhalb eines Satzes - unverändert.

Eindeutig innerhalb einer Wortgruppe in hierarchisch gestuften Gliedern stehen die Abstrakta in den Belegen:

69.22 *aber so sich vnder disem erlichen deckmantel verborgen hat ein so schedlicher got mißfalliger *vaßnacht butz eigens *gesuochs, menschlicher *blendung vnd *hindernüß der rechten *hylff*

72.02 *das solicher vsserlicher *gebracht zuo grosser *hindernüß dienet an *hylff der todten*

72.03 *so durch maerlin vnd kuchin prediger das drumm vnd das *end aller *hilff den todten fürderlich in solich vsser scheinliche *ding gesatzt wirt*

115.22 *vnd das er woell erlangen *hilff gots zuo eim christenlichen *laeben*

123.08 *zuo trost vnd hilff auch fürdernüß ains gemeinen nutz*

123.14 *so ein amptmann *hylff bedarff für gemeinen *nutz*

Bei zwei Genitiven (69.22; 123.08) und einem Präpositionalausdruck (72.02) handelt es sich um Anglieder in Objektfunktion, bei einem Genitiv um ein possessives Verhältnis (72.03), bei zwei Präpositionalausdrücken um eine Zielangabe (115.22; 123.14).

Bemerkenswert ist, daß selbst bei dieser kleinen Belegmenge zwei Fälle auftreten, in denen bei jeweils gleicher syntaktischer Funktion des Anglieds unterschiedliche Konstruktionen benutzt werden, obwohl die verglichenen Belegpaare jeweils an den entsprechenden Stellen identische Lexeme haben:

hindernüß der rechten hylff 69.20
hindernüß [...] *an hilff der todten* 72.02

Die Präposition im zweiten Beleg verhindert, daß zweimal hintereinander der bestimmte Artikel gesetzt wird.

*zuo *trost vnd *hilff auch *fürdernüß ains gemeinen *nutz* 123.08
**hylff* [...] *für gemeinen *nutz* 123.14

In 123.08 kann der Genitiv dadurch bedingt sein, daß der Bezug zu *hilff* nur indirekt vorhanden ist, zu *fürdernüß* aber der Genitiv die geläufigere Konstruktion bietet. Das Verhältnis zwischen dem dreigliedrigen Kern und dem Anglied ist ein semantisches und syntaktisches Zeugma: zu *trost* hat der Genitiv gar keine Beziehung, zu *hilff* die eines indirekten Objektes (›*helfen*‹ = ›nützen‹), nur zu *fürdernüß* hat der Genitiv eine eindeutige Beziehung. Der Satz läßt sich paraphrasieren: ›aber er soll seinen Dienst {so} tun,[24] daß er {hierdurch} tröstet, hilft und das Gemeinwohl fördert‹.

Zu 2) Unter den 16 Belegen mit zwei abstrakthaltigen Satzgliedern im Satz sind drei, die außerdem innerhalb der Wortgruppe Abstrakta in hierarchischer Anordnung haben: 72.02 und 72.03 (vgl. 4.6.); 123.08.

Für die hier vorliegende Belegmenge gilt: Wenn in einem Satz zwei abstrakthaltige Satzglieder vorkommen, besteht in den meisten Fällen zwischen ihnen eine logische Beziehung, wobei das Verb die Rolle eines Relators hat. Allerdings lassen die benutzten Ausdrucksformen der natürlichen Sprache die zugrundeliegenden logischen Bezüge teilweise nur unscharf erkennen. Vereinfacht handelt es sich um zwei Gruppen:

a) Zwei Größen stehen in einer Relation zueinander, die der Definition, Explikation, im weitesten Sinn der kategorialen Einordnung dient:
   Subj. - Adverbiale, lokal (übertragen) - ›*vermeint werden in*‹, ›*stehen in*‹, ›*sich verborgen haben unter*‹
   Subj. - Adverbiale, final - ›*angezeigt sein zu*‹
   Subj. - Prädikativum - ›*sein*‹ (2x), ›*sein*‹ + ›*zu*‹

68.24 *das *erst sind die *cerimonien* [...] *dar innen vermeint wirt *handtreichung vnd *hilff der todten*
36.15 *rechter christenlicher *gots dienst* [...] *welcher stadt in *lieb, *gloub vnd *hoffnung, vnd in *hilff der armen*
69.22 *aber so sich vnder disem erlichen deckmantel verborgen hat ein so schedlicher got mißfalliger *vaßnacht butz eigens *gesuochs, menschlicher *blendung vnd *hindernüß der rechten *hylff*
71.09 *das aber ein groß (doch wenig erkant) *hilff den todten sy *besserung des *laebens, deren die* [...]
71.04 *naechste *hilff ist armen lüten guots thuon*
71.24 *das aller *kost vnd *sorg gelegt wirt vff das, so nit meer dann ein *theil vnd nit das gantz obgemeltes *endes ist zuo *hilff den todten*

---

[24] ›*dienst tun*‹ ist hier eine Streckform mit Spezialbedeutung, die vermutlich auch im 16. Jahrhundert nicht auf ein stammidentisches Vollverb zurückgeführt werden konnte.

b) Zwei Größen stehen in einer Relation zueinander, die Kausalität oder Finalität betrifft.
   Subj. - Adverbiale, instrumental - *geschehen*
   Agens - Präpositionalobjekt - *bewegt werden zu*
   Subj. - Präpositionalobjekt/Adverbiale, final - *dienen zu*
   Subj. - Adverbiale der Richtung (übertragen) - *gesetzt werden in*
   Subj. - Adverbiale der Herkunft (übertragen) - *hervorgehen aus*
   Obj. - Adverbiale, instrumental - *tun, geben*

21.14 *aber ein solcher *inbruch soll geschaehen mit geistlicher vnd waeltlicher prelaten *rat vnd *hilff*

73.14 *als ob sy durch vyle deß zytlichen *guots (ynen rylich dar gebotten) bewegt wurden zuo flyssigem vnd vylem *fürbit vnd *hylff der todten*

72.02 *das solicher vsserlicher *gebracht zuo grosser *hindernüß dienet an *hylff der todten*

72.03 *so durch maerlin vnd kuchin prediger das drumm vnd das *end aller *hilff den todten fürderlich in solich vsser scheinliche *ding gesatzt wirt*

68.19 *do mit *vrsach geben den verstendigen* [...] *vnd mit gots *hylff den *mißbrauchen ein *intrag zuo thuon*

3.19 *aber auß himmlischer *hylffgond die *ding alle haerfür*

84.11 *aber jetz sicht vnß got genaediglichen an in vnserem vnbilliglichen *lyden,* [...] *vnd gibt vnß *hilff vssen durch goettliche christliche *lere hoch verstendiger frummer lerer*

Mehrfach zeigt sich die verstärkte Verwendung von Abstrakta auch in der unmittelbaren Umgebung des Belegsatzes. In der Regel sind es Stellen, die einen logischen Duktus haben und diesen durch entsprechende Anschlußsignale zwischen den Sätzen noch verdeutlichen, z. B. durch kausale, konklusive, finale Konjunktionen oder Adverbien.[25] Die Ausdrucksweisen bei den kumulativ-abstrakten Sätzen sind sehr oft anonym bezüglich des Ausführenden der Handlung, oder der Rückzug der Person macht sich darin geltend, daß die Person nur als Attribut o. ä. benannt ist.[26]

Bei diesen Betrachtungen ist es irrelevant, ob das Verbalabstrakt ›*hilfe*‹ Element einer nominal-verbalen Verbindung oder eines autonomen Präpositionalausdrucks ist.

[25] So wird z. B. die Aufforderung an die Vertreter der weltlichen Obrigkeit, bedrängten Klosterinsassen zu helfen, durch die Vorstellung untermauert, daß ein ursächlicher Zusammenhang bestehe zwischen dem frevelhaften Verhalten von Mönchen gegen ihre Mitbrüder und dem strafenden Eingreifen Gottes mittels Unwetter einerseits, sowie zwischen dem helfenden Verhalten der Obrigkeit gegenüber diesen Klosterinsassen und dem Wohlwollen Gottes andererseits (103.33-104.11).

[26] Es handelt sich hierbei um den im 16. Jahrhundert beliebten Tropus des circuitus. Vgl. z. B. Riederer (1493), LI b. - Weitere Belege bei RÖSSING-HAGER (1988b), 2.6.

4.6. Das Verbalabstrakt ›*hilfe*‹ als Mittler zwischen Satz und Wortgruppe

Am Beispiel des Satzgefüges mit den Belegen 72.02 und 72.03 (Abb. 12) zeigt sich besonders deutlich das Spannungsfeld, in dem das Verbalabstrakt ›*hilfe*‹ steht, wenn es zwischen den syntagmatischen Beziehungen des Satzes, in dem es einem Satzglied angehört, und der Wortgruppe, innerhalb derer es Kern oder Anglied ist, vermittelt.

H
ich moechte anzeigen |
(Subj.) (Präd.)
G1, Objekt
das solicher vsserlicher *gebracht zuo grosser *hindernüß dienet an *hylff der todten, (72.02)
(Konj.) (Subj.) (Präp.Obj. Anf.) (Präd.) (Präp.Obj. E.)
a 1 b 1 b
G2, kausal, Anfang
so durch maerlin vnd kuchin prediger das *drumm vnd das *end aller *hilff, | (72.03)
(Konj.) (Agens) (Subj.)
2 3 c d
G3, Attribut
den todten fürderlich, |
(Dat.-Obj.) (Prädikativ)
d
G2, kausal, Ende
in solich vsser scheinliche *ding gesatzt wirt, |
(Adv. d. Richtung) (Präd.)
d
G3, weiterführend
dar durch heimliche vnd vnentpfindliche *hinlaessigkeit erwechßt in menschlichen *gemueten.
(Adv.konkl.) (Subj.) (Präd.) (Adv., lok.)
4 e (71.35–72.06)

Abb. 12

Fast alle nominalen Satzglieder sind hier durch Abstrakta besetzt, die beiden, in denen ›*hilfe*‹ vorkommt, je zweistufig. In beiden Belegen ist ›*hilfe*‹ Anglied. Der zweite Beleg stellt eine Verwendung des Verbalabstrakts dar, die keine Entsprechung zu einem Gliedsatz bietet. Der erste zeigt *hylff* als Präpositionalausdruck in Objektfunktion, abhängig von dem Verbalabstrakt *hindernüß*. Die hierarchische Anordnung der Abstrakta bewirkt bei einer Umformung der Wortgruppe zwei voneinander abhängige Gliedsätze. Zwischen den Gliedern der Wortgruppe und (angenähert) entsprechenden Gliedern auf der Satzebene zeigt sich folgendes Verhältnis:

Die Glieder der Wortgruppe				(angenähert) entsprechende Glieder auf der Satzebene	
Position	Wortlaut	Form	Funktion		
Vorfeld	1 *zuo*	Präposition	Folgesignal	Konjunktion	Gliedsatz (a)
	2 *grosser*	Adjektiv	Qualifikation von 3	Adv., modal	
Kern	3 *hindernüß*	Substantiv	Handlung	Prädikat	
Nachfeld	4 *an hylff*	Präp. + Subst.	Handlung = Obj. von 3	Präp.Obj. =	Prädikat – Gliedsatz (b)
	5 *der todten*	Gen.-Ausdruck	Experiens von 4		Dat.Obj.

Da in der Wortgruppe nicht alle für einen Satz erforderlichen Glieder vorgegeben sind, bleiben bei einer Umformung in beiden potentiellen Gliedsätzen Satzgliedpositionen unbesetzt. Es ergibt sich als mögliche Paraphrase des Originalsatzes:

H		ich möchte anzeigen,
G1'	= G1	daß solche äußere Pracht dazu führt (= verursacht),
G2'	= G(a)	daß {man} stark {daran} gehindert wird,
G3'	= G(b)	den Toten zu helfen,
G4', A.	= G2, A.	da durch Märlein- und Küchenprediger das Ziel jeder Hilfe,
G5'	= G3	die den Toten nützt (nützen könnte),
G4', E.	= G2, E.	auf diesen äußeren Schein gerichtet wird,
G5'	= G3	wodurch verdeckte und gefühllose Nachlässigkeit in den Menschen aufkommt.

Auffallend stark ausgeprägt ist die logische Verkettung der Einzelaussagen. Sie erfolgt durch das Verb ›*dienen*‹, das in übertragenem Sinn gebraucht wird und zwei Sachverhalte in kausale Relation setzt, durch die Kausalkonjunktion *so* (›denn‹), durch das Konklusion signalisierende Adverb *dar durch* und durch das personale Agens in "G2". Die Gerichtetheit der logischen Bezüge läßt sich schematisch durch folgende Skizze darstellen:

Logische Verkettung der Einzelaussagen

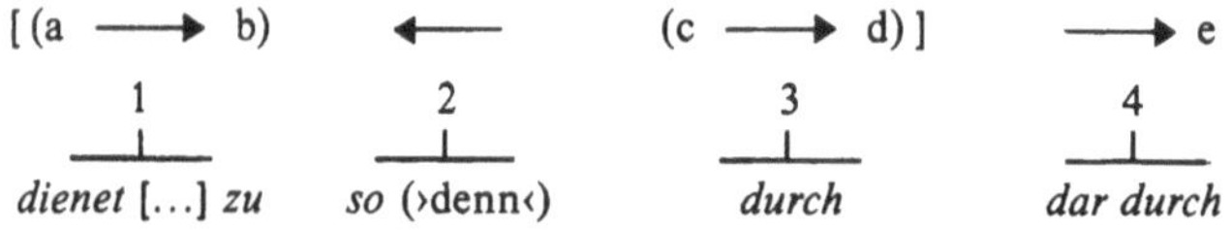

Handelnde Personen fehlen ganz, benannt sind nur die im Endeffekt von dem kausalverknüpften Geschehensprozeß Betroffenen: die Toten, denen nicht bzw. auf die falsche Art geholfen wird.

5. Schlußbemerkung

Das zuletzt herausgegriffene Beispiel der ›*hilfe*‹-Belege verdeutlicht, stellvertretend für viele, daß es sich hier um ein Ballungsgebiet komprimiert nominalisierter syntaktischer Fügungen handelt, von dem aus eine ganze Sprachschicht systematisch überprüft und erfaßt werden kann. Hierzu bietet sich die sternförmige Weiterverfolgung einzelner Beobachtungen (die im »Brennglas«-Teil getroffen wurden) anhand von Listengrammatiken und deren automatischen Auswertungen im Hinblick auf gezielte Teilfragestellungen als Basis für eine Kommentierung und abschließende Interpretation der Analyse-Ergebnisse. Von einer speziellen Ausgangsbetrachtung aus können intra-lingual und intra-textuell vorhandene Beziehungen zwischen sprachlichen Elementen/Element-Kombinationen, ihren möglichen Varianten, tatsächlichen Konkurrenten (usw.) aufgespürt werden. Begleitbedingungen für das Auftreten bestimmter Varianten, die eventuell gesetzhaften Charakter haben, werden deutlich und führen zu (vorläufigen) Hypothesen, die z.T. sprachpsychologisch relevant sein können, auf jeden Fall den Ausgangspunkt für vergleichende Untersuchungen an anderen zeitgenössischen Texten bilden, als deren Ergebnis sich spezifische Eigenheiten im Sprachgebrauch des untersuchten Zeitraums herausstellen. Für den untersuchten Autor zielen Anschlußfragen darauf, welche Inhalte er in dieser Diktion faßt, welche (Mikro-)Textsorten davon betroffen sind und inwieweit sich von der jeweils gewählten Ausdrucksform auf eine damit verbundene Intention schließen läßt.

J. Eberlin ist in diesem Zusammenhang Gewährsautor für ein gehoben durchschnittliches Sprachverhalten mit den Indikatoren: Zeit: frühes 16. Jh. (genau 1521-23), Raum: westobd. Sprachmerkmale, Bildungsstand: betont humanistisch ausgerichtet, mit nachweislich enger Beziehung zum Baseler Humanistenkreis.

Literatur

Aichinger, Carl Friedrich: Versuch einer teutschen Sprachlehre. Wien 1754. Ndr. Hildesheim/New York 1972.

BAUSCH, K.-RICHARD: Der Nominalstil in der Sicht der vergleichenden Stilistik. In: Muttersprache 74 (1964), S. 223-236.

BESCH, WERNER: Zweigliedriger Ausdruck in der deutschen Prosa des 15. Jahrhunderts. In: Neuphilologische Mitteilungen 65 (1964), S. 200-221.

BURGER, HARALD (unter Mitarbeit von HARALD JAKSCHE): Idiomatik des Deutschen. Tübingen 1973 (Germanistische Arbeitshefte 16).

BURGER, HARALD / ANNELIES BUHOFER / AMBROS SIALM (Hgg.): Handbuch der Phraseologie. Berlin/New York 1982.

Cholinus, Petrus / Joannes Frisius: Dictionarium Latinogermanicum. Zürich 1541.

DANIELS, KARLHEINZ: Substantivierungstendenzen in der deutschen Gegenwartssprache. Nominaler Ausbau des verbalen Denkkreises. Düsseldorf 1963 (Sprache und Gemeinschaft 3).

Dasypodius, Petrus: Dictionarium latinogermanicum. Straßburg 1536. Ndr. Hildesheim/New York 1974.

DROOP, HELMUT / WINFRIED LENDERS / MICHAEL ZELLER: Untersuchungen zur grammatischen Klassifizierung und maschinellen Bearbeitung spätmittelhochdeutscher Texte. Hamburg 1976 (IPK-Forschungsberichte III,55).

Eberlin von Günzburg, Johann: Ausgewählte Schriften. Bd. 1. Hg. v. LUDWIG ENDERS. Halle a. S. 1896 (Flugschriften aus der Reformationszeit XI).

EISENBERG, PETER: Grundriß der deutschen Grammatik. Stuttgart 1986.

ENGELEN, BERNHARD: Zum System der Funktionsverbgefüge. In: Wirkendes Wort 18 (1968), S. 289-303.

Erasmus von Rotterdam, Desiderius: De Duplici Copia Verborum ac Rerum. 1512. In: Desiderii Erasmi Roterdami Opera Omnia. Hg. v. JOHANNES CLERICUS. 10 Bde, Leiden 1703-06. Ndr. Hildesheim/New York 1961 f., Bd. 1, S. 15-110.

Exercitium Puerorum Grammaticale per Dietas Distributum. Hagenau 1491.

FRANCK, THEO: Die Leistung der Abstrakta im Deutschen. In: Muttersprache 72 (1962), S. 97-102 u. 135-140.

Frisius s. Cholinus

Großgebauer, Philipp: Artificium Variandi, quo Ratio unam eandemque sententiam Lexice, Grammatice, Rhetorice, Logice (...) monstratur. Jena 1703.

HELBIG, GERHARD / WOLFGANG SCHENKEL: Wörterbuch zur Valenz und Distribution deutscher Verben. Leipzig [4]1978.

HELLWIG, PETER / HUBERT LEHMANN: Trends in der Linguistischen Datenverarbeitung. Beiträge der Jahrestagung 1983 der Gesellschaft für Linguistische Datenverarbeitung e. V. Hildesheim/Zürich/New York 1966 (Linguistische Datenverarbeitung 1).

HERINGER, HANS-JÜRGEN: Die Opposition von ›kommen‹ und ›bringen‹ als Funktionsverben. Untersuchungen zur grammatischen Wertigkeit und Aktionsart. Düsseldorf 1968 (Sprache der Gegenwart 3).

HERRLITZ, WOLFGANG: Funktionsverbgefüge vom Typ »in Erfahrung bringen«. Ein Beitrag zur generativ-transformationellen Grammatik des Deutschen. Tübingen 1973 (Linguistische Arbeiten 1).

LENDERS, WINFRIED: Einführung in die linguistische Datenverarbeitung. I: Allgemeine Grundlagen der linguistischen Datenverarbeitung. Tübingen 1972 (Germanistische Arbeitshefte 8).

LENDERS, WINFRIED / KLAUS-PETER WEGERA (Hgg.): Maschinelle Auswertung sprachhistorischer Quellen. Tübingen 1982 (Sprache und Information 3).

LENDERS, WINFRIED / GERD WILLÉE: Linguistische Datenverarbeitung. Opladen 1982.

Maaler, Josua: Die Teütsch spraach. Dictionarium Germanicolatinum novum. Zürich 1561. Ndr. Hildesheim/New York 1971.

MATZINGER-PFISTER, REGULA: Paarformel, Synonymik und zweisprachiges Wortpaar. Zur mehrgliedrigen Ausdrucksweise der mittelalterlichen Urkundensprache. Diss. Zürich 1972 (Rechtshistorische Arbeiten 9).

PAVLOV, VLADIMIR MICHAJLOVIČ: Zur Ausbildung der Norm der deutschen Literatursprache im Bereich der Wortbildung (1470–1730). Von der Wortgruppe zur substantivischen Zusammensetzung. Berlin 1983 (Zur Ausbildung der Norm der deutschen Literatursprache 6).

PERCIVAL, W. KEITH: Deep and Surface Structure Concepts in Renaissance and Mediaeval Syntactic Theory. In: Current Trends in Linguistics. Ed. by THOMAS A. SEBEOK. Vol. 13: Historiography of Linguistics. The Hague/Paris 1975, S. 239–253.

PETRY, ULRIKE: Verfahren zur Gewinnung nominal-verbaler Verbindungen in frühneuhochdeutschen Texten. Einschätzung ihres Ausdruckswerts und Geltungsbereichs. [In diesem Band.]

POLENZ, PETER VON: Funktionsverben im heutigen Deutsch. Sprache in der rationalisierten Welt. Düsseldorf 1963 (Beihefte zur Zeitschrift »Wirkendes Wort« 5).

POLENZ, PETER VON: Funktionsverben, Funktionsverbgefüge und Verwandtes. Vorschläge zur satzsemantischen Lexikographie. In: ZGL 15 (1987), S. 169–189.

Riederer, Friedrich: Spiegel der waren Rhetoric. Vß M. Tulio C. Vnd andern getütscht (...). Freiburg i. Br. 1493.

RÖSSING-HAGER, MONIKA: Zur Herstellung von Wortregistern und Merkmal-Koordinationsregistern. In: Germanistische Linguistik 2 (1970), S. 117–178.

Rössing-Hager, Monika: Textabhängige Wortverwendung in der Flugschriftensammlung »Bundesgenossen« von Johann Eberlin von Günzburg. In: Deutscher Wortschatz. Fs. für Ludwig Erich Schmitt. Hg. v. Horst Haider Munske u.a. Berlin 1988a, S. 279-320.

Rössing-Hager, Monika: Abstraktivität und Verständlichkeit. Beobachtungen zur Komplexität abstrakter Ausdrucksweise im 7. »Bundesgenossen« Johann Eberlins von Günzburg. In: Brandt, Wolfgang (Hg.), Sprache in Vergangenheit und Gegenwart, 1988b, S. 47-64.

Schippan, Thea: Die Verbalsubstantive in der deutschen Sprache der Gegenwart. In: Deutschunterricht (Berlin) 21 (1968), S. 423-431 u. S. 516-526.

Schmidt, Veronika: Die Streckformen des deutschen Verbums. Halle 1968 (Linguistische Studien).

Schmitz, Klaus-Dirk: Automatische Segmentierung natürlichsprachiger Sätze. Hildesheim/Zürich/New York 1986 (Linguistische Datenverarbeitung 3).

Schreinert, Gerhard: Von Verb, Satzbau und Stil. Berlin 1972.

Schwarz, Christoph / Gregor Thurmair: Informationslinguistische Texterschließung. Hildesheim/Zürich/New York 1986 (Linguistische Datenverarbeitung 4).

Stötzel, Georg: Schwierigkeiten bei der sprachwissenschaftlichen Beurteilung des ›Nominalstils‹. In: Muttersprache 75 (1965), S. 17-23.

Wenzlau, Friedrich: Zwei- und Dreigliedrigkeit in der deutschen Prosa des XIV. und XV. Jahrhunderts. Ein Beitrag zur Geschichte des neuhochdeutschen Prosastils. Halle 1906. Ndr. Tübingen 1973.

Ulrike Petry

Verfahren zur Gewinnung nominal-verbaler Verbindungen in frühneuhochdeutschen Texten

Einschätzung ihres Ausdruckswerts und Geltungsbereichs

1. Das Verhältnis von Kopfarbeit und Rechnereinsatz

1.1. Vorgehensweise

Die Untersuchung nominal-verbaler Verbindungen beruht auf der kombinierten Verwendung von Großrechner und PC. Es wurde von einem Grundprogramm ausgegangen, welches aus der Textgesamtheit diejenigen Einzelsätze[1] herauszieht, welche ein Abstraktum enthalten (vgl. RÖSSING-HAGER in diesem Band, Anm. 5). Hierzu mußte zunächst eine Liste von Abstrakta in den Großrechner (Sperry 1100/60) eingegeben werden, da die uns vorliegende Textaufbereitung keine Untergliederung der Substantive in Abstrakta und Konkreta in kodierter Form beinhaltet. Die Liste wurde mit den in Textzeile 3 (vgl. RÖSSING-HAGER, Abb. 4) aufgenommenen Lemmata[2] automatisch verglichen, und so entstand eine erste Kontextausgabe:

```
10110030   h *halten p 1:s   kein tantz soll am fyrtag gehalten werden
                             *s   –   p.a at   –   p.e      –
```

Abb. 1

Zeile 1: Ganz links steht der Stellenbeleg, an zweiter Position Satztyp und -funktion des Satzes, in dem das Abstraktum gefunden wurde. Die dritte Spalte zeigt das zugehörige Verb, gefolgt vom genus verbi (hier: »p« für »Passiv«). Die Ziffer vor dem Doppelpunkt gibt die Anzahl der in der Satzeinheit insgesamt auftauchenden Abstrakta an, der Buchstabe hinter dem Doppelpunkt das Satzglied (hier: »s« für »Subjekt«), in dem das (aktuelle) Abstraktum steht, das sich auf das Verb in Spalte 3 bezieht.

Zeile 2 enthält in kodierter Form die einzelnen Satzglieder. Diese Information läßt sich dahingehend auswerten, daß Kasus und Funktion der Abstrakta genauer untersucht werden können (z.B. *hilfe bedürfen* - Gen. und *hilfe leisten* - Akk.).[3]

[1] Einzelsätze meint hier: abhängige und selbständige Einfachsätze einschließlich Parenthesen. Teilsätze als Mehrfachsetzung von Satzgliedgruppen, die auf ein oder mehrere gemeinsame Satzglieder bezogen sind (elliptische Konstruktionen), werden hier ebenfalls als Einzelsätze behandelt.

[2] Es handelt sich um nhd. Normalisierungen, die auch die Grundlage der Sortierungen bilden.

[3] In der vorliegenden Analyse bleibt dieser Aspekt allerdings unberücksichtigt und dient lediglich zur Veranschaulichung der durch die Kodierung gegebenen Möglichkeiten.

Die Liste wurde mit einer weiteren Kontextliste verglichen, die nicht nur den Einzelsatz, sondern das gesamte Satzgefüge[4] berücksichtigt. So konnten zusätzlich diejenigen Formen gefunden werden, die sich über mehrere Einzelsätze erstrecken (Abb. 2). In der zweiten Ausgabe wurden Zusatzinformationen weggelassen, um die Übersichtlichkeit des Arbeitsexemplars nicht zu beeinträchtigen.

13146060	h.e<	ablegen	a	5	‖ meer woellen wir vnsere *sünde wider das *gesetze | leyder offt # begangen, | # ablegen mit *schirm vnd *schützung des rechten *verstandts des + selben
16177320	h>	geben	a	6	‖ dar + vmb # gab er *rat, | das man kloester + schyn # abwurffe, vnd stifft, thum, chorherren dar + v^s # wurden, | welche im su^s an *hindernus # lebten, zu *ergernus aller *welt, | vnd den *tempel + dienst also # verrichten zu grossem *gespott gottes vnd syner hailgen.

Abb. 2

Die manuell nachbereitete Menge von nominal-verbalen Verbindungen wurde in einen Siemens PC-D, auf dem u.a. das Datenbank-Programm *dBase III* implementiert ist, eingegeben.[5] Da es sich um eine überschaubare Datenmenge handelt, hielt sich der zeitliche Aufwand der manuellen Übertragung der Daten in angemessenem Rahmen. Die Daten wurden in der Form

NOMEN - VERB - {PRÄPOSITION} - STELLENBELEG

in die Datenbank eingegeben. Diese Felder können nun mit dem Programm *dBase* in beliebiger Kombination schnell und problemlos sortiert werden. Der Vorteil dieses doppelten Verfahrens liegt darin, daß vom Großrechner vorsortierte Datenmengen auf dem PC kurzfristig und dem aktuellen Bedarf entsprechend bearbeitet werden können und so ein wesentlich schnelleres Zugriffsverfahren auf einzelne Sortierungen, Kontextausgaben oder Indices ermöglicht wird. Der Arbeitsplatzrechner ist darüber hinaus auch für relativ ungeübte Anwender geeignet, bei der ›täglichen philologischen Kleinarbeit‹ unterstützend zu wirken, denn die meisten Anwenderprogramme - z.B. *dBase* oder *Word* - verfügen über eine Menüsteuerung, welche die problemlose Orientierung über die einzelnen Programmschritte und Befehle ermöglicht.

---

[4] Der Beginn eines Satzgefüges ist in der aufbereiteten Fassung mit einem doppelten senkrechten Strich (»Doppeltrenner«: ‖) markiert. Einfachsätze innerhalb des Satzgefüges, Teilsätze, Parenthesen, Vokative und satzwertige Nachträge (unter einem eigenen Tonbogen stehende Ausklammerungen) werden durch »Einfachtrenner« (|) voneinander abgetrennt.
Die im folgenden Textbeispiel auftauchenden Sonderzeichen (z. B. "*" oder "^") dienen entweder der Markierung für andere Programmzwecke oder fungieren als Ersatz für auf der Tastatur fehlende Zeichen. Sie sind in beiden Fällen für das hier zu Zeigende bedeutungslos.

[5] Aufgrund technischer Probleme mit dem *Develnet*-Anschluß des PCs ist eine automatische Datenübertragung bei uns derzeit noch nicht möglich.

1.2. Sichtbarmachen sprachlicher Zusammenhänge durch Kontextausgaben und Sortierungen

Die im folgenden kurz dokumentierten Listen sollen die genannten Vorteile veranschaulichen.

1.2.1. Alphabetische Sortierung der Nomina

fleiß	ankehren		13.28	47.30
fleiß	ausrichten		46.29	
fleiß	dartun		154.04	
fleiß	dazutun		43.02	
fleiß	haben		129.30	
fleiß	legen		202.17	
fluch	begehen		201.23	
fördernis	geschehen		193.33	
förderung	dienen	zu	87.13	
förderung	tun		7.06	161.09
...				
lob	anheben		68.01	
lob	dienen	zu	159.17	
lob	erlangen		138.37	
lob	geben		136.11	
lob	gewinnen		10.20	
lob	haben		98.22	
lob	sagen		140.34	
lob	suchen		148.08	93.33
lob	zulegen		64.07	
lohn	empfangen		141.03	
lohn	geben		129.19	
lohn	nehmen		74.30	
lohn	stiften		176.01	
lohn	verdienen		99.09	
lüge	meiden		86.26	

Abb. 3

Bereits aus dieser einfachen Sortierung wird direkt sinnfällig, welche Nomina die absolut häufigsten bzw. die variantenreichsten Kombinationen mit Verben bilden. Die absolute Häufigkeit der vorkommenden Verben und Nomina läßt sich unschwer aus den Belegstellen erkennen.[6] Von größerem Interesse ist hier aber die Häufigkeit der Variantenbildung, d.h. die Frage, mit wie viel verschiedenen (und welchen) Verben ein Substantiv sich verbinden kann. Das Nomen *hilfe* nimmt dabei mit 18 Kombinationsmöglichkeiten die erste Stelle ein - hier der Schnittpunkt zur Untersuchung von M. Rössing-Hager in diesem Band -, gefolgt von *ehre* (9mal) sowie *lob*, *rat* und *schaden* mit je 8 Belegen. Auffällig ist, daß zu jedem der genannten Nomina ein stammidentisches Vollverb existiert und auch von Eberlin verwendet wird.

[6] Es wäre eine zusätzliche Spalte denkbar, welche die Belegstellenhäufigkeit als Zahl ausgibt.

1.2.2. Alphabetische Sortierung der Verben

acht(ung)	haben		147.24	165.29	175.01	178.21			
anfang	haben		37.05	96.35					
auge	haben	auf (v)	136.34						
augen	haben	vor	188.21						
bedeutung	haben		37.14						
besitz	haben	in	75.13						
brauch	haben	in	19.27						
ehre	haben		98.22						
ende	haben		33.09						
fleiß	haben		129.30						
gefallen	haben		30.28	74.26	76.05	86.13	121.09	154.18	155.22
greuel	haben		86.14						
grund	haben		22.05	33.05	64.27	64.36	85.16		
hilfe	haben		37.01	74.26	187.24				
hoffnung	haben		70.09						
lob	haben		98.22						
mißfallen	haben		158.20						
mitleid	haben		2.12	22.13					
schaden	haben		178.31						
sinn	haben	in	49.03						
sorge	haben		47.15	48.02	141.11	166.09	170.06	177.07	
trost	haben		73.29						
ursprung	haben		3.06	172.09					
vorgang	haben		3.02	4.25	46.06	73.10	98.10	100.10	146.21
			147.09	147.35	150.37	160.28	169.36	193.26	197.37
zugang	haben		200.11						
zweifel	haben		155.21						

Abb. 4

Aus dieser Liste ergibt sich unmittelbar, daß die Anzahl der Verben, welche in nominal-verbalen Verbindungen verwendet werden, gegenüber der Anzahl der Nomina relativ gering ist. Die 5 häufigsten in bezug auf die Kombinationsfähigkeit sind: *tun* (35 Varianten), *geben* (33), *halten* (31), *haben* (27) und *suchen* (23). 6 weitere Verben bringen es immerhin noch auf mehr als 10 Varianten:

abhauen	1	ausbrechen	1	dienen	16	finden	2
ablegen	2	ausrichten	9	dringen	1	fragen	1
abziehen	2	ausstoßen	2	einträufen	1	führen	9
anfangen	3	bedürfen	7	empfangen	4	geben	39
anheben	1	begehen	5	empfinden	1	gebrauchen	2
ankehren	1	beichten	1	entsetzen	1	gebären	1
annehmen	10	bekennen	1	entziehen	1	gehen	4
anrichten	3	bereiten	1	erbieten	3	geloben	1
anrufen	1	beweisen	8	erfahren	1	genießen	2
anschreiben	1	bieten	1	erlangen	9	geschehen	16
ansprechen	2	bitten	5	erleichtern	1	gewinnen	4
antun	2	bleiben	1	erleiden	1	gewähren	1
arbeiten	1	brauchen	6	erstatten	1	greifen	1
aufrichten	3	bringen	17	erwecken	3	gönnen	1
aufsetzen	2	dartun	6	erzeigen	6	haben	26
auftun	2	dazutun	3	fallen	7	halten	30

handeln	1	reichen	4	stellen	2	verlieren	2
helfen	2	richten	3	steuern	1	vermeiden	4
kehren	2	sagen	4	stiften	1	vermögen	1
klagen	1	schaffen	3	stoßen	1	verrichten	5
kommen	8	schicken	1	suchen	25	versehen	4
laden	1	schlagen	3	tragen	7	verzehren	1
lassen	1	schreiben	1	treffen	1	vollstrecken	1
legen	5	schreien	3	treiben	2	vortragen	2
leiden	4	schwitzen	1	treten	2	vorwenden	1
leisten	2	schwören	1	tun	36	wenden	4
liegen	3	setzen	10	üben	4	wünschen	5
machen	15	singen	6	verdienen	1	zeigen	1
meiden	2	sitzen	2	verfolgen	2	ziehen	1
nehmen	19	spielen	1	verhängen	4	zulegen	2
pflegen	1	sprechen	4	verkünden	6	zusprechen	1
reden	1	stehen	2	verleihen	4		

Abb. 5

Ein Vergleich mit einer nhd. Funktionsverbliste, die jedoch (auch) nicht als vollständig betrachtet werden darf,[7] hat zudem ergeben, daß die Liste der von Eberlin in nominal-verbalen Verbindungen benutzten Verben in der Tat nicht sehr umfangreich ist. Die am besten kombinierbaren Verben zeichen sich darüber hinaus durch eine relativ undifferenzierte Semantik (z.B. *machen, tun*) aus.

Eine weitere Untersuchung des Materials hat ergeben, daß die Kombinationsmöglichkeiten von Verb und Abstraktum zwar zahlreich sind, sich jedoch auch typische Kombinationen finden lassen. Zu diesem Zweck wurden alle Abstrakta und Verben untersucht, die mindestens 5 verschiedene Kombinationen eingehen, und es stellte sich heraus, daß bis auf 5 Ausnahmen ein ›typisches‹ Verb mindestens einmal mit einem ›typischen‹ Nomen kombiniert wird; z.B. *gnade geben, hilfe erlangen, lob haben* usw. Es ergibt sich, daß nominal-verbale Verbindungen häufig aus einfachen Bausteinen bestehen, d.h. aus einem semantisch relativ ›offenen‹ Verb und einem Abstraktum, besonders dann, wenn zu diesem Abstraktum stammidentische Verben existieren (*lob(en), ehr(en)* usw., vgl. Gliederungspunkt 1.2.4).

Das Ergebnis ist also ein doppeltes:

Eberlin benutzt typische Bausteine, aus denen nominal-verbale Verbindungen gebildet werden, sozusagen einen festen Kanon von Bestandteilen, die dann aber relativ frei miteinander kombiniert werden können. Nach Art eines Bausatzes können so Formen gebildet werden, die zwar in zeitgenössischen Wörterbüchern nicht notwendig belegt sind, aber jederzeit auch von anderen Schreibern oder Sprechern benutzt werden könnten, da sie Analogiebildungen zu allseits Bekanntem darstellen.[8]

---

[7] GRIESBACH, S. 281-286.

[8] Es ist nicht unbedingt aussagekräftig für die Usualisierung einer Form wie *hilfe geschehen*, ob sie in Wörterbüchern oder bei anderen Autoren belegt ist. Da *geschehen* ein häufig benutztes Funktionsverb ist, muß es sich nicht um eine Neubildung des entsprechenden Autors handeln, denn Wörterbücher und Sprichwörtersammlungen gehen meist exemplarisch vor.

Daneben findet sich eine Vielzahl metaphorischer, recht eigentümlicher Wendungen, z. B. *schaden gebären*. Eberlin verwendet diese Kombination nur ein einziges Mal; *schaden* wird häufig mit anderen Verben kombiniert, *gebären* hingegen taucht in anderen Zusammenhängen nicht mehr auf. Es handelt sich jedoch hier nicht um eine Kreation des Autors, sondern um eine bereits typisierte Verbindung: *gebären* findet sich in zeitgenössischen Wörterbüchern immer in Zusammenhang mit negativ besetzten Abstrakta (*schaden, haß, nachteil, verletzung, schande*). Nur ein einziges Mal wird es in Verbindung mit einem neutralen Nomen gebraucht: *An die Welt gebern* (Schwartzenbach, S. XLV). Inwieweit jedoch letztlich einzelne nominal-verbale Verbindungen, die nach dem oben genannten Muster gebildet werden, tatsächlich individuelle Schöpfungen eines Autors, in diesem Falle Eberlins, sind, wie überhaupt der Vorgang der Wortschöpfung zur Reformationszeit zu beurteilen ist, kann letztlich nur an einer größeren Materialsammlung, welche auch die Wörterbücher einbezieht, näher beleuchtet werden.

1.2.3. Belegstellensortierung (Abb. 6)

Bei der Durchsicht einzelner nominal-verbaler Verbindungen fiel die relative Häufigkeit zwei- und mehrgliedriger Gefüge auf. Die besonders markante Kombination zweier aus völlig unterschiedlichen Sinnbezirken stammender Substantive wie

soltest wol dir vyl mü vnd den selen wenig trost machen (71.19)

gab den Anstoß zu einer systematischen Untersuchung solcher Paarungen. Da diese bei der Eingabe in den PC (absichtlich) getrennt wurden, mußte das Material nach Belegstellen sortiert werden, um die zum gleichen Verb gehörenden Nomina wieder zusammenzuführen.[9]

feindschaft	ausrichten	101.14
holdschaft	ausrichten	101.14
...		
schaden	geschehen	102.21
schande	geschehen	102.21
...		
lob	gewinnen	10.20
ruhm	gewinnen	10.20
...		
fleiß	ausrichten	46.29
furcht	ausrichten	46.29
...		
mühe	machen	71.20
trost	machen	71.20

Abb. 6

Es stellte sich heraus, daß der obengenannte Beleg in 71.19 das einzige Beispiel für ein echtes Zeugma in den 'Bundesgenossen' ist. Mehrgliedrige nominal-verbale

[9] Da der Stellenbeleg sich nach dem Verb richtet, spielt es keine Rolle, wenn Substantive in verschiedenen Zeilen des Originaltextes stehen.

Verbindungen werden meist wiederholt verwendet, so daß sich bereits von einer gewissen Formelhaftigkeit sprechen läßt. Ein Grund hierfür ist darin zu sehen, daß ihre nominalen Komponenten semantische Überschneidungen aufweisen oder zumindest demselben Sinnbezirk entstammen, so z. B. *hilfe und sinn geben* (188.22) oder *kost und sorge legen auf* (17.34 und 40.15).

1.2.4. Stammidentische Vollverben in Konkurrenz zur nominal-verbalen Verbindung (Abb. 7, Abb. 8a und 8b)

Um die Vielfalt sprachlicher Ausdrucksmöglichkeiten bei Eberlin zu durchleuchten, ergab sich der Bedarf nach einer Liste der stammidentischen Vollverben, die an Stelle einer nominal-verbalen Verbindung auftreten können. Zu diesem Zweck wurde analog der Verfahrensweise zur Liste der nominal-verbalen Verbindungen eine Liste der in Frage kommenden Verbstämme in den Großrechner eingegeben. Die tatsächlich von Eberlin verwendeten Formen wurden nun automatisch aussortiert (vgl. Abb. 7 und 8).

----------------	sorg	----------
besorgen	a	1005170
besorgen	a	3025270
versorgen	a	3030050
sorgen	a	3030160
besorgen	a	5048390
besorgen	a	5049190
versorgen	a	5051060
besorgen	a	6065040
sorgen	a	8082050
besorgen	a	9091070
versorgen	a	9100320
besorgen	a	9101310
besorgen	a	9102220
besorgen	a	9103190
besorgen	a	12136030
versorgen	a	12136360
besorgen	p	13148190
sorgen	a	16174060
besorgen	a	16196290
----------------	spend	----------
----------------	spiel	----------
spielen	a	3026190
verspielen	a	4037240
spielen	a	4041350
spielen	a	11124050

Abb. 7

Diese Sortierung bildet die Grundlage für eine manuell vorzunehmende Analyse der semantischen Unterschiede zwischen nominal-verbaler Verbindung und stammidentischem Vollverb. Es lassen sich strukturell bedingte Differenzen zwischen Vollverb und nominal-verbaler Verbindung, also z. B. Gliedsatz-Äquivalente wie *hilfe wünschen* oder Passiv-Periphrasen wie *lob erlangen* (vgl. RÖSSING-HA-

GER, 4.3.3.), und/oder semantische Modifikationen (Aktionsarten) beobachten, doch sind letztere gar nicht in dem Maße ausschlaggebend, wie zu vermuten wäre. Vielmehr scheinen Satzrhythmik, Intonation und vor allem das Prinzip der *variatio* eine weit größere Rolle zu spielen, denn in vielen Fällen repräsentieren nominal-verbale Verbindungen eine oder zwei Bedeutungsvarianten des stammidentischen Vollverbs oder sind bedeutungsgleich mit der allgemeinsten Ausdrucksvariante des Vollverbs (z. B. *helfen - hilfe geben*). So repräsentiert die Verbindung *acht(ung) haben* z. B. die semantischen Varianten ›aufpassen auf/Sorge legen auf‹ und ›beachten/befolgen‹ des gleichzeitig existierenden Vollverbs *achten auf*. Das Vollverb verfügt jedoch noch über weitere Bedeutungsvarianten wie ›Wert legen auf‹, ›halten für‹, ›bemerken‹, wie folgende Belege zeigen:

acht(ung) haben (vollständige Belegliste)

147.23: *vnd wirt kein oder gar klein achtung gehabt vnsers hayls*
165.28: *wann du nit meer acht hast vff das brot der seel, das ist das wort gots*
174.39: *Vnnd vnsere altfordern, als christlich lewt, haben grosse acht gehabt vff die versehung der kirchen diener, vnd der armen menschen*
178.20: *dar durch sie auch zu herren der selbigen guetter worden sendt, vnd kains dings minder acht haben dan der armen*

achten auf (Stichproben)

52.20: *vnder guotem schein, deßhalb man ires falsch nit bald achtet*
64.02: *sie woellen für groß geacht sein*
103.05: *sie achten deß zytlichen nit vyl*
188.36: *das man achtet der pfaff opfer die meß vff gott fur alle menschen*

Es kann daher geschlossen werden, daß viele nominal-verbale Verbindungen im Frnhd., speziell bei Eberlin, nicht nur deshalb verwandt werden, weil Entsprechungen im Bereich der Aktionsarten stammidentischer Vollverben fehlen. Von Lücken im semantischen System der Vollverben (Fehlen ganzer Bedeutungsvarianten) läßt sich noch weit weniger sprechen, da Eberlin durch die Verbindung von Verbalsubstantiv und Funktionsverb keine wirklich neuen semantischen Einheiten erzeugt. So läßt sich an keiner Stelle die Konstitution eines Lexems wie ›in Angriff nehmen‹ nachweisen; allerdings muß erwähnt werden, daß diese Bedeutungsvariante im Vollverb selbst enthalten war und von Eberlin auch verwendet wird (vgl. z. B. 77.05; *kecklich angreifen die abstellung der superstition*).

Es zeigen sich bei der Interpretation des Phänomens also in der Hauptsache Berührungspunkte zu syntaktischen (vgl. die Kontraktionsformen) und satzrhythmischen Aspekten. Eine große Rolle dürfte die Tatsache spielen, daß in einem agitatorischen Text, der deutlich sprechsprachliche Elemente aufweist, den nominal-verbalen Verbindungen z. T. zumindest größere Bildhaftigkeit und Plastizität zukommt, sie mithin eindringlicher wirken als das bloße Vollverb.

Abb. 8a zeigt noch einmal alle in den 'Bundesgenossen' vorkommenden stammidentischen Vollverben, unabhängig davon, ob sie echte Konkurrenzformen zu den nominal-verbalen Verbindungen darstellen oder in modifizierter Bedeutung gebraucht werden. In Liste 8b stehen die Verbstämme, die vom Computer nicht gefunden wurden.[10]

[10] Es handelt sich hierbei nicht um neue Sortierungen, sondern um eine Aufteilung der Abb. 7.

achten	un + achten	achthaben
aergern	anfangen	antworten
arbeiten	bedeuten	begehren
behelfen	beichten	beistehen
beschweren	besitzen	bestaetigen
beten	betteln	bezeugen
brauchen	gebrauchen	mißbrauchen
danken	dienen	ernaehren
naehren	ehren	entschuldigen
erfinden	erkennen	erlauben
erloesen	fasten	fleissen
fleissigen	fluchen	verfluchen
foerdern	gebieten	gefallen
geloben	gewoehnen	glauben
gruenden	helfen	hindern
verhindern	hoffen	verhoffen
irren	irregehen	kennen
erkennen	kriegen	verkriegen
leben	lehren	lieben
loben	lohnen	belohnen
luegen	erluegen	mahnen
ermahnen	vermahnen	meinen
vermeinen	melden	missfallen
mitteilen	morden	ermorden
muehen	bemuehen	niessen
geniessen	nuetzen	opfern
predigen	raechen	raten
beraten	widerraten	reden
einreden	ruehmen	beruehmen
schaden	scheinen	schelten
schimpfen	schwaechen	schwoeren
sorgen	besorgen	versorgen
spielen	spotten	verspotten
staerken	strafen	un + strafen
streiten	suenden	suendigen
tanzen	troesten	un + troesten
ursachen	verursachen	urteilen
verbinden	verwerfen	vorgehen
waehlen	auserwaehlen	erwaehlen
widerstehen	wuenschen	wundern
verwundern	zweifeln	

Abb. 8a

abbrech-	-buend-	buess-
einleit-	eintrag-	gebaerd-
-glueck-	-heimlich-	-heirat-
interess-	kost-	-mitleid-
spend-	zusag-	

Abb. 8b

Zu Liste 8b ist anzumerken, daß *interesse nehmen* im Sinne von ›Zins nehmen‹ gebraucht ist. Im Frnhd. existiert nur die praktisch-gegenstandsbezogene Bedeutungsvariante der lateinischen Vorlage (Teilhabe als Besitz), nicht aber die theoretisch-abstrakte (Teilhabe als Anteilnahme). Dadurch ist auch das Nicht-Vorkommen des Verbs ›interessieren‹ erklärbar.[11] Erstaunlich hingegen ist das Fehlen von ›kosten‹ und ›spenden‹; diese Verben sind in einigen Wörterbüchern erfaßt.[12]

2. Weiterführende Fragestellungen und Programmwünsche

Sowohl die »typischen« nominal-verbalen Verbindungen als auch Einzelbelege lassen für die Zukunft reichhaltige Fragestellungen und Programmwünsche offen. So wäre insbesondere nach der historischen Einbindung der gefundenen Formen zu fragen, also

- inwieweit sie bei zeitgenössischen Autoren vorhanden sind;
- ob sie bereits im Mhd. belegt sind;
- ob sie noch in der Gegenwart Verwendung finden;
- wie ihre Bedeutung durch zeitgenössische und spätere Wörterbücher aufgenommen bzw. verbreitet wird.

Daß sich hier eine lohnende Aufgabe stellt, belegen Stichproben an den Verben *tun* und *geben*:

- nominal-verbale Verbindungen mit *tun* sind durch andere nominal-verbale Verbindungen aus ähnlich einfachen Bausteinen zu ersetzen, z. B. Nomen + *haben* (Beleg: Maaler; *Buoß Thuon/Ruewen haben*). Die Frage nach der tatsächlichen Synonymität solcher Verbindungen - in diesem Falle *Buße* und *Reue* - muß zunächst offen bleiben, da sie anhand einer größeren Materialsammlung besser beantwortet werden kann und daher den Einsatz des Rechners voraussetzt. Eine Vorab-Auswahl erscheint an dieser Stelle daher nicht sinnvoll.
- Die dt.-lat. Wörterbücher lassen erkennen, daß viele nominal-verbale Verbindungen offenbar Übersetzungen aus dem Lateinischen sind. Besonders deutlich wird dies bei Frisius, der viele Formen von *geben* + Präpositionalobjekt (*sich geben vff*) nachweist und dabei lat. Entsprechungen mit *ad*, *in* usw. aufführt (*dare se ad ludendum - sich vff spil geben*, S. 291).
- Einige der bei Eberlin verwendeten nominal-verbalen Verbindungen sind zwar in zeitgenössischen Wörterbüchern - meist auch in übereinstimmender Form - erwähnt; Alternativnennungen zeigen auch die Ersetzbarkeit dieser Formen durch Vollverben oder andere nominal-verbale Verbindungen. Viele der in den 'Bundesgenossen' gebrauchten Streck- und Kontraktionsformen tauchen jedoch gar nicht auf. Auch Leonhard Schwartzenbachs Werk »Synonyma«, das immerhin ungewöhnlich viele Alternativ-Verbindungen nennt, bildet hier keine Ausnahme. Die ganze Vielfalt der im Frnhd. verwendeten nominal-verbalen Verbindungen wird durch die zeitgenössischen Wörterbücher nicht oder nur teilweise repräsentiert.

---

[11] Belege für *interessieren* finden sich bei GRIMM (Bd. 4, II, Sp. 2148) erst für das 18./19. Jh.

[12] Maaler (S. 249 f.), Dasypodius (S. 561) und Henisch (S. 1574) für *kosten*, Steinbach (S. 622) für *spenden*. GRIMM belegt *kosten* (Bd. 5, Sp. 1865 ff.) für das Mhd., *spenden* bereits für das Ahd. (Bd. 10/I, Sp. 2148 ff.).

Es kann daher als Aufgabe für die Zukunft betrachtet werden, die in den Wörterbüchern des 16.–18. Jhs. versammelten nominal-verbalen Verbindungen datentechnisch zu erfassen und zur Weiterverarbeitung (d.h. zum Vergleich untereinander und mit zeitgenössischen Autoren) vorzubereiten. Das daraus resultierende Material könnte weitere Klarheit verschaffen über den Anteil und die Bedeutung der nominal-verbalen Verbindungen bei der Herausbildung der nhd. Schriftsprache.

Quellen- und Literaturhinweise

BAHDER, KARL VON: Zur Wortwahl in der frühneuhochdeutschen Schriftsprache. Heidelberg 1925.

Cholinus, Petrus / Joannes Frisius: Dictionarium Latinogermanicum. Editio postrema. Zürich 1541.

Dasypodius, Petrus: Dictionarium latinogermanicum. Straßburg 1536. Ndr. Hildesheim / New York 1974.

Eberlin von Günzburg, Johann: Ausgewählte Schriften. Bd. I. Hg. v. LUDWIG ENDERS. Halle a. S. 1896 (Flugschriften aus der Reformationszeit XI).

Frisius, Joannes s. Cholinus, Petrus

GRIESBACH, HEINZ: Neue deutsche Grammatik. Berlin/München/Wien/Zürich/New York 1986.

GRIMM, JACOB / GRIMM, WILHELM: Deutsches Wörterbuch. 16 Bde. Leipzig 1854ff.

HASS, ULRIKE: Leonhard Schwartzenbachs »Synonyma«. Beschreibung und Nachdruck der Ausgabe Frankfurt 1564. Lexikographie und Textsortenzusammenhänge im Frühneuhochdeutschen. Tübingen 1986 (Lexicographica. Ser. Maior 11).

Henisch, Georg: Teütsche Sprach vnd Weißheit. Thesaurus linguae et sapientiae Germanicae. Augsburg 1616. Ndr. Hildesheim / New York 1973.

Maaler, Josua: Die Teütsch spraach. Dictionarium Germanicolatinum novum. Zürich 1561. Ndr. Hildesheim / New York 1971.

RÖSSING-HAGER, MONIKA: EDV-gestützte Untersuchungen zum Gebrauch von Verbalsubstantiven in frühneuhochdeutschen Texten. [In diesem Band.]

SCHIPPAN, THEA: Die Verbalsubstantive in der deutschen Sprache der Gegenwart. In: Deutschunterricht (Berlin) 21 (1968), S. 423–431 (I) u. S. 516–526 (II).

Schwartzenbach, Leonhard s. HASS, ULRIKE

STEINBACH, CHRISTOPH ERNST: Vollständiges Deutsches Wörter-Buch. Breslau 1734. Ndr. Hildesheim / New York 1973. 2 Bde.

WINKLER, HANNELORE: Der Wortbestand von Flugschriften aus den Jahren der Reformation und des Bauernkriegs. Berlin 1975 (Bausteine zur Sprachgeschichte des Neuhochdeutschen 55).

Brigitte Edrich

Computerunterstützte Analyse der Ambraser 'Erec'-Handschrift

1 Einführung

Seit dem überraschenden Fund der neuen Wolfenbütteler 'Erec'-Fragmente, die bei Restaurierungsarbeiten an Cod. Guelf. 12.26.9 Aug. 4° in Wolfenbüttel gefunden und 1978 durch WOLFGANG MILDE[1] erstmals veröffentlicht wurden, steht die 'Erec'-Forschung vor einer völlig veränderten Überlieferungssituation, die eine Vielzahl bislang noch ungeklärter Fragen aufwirft.

Zwar stammen die neuen Wolfenbütteler Fragmente aus derselben Handschrift wie die seit 1898 bekannten und durch OTTO VON HEINEMANN[2] veröffentlichten 'Erec'-Bruchstücke, doch schließen sie sich weder inhaltlich noch der Reihenfolge nach den alten Fragmenten an, sondern überliefern Szenen einer 'Erec'-Dichtung, die keine Parallelen in der Ambraser Darstellung aufweisen.

In 129 vollständigen oder bruchstückhaften Versen, die sich inhaltlich der Galoein-Episode und dem ersten Guivreiz-Kampf zuordnen lassen,[3] bezeugen die neuen Wolfenbütteler Fragmente eine eigenständige, mit dem Text der Ambraser 'Erec'-Handschrift unvereinbare und bisher völlig unbekannte mittelhochdeutsche 'Erec'-Fassung, die inhaltlich näher als die Ambraser Version mit Chréstiens 'Erec' übereinstimmt. Diese inhaltlichen Abweichungen weisen ebenso wie die Dreireime, die in den Wolfenbütteler Fragmenten fakultativ als Abschnittsgrenzen gesetzt sind, und die im Gegensatz zur Ambraser Handschrift konsequente Verwendung älterer Namensformen auf zwei teilweise unvereinbare 'Erec'-Fassungen hin. Nach wie vor ist ungeklärt, wie beide Fassungen in einer Handschrift kombiniert

[1] MILDE, WOLFGANG: *daz ih minne an uch suche.* Neue Wolfenbütteler Bruchstücke des 'Erec'. In: Wolfenbütteler Beiträge 3 (1978), S. 43-58.

[2] HEINEMANN, OTTO VON: Wolfenbütteler Bruchstücke des 'Erec'. In: ZfdA 42 (1898), S. 259-267.

[3] Vgl. GÄRTNER, KURT: Der Text der Wolfenbütteler 'Erec'-Fragmente und seine Bedeutung für die 'Erec'-Forschung. In: Beiträge zur Geschichte der deutschen Sprache und Literatur 104 (1982), S. 207-230 und S. 359-430.

werden konnten und welche Fassung die authentische Version Hartmanns repräsentiert. Die Frage nach der Priorität einer Überlieferung vor der anderen, die KONRAD ZWIERZINA 1901 eindeutig zugunsten des Ambraser Textes glaubte beantworten zu können,[4] ist somit erneut und dringlicher denn je aufgeworfen.

Eine angemessene Beurteilung der Text- und Überlieferungsgeschichte des 'Erec' erfordert eine umfassende und präzise Analyse der Textzeugen, insbesondere aber der Ambraser Handschrift, die für den vorliegenden Beitrag mit Hilfe eigens entwickelter Computerprogramme auf Lücken, Brüche und eventuellen Vorlagenwechsel untersucht wurde.

2 Transkription der Ambraser Handschrift

Die Eingabe des Textes der Ambraser Handschrift erfolgte mit Hilfe des Texteditors von TUSTEP auf einem Großrechner (SPERRY/UNIVAC 1100). Später wurde auch die Möglichkeit der Datenübertragung auf Personal Computer genutzt und ein Teil der Arbeit dort erledigt.

Da mittelalterliche Handschriften wegen der darin enthaltenen Sonderzeichen (verschiedene *s*-Formen, Superskripte usw.) nicht ohne weiteres über eine Computertastatur eingegeben werden können, bedurfte es eines besonderen Transkriptionsverfahrens. Außerdem wurden bei der Eingabe auch Initialen, Namensformen, Reimvokale, Lücken und andere strukturelle Merkmale berücksichtigt, um die Erstellung von Indices, rückläufigen Formenverzeichnissen, verschiedenen Registern und Konkordanzen zu gewährleisten. Die nachstehende Tabelle zeigt die Kodierung, wobei der Backslash (\) stets ein Sonderzeichen einleitet.

Code	*handschriftliche Entsprechung*
\a	übergeschriebenes *a*
\o	übergeschriebenes *o*
\'	übergeschriebener Halbkringel
\s	rundes *s*
\"s	Schluß-*s*
\˘v	konsonatisches *u*
\˘u	vokalisches *v*
\&	Initialen
*	Namensformen
\+	Reimvokale
\. \:	Reimpunkte
\/	Lücke

Die folgende Abbildung 1 zeigt je einen Ausschnitt aus der Ambraser Handschrift und ihrer EDV-Transkription.

Ziel war es, eine möglichst handschriftengetreue Eingabe, die auch die Schreiberfehler wiedergibt, zu erzeugen. Es erfolgten keinerlei korrigierende Eingriffe, die die Ergebnisse der im folgenden dargestellten statistischen Untersu-

[4] ZWIERZINA, KONRAD: Mittelhochdeutsche Studien 13: Zur Textkritik des 'Erec'. In: ZfdA 45 (1901), S. 317-368.

```
[28] \&Die Junckfraw h\´ub sich an
die f\+art \. [29] al\s jr gepoten
w\+ard \: [30] da sy da\"s gezwerg
reiten s\+ach \. [31] mit z\auchten sy zu Im
spr\+ach \: [32] Got gr\auesse e\´uch ges\+elle \.
[33] \~Vnd vernemet wa\s ich w\+elle \: [34] Mein
fraw hat mich heer ges\+ant \. [35] die ist k\au\=
nigin \"vber da\s l\+andt \: [36] durch jr zucht
gepot s\"y m\+ir \. [37] daz ich euch gr\´ueste von
\+Ir \: [38] \~vnd wiste gern m\+\aare \. [39] wer der
Ritter w\+\aare \: [40] \~vnd dise maget wolge\=
t\+an \. [41] m\augt jr mich da\s wissen l\+an \:
[42] \´an schaden jr da\s t\+\out \. [43] mein \/ fraget
n\´ur durch g\+\out \:
```

Abb. 1: Transkriptionsbeispiel aus der Ambraser Handschrift

chungen hätten beeinflussen können. Darüber hinaus ermöglicht diese Vorgehensweise die kostengünstige Herstellung eines genauen diplomatischen Handschriften-Abdrucks.

Zunächst wurde die Eingabedatei als Ganzes untersucht, um einen ersten Überblick über die statistische Situation zu bekommen. Danach wurde die Handschrift in gleichgroße Teile unterteilt und eine genauere Analyse durchgeführt.

Die Programme dazu wurden zum Teil in PASCAL auf einem Personal Computer entwickelt. Die erwähnten Register sind mit TUSTEP erstellt worden, und die graphische Darstellung der Resultate wurde durch ein BASIC-Programm realisiert.

3 Untersuchungen auf der Gesamtheit des Textes

Ziel der Untersuchungen auf der Grundlage der gesamten Eingabe war es, kontextunabhängige strukturelle Merkmale herauszuarbeiten und statistisch auszuwerten.

Zunächst wurde die Verteilung von Initialen und Majuskeln untersucht, wobei die Majuskeln nach ihrer Position am Versanfang oder in der Versmitte differenziert wurden. Die Ergebnisse werden graphisch in den Abbildungen 2-6 am Ende des Beitrags dargestellt. Die x-Achse entspricht jeweils den laufenden Versnummern, die y-Achse den absoluten Häufigkeiten.

Zwischen der oberen und unteren waagerechten Linie liegt der Vertrauensbereich, gegeben als der Wert der Standardabweichung σ nach oben und unten um den Mittelwert μ. Demzufolge zeigen die Werte innerhalb des durch σ gegebenen Vertrauensbereichs keine statistischen Auffälligkeiten, im Gegensatz zu den Werten, die den Vertrauensbereich über- oder unterschreiten.

Für die Verteilung der Großbuchstaben (s. Abb. 2) sind es die Bereiche der Verse 1400-3700 und 6200-7300, die diesen Bereich nach oben überschreiten, während die Werte der übrigen Versintervalle enger um den Mittelwert schwanken, wenngleich ab Vers 7500 bis zum Ende auf etwas tieferem Niveau.

Diesem Befund entsprechen die Ergebnisse der Analyse der Verteilung der großgeschriebenen Versanfänge, die bei Vers 1700 den Vertrauensbereich nach oben überschreiten und erhöhte Werte im Bereich der Verse 6200 bis 7300 erkennen lassen (s. Abb. 3).

Die Verteilung der Initialen ist anfänglich bis Vers 3000 stark streuend. Von Vers 3200-3300 gibt es sogar überhaupt keine Initialen. Von Vers 6000 an, besonders aber ab Vers 7300 bis zum Ende, zeigen sich sehr ausgeglichene Werte (s. Abb. 4 und 5).

Wie Abb. 6 zeigt, tritt bei der Verteilung der Namen eine starke Spitze im Kurvenverlauf auf. Dies entspricht zwei umfangreichen Namenslisten, wobei die erste Liste die Mitglieder der Artustafelrunde vorstellt (Vers 1629-1695) und die zweite Liste einen Teil der Hochzeitsgäste Erecs und Enites namentlich aufführt (Vers 1902-2113).

Diese Häufung von Namen spielt im folgenden bei der Auswertung einer ganzen Reihe von Ergebnissen eine wichtige Rolle. So wirken sich die Namen auf Statistiken der Groß- und Kleinschreibung, auf Messungen der Wortlängen u. v. m. aus, denn eine Namensliste weicht strukturell sehr von gewöhnlichem Text ab.

4 Unterteilung der Handschrift in kleinere Einheiten

Die bisher vorgestellten Resultate beschreiben Eigenschaften der Handschrift nur sehr global, und die Ergebnisse beschränken sich auf eine sehr grobe und nur optische Interpretation. Für eine vertiefende Untersuchung wie auch aus Gründen der statistischen Zuverlässigkeit wurde die Handschrift, die etwa 10000 Verse auf 42 Seiten überliefert, in sieben annähernd gleich große Teile zu je sechs Handschriftenseiten untergliedert. Die einzelnen Teile werden im folgenden mit Großbuchstaben *A, B, ..., G* bezeichnet. Die nachfolgende Tabelle zeigt die den einzelnen Teilen entsprechenden Seiten und die korrespondierenden Versnummern.

Teil	*Seiten*	*Verse*
A	1–6	1–1333
B	7–12	1334–2824
C	13–18	2825–4327
D	19–24	4328–5845
E	25–30	5846–7329
F	31–36	7330–8819
G	37–42	8820–10135

Die weiteren Tests wurden nicht mehr auf der gesamten Eingabedatei durchgeführt, sondern erfolgten auf den einzelnen Teilen. So konnten die Resultate einander gegenübergestellt werden und gaben Aufschluß über die Konsistenz der gesamten Handschrift bzw. Hinweise auf Brüche und Unregelmäßigkeiten, die sonst bei Untersuchungen der Handschrift als Ganzes verborgen geblieben wären.

Die Ergebnisse dieser Tests werden in Abschnitt 4.1–4.4 vorgestellt. Es handelt sich dabei um folgende Untersuchungen:

- Wortlängen
- Verslängen
- Type-Token-Analyse
- Groß-/Kleinschreibung, Initialen

4.1 Die Wortlängen

Die nachstehende Tabelle zeigt die Ergebnisse der Untersuchung der Wortlängen auf den einzelnen Teilen. Es wurde die absolute Häufigkeit der Wortlängen (in Buchstaben) gezählt und zeilenweise als relative Häufigkeit (in Prozent) dargestellt. So bedeutet 16.89 oben links z. B., daß 16.89% der Wörter in Teil *A* zweibuchstabig sind.

	Teil							
Länge	*A*	*B*	*C*	*D*	*E*	*F*	*G*	*μ*
2	16.89	16.78	18.84↑	17.13	17.22	15.13↓	16.09	16.87
3	31.62	29.38	29.42	30.58	30.49	32.21	30.63	30.62
4	14.46	12.38↓	15.42	15.84	15.07	13.45	14.65	14.47
5	13.51	13.09	13.08	12.96	13.41	13.95	12.97	13.28
6	8.83↓	10.70	10.00	9.40	9.84	9.67	10,51	9.85
7	6.14	6.87↑	5.97	6.10	6.03	5.99	6.16	6.18
8	3.86	4.34↑	3.30	3.55	4.12	4.17	4.12	3.92
9	2.44	2.61↑	1.97↓	2.12	1.89↓	2.51↑	2.29	2.26
10	1.07	1.49	•	1.08	•	1.69	1.48	—
11	•	1.09	•	•	•	•	•	—

Die rechte äußere Spalte dieser Tabelle gibt den Mittelwert μ der Einträge einer jeden Zeile an. Die Pfeile bei manchen Einträgen markieren auffällige Schwankungen um mehr als 10% um μ. Diese Festsetzung auf 10% ist willkürlich und soll lediglich auf die größeren Abweichungen aufmerksam machen.

Werte von < 1% werden nicht mehr ausgewiesen, entsprechende Einträge sind mit • gekennzeichnet. In solchen Fällen ist es auch nicht mehr sinnvoll, μ zu berechnen.

Resultate:

- Die Teile *A, D, E* und *G* können als ›normal‹ angesehen werden, da sie keine oder höchstens eine Pfeilmarkierung haben.
- *B* enthält auf Grund der Namenslisten auffällig viele lange Wörter.
- *C* enthält viele zweibuchstabige Wörter und signifikant wenige lange Wörter.
- *F* enthält umgekehrt zu *C* sehr wenige sehr kurze Wörter, aber mehr lange.
- *A* zeigt eine leichte Tendenz zu weniger langen Wörtern.

4.2 Die Verslängen

Für die Verslängen wurde die Silbenzahl gezählt. Da die Silben bei der Eingabe nicht eigens gekennzeichnet wurden, ist der Algorithmus zur Bestimmung der Silbenzahl heuristisch. Statt die Silben exakt zu zählen, wurde anhand der vokalischen Kerne eines Wortes die Silbenzahl geschätzt.

Diese Methode liefert überraschend zuverlässige Werte, und bei > 95% aller Wörter ist das Resultat korrekt. Dies ist ein Beispiel dafür, daß bereits bei der Eingabe auf zusätzliche Information verzichtet werden kann und später dennoch statistisch akzeptable Ergebnisse erzielt werden können.

	μ	σ		s		v[%]	
A	7.17	1.25		13	↑	0.48	
B	6.99	1.31		12		0.49	
C	7.14	1.40	↑	14	↑	0.51	↑
D	6.94	1.30		12		0.48	
E	7.08	1.31		12		0.48	
F	7.15	1.21	↓	8	↓	0.44	↓
G	7.15	1.18	↓	11		0.45	↓
μ	7.09	1.28		11.71		0.48	

In der ersten Spalte ist μ als die mittlere Silbenzahl pro Vers eingetragen. So ist also z. B. in *A* ein Vers im Mittel 7.17 Silben lang. Die übrigen Spalten zeigen verschiedene Maße für die Streuung: σ ist die Standardabweichung, s bezeichnet die Spannweite. Als Spannweite bezeichnet man die Differenz zwischen Maximalwert und Minimalwert der gemessenen Werte. Schließlich ist μ der in Prozent angegebene Wert des Variationskoeffizienten. Er dokumentiert die relative Streuung der gemessenen Werte. Die Auswahl dieser Streuungsmaße ist willkürlich. Es gibt neben diesen noch eine Vielzahl weiterer mathematischer Verfahren, um die Streuung von Meßwerten auszudrücken.

Die unterste Zeile bildet nochmals die Durchschnittswerte für die einzelnen Spalten, und in der Tabelle sind Abweichungen von > 10% um diese Mittelwerte wiederum mit Pfeilen markiert.

Wie man sieht, liefern die mittleren Verslängen selbst keine Resultate, aber die Streuungsmaße zeigen signifikante Abweichungen.

Resultate:

- *A, B, D* und *E* sind ohne Befund. Die Namensliste in *B* wirkt sich nicht auf die Silbenlänge der Verse aus.
- *C* weist starke Schwankungen der Verslängen auf. In *C* findet man die höchste Spannweite, den breitesten Variationskoeffizienten und die höchste Standardabweichung.
- *F* und *G* fallen durch ein wesentlich ausgewogeneres Verslängen-Verhalten auf.

4.3 Die Type-Token-Analyse

Die Type-Token-Analyse liefert aufschlußreiche Ergebnisse hinsichtlich der Stilhöhe und der stilistischen Kontingenz eines Textes. Dabei bezeichnet der Begriff ›Type‹ ein Wort an sich, und jedes ›Token‹ steht für ein Vorkommen dieses Wortes. Dann ist der Quotient γ aus der Division der Anzahl Tokens durch die Anzahl Types ein Maß für die Breite des Wortschatzes.

	Types	*Tokens*	γ	
A	**1513**	**6581**	**4.35**	
B	**1654**	**6711**	**4.06**	↓
C	**1512**	**7452**	**4.93**	↑
D	**1541**	**7279**	**4.72**	
E	**1607**	**7227**	**4.50**	
F	**1628**	**7137**	**4.38**	
G	**1515**	**6358**	**4.20**	
			μ = **4.45**	

Je anspruchsvoller der Wortschatz, desto kleiner wird bei fester Textlänge der Quotient γ. Im Mittel liegt γ bei 4.45.

Es zeichnet sich *B* unter dem Einfluß der beiden Namenslisten als von hohem Wortschatz aus, da jeder der aufgezählten Namen einen neuen Type ergibt, jedoch meist nur einmal auftritt. Hingegen hat *C* einen weniger vielfältigen Wortschatz. Diese Tendenz setzt sich auch noch in Richtung nach *D* fort.

Die Anzahl der genau einmal vorkommenden Types τ gibt ebenfalls Auskunft über die Vielfalt des Wortschatzes. Ist τ besonders klein, so werden viele Wörter mehrfach verwendet, und der Wortschatz kann als eher gering bezeichnet werden.

Die folgende Tabelle listet τ absolut und den Wert in Prozent aller Types auf. So bedeutet der Eintrag für *A* z. B., daß 51.75% aller Types solche mit genau einem Token sind.

	τ	%	
A	**783**	**51.75**	
B	**895**	**54.11**	↑
C	**741**	**49.01**	↓
D	**775**	**50.29**	
E	**798**	**49.66**	
F	**858**	**52.70**	
G	**785**	**51.82**	
		μ = **51.33**	

Etwa zur Hälfte werden die Types nur einmal verwendet. Erwartungsgemäß ist *B* Spitzenreiter, während bei *C* der Wert am tiefsten liegt. Die übrigen Werte schwanken nur eng um den Mittelwert.

Folgende Nebenuntersuchung soll den Einfluß der Namenslisten in *B* und ihre Auswirkungen auf die Ergebnisse klären. Wir nehmen an, *B* habe statt 100 Namen normalen Text bei einem mittleren γ von 4.45. Man erhält:

	1654	Types,	6711	Tokens	=	4.06
–	100	Types,	100	Tokens		
+	23	Types,	100	Tokens		
	1577	Types,	6711	Tokens	=	4.26

Es hat sich also der zuvor gemessene Wert für γ in *B* von 4.06 auf 4.26 erhöht, und man würde diesen Wert nicht mehr als signifikante Abweichung interpretieren.

Weiter werden nun Types untersucht, die in nur genau einer Probe vorkommen (δ_1), bzw. Types, die in allen übrigen, nur in dieser einen nicht, vorkommen (δ_2).

	δ_1	%		δ_2	%	
A	113	7.47	↓	30	1.98	
B	185	11.19	↑	38	2.30	↑
C	100	6.61	↓	34	2.25	↑
D	137	8.89		32	2.08	
E	118	7.34	↓	24	1.49	↓
F	168	10.32	↑	25	1.54	↓
G	113	7.46	↓	34	2.24	↑
	$\mu = 8.47$			$\mu = 1.98$		

Ein hoher Wert von δ_1 isoliert diese Probe aus dem Gesamtbild. Der hohe Wert von δ_1 bei *B* ist wieder nicht signifikant, da die Namen meist nur in einer der beiden Namenslisten und später nicht mehr erscheinen. Signifikant ist dagegen der hohe δ_1-Wert bei *F*. Der niedrige Wert von *C* geht konform mit dem dort festgestellten niedrigen Wortschatz: ohne vielfältigeren Wortschatz (an großem γ erkennbar) ist auch ein höherer δ_1-Wert schwer zu erreichen.

Je höher δ_2 ausfällt, desto mehr weicht das entsprechende Segment vom Gesamtbild ab. Man erwartet also, daß hohe δ_1-Werte mit hohen δ_2-Werten korrespondieren und niedrige mit niedrigen. Dies trifft jedoch nur für *B* und *E* zu.

Wie interpretiert man den hohen δ_1-Wert und zugleich niedrigen δ_2-Wert bei *F*? *F* hat einen auffällig spezialisierten Wortschatz und weist andererseits wenig Wörter auf, die überall in der Handschrift vorkommen.

Umgekehrt verhält sich *G*: Nach δ_1 paßt es gut in das Gesamtbild, fällt jedoch durch einen hohen δ_2-Wert auf, d. h. der Wortschatz zeigt einen geringeren Trend zu allgemeineren Wörtern.

4.4 Großschreibung und Initialen

Die tabellarische Darstellung der Verteilung der Groß- und Kleinschreibung, der großgeschriebenen Versanfänge und der Initialen auf den einzelnen Handschriftenteilen zeigt jeweils nebeneinander die absolute und relative Häufigkeit. Die Pfeile markieren wiederum deutliche Abweichungen um den unten abzulesenden Mittelwert μ.

	Großbuchstaben N	%		*großgeschr. Versanfänge* N	%		*Initialen* N	%	
A	584	8.87		234	3.56		43	0.65	↑
B	920	13.71	↑	261	3.89	↑	39	0.58	↑
C	646	8.67		259	3.48		27	0.36	↓
D	483	6.64	↓	236	3.24		33	0.45	
E	583	8.07		292	4.04	↑	26	0.36	↓
F	422	5.91	↓	169	2.37	↓	38	0.53	
G	420	6.61	↓	175	2.75	↓	31	0.49	
	μ=8.35			μ=3.33			μ=0.49		

Resultate:

- In *A* ist der Initialenanteil erhöht.
- Ebenfalls überhöht ist der Initialenanteil in *B*, das sich darüber hinaus durch einen erhöhten Anteil großgeschriebener Wörter und großgeschriebener Versanfänge deutlich von den anderen Segmenten abhebt. Ursache der gesteigerten Großschreibung sind die beiden umfangreichen Namenslisten in Teil *B*.
- In *E* gibt es eine erhöhte Zahl von großgeschriebenen Versanfängen, zugleich jedoch unterschiedlich viele Initialen.
- *F* und *G* enthalten deutlich weniger Großbuchstaben und unterdurchschnittlich viele Majuskeln an den Versanfängen.

Ein deutlicheres Ergebnis konnte durch eine Analyse der Abstände erzielt werden, d. h. die Dichte der Großbuchstaben, großen Versanfänge und Initialen wurde untersucht. Die Werte für die einzelnen Teile sind wiederum in eine Tabelle eingetragen.

4.4.1 Groß- und Kleinschreibung

Die linke Spalte bezeichnet jeweils den Mittelwert μ. In der mittleren Spalte ist die Standardabweichung σ als Maß für die Streuung um den Mittelwert eingetragen, während der Variationskoeffizient v in der rechten Spalte die relative Streuung dokumentiert. In der letzten Zeile werden jeweils die Mittelwerte der erzielten

	μ		σ		v [%]	
A	11.43	↓	11.10	↓	4.02	↓
B	7.60	↓	8.28	↓	3.59	↓
C	11.70	↓	12.66	↓	4.23	
D	15.46	↑	16.93	↑	4.98	
E	12.58		13.10		4.31	
F	17.39	↑	20.27	↑	5.68	↑
G	15.46	↑	17.45	↑	5.51	↑
μ	13.09		14.26		4.62	

Werte angegeben. Signifikante Abweichungen von den Mittelwerten um mehr als 10% werden wieder durch auf- und absteigende Pfeile markiert.

Resultate:

- Die Werte streuen stark um μ. Es fällt auf, daß mit zunehmender Dichte (abnehmendem μ) auch die Streuungsmaße zurückgehen.
- *A* und *B* haben eine hohe Großschreibungsdichte bei zugleich kleiner Varianz. Die Tendenz dazu besteht auch in *C*.
- *F* und *G* fallen auf durch eine geringe Dichte bei hoher Streuung. Abgeschwächt zeigt sich dies auch bei *D*.

4.4.2 Großgeschriebene Versanfänge

	μ		σ		v [%]	
A	5.65	↓	5.45	↓	6.31	↓
B	5.67	↓	5.95	↓	6.49	
C	5.80		6.47		6.93	
D	6.43		7.67	↑	7.76	
E	5.06	↓	5.34	↓	6.17	↓
F	8.75	↑	8.77	↑	7.71	
G	7.49	↑	8.38	↑	8.47	↑
μ	6.41		6.86		7.12	

Resultate:

- *A* und *E* zeigen eine hohe Dichte großgeschriebener Versanfänge bei zugleich unterdurchschnittlicher Streuung.
- *B* zeigt die gleiche Tendenz, die Namenslisten wirken sich bei großgeschriebenen Versanfängen offenbar nicht so stark aus.
- *F* und *G* haben mit ihrem hohen μ-Wert bei ebenfalls starker Streuung eine deutliche Tendenz zu geringerer Majuskeldichte.

4.4.3 Initialen

Resultate:

- Die Initialendichte ist in *A* und *B* sehr hoch, in *C* und *E* auffällig gering.
- In *F* und *G* zeigt sich stark, in *A* tendenziell, eine gleichmäßigere Benutzung von Initialen.
- In *B*, *C* und *D* werden Initialen sehr stark streuend und ungleichmäßig gesetzt.

	μ		σ		v [%]	
A	30.09	↓	16.74	↓	8.48	↓
B	36.74	↓	35.80	↑	15.60	↑
C	55.00	↑	50.45	↑	17.65	↑
D	43.85		34.90	↑	13.85	↑
E	56.88	↑	31.00		10.69	↓
F	39.16		18.71	↓	7.75	↓
G	39.84		23.49	↓	10.59	↓
μ	43.08		30.16		12.09	

5 Zusammenfassung

Nachstehend ein Überblick über die erzielten Resultate, geordnet nach den einzelnen Teilen.

- *A* Tendenz zu mehr Initialen. Hohe Großschreibdichte bei kleiner Streuung. Ebenfalls hohe Dichte großgeschriebener Versanfänge und Initialen.
- *B* Fast alle Befunde werden überlagert durch die Namensverteilung. *B* trennt sich von *A* durch einen ungleichmäßigeren Gebrauch von Initialen.
- *C* Deutlich kürzere Wortlängen. Durch hohes γ zeigt sich ein geringer Wortschatz. Wenig nur einmal vorkommende Tokens zeigen einen wenig abwechslungsreichen Stil, was auch ein niedriges δ_1 erklärt. Die Verslängen schwanken sehr stark. Die Initialendichte ist gering und die Initialen werden ungleichmäßig gesetzt.
- *D* Kein Befund.
- *E* Viele großgeschriebene Versanfänge und geringe Initialendichte.
- *F* Wenig sehr kurze Wörter, dafür mehr lange. Isolierung durch hohes δ_1. Zugleich niedriges δ_2 deutet auf einen spezialisierten Wortschatz. Die Verslängen sind ausgewogen. Es gibt weniger Großschreibung bei einer hohen Streuung, und die Initialen werden in durchschnittlicher Häufigkeit gesetzt.
- *G* Mit normalem δ_1 und hohem δ_2 setzt sich das in *F* Beobachtete fort: *G* tendiert zum Gebrauch weniger allgemein verbreiteter Wörter. Alle übrigen Merkmale sind mit *F* übereinstimmend.

6 Schlußfolgerungen

Ziel der Untersuchung war es, anhand der quantitativen Beschreibung kontextunabhängiger struktureller Merkmale zu einer mathematisch korrekten, objektiven Aussage über feststellbare Periodizitäten und deren Durchbrechung in der Ambraser 'Erec'-Handschrift zu gelangen. Dabei wurde deutlich, daß die untersuchten Merkmale nicht gleichmäßig über den Text verteilt sind, sondern teilweise erheblichen Schwankungen unterliegen.

Ein homogenes Bild mit einigen gemeinsamen Isolierungstendenzen, die bereits in *E* im Ansatz erkennbar sind, liefern lediglich die Teile *F* und *G*. Sie sind durch eine deutliche Tendenz zu geringer Majuskeldichte, eine gleichmäßige Verteilung der Initialen und ein ausgewogenes Verslängen-Verhalten charakterisiert.

Der Wortschatz ist anspruchsvoller und besonders in Teil *F* auffällig spezialisiert, bei einem geringen Vorkommen von Wörtern, die in allen anderen Teilen der Handschrift vertreten sind. Dafür lassen sich inhaltliche Gründe anführen: Teil *F* bietet in den Versen 7286–7767 eine ausführliche Beschreibung des wunderbaren Pferdes, das Enite von den Schwestern des Zwergenkönigs Guivreiz zum Geschenk erhält. Auch die Schilderung der Burg Brandigan und des abgeschiedenen Baumgartens finden sich in Teil *F*. Hingegen überliefert der sich anschließende Teil *G* eine breit ausgeführte Darstellung des Kampfes zwischen Erec und Mabonagrin und den feierlichen, in der Krönung gipfelnden Abschluß der Abenteuer Erecs. Diese inhaltliche Beschränkung des letzten Teils *G* auf typische Situationen höfischer Dichtung (Kampf, Fest) könnte den bei der Type-Token-Analyse festgestellten niedrigen δ_1-Wert erklären, während der hohe δ_2-Wert darauf hinweist, daß die Stilhöhe des vorangegangenen Teiles *F* beibehalten wird.

Aufgrund dieser gemeinsamen Isolierungstendenzen wird deutlich, daß *F* und *G* in stilistischer Hinsicht eine Einheit bilden, die möglicherweise auf eine gemeinsame Vorlage hindeutet. Tendenziell gehört dieser Einheit auch das Ende von *E* ab Vers 7100 an.

Als Fremdkörper, den alle Tests isolieren, fällt Teil *C* auf. Durch den ungleichmäßigen Initialengebrauch in *B* könnte auch der hintere Teil von *B* mit *C* verwandt sein. Die Initialenhäufung beginnt am Ende der zweiten Namensliste, etwa um Vers 2000. Wie aus ROGER MIDDLETONS[5] Untersuchung der Liste der Artustafelrunder hervorgeht, basiert diese Partie der Ambraser Handschrift auf einer sehr alten Vorlage, die möglicherweise dem Original näher stand als die heute erhaltenen französischen 'Erec'-Handschriften und die MIDDLETON zufolge noch zu Lebzeiten Chréstiens angefertigt worden sein könnte. Um zu prüfen, ob die abrupte Initialenhäufung nach 2000 einen eventuellen Vorlagenwechsel anzeigt und ob der hintere Teil von *B* tatsächlich zu *C* tendiert, ist daher eine Wiederholung der durchgeführten Tests auf Teilstücken von *B* unerläßlich. Dazu werden zwei benachbarte Teile halbiert und Ende und Anfang zu einem neuen Segment zusammengefügt, so daß eine Grundgesamtheit gleicher Größe entsteht. Dann können die Randeffekte der alten Teile untersucht werden, und es sind Aussagen möglich, inwieweit die beobachteten Merkmale die zuerst festgesetzten Bereichsgrenzen überschreiten.

Unbedingt erforderlich ist eine solche Untersuchung auf Teilstücken auch für das auf *C* folgende Segment *D*. Erst dann lassen sich klarere Aussagen bezüglich eines Vorlagenwechsels im Bereich von *C* treffen. Zum jetzigen Zeitpunkt der Untersuchung läßt sich lediglich folgendes feststellen: Im Bereich des Teilstücks *C* und am Anfang von *D* sind inhaltlich auch die neuen Wolfenbütteler Fragmente mit ihrer völlig vom Text der Ambraser Handschrift abweichenden und näher an Chréstien orientierten Überlieferung angesiedelt. Die alten Wolfenbütteler Fragmente mit ihren weitaus geringfügigeren Abweichungen vom Text der Ambraser

[5] MIDDLETON, ROGER: Studies in the Textual Relationships of the *Erec/Gereint* Stories. Ph. D. Thesis, Oxford 1976, S. 50f.

Handschrift gehören inhaltlich dem Teilbereich *D* an, der in allen Tests Durchschnittswerte aufwies und keinerlei auffällige Abweichungen erkennen ließ.

Die Computeranalyse macht somit deutlich, daß sich in der Ambraser Handschrift gerade da, wo sie von den Wolfenbütteler Fragmenten differiert, eine Häufung von strukturellen Unregelmäßigkeiten findet, die die Vermutung einer Bruchstelle nahelegt. Hingegen können die Teile der Ambraser Handschrift, die mit der Wolfenbütteler Version weitgehend übereinstimmen, im statistischen Sinne nicht als auffällig bezeichnet werden.

Eine weitere Untersuchung müßte das in der Ambraser Handschrift dem 'Erec' unmittelbar vorangehende 'Mantel'-Fragment Heinrichs von dem Türlin miteinbeziehen und prüfen, ob die in Teil *A* festgestellte Tendenz zu einer hohen Majuskel- und Initialendichte eventuell durch die im 'Mantel' geübte Praxis beeinflußt wurde. Beide Stücke werden unter einer Überschrift überliefert und gehen nahtlos ineinander über. Daher erscheint es fraglich, ob dem Schreiber überhaupt bewußt war, daß das Ende des 'Mantel' und der Anfang des 'Erec' fehlen und daß die beiden Dichtungen in keinem inhaltlichen Zusammenhang zueinander stehen.

Der neue Ansatz einer computerunterstützten Handschriftenanalyse hat deutlich gemacht, daß der Computer als Werkzeug auf effiziente Art und Weise sehr verdeckte Eigenschaften in Struktur und Aufbau einer Handschrift erhellen kann. Dies führt aber um so mehr zur Notwendigkeit einer Suche nach philologischen Antworten der aufgeworfenen Fragen. So ist der Computereinsatz nur als ein ergänzendes Hilfsmittel zu diesen klassischen philologischen Methoden anzusehen.

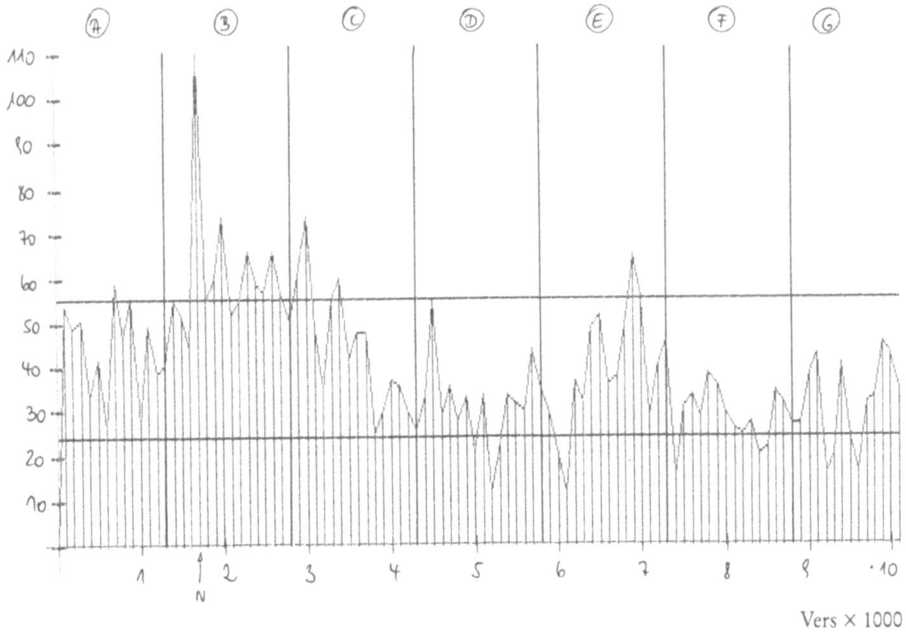

Abb. 2: Absolute Häufigkeit der Großbuchstaben

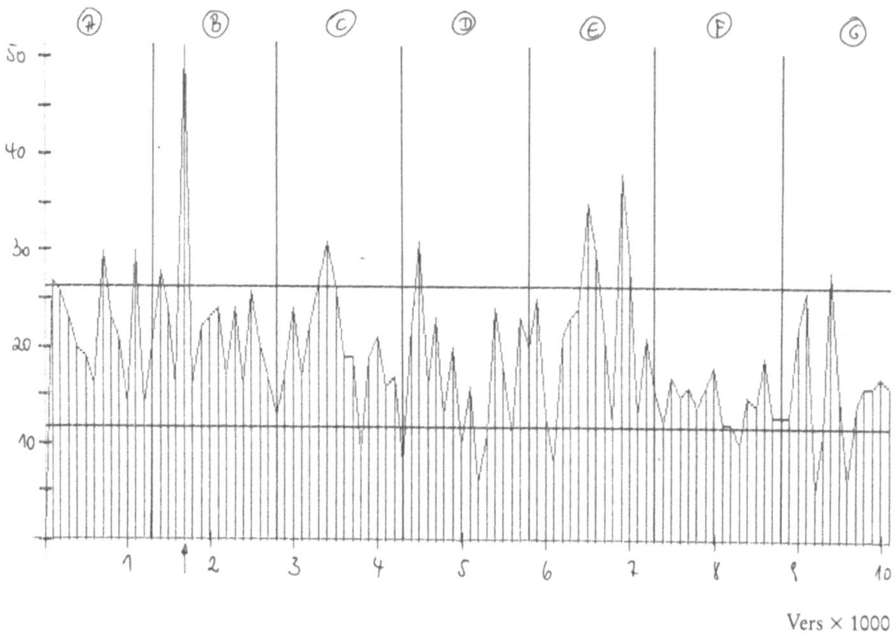

Abb. 3: Absolute Häufigkeit großgeschriebener Versanfänge

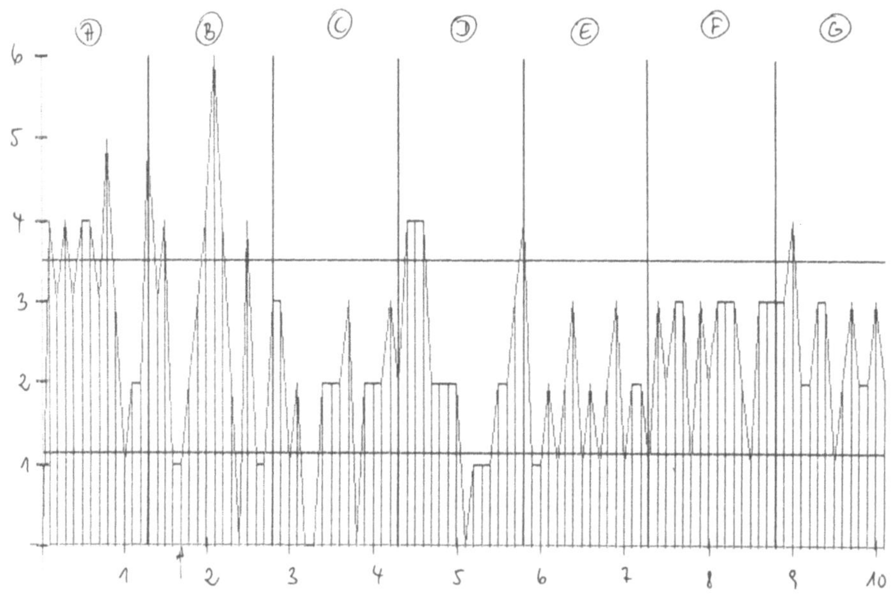

Abb. 4: Verteilung der Initialen

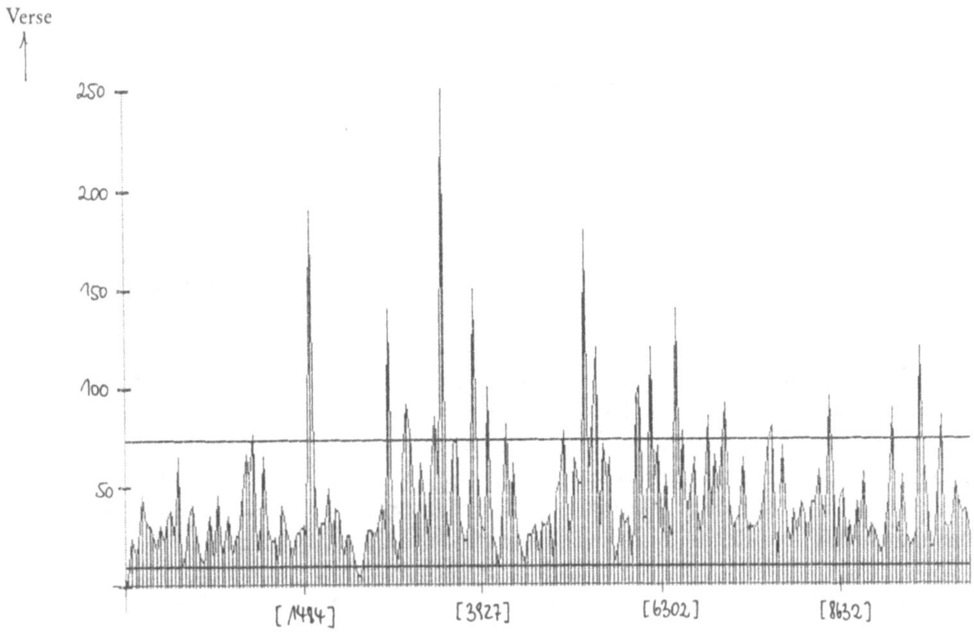

Abb. 5: Abstand der Initialen voneinander

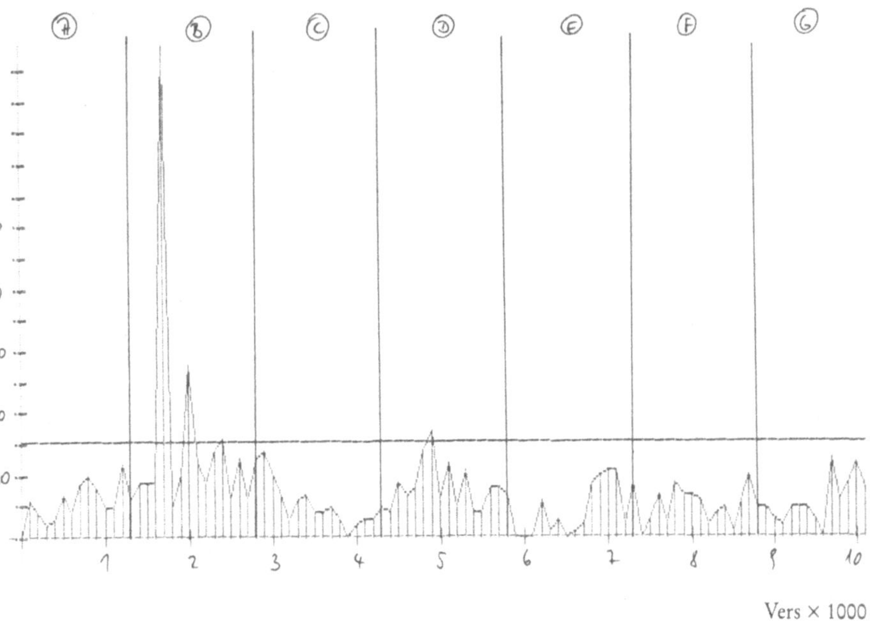

Abb. 6: Häufigkeit von Namen in der Ambraser Handschrift

Roy Wisbey

Computer und Philologie in Vergangenheit, Gegenwart und Zukunft

Mein anspruchsvoller Titel verdankt seine Entstehung nicht etwa dem Größenwahn, wie meine Hörer[1] vielleicht vermuten werden, sondern wurzelt ganz schlicht in einer zumindest in England volksläufigen, witzigen Fiktion, die auf veraltete, nationale Stereotype zurückgreift, sie jedoch zugleich wohlwollend ironisiert. Es geht um ein angebliches internationales Preisausschreiben zum Thema des Elefanten, wobei jedes Land ein einziges Buch vorlegen durfte. Die englische Kandidatur wurde verwerflicherweise von einem Großwildjäger vertreten und lautete: ›Elephants I Have Hunted‹ (Elefanten, die ich erlegt habe), während Frankreich auf folgenden Titel setzte: ›L'Eléphant et ses amours‹. Eine weitere Meldung hieß: ›Der Elefant und die Suche nach dem wahren Polen‹ (The Elephant and the Polish Quest). (Die Reihe läßt sich nach Belieben weiterspinnen.) Die Eigenart des fiktiven deutschsprachigen Beitrags spiegelt die schon seit dem frühen 19. Jahrhundert ambivalente Reaktion auf deutsche Gelehrsamkeit wider - Bewunderung, Ehrfurcht, Neid, vom Vorwurf der Maßlosigkeit durchsetzt. Es handelt sich bei dieser Bewerbung nämlich um eine dreibändige Abhandlung: ›Prolegomena zur Psychologie des Elefanten in Vergangenheit, Gegenwart und Zukunft‹.

Nach diesem Schema und in realistischer Einschätzung meiner Aufgabe hätte ich als Engländer meinen Darlegungen folgenden Titel geben müssen: ›Computer, die ich erlegt habe‹. Diese Formulierung ließe sich von einem Außenstehenden auf den wohl nicht von wenigen gehegten geheimen Wunsch beziehen, gegen den Computer mit Gewalt vorzugehen, wie der ›Held‹ von Hermann Hesses 'Steppenwolf' (im ›magischen Theater‹) gegen eine motorisierte Gesellschaft. Bei dem computerergebenen Philologen würde ein solcher Titel eher die Erinnerung an die unnötige Mühsal wachrufen, die ihm, vor allem in den ersten Jahrzehnten solcher Bemühungen, durch die ständige Ablösung von vertrauten Computeranlagen durch neuere, unvertraute, verursacht wurde. Hier zumindest hat sich einiges in Richtung ›Kontinuität‹ und Austauschbarkeit der Programmierung zum Guten geändert. Auch der Gedanke an eine romanhafte ›Suche nach dem Computer‹ (›quest for the computer‹) vermittelt etwas von der Aufregung der frühen, jetzt fast als *aventiure* anmutenden Bestrebungen, an die damals seltenen, stark umhegten Computer heranzukommen, um sie für die Zwecke der Philologie einzuspannen. Doch bleibe ich besser bei meinem geplanten Vorhaben, auch wenn es deutlich ist, daß, obwohl die Verbindung zwischen der deutschen Philologie und der Computerwissenschaft noch nicht einmal dreißig Jahre zurückreicht, kaum in drei Mammutbänden über eine umfassende Voruntersuchung des Gegenstands hin-

[1] Die offene Form des ursprünglichen Vortrags ist hier weitgehend beibehalten worden.

auszukommen wäre. Was das letzte Glied meines Themas betrifft, klingt mir außerdem mahnend das weise und humorvolle Wort im Ohr, daß man niemals Prognosen wagen soll, am allerwenigsten über die Zukunft.

Um die Vergangenheit steht es einigermaßen besser. Sieht man von der maschinellen und zum Schluß noch elektronischen Informationsverarbeitung während des zweiten Weltkriegs ab, setzt die Automatisierung der literarischen Textanalyse wohl mit ROBERTO BUSA ein, der seinen ›Index Thomisticus‹ in der ersten Nachkriegszeit konzipierte. Von 1949 an experimentierte BUSA mit Lochkarten und mechanischen Sortiermaschinen. 1951 erschien ein Band mit Probe-Indices und -Konkordanzen zu vier liturgischen Hymnen von Thomas von Aquin, die auf diesem Wege hergestellt worden waren.[2] Rund ein Vierteljahrhundert später gipfelte das Unternehmen 1974 bis 1980 in der elektronisch verwirklichten und gesteuerten Drucklegung von nicht weniger als neunundvierzig gewaltigen Folio-Bänden von Konkordanzen und Indices zum Gesamtwerk Thomas von Aquins im Originallatein wie zu den nicht sicher beglaubigten Werken und zu ihm zugeschriebenen Texten anderer Hände. Hinzu kommen sieben nicht minder umfangreiche Bände mit den verwerteten Grundtexten.[3] Dieses monumentale Nachschlagewerk, das Ergebnis einer dreißigjährigen Zusammenarbeit zwischen IBM und einem durch keinerlei Hindernisse zu beirrenden, mit Recht verehrten Mitglied des Jesuitenordens, einer Zusammenarbeit, die dem einflußreichen Œuvre eines Dominikanerheiligen galt, kann man nur mit einem leichten Schwindelgefühl bestaunen. Wer den einzelnen Band in die Hände nimmt - die Gesamtkonkordanz erforderte einen Gabelstapler - sollte darüber nachdenken, daß bei diesem Projekt etwa zehneinhalb Millionen Wörter in maschinenlesbare Gestalt verwandelt, nach grammatischen Gesichtspunkten verschlüsselt und verarbeitet werden mußten. Bis 1974 hatte das schätzungsgemäß eine Million Arbeitsstunden, d. h. etwa fünfhundert Arbeitsjahre gekostet.[4] Sollte man hier von Maßlosigkeit sprechen? Vielleicht, aber eine erhabene Maßlosigkeit ist es doch gewesen, und der Vorbote einer veränderten Zeit auf jeden Fall. Mögen die Referenten der Forschungsgemeinschaften und Stiftungen sich diese Tatsachen und diese Zahlen vergegenwärtigen, wenn sie die Anliegen anderer mittelalterlicher und neusprachlicher Projekte begutachten.

Nach dem Vorangehenden scheint es wenig diskret, nach der absoluten Priorität beim ersten Einsatz des Computers zur Analyse eines literarischen Textes zu fra-

---

[2] BUSA, ROBERTO SJ: Sancti Thomae Aquinatis hymnorum ritualium. Varia specimina concordantiarum. Primo saggio di indici di parole automaticamente composti e stampati da macchine IBM a schede perforate. Milano 1951 (Archivum Philosophicum Aloisianum ser. II, 7).

[3] BUSA, ROBERTO SJ: Index Thomisticus. Stuttgart-Bad Cannstatt 1974–80. Abt. 1: Indices (10 Bde.); Abt. 2: Concordantia prima (23 Bde.); Concordantia altera (8 Bde.); Abt. 3 (andere Autoren): Concordantia prima (6 Bde.); Concordantia altera (2 Bde.); Text (Grundlage des Index; 7 Bde.). Vgl. die ausführliche Würdigung von DOLORES M. BURTON in: CHum 18, 2 (1984), S. 109–120.

[4] BUSA, ROBERTO SJ: Computer Processing of Over Ten Million Words. Retrospective Criticism. In: The Computer in Literary and Linguistic Studies. Proceedings of the Third International Symposium Cardiff 1974. Edd. R. F. CHURCHHOUSE and A. JONES. Cardiff 1976, S. 114–117.

gen. BUSA, der vieles vom Glanz, aber vor allem vom Elend der Lochkarten zu berichten weiß, spricht noch in einem 1953 erschienenen Aufsatz von »Mechanisierung der sprachlichen Analyse«, 1957 aber vom Gebrauch der Elektronentechnik.[5] Eine Gesamtkonkordanz zur ›Revised Standard Version Bible‹ war ebenfalls schon seit 1953 im Gange; sie wurde 1956 in den Vereinigten Staaten von JOHN W. ELLISON auf einer Univac-Rechenanlage kompiliert und 1957 veröffentlicht.[6] Journalistische Schlagzeilen über diese Leistung wie etwa »Editing at the speed of light«[7] waren nicht geeignet, traditionsbewußte Akademiker für die neuen Methoden zu gewinnen, wie ich bald selber in Erfahrung bringen sollte.

Zu jeder Regel gibt es glücklicherweise Ausnahmen. Auf der Oxforder FILLM-Tagung 1954, die ›Literature and Science‹ zum Thema hatte, wies E. R. VINCENT, Professor für Italienische Sprache und Literatur an der Universität Cambridge, auf den Gebrauch von Lochkarten und Tabelliermaschinen hin, daneben aber auf die vom Computer gebotenen Möglichkeiten, die »bei den verschiedenen, aber verwandten Problemen der automatischen Übersetzung von Dr. A. D. BOOTH und Dr. R. H. RICHENS an der Universität London und von anderen in den Vereinigten Staaten eingesetzt werden«.[8] ANDREW BOOTH wirkte damals anregend auf Doktoranden und Forschende am Birkbeck College London. Dort war spätestens 1955 LEONARD BRANDWOOD mit einem Computerprojekt beschäftigt, das auf eine stilistische Analyse der Werke Platons hinzielte.[9] Ebenfalls am Birkbeck College war etwa 1958 ein computergestützter Index und ein Glossar zu Alfreds angelsächsischer Orosius-Übersetzung in Vorbereitung durch JANET BATELY, die heute durch einen von jenen verblüffenden Zufällen eine Kollegin des Vortragenden am King's College London ist. Diese früheren Arbeiten, wie ähnliche in Manchester auf dem Mercury Computer, dürfen als echte neuzeitliche Verwirklichung der von Martianus Capella in der Spätantike beschworenen allegorischen Hochzeit der Philologie mit Merkur ('De nuptiis Philologiae et Mercurii') gelten. 1959 erschien als erster Band in der bekannten Cornell Series die von STEPHEN M. PARRISH auf einer IBM-Anlage kompilierte Konkordanz zum englischen Dichter Matthew Arnold.

---

[5] BUSA, ROBERTO SJ: Mechanisierung der philologischen Analyse. In: Nachrichten für Dokumentation 3,1 (1952), S. 14-19. - Ders.: Entwicklungen der Mechanisierung der sprachlichen Analyse. Ebd. 4,4 (1953) S. 202-04. - Ders.: Die Elektronentechnik in der Mechanisierung der sprachwissenschaftlichen Analyse. Ebd. 8,1 (1957), S. 20ff.

[6] Nelson's Complete Concordance of the Revised Standard Version Bible. Compiled under the Supervision of J. W. E. New York [1957]. Vgl. auch MCCULLEY, WILLIAM R.: Univac Compiles a Complete Bible Concordance. In: Systems 20,2 (1956) S. 22-23.

[7] In: Publishers' Weekly 169 (März, 1956), S. 1274-78.

[8] Mechanical Aids for the Study of Language and Literary Style. In: Literature and Science. Proceedings of the Sixth Triennial Congress [of the International Federation for Modern Languages and Literatures, Oxford 1954]. Oxford 1955, S. 56-60 (bes. S. 58-59). - S. auch BOOTH, A. D. / RICHENS, R. H.: Machine Translation of Languages. In: Machine Translation of Languages. Edd. A. D. BOOTH / W. N. LOCKE. New York 1955. - BOOTH, ANDREW D. / BRANDWOOD, L. / CLEAVE, J. P.: Mechanical Resolution of Linguistic Problems. London 1958, bietet auf S. 1-7 eine Einführung in die Anfänge der automatischen Übersetzung.

[9] Analysing Plato's Style with an Electronic Computer. In: Bulletin of the Institute of Classical Studies [Univ. London] No. 3 (1956), S. 45-54. - S. auch BOOTH [u.a.]: Mechanical Resolution [wie Anm. 8], S. 6f. und 50-65. - Vgl. auch BRANDWOOD, LEONARD: A Word Index to Plato. Leeds 1976 (COMPENDIA 8), S. xiiiff.

Von dieser allmählich um sich greifenden Tätigkeit erfuhr ich allerdings erst etwas später. 1958 oder 1959 war ich gerade in langwierige Kompilierungsarbeiten an altdeutschen Texten verwickelt, als ich in der Presse (die also immer wieder ihren akademischen Nutzen hat) von den Computerforschungen ROBERTO BUSAS zur 'Summa Theologiae' und zu den Schriftrollen vom Toten Meer las. 1960 kamen verschiedene Umstände zusammen, die mich zu eigenen Computerarbeiten hindrängten.[10] Meine lexikalischen Vorhaben gingen an jenen Stellen rasch voran, wo Wortstudien oder Spezialwörterbücher zu einzelnen Autoren zur Verfügung standen, gingen aber nur schleppend vonstatten, wenn ich eigenhändig exzerpieren mußte. In diese Zeit fiel auch MELVIN E. VALKS Wort-Index zu Gottfrieds 'Tristan' (1958), Nachfolger des bekannten, von ALFRED SENN und WINFRED LEHMANN ebenfalls manuell erstellten Index zu Wolframs 'Parzival' (1938). Im Vorwort dankt VALK seinem Sohn für technische Hilfe und seiner Tochter für ihr ›ever-cheerful smile and encouragement‹, wie der ganzen Familie für ihr Verständnis, ihre Geduld und ihr Mittun während der fast zwanzigjährigen Arbeit am Projekt. Das gleiche Lied wird seit Jahrhunderten, oft mit viel größerem Recht, in den Einleitungen zu Lexika, Konkordanzen und anderen Hilfsmitteln gesungen.[11]

Damals hegte ich die hybride Hoffnung, durch Einsatz des Computers dem Leiden der Menschheit wenigstens in diesem obskuren Bereich bescheidene Abhilfe zu schaffen. Inzwischen muß ich gestehen, daß ähnliche Formulierungen - wenngleich aus anderen Gründen - auch in den Einleitungen von computererzeugten Nachschlagewerken, sogar in meinem eigenen, vorkommen. Mit Bewunderung stelle ich fest, daß der Benediktiner BONIFATIUS FISCHER in den vielsprachigen Vorworten seiner großen fünfbändigen Konkordanz zu der Vulgata-Fassung der lateinischen Bibel (1977) kein Wort über den ungeheuren Umfang der Aufgabe fallen läßt, die er mit WILHELM OTT aus Tübingen teilte, eine Aufgabe, die mit der eigenhändigen Eingabe des ganzen Bibeltexts anfing und mit dem Druck durch Computersatz aufhörte. Bloß in dem lateinischen Vorwort bringt er für den Eingeweihten einen verdeckten Stoßseufzer an: *opus tam ingens electronica tantum elaboratione, quam dicunt, perfici potuit* (»Diese so gewaltige Aufgabe konnte nur mit Hilfe der Computerverarbeitung zu Ende geführt werden«).[12]

Vom 24. bis 26. November 1960 fand ein ›Kolloquium über maschinelle Methoden der literarischen Analyse und der Lexikographie‹ in Tübingen statt, das viele Kräfte vereinigte, die auf die Begründung und Durchsetzung der literarischen und linguistischen Datenverarbeitung in Deutschland hinstrebten. Veranstalter war das Tübinger Rechenzentrum gemeinsam mit IBM Deutschland und mit dem Centro per l'Automazione dell'Analisi Letteraria (CAAL - im Dezember 1956 eröffnet) des Aloisianum in Gallarate, dessen Gründer Pater BUSA war. Dieses italienische Rechenzentrum hatte im Auftrag von WOLFGANG SCHADEWALDT, Leiter der Tübinger Arbeitsstelle für das Goethe-Wörterbuch, den Wortschatz von Goethes 'Farbenlehre', Band 3 (Weimarer Ausgabe), zu Demonstrationszwecken

[10] Zum folgenden s. WISBEY, ROY: Concordance Making by Electronic Computer. Some Experiences with the 'Wiener Genesis'. In: Modern Language Review 57 (1962), S. 161-72.

[11] Ebd., S. 161 f.

[12] FISCHER, BONIFATIUS, OSB: Novae Concordantiae Bibliorum Sacrorum Iuxta Vulgatam Versionem Critice Editam. 5 Bde., Stuttgart - Bad Cannstatt 1977.

auf Lochkarten gebracht. Die ›Erläuterungen‹ zu diesen Arbeiten sind noch in meinem Besitz. Vertraute Probleme solcher Übertragungen kommen dabei zur Sprache: die Unterteilung des Wortlauts in etwa gleichgroße Kontexte, die Bewältigung von Abkürzungen, Zusammensetzungen von Wörtern und Buchstaben anderer Alphabete, die Notwendigkeit der Lemmatisierung, die Scheidung von Homographen. Man versteht ohne weiteres, warum die Forderung der Normung schon damals im Mittelpunkt stand, eine Forderung, die bis heute nicht verstummt ist. Anderes erklärt sich aus dem Ziel des Goethe-Wörterbuchs, die Ideenwelt Goethes zu erschließen, und die Weigerung, sich mit einem bloßen Wort-Index zufriedenzugeben. SCHADEWALDT bezeichnete letzteren als »Zahlenfriedhof«, wie ich aus meinen damaligen Notizen ersehe. Ob von ihm oder von einem namenlosen Mitarbeiter geprägt, ob aus längst Bestehendem übernommen, ist der Ausdruck, wie manches andere auf diesem Gebiet, inzwischen zum Allgemeingut geworden (ein interessantes Forschungsthema übrigens). Auf diese Weise eine gewisse, obschon anonyme sprachliche Unsterblichkeit erlangt zu haben, ist auch nicht zu verachten.

In Tübingen konnte ich die ersten Erträge meiner Computerarbeiten zur 'Wiener Genesis' persönlich vorlegen. Damit war das deutsche Mittelalter führend an diesen Entwicklungen beteiligt. Überhaupt muß man feststellen, daß Mediävisten wie Altphilologen, statt sich reaktionär gegen die neuen Methoden zu sträuben, auf diesem Gebiet auffallenderweise oft die ersten Vorstöße unternahmen. Das hängt wohl mit der Tatsache zusammen, daß man in diesen Fächern Tag für Tag gezwungen ist, pragmatisch, belegsammelnd vorzugehen, da gültige literarische Erkenntnisse nur auf der Grundlage von mühsam kompiliertem Vergleichsmaterial erbracht werden können. Damit will ich freilich nicht gesagt haben, daß die neuere Literaturwissenschaft notwendig solipsistisch oder impressionistisch deutet - eine solche globale Behauptung wäre offenkundig lächerlich. Bei gegenwartsbezogenen Studien, wo man meint, den geistigen und kulturellen Hintergrund eines Textes von sich aus hinlänglich zu kennen, ist diese Gefahr jedoch eher gegeben.

Wie dem auch sei, es waren bezeichnenderweise Stimmen aus der neueren Literaturwissenschaft in England, die in den ersten Stadien meiner Computervorhaben mit dem bekannten Rilke-Wort »Alles Erworbne bedroht die Maschine« Ernst machten, was allerdings ihr reges Verhältnis zu Düsenflugzeugen und modernen Transportmitteln kaum zu beeinträchtigen schien.

Umso erfreulicher war die vorbildliche Aufgeschlossenheit, die mir in Cambridge von WALTER BRUFORD, dem Erforscher der Goethezeit, in Deutschland von Altgermanisten wie WERNER SCHRÖDER in Marburg, HUGO MOSER und KARL STACKMANN (damals beide in Bonn) zu einer Zeit entgegengebracht wurde, wo ich verhältnißmäßig wenig außer begeisterten Einsichten vorzuweisen hatte. Diese Aufgeschlossenheit wurde von den meisten Lexikographen geteilt, die im November 1960 nach Tübingen kamen. Zu der Vielzahl von Projekten und Körperschaften, die damals teilnahmen, gehörten unter anderen außer dem Goethe-Wörterbuch: der ›Thesaurus Linguae Latinae‹, der ›Thesaurus Graecus‹, das ›Mittellateinische Wörterbuch‹, das Vetus Latina-Institut Beuron, die Real Academia Española, die Deutsche Akademie der Wissenschaften, das ›Woordenboek der Nederlandsche Taal‹ sowie der ›Allgemeine Kantindex‹ (Bonn).

Wie ich nachträglich betonte, hatte der Computer für diejenigen unter ihnen, »die großangelegte historische Wörterbuchprojekte vertraten, die der Vollendung entgegengingen oder sich schon in einem fortgeschrittenen Stadium der Materialsammlung befanden und daher unwiderruflich auf konventionelle Zettelkästen festgelegt waren, ... wenig zu bieten außer vielleicht dem Gefühl, zu früh auf die Welt gekommen zu sein«.[13] Besonders hart war vermutlich die Erkenntnis, unter Aufwand von oft sehr hohen finanziellen Mitteln, oder - was noch schwerer wiegt - von unzähligen sauer zugebrachten Menschenjahren, ein Forschungsinstrumentarium geschaffen zu haben, das dem geplanten Zweck (auch das manchmal mit gewissen Vorbehalten) zwar mehr oder weniger vorbildlich diente, anderen möglichen Fragestellungen jedoch nur schwer zugänglich war.

Wer wollte zum Beispiel in den Millionen von Zetteln eines thematisch, nicht lexikalisch, ausgerichteten Archivs manuell nach dem Vorkommen einzelner Redewendungen in fachsprachlichen Texten des sechzehnten Jahrhunderts fahnden? Bei einem breit angelegten historischen Nachschlagewerk kann der Lexikograph nämlich nicht daran denken, jeden im Zettelarchiv vorkommenden Beleg für den Gebrauch eines Wortes oder für eine stehende Formel in den betreffenden Wörterbuchartikel hineinzunehmen. Die Kunst des weitspurigen Lexikographen besteht eben darin, aus einer erdrückenden Fülle des Materials gerade das markante Beispiel herauszusuchen und geschickt zu erläutern. Spürt man andererseits den Verneinungspartikeln im Mittelhochdeutschen nach, muß man dagegen vom Gesamtvorkommen, möglichst auch der handschriftlichen Formen, ausgehen.[14] Wenn ein traditionelles Zettelarchiv in eine adäquat strukturierte und voredierte elektronische Datenbank umgewandelt wird - keine geringe Leistung -, kann der Forscher ohne weiteres an vieles, was im Archiv versteckt liegt, herangeführt werden.

Neubegründete Projekte wie das Wörterbuch des Altenglischen, das 1969 in Toronto in Angriff genommen wurde, gehen grundsätzlich davon aus, daß der Computer auf jeder Stufe mitwirkt - angefangen von der ursprünglichen Aufbereitung bzw. Neuedierung der Texte bis zur Drucklegung des Wörterbuchs. Eine vollständige Konkordanz zum Altenglischen liegt schon vor und stellt einen ersten Schritt zur allgemeinen Erschließung des Gesamtcorpus dar.[15]

---

[13] WISBEY, ROY: Die Erschließung eines maschinenlesbaren Text-Archivs. In: Maschinelle Verarbeitung altdeutscher Texte I. Beiträge zum Symposion Mannheim 11./12. Juni 1971 [s. Anm. 27], S. 117.

[14] GÄRTNER, KURT: Zur Negationspartikel *ne* in den Handschriften von Wolframs 'Willehalm'. Die mit *ne* und *niht* verneinten Sätze. In: Wolfram-Studien IV (1977), S. 81-103.

[15] A Microfiche Concordance to Old English. Compiled by ANTONETTE DIPAOLO HEALEY and RICHARD L. VENETZKY. - Das Werk erschien in zwei Etappen. Ein Einführungsteil (auch als gedruckter Band vorhanden) bietet die Liste der aufgenommenen Texte, sowie ein Verzeichnis der benutzten Ausgaben, das die Konkordanz und die Häufigkeitsregister einleitet. - Toronto: Pontifical Institute of Medieval Studies 1980 (Publications of the Dictionary of Old English 1). - Später wurden von VENETZKY und SHARON BUTLER die Wörter hoher Frequenz nachgetragen, die 1980 ausgeschlossen worden waren: A Microfiche Concordance to Old English: the High-Frequency Words. Toronto 1985 (Publications of the Dictionary of Old English 2). - Nach meiner Zählung belaufen sich die beiden Teile insgesamt auf 671 Microfiches!

Im einzelnen zu verfolgen, ob und wie die 1960 längst in traditioneller Gestalt bestehenden Großprojekte in den dazwischenliegenden Jahren die neuen Computermethoden für ihre Zwecke dienstbar machen konnten, und wie ihre Belegarchive heute erschlossen werden, wäre eine lohnende Aufgabe, die hier nicht erfüllt werden kann.[16] Es ist allerdings überraschend, wie viele Editionen und Wörterbücher noch immer von der elektronischen Datenverarbeitung (EDV) unberührt bleiben, oder eine Mischform aufweisen, wie zum Beispiel das Althochdeutsche Glossenwörterbuch, das von TAYLOR STARCK manuell in Angriff genommen und unter Einsatz des Computers von J. C. WELLS fortgeführt wurde.[17]

Typische Übergangserscheinungen dieser Art sind zwei Werke, für die ich im Rahmen der Modern Humanities Research Association die finanzielle Verantwortung trage: eine fortlaufende Bibliographie und ein Anglo-Normannisches Wörterbuch. Die ›Annual Bibliography of English Language and Literature‹[18] beruht auf der Sammeltätigkeit von etwa 120 Bibliographen in aller Welt. Alljährlich fließen die Ergebnisse auf rund 20.000 Karteikarten bei den Herausgebern zusammen, werden korrigiert, ediert, dann manuell sortiert und numeriert, ehe sie in den Druck gehen. Offensichtlich ließen sich diese Vorgänge, abgesehen vom ersten Nachprüfen und Edieren, ohne weiteres automatisieren. Wie im Falle der älteren Wörterbuchprojekte setzt das jedoch voraus, daß die uneinheitlichen, maschinengeschriebenen, mit handschriftlichen Notizen versehenen Karten oder Zettel in computerlesbare Gestalt übertragen werden. 1960 träumte man von automatischen Lesegeräten. Heute gibt es sie, solche Unterlagen können sie aber noch immer nicht verläßlich lesen, obwohl unsere menschlichen Setzer, wenn auch nicht ohne Murren, diese Aufgabe bewältigen. Erst als die Druckerei in den letzten Jahren zum Computersatz überging, war es endlich finanziell sinnvoll, auch die Sortierungs- und Indizierarbeiten einzuprogrammieren. Damit ist die längst erkannte Möglichkeit gegeben, neben den üblichen Bänden eine Jahr für Jahr wachsende, immer nützlicher werdende bibliographische Datenbank zu schaffen. Auch hier stellt sich aber die Frage, ob der Bedarf, ob die Aussicht, etwa Bibliographien zu einzelnen Autoren fast mühelos zusammenstellen zu können, die entstehenden Kosten rechtfertigt. Das damit gegebene Zusammenspiel von Idealismus und kaufmännischer Berechnung scheint mir recht positiv. Sie gewährleistet, daß wir, ohne akademische Ziele preiszugeben, mit den Lebensbedingungen unserer Mitmenschen in Berührung bleiben.

Das ›Anglo-Norman Dictionary‹ ist ein ähnlich gelagertes, aber auch wieder anderes Übergangskapitel.[19] Die Anfänge des Unternehmens reichen in das Jahr

---

[16] Band 23 (1987) des Woordenboek der Nederlandsche Taal berichtet auf S. viii zum Beispiel über das am 15. Oktober 1984 begonnene Projekt zur Automatisierung des Wörterbuchs, das in herkömmlicher Gestalt nun fast fertig vorliegt.

[17] Die erste Lieferung (Heidelberg 1972) erläutert S. 6, wie »die von STARCK angelegte Zettelsammlung in langwieriger und kostspieliger Arbeit auf elektronische Datenverarbeitung« umgestellt wurde. Die Pläne dazu wurden von WELLS entwickelt und in Harvard durchgeführt.

[18] Band 60 (Berichtsjahr 1985) erschien 1988: London: MHRA.

[19] Anglo-Norman Dictionary. London: Modern Humanities Research Association, in Verbindung mit der Anglo-Norman Text Society, 1977ff. (Publications of the MHRA 8). Lieferung 5: P – Q, hg. v. WILLIAM ROTHWELL, ist 1988 erschienen.

1947 zurück. Erst drei Jahrzehnte später erschien 1977 die erste Lieferung des Wörterbuchs. Wie bei manchem Projekt früherer Generationen wurde das Exzerpieren der Belege in Ermangelung von zentralen Mitteln hauptsächlich den fachkundigen, opferbereiten Mitgliedern der zuständigen Anglo-Norman Text Society anvertraut. Die Schattenseite eines solchen gar nicht vereinzelten Verfahrens liegt darin, daß damit das übergreifende Projekt mit dem persönlichen Schicksal, mit dem Eigenwillen und mit der Einzelkompetenz der vielen Beteiligten in Freud und Leid verwoben ist. Liest man in den Reminiszenzen von Lexikographen nach, erfährt man mit einiger Regelmäßigkeit, daß nach Jahrzehnten einer nicht allzu streng organisierten und beaufsichtigten Kompilierungsarbeit ein energischer, neueingesetzter Herausgeber sein z.T. leicht vermodertes Zettelmaterial aus entlegenen Pfarrhäusern oder aus baufälligen Gartenhäuschen zurückholen oder gar unter den Betten von verstorbenen Kollegen aufspüren muß. (Hier sollte ich für die Nachwelt der Gerechtigkeit halber gestehen, daß, zwar nicht unter meinem Bett, doch immerhin bei mir zuhause, manche seit Jahren unveröffentlichte Konkordanzen der Wiederbelebung und Fertigstellung harren.) Im Falle des anglonormannischen Wörterbuchs führte die Suche nach den Zetteln für einen bestimmten Buchstaben nicht direkt in den afrikanischen Busch, doch immerhin nach Rhodesien (dem heutigen Zimbabwe).[20]

Es gehört zum Unbehagen einer solchen Herausgebersituation, daß die vielfältigen Sorgen über Umfang und Konsequenz der Exzerpierung, über die gleichmäßige Erfassung aller Fachsprachen, über wesentliche Lücken und anderes mehr, ohne die präzise Berichterstattung, die erst eine Automatisierung der Bestände ermöglichen könnte, nur durch Akribie, Erfahrung und ständige Wachsamkeit zu dämpfen sind, und auch dann nur innerhalb von gewissen Grenzen. Im Vorwort der ersten Lieferung heißt es, daß »no attempt is made to cite the first known appearance of words« (S. vii). Damit entfällt die Möglichkeit, aufgrund dieses Lexikons eine Untersuchung zum kumulativen Anwachsen des anglonormannischen Wortbestands zu beginnen, wie sie THOMAS FINKENSTAEDT und seine Mitarbeiter in ihrem computergesteuerten chronologischen Wörterbuch des Englischen (1970) unternehmen,[21] das wohlweislich die Lemmata des ›Shorter Oxford English Dictionary‹ verarbeitete, aber nicht das gesamte im ›Oxford English Dictionary‹ enthaltene Material. (Das OED wird übrigens in einer gewaltigen Operation, die unter anderem in optischen Compact-Disks ihren Niederschlag finden wird, vom Verlag computerisiert.)[22] Beim ›Anglo-Norman Dictionary‹ war am Anfang der siebziger Jahre schon aus finanziellen Gründen nicht an die Automatisierung des überkommenen Archivs zu denken. Man mußte sich also auf die Erfahrung, die Findigkeit und den Spürsinn der berufenen Lexikographen verlassen. Dank dieser pragmatischen, wenn nicht idealen Entscheidung, besitzen die Philologen, Juristen und Historiker heute ein annehmbares, wenn auch revisionsbedürftiges Hilfsmittel, das

[20] Briefliche Mitteilung des Herausgebers (WILLIAM ROTHWELL).

[21] FINKENSTAEDT, THOMAS / LEISI, ERNST / WOLFF, DIETER: A Chronological English Dictionary. Listing 80000 Words in Order of their Earliest Known Occurrence. Heidelberg 1970.

[22] WEINER, EDMUND: The New Oxford English Dictionary. In: ALLC Bulletin 13,1 (1985) S. 8–10.

bald abgeschlossen werden soll. Bei einer geplanten, künftigen Revision wird der Computer endlich auf seine Rechnung kommen, allerdings kaum in der Form einer Automatisierung des gesamten Zettelapparats.

Für solche Entscheidungen gibt es keine absoluten Kriterien. Wenn es gegenwärtig einen anglo-normannischen Nationalstaat gäbe, würde in diesem Fall die Lage sicher anders aussehen. Hätte man 1960 die Entwicklung im einzelnen voraussagen müssen, hätte man jedenfalls angenommen, daß starke nationalsprachliche Impulse das Rennen machen würden. Bis zu einem gewissen Grad stimmt das auch - man mag an den ›Trésor de la Langue Française‹ denken, dessen maschinenlesbare Bestände unter anderem die französische Literatur auf weiten Strecken umfassen (man zählt hier in Hundertmillionen von Wörtern)[23] oder an die ähnlichen Bestrebungen in Italien (Accademia della Crusca), Israel, Mexiko und den skandinavischen Ländern.

Auch in Deutschland und England wird, wie es sich gebührt, sehr intensiv an der weiteren Erschließung des einheimischen Sprachguts, nicht zuletzt des mittelalterlichen, gearbeitet. Im Herbst 1985 fand in Hamburg ein Symposion zur mittelhochdeutschen Lexikographie unter der Leitung von WOLFGANG BACHOFER statt, auf dem von einer Fülle eindrucksvoller Projekte die Rede war.[24] Sie erstreckten sich vom Altbewährten (dem Corpus der altdeutschen Originalurkunden in Berlin, wie dem ›Kleinen Lexer‹, der in Hamburg auf den letzten Stand gebracht wird), über die mittelalterliche Glossenüberlieferung und das mittellateinisch-mittelhochdeutsche Wörterbuch bis hin zu neueren Vorhaben, die inzwischen in Trier realisiert werden. Die Trierer Altgermanisten haben sich zum Ziel gesetzt, die Wartezeit bis zum nicht abzusehenden Erscheinen des neuen ›Großen Mittelhochdeutschen Wörterbuchs‹, das uns allen vorschwebt, damit zu überbrükken, daß der auf Einzelglossare verstreute Wortschatz von lexikographisch kaum verwerteten Texten vereinigt und zugänglich gemacht wird. Darüber ist ebenfalls schon auf dem gegenwärtigen 4. Internationalen Symposion zur maschinellen Verarbeitung altdeutscher Texte berichtet worden, dem ich die ehrenvolle Gelegenheit verdanke, in diesem Vortrag öffentlich über einiges nachzudenken, was die Philologie in diesem Bereich beschäftigt.

Das Wort ›Internationales Symposion‹ möchte ich in diesem Zusammenhang besonders betonen. Die rege Tätigkeit, über die ich gerade referiere, könnte zum irrigen Schluß verleiten, es handle sich hier doch um nationalistisch gefärbte Zielsetzungen. Das läßt sich vor allem durch die überaus starke internationale Beteiligung an diesen Forschungen widerlegen. Von den frühesten Tagen an waren viele Brennpunkte der literarischen und linguistischen Datenverarbeitung - wie

---

[23] Hauptveröffentlichung des Projekts ist: Trésor de la Langue Française. Dictionnaire de la langue du XIXe et du XXe siècle (1789-1960). Centre National de la Recherche Scientifique, Paris. In Nancy unter der Leitung von PAUL IMBS, Bd. I (1971) bis VII (1979), bzw. von B. QUEMADA, Bd. VIII (1980) bis XII (1986, *natation – pénétrer*), entstanden. Heute im Rahmen des Institut National de la Langue Française, Nancy. Bd. I (1971), S. XLIV, berichtet über das damit verbundene Häufigkeitswörterbuch, das mehr als 70 Millionen Belege verwertet: Dictionnaire des fréquences. Vocabulaire littéraire des XIXe et XXe siècles. Nancy 1969-1971.

[24] BACHOFER, WOLFGANG (Hg.): Mittelhochdeutsches Wörterbuch in der Diskussion. Tübingen 1989.

das Tübinger Zentrum, das wir unzertrennlich mit dem Namen von WILHELM OTT verbinden, das Zentrum, das ich schon 1960 in Cambridge anregte und 1964 verwirklichte,[25] das in Oxford von SUSAN HOCKEY geleitete Zentrum und viele andere mehr - nicht eng national orientiert, sondern den Philologen von allen Fächern offen. Das dürfte heute auf unseren Universitäten eher die Regel sein - bei uns in Großbritannien gilt es inzwischen als Armutszeugnis, über kein allgemeinzugängliches ›Humanities Computing Centre‹ zu verfügen. Das gleiche läßt sich neuerdings sogar von einem ›Language and Communications Centre‹ behaupten - auch hier war Bonn sehr früh im Felde. Als Mitbegründer und erster Vorsitzender der Association for Literary and Linguistic Computing (ALLC) habe ich, gewissen lokalen Widerständen, die heute nicht mehr denkbar wären, zum Trotz, auf dem internationalen Charakter der Vereinigung bestanden.[26] Damals und später wurde ich unter anderen von deutschen und österreichischen Kollegen (meist Germanisten und Linguisten) wie KURT GÄRTNER, WINFRIED LENDERS, WILHELM OTT, ILPO PIIRAINEN, ULRICH MÜLLER, FRANZ SPECHTLER und HELMUT SCHANZE darin aufs kräftigste unterstützt. Manchmal muß man mit Hartmann von Aue die Diskrepanz zwischen Wort und Tat beklagen: *wâ sint diu werc? die rede hœre ich wol* (MF 218,14). Hier wäre eine solche Klage gänzlich fehl am Platz, denn *diu werc* dieser einsichtigen Mitarbeiter fanden und finden noch ihren Niederschlag in den Veröffentlichungen der Vereinigung, in Beiträgen, Berichten und Bibliographien.

Heutzutage ist die ALLC in solchem Maße international eingestellt, daß ihre Tagungen in immer reizenderen europäischen und außereuropäischen Universitätsstädten abgehalten werden, zu meinem Leidwesen meist zu Zeiten, zu denen ich in London unabkömmlich bin. Mit diesem Trierer Symposion hat es eine eigene Bewandtnis. Seine Vorgänger fanden zunächst zweimal durch Vermittlung HUGO MOSERS am Institut für deutsche Sprache in Mannheim (1971 und 1973), das dritte dann in Tübingen (1977) statt.[27] Das Bestehen eines solchen Forums von Gleichgesinnten führte innerhalb der ALLC zur Gründung einer beträchtlichen Anzahl von speziellen Arbeitsgruppen, wobei die schon existente altgermanistische die erste Stelle einnahm und als Modell diente. Es ist heute Mode, den Wert von Tagungen, besonders der literarischen, anzuzweifeln. (Der Roman des Anglisten DAVID LODGE - ›Small World‹ - beschäftigt sich zur allgemeinen Belustigung mit dem Phänomen des akademischen Jet-Sets und ist nicht ohne Grund zum Bestseller geworden.) Zu dieser heiteren Debatte möchte ich keinen ernsten Beitrag leisten, sondern mich nur auf die Behauptung beschränken, daß im Bereich der elektronischen Datenverarbeitung, wo es darum geht, mit einer rasch

---

[25] WISBEY, ROY: Two Decades of Literary and Linguistic Computing. In: LLCC Twenty Years On. Ed. J. L. DAWSON. Cambridge: Literary and Linguistic Computing Centre [im Druck], S. 1-22.

[26] Die ersten Schritte sind von JOAN M. SMITH festgehalten worden: The Association for Literary and Linguistic Computing. The First Decade (1973-83). In: ALLC Bulletin 12, 1 (1984) 9-17.

[27] Maschinelle Verarbeitung altdeutscher Texte. I: Beiträge zum Symposion Mannheim 11./12. Juni 1971. - II: Beiträge zum Symposion Mannheim 15./16. Juni 1973. Hg. v. WINFRIED LENDERS und HUGO MOSER. Beide Berlin 1978. - III: Beiträge zum dritten Symposion Tübingen 17.-19. Februar 1977. Hg. v. PAUL SAPPLER und ERICH STRASSNER. Tübingen 1980.

sich wandelnden Technologie Schritt zu halten, zu deren Verwertung immer neue Strategien notwendig sind, wir ebensowenig wie die Kernphysik oder die Biochemie auf einen ständigen Informationsaustausch verzichten können.

Der beachtliche Umfang und die Qualität der altgermanistischen Leistungen auf dem Gebiet der Datenverarbeitung werden wohl nicht zufällig von einem ganz ungewöhnlichen Maß internationaler Zusammenarbeit begleitet. Dankenswerterweise haben KURT GÄRTNER und PETER KÜHN (beide Trier) 1984 eine musterhafte Bestandsaufnahme der Indices und Konkordanzen zu deutschen Texten geliefert.[28] Während schon 1914 Indices verborum und Speziallexika zu einzelnen lateinischen Autoren in beträchtlicher Anzahl vorlagen,[29] verzeichnen GÄRTNER und KÜHN bis zum gleichen Zeitpunkt nur drei solche Hilfsmittel für die ältere deutsche Literatur, und zwar die Spezialwörterbücher zu Hartmanns 'Iwein' (BENECKE, zuerst 1833), zum 'Nibelungenlied' (BARTSCH 1880) und zu Otfrieds Evangelienbuch (KELLE 1881). Sieht man von den Indices ab, die von den dreißiger Jahren an in den Vereinigten Staaten manuell erstellt wurden, Indices zu Wolframs 'Parzival' (SENN/LEHMANN 1938) und zu Walther von der Vogelweide (HEFFNER/LEHMANN 1940), zu 'Minnesangs Frühling' (HEFFNER/PETERSEN 1942) und zu Gottfrieds 'Tristan' (VALK 1958), handelt es sich auch in der Folgezeit bis 1960 nur um die Wörterbücher zum 'Armen Heinrich' Hartmanns (RIEMER 1912),[30] zum 'Heliand' (SEHRT 1925), zu Reinmar dem Alten (BULST 1934), zu Neidhart (WIESSNER 1954), zu Heinrich von Morungen (MORALL 1957), zur althochdeutschen Isidor-Übersetzung (EGGERS 1960) und um den Index zu Notker (SEHRT/LEGNER 1955). Für die gesamte nachmittelalterliche deutsche Literatur ergibt das Literaturverzeichnis bei GÄRTNER/KÜHN bis 1960 außer einem Wörterbuch zu den deutschen Schriften Luthers (DIETZ 1870–72) nur den Goethe-Wortschatz von FISCHER (1929), ein Wörterbuch (STREHLKE 1891) und die Wisconsin-Indices zu Goethes 'Faust' (1940; 1946), ein unvollendetes Wörterbuch zu 'Götz von Berlichingen' (NEUENDORF-FÜRSTENAU 1958–1963) und das ebenfalls manuell kompilierte Wörterbuch zu den Dichtungen Trakls (LAUFFS 1956).

Hier kann ich mich zu einer abgewogenen Erläuterung und Erklärung dieser Situation nicht verleiten lassen. Notwendigerweise fragt man sich aber, was dieser Tatbestand über die philologische Arbeitsweise vor allem der neueren deutschen

---

[28] Indices und Konkordanzen zu historischen Texten des Deutschen. Bestandsaufnahme, Typen, Herstellungsprobleme, Benutzungsmöglichkeiten. In: Sprachgeschichte. Ein Handbuch zur Geschichte der deutschen Sprache und ihrer Erforschung. Hg. v. WERNER BESCH, OSKAR REICHMANN, STEFAN SONDEREGGER. Berlin/New York 1984. 1. Halbbd., S. 620–41.

[29] Vgl. ROWALD, PAUL: Repertorium lateinischer Wörterverzeichnisse und Speziallexika. Leipzig/Berlin 1914 (Supplementum auctorum latinorum). – Viele der angeführten Hilfsmittel, besonders die in Ausgaben enthaltenen, bieten allerdings nur eine Auswahl des Wortschatzes.

[30] RIEMER fehlt in der tabellarischen Bestandsaufnahme bei GÄRTNER/KÜHN, S. 623, die nur die »wichtigsten Wörterbücher zu einzelnen Autoren und Texten« berücksichtigt, erscheint jedoch im Literaturverzeichnis (S. 638), das Wörterbücher ebenfalls nur in Auswahl anführt. Für die Zeit vor 1960 sind folgende Namen im Literaturverzeichnis ergänzend nachzuschlagen: LINDAHL 1916 (Notker/Boethius: De consolatione, Buch 1); HORNIG 1844 (Walther); LÜBBEN 1877 ('Nibelunge Not'), STEININGER 1947 ('Meier Helmbrecht').

Literaturwissenschaft in dieser Zeit aussagt. In einem anderen Zusammenhang gehört es übrigens zu den Ironien der Wissenschaftsgeschichte, daß die erste (Kontext-)Konkordanz zum Werk eines deutschen Dichters überhaupt (in diesem Fall zu Stefan George) von meinem Londoner Kollegen CLAUS VICTOR BOCK während des Kriegs als inneres Refugium und als Bekenntnis zu bleibenden Werten in Amsterdam zusammengestellt wurde, zu einer Zeit, wo er sich 1942-1945 unter ständiger Lebensgefahr versteckt halten mußte. (Dazu sein Bericht: Untergetaucht unter Freunden. Amsterdam 1985.)

Als diese Konkordanz 1964 erschien, lag meine elektronisch hergestellte Konkordanz zur 'Wiener Genesis', die erste zu einem altdeutschen Text, schon druckfertig vor. Diese zeigte eine radikale Wende an. Wie GÄRTNER und KÜHN nachweisen (S. 621), sind »von 1966 nach der Publikation des ersten automatisch angefertigten Index (SCHOLLER, 1966) bis 1982 neben drei manuell hergestellten über 60 mit EDV produzierte Indices und Konkordanzen von teilweise beträchtlichem Umfang und Gewicht herausgekommen«. Die neuere Literatur von der frühneuhochdeutschen Zeit an ist bei dieser Entwicklung etwa im gleichen Maße vertreten wie die ältere. Philologen aus dem Ausland sind nach wie vor stark daran beteiligt. Aus den wohltuend sachlichen Urteilen von GÄRTNER und KÜHN über diese Veröffentlichungen kann man entnehmen, welche Hindernisse die frühen Forscher auf diesem Gebiet überwinden mußten, und wie sie manchmal versagten oder zu schnell resignierten.

Schon die Wahl der zugrundeliegenden Ausgabe war oft problematisch. Ging man wie ich bei der 'Wiener Genesis' von einem halbdiplomatischen Text aus, stellten sich gleich Fragen der Wiedergabe von mangelhaften Worttrennungen und von handschriftlichen Sonderzeichen, da die damals verfügbaren Tastaturen sehr beschränkt waren und oft nur Großbuchstaben aufwiesen. Bei einem mir bekannten Projekt ersetzte man das fehlende Umlautzeichen voreilig durch E. Beim Wort »VAETER« ist das nicht weiter schlimm, doch hatte man vergessen, daß es Formen wie »MAUER« gibt. Damals mußte auch, was leicht vergessen wird, nicht in den heutigen Programmiersprachen, sondern oft in Maschinensprache programmiert werden. EDSAC II, auf dem meine ersten Arbeiten ausgeführt wurden, wies zehntausend Glühelektronenröhren auf und war mit riesigen Kühlanlagen umgeben. Auch der Nachfolgecomputer brauchte eine Dreiviertelstunde, um einen einfachen Index zu erzeugen.

Auf damaligen Tagungen wurden Fragen der Standardisierung, der automatischen Homographentrennung, der Lemmatisierung (der Reduktion von Wortformen auf eine Grundform) und sogar der Alphabetisierung eifrig besprochen. Oft half dabei der Blick auf Nachbardisziplinen. Mit Maschinenwörterbüchern waren die Vertreter der automatischen Übersetzung längst vorangegangen.[31] Solche Wörterbücher kamen auch frühzeitig, etwa in Lüttich,[32] bei der Lemmatisierung von

[31] Vgl. BOOTH u.a.: Mechanical Resolution [wie Anm. 8], S. 1ff. (die Anfänge seit 1947); S. 66ff. (›Stem-Ending Dictionaries‹): »Like an unintelligent child, the automatic computer can only translate in any sense with the aid of a dictionary« (S. 66).

[32] Vgl. BODSON, A. / EVRARD, E.: Le programme d'analyse automatique du latin. In: Revue de l'Organisation Internationale pour l'Etude des Langues anciennes par Ordinateur 1966, 2, S. 17-46. Der ›Laboratoire d'Analyse statistique des Langues anciennes‹ der Universität Liège (L.A.S.L.A.) entstand Mitte Oktober 1961 unter der Leitung von LOUIS DELATTE

Texten zur Anwendung. Gleichzeitig hielt man Ausschau nach neuen Möglichkeiten, den Wortbestand eines Textes für die Forschung zu erschließen.

Ein nützliches Mittel, zusammengesetzte Wörter oder bestimmte Wortformen ausfindig zu machen, die in einem alphabetischen Verzeichnis spurlos untergehen, ist der rückläufige Index (oft rückläufiges Wörterbuch genannt).[33] Wie DIETRICH GERHARDT nachgewiesen hat,[34] kommt das Verfahren, einem Lexikon ›Verzeichnisse nach dem Endlaute‹ beizugeben, schon 1873 bei HERMANN GRASSMANN vor, und zwar in seinem Wörterbuch zum 'Rig-Veda'.[35] Im Falle eines rückläufigen Indexes setzt die alphabetische Anordnung am Wortende ein, läuft also bei abendländischen Sprachen von rechts nach links, anstatt von links nach rechts. Während in einem herkömmlichen Wörterbuch *Bestürzung*, *Bestwert* und *Besuch* Nachbarn sind, vereinigt ein rückläufiger Index Formen wie *Belag* und *Verlag* oder *geläufig*, *beiläufig*, *vorläufig* - und *rückläufig*. Diese Anordnung erleichtert unter anderem das Studium der Suffixe. Es kann auch für den Fremdsprachenlehrer von großem Nutzen sein, der etwa bei der Erläuterung der verruchten englischen Buchstabenfolge *-ough* (*bough*, *cough*, *rough*, *though*) alle Beispiele gleich zur Hand hat. Im Deutschunterricht ist es wiederum von Vorteil, alle Wörter, die auf *-ie* ausgehen, zusammenzubringen.[36] *Lethargie*, *Allergie*, *Energie* - andererseits *Lilie*, *Familie*, *Folie*. Das hypnotische Nacheinander dieser zusammenklingenden Wortformen kann litaneihaft wirken. Nicht selten ballen sich die Formen für den intuitiven Leser zu mahnenden, lapidaren Gedichten zusammen: *Geschichtsphilosophie - Existenzphilosophie - Apathie - Antipathie*. Das rückläufige Wörterbuch der deutschen Gegenwartssprache von ERICH MATER (Leipzig 1965), dem ich überhaupt manche Anregung verdanke, enthält, wenn man genau hinsieht, die ›Klage eines Staatsbeamten‹: *Beamtendasein - Schattendasein - Sklavendasein*. Andere aufeinanderfolgende Einträge sprechen finstere Warnungen aus: *Goldtopas - Rauchtopas - Fauxpas*, oder (über Hegel hinausführend): *Thesis - Synthesis - Nemesis*.[37]

---

und ETIENNE EVRARD (Beschluß des ›Conseil d'Administration‹ vom 13. September 1961). In den Jahren vor 1966 hatte die manuelle Lemmatisierung das Arbeitstempo verlangsamt und sich als Fehlerquelle erwiesen (S. 18).

[33] Siehe nun die besonnene Übersicht über die Gattung ›Rückläufiges Wörterbuch‹ von KURT GÄRTNER und PETER KÜHN in: HAUSMANN, FRANZ JOSEF u. a. (Hgg.): Wörterbücher - Dictionaries - Dictionnaires. Ein internationales Handbuch zur Lexikographie, 2. Teilband, Berlin/New York 1990, S. 1131-1143.

[34] GERHARDT, DIETRICH: Wer hat das erste rückläufige Wörterbuch des Russischen verfaßt? Nachgedanken zu dem Aufsatz von Helmut Keipert (WS 25, 1, S. 161-66). In: Die Welt der Slaven 25, 2. (1980), S. 272-79. - S. auch den ergänzenden Beitrag GERHARDTS: Nachtrag zum Nachtrag über rückläufige Wörterbücher. In: Die Welt der Slaven 26, 1. (1981), S. 12-14 (über Zweck und Funktion der Rückläufigen Wörterbücher).

[35] GÄRTNER/KÜHN [wie Anm. 33] weisen in Abschnitt 2 auf das ›Novum Dictionarii genus‹ des Erasmus Alberus, Frankfurt 1540, hin, »das erste Wörterbuch mit einer rückläufigen Anordnung der Stichwörter«, das aber jahrhundertelang ohne Nachfolge geblieben ist.

[36] Laut GÄRTNER/KÜHN [wie Anm. 33], Abschn. 2, kehren solche Funktionen des rückläufigen Wörterbuchs in den Einleitungen der Werke toposhaft wieder.

[37] Diese und weitere Beispiele finden sich mit ausgedehnterem Kommentar bei WISBEY, ROY: Der Computer im Dienst der Literaturwissenschaft. In: Literatur und Datenverarbeitung. Bericht über die Tagung im Rahmen der 100-Jahr-Feier der Rheinisch-Westfälischen Technischen Hochschule Aachen. Hg. v. HELMUT SCHANZE. Tübingen 1972.

Aus verschiedensten Gründen sollte zur eisernen Regel werden, daß alle Wörterbücher und Konkordanzen von einem rückläufigen Index zu den vorkommenden Wortformen begleitet werden. Für die Lemmata vom Mittelhochdeutschen Handwörterbuch und vom Taschenwörterbuch LEXERS haben WOLFGANG BACHOFER und seine Mitarbeiter diese Aufgabe nachgeholt (Stuttgart 1984). In einem anderen Bereich haben TOBIAS BRÜCKNER und CHRISTA SAUTER am Institut für deutsche Gegenwartssprache eine rückläufige Wortliste zum heutigen Deutsch geliefert (2 Bde., Mannheim 1984). Meine Beispiele für die deutschen *-ie*-Formen stammen aus einer rückläufigen Liste im Frequenzwörterbuch der deutschen Zeitungssprache von INGER ROSENGREN (Lund, 1972/77). Ob es sich um literarisches oder subliterarisches Material handelt, um einen einzelnen Text oder um ein Spracharchiv, das eine ganze Epoche umfaßt, in allen Fällen sind rückläufige Verzeichnisse, besonders im Zusammenspiel mit Häufigkeitsnachweisen, von großer Bedeutung.

Stilistische Untersuchungen, auf die hier leider so wenig wie auf Editionsarbeiten eingegangen werden kann, beruhen heute vielfach auf statistischen Methoden, die eben von computererstellten Häufigkeiten ausgehen. Neben der deutschen Zeitungssprache gibt es ein Häufigkeitswörterbuch gesprochener Sprache von ARNO RUOFF (Tübingen 1981), das, wie viele Häufigkeitswörterbücher, unter anderem rückläufig alphabetisiert. Auch für das Schwedische, das Amerikanisch-Britische, das Französische, das Niederländische, das Spanische, wie für eine Vielfalt von anderen Sprachen sind schon beachtliche Statistiken vorhanden.[38]

Schwerwiegende und interessante Probleme ergeben sich bei Entscheidungen über Umfang und Zusammensetzung eines Corpus, das den ganzen (historischen oder gegenwärtigen?) Wortbestand einer (geschriebenen oder gesprochenen?) Sprache repräsentativ widerspiegeln soll.[39] An solchen Problemen muß ich hier vorbeigehen. Ich beschränke mich auf die positive Feststellung, daß solche Frequenz-

---

[38] ALLÉN, STURE u.a.: Nusvensk frekvensordbok baserad på tidningstext. Frequency Dictionary of Present-Day Swedish based on newspaper material. 4 Bde., Stockholm 1970-80 (Data linguistica 1, 4, 10, 14). Das zugrundeliegende Corpus umfaßt eine Million laufende Wörter aus fünf Tageszeitungen vom Jahr 1965. - HOFLAND, KNUT / JOHANSSON, STIG: Word Frequencies in British and American English. Bergen: The Norwegian Computing Centre for the Humanities 1982. Das Werk schöpft aus dem Lancaster-Oslo/Bergen (LOB) Corpus des britischen Englisch und - zum Vergleich - aus dem amerikanischen Brown Corpus (KUČERA, HENRY / FRANCIS, W. NELSON: Computational Analysis of Present-Day American English. Providence, Rhode Island: Brown University Press, 1967). Die beiden Corpora sind einander angeglichen. Jedes enthält eine Million Wörter aus gedruckten Quellen vom Jahr 1961. Zu einem Häufigkeitswörterbuch des Französischen s. oben Anm. 23. - Vgl. auch ENGWALL, GUNNEL: Vocabulaire du roman français (1962-1968). Dictionnaire des fréquences. Stockholm 1984 (Data linguistica 17), mit ausführlicher Bibliographie, S. LIX-LXIII, sowie JUILLAND, ALPHONSE u.a.: Frequency Dictionary of French Words. Den Haag 1970. Entsprechende Hilfsmittel von JUILLAND und seinen Mitarbeitern liegen auch für das Spanische (1964), das Rumänische (1965) und das Italienische (1973) vor. Für das Niederländische s.: Woordfrequenties in geschreven en gesproken Nederlands. Hg. v. P. C. UIT DEN BOOGAART. Utrecht 1975.

[39] Vgl. etwa HOFLAND/JOHANSSON 1982 [wie Anm. 38], S. 3: »It is, however, an illusion to think that a million-word corpus of English texts selected randomly from the texts printed during a certain year can be an ideal corpus«. Die von JUILLAND zugrundegelegten Auswahlkriterien sind besonders anfechtbar.

wörterbücher trotz aller Mangelhaftigkeit die verlockende Aussicht bieten, die zukünftigen Wandlungen einer Sprache am schon bekannten Bestand früherer Jahrzehnte vergleichend ablesen zu können. Für Forschungen zu den Grundgegebenheiten einer Sprache stellen solche Frequenzwörterbücher eine unerschöpfliche Fundgrube dar. Schon auf den ersten Blick sind anregende Erkenntnisse zu verzeichnen. Wer z. B. eine englische Biographie kauft, hat bis zu 7% des Kaufpreises für das Wort *the* ausgegeben.[40]

Die häufigsten zehn Wörter eines englischen oder amerikanischen Texts pflegen fast 25% des ganzen auszumachen. Bei deutschen Entsprechungen liegt die Zahl etwas niedriger mit 18.8%: *der* (4.14%), *die* (4.12%), *das* (1.05%) ersetzen das einheitliche englische *the.*[41] Die Beharrlichkeit solcher Zahlen geht aus den Statistiken für zwei niederländische Texte der Barockzeit hervor, wo die ersten zehn Wortformen in der Rangliste 22.74% bzw. 20.47% der Texte einnehmen.[42] Wer die 50 häufigsten Formen dieser Texte auswendig lernt, kennt 43.96% bzw. 40.65% der darin vorkommenden Wörter (die Vergleichszahlen betragen im amerikanischen Brown Corpus 40.66%, im Deutschen [›Die Welt‹] 36.93%), was freilich noch lange nicht bedeutet, daß man mit solch beschränkten Kenntnissen einen Text verstehen kann. Für den Sprachunterricht haben diese Zahlen natürlich trotzdem ihre Folgen, obwohl man nach einer sehr steilen Lernkurve bald bei den seltenen Wörtern landet, von denen es, wie es scheint, eine unendliche Anzahl gibt, und diese müssen alle einzeln erlernt werden.

Zum Schluß komme ich noch kurz auf eine Tatsache zu sprechen, die besonders zukunftsträchtig ist. Seit 1980 etwa spielen Mikrocomputer (PC) in der Philologie eine immer größere Rolle. Die auf unserer Tagung vorgetragenen Themen spiegeln diesen Tatbestand wider, der, zumindest in England, ein wichtiges Nebenergebnis gezeitigt hat. Die breite Masse der Philologen, welche die erste Phase der Automatisierung nicht mitgemacht hatte, konnte nun auch unter Beweis stellen, daß sie nicht jeder Modernisierung abhold war. Ganze philosophische Großfakultäten hatten endlich bessere Aussichten, ihre naturwissenschaftlichen Kollegen - und wichtiger noch: die Regierung - davon zu überzeugen, daß sie modern und damit wissenschaftlich fundierter und sozialbewußter arbeiteten. Plötzlich standen uns (nach unseren Begriffen) traumhafte Summen für Mikrocomputer zur Verfügung, wo weder vorher noch nachher für Hilfskräfte ein Pfennig aufzutreiben war (in Deutschland ist es, wie ich höre, teilweise umgekehrt). Auch wenn der Mikrocom-

[40] Die Werte für *the*, Kategorie G (›Belles Lettres, Biography, Essays‹) sind wie folgt: Brown Corpus (KUČERA/FRANCIS 1967 [wie Anm. 38], S. 277): 7.07%; LOB Corpus (HOFLAND/JOHANSSON 1982 [wie Anm. 38], S. 340): 6.74%.

[41] Brown Corpus, S. 300: 24.256%. Die betreffenden Wörter sind: *the, of, and, to, a, in, that, is, was, he.* ROSENGREN, Bd. I (1972) S. 3: 18.8% (eigene Kumulation für die Formen *der, die, und, in, den, von, zu, das, des, mit*). Für die Statistiken des lemmatisierten Materials, vgl. Bd. 2 (1977), S. 3. Die Grundlage in beiden Fällen ist ›Die Welt‹. Die Ranglisten für die ›Süddeutsche Zeitung‹ befinden sich in Bd. 1, S. 213, bzw. Bd. 2, S. 167. Die entsprechende Kumulation beträgt 18.6%.

[42] KING, P. K.: Complete word-indexes to J. van den Vondel's 'Bespiegelingen van Godt en Godtsdienst' and 'Lucifer'. With ranking lists of frequencies, reverse indexes and rhyming indexes. Cambridge 1973 (Publications of the Literary and Linguistic Computing Centre 2), S. 315 bzw. 543.

puter zunächst nur als Word-Processor benutzt wurde, sind Geisteswissenschaftler, die niemals ein Rechenzentrum betreten hatten, dadurch für weitere Anwendungen, wie etwa für die Schaffung von Datenbanken, nun aufgeschlossener. Diese Entwicklung birgt freilich gewisse Gefahren in sich. Viel Zeit wird dadurch für technische Dinge benötigt, was uns Philologen auch wieder in die Nähe der Naturwissenschaftler rückt. Wer sich in einem späteren Stadium dem Desktop-Publishing ergibt, muß Aufgaben übernehmen, die früher dem Verlag überlassen wurden.

Die Vorteile überwiegen jedoch. Die Dateneingabe kann jetzt durch die schon erwähnten automatischen Lesegeräte, aber sonst im eigenen Arbeitszimmer erfolgen. Der einzelne Akademiker hat oft auf dem eigenen Schreibtisch die Rechenleistung, mit der 1960 eine ganze Universität auskommen mußte. Die Mikrocomputerfassung des ›Oxford Concordance Program‹ ist nun schon verfügbar. Durch einen schönen Zufall ist das entsprechende Tübinger Programm auf unserer Tagung vorgeführt worden. Gleichzeitig werden die Compact-Disks, die längst der Musikwiedergabe dienen, nun allmählich auch bei der Datenverarbeitung eingesetzt, wo sie CD-ROM heißen (›Compact Disk Read Only Memory‹). Diese Disks werden mit Laser ›beschriftet‹ und gelesen. Der Wortlaut von fast tausend Bänden von jeweils 225 absuchbaren Seiten soll auf *einer* solchen Disk Platz finden.[43]

Mit den schon bestehenden Technologien wäre es mit unseren vereinten Kräften möglich, die gesamte mittelhochdeutsche Literatur auf optische Disks übertragen zu lassen - etwas Ähnliches haben die Altphilologen schon unternommen. Bei der Aufarbeitung eines solchen gewaltigen Materials wird man noch lange neben dem Mikrocomputer auch den Großrechner gebrauchen. Das kann aber wohl besehen auch ein Vorteil sein, denn so lange wir unsere Rechenzentren brauchen, so lange können wir auch hoffen, daß noch Kenner vom Rang eines WILHELM OTT - ein früherer Theologe, der unsere Bedürfnisse kennt - in unseren Rechenzentren beratend zur Seite stehen werden, nicht zuletzt, um uns davon abzuhalten, Alterworbenes immer wieder neu zu erfinden.

Als ich 1963 vor der Philological Society in Großbritannien über die eigenen Computerarbeiten berichtete, schloß ich mit der Behauptung, daß ich - ohne besondere Unkenntnis zuzugeben - meinen ganzen Vortrag einer Auswahl von Projekten hätte widmen können, von denen ich zwölf Monate vorher nichts wußte.[44] Heute läßt sich das mit noch größerem Nachdruck wiederholen, da die Aufgabe einer allseits gültigen Übersicht die Kraft des Einzelnen weit übersteigt. In Zukunft kann das nur ärger werden. Sehr gerne möchte ich aber doch noch das Erscheinen der preisgekrönten Abhandlung über ›The Elephant and the Philological Optical Disk‹ erleben, oder, besser noch, die dreibändige ›Voruntersuchung zur Psychologie der Altgermanisten in Vergangenheit, Gegenwart und Zukunft‹, sowie - im Anhang - den Prospekt des neuen Mittelhochdeutschen Großwörterbuchs, das auf dieser Tagung seinen Anfang nehmen sollte. - Wie ein bedeutender englischer Staatsmann auf dringende Dokumente zu schreiben pflegte: »Action This Day!«

[43] Vgl. WALSH, RAY: Optical Disk Technology. In: British Book News, April 1987, S. 176.
[44] WISBEY, ROY: The Analysis of Middle High German Texts by Computer. Some Lexicographical Aspects. In: Transactions of the Philological Society 1963 [1964], S. 28-48 (hier: S. 48).

Abfolge der Vorträge, Diskussionen

1. **Manfred Paul**, Trier: Eröffnung des Symposions.

I. Computergestützte Lexikographie des älteren Deutsch und verwandter Sprachen
1. Sektion unter Leitung von Werner Schröder, Marburg
Diskussionsprotokolle von Manfred Eikelmann, Münster

2. **Karl Stackmann**, Göttingen: Erfahrungen bei der Ausarbeitung eines Frauenlob-Wörterbuchs.

3. **Paul Sappler / Wolfram Schneider-Lastin**, Tübingen: Ein Wörterbuch zu Gottfrieds 'Tristan'.

Diskussion

GRUBMÜLLER: Herr Stackmann hat sein Vorgehen mit dem Hinweis auf die Illusion einer möglichen Objektivität von Wörterbüchern gerechtfertigt. Ich denke, es ist wirklich eine Illusion; aber man braucht sich nicht zu rechtfertigen, wenn ein Wörterbuch subjektive Entscheidungen als solche sichtbar macht. Mir scheint der Vorteil des Verfahrens zu sein, daß das Subjektive zur Kenntnis gebracht und nicht verschleiert wird. - Die Frage, die sich mir stellt, ist allenfalls die, ob der Komfort, den sich Herr Stackmann in der Formulierung seiner Einschätzungen leistet, nicht vielleicht ein wenig weit geht, ob der Text des Wörterbuchs in diesem Punkt nicht formalisierter sein könnte. Ein Wörterbuch etwa, das sich über einen größeren Textbereich des Mittelhochdeutschen erstreckt, wird sich diese Ausführlichkeit niemals leisten können.

STACKMANN: Wir haben lange diskutiert, ob wir ein kürzeres System einführen sollen, und ich sehe, Herr Sappler hat ein glänzendes gefunden. Wir haben zum Schluß gemeint, bei einem relativ kleinen Projekt wie dem Frauenlob-Wörterbuch können wir uns den Luxus erlauben, im Klartext zu sprechen. Das ist für den Benutzer, der flüchtig hineinschaut, sicherlich immer das Einfachere. Eine entgegengesetzte Entscheidung hätte sich aber gut begründen lassen.

SCHRÖDER: Es ist ja auch der Unterschied zwischen einem großen mittelhochdeutschen Wörterbuch und einem Wörterbuch, das einem Autor oder gar einem Werk gilt, gemacht worden. Ich glaube, man darf bei diesen letzteren Wörterbüchern in der Formulierung ausführlicher sein. Auch daß Herr Stackmann Zweifel und Alternativen anmerkt, halte ich für gut.

SLABY: Herr Stackmann, wieso machen Sie einen neuen Satz über einen Satzrechner und bleiben nicht auch in höherer technischer Qualität bei TEX. TEX ist nicht auf den Laserdrucker beschränkt.

STACKMANN: Ich muß jetzt meine Unkenntnis vor Ihnen entblößen. All diese Dinge sind abgestimmt zwischen unserem Großrechner und der Druckerei. Ich habe auch Ausdrucke mit der besseren Auflösung und den getrennten Zeilen, weiß aber nicht, wie sie gemacht werden.

MÜLLER: Wie wäre es, Herr Stackmann, wenn Sie den gesamten Text, den Sie eingegeben haben, dem Wörterbuch auf Diskette beigeben, so daß der ein oder andere Benutzer mit den Massenwörtern selbst weiterarbeiten kann?

STACKMANN: Wir lassen das Material natürlich bei uns in der Datenbank, so daß es jeder Interessierte benutzen kann. In dem Band, den ich vorlegen möchte, kann ich das Material nicht mitschleppen. Ob man es als Diskette mitgeben kann, müßte der Verleger entscheiden.

MÜLLER: Es wird ein sehr eindrucksvolles Frauenlob-Wörterbuch werden, aber natürlich nur zu dem Teil des Frauenlob, den Sie für echt ansehen. Was geschieht mit dem Rest?

STACKMANN: Es ist noch viel schlimmer. Denn berücksichtigt wird nur der Teil des Frauenlob-Œuvres, den ich ediert habe. Daß ich diesen Teil für echt halte, wird nirgendwo behauptet. Die spätere Überlieferung werde ich nicht mehr aufarbeiten können.

SAPPLER: Die Massenwörter sind semantisch natürlich nicht besonders interessant. Trotzdem kann man Massenwörter sehr wohl nach syntaktisch-grammatischen Gesichtspunkten behandeln, und dabei ist eine nützliche Übersichtlichkeit relativ leicht herbeizuführen, wie es das Beispiel *ûf* in der Tischvorlage zeigt, oder wie es für die Stellung des Artikels im Satz zu zeigen möglich wäre.

WEGSTEIN: Welche Strukturen sind in dem Tübinger Programm für den Eingabetext vorgesehen? Wie ich sehe, haben Sie z. B. einen Homographentrenner eingeführt.

SAPPLER: Man könnte diese Homographentrennung auch im Zusammenhang mit dem freien Formulieren erledigen. In unserem Fall wurde zu einem bestimmten Zeitpunkt klar, daß es bei der Arbeit mit dem Editor praktisch ist, Markierungen für Auffälligkeiten und Sonderfälle einzuführen. Zu überlegen ist aber, wie stark man den Text mit Kodierungen belasten will. Soll der Text übersichtlich auch im Hinblick auf die Kontrollmöglichkeiten bleiben, wird man möglichst wenige Kodierungen vornehmen.

SCHMIDT: Für den Wörterbuchhersteller bilden im besonderen bei mehrdeutigen Wörtern die Anordnung der Bedeutungen und die Festlegung des semantischen Schwerpunktes ein Grundproblem. Da der Computer die Frequenzen von Wörtern ermittelt, stellt sich die Frage, ob die Häufigkeitsverhältnisse bei Entscheidungen über die Anordnung von Bedeutungen eine Rolle spielen können.

STACKMANN: In meinem Fall kann Frequenz gar keine Rolle spielen. Ich werde nach der Position in dem Frauenlobschen Œuvre vorgehen müssen und zu überlegen haben, wie das einzelne Wort im Text verwendet wird. Ich habe dabei handgestrickte Regeln etwa der Art, daß bei Verben, die intransitiv und transitiv vorkommen, die intransitiven zuerst behandelt werden. Ich orientiere mich aber auch dann am Einzelfall und möchte mir von Artikel zu Artikel Gestaltungsfreiheit bewahren, und habe mich auch deshalb nicht auf eine vollständige Computerisierung eingelassen.

SCHMIDT: Sie haben keine Kontrolle darüber, wie oft ein Verb in ihrem Corpus in transitiver oder intransitiver Verwendung vorkommt?

STACKMANN: Doch, das Wörterbuch gibt, abgesehen von den Massenwörtern, jeden Beleg. Die Vollständigkeit der Belege eines Lemmas wird geprüft. Nur ist die Gestaltung der Artikel nicht abhängig von der Frequenz. Ich hatte zuletzt etwa ein Adjektiv, das kam in attributiver Verwendung einmal, in prädikativer zwanzigmal vor. Bei den Adjektiven gehe ich vom attributiven über den prädikativen zum halbprädikativen und substantivierten Gebrauch. Davon bin ich nicht abgewichen.

SCHMIDT: Geben Sie dafür irgendeine Begründung?

STACKMANN: Ja, ich werde einen Band Prolegomena machen. Nur wird der niemandem, der ein großes Wörterbuch macht, helfen.

SAPPLER: Wir machen es im Prinzip genauso wie Herr Stackmann und können auch jederzeit bei den Belegstellen die Häufigkeitsverhältnisse kontrollieren. Vielleicht machen wir daraus eine eigene Liste, die dem Wörterbuch beigegeben wird.

SLABY: Bei der Organisation des Artikel-Materials für das 'Tristan'-Wörterbuch herrscht ja so etwas wie eine dateigestützte prozedurale Sichtweise vor, indem Sie bestimmte Informationskategorien durch Sonderzeichen u. a. markieren. Haben Sie in Betracht gezogen, Ihr Material mit einem relationalen Datenbanksystem zu organisieren?

SAPPLER: Wir haben ein solches Vorgehen überlegt, doch beherrschen wir die dateienorientierte Arbeitsweise besser als die datenbankorientierte. Unser Konzept läuft sehr schnell in der Maschine, und die einzelnen Elemente sind in geeigneterer Weise verfügbar als bei einem relationalen Datenbanksystem, wo ich zudem nicht überblicke, welche Schwierigkeiten sich in einer späteren Praxis ergeben können.

SCHNEIDER-LASTIN: Bei einem relationalen Datenbanksystem wird der Eintrag von Kommentaren an jeder beliebigen Stelle und beliebigen Umfangs Probleme bereiten.

LENDERS: Der Witz des Tübinger Systems scheint mir darin zu bestehen, daß der Rückgriff auf die Hintergrunddatei, also auf die lemmatisierte Konkordanz, jederzeit möglich ist. Ich bezweifle, ob dies mit einem Datenbanksystem ebenso oder überhaupt möglich ist.

SAPPLER: Ansätze zu Verweisstrukturen, etwa im Falle von Stellenangaben für Herkunft oder Zielort eines Artikels, fehlen aber auch in unserem System nicht. Auch die Ordnungszahlen, die die Sortierung bestimmen, haben ja zunächst den Charakter von Verweisen.

SCHRÖDER: Herr Stackmann, wäre das Tübinger Programm auch für Sie brauchbar gewesen? Wodurch unterscheiden Sie sich in Ihrem Vorgehen von dem Programm?

STACKMANN: Das Tübinger Programm bietet in Vollendung, was uns einmal vorgeschwebt hat. Uns fehlen einfach die technischen Voraussetzungen, sonst wären wir sicherlich auch so vorgegangen.

P. STAHL: Herr Stackmann, wäre es bei dem KWIC-Index auf Blatt 4 Ihrer Tischvorlage nicht günstiger gewesen, auch die Satzkontexte, z. B. rechts neben dem

Stichwort, mitzusortieren? Gerade bei den Massenwörtern erhielten Sie dann eine übersichtlichere Liste. Im Falle des bestimmten Artikels *daz* bietet ihre chronologisch sortierte Liste die nachfolgenden Einträge gemäß ihrem Auftreten im Text; eine Liste mit Kontextsortierung würde hingegen alle Einträge alphabetisch geordnet aufführen und ließe z. B. Genus-Wechsel sehr leicht erkennen.

STACKMANN: Ganz sicher wäre das günstiger. Die vorliegende Liste zu *ûf* ist für mich praktisch und genügend übersichtlich, aber für die entsprechenden Listen zu *der, die, daz* erwarte ich große Probleme. Die Frage ist nur, ob mein Computer kontextsortierte Listen herstellen kann.

GÄRTNER: Auch im Falle der Liste zu *ûf* bietet der Vorschlag von Herrn Stahl die bequemere Lösung. Bei einer alphabetischen Sortierung der Kontexte rechts neben dem Stichwort erkennt man sofort alles, was zusammengehört, wie z. B. das Syntagma *ûf erden* zeigt.

WOESLER: Bereitet es - vor allem im Falle des 'Tristan'-Wörterbuchs - Probleme, daß Sie einen normalisierten Text eingeben, also Orthographie und Interpunktion aus den Texteditionen übernehmen? Das Forschungsinteresse des Editors richtet sich heute doch gerade auch auf die individuellen Eigenarten von Überlieferungsträgern.

STACKMANN: Dann müßten ja zunächst die Handschriften konsultiert werden, wodurch die Projekte, wenn man alle Handschriften mit allen grammatischen Varianten aufnehmen wollte, bis zur Sinnlosigkeit ausufern würden.

SAPPLER: Niemand erwartet wohl auch, daß all dieses Material in einem Wörterbuch erscheint. Wir nehmen zwar Lesarten auf, normalisieren sie aber. Denn es ist nicht die Aufgabe des Wörterbuchs, den Zusammenhang mit der Überlieferung im graphemischen Bereich herzustellen.

SCHRÖDER: Zudem stellt sich die Frage für den Mediävisten anders als für den Literarhistoriker moderner Observanz: Die Mediävisten haben es in der Regel mit Überlieferungsvarianten, nicht aber mit Autorvarianten zu tun, und so ist schon der Ausgangspunkt ein anderer, da man auf Autorvarianten sicher nicht verzichten kann. Autorvarianten gibt es in der Überlieferung der mittelhochdeutschen Texte aber nicht.

WOESLER: Ich meinte durchaus auch mittelhochdeutsche Texte. Denn der LEXER hilft gerade dort nicht weiter, wo man versucht, mit den Formen, die überliefert sind, zu arbeiten. Die Frage ist nur, ob man in bestimmten Bereichen weiterkommt.

SAPPLER: Bei anderen Projekten wird man sich auf die Verarbeitung von nicht normalisierten Texten ganz entschieden einlassen, dies richtet sich nach dem Einzelfall.

GRUBMÜLLER: Herr Sappler, nach welchen Gesichtspunkten nehmen Sie Ihre Lesarten auf? Ich stelle mir das sehr kompliziert vor, wenn Sie nicht alles aufnehmen.

SAPPLER: Es sind nur Lesarten aus dem berichtigten MAROLD-Text, und es sind nur solche, deren Auswahl nach - etwas komplizierten - Regeln getroffen worden ist: also Wort-, aber keine Stellungsvarianten; grammatische Varianten nur, wo Wortklasse und -gebrauch betroffen sind.

SCHRÖDER: Bei der Masse der Überlieferungsvarianten wird man ja auswählen müssen, und da kommt das subjektive Moment, das vorhin auch zugebilligt worden ist, schon bei der Auswahl hinzu.

GRUBMÜLLER: Allerdings ist doch die Frage, wie weit man gehen kann. Denn der Apparat ist ja schon eine subjektive Auswahl aus der Überlieferung, und wenn man nun noch einmal aus dem Apparat auswählt, kommt vielleicht doch sehr viel an nicht Repräsentativem vor.

SCHRÖDER: Es geht doch um ein Bedeutungswörterbuch, und viele Varianten sind schon deswegen eliminierbar.

STACKMANN: Ich muß täglich Varianten wegwerfen, weil sie sinnlos sind. In der Frauenlob-Überlieferung treten Graphen-Reihen auf, die nirgendwo einzuordnen sind. Im Wörterbuch erscheinen nur die Varianten, die zuzuordnen sind.

GRUBMÜLLER: Nur, der MAROLDsche Apparat ist anderer Art.

STACKMANN: Gut, ja.

WISBEY: Es stellt sich in diesem Zusammenhang auch die Frage, ob den beiden Wörterbüchern Annexe beigegeben werden, also etwa ein rückläufiges Verzeichnis. Man kann natürlich sagen, daß solche Verzeichnisse von der Gattung her nicht in ein Wörterbuch gehören. Ich finde sie aber wichtig, wenn man das gesamte Wortmaterial eines Autors überblicken will.

STACKMANN: Diese Annexe und Verzeichnisse werden in den Prolegomena-Band des Frauenlob-Wörterbuchs hineinkommen.

MÜLLER: Liegt dem 'Tristan'-Wörterbuch also der Text von RANKE mit dem Apparat von MAROLD zugrunde?

SCHNEIDER-LASTIN: Zusätzlich Längenzeichen.

MÜLLER: Auch wenn man nicht mit einem 'Tristan'-Wörterbuch warten will, bis eine vollständig dokumentierte Ausgabe vorliegt, so stellt sich dann doch die Frage, ob wir nicht einen sehr großen Arbeitsaufwand zu einem Moment betreiben, wo die philologische Basis für ein solches Wörterbuch noch nicht tragfähig ist. - Und wenn Herr Stackmann auf seine Prolegomena verweist, so ist zu wünschen, daß möglichst viele seiner Materialien - z. B. auch die zu den in der Edition nicht berücksichtigten Frauenlob-Texten und auch die Handschriften-Transkriptionen - möglichst in maschinenlesbarer Form publiziert werden.

SAPPLER: Die unangenehme Lage der 'Tristan'-Edition ist sicher ein Schwachpunkt. Aber ich glaube nicht, daß eine neue Edition so viel Neues erbringt und daß das Wörterbuch in diesen Punkten nicht nachträglich revidiert werden könnte. Andernfalls müßte man ja vielleicht noch 30 oder 40 Jahre mit dem Wörterbuch warten.

SCHRÖDER: Bei beiden Projekten ist die Ausgangssituation verschieden: Herr Stackmann ist in einer besseren Lage, er ist zugleich Herausgeber und Wörterbuchmacher. Die Tübinger müssen sich auf einen vorgegebenen Text verlassen, und zum Text RANKES gibt es keine Lesarten. Doch ist der Apparat MAROLDS ja mit Hilfe der großen Rezension von RANKE verbessert worden, so daß RANKES Einwände in dem Apparat berücksichtigt sind.

STACKMANN: Ich bin keineswegs in einer besseren Lage als die Tübinger. Ich komme jetzt an all die Stellen, wo ich alte Entscheidungen revidieren muß. Es wird eine Liste von Textänderungen geben müssen; wenn möglich, wird auch eine neue Leseausgabe erscheinen.

SCHRÖDER: Herr Stackmann, Ihre Aufgabe ist sogar schwerer als bei dem 'Tristan'-Wortschatz. Nur liegen bei Ihnen Herausgeben und Wörterbuchmachen in einer Hand.

RÖLL: Herr Sappler, die Basis Ihres Wörterbuches wird doch für jeden Benutzer klar und verständlich beschrieben werden, nämlich daß zum einen der RANKE-Text und zum anderen der Lesarten-Apparat der Ausgabe MAROLDS zugrunde liegen. Ich sehe keine Probleme.

WOLF: Für den Zusammenhang von Handschrift und Edition möchte ich dazu aus meiner eigenen Erfahrung noch anmerken, daß sich unter grammatisch-syntaktischem Gesichtspunkt vielleicht manches Wichtige ergeben kann, aber unter semantischen Aspekten fast gar nichts Neues, was über RANKE hinausführt. - Ich möchte außerdem unterstreichen, wie weit die statistische und die philologische Relevanz bei der Auswertung des Wortmaterials auseinanderliegen können, so daß letztlich immer wieder das Urteil des Philologen gefordert ist.

SCHMIDT: Zu warnen ist auch vor einem Lesarten-Kult, bei dem dann ein Wörterbuch demselben Maßstab unterliegt wie eine kritische Textausgabe. Ein solcher Maßstab überfordert das Wörterbuch und vermischt Aufgaben und Anforderungen, die getrennt gesehen werden sollten. Übrigens ist genau dieses Problem schon auf unserer Tagung 1972 in Mannheim diskutiert worden.

4. **Michael Schlaefer**, Göttingen: EDV-Einsatz in der Arbeitsstelle des Deutschen Wörterbuchs in Göttingen.

5. **John C. Wells**, Medford/Mass.: Tools for Latin and Old High German Glosso-Lexicography.

Der Beitrag wurde vom Autor, der nicht anwesend sein konnte, in der abgedruckten Form zur Verfügung gestellt und verteilt. In die Diskussion wurde er nicht einbezogen.

6. **Franz Hundsnurscher**, Münster: Probleme einer computerunterstützten Erstellung eines mittelhochdeutschen Wortfamilienwörterbuchs.

7. **Wolfram Windolph**, Trier: Verfahren und Probleme der computergestützten Erstellung eines westjiddischen Wortgruppen-Lexikons.

Diskussion

SCHRÖDER: Bei den Referaten von Herrn Hundsnurscher und Herrn Windolph wird die Quellenbasis mit in die Diskussion einzubeziehen sein: Herr Windolph mußte sich diese Basis ja erst einmal selbst schaffen, während Herr Hundsnurscher mit Quellenbasen arbeitet, die problematisch sind.

WOLF: Herr Hundsnurscher, der LEXER bietet Material aus vier Jahrhunderten, also keinesfalls einen synchronen Schnitt, ganz zu schweigen von den verschiedenen Textgenera, die außerdem im LEXER zu finden sind. Lassen sich unter diesen Voraussetzungen Wortfamilien morphologisch sauber erstellen? Um zu triftigen Ergebnissen zu gelangen, müßte doch zumindest von zusammenhängenden Textgruppen ausgegangen werden.

HUNDSNURSCHER: Der Terminus ›Sprachstufenwortschatz‹ soll genau diese Problematik ansprechen. Man ist in einem Dilemma: Soll man wirklich strikt synchron arbeiten und sich damit die Probleme, die auch theoretisch in diesem Begriff stecken, auf den Hals laden, oder soll man nicht doch eine Epoche in ihrem Wortschatz erfassen und in eine Struktur bringen? Natürlich stellt das eine sehr prekäre Generalisierung und Abstraktion dar; sie trifft nach meiner Meinung aber grundsätzlich auf alle Wörterbücher zu, die eine bestimmte Epoche umfassen wollen. Eine solche Abstraktion dann im Wortfamilienformat darzustellen und umzusetzen in diese Struktur, die im Wortschatz, bezogen auf die einzelnen Wortfamilien, Umbau- und Ausbaumöglichkeiten erkennen läßt, ist das Ziel. Dabei stehen, wenn diese Wortfamilienstruktur einmal erstellt ist, die einzelnen Wortfamilienstrukturen, z. B. die in Hartmanns Werk, immer im Hintergrund. Und man könnte darüber die Wortfamilienstrukturen in Wolfram oder im 'Tristan' projizieren, um dann bestimmte Verdichtungsstellen zu finden. Dies insgesamt würde, mit den unterschiedlichen Belegen ins Relief gesetzt, das Bild der Wortfamilie auf dieser Sprachstufe ergeben. Es besteht die Möglichkeit, dieses Bild in die Tiefe hinein zu verfeinern und auszudifferenzieren, aber das Wichtige ist, ein solches Wortfamilienformat generell für das Althochdeutsche und das Mittelhochdeutsche zu entwickeln, damit solche Projektionen überhaupt möglich sind.

SCHRÖDER: Wie grenzen Sie, Herr Hundsnurscher, Ihren Begriff der Wortfamilie ab?

HUNDSNURSCHER: Ich begreife darunter auf einen Stamm zurückführbare Ableitungen, Zusammensetzungen, die zu demselben Stamm gehören.

STACKMANN: Herr Hundsnurscher, ist der Rückgriff auf den LEXER nicht doch recht problematisch? Ich erinnere an einen einzigen Fall: Der LEXER hat Nachträge aus PFEIFFERS Mystiker-Ausgabe; die Mystik ist aber in einem nicht genau erkennbaren, vom heutigen Standpunkt aus viel zu geringen Umfang in der Materialbasis enthalten, so daß etwa der Neueinsatz der Mystik gerade auch in der Wortbildung zwar immer im Material berücksichtigt ist, doch nur unter diesen unklaren Prämissen.

HUNDSNURSCHER: Mir geht es um eine Sanierung des LEXER. Aber zunächst muß festgestellt werden, daß das Wortmaterial vorhanden und strukturierbar ist. Sobald die stammwortzentrierten alphabetischen Listen vorliegen und die Wortfamilie aufgestellt wird, müssen die Belegstellen überprüft werden. Zunächst erfasse ich also das Material und überprüfe es dann.

STACKMANN: Wenn Sie die Mystik von vornherein ausklammerten, weil das in jedem Fall unvollkommen bleibt, wäre ich viel eher einverstanden, als wenn dieser Zufall in der Materialbasis bliebe. Denn ansonsten müßte man aus mystischen Quellen ergänzen, was die Arbeit erheblich ausdehnen würde.

HUNDSNURSCHER: Wenn das Material erfaßt ist, kann man ja mit Hilfe der Stammwortlisten die problematischen Fälle indizieren und systematisch ausklammern.

SLABY: Herr Windolph, inwieweit haben Sie auch andere Rotwelsch-Dialekte (z. B. das Münsteraner Masematte) berücksichtigen können?

WINDOLPH: Das Wörterbuch, an dem ich arbeite, soll allererst die Möglichkeiten bereitstellen, derartige Quellen in ihrer Echtheit zu bewerten und einzuordnen. - Die Quellen auf dem Handout z. B. sind alle regionaler Natur: Hoppstädten ist ca. 60 km von Trier entfernt; WEBER ist eine Quelle, die in Trier erschienen ist (1921/24); TOCKERT ist Luxemburg-Stadt; und die Speicherer, das sind Keramikhändler aus Speicher. Diese Beispiele sollen verdeutlichen, warum ich zunächst ein Wortgruppenlexikon des Westjiddischen benötige, um auch etwa das Masematte behandeln zu können.

RÖLL: In aller Regel - dies als Nachtrag - sind die Quellen und Einträge, die Herr Windolph hat, nicht rotwelscher Natur. Es handelt sich um einen ganz anderen Quellenbereich, den man als einen anderen Ableger des Westjiddischen ansehen darf. Die Abgrenzung ist aber in der Tat nicht ohne Probleme durchzuführen, zumal es sich bei den Quellen nicht um Lexika für die gesamte Sprache, sondern um Lexika für einen ganz bestimmten, begrenzten Wortschatz, der normalerweise hebräisch-aramäischer Natur ist, handelt. Es fehlen uns leider die Quellen, die den übrigen Teil dieser Sprache miterfassen würden.

STACKMANN: Dies ist wohl der Moment, wo man einen Dank an die Trierer aussprechen sollte. Hier wird die Lexikographie des Westjiddischen zum ersten Mal auf eine vernünftige wissenschaftliche Basis gestellt. Es wird für uns alle eine Pflicht erfüllt, die längst hätte erfüllt sein müssen.

RÖSSING-HAGER: Herr Hundsnurscher, wenn Sie beabsichtigen, Ihre Materialien mit dem Althochdeutschen in Verbindung zu bringen, arbeiten Sie mit normalisierten Formen, die es hinsichtlich des Lautstandes erlauben, sprachhistorische Differenzierungen außer acht zu lassen? Wie wäre das in der Morphologie denkbar?

HUNDSNURSCHER: Sowohl im Althochdeutschen als auch im Mittelhochdeutschen arbeiten wir mit normalisierten Formen. Wenn bei Oswald von Wolkenstein etwa *kleide* als *clayde* zu finden ist, dann können wir den Beleg auf *kleit* beziehen und so die Zuordnung treffen, wobei man durch die Quelle die entsprechenden Formen erhält.

RÖSSING-HAGER: Es sind aber doch Normalisierungen einesteils des Mittelhochdeutschen, andernteils des Althochdeutschen? Sie gehen nicht von einer idealtypischen Normalisierung aus mit dem Zugriff von beiden Seiten her?

HUNDSNURSCHER: Das ist ein noch offenes Problem, das sich stellt, sobald beide Systeme aufeinander projiziert werden. Zunächst aber sollten die Wortfamilienstrukturen beider Bereiche als eigenständige Strukturen erarbeitet werden, bevor man sich vorschnell am Althochdeutschen orientiert, oder, was von der Arbeitsweise her unmöglich ist, das Althochdeutsche auf das Mittelhochdeutsche bezieht.

SCHRÖDER: Sind Sie sich der Grenze zwischen dem Althochdeutschen und Mittelhochdeutschen sicher?

HUNDSNURSCHER: Das kann man wie Wittgenstein nur so beantworten: Es gibt keine Grenze da, du ziehst die Grenze.

GÄRTNER: Können Sie, Herr Hundsnurscher, bei der »Sanierung« des LEXER das GRIMMsche Wörterbuch benutzen? Inwieweit kann Herr Schlaefer Ihnen Hilfestellung leisten?

HUNDSNURSCHER: Zur Zeit besteht kein Kontakt bei der Arbeit. Wir nehmen die mittelhochdeutschen Angaben des GRIMMschen Wörterbuchs zur Hilfe und berücksichtigen dessen Material. Schon wenn man Pilotstudien unternimmt, um die Ergiebigkeit eines solchen Projekts zu prüfen, muß man einzelne Durchgänge vom Althochdeutschen über das Mittelhochdeutsche bis ins Frühneuhochdeutsche und Neuhochdeutsche machen. Dabei müssen wir natürlich das GRIMMsche Wörterbuch verwenden.

WEGSTEIN: Herr Schlaefer, lassen sich bereits Tendenzen dazu benennen, welcher Wortschatz oder welche Autoren im Deutschen Wörterbuch besonders konzentriert vorkommen werden?

SCHLAEFER: Im Augenblick gibt es diese Tendenzen noch nicht, wir haben mit der Auswertung erst begonnen. Mit Sicherheit läßt sich aber sagen, das Wörterbuch wird nicht literarisch kopflastig. Was dem alten GRIMM vorgeworfen wurde, daß er nur die mächtigen Zeugnisse der Sprache erfaßt hat, gilt für uns wohl nicht. Urkunden- und Geschäftssprache ist hinreichend erfaßt und auch eine ganze Reihe von verschiedenen Sachquellbereichen.

STACKMANN: Herr Schlaefer ist sehr zurückhaltend; er ist durchaus dabei, die Schwachstellen im Material zu entdecken. Wir werden, wenn das einmal kartiert ist, auch nachexzerpieren müssen, um für die weiteren Lieferungen das Material sicherer zu bekommen.

P. STAHL: Herr Schlaefer, können Sie kurz erläutern, wie Sie mit Verlag und Druckerei in der DDR zusammenarbeiten?

SCHLAEFER: Die gesamte verlegerische Betreuung liegt bei Hirzel in Leipzig, dem ist eine Druckerei in Thüringen angeschlossen, und unsere Arbeitsmanuskripte gehen druckfertig ausgezeichnet dorthin. Der Drucker liest und setzt es ganz konventionell.

SCHRÖDER: Die Lieferungen des Wörterbuches werden also noch im Monotype-Verfahren gesetzt?

SCHLAEFER: Ja, die Anlage stammt aus dem Jahre 1900, ist ein französisches Fabrikat. Man sieht mit einer gewissen Beängstigung der Zeit entgegen, wo diese Apparatur nicht mehr funktioniert.

STACKMANN: Das steht uns sogar unmittelbar ins Haus. Die Frage ist, was drüben für ein System angeschafft wird. Ist es kompatibel mit dem, was wir haben? Da kommen deutsch-deutsche Beziehungen ganz praktisch in den Zusammenhang.

SCHLAEFER: Ein Problem ist ja auch, daß wir zwei Arbeitsstellen, eine in Ostberlin und eine in Göttingen, haben, und man kann sich ausmalen, was passiert, wenn Robotron mit westlicher Technik kompatibel gemacht werden soll.

I. Computergestützte Lexikographie des älteren Deutsch und verwandter Sprachen
2. Sektion unter Leitung von Klaus Grubmüller, Münster
Diskussionsprotokolle von W. Günther Ganser, Hamburg

8. **Willy Pijnenburg**, Leiden: Das ›Vroegmiddelnederlands Woordenboek‹ 1200–1300. Seine Bedeutung für die computergestützte Lexikographie in Belgien und in den Niederlanden.

Diskussion

GÄRTNER: Die von Ihnen durchgeführte Umfrage ist wichtig im Hinblick auf die Namen. Im mittelhochdeutschen Bereich haben BENECKE/MÜLLER/ZARNCKE die Namen aufgenommen, während LEXER so gut wie ausschließlich auf sie verzichtet hat. - Würden Sie uns für Projekte zum Mittelhochdeutschen zu Umfragen raten?

PIJNENBURG: Ich bin immer gegen diese Umfrage gewesen, weil Wörterbücher von Lexikographen und nicht von den Benutzern hergestellt werden sollten. Glücklicherweise haben sich die bei der Umfrage ermittelten Anforderungen an das Wörterbuch mit meinen Vorstellungen gedeckt; auch zeitaufwendige Arbeitsbereiche sind nicht ausgeklammert worden. Dennoch würde ich von einer Umfrage abraten.

STACKMANN: Die von Ihnen getroffenen Entscheidungen lassen noch eine strittige Masse: 'Servatius' nehmen Sie in Ihrem Wörterbuch auf; was geschieht mit den übrigen Werken Veldekes?

PIJNENBURG: Nur der 'Servatius' ist in Fragmenten aus der Zeit vor 1300 in niederländischer Sprache überliefert.

SCHWOB: Wie normalisieren Sie die in verschiedensten Schreibweisen überlieferten Namen?

PIJNENBURG: Wir bieten die normalisierten Namen und nehmen alle belegten Formen auf. Die normalisierte Form dient nur zum besseren Auffinden.

9. **Franz Wenisch**, Gießen: Das ›Dictionary of Old English‹ in Toronto. Ein Überblick über seine Entwicklung.

Diskussion

STACKMANN: Da sogar Hilfe aus dem Ausland angefordert wurde: welche Probleme sind aufgetreten?

WENISCH: Probleme gab es in allen Bereichen (Bedeutungsanalyse, grammatische Fragen). Es muß möglichst viel delegiert werden, um die Aufgabe in einem überschaubaren Zeitraum zu bewältigen. Kompetente Leute heranzuziehen, die bestimmte Teilaufgaben übernehmen (z. B. die Analyse eines Wortes oder Wortfeldes im Rahmen einer Dissertation oder Habilitation), hat sich als förderlich erwiesen.

10. **Hans-Josef Niederehe**, Trier: Zum Projekt eines altspanischen Wörterbuchs (Madison).

Der nicht abgedruckte Beitrag behandelte vor allem Transkriptions- und Lemmatisierungsprobleme, über die die folgenden Veröffentlichungen informieren:

NIEDEREHE, HANS-JOSEF: El tratamiento automático de variantes gráficas en manuscritos medievales: el ejemplo del Corpus Alfonsí de Madison (Wisconsin). In: Verba. Anuario Galego de Filoloxía, Universidade de Santiago de Compostela. Anexo 29, S. 219-228.

KASTEN, LLOYD / NITTI, JOHN (eds.): Concordances and Texts of the Royal Scriptorium Manuscripts of Alfonso X, el Sabio. Madison, The Hispanic Seminary of Medieval Studies 1978.

MACKENZIE, DAVID: A Manual of Manuscript Transcription for the Dictionary of the Old Spanish Language. Fourth Edition by VICTORIA A. BURRUS. Madison, The Hispanic Seminary of Medieval Studies 1986.

Diskussion

WOLF: Wenn *y* im Altspanischen Variante eines Graphems ist, könnte es automatisch an der entsprechenden Stelle eingeordnet werden.

NIEDEREHE: *y* ist nicht Variante eines Graphems; z. B. erscheint *yo* nur mit *y*. In der derzeitigen Phase der Auswertung erscheinen alle Varianten sowohl unter *i* als auch unter *y*.

STACKMANN: Die Übertragung aller Handschriften eines Textes auf elektronische Datenträger scheint für das Mhd. nicht möglich. - Wird bei Mehrfachüberlieferung eine Auswahl getroffen?

NIEDEREHE: Man versucht, jeweils nur die beste Handschrift eines Textes zu nehmen. Die Parallelüberlieferung wird dann z. B. im Rahmen von Magisterarbeiten auf zusätzliches Wortmaterial überprüft.

GÄRTNER: Wisbey hat bereits vor zwanzig Jahren Findelisten vorgelegt, um Mehrfachnennungen zu vermeiden.

NIEDEREHE: Findelisten sind ausgelagerte Indexteile. Dadurch werden aus einem Index zwei. Verweise innerhalb der Konkordanz sind besser zu handhaben. Sämtliche Varianten erscheinen dann unter der Grundform; von jeder Variante wird auf die Grundform verwiesen.

SAPPLER: Laufen Ihre Überlegungen nicht hinaus auf eine Lemmatisierung in Richtung auf eine Normalsprache, bei der sich schließlich die Verweise erübrigen?

NIEDEREHE: Dies wurde erwogen, ist aber verworfen worden, obwohl das Altspanische gute Voraussetzungen böte, da es auf dieser Sprachstufe nur sehr wenige Dialekte gibt. Bei Standardisierungen würden aber erhaltenswerte Schreibervarianten getilgt.

SAPPLER: In einer Ausgabe wären solche Standardisierungen nicht akzeptabel. Bei einem Wörterbuch müssen aber andere Maßstäbe bzgl. der Normalisierung angelegt werden.

NIEDEREHE: Meine Ausführungen bezogen sich auf Indices und Konkordanzen, nicht aber auf die Gestaltung eines Wörterbuchs.

WOESLER: In der Germanistik wird deutlich unterschieden zwischen Edition und diplomatischem Abdruck. Sie folgen eher den Prinzipien des diplomatischen Abdrucks.

NIEDEREHE: Ich ziehe das in Madison praktizierte Verfahren entschieden der Edition im LACHMANNschen Sinne vor. Beispielsweise lassen Editionen mit ihrer modernen Interpunktion keine Untersuchungen zur mittelalterlichen Praxis zu.

11. **Brigitte Schludermann / Heinz Bück**, Aachen: Alphabetisierungsprobleme bei der Erstellung von Indices und Wortformenkonkordanzen mischsprachlicher Texte (mittelhochdeutsch - mittelniederländisch).

Das Referat wurde von Frau Schludermann vorgetragen.

Diskussion

SAPPLER: Abkürzungen sollten - für die Einordnung - in der im Alphabet zuerst erscheinenden Art aufgelöst und den ausgeschriebenen Formen mittels eines weiteren Sortierschlüssels nachgeordnet werden.

SCHLUDERMANN: Durch die Voranstellung sollten die Abkürzungen hervorgehoben werden.

GÄRTNER: Gesonderte Einordnungen von Abkürzungen sind von Nachteil, da der Benutzer die Zuweisungen nicht sicher nachvollziehen kann. Deshalb sollte man Herrn Sapplers Vorschlag berücksichtigen.

GRUBMÜLLER: Wenn die Auflösung durch den Kontext klar ist, sollte die aufgelöste Form zum Lemma gemacht werden. Wenn durch die Sprachmischung verschiedene Auflösungen möglich sind, sollten Alternativen geboten werden, die durch Verweise aufeinander bezogen sind. Uninterpretierte Abkürzungen sollten in einer Konkordanz oder in Zugaben zu einer Edition nicht aufgeführt werden, da sie dem Benutzer keinen Gewinn bringen.

SCHLUDERMANN: Die Verweise sind in jedem Fall gegeben; die unterschiedlichen Einsortierungen ergeben in der Praxis kaum Vorteile für den Benutzer.

SCHMIDT: Welchen Nutzen bringt das Aufführen von Abkürzungen in Konkordanzen und Wörterbüchern?

SCHLUDERMANN: Es ist nützlich für paläographische Untersuchungen, nicht für literaturgeschichtliche oder linguistische. Möglicherweise lassen sich mittels der Abkürzungsgewohnheiten verschiedene Hände unterscheiden.

SCHMIDT: Vielleicht wäre es sinnvoller, dieses Material auf Disketten anzubieten.

STACKMANN: Die Haager Liederhandschrift ist in sprachlicher Hinsicht eines der großen Ärgernisse und ihre Aufarbeitung in diesem Punkt sehr verdienstvoll. - Kann man wirklich so klar zwischen Mhd., Mnd. und Mnl. unterscheiden, daß eine statistische Auswertung möglich wird?

SCHLUDERMANN: Eine klare Unterscheidung ist nicht möglich. Als Gegensatzpaar wurde hochdeutsch/nicht-hochdeutsch gewählt und das Wortmaterial nach 10 Merkmalen (2. Lautverschiebung, h-Anlaut bei Pronomina usw.) zugeordnet.

12. **Werner Wegstein**, Würzburg: Index zu den neuhochdeutschen Bedeutungsangaben in Lexers ›Mittelhochdeutschem Taschenwörterbuch‹.

Diskussion

SCHLAEFER: Gehen Sie von den expliziten Bedeutungsangaben aus oder setzen Sie eine homogene Beschreibungssprache voraus?

WEGSTEIN: Es gibt selbstverständlich einen Ansatz ›Roß‹ wie auch der anderen ›Pferde‹. - Farbdifferenzierte Bezeichnungen für ›Pferd‹ fehlen, da sie im Mhd. nicht vorkommen. ›Schimmel‹ ist im Mhd. ein Anachronismus, da die klassische ahd.-mhd. Tradition erst im 16. Jahrhundert durch metonymische Übertragungen abgelöst wird. - Wir haben am Original-Wortlaut nichts geändert, da es uns außerordentlich schwierig erschien, den Wortschatz des 19. Jahrhunderts zu aktualisieren.

GRUBMÜLLER: Sie halten den unsanierten LEXER für wert, bearbeitet zu werden?

WEGSTEIN: Bevor man ihn überhaupt nicht bearbeitet, ja.

SAPPLER: Waren Ihre Überlegungen zum Übersetzen des Mhd. in die Sprache des 19. und in die des 20. Jahrhunderts rein rhetorischer Natur?

WEGSTEIN: Ja, wir sanieren nicht und greifen nicht ein.

SCHNEIDER-LASTIN: Wie wurde der kleine LEXER maschinenlesbar gemacht?

WEGSTEIN: Signierte und mit den gewünschten Verweisen versehene Partien wurden von studentischen Hilfskräften eingegeben. Der Würzburger Aufbaustudiengang Textverarbeitung erwies sich hier als sehr nützlich.

GÄRTNER: Wäre es nicht sinnvoller, ein Synonymenwörterbuch für das Mhd. zu erstellen, bei dem dann die veraltete Beschreibungssprache LEXERS herausfiele?

WEGSTEIN: Das ist geplant; allerdings ist die bis jetzt geschaffene Materialbasis zu schmal.

GÄRTNER: Wäre es nicht sinnvoller, zuerst zu experimentieren und Urteile der Interessenten abzuwarten?

WEGSTEIN: »Bis dat, qui cito dat« hat mich immer überzeugt. - Wir werden noch lange mit den Unvollkommenheiten des LEXER leben müssen. Deshalb ist es sinnvoll, ein verbesserungsfähiges Arbeitsinstrument zu haben. - Mit einem guten mhd. Wörterbuch kann man ganz anders ansetzen. - Es stellen sich interessante Nebenprodukte heraus; für den Rechtshistoriker sind z. B. alle Synonyme von ›Abgabe‹ wertvoll. Diese Angaben sind zuverlässig, da der Wortschatz des LEXER im literarischen Standardbereich nicht schlecht ist.

STACKMANN: Es ist großartig, daß wir ein nhd.-mhd. Wörterbuch erhalten. Bedenklich ist aber, daß die Bedeutungsangaben LEXERS, also versuchsweise zugeordnete Äquivalente des 19. Jahrhunderts, noch mehr Wertigkeit erlangen.

WEGSTEIN: Dies ist nicht der Fall, da es sich um einen Index und nicht um ein Wörterbuch handelt.

WOLF: Beim Abbau einer Ebene von Zweifelsfällen stößt man nur auf die nächst tieferliegende. - Ein Synonymenwörterbuch wäre linguistisch die bessere Lösung, setzt aber eine völlig neue Analyse voraus, die möglicherweise die Erschließung von Wortfeldern bei Wolfram, Hartmann usw. bedeutete. Da dies zeitlich zu aufwendig ist, erscheint es sinnvoll, erste Hinweise auf der Basis der LEXERschen Interpretamente zu geben.

GRUBMÜLLER: Es läßt sich nicht verantworten, ein Forschungsinstrument bereitzustellen, das irreführend ist und zu falschen Ergebnissen führen kann. Da das Material inkohärent, die Entstehungsschichten diffus, die Bedeutungsangaben und die Bedeutungshäufigkeiten nicht kontrollierbar und die Hierarchisierung der Bedeutungen nicht kontrolliert sind, stellt sich die Frage, ob derart entstandenes Material zu sinnvollen Fragestellungen führen und richtige Ergebnisse liefern kann. Irgendetwas zu tun sei besser als nichts zu tun, ist mit dem Anspruch, zu richtigen Ergebnissen zu kommen, unvereinbar.

WEGSTEIN: Für mindestens 90% der Belege gibt es keine irreführenden Ergebnisse. Für den Rest sollen sinnvolle Lösungen gesucht werden. - Die Bearbeitung der 30er Jahre hat dem Material geschadet, da die von LEXER konsequent gehandhabte Getrenntschreibung teilweise aufgelöst wurde. Dies macht den Rückgriff auf den großen LEXER erforderlich.

13. **Ralf Plate**, Trier: Das Trierer Findebuch zu den Glossaren und Wortverzeichnissen der nach Lexers ›Mittelhochdeutschem Handwörterbuch‹ 1878 erschienenen Textausgaben.

Das Referat behandelte ein Gemeinschaftsprojekt der Trierer Altgermanisten (Kurt Gärtner, Christoph Gerhardt, Jürgen Jaehrling, Walter Röll, Erika Timm). Darüber berichtet:

GÄRTNER, KURT: Trierer Vorschläge zur provisorischen Erschließung des mittelhochdeutschen Wortschatzes bis zum Erscheinen eines neuen großen mittelhochdeutschen Wörterbuchs. In: WOLFGANG BACHOFER (Hg.), Mittelhochdeutsches Wörterbuch in der Diskussion. Symposion zur mittelhochdeutschen Lexikographie. Hamburg, Oktober 1985. Tübingen 1988 (Reihe Germanistische Linguistik 84), S. 71-80.

Für die Aufnahme ins Findebuch werden die Stichwörter der Glossare in Anlehnung an LEXER normalisiert, ebenso werden die Wortklassenangaben vereinheitlicht. Die auf diese Weise voredierten Glossare werden zweimal, und zwar von jeweils verschiedenen Schreibkräften am PC eingegeben; die maschinenlesbaren Dateien werden dann automatisch verglichen (mit TUSTEP-Routinen), um die Eingabefehler aufzudecken und zu korrigieren. Dieses Korrekturverfahren ist dem herkömmlichen mehrfachen Korrekturlesen weit überlegen, denn es ist effektiver, weniger anstrengend und ökonomischer.

Bei dem zu Beginn der Diskussion erwähnten ›Corpus-Wörterbuch‹ handelt es sich um:

Wörterbuch der mittelhochdeutschen Urkundensprache. Auf der Grundlage des Corpus der altdeutschen Originalurkunden bis zum Jahr 1300. Unter Leitung von BETTINA KIRSCHSTEIN u. URSULA SCHULZE erarb. von SIBYLLE OHLY u. PETER SCHMITT. Lfg. 1ff. Berlin 1986ff.

Diskussion

WOLF: Bei den ersten Lieferungen des Corpus-Wörterbuchs ist der Zuwachs an Wortschatz gering und besteht hauptsächlich nur aus Wortbildungen, die man theoretisch selbst erzeugen könnte. Wie groß ist bei Ihrem Material der neu gewonnene Wortschatz?

GÄRTNER: Das Tauler-Glossar beispielsweise bringt etwa 500 neue, bisher nicht belegte Wörter. Das unterscheidet das Trierer Findebuch vom Corpus-Wörterbuch, das kaum bisher unbekannte Wörter liefert.

GRUBMÜLLER: Die Nützlichkeit des Corpus-Wörterbuchs besteht vor allem darin, daß es viele neue Bedeutungen aufführt.

P. STAHL: Wieviele Fehler werden bei der Korrektur nach dem Abgleichen der Dateien noch gefunden?

PLATE: Identische Fehler bei beiden Schreibkräften sind sehr selten. Meist sind es typische Fehler, die wir schon von mittelalterlichen Schreibern kennen.

RÖLL: Die verbleibenden Fehler beziehen sich hauptsächlich auf nebensächliche Einzelheiten (fehlender Punkt usw.).

MÜLLER: Beide Projekte sind sinnvoll und sollten möglichst schnell in den Druck münden, da ein neues mhd. Wörterbuch noch lange nicht zu erwarten ist. - Verwunderlich sind die Zweifel an der Relevanz des nhd. Index zum LEXER, da keine grundlegenden Unterschiede zu sehen sind zwischen der Verarbeitung des RANKEschen 'Tristan'-Textes, der subjektiv und nicht einmal überprüfbar ist, zu einem Wörterbuch und der vorgestellten Aufbereitung eines Wörterbuchs des 19. Jahrhunderts mit all seinen Subjektivismen; beide Vorhaben sind nützlich.

SAPPLER: Sie beabsichtigen, Bedeutungsangaben der Glossare wegzulassen, obwohl manchmal gerade diese die eigentliche Aussage (z. B. neue oder abweichende Bedeutung) beinhalten können.

PLATE: Die benutzten Glossare sind in der Regel Auswahlglossare, so daß meist nur exklusiver Wortschatz in Ergänzung zum LEXER geboten wird. Manche Glossare kennzeichnen besondere Bedeutungen z. B. mit Sternchen, die dann in das Findebuch übernommen werden.

RÖLL: Die Bedeutungsangaben der Glossare sind sehr heterogen, so daß der Rückgriff auf das Glossar immer noch erforderlich wäre. Bedeutungsangaben im Findebuch würden eine trügerische Sicherheit erzeugen.

14. **Frédéric Hartweg**, Paris-Nanterre: Zur Erschließung des Wortschatzes des deutschsprachigen Werks Sebastian Brants. Computergestützte Erstellung und sprachhistorische Auswertung lemmatisierter Indices des deutschsprachigen Gesamtwerkes von Sebastian Brant.

Der Beitrag wurde nachträglich aufgenommen und ist daher in der Diskussion nicht berücksichtigt.

II. Datenbanken, Textverarbeitung, computergestützte Editionstechniken
1. Sektion unter Leitung von Winfried Lenders, Bonn
Diskussionsprotokolle von Frank Knur, London (zu 15-17) und Ute Recker, Trier (zu 18-20)

15. **Ulrich Müller**, Salzburg: EDV-Bild mit Datenarchiv zu mittelalterlichen Handschriften.

Diskussion

MÜLLER: Ich darf vielleicht noch eine Idee hier deponieren. Ich habe festgestellt, daß überall mit diesem oder jenem kleiner dimensionierten Textprogramm gearbeitet wird. Es sollten sich hier Gruppen mit ähnlichen Interessen zusammenfinden. Man könnte einen intensiveren Erfahrungsaustausch organisieren, wenn dieselben Programme von vielen verwendet würden.

SCHMIDT: Ich habe den Vortrag eines Kunsthistorikers gehört, der bereits einen Schritt weiter gegangen ist. Mit Hilfe einer Datenbank von Bildern arbeitet er an einem Motivsuchprogramm, das mit groben Motiven schon recht gut funktioniert.

STADLER: Wie groß ist das Volumen des Datenarchivs?

MÜLLER: Die 300000 Bilder umfassende Sammlung in Washington ging auf zweieinhalb Compactdisks. Etwa 5000 Faksimileseiten passen auf eine einzige Compactdisk. Um eine Vorstellung von den Größenverhältnissen zu geben: Die Mikrofilmsammlung der Handschriften der Wiener Nationalbibliothek umfaßt ein zwanzig Meter langes Regal. Das ist wenig Platz, aber die Mikrofilme sind schwer zu bearbeiten und zu erschließen. Wenn man diese Bildinformationen auf Compactdisks übertragen und erschließen würde, könnte ich sie spielend in einer Reisetasche mit mir herumtragen.

H.-J. STAHL: Sinnvoll wird das aber vor allem dann, wenn auch die Kollation damit möglich ist. Wie ist die optische Qualität? Wie groß ist das Auflösungsvermögen?

MÜLLER: Die Qualität am Bildschirm entspricht einer durchschnittlichen Diaprojektion, beim Ausdruck ist die Qualität noch besser. Ich bin sicher, daß sich die Wiedergabequalität in den nächsten Jahren noch verbessert. Man könnte jetzt mit der digitalen Erfassung der Bilder beginnen in der sicheren Hoffnung, daß man sie in einigen Jahren viel besser zeigen kann. Der wesentliche Unterschied zur Mikrofilm- und Microfichearchivierung liegt vor allem in der sehr viel besseren Zugriffsmöglichkeit. Man kann sich in Bruchteilen von Sekunden einzelne Dias zeigen lassen, Details vergrößern lassen und hat sofort alle Informationen verfügbar. Je größer das Corpus, desto sinnvoller ist das System.

16. **Wolfgang Slaby**, Eichstätt: Die Bedeutung von Datenbanksystemen für die geisteswissenschaftliche Forschung.

17. **Jochen Splett**, Münster: Die Strukturen althochdeutscher Wortfamilien und die Probleme ihrer Formalisierung im Rahmen von Datenbanksystemen.

Diskussion

MÜLLER: Das Problem ist, daß sehr viel Doppelarbeit geleistet wird, wenn überall in Mitteleuropa verstreut und individuell Datenbanksysteme angelegt werden. Man muß die Zusammenarbeit organisieren, weil die Erfahrung zeigt, daß beim Sammeln von Informationen die Gefahr besteht, über das Stadium des Sammelns nicht hinauszukommen.

SLABY: Das ist genau der wesentliche Vorteil von Datenbanken. Man kann sich die Arbeit teilen und den Nutzen des gesamten Materials haben.

GÄRTNER: Den Tagungsunterlagen liegt ein Blatt zur Anmeldung und Beschreibung von Projekten bei.

LENDERS: Meines Wissens soll auch die ›Germanistik‹ in Zukunft maschinenlesbar in einem Datenbanksystem zur Verfügung gestellt werden.

GRUBMÜLLER: Ich glaube nicht, daß das sehr schnell gehen wird, weil die Kopierängste recht groß sind.

SCHMIDT: Der Vorteil, eine Zeitschrift auf Datenträger zu geben und durch ein Verbundnetz allen zugänglich zu machen, ist die Offenheit. Es können kommentierende Angaben hinzugefügt werden, die wiederum allen zugänglich sind. Am Schluß wird es auf Microfiche gedruckt und ist so in den Universitäten erhältlich.

LENDERS: (an Splett) Ist es richtig, daß die mühsame Arbeit am Bildschirm der Grund ist, weshalb Sie nicht von Beginn an ein Datenbanksystem verwenden? Wäre es prinzipiell möglich, statt der Karteikarte ein Datenbanksystem zu verwenden?

SPLETT: Ich bin diesen Weg aus drei Gründen nicht gegangen. Zum einen waren die Systeme zu dem Zeitpunkt noch gar nicht verfügbar. Zum zweiten war bei der Einteilung der Wortfamilien ein ständiger Wechsel zwischen Bildschirm und Buch notwendig, so daß mir die Karteikarte in diesem Fall wesentlich rationeller erschien. Zum dritten ist der Vorteil der Karteikarte, daß man auch die vorgenommenen Veränderungen unmittelbar vor Augen hat. In dieser Arbeitsphase gab es also für mich kein anderes sinnvolles Arbeitsinstrument, was natürlich auch damit zusammenhängt, daß meine Datenmengen noch überschaubar sind.

H.-J. STAHL: Welche Möglichkeiten stellt eine Datenbank für die alphabetische Sortierung zur Verfügung?

SLABY: Die Datenbank selbst hat keine Sortierung. Das Sortieren ist eine Frage der Anordnung der Recherche-Ergebnisse. Sie müssen sich auf eine Sortierreihenfolge der Zeichen festlegen, die sie zum Maßstab der Sortierung der Recherche-Ergebnisse machen. Bei Mischformen stehen Sie natürlich immer vor den gleichen Problemen, egal welches Hilfsmittel Sie benutzen.

BRÄUER: Die relationalen Datenbanken sind doch im allgemeinen relativ starr und langsam. Man kann also keine größeren Texte unterbringen. Gibt es nicht andere Möglichkeiten, die für unsere Zwecke besser geeignet sind, etwa Freiformat-Datenbanken oder Kombinationen aus Dependenzmodellen und Netzprogrammen?

SLABY: Bei den Netzverknüpfungen geben Sie den Vorteil auf, daß Sie dem System das Navigieren bei der Recherche überlassen. In netzstrukturierten Datenbanksammlungen müssen Sie die Navigation durch dieses Netz selbst übernehmen. Wenn Sie das wollen und können, mag das für manche Recherchen schneller gehen. Ich habe allerdings nicht die Beobachtung gemacht, daß die Recherche in relationalen Datenbanken langsamer ist. Zum einen gibt Ihnen die Datenbank selbst die Möglichkeit, bestimmte Spalten zu indizieren, nach denen Sie häufig suchen. Dadurch wird die Suchanfrage sehr stark optimiert. Zum anderen haben Sie die Möglichkeit, Clusterbildungen von Tabellen vorzunehmen, wenn Sie wissen, daß Sie Tabellen unterschiedlicher Datenstruktur häufig miteinander kombinieren. Dadurch wird das kombinierte Recherchieren erheblich optimiert.

H.-J. STAHL: Ich möchte noch einmal auf das Sortierungsproblem zurückkommen. Kann man in einer Datenbank eine alphabetisch sortierte Liste ausgewählten Wortmaterials bekommen?

SLABY: Das ist kein Problem. Man muß ein zusätzliches Feld kreieren, welches für die Sortierung zuständig ist. Sie haben nicht die Möglichkeit, die Zeichen hinsichtlich der Sortierung automatisch unterschiedlich zu bewerten. Da müßten Sie dann praktisch einen Translationsalgorithmus vorweg haben, der Ihnen die Sortierung erleichtert.

18. **Wilhelm Ott**, Tübingen: Möglichkeiten und Grenzen von Programmsystemen zur wissenschaftlichen Textverarbeitung.

Herr Ott machte aufmerksam auf die Empfehlungen des Wissenschaftsrates und der DFG-Kommission für Rechenanlagen, die erhebliche Konsequenzen für die Versorgung der Geisteswissenschaftler mit DV-Kapazitäten befürchten lassen. Um diese Befürchtungen ging es in der anschließenden Diskussion. Von den Teilnehmern des Symposions wurde, angeregt durch die Diskussion, in der Schlußsitzung einstimmig eine von den Veranstaltern vorgelegte Resolution beschlossen, in der auf ihre Befürchtungen aufmerksam gemacht wird. Die Resolution wurde von den Veranstaltern dem Wissenschaftsrat und der DFG-Rechnerkommission zugeleitet.

Diskussion

SLABY: Von grundsätzlicher Bedeutung ist an den Empfehlungen des Wissenschaftsrats und der DFG-Rechnerkommission das dort zum ersten Mal formulierte Votum, daß neben der Finanzierung von Höchstleistungs- und Zentralrechnern nach dem Hochschulbaufinanzierungsgesetz auch die Ausstattung von Wissenschaftlerarbeitsplätzen mit DV-Kapazität als Aufgabe des Bundes anzusehen sei. Es bleibt letztlich den Universitätshaushalten unbenommen, zusätzlich zu diesen Empfehlungen weitere Investitionen zur Ausstattung ihrer Hochschullehrer und Wissenschaftler mit DV-Kapazität vorzunehmen.

OTT: Gerade vor diesem Hintergrund sollte man sich nicht auf das Niveau der ›besseren Schreibmaschine‹ zurückführen lassen. - Wer die Verteilungskämpfe innerhalb der klassischen Universitäten zwischen Natur- und Geisteswissenschaften kennt, wird in Bezug auf zusätzliche Investitionen der Hochschulen eher skeptisch sein. Wenn Empfehlungen auf dem Tisch liegen - immerhin von den beiden führenden Empfehlungsgremien in Deutschland - wird man bei solchen Verteilungskämpfen auf deren Einhaltung bestehen. Ich halte die Empfehlungen trotz der zunächst sehr positiven Aspekte für bedenklich.

LENDERS: Gefährlich ist die Festschreibung bestimmter EDV-Größenordnungen für die einzelnen Wissenschaften. Eine absolute Quantifizierung ist unmöglich, zumal die Bedürfnisse der Geisteswissenschaftler weit auseinandergehen. Für das Gros unserer Kollegen in den Geisteswissenschaften ist die Größenordnung eines AT derzeit und auf längere Sicht ausreichend. Andererseits sind sicher einige der gegenwärtigen Entwicklung voraus, die auch mit einer Workstation an Schnelligkeit und Speicherfähigkeit etwas anfangen können; wieder andere bleiben dahinter weit zurück.

GÄRTNER: Es wäre interessant zu wissen, wie die Lage in England ist.

WISBEY: Die Rechenzentren selber werden von der Regierung finanziert; es gibt ein Budget, das nur für ihre Ausstattung da ist. Es wird pro Kopf an die Universitäten verteilt und dann innerhalb der Universitäten weitergegeben. Das bedeutet, daß Geld da ist, das nur für technische Ausrüstung ausgegeben werden kann. Die Naturwissenschaftler sind überrascht, daß unsere Bedürfnisse gestiegen sind, aber weil die Kosten im Vergleich etwa zu Elektronenmikroskopen gering sind, geben sie uns wohlwollend viel ab.

LENDERS: In den USA ist die Lage ausgezeichnet: Vor drei Jahren bilanzierte etwa der Dekan der Universität in Provo, daß 250 PCs der AT-Größe für das ›Language Research Center‹ beschafft werden konnten. Das ist im Grunde keine Größenordnung gewesen.

19. **Thomas Stadler**, Würzburg: PC und Großrechner in der philologischen Textverarbeitung.

Diskussion

SLABY: Welche Konvertierungsmöglichkeiten gibt es konkret aus Textsystemen in professionelle Satzsysteme?

STADLER: Wir haben zunächst versucht, die Formate der Prozessoren aufzulösen, danach eine Metasprache zu erstellen, die von weiteren Prozessoren in die Sprache der jeweiligen Satzprogramme umgesetzt wird. Dabei besteht durchaus Offenheit in Bezug auf das Satzprogramm, das speziell angewendet werden soll. Natürlich liefern die von den PC-Textsystemen her bekannten Editoren bei weitem nicht alle Informationen, die nötig sind, um ein gutes Satzprogramm zu einem ordentlichen Ergebnis zu bringen. Eine manuelle Nacharbeit ist also je nach Qualität des Programms immer noch erforderlich.

OTT: Zu TUSTEP gehört auch ein entsprechendes Paket, das WordStar, Word, WordPerfect, PCWrite und natürlich alle ASCII-Dateien konvertiert, wobei bei den genannten Systemen die Auszeichnungen im Text logisch mitübersetzt werden. Es ist ein ganz wichtiger Punkt, Texte im Unterschied zur typographischen Anordnung logisch auszuzeichnen. Ein extremes Beispiel dafür ist die Erfassung einer Bibliographie: Man wird dabei in der Regel analytisch verfahren, d. h. man vergibt zuerst eine Erfassungsnummer, dann Autor, Titel, Untertitel usw. Erst wenn man überlegt, welche Elemente einer solchen Erfassung für die Publikation der Bibliographie tatsächlich von Bedeutung sind, wird man die Struktur der Typographie festlegen und über eine Umwandlung die logisch bestimmten Kategorien automatisch in die gewünschte typographische Anordnung überführen. Das ist ein extremes Beispiel, wie man von einer datenbankmäßig organisierten Aufnahme zu einem Satz kommt. Das Gleiche gilt auch für ganz normale Texte, z. B. für Aufsätze in einem Sammelband. Logisch ausgezeichnete Texte in Typographie umzusetzen, ist dann kein Problem mehr, wenn ein System zur Verfügung steht, das dies unterstützt. TUSTEP gehört zu diesen Systemen. - Es ist ein charakteristischer Fehler vieler Anfänger, daß sie arbeiten wie auf ihrer Schreibmaschine. Unter vielem anderen ist dies ein wesentlicher Grund dafür, daß Verleger in der Regel nicht glücklich darüber waren, wenn sie mit selbsterstellten Datenträgern konfrontiert wurden.

STAHL: Was kann man als laufende Kosten einer Workstation ansetzen?

STADLER: Die Kosten der Wartungsverträge sind erheblich.

WOLF: 15000 DM im Jahr.

OTT: Sie müssen mit ungefähr 8% der Investitionssumme an jährlichen Wartungskosten rechnen.

STADLER: Wer eine Workstation mit Plattenkapazität und Streamer kauft, liegt heute bei ungefähr 27000 DM Investitionskosten; dann kann die Wartung keine 15000 DM kosten.

WINDOLPH: Ich glaube nicht, daß man auf den Großrechner verzichten kann, wenn man eine Workstation hat: Geisteswissenschaftler brauchen im Gegensatz zu Naturwissenschaftlern keine hohen CPU-Zeiten, sondern extrem schnelle Plattenzugriffe, weil überwiegend editorische Arbeit stattfindet. Es ist natürlich verblüffend, daß sich auf dem PC-Sektor Geräte von enormer Geschwindigkeit entwickeln. Das darf aber nicht darüber hinwegtäuschen, daß sie prinzipiell langsamer sind als jeder Großrechner und jede Workstation. Die Softwarepakete, die im Moment auf Workstations noch zu erträglichen Zeiten laufen, werden laufend ergänzt (TUSTEP ist ein Beispiel dafür, daß ein Paket immer komplexer wird) und somit auch immer langsamer. - Wenn jedes Fach seine eigene Workstation bekommt, die im Gegensatz zum PC permanentes Operating erwartet, hat man im Endeffekt mehrere Minirechenzentren, die von mehreren Leuten betreut werden, - und im Endeffekt ist der einzelne dann doch unzufrieden, weil die Leistung nicht so hoch ist, wie er es sich versprochen hat. Ich bin froh, daß es den Großrechner gibt, der große Datenmengen in annehmbaren Zeiten aufarbeitet.

STADLER: Die Datensicherheit ist auf dem Großrechner wirklich gewährleistet, was für den PC nicht gilt und auf einer Workstation in riskanter Weise von der Disziplin derer abhängt, die mit dem Operating befaßt sind. Die Plattenzugriffe auf einer Workstation sind relativ schnell. Man kann editorisch in großen Datenmengen und auch in sehr großen Dateien sehr schnell hin und herspringen und edieren. Die Plattenzugriffe sind auf Workstations schneller als auf Großrechnern.

WEGSTEIN: Ich möchte philologische Forschung betreiben und die in die Informatik einschlagenden Probleme an das Rechenzentrum übertragen. Ich möchte mich voll auf die philologischen Fragen konzentrieren können.

20. **Robert Warnock**, Providence: Vorteile und Probleme bei der Anwendung eines Macintosh-Computers für die Bearbeitung altjiddischer Texte.

Diskussion

MÜLLER: Für Buchproduktionen mit kleinen Auflagen und schwierigem Satz werden wir aus Kostengründen dazu übergehen müssen, den Verlagen auf dem Papier kamerafertige Vorlagen zu liefern. - Der Atari bietet für wesentlich weniger Geld die gleichen Möglichkeiten wie der Macintosh und hat darüber hinaus die Eigenart, daß Atari-Files unter MS-DOS gelesen werden können und umgekehrt, d. h. man könnte einen auf dem Atari erstellten Text auf einem MS-DOS-PC mit einem Konkordanzprogramm bearbeiten und zurücktransportieren.

WARNOCK: Ich habe meine Arbeit unter den Bedingungen begonnen, die mir zur Verfügung standen. Wollte ich mit dem Computer arbeiten, dann mußte ich einen Macintosh-Computer benutzen.

BOGGS: Ist es heute noch möglich, die fertigen Arbeiten nach Tübingen zu schikken?

OTT: Das ist möglich. Eine andere Möglichkeit ist, daß man sich mit einem Verleger in Verbindung setzt und seinen Datenbestand so auszeichnet, daß er zu dessen Satzsystem paßt. Wer mit TUSTEP arbeitet, ist dieser Schwierigkeit enthoben, weil das Satzprogramm integriert ist. Zu bedenken ist freilich immer, daß damit weiterer Lernaufwand verbunden ist; wer gelernt hat, ein solches Satzprogramm aufzurufen, hat damit noch lange nicht das Können und die Erfahrung eines Setzers.

SAPPLER: Die Gefahr ist, daß die Philologen bei der Satzherstellung dilettieren. Vielleicht liegt eine Lösung darin, daß an den Universitäten Spezialisten herangezogen werden, die vermitteln, die dem Autor beim Vorbereiten an die Hand gehen und die Arbeit bis zu der Stelle betreuen, an der der Verlag einsetzt.

WARNOCK: Reicht man dem Verlag Disketten ein, die nicht ganz genau seinen Konventionen entsprechen, geschieht es nicht selten, daß der Verlag den Text lieber von einer Typistin neu eingeben läßt, als daß er einen Programmierer bezahlt, der die Daten in das richtige Format bringt. - Wir werden immer mehr auf kompetentes Personal angewiesen sein, je spezieller unsere Probleme mit dem Computer werden.

OTT: Disketten an einen Verlag zu geben, sollte man nur in Erwägung ziehen, wenn man sich mit dem Herstellungsleiter auseinandergesetzt hat. Die Datenübernahme funktioniert nur, wenn man sich im Detail abspricht, wie das Format aussehen soll.

SCHMIDT: Wer für den Macintosh ein Modem hat und über dieses mit einem Großrechner verbunden ist, kann mit Hilfe des Kommunikationsprogramms KERMIT seine Macintosh-Files zum Großrechner transferieren - ein Weg, der auch umgekehrt beschritten werden kann. Damit sind gewisse Verluste verbunden, aber die sind im allgemeinen nicht schwerwiegend.

WARNOCK: In meinem Fall wären diese ›kleinen Verluste‹ meine sämtlichen Transkriptionszeichen gewesen.

II. Datenbanken, Textverarbeitung, computergestützte Editionstechniken
2. Sektion unter Leitung von Anton Schwob, Graz
Diskussionsprotokolle von Gerd Dicke, Münster

21. **Heinrich Schepers**, Münster: EDV-Erfahrungen bei der Leibniz-Ausgabe.

Das Referat ist nicht abgedruckt. Über die vorgetragenen Erfahrungen informieren die beiden folgenden Berichte:

HEINRICH SCHEPERS, EDV-Erfahrungen einer Edition. In: Philosophisches Jahrbuch 88 (1981), S. 159-164,

Ders.: Zur Geschichte und Situation der Leibniz-Ausgabe. In: Jahrbuch der historischen Forschung in der Bundesrepublik Deutschland. Berichtsjahr 1988, München u. a. 1989, S. 22-26.

Diskussion

SCHWOB: Imponierend scheint mir die Möglichkeit, durch die Vorabedition bereits vor der endgültigen Edition und nicht erst in Rezensionen ein Fachecho zu erhalten. In welchem Umfang bewegen sich die Rückmeldungen aus dem Kreis der Fachkollegen?

SCHEPERS: Die Zahl der Rückmeldungen ist nicht allzu groß, ihr Gewicht aber beträchtlich, da sich nur meldet, wer konkrete Einwände oder Verbesserungsvorschläge vorzubringen hat.

WOLF: Ist die EDV-unterstützte Erstellung des Sachregisters während des Editionsprozesses schneller und verläßlicher als die herkömmliche manuelle Anfertigung nach Abschluß der Edition?

SCHEPERS: Die Vorteile dieses Verfahrens liegen vor allem in der Vornormierung, d. h. im Erhalt einer Arbeitsform, die für die spätere Aufbereitung des Registers die Grundlage abgibt. Diese Arbeitsform ermöglicht in einem zweiten Arbeitsschritt die Überprüfung der Lemma-Auswahl sowie die Prüfung des Wortbestands auf eventuelle Überschneidungen, auf sachliche Konsistenz und auf Vollständigkeit. Die parallel zur Editionsarbeit verlaufende Erstellung der Register-Vorform gewährleistet es überdies, Entscheidungen über die Aufnahme der Lemmata zu einem Zeitpunkt treffen zu können, zu dem der jeweilige Bearbeiter ganz ›im Text‹ steht – die herkömmliche Verfahrensweise der rein manuellen Registererstellung am fertigen Text verschenkt diesen Vorteil der aktuellen Textpräsenz, zumal wenn ein anderer Bearbeiter die Registerausarbeitung übernimmt.

SCHWOB: Erscheinen Register-Rückverweise auf frühere Bände?

SCHEPERS: Nein, Verweise bleiben auf das Register des jeweiligen Bandes beschränkt.

22. **Peter Stahl**, Würzburg: Probleme bei der Bearbeitung und Edition mittelhochdeutscher Texte.

23. **Kurt Gärtner / Werner J. Hoffmann**, Trier: Die Edition der Werke Konrads von Heimesfurt.

Der Beitrag wurde von Herrn Hoffmann vorgetragen.

Diskussion

GRUBMÜLLER: Beide Referate bringen mich auf die Frage nach der Praktikabilität und Effizienz der automatischen Kollationierung. Die von Herrn Stahl genannten Variantenbeispiele waren wohl nicht zufällig formalisierbare, wie etwa die angesprochenen Suffixe. Die vorgeführten Materialquerschnitte besitzen zweifellos sprachgeschichtlichen Aufschlußwert, aber darin liegt nicht das primäre Ziel einer als Editionshilfsmittel verwertbaren Kollation, gleich ob sich die Edition ›lachmannisch‹ oder überlieferungskritisch ausrichtet. An den von Herrn Hoffmann vorgeführten Beispielen bleibt für mich erklärungsbedürftig, wie das Programm zur Auswahl der verzeichneten Varianten kommt. Offensichtlich versieht die automatische Kollationierung nur buchstabenidentische Worte mit dem Identitätszeichen, verzeichnet aber alle lediglich graphisch voneinander abweichenden als Varianten. So entsteht ein doch sehr unökonomisches Arbeitsinstrument, das die manuelle Tilgung aller text- und überlieferungsgeschichtlich irrelevanten graphischen Varianten erforderlich macht. Da Sie den ausgedruckten Kollationsbogen also nochmals überarbeiten müssen, um die sprechenden, argumentationsrelevanten Varianten auszufiltern, stellt sich die Frage, ob der DV-Einsatz die Mühen der dazu erforderlichen Vorarbeiten überhaupt lohnt.

HOFFMANN: Vor allem bei der Einrichtung des Apparats zahlt sich der betriebene Aufwand aus, auch wenn fallweise handschriftliche Kollationen mitzubenutzen sind. Die Maschinenkollation gewährt einen ersten instruktiven und relativ übersichtlichen Überblick über die Überlieferung eines jeden Verses und kommt so der versweisen Ausarbeitung des Variantenapparates zugute.

GRUBMÜLLER: Bei manueller Erstellung des Kollationshefts ist diese Übersichtlichkeit per se gewährleistet, nur stellt sich die Frage, ob die Kollation von Hand nur geringfügig oder ob sie erheblich mehr Zeit in Anspruch nimmt als die maschinelle.

GÄRTNER: Das maschinelle Verfahren ist keineswegs allein der Apparat-Gestaltung dienlich. Die aus maschinenlesbar gemachten Textzeugen erstellbaren Konkordanzen, Synopsen und Indices erleichtern die Beschreibung der Sprache einer Handschrift enorm, und bereits dieser sprachwissenschaftliche Aufschlußwert verlohnt die Mehrarbeit der Eingabe des Handschriftenwortlauts. Die Befunde des automatischen Vergleichs können bei der Apparatausarbeitung immer wieder herangezogen werden, wobei der Rückgriff auf erstellte Synopsen gewährleistet, daß das Vergleichsergebnis sehr präzise ausfallen kann, ohne detailüberladen zu sein.

P. STAHL: Wie TUSTEP-Anwender wissen, dient der Programmbaustein VERGLEICHE primär der automatischen Korrektur, bei der die genaue Verzeichnung selbst minimaler Unterschiede zweier Versionen freilich unabdingbar ist. Bei Kollationen mag die Notierung rein graphischer Varianz im Regelfall hingegen eher unerwünscht sein, denn für die editorische Auswertung bleibt es belanglos, ob ein Textzeuge z. B. *adir* statt *oder* liest. Gleichwohl gibt es auch im Kollationsbereich verschiedene Interessenlagen der Benutzer, und ein Kollationsprogramm sollte auf sie reagieren können, indem es derartige Varianz ignoriert, wo dies erwünscht ist, oder aber diese Varianz protokolliert, wo z. B. ein sprachwissenschaftlich interessierter Anwender Wert darauf legt. Ein Patentrezept gibt es bei der Erstellung von Kollationen so wenig wie bei der von Registern, und darum bleibt ein Kollationierungsprogramm zu wünschen, das verschiedenartigen Benutzerinteressen durch größtmögliche Flexibilität gerecht wird.

OTT: Die von den Vorrednern erwünschte Form der Kollation ist mit dem TUSTEP-Baukastensystem erreichbar. Der Textvergleich verläuft hier zweistufig: man verfügt über die Kollationsgrundlage und vergleicht die anderen Textzeugen paarweise mit deren Wortlaut, wobei in der Tat jedwede Variante festgehalten wird. Zusätzlich zur Variante kann aber auch ihr Bezugslemma in die Datei geschrieben und mittels des Bausteins KOPIERE die Art des Unterschieds festgehalten werden. Die unerwünschte Varianz kann alsdann in der erforderlichen Weise neutralisiert werden, indem z. B. Interpungierungsunterschiede unterdrückt oder zuvor als gleichlautend definierte Vokale unabhängig von ihrer graphischen Realisierung als identisch behandelt werden oder indem z. B. die in einer Liste niedergelegten Suffixe vom Stamm getrennt und ausgesondert werden. Ein synoptischer Ausdruck liefert dann das, was nach dieser Bereinigung von nicht interessierenden Varianten übrig bleibt, also die erwünschte, unter editorischen Aspekten maßgebliche Varianz.

P. STAHL: Diese Möglichkeiten unterscheiden TUSTEP von weniger leistungsfähigen Systemen wie z. B. dem Programm ›Collatio‹, das viele der vorgetragenen Wünsche offen läßt. Wichtig scheint mir in jedem Fall, daß sich der Benutzer zuallererst über seine jeweiligen Zielsetzungen klar wird, bevor er sich einem bestimmten Kollationierungsprogramm anvertraut - der umgekehrte Weg führt unvermeidlich aufs Glatteis.

24. **Hans Fix**, Bonn: Edition im Altnordischen am Beispiel des 'Elucidarius'.

Diskussion

SCHWOB: Erfolgt die Edition im Rahmen der von Frau Firchow in Minnesota betreuten Reihe?

FIX: Die Edition wird unter unser beider Namen erscheinen, allerdings wohl kaum - wie angekündigt - bereits 1989, denn die mittlerweile als notwendig empfundene Berücksichtigung auch des lateinischen 'Elucidarius'-Textes verursacht Verzögerungen. Die zweisprachige Ausgabe wird aber nicht mehr lange auf sich warten lassen.

SCHLUDERMANN: Mich interessieren die verschiedenen graphischen Notierungen der beiden Ausgaben. Haben Sie da ein System erarbeitet?

FIX: Die Erfassung der Handschrift in maschinenlesbarer Form wurde schon in den 60er Jahren in Minnesota entwickelt und findet sich im ALLC-Bulletin beschrieben.

GÄRTNER: Können Sie aus der eingegebenen diplomatischen Transkription maschinell einen normalisierten Text erzeugen?

FIX: Nein, denn die Handschriften verfahren nicht so konsequent, wie es ein solches Verfahren voraussetzt. Die vorgestellte Handschrift AM 674a vertritt hinsichtlich ihrer konsequenten Schreibung eher den Ausnahmefall und mag sich bei entsprechender Regeleingabe in eine nur noch gering verbesserungsbedürftige normalisierte Form bringen lassen; schon die Fortsetzungshandschrift AM 675 ist dann aber in einem derart chaotischen graphischen Zustand, daß eine automatische Normalisierung zum Scheitern verurteilt bliebe.

SCHWOB: Welche Gründe haben Sie bewogen, Handschriftenkürzel in Ihrer diplomatischen Edition aufzulösen?

FIX: Die Ausgabe zielt auf einen fortgeschritteneren Kenner des Altnordischen und liefert einen Lesetext, der ihm die Überlieferung transparent macht. Diese Transparenz ist auch ohne Übernahme all jener Zeichen erreichbar, die nur noch dem Spezialisten verständlich sind. Ligaturauflösungen z.B. haben wir nur vorgenommen, wo sie unstrittig waren, nicht aufgelöst sind hingegen solche, die verschiedene lautliche Wertigkeiten besitzen können. Indem wir auf eine Normalisierung verzichteten, begegneten wir der Gefahr, einen in der edierten Form nirgends überlieferten Text zu präsentieren, wie dies etwa die vorliegenden Ausgaben der 'Grettis saga' tun. Mit unserer Edition besitzt man einen 'Elucidarius', wie er in den Handschriften steht, ist aber zugleich von den Schwierigkeiten entbunden, die ihre Lektüre aufgibt.

SCHWOB: Ist es nicht widersprüchlich, einerseits eine leserfreundliche Version herstellen zu wollen, andererseits aber bestimmte graphische Auflösungen an den Leser zu delegieren? Um dessen Altnordisch-Kenntnisse muß es dann ja entsprechend gut bestellt sein.

FIX: Die Ausgabe fordert in der Tat einen im Altnordischen relativ gut bewanderten Leser.

GÄRTNER: Sie haben im Altisländischen genau wie wir im Mittelhochdeutschen das Problem des zum Teil beträchtlichen zeitlichen Abstands zwischen der

Werkentstehung und dem Einsatz der Überlieferung. Ihre editorische Heranführung des Benutzers an die Überlieferung genügt in erster Linie den Interessen des Sprachhistorikers. Soll auch der Literarhistoriker zu den Benutzern Ihrer Edition zählen, so werden Sie um Fragen der Textnormalisierung und der Rekonstruktion von Schreibweisen aus der Entstehungszeit kaum herumkommen.

FIX: Ich halte es in diesem Punkt mit VERNER DAHLERUPS Auffassung, daß auch der Literaturwissenschaftler von einer primär am sprachhistorischen Forschungsinteresse ausgerichteten engen diplomatischen Textversion profitieren kann. Die Altskandinavistik ist mit kritischen Texten zurückhaltender als etwa die germanistische Mediävistik. Kritisch verfahrende Editionen wie etwa die der in Reykjavik erscheinenden ›Íslenzk Fornrit‹-Reihe verleiten zum eher großzügigen Umgang mit den Quellen und werden zumal von Sprachhistorikern entsprechend geringer geschätzt als diplomatische Ausgaben. Die Literarhistoriker akzeptieren mit der ›Íslenzk Fornrit‹-Edition als Standardtext z.B. eine 'Njáls saga', die so in keiner einzigen Handschrift überliefert ist.

25. **Ernst Bremer**, Paderborn / **Klaus Ridder**, Marburg: Die Edition des 'Vocabularius optimus'.

Diskussion

PIIRAINEN: Meine anfängliche Skepsis hinsichtlich der von Ihnen angestrebten Normalisierung des frühnhd. Wortmaterials zerstreute sich, als ich sah, daß Sie die Schreibvarianten angemessen berücksichtigen. Wollen Sie nun selbst graphematische Analysen vorlegen oder durch die Bereitstellung des maschinenlesbaren 'Vocabularius optimus' andere Interessenten dazu ermuntern?

BREMER: Letzteres ist der Fall. Die Edition und ihre Register entsprechen den Präsentationsanforderungen der historischen Sprachwissenschaft. Sie orientieren sich keinesfalls sklavisch an den Standardisierungen des Frühnhd. Wörterbuchs, auch wenn alle Lemma-Ansetzungen durch dessen Hauptbearbeiter, Herrn Reichmann, überprüft wurden. Da sich die Indices als werktypische verstehen, haben die Schreibungen der Edition zumal in Zweifelsfällen Priorität vor denen des Wörterbuchs, das zwar als Vergleichsgröße von Gewicht ist, dessen semantisch bestimmte Lemmatisierung den werkspezifischen Charakter aber keinesfalls überlagern darf.

RIDDER: Zwar bietet es sich in der Tat an, zunächst einmal Distributionsanalysen über die textimmanente Verteilung bestimmter Graphien zu machen, noch interessanter aber wird es sein, Vergleiche mit ebenfalls auf Datenträgern gespeicherten Texten derselben oder einer anderen Werkart anzustellen.

SAPPLER: Nur eine Kleinigkeit: Das Register scheint mir vor allem im dritten Schritt noch rationalisierbar; so ließen sich etwa Einsparungen bei gleichbleibenden Stellenangaben und identischen lateinischen Interpretamenten erzielen.

RIDDER: Das ist zweifellos erforderlich, allerdings wohl nicht in allen Artikeln gleichermaßen ergiebig wie im vorliegenden, besonders uniformen Beispielfall.

SPLETT: Ist die Kontaktaufnahme mit anderen Herausgebern ähnlicher Glossare vorgesehen oder vielleicht schon erfolgt?

BREMER: Kontakte bestehen zur Würzburger Forschergruppe, d.h. zu den Bearbeitern des 'Vocabularius Ex quo' und der Glossare Fritsche Closeners und Jakob Twingers.

SPLETT: Ich frage, weil ich andernfalls die Gefahr sehe, durch unvermittelt nebeneinander stehende Befunde aus vergleichbaren Textsorten eher Verwirrung als Klarheit zu stiften.

GRUBMÜLLER: Die Untersuchungsgegenstände sind hier nur in Teilen vergleichbar und erfordern in bestimmten Bereichen unterschiedliche Lösungen. Die 'Vocabularius optimus'-Überlieferung ist vergleichsweise schmal und gestattet deshalb das Experiment, selbst graphische Varianten ohne größere Einbußen an Übersichtlichkeit und Benutzbarkeit sichtbar zu machen. Dies ist angesichts der reichen Überlieferung des 'Vocabularius Ex quo' und des Twinger-Glossars für diese beiden Editionen völlig unmöglich. Das Problem der Register-Lemmatisierung stellt sich hier aber ähnlich, wenn auch wiederum durch die Überlieferungsbreite kompliziert. Hier hat sich der von Reichmann eingeschlagene Weg der Variantenverweise auf ein Lemma als gangbar erwiesen, das nurmehr als Suchinstrument fungiert. Damit ist keine normalisierte Schreibsprache erzeugt, das Lemma füllt vielmehr einen Suchort aus, dem verschiedene Schreibungen zugeordnet sind. Abzuwarten bleibt freilich, ob sich das Frühnhd. Wörterbuch zu jenem Referenzwerk entwickeln kann, als das es Herr Bremer angesprochen hat.

26. **David N. Yeandle**, London: Der Einsatz von Mikrocomputern bei Wortschatzuntersuchungen, dargestellt am Beispiel der Entwicklung von *schame* im Alt- und Mittelhochdeutschen.

Wegen der fortgeschrittenen Zeit konnte über diesen Beitrag nicht mehr diskutiert werden.

II. Datenbanken, Textverarbeitung, computergestützte Editionstechniken
3. Sektion unter Leitung von Burghard Rieger, Trier
Diskussionsprotokolle von Frank Knur, London

27. **Klaus M. Schmidt**, Bowling Green State University, Ohio: Lichtblicke bei der Disambiguierungsfrage und ein On-Line-System für das mittelhochdeutsche Begriffswörterbuch.

Diskussion

PÜTZ: Wie viele Texte haben Sie gespeichert und in welcher Weise sind die Texte formatiert?

SCHMIDT: Insgesamt haben wir etwa 80% dessen, was wir bearbeiten wollen, in der Datenbank. Wir können jederzeit Indices und Konkordanzen abrufen. Allerdings richtet sich der Stand des Systems danach, was bislang disambiguiert ist. Die Kategorisierung und Disambiguierung von Wörtern, die noch nicht im System sind, nimmt viel Zeit in Anspruch.

GÄRTNER: Welche Texte haben Sie in Ihrer Datenbank?

SCHMIDT: Den kompletten Hartmann, Tristan, Parzival, Lanzelet, Kudrun und viele einzelne kleinere Werke. Wir haben viel mehr, als wir derzeit bearbeiten können.

BRÄUER: Ihre Begriffskategorien könnten theoretisch Seme sein, also Konstituenten von Bedeutung, sind aber wahrscheinlich Sememe, also Varianten von Lexemen. Sie kommen irgendwann mit einer gewissen Zielsicherheit zu einem semantischen Wörterbuch; wäre es dann nicht auch möglich, mit Konstituenten von Bedeutungen weiterzuarbeiten?

SCHMIDT: Theoretisch wäre es möglich, aber unser Konzept ist folgendes: Wir beginnen mit einem möglichst groben Begriffssystem, wobei das Wichtige ist, daß die Begriffe nicht in Form von Phrasen oder Beschreibungen gespeichert sind, sondern als sprachunabhängige Nummernkodes. Wir arbeiten zunächst mit einem reduzierten Apparat, gehen dann zurück zu den Einzeltexten und bauen das System mit neuen Vorkommen aus, statt umgekehrt einen Kategorienapparat zu nehmen und die Texte dagegen laufen zu lassen. Letzteres ist nicht sinnvoll, weil die vorhandenen Kategorienapparate auf der Basis moderner Sprachen aufgebaut sind und Komplexe wie etwa ›Rittertum‹ dort gar nicht vorgesehen sind. Wenn das System erst einmal steht, läßt sich das größere Detail jederzeit etablieren, weil sich die Nummernkodes beliebig erweitern lassen.

SAPPLER: In welchem Verhältnis stehen manuelles und automatisches Verfahren der Disambiguierung, d.h. das Verständnis des Bearbeiters, die Regeln, nach denen Sie dieses einzuholen versuchen, und schließlich die Nachprüfung des Ergebnisses?

SCHMIDT: Wir haben Disambiguierungsdateien für verschiedene Einzeltexte. Wenn uns die Häufigkeit der Belege für eine Bedeutung genügt, dann nehmen wir das als Ausgangspunkt. Durch statistische Erhebungen gewinnen wir die entsprechenden Regeln, die wir dann auf andere Texte anwenden, für die bereits manuell erstellte Disambiguierungsdateien vorhanden sind. Schließlich vergleichen wir die manuellen und die Rechnerergebnisse. Es hat sich dabei gezeigt, daß der Rechner exakter ist als die Bildschirmeditoren, bei denen sich leicht Schreibfehler einstellen.

WARNOCK: Woher bekommen Sie in Bowling Green Mitarbeiter mit mittelhochdeutschen Sprachkenntnissen?

SCHMIDT: Aus Trier, Salzburg und Bonn. Es sind graduate assistents, die idealerweise auch Computerkenntnisse mitbringen.

WEGSTEIN: Sie gruppieren aufgrund von Korrelationen der Wortfolge. Welche Schlüsse zieht Ihr Programm, wenn eine Variante in einem bestimmten Verhältnis verteilt ist? Was wird dann veranlaßt?

SCHMIDT: Wir müssen Signifikanzschwellen festlegen, um wirksame Ergebnisse zu bekommen: einen Unterschied von 40 und mehr innerhalb der Prozentzahl für ganze linke Kontexte, 30 und mehr für Einzelvorkommen oder Fenster. Manchmal zeigt sich bei der Anwendung, daß die eine oder andere Regel wertlos ist.

WEGSTEIN: Bei 100% der vorkommenden Fälle ist es natürlich sehr überzeugend zu sagen, daß es sich um eine bestimmte Bedeutung handelt. Wenn das Verhältnis der Varianten aber 85 zu 15 ist, wie finden Sie dann die 15% heraus?

SCHMIDT: Der Vorteil des Systems ist, daß wir nie auf der Basis nur eines Kriteriums entscheiden. Es kommen immer mindestens vier bis fünf Kriterien zusammen. Sprechen beispielsweise drei Kriterien für die eine Bedeutung und ein Kriterium für die andere, so stellt sich bei der Nachprüfung heraus, daß der Rechner meistens richtig entscheidet. Wie wir auf der Basis nur eines Kriteriums verfahren wollen, haben wir noch nicht entschieden. Für solche Fälle fehlen uns noch Erfahrungswerte.

WEGSTEIN: Prüfen Sie den Begriffskontext auch durch Zuordnung von Ziffern?

SCHMIDT: Ja.

RIEGER: »Zurück zu den Texten«, Beschreibung der Verteilung von Wörtern in der Umgebung der zu disambiguierenden Entitäten, Aufbau von Kategorien aus einem Bündel von Merkmalen, nicht einer einzigen Ja-Nein-Entscheidung, das sind ja klassische strukturalistische Ansätze. Haben Sie schon einmal daran gedacht, Ihre Muster in anderer Weise zu repräsentieren und zu bearbeiten als durch Regeln? Ich denke etwa an die Verarbeitung als ›Muster‹ in einem konnektionistischen Netz. Man hätte dann eine ganz andere Struktur der Verarbeitung und Erkennung zur Verfügung, was möglicherweise bei wachsender Datenmenge eine sehr viel schnellere Bearbeitung zuließe.

SCHMIDT: Ja, aber man muß einen Schritt nach dem anderen tun. Zunächst geht es einmal darum, diesen Schritt voll unter Kontrolle zu bekommen.

28. **Roy A. Boggs**, University of South Florida, Tampa: Such- und Retrieval-Algorithmen in den Programmsprachen der Expertensysteme. Das Beispiel der Epitheta in Hartmanns 'Erec'.

Diskussion

SCHMIDT: Man darf aufgrund der Tabellen Begriff und Wort nicht vermischen. Es geht hier nicht um Einzelwörter, sondern um Begriffsketten, die je nach Zuordnung zu den entsprechenden Bereichen mit einer Fülle von Einzelwörtern belegt sein können.

BRÄUER: Wäre es nicht notwendig, diese Begriffe genau zu definieren? Müßte nicht eine Liste von Begriffsdefinitionen erbracht werden, um zu wissen, was jeweils unter dem einzelnen Begriff verstanden wird?

BOGGS: Die Tabellen verstehen sich nicht als Endresultate, sondern als Ausgangspunkte. Sie bieten Anknüpfungsmöglichkeiten für die Zusammenstellung und Definition einer solchen Liste. Ich wollte zeigen, was sich mit einem Wordprocessor machen läßt.

SLABY: Die Begriffsdefinition ist ja hier in einer gewissen Form als Liste definiert, damit zwar erweiterbar, aber für den Untersuchungszeitraum fixiert. Hat man noch eine Möglichkeit, unscharfe Begriffsbildungen (fuzzy concepts) mit PROLOG zu formulieren?

BOGGS: Ja.

SCHMIDT: Vom Begriffstheoretischen her muß man immer den wichtigen Grundsatz im Auge behalten, daß Begriffe nicht gleich Wörter sind. Ein Begriff läßt sich aber nur durch sprachliche Ausdrücke fassen. Wenn wir eine sprachliche Definition festgelegt haben, kann diese nicht endgültig mit dem Begriff identifiziert werden. Es gibt eine Fülle solcher Definitionen, die gleichermaßen zutreffen. Deshalb ist jede Fixierung gleichzeitig eine extreme Limitierung.

29. **Hans-Jürgen Stahl**, Würzburg: DOS, Pascal und *pauperes scolares.* Ein Erfahrungsbericht zur Edition des 'Vocabularius Ex quo'.

Diskussion

WISBEY: Deutet die Tatsache, daß so viele verschiedene Fassungen des Vokabulars vorhanden sind, auf verschiedene Benutzerkreise hin?

H.-J. STAHL: Das Vokabular wendet sich an pauperes scolares. Nun ist aber diese Gruppe weniger scharf umrissen, als wir uns das wünschen würden. Die Auswertung der in der Überlieferung enthaltenen Hinweise ergibt, daß durchaus auch ›Schüler‹ zu den Rezipienten gehören. Es gibt ein weit gestreutes Benutzerspektrum mit durchaus unterschiedlichen Interessen, von Predigern bis hin zu Ärzten. Abgesehen von der Erweiterung weisen die Bearbeitungen keine grundlegende Tendenz auf.

EIKELMANN: Inwieweit sind die Bearbeitungsprofile aussagekräftig, wenn man bedenkt, daß sie nur quantitative Aussagen bieten, insbesondere zunächst nur, wenn die Extreme sehr deutlich sind? Lassen sich aus einer geringen Amplitude des Profils überhaupt noch Erkenntnisse gewinnen?

H.-J. STAHL: Uns ging es darum, Bearbeitungstendenzen sichtbar zu machen. Das ging in einem ersten Schritt nur über Quantitäten. Eine Detailanalyse der Profile lohnt sich nicht, denn wir können ja mehr angeben als nur Quantitäten. Es ist aber so, daß jede Bearbeitung ein völlig eigenständiges Profil hat und daß selbst auf den ersten Blick so verwandt wirkende Redaktionen wie K und P signifikante Unterschiede aufweisen. Das Profil macht etwa deutlich, daß P zu den konservativsten Bearbeitungen gehört. Es wird fast nichts gestrichen. Wenn ich als Herausgeber weiß, wie die Vorlage des P-Redakteurs aussieht und wie er bearbeitet, dann kann ich daraus durchaus Schlüsse ziehen. Weitreichende Schlußfolgerungen sind auf dieser Basis allein kaum möglich. Die Profile sind Hilfsmittel, die den Editoren Bearbeitungscharakteristiken verdeutlichen.

SLABY: Haben Sie in Betracht gezogen, Ihr Material mit Hilfe eines Datenbanksystems zu organisieren und zu erschließen?

H.-J. STAHL: Eine zusätzliche Strukturierung wäre ein unnötiger Aufwand.

SLABY: Sie hätten sich die Entwicklung Ihres Programms ›Suche‹ ersparen können.

H.-J. STAHL: Das primär als Datenbank zu organisieren, hielte ich für einen völlig verkehrten Weg. Uns ging es in erster Linie um die Drucklegung der Edition;

was ich hier vorführe, ist nur ein nützlicher Sekundäraspekt dessen, was wir für die Edition ohnehin einbringen mußten.

GRUBMÜLLER: Ein Punkt, der noch vor den Auswertungsmöglichkeiten liegt, ist der der Überprüfung und Bestätigung von Hypothesen zur Textgeschichte. Wir haben textgeschichtliche Entwicklungen an relativ kleinen Ausschnitten des Textes ermittelt. Die Ausschnitte waren zwar über das Alphabet verteilt, aber es gab dazwischen große Strecken, zu denen wir nichts wußten. Die Bearbeitungsprofile zeigen, daß die ermittelten Konstituenten des redaktionellen Verfahrens tatsächlich einigermaßen kohärent über das ganze Alphabet verlaufen. Diese Überprüfungsfunktion ist für die Verläßlichkeit der Prognosen sehr wichtig.

PLATE: Nach welchen Kriterien ist die Lemmaliste ermittelt worden und wie konnte die Quelle gefunden werden?

H.-J. STAHL: In diesem Fall war die Quelle längst bekannt. Die Wortartikel haben eine distinktionsartige Struktur. Auf die Merkmale im Text kann man leicht zugreifen.

30. **Horst P. Pütz**, Kiel: Projekt ›Namen in deutschen literarischen Texten des Mittelalters‹ – Probleme der maschinellen Bearbeitung umfangreicher Texte an einer DEC-Anlage.

Diskussion

SLABY: Man muß nicht unbedingt 100000 DM für einen Scanner investieren, denn man wird ihn in der Regel nicht auslasten. In Göttingen und Tübingen ist man meines Wissens bereit, auch Externe die vorhandenen Geräte nutzen zu lassen. Bei Blindenverbänden kann man im Lohnauftrag für 2–5 DM pro Seite Texte erfassen lassen.

GÄRTNER: Hier entsteht wieder die Frage, wie man Doppelarbeit vermeiden kann. Die Mehrzahl der langen Texte liegt maschinenlesbar bei verschiedenen Institutionen vor; das Problem ist, daß der Transfer nicht gelingt.

SLABY: Das leidige Problem ist die ASCII-EBCDIC-Konvertierung. Das sollte allerdings nicht nennenswert sein, da es eine eindeutige Eins-zu-Eins-Abbildung zwischen beiden Kodes gibt. Das organisatorische Format des Bandes kann dann allenfalls noch ein Problem sein.

PÜTZ: Das Problem ist die Lesbarkeit des Bandes. Die Säuberung des Ausdrucks ist mit so enormer Mehrarbeit verbunden, daß es einfacher ist, den Text selbst einzulesen.

SLABY: Dazu sollte das Rechenzentrum aber in der Lage sein.

SCHMIDT: Wenn Sie die gesamte Artus- und Heldenepik in maschinenlesbarer Form vorliegen haben, wäre es natürlich ein Jammer, wenn man sich nicht an Sie wenden könnte, um einen Text zu bekommen.

PÜTZ: Jederzeit. Im Moment können wir die Texte aber nur auf Magnetband zur Verfügung stellen.

OTT: Ich kann nur vorschlagen, in solchen Fällen den Service von Oxford in Anspruch zu nehmen.

31. **George F. Jones**, University of Maryland, Maryland: Text Word Analyser (TWA).

Diskussion

RIEGER: Sie haben ein Plädoyer für die Gebrauchsfähigkeit der Produkte der Forschung gehalten. Mir schien es so, als wenn hier eine gewisse Komplementarität zwischen philologischer Akribie einerseits und der Gebrauchsfähigkeit des Produkts für einen außenstehenden Benutzer andererseits aufgebaut würde.

MÜLLER: Der Gegensatz war eigentlich nicht pragmatisch vs. philologisch, sondern ›durch subjektive Eingriffe benutzerfreundlich‹ vs. ›so objektiv wie möglich‹. Darüber haben wir uns nie einigen können.

JONES: Die Philologen schreiben immer nur für Philologen, die Kunsthistoriker für Kunsthistoriker etc. Obwohl ich selbst Philologe bin, bin ich der Meinung, daß es auch ganz ehrliche, strebsame, arbeitsame Menschen gibt, die nicht Philologen sind.

GÄRTNER: Die Konkordanzen waren eigentlich für Philologen, und das war doch auch das erklärte Ziel, besonders bei den Liederhandschriften.

JONES: Ich finde das nicht. Sie waren genauso für Musikwissenschaftler.

SCHMIDT: Leider sind wir in einer etwas abgelegenen Ecke, was die Literaturgeschichte betrifft. Die Shakespeare-Konkordanz erfreut sich einer außerordentlichen Beliebtheit bei Nicht-Philologen, insbesondere bei Rednern, die nach Zitaten suchen.

JONES: Ein Rechtswissenschaftler etwa könnte sich für die mittelhochdeutsche Rechtssprache bei Gottfried interessieren, braucht dafür aber nicht unbedingt sehr viel von Gottfried zu wissen.

III. Quellen- und Gattungserschließung, Analyseverfahren
Sektion unter Leitung von Norbert Richard Wolf, Würzburg
Diskussionsprotokolle von W. Günther Ganser, Hamburg

32. **Rolf Bräuer**, Greifswald: Vorüberlegungen zu Aufbau und Funktion einer elektronischen Assoziationsfeld-Datei (›Motivschatzwörterbuch‹) zur epischen Literatur des europäischen Mittelalters.

Diskussion

RÖSSING-HAGER: Bei Ihrem Beispiel ›Kampf‹ könnten sich unterschiedliche Kategorien überlagern. Wie weit haben Sie Ihre Diskriminanten systematisiert und wie haben Sie diese in Ihrem Datenbanksystem abgebildet?

BRÄUER: Mittels Begriffskonstituenten wurden Begriffshierarchien aufgebaut, die dann im Einzelfall abgearbeitet werden können. So kann man sehr weit in die Einzelmotivik hinabsteigen; man müßte auch bis zu Oberflächenstrukturen kommen, z. B. zu Namen. Möglicherweise lassen sich auf diese Weise genetische Abhängigkeiten etwa von der indischen oder arabischen Literatur nachweisen. Beispielsweise ist das deutsche Brautwerbungsschema offensichtlich abhängig vom arabischen.

WOLF: Was verstehen Sie in diesem Zusammenhang unter Feldstruktur?

BRÄUER: Jeder Begriff ist aufteilbar in einen Assoziationskern und seine Attribuierungen. So stellt der Begriff ›Brautwerbung‹ bereits bestimmte Elemente zur Verfügung: Zu einem Feld, daß durch den Assoziationskern ›Brautwerbung‹ bestimmt ist, gehören in jedem Fall ein Brautwerber, eine Braut und die Werbungsaktion selbst. Induktiv können weitere Elemente (Schwierigkeiten der Erwerbung usw.) zugeordnet werden.

33. **Max Siller**, Innsbruck: Computergestützte Analyse von Fastnachtspielen.

Diskussion

WOLF: Graphemische Varianten, die semantisch signifikant sind, ergeben Probleme bei der Lemmatisierung.

SAPPLER: Beim Normalisieren für lexikographische Hilfsmittel sollte man größere Freiheiten einräumen; denn normalisierte Formen sind technische Hilfsmittel, die eine bessere Auffindbarkeit gewährleisten sollen. So können historische Formen bei der Sortierung hilfreich sein (z. B. germ. *k* vs. verschobene Formen).

WOLF: Wäre es bei dem Beispiel *enckh/euch* sinnvoll, den Nominativ als Lemma anzusetzen und dort die verschiedenen Formen aufzuführen?

SAPPLER: Der Index bietet die Möglichkeit, zusätzliche Angaben (z. B. zum Sprecher) einzufügen. - Das Auffinden bestimmter Wortformen gewährleisten am sichersten durchlemmatisierte Indices und Konkordanzen.

GÄRTNER: Das von Herrn Sappler angesprochene Problem mit anlautendem *k* tritt auch bei Konrad von Heimesfurt auf. - Als Orientierungspunkt für autorspezifische Schreibungen kann das Akrostichon dienen. - In autorbezogenen Indices können autorspezifische Lemmata eingeführt werden. - Wortgebundene Schreibungen sollten beibehalten werden (z. B. *wîb* vs. *lîp,* ohne bzw. mit Auslautverhärtung).

RÖSSING-HAGER: Beim Vergleich mehrerer Fastnachtspiele desselben Raumes ist eine Normalisierung erforderlich. - Zwar führt die Normalisierung im frühnhd. Wörterbuch weit weg von einer solch spezifischen obd. Lautung und Graphie, doch kann im Einzelfall wieder korrigiert werden.

P. STAHL: Es wäre vielleicht sinnvoll, eine sprecherorientierte Sortierung vorzunehmen, um zu weiteren Aussagen zu kommen.

RÖLL: Ihre Absicht, eine Ausgabe für diejenigen zu erstellen, die den Text weiter bearbeiten wollen, zieht eine vielfältige Aufspaltung im Index nach sich. Für andere Benutzer stellt dies eine Erschwerung dar.

MÜLLER: Bei einer Konkordanz müssen zwei Aspekte berücksichtigt sein: Sie soll nicht nur den Wortbestand, sondern auch den Wortformen- und Schreibformenbestand eines Corpus dokumentieren. Dazu muß sie handhabbar sein. Da es sich aber bei den Benutzern nur um Insider handelt, kann auf eine sehr weitgehende Lemmatisierung verzichtet werden, die mehr verstellt, als daß sie nützt.

H.-J. STAHL: Lemmatisierungen verzichten auf keinerlei Informationen; sie machen sie nur leichter auffindbar.

SAPPLER: Einem ungeübten Benutzer wird der Index in der vorgeschlagenen Form wenig nützen. Bei Lemmatisierungen sollte man sich an der Normalsprache orientieren.

SPLETT: Bei der Weiterverarbeitung des Materials zu einem Wörterbuch werden diese Probleme behoben.

SCHLUDERMANN: Die Normalisierung bei mischsprachlichen Texten bleibt weiterhin eine offene Frage.

WISBEY: Es besteht ein Widerspruch zwischen den hohen Ansprüchen einerseits und der Forderung nach möglichst schneller Bereitstellung von Indices andererseits.

MÜLLER: Maximalforderungen verhindern praktische Lösungen. Herr Siller sollte neben eine Konkordanz mit allen Dokumentationen ein präzises, kurzgefaßtes Wörterbuch für den naiven Benutzer stellen.

SILLER (antwortet zusammenfassend): Bei den Fastnachtspielen handelt es sich um Autographen, so daß die autorspezifischen Graphien wichtig sind. - Die vorgelegte Konkordanz ist exemplarisch; für den Gesamtkomplex sind Indices geplant. - Sprecherorientierte Indices versprechen bzgl. des Gesamtmaterials nur wenige weiterführende Ergebnisse. - Ein der Konkordanz beigefügter normalsprachlicher Index könnte die Probleme lösen.

34. **Ilpo Tapani Piirainen**, Münster: Möglichkeiten und Grenzen der EDV bei der Untersuchung frühneuhochdeutscher Texte in der Slowakei.

Diskussion

WEGERA: Können Sie mir sagen, was ein paläographischer Zeichenbegriff ist?

PIIRAINEN: Im Vorwort der zweiten Auflage der Deutschen Grammatik handelt JACOB GRIMM in einem Kapitel von den Buchstaben und unterscheidet darin zwei Buchstabenbegriffe: Einerseits haben wir Buchstaben mit einem Lautbezug, die also phonologisch bedingt sind; andererseits spricht er von einem paläographischen Zeichenbegriff, was im Zusammenhang mit seinen sprach- und rechtshistorischen Untersuchungen zu sehen ist. Bei seinen rechtsgeschichtlichen Untersuchungen hat er sich strikt an das gehalten, was in den Handschriften vorlag. Die diplomatische Editionstechnik einschließlich der graphematischen Untersuchungen hat also in den Arbeiten GRIMMS bereits Vorläufer.

WOLF: Der Begriff ›Graphem‹ hat nur einen Sinn, wenn man ihn im Systemzusammenhang, also funktional sieht. Bei einer Buchstabenschrift wie der des Deutschen muß außerdem immer der Zusammenhang mit dem Phonem hergestellt werden. - Bei automatischen Graphemanalysen, wie sie von STRASSNER durchgeführt wurden, besteht die Gefahr, daß bei Ausnutzung aller Quantifizierungsmöglichkeiten die sprachhistorische Relevanz als Kriterium verlorengeht.

PIIRAINEN: STRASSNER beabsichtigte einen Neuansatz und wollte das Graphem vom Kontext ausgehend beurteilen. - Das Bezugssystem bei meinen Untersuchungen ist das Mhd. wie bei den meisten Arbeiten zum Frühnhd. Vor zwanzig Jahren brachte mir dies den Vorwurf des Positivismus ein. In der Zwischenzeit läßt sich eine Erweiterung feststellen, die auch mit dem Bonner Projekt zusammenhängt. Jetzt müht man sich darum, die Graphemik auch unter sprachgeographischen Gesichtspunkten zu beleuchten. Diese berücksichtige ich auch in meinen Untersuchungen.

LENDERS: Es scheint zweifelhaft, ob man bei einem historischen System von einem Phonemsystem sprechen kann; es handelt sich vielmehr um ein Graphemsystem. Insofern kann das Herausstellen eines Graphemsystems für ein bestimmtes Textcorpus eine Hilfe für die editorische Arbeit sein. - In Bezug auf den Erkenntniswert der quantitativen Linguistik muß festgehalten werden: Bei sinnvollen Fragestellungen sind ihre Erkenntnisse durchaus wertvoll.

PIIRAINEN: Ich hatte mehr Kritik an meiner Editionstechnik erwartet, da die Mehrzahl der Tagungsteilnehmer dem literaturwissenschaftlichen Bereich zuzurechnen ist. - Diplomatische Abdrucke ermöglichen rechts- und sprachhistorische Untersuchungen.

SCHRÖDER: Editionen müssen gegenstandsbezogen sein.

OTT: Wie stellen Sie Ihre Druckvorlagen her?

PIIRAINEN: Es wurden normale Schreibmaschinen benutzt.

OTT: Auch wissenschaftliche Ergebnisse sollten in einer ansprechenden Form präsentiert werden. Beim Ausnutzen der technischen Möglichkeiten steigen zwar die Kosten pro Seite; die gleichzeitige Reduzierung des Gesamtumfangs fängt dies aber wieder auf. - Bei den Gesamtherstellungskosten ist zu berücksichtigen: DFG-Zuschüsse orientieren sich an den reinen Herstellungskosten, nach denen auch die Bezuschussung der zusätzlichen Kosten für Werbung, Lagerung usw. errechnet wird. Die Verlage sind bei diesem veralteten System gezwungen, möglichst hohe Herstellungskosten zugrundezulegen. Im Interesse aller sollte diese Regelung endlich abgeschafft werden.

PIIRAINEN: Das Erscheinen in einer Universitätsreihe gewährleistet über den Austausch die Präsenz der Veröffentlichung in allen Bibliotheken. Bei den geringen Kosten hätte die gesamte Auflage mit einem Druckkostenzuschuß, wie er Verlagen gewährt wird, verschenkt werden können. In Universitätsreihen kann effektiv und preiswert veröffentlicht werden.

OTT: Die zusätzlichen Kosten beim Einsatz einer Setzmaschine belaufen sich auf etwa 1500 DM bei 300 Druckseiten. Selbst bei niedrigen Auflagen erhöhen sich durch den Satz die Herstellungskosten nur geringfügig.

MÜLLER: Als Kompromiß bietet sich ein Laserprinter an, dessen Druckerzeugnisse nur Fachleute von dem Offset-Verfahren unterscheiden können.

35. **Klaus Peter Wegera**, Bonn: Erfahrungen bei der computergestützten Erarbeitung der frühneuhochdeutschen Flexionsmorphologie.

36. **Monika Rössing-Hager**, Marburg: EDV-gestützte Untersuchungen zum Gebrauch von Verbalsubstantiven in frühneuhochdeutschen Texten.

37. **Ulrike Petry**, Marburg: Verfahren zur Gewinnung nominal-verbaler Verbindungen in frühneuhochdeutschen Texten. Einschätzung ihres Ausdruckwerts und Geltungsbereichs.

38. **Brigitte Edrich**, Trier: Computergestützte Analyse der Ambraser Erec-Handschrift.

Diskussion

HUNDSNURSCHER: Die Streckformen bauen mit den Hilfsverben ein funktionales System auf. - Es wäre interessant, die Kontraste zu den komplementären Verbformen zu untersuchen. - Bedeutungsgleichheit zwischen Simplexverb und Streckform kann nicht vorliegen, da die Streckformen ein anderes Funktionalsystem nach Aktionsarten aufbauen.

RÖSSING-HAGER: Aspekt- und Aktionsart-›Sememe‹ tauchen kaum auf. Teilweise handelt es sich nahezu um Gleichungen, teilweise ersetzen die Nominalteile ganze Sätze. - Wenn die Nominalform statt der Verbalform eingesetzt ist, lassen sich eine ganze Reihe von Zusatzbedingungen feststellen. Erfaßt man diese und versucht sie zu systematisieren, gelangt man zu einer komplexeren Stufe. So kann man sich im Uferlosen verlieren oder muß zu einer zugespitzten Fragestellung zurückkehren.

GÄRTNER: Eine Differenzierung nach Aktionsarten durch die verschiedenen Streckformen ist möglich.

RÖSSING-HAGER: Die Funktionselemente sind im Frühnhd. nicht so weit formalisiert wie im Nhd.

SPLETT: Spielen Doppelformen bei der Verwendung von Streckformen eine Rolle?

PETRY: Doppelformen begünstigen die häufigere Verwendung von Streckformen.

SILLER: Ist im Bonner Corpus das Süddeutsche ausgespart?

WEGERA: Nein, das Süddeutsche ist ebenso gut belegt wie die anderen Sprachlandschaften.

P. STAHL: Wäre nicht der Einsatz einer relationalen Datenbank sinnvoll?

WEGERA: Beim Anlaufen des Projekts gab es noch keine relationalen Datenbanken. Das vorhandene Datensystem ist von uns selbst entworfen worden und weist ähnliche Strukturen wie eine relationale Datenbank auf.

LENDERS: Zur Zeit der Entstehung der Sequentier-Algorithmen konnten PCs für diese Zwecke noch nicht eingesetzt werden. Auch der Bonner Großrechner verfügte über kein Datenbanksystem.

SCHLUDERMANN: Frau Edrich, nach welchen Kriterien haben Sie die von Ihnen untersuchten Merkmale ausgewählt?

EDRICH: Es handelt sich um kontextunabhängige, strukturelle Merkmale, die sich über die gesamte Handschrift verteilen.

GÄRTNER: Das Frühnhd. Rieds ist stark systematisiert, und er setzt seine Vorlagen relativ konsequent um. Um auf Vorstufen zurückschließen zu können, mußten Merkmale gesucht werden, die von der konsequenten Umsetzung möglichst nicht betroffen sind.

WISBEY: Arbeiten zur Autorenidentifizierung könnten herangezogen und hinsichtlich der Methoden ausgewertet werden.

EDRICH: Es sind noch eine Reihe weiterer Tests vorgesehen, um die bisherigen Ergebnisse zu stützen.

Öffentlicher Vortrag

39. **Roy Wisbey**, London: Computer und Philologie in Vergangenheit, Gegenwart und Zukunft.

Abkürzungen

AF	Anglistische Forschungen
Beitr.	Beiträge zur Geschichte der deutschen Sprache und Literatur
CHum	Computers and the Humanities
DTM	Deutsche Texte des Mittelalters
GAG	Göppinger Arbeiten zur Germanistik
IPK-Forschungsberichte	Forschungsberichte des Instituts für Kommunikationswissenschaft und Phonetik der Universität Bonn
TTG	Texte und Textgeschichte
VL	Die deutsche Literatur des Mittelalters. Verfasserlexikon. 2. Aufl. Hg. v. KURT RUH u.a. Bd. 1ff., Berlin/New York 1978ff.
ZfdA	Zeitschrift für deutsches Altertum
ZfdPh	Zeitschrift für deutsche Philologie
ZGL	Zeitschrift für germanistische Linguistik

Kolibri 360 GmbH
Ferdinand-Jühlke-Straße 7
99095 Erfurt, Deutschland
produktsicherheit@kolibri360.de